Deepen Your Mind

前言

從電腦被發明以來，使機器具有類似於人類的智慧一直是電腦科學家努力的目標。從 1956 年人工智慧的概念被提出以來，人工智慧研究經歷了多次起伏，從基於數理邏輯的規則推理到狀態空間搜索推理、從專家系統到統計學習、從集體智慧演算法到機器學習、從神經網路到支援向量機，不同的人工智慧技術曾各領風騷。

近年來，採用深度神經網路的深度學習大放異彩、突飛猛進，如 AlphaGo、自動駕駛、機器翻譯、語音辨識等深度學習的成功應用，不斷吸引人們的眼光。作為機器學習的分支，深度學習使傳統的神經網路技術重回舞台中央，奠定了其在許多人工智慧技術中的領先地位。

深度學習沒有複雜、深奧的理論，在原理上仍然是傳統的神經網路，即用一些簡單的神經元函數組合成一個複雜的函數，並採用簡單的梯度下降法根據實際樣本資料學習神經網路中的模型參數。當然，深度學習的成功，離不開電腦硬體性能的提升（特別是平行計算性能越來越強的圖形處理器），以及越來越多的資料。

未來社會，人工智慧將無處不在，許多工作將被人工智慧代替已經成為共識。目前，世界主要國家紛紛制定了人工智慧戰略，中小學也開始開設人工智慧課程。借助一些深度學習平台，如 TensorFlow、PyTorch、Caffe，一個小學生就可以輕鬆使用深度學習函數庫去實現人臉辨識、語音辨識等應用，所要做的工作就是直接呼叫這些平台的 API、定義深度神經網路的模型結構、偵錯訓練參數。這些平台使深度學習的實現變得非常容易，使深度學習走進了尋常百姓家，使人工智慧不再神秘。從大專院校到企業，各行各業的人都在使用深度學習開展各種研究與應用。

✤ 寫作背景

只有透徹地了解技術背後的原理，才能更進一步地應用技術。儘管網上有大量講解深度學習原理的文章，以及一些深度學習課程，但圖書仍然是系統學習深度學習的重要工具。

市場上的深度學習圖書：有些是針對專家或專業研究人員的偏重數學理論的圖書，這類圖書和學術論文一樣，普通讀者難以了解，且大都缺少對原理的深度剖析及程式實現，讀者即使了解了原理，也可能仍然不知道該如何去實現；有些是工具類圖書，主要介紹如何使用各種深度學習函數庫，對原理的講解非常少，讀者只能依樣畫葫蘆；有些屬於通俗讀物，對每個技術領域都淺嘗即止；還有極少的圖書，在介紹原理的同時提供程式實現過程，並盡可能避免數學公式的推導。

筆者認為：平台教學類圖書具有較強的時效性，而圖書的出版週期往往以年計算，讀者拿到圖書時，平台的介面可能已經發生了較大的變化，圖書的價值也就降低了；原理類別圖書應該通俗易懂，儘量避免複雜、深奧的數學推導，但完全拋棄經典高等數學，對具有高等數學知識的讀者來說，並不是一個好的選擇。市場上缺少的，正是在介紹原理的同時討論如何從底層而非呼叫深度學習庫編寫深度學習演算法的通俗易懂的圖書。

♣ 本書內容

為了照顧沒有程式設計經驗、數學基礎不足的讀者，本書對 Python 程式設計、微積分、機率等知識進行了通俗易懂的講解。在此基礎上，本書由淺入深，從最簡單的回歸模型過渡到神經網路模型，採用從問題到概念的方式剖析深度學習的基本概念和原理，既避免「長篇大論」，也不會「惜字如金」，同時用簡單的範例展現模型和演算法的核心原理。在剖析原理的基礎上，本書進一步用 Python 的 NumPy 函數庫從底層進行程式實現，讓讀者透徹了解相關原理和實現並得到啟發。透過閱讀本書，讀者不需要借助任何深度學習函數庫，就可以從 0 開始建構屬於自己的深度學習庫。

本書既適合沒有任何深度學習基礎的初學者閱讀，也適合具有深度學習庫使用經驗、想了解其底層實現原理的從業人員參考。同時，本書特別適合作為大專院校的深度學習教材。

Contents 目錄

01 程式設計和數學基礎

02 梯度下降法

06 卷積神經網路

05 改進神經網路性能的基本技巧

07 循環神經網路

08 生成模型

A 參考文獻

程式設計和數學基礎

1.1　Python 快速入門

Python 是一種簡單易學的解釋性指令碼語言，在設計之初被用於編寫自動化指令稿，後來被用於 Web 開發和科學計算。近年來，隨著資料科學和人工智慧的發展，Python 成為進步最快、最受歡迎的程式語言之一，並奠定了其在以資料處理和機器學習為代表的人工智慧領域的領先地位。

1.1.1　快速安裝 Python

作為解釋性指令碼語言，Python 程式的每個敘述都由 Python 解譯器解釋和執行，即 Python 解譯器逐句解釋和執行 Python 程式中的敘述。

1. 安裝 Python 解譯器

在 Ubuntu 系統中，可以在終端視窗輸入以下命令，安裝 Python。

```
$ sudo apt-get update                    #更新軟體套件
$ sudo apt-get install python3.8
```

在 Mac 系統中，可以透過套件管理工具 Homebrew 安裝 Python，命令如下。

```
$ brew install python3
```

在 Windows 平台中，可以造訪 Python 官方網站下載並執行 Python 安裝程式。在安裝過程中選取 "Add Python3.8 to Path" 核取方塊，安裝程式會自動將 Python 解譯器的路徑增加到系統路徑中。

在終端視窗輸入 Python 解譯器命令 "python"，即可打開 Python 解譯器。此時將顯示 Python 的版本資訊。如果顯示以下資訊，就表示 Python 安裝成功。

```
C:\Users\hwdon>python
Python 3.8.2 (tags/v3.8.2:7b3ab59, Feb 25 2020, 23:03:10) [MSC v.1916 64 bit
(AMD64)] on win32
Type "help", "copyright", "credits" or "license" for more information.
>>>
```

Python 廣受歡迎的原因是其提供了大量的程式庫（套件），如多維陣列（張量）函數庫 NumPy、繪圖函數庫 Matplotlib。可以透過 pip 安裝命令安裝這些套件，範例如下。

```
python -m pip install -U pip
pip install numpy
python -m pip install -U matplotlib
```

2. Jupyter Notebook 程式設計環境

目前，很多人都在使用 Jupyter Notebook 的 Python 開發環境。Jupyter Notebook 可以將瀏覽器當作 Python 程式的程式設計環境。一個 Jupyter Notebook 文件由一些單元（Cell）組成。單元的類型主要有 Code Cell 和 Markdown Cell 兩種，前者用於編寫 Python 程式，後者用於編寫 Markdown 格式（類似於 Word，可以包含文字、公式等）的文件。Jupyter Notebook 可將程式和筆記有機地結合在一個文件中，已成為 Python 程式設計師使用最多的一種集程式編寫和思想記錄於一體的工具。

可以輸入以下命令，安裝 Jupyter 環境。

```
pip install --upgrade pip
pip install jupyter
```

然後，在命令列視窗輸入 "jupyter notebook"，就可以打開瀏覽器視窗進行 Python 程式設計了。

3. Anaconda

使用整合安裝工具 Anaconda 可自動安裝 Python 解譯器和常用開發套件（如 Jupyter Notebook、NumPy、Matplotlib）。造訪 Anaconda 官方網站可下載並安裝 Anaconda。

注意：若已透過 Anaconda 安裝 Python 及相關套件，就不需要單獨安裝 Python 解譯器了。

Anaconda 安裝程式還附帶一個具有圖形化使用者介面的 Python 整合式開發環境 Spyder。當然，讀者也可以使用其他 Python 開發環境，如 PyCharm 等。

1.1.2　Python 基礎

1. 物件

在 Python 中，所有數值（如整數 2）都以物件的形式存在。一個物件通常包含值（物件的內容）、資料類型和 ID（相當於位址）等資訊。

Python 是一種動態類型的高階語言。所謂「動態類型」是指 Python 能自動透過物件的值推斷其類型。可透過 Python 內建函數 type() 查詢一個值的類型，範例如下。

```
type("http://hwdong-net.github.io")
```
```
str
```
```
type(2)
```
```
int
```
```
type(3.14)
```
```
float
```

```
type(False)
```

```
bool
```

```
id(3)
```

```
140705546753760
```

```
id(3.14)
```

```
1857260776048
```

注意：布林（bool）型只有兩個值，即 True 和 False，分別表示邏輯命題的真和假。

2. print() 函數

print() 函數可用於輸出一系列用逗點隔開的物件，範例如下。

```
print(2,3.14)
print("youtube 頻道：hwdong",True)
```

```
2 3.14
youtube 頻道：hwdong True
```

print() 函數有一個關鍵字參數 end，表示輸出資訊後的預設結束字元。其預設值是 "\n"，表示輸出後換行。執行以下程式，給 end 參數傳遞一個空格字串，此時 print() 函數輸出內容後會輸出這個空格，而非換行。

```
print(1,2,3,end = " ")              #輸出兩個物件後，輸出一個空格，而非換行
print(4,5,6)
```

```
1 2 3 4 5 6
```

3. 類型轉換

對於基本類型，可用類型名稱將一個其他類型的物件轉為該類型的物件，範例如下。

```
print(int(3.14))                    #將 3.14 從浮點數轉為整數型
print(type(int(3.14)))              #輸出 int(3.14)的類型
print(type("3.14"))
```

```
print(float("3.14"))
print(type(float("3.14")))     #將 3.14 從字串型轉為浮點數
```

```
3
<class 'int'>
<class 'str'>
3.14
<class 'float'>
```

4. 註釋

以 "#" 開頭的行中的文字稱為**註釋**。註釋不是程式敘述,而是對程式碼的說明。

5. 變數

可以用運算子 "=" 給物件命名。這個名字稱為物件的**變數名稱**(或說,這個變數引用了物件),範例如下。

```
pi = 3.14
print(pi)
print(2*pi)
```

變數名稱可以隨時引用其他物件,範例如下。變數名稱不是「從一而終」的,這一點和 C 語言等不同。

```
a = 3.14                    #a 引用了物件 3.14
b = a                       #b 和 a 引用了同一個物件,即 3.14
a = "hwdong-net.github.io"  #a 引用了字串物件"hwdong-net.github.io"
print(a)
print(b)
```

```
hwdong-net.github.io
3.14
```

在以上程式中,變數名稱 a 先引用物件 3.14,然後引用字串物件 "hwdong-net.github.io"。如圖 1-1 所示,左圖是執行 b=a 的結果,右圖是執行 a= "hwdong-net.github.io" 的結果。

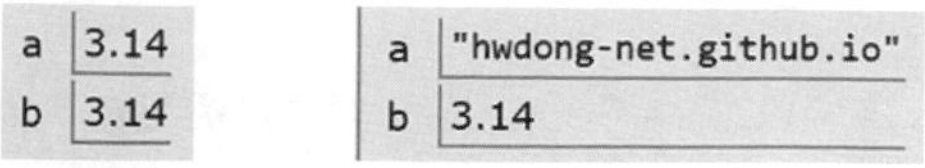

a	3.14
b	3.14

a	"hwdong-net.github.io"
b	3.14

圖 1-1

6. input() 函數

input() 函數用於從鍵盤接收輸入。輸入的內容通常是字串。input() 函數還可以接收「提示串」，範例如下。

```
name = input()
print("name: ",name)
score = input("請輸入你的分數：")
print("姓名：",name,"分數：",score)
type(score)
```

```
王安
name： 王安
請輸入你的分數：56.8
姓名： 王安 分數： 56.8
```

```
str
```

儘管 input() 函數輸入的總是一個字串類型的物件，但可以透過類型轉換將輸入的字串轉為其他基本類型，範例如下。

```
score = input("請輸入你的分數：")
print(type(score))
score = float(input("請輸入你的分數："))
type(score)
```

```
請輸入你的分數：70.5
<class 'str'>
請輸入你的分數：80.5
```

```
float
```

1.1.3　Python 中的常見運算

在 Python 中，可以用運算子直接對（物件）值進行運算。不同類型的值支援的運算不同。舉例來説，對數值型（int、float）可進行算數運算（+、-

、*、/、%、//、**），範例如下，其中 "%"、"//"、"**" 分別表示求餘
數、整數除、指數運算。

```
x = 15
y = 2
print('x + y =',x+y)
print('x - y =',x-y)
print('x * y =',x*y)
print('x / y =',x/y)
print('x % y =',x%y)          #求餘數
print('x // y =',x//y)        #整數除
print('x ** y =',x**y)        #指數運算
```

```
x + y = 17
x - y = 13
x * y = 30
x / y = 7.5
x % y = 1
x // y = 7
x ** y = 225
```

用於對兩個值進行比較的比較運算子 "=="、"!="、">"、"<"、">="、
"<="，分別表示等於、不等於、大於、小於、大於等於、小於等於。比較
運算的結果是布林型的值，範例如下。

```
x = 15
y = 2
print('x > y is',x>y)
print('x < y is',x<y)
print('x == y is',x==y)
print('x != y is',x!=y)
print('x >= y is',x>=y)
print('x <= y is',x<=y)
```

```
x > y is True
x < y is False
x == y is False
x != y is True
x >= y is True
x <= y is False
```

邏輯運算子 and、or、not 分別表示邏輯與、邏輯或、邏輯非。在邏輯運算中，True、非 0 或不可為空白物件為真（True），False、0 或空白物件為假（False）。

算術運算子的運算規則如下。

- 對一個物件 x：當 x 為真（True、非 0 值或不可為空值）時，"not x" 為 False；當 x 為假（False、0 或空值）時，"not x" 為 True。範例程式如下。

```
#print()函數預設在輸出後換行，可透過給 end 參數傳遞一個空格達到只輸出空格而不換行的效果
print(not 0,end = ' ')
print(not "",end = ' ')
print(not False,end = ' ')
print(not 2,end = ' ')
print(not "hwdong")
```

```
True True True False False
```

- 對兩個物件 x、y：當 x 為真時，"x or y" 的結果是 x；當 x 為假時，"x or y" 的結果是 y。範例程式如下。

```
print(3 or 2,end = ' ')          #因為 3 為真，所以 3 or 2 的結果是 3
print(0 or 2,end = ' ')          #因為 0 為假，所以 0 or 2 的結果是 2
print(False or True,end = ' ')
print("" or 2)                   #因為空字串為假，所以 "" or 2 的結果是 2
```

```
3 2 True 2
```

- 對兩個物件 x、y：當 x 為真時，"x and y" 的結果是 y；當 x 為假時，"x and y" 的結果是 x。範例程式如下。

```
print(3 and 2,end = ' ')         #因為 3 為真，所以 3 and 2 的結果是 2
print(0 and 2,end = ' ')         #因為 0 為假，所以 0 and 2 的結果是 0
print("" and 2,end = ' ')        #因為空字串為假，所以 "" and 2 的結果是 ""，即沒有輸出
print(False and True)
```

```
2 0  False
```

Python 還有移位運算符號（ 如位元與 & 、位元或 |、互斥 ^、反轉 ~、左移 <<、右移 >>）等運算子，對此感興趣的讀者可以參考相關資料。

運算子 "=" 也可以與其他算術運算子、位元運算符號結合使用，範例如下。

```
x = 3
print(id(x))
x+=2                    #相等於 x = x+2
print(id(x))
```

"x+=2" 相等於 "x = x+2"，其含義是：將原來的 x 與 2 相加，得到一個新物件，x 將引用這個相加計算的結果物件（新物件）。可以看出，前後兩個 x 表示的是兩個不同的物件。

運算子 in、not in 用於判斷一個值（物件）是否在一個容器物件中，範例如下。

```
print("h"in"hwdong")
print("h"not in"hwdong")
```

```
True
False
```

1. 索引運算子

可以透過給索引運算子（[ ]）指定一個索引來存取一個容器物件中的某個元素，範例如下。

```
s = "hwdong"
print(s[0], s[1], s[2], s[3], s[4], s[5])
print(s[-6],s[-5],s[-4],s[-3],s[-2],s[-1])
```

索引的編號從 0 開始。字串物件 s 由一系列字元組成：第一個字元的索引是 0，第二個字元的索引是 1……依此類推。長度為 n 的字串的索引為 $0,1,2,\cdots,n-1$。

索引也可以是負整數，其中，-1 指最後一個字元，$-n$ 指第一個字元。

2. 字串的格式化

用格式符 "%" 將一些資料格式化到字串中，以創建一個新字元，範例如下。

```
s2 = '%s %s %f' % ("The score", "of LiPing is: ", 78.5)
print(s2)
```

"%s %s %f" 表示：其後面的三個輸出項"The score"、"of LiPing is: "、"78.5"，前兩個是字串，第三個是實數。

可用 format() 方法對一個字串進行格式化，也就是將字串中的預留位置 "{}"依次替換為 format() 方法中的資料，範例如下。

```
print ("{} {} {}".format("The score", "of LiPing is: ", 78.5))
```

1.1.4　Python 控制敘述

程式通常是從上到下依次執行每一行敘述的。有時可能需要根據某個條件是否被滿足來決定是否執行某些敘述或重複執行某些敘述。Python 的條件陳述式、循環敘述就是用來根據條件決定如何執行某些敘述的控制敘述的。

1. if 敘述

if 敘述的格式如下。

```
if 運算式:
        區塊
```

以上敘述表示 if 關鍵字後的運算式的結果。如果結果為 True 或非 0 值，則執行其中的區塊，範例如下。

```
score = float(input())
if score>=60:
    print("恭喜你!")
    print("通過了考試。")
```

```
60.5
恭喜你!
通過了考試。
```

- if 運算式後面要有冒號。
- 在 Python 中,可以透過對齊的方式表示一組敘述屬於同一個區塊,如以上程式中 if 區塊裡的兩個敘述。

同一個區塊中的程式的縮排必須是正確的,否則 Python 解譯器就會顯示出錯,範例如下。

```
score = float(input())
if score>=60:
    print("恭喜你!")
 print("通過了考試。")
```

```
  File "<tokenize>", line 4
    print("通過了考試。")
    ^
IndentationError: unindent does not match any outer indentation level
```

if 和 else 可以結合使用,表示「如果……否則……」,即當 if 中的條件運算式為 True 時執行 if 子句中的區塊,否則執行 else 子句中的區塊。else 後面不需要條件運算式。if...else 敘述的格式如下。

```
if 運算式:
   區塊 1
else:
   區塊 2
```

範例程式如下。

```
score= float(input("請輸入成績:"));
if score>=60:                  #如果 score 大於等於 60,就執行 if 子句中的區塊
    print("恭喜你!")
    print("通過了考試。")
else:                          #不然執行 else 區塊
    print("你未考試及格。")
    print("繼續努力,加油!")
```

```
請輸入成績：67.5
恭喜你!
通過了考試。
```

對於多個條件，可使用 if 的另一種形式 if...elif...else，即「如果……否則
如果……否則」，範例如下。

```
if 運算式 1:
    區塊 1
elif 運算式 2:
    區塊 2
elif 運算式 3:
    區塊 3
else:
    區塊
```

以上敘述表示：如果運算式 1 的結果是 True，則執行運算式 1 中的區塊
1，且不會執行其他區塊；如果運算式 2 的結果是 True，則執行運算式 2
中的區塊 2；如果運算式 3 的結果是 True，則執行運算式 3 中的區塊 3；
如果前面的運算式的結果都是 False，則執行 else 子句中的區塊。範例程
式如下。

```
score= float(input("請輸入學生成績:"));
if score<60:                 #如果 score 小於 60，就執行這個 if 區塊
    print("不及格")
elif score<70:               #如果 score 小於 60，就執行這個 elif 區塊
    print("及格")
elif score<80:               #如果 score 小於 80，就執行這個 elif 區塊
    print("中等")
elif score<90:               #如果 score 小於 69，就執行這個 elif 區塊
    print("良好")
else:                        #否則（其他情況），執行這個 else 區塊
    print("優秀");
```

```
請輸入學生成績：90.5
優秀
```

2. while 敘述

while 敘述的格式如下。

```
while 運算式:
       區塊
```

當關鍵字 while 中的運算式為 True 時，就重複執行其中的區塊，範例如下。

```
i = 1
s = 0
while i<=100:
   s = s+i;                    #相等於 s += i
   #print(i,s)
   i+=1
print(s)
```

```
5050
```

統計透過鍵盤輸入的一組學生的成績的平均值，可以用下列程式實現。

```
total_score=0
i= 0
score = float(input("請輸入學生成績："))
while True:
    total_score += score
    i += 1
    score = float(input("請輸入學生成績："))
    if  score<0:
        break                    #關鍵字 break 用於跳出循環

print('平均成績為：', total_score/i)
```

```
請輸入學生成績：45.6
請輸入學生成績：56.7
請輸入學生成績：89.7
請輸入學生成績：78.6
請輸入學生成績：-2
平均成績為： 67.65
```

在循環的區塊裡巢狀結構了一個 if 條件陳述式。如果該條件陳述式運算式

"score<0" 為 True，則執行其中的 break 敘述。**break** 是 Python 的關鍵字，用於跳出循環敘述，即不再執行循環敘述。

3. for 敘述

for 關鍵字也表示一個循環敘述，用於疊代存取一個容器物件或一個可疊代物件中的所有元素。for 敘述的格式如下。

```
for e in container:
    區塊
```

以上敘述表示：循環存取容器物件 container 中的元素 e，執行區塊中的敘述。範例程式如下。

```
for ch in "hwdong":
    print(ch,end=",")
```

```
h,w,d,o,n,g,
```

疊代存取字串中的所有元素（字元），然後用 print() 函數輸出該元素（本例中為 ch）。

1.1.5　Python 常用容器類型

就像字串是字元的容器一樣，Python 提供了 list、tuple、set、dict 等類型的容器。

1. 串列

串列（list）是一組資料元素（物件）的有序序列。串列物件被一對中括號（[ ]）包圍，資料元素之間用逗點隔開，範例如下。

```
a = [2,5,8]
print(a)
type(a)
```

```
[2, 5, 8]
```

```
list
```

串列中資料元素的類型可以是不同的，甚至可以是包含其他物件的 list 物件，範例如下。

```
my_list =[2, 3.14,True,[3,6,9],'python']
print(my_list)
print(type(my_list))              #列印 my_list 的類型，即 list 類型
```

```
[2, 3.14, True, [3, 6, 9], 'python']
<class 'list'>
```

再列出一個範例，具體如下。

```
a = [[1,2,3],[4,5,6]]
print(a)
```

```
[[1, 2, 3], [4, 5, 6]]
```

（1）索引

和字串一樣，可透過索引存取串列中的元素，範例如下。

```
print("my_list[0]:",my_list[0])
print("my_list[3]:",my_list[3])
print("my_list[-2]:",my_list[-1])
```

```
my_list[0]: 2
my_list[3]: [3, 6, 9]
my_list[-2]: python
```

可以透過索引修改串列物件中的元素，範例如下。

```
print(my_list)
my_list[-2]=[8,9]
print(my_list)
```

```
[2, 3.14, True, [3, 6, 9], 'python']
[2, 3.14, True, [8, 9], 'python']
```

在以上程式中，索引 "-2" 指向新物件 [8,9]。

將不同的物件設定值給串列元素，可使串列元素指向不同的物件，如圖 1-2 所示。

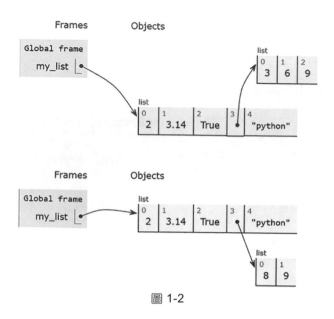

圖 1-2

（2）切片

可以透過 [start:end:step] 存取一個串列物件的由起始索引、結束索引、步進值篩選出來的元素組成的子串列。這種存取串列物件的方式稱為切片，範例如下。

```
print(my_list)
print(my_list[2:4])
print(my_list[0:4:2])
```

```
[2, 3.14, True, [8, 9], 'python']
[True, [8, 9]]
[2, True]
```

步進值的預設值是 1。如果起始索引未指定，則預設為 0；如果結束索引未指定，則預設為最後一個元素後面的位置。範例程式如下。

```
list_2 = my_list[:]              #所有元素
print(list_2)
```

```
[2, 3.14, True, [8, 9], 'python']
```

以上程式用於返回一個由所有元素組成的串列。

注意：透過切片創建的是一個新的串列物件。因此，執行以下程式，將輸出不同的 ID。

```
print(id(my_list))
print(id(list_2))
```

```
1535447525504
1535447326144
```

如果切片位於設定陳述式的左邊，則表示修改該切片所對應的子串列的內容，範例如下。

```
print(my_list)
my_list[2:4] = [13, 9]
print(my_list)
```

```
[2, 3.14, True, [8, 9], 'python']
[2, 3.14, 13, 9, 'python']
```

以上程式透過切片替換了串列中的部分元素，如圖 1-3 所示。

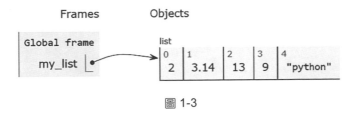

圖 1-3

（3）遍歷

和字串一樣，可以用 for 循環等存取一個串列物件中的元素，範例如下。

```
for e in my_list:
    print(e,end=" ")
```

```
2 3.14 True [8, 9] python
```

甚至可以透過用 for 循環遍歷一個容器或可疊代物件的方式創建一個串列物件，範例如下。

```
alist = [e**2 for e in [0,1,2,3,4,5]]
print(alist)
```

```
[0, 1, 4, 9, 16, 25]
```

以上程式表示對 [1,2,3,4,5] 的每個元素計算 e**2，並用這些值創建一個串列物件。這種透過在中括號中疊代計算而產生值來創建串列物件的式子叫作**串列解析式（譯註：Comprehension）**。串列解析式可以包含更複雜的計算程式，如包含條件陳述式，範例如下。

```
alist = [0, 1, 2, 3, 4,5]
alist = [x ** 2 for x in alist if x % 2 == 0]
print(alist)
```

```
[0, 4, 16]
```

Python 的內建函數 range(n) 是一個用於產生 0 到 n 之間整數（不包括 n）的**疊代器物件**。儘管疊代器物件不是容器，但依然可以用 for 循環遍歷該物件中的元素，範例如下。

```
for e in range(6):
    print(e, end = ' ')
print()
```

```
0 1 2 3 4 5
```

可以透過遍歷疊代器物件的方式創建一個串列物件，範例如下。

```
alist = [e**2 for e in range(6)]
print(alist)
```

```
[0, 1, 4, 9, 16, 25]
```

2. 元組

和串列一樣，元組（tuple）也是一組資料元素（物件）的有序序列，也就是說，每個元素有唯一的索引。在定義元組時，使用的是小括號，而非中括號，範例如下。

```
t = ('python',[2,5],37,3.14,"https://hwdong.net")
print(type(t))
print(t[1:4])
print(t[-1:-4:-1])
```

```
<class 'tuple'>
([2, 5], 37, 3.14)
('https://hwdong.net', 3.14, 37)
```

串列中的元素是可修改的,範例如下。

```
print(alist)
alist[1] = 22
print(alist)
```

```
[0, 1, 4, 9, 16, 25]
[0, 22, 4, 9, 16, 25]
```

元組中的元素是不可修改的(如同一個字串中的元素是不可修改的),範例如下。

```
t[1]=22
```

```
---------------------------------------------------------------------

TypeError                                 Traceback (most recent call last)

<ipython-input-27-70d00e4ef536> in <module>
----> 1 t[1]=22
```

```
TypeError: 'tuple' object does not support item assignment
```

注意:用小括號解析式創建的是可疊代物件,而非元組物件,範例如下。

```
nums = (x**2 for x in range(6))
print(nums)
for e in nums:
    print(e,end= " ")
```

```
<generator object <genexpr> at 0x000001657FD80F20>
0 1 4 9 16 25
```

這是因為，元組物件是不可修改的，即無法透過每次產生一個值然後將其增加到元組中的方式創建一個元組物件。

3. 集合

集合（set）是指不包含重複元素的無序集合。集合是被一對大括號（{}）包圍的、以逗點隔開的一組元素，元素的類型可以是不同的，範例如下。

```
s = {5,5,3.14,2,'python',8}
print(type(s))
print(s)
```

```
<class 'set'>
{2, 3.14, 5, 8, 'python'}
```

可以用 add() 和 remove() 函數在一個集合中增加和刪除元素。對於串列物件，可以用 append() 或 insert() 函數追加或插入元素。pop() 函數用於刪除最後一個元素。remove() 函數用於刪除第一個指定值的元素。範例程式如下。

```
s.add("hwdong")
print(s)
s.remove("hwdong")
print(s)
alist.append("hwdong")
print(alist)
alist.insert(2,"net")
print(alist)
alist.pop()
print(alist)
alist.remove("net")
print(alist)
```

```
{2, 3.14, 5, 8, 'hwdong', 'python'}
{2, 3.14, 5, 8, 'python'}
[0, 22, 4, 9, 16, 25, 'hwdong']
[0, 22, 'net', 4, 9, 16, 25, 'hwdong']
[0, 22, 'net', 4, 9, 16, 25]
[0, 22, 4, 9, 16, 25]
```

對不可修改的物件（如元組），沒有 append() 或 insert() 之類的函數用於增加元素。舉例來説，以下程式是**錯誤**的。

```
t.append("hwdong")
```

```
-----------------------------------------------------------------------

AttributeError                              Traceback (most recent call last)

<ipython-input-31-34fd50c7f43a> in <module>
----> 1 t.append("hwdong")
```

```
AttributeError: 'tuple' object has no attribute 'append'
```

可以用大括號解析式創建一個集合物件，範例如下。

```
nums = {x**2 for x in range(6)}
print(nums)
```

```
{0, 1, 4, 9, 16, 25}
```

4. 字典

字典（dict）是鍵值對（Key-Value Pairs）的無序集合，每個元素都以「鍵:值」（key:value）的形式儲存，範例如下。

```
d = {1:'value', 'key':2, 'hello': [4,7]}
print(type(d))
print(d)
```

```
<class 'dict'>
{1: 'value', 'key': 2, 'hello': [4, 7]}
```

在以上程式中，需要透過 key（鍵，也稱關鍵字）存取 dict 中這個 key 所對應的元素的 value（值），範例如下。

```
d['hello']
```

```
[4, 7]
```

如果一個 key 所對應的元素不存在，那麼透過這個 key 存取元素的操作是非法的，範例如下。

```
d[3]
```

```
---------------------------------------------------------------------

KeyError                                Traceback (most recent call last)

<ipython-input-35-0acadf17a380> in <module>
----> 1 d[3]
```

```
KeyError: 3
```

不過，可以給一個不存在的 key 設定值，即在集合中增加一個鍵值對，範例如下。

```
d[3] = "python"
print(d)
print(d[3])
```

```
{1: 'value', 'key': 2, 'hello': [4, 7], 3: 'python'}
python
```

定義一個表示學生資訊並以名字作為關鍵字的 dict 物件，範例如下。

```
students={"LiPing":[21,"計科01",15370203152],"ZhangWei":[20,"計科
02",17331203312],"ZhaoSi":[22,"機械03",16908092516]}
print(students)
print(students["ZhangWei"])
```

```
{'LiPing': [21, '計科01', 15370203152], 'ZhangWei': [20, '計科02',
17331203312], 'ZhaoSi': [22, '機械03', 16908092516]}
[20, '計科02', 17331203312]
```

可以透過 for...in 循環敘述存取 dict 中的元素，範例如下。

```
for name in students:
    info = students[name]
    print('{}\'s info: {} '.format(name, info))
```

```
LiPing's info: [21, '計科01', 15370203152]
ZhangWei's info: [20, '計科02', 17331203312]
```

```
ZhaoSi's info: [22, '機械 03', 16908092516]
```

當然，也可以用大括號解析式創建 dict 物件，範例如下。

```
points = {x:x**2 for x in range(6)}
print(points)
```

```
{0: 0, 1: 1, 2: 4, 3: 9, 4: 16, 5: 25}
```

1.1.6　Python 常用函數

Python 透過關鍵字 **def** 來定義函數、給區塊命名，然後透過函數名稱呼叫並執行對應的函數，範例如下。

```
def hwdong():
    print("我的 youtube 頻道是：","hwdong")        #呼叫內建函數 print()
    print("我的 B 站號是：hw-dong")
    print("我的網誌是：https://hwdong-net.github.io")
```

呼叫函數 hwdong()，範例如下。

```
hwdong()
print()                                    #呼叫內建函數 print()
hwdong()
print()                                    #呼叫內建函數 print()
hwdong()
```

```
我的 youtube 頻道是： hwdong
我的 B 站號是：hw-dong
我的網誌是：https://hwdong-net.github.io

我的 youtube 頻道是： hwdong
我的 B 站號是：hw-dong
我的網誌是：https://hwdong-net.github.io

我的 youtube 頻道是： hwdong
我的 B 站號是：hw-dong
我的網誌是：https://hwdong-net.github.io
```

函數可以有參數，以便在呼叫函數時將對應的參數傳遞給函數。以下函數

用於計算 x^n。

```
def pow(x,n):
    ret = 1
    for i in range(n):          #0,1,2,...,n-1
        ret *=x                 #ret = ret*x
    return ret                  #返回函數的值
```

其中，關鍵字 **return** 表示的敘述稱為返回敘述，即函數執行到 return 時就返回（結束執行），同時返回一個值。

呼叫這個函數，分別給函數的形式參數 x 和 n 傳遞實際參數，範例如下。

```
print(pow(3,2))
print(pow(2,4))
```

```
9
16
```

在以上程式中，pow() 函數呼叫的返回值將傳遞給 print() 函數，以便列印這個返回值。

函數的參數可以有預設值。如果在呼叫函數時沒有提供對應的參數，那麼這個參數將使用其預設值，範例如下。

```
def pow(x,n=2):
    ret = 1
    for i in range(n):
        ret *=x
    return ret
```

該函數的參數 n 的預設值是 2，即計算 x^2。在呼叫該函數時，可以傳遞或不傳遞實際參數給形式參數 n，範例如下。

```
print(pow(3.5))             #將 3.5 傳遞給 x，n 的預設值為 2
print(pow(3.5,3))
```

```
12.25
42.875
```

一個函數內部可以存在呼叫其他函數的敘述。當然，一個函數可以在其內部呼叫自身，這種函數稱為**遞迴函數**。

求正整數 n 的階乘的函數，範例如下。當 $n = 1$ 時，直接返回 1；不然將 $n!$ 轉為 $n \times (n-1)!$。

```python
def fact(n):
    if n==1:                    #如果 n 等於 1，就直接返回 1
        return 1
    return n * fact(n - 1)     #如果 n 大於 1，就計算 n 和 fact(n-1) 的積

fact(4)                        #輸出 24
```

```
24
```

當然，也可以直接用迴圈來計算 $n! = 1 \times 2 \times 3 \times \cdots \times (n-1) \times n$，範例如下。

```python
def fact(n):
    ret = 1
    i = 1
    while i<=n:
        ret *= i
        i += 1
    return ret

fact(4)                        #輸出 24
```

```
24
```

1. math 套件

math 套件裡定義了許多數學函數程式庫。要想使用該包中的函數，需要先匯入（import）該套件，命令如下。

```python
import math
print(math.sqrt(2))
```

```
1.4142135623730951
```

import...as 敘述可以給匯入的套件取一個別名，範例如下。

```
import math as mt
print(mt.sqrt(2))
print(mt.pow(3.5,2))
```

```
1.4142135623730951
12.25
```

再看一個例子，具體如下。

```
import math
def circle(r):
    area = math.pi*r**2
    perimeter = 2*math.pi*r
    return area,perimeter

area,p = circle(2.5)
print("半徑是 2.5 的圓面積和周長是：%5.2f,%5.2f"%(area,p))
area,p =circle(3.5)
print("半徑是 3.5 的圓面積和周長是：%5.2f,%5.2f"%(area,p))
```

```
半徑是 2.5 的圓面積和周長是：19.63,15.71
半徑是 3.5 的圓面積和周長是：38.48,21.99
```

函數可以返回多個值。這些值實際上是以一個元組物件的形式返回的，範例如下。

```
ret = circle(2.5)
print(type(ret))
area,p = ret
print(area,p )
```

```
<class 'tuple'>
19.634954084936208 15.707963267948966
```

2. 全域變數和區域變數

在函數外部定義的變數稱為**全域變數**，在函數內部定義的變數稱為**區域變數**。全域變數屬於全域命名空間。區域變數屬於函數的局部命名空間，不同的命名空間裡可以有名稱相同變數（它們互不衝突）。在函數內部不能直接存取外部的全域變數。範例程式如下。

```
global_x = 6
def f():
    x = 3
    global_x = 5
    print(x,global_x)
```

```
f()
print(global_x)
```

```
3 5
6
```

函數內部的敘述 "global_x = 5" 並沒有修改函數外部的全域變數 global_x，
而是定義了一個區域變數 global_x 來指向物件 5（對全域變數 global_x 沒
有任何影響）。因此，執行函數 f() 後，函數內部的區域變數就被銷毀
了，全域變數 global_x 的值仍然是 6。

要想從函數內部存取全域變數，就要在函數內部用關鍵字 global 宣告一個
變數是全域變數，範例如下。

```
global_x = 6
def f():
    global global_x
    x = 3
    global_x = 5
    print(x,global_x)
```

```
f()
print(global_x)
```

```
3 5
5
```

函數內部的 global_x 被宣告為函數外部的全域變數 global_x。對它進行修
改，就是修改外部的全域變數 global_x。因此，函數 f() 執行後的輸出敘述
輸出的是 5，而非 6。

另一種修改全域變數的方法是將全域變數作為參數傳遞給函數，但這個全域變數必須是非基本類型的物件。這是因為，在傳遞基本類型的物件時，函數的形式參數引用的物件是實際參數引用的物件的複製物件（不是同一個物件）。範例程式如下。

```python
global_x = 6
a = [1,2,3]

def f(y,z):
    x = 3
    y = 5
    z[0] = 10
    print(y)
    print(z)

f(global_x,a)
print(global_x)
print(a)
```

```
5
[10, 2, 3]
6
[10, 2, 3]
```

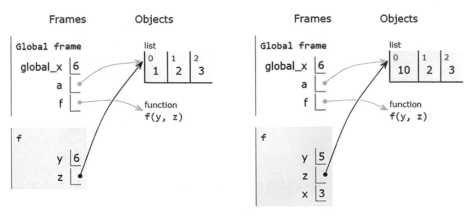

圖 1-4

如圖 1-4 所示：在將變數 global_x 傳遞給 y 時，y 引用的是變數 global_x

指向的物件的複製物件，而非其本身；而在將變數 a 傳遞給 z 時，z 和 a 引用的是同一個物件。也就是說，基本類型的參數傳遞的是複製物件，非基本類型的參數傳遞的是引用物件。

3. 匿名函數和 lambda 函數

對一些簡短的函數，可以用關鍵字 lambda 定義一個沒有函數名稱的函數，範例如下。

```
lambda arguments: expression
```

函數沒有函數名稱，但有參數 arguments，範例如下。

```
lambda x: x ** 2
```

通常用 "=" 運算子給 lambda 函數命名，範例如下。

```
double = lambda x: x ** 2
```

呼叫 double 引用的匿名函數，範例如下。

```
double(3.5)
```

```
12.25
```

4. 巢狀結構函數

定義在一個函數內部的函數稱為**巢狀結構函數**，範例如下。

```
def print_msg(msg):           #包圍函數
    def printer():            #巢狀結構函數
        print(msg)
    return printer            #返回巢狀結構函數

another = print_msg("Hello")
another()
```

```
Hello
```

巢狀結構函數可以存取其所包含範圍內的變數，如 printer() 可以存取 print_msg() 的變數（包括參數 msg）。範例程式如下。

```
def make_pow(n):
    def pow(x):
        return x ** n          #pow()可以存取 make_pow()的變數（即 n）
    return pow
```

make_pow() 返回的函數物件 pow() 可以存取 make_pow() 的變數（即 n），
範例如下。

```
pow3 = make_pow(3)             #給返回的巢狀結構函數 pow()起了一個名字 pow3

pow5 = make_pow(5)             #給返回的巢狀結構函數 pow()起了一個名字 pow5

print(pow3(9))
print(pow5(3))
print(pow5(pow3(2)))
```

```
729
243
32768
```

5. yield 關鍵字和生成器

透過 yield 關鍵字，可以定義一個生成器。生成器是一種函數，可返回一
個疊代器（物件），範例如下。

```
def infinite_sequence():
    num = 0
    while True:
        yield num
        num += 1
```

生成器 infinite_sequence() 透過 yield 關鍵字返回一個可疊代物件，範例如
下。

```
iterator = infinite_sequence()
print(next(iterator))
print(next(iterator))
```

```
0
1
```

可以用變數名稱 iterator 引用生成器返回的可疊代物件，然後用 next() 函數
得到這個可疊代物件的值。也可以用 for 循環遍歷這個可疊代物件，範例
如下。

```
for i in infinite_sequence():
    print(i, end=" ")
    if i>5:
        break
```

```
0 1 2 3 4 5 6
```

1.1.7 類別和物件

類別（class）是對一個抽象概念的描述。類別描述了屬於同一個概念的所
有物件的共同屬性，包括資料屬性和方法屬性。資料屬性描述了該類別物
件的狀態，方法屬性描述了該類別物件的功能。一個類別就是一個資料類
型，它刻畫了這個類別的所有可能值的共同屬性，如 int 類別刻畫了所有
整數的特性。

一般地，可以透過類別名創建一個類別物件。類別物件是一個具體的物
件，範例如下。

```
s = str("http://hwdong.net")
print(type(s))                 #str
location = s.find("hwdong")    #透過 str 的 find()方法查詢是否存在子字串，並返回子字
                                串的位置
print(location)
alist = list(range(6))         #[0,1,2,3,4,5]，即 list
blist = alist.copy()  #透過 list 的 copy()方法產生 alist，以修改一個被複製的 list
blist[2] = 20
print(alist)
print(blist)
```

```
<class 'str'>
7
[0, 1, 2, 3, 4, 5]
[0, 1, 20, 3, 4, 5]
```

以上程式透過一個類別物件，用**成員存取運算子** "." 存取類別**的方法**，並
對這個物件操作（存取某些資訊、修改該物件或創建新物件）。例如：
s.find() 在 s 中查詢是否存在一個等於字串 "hwdong" 的子字串，並返回該
子字串的位置；alist.copy() 複製並創建了一個和 alist 內容相同的 list 物
件，並使 blist 引用這個新的 list 物件。

類別的方法是屬於類別的函數，即類別的內建函數，而非普通的外部函
數。

在 Python 中，可以用關鍵字 class 來定義一個類別。舉例來說，為了刻畫
學生的共同屬性，可以定義一個 Student 類別，程式如下。

```python
class Student:
    def __init__(self, name, score):
        self.name = name
        self.score = score

    def print(self):
        print(self.name,",",self.score)
```

類別中的函數稱為**方法**。透過一個類別物件呼叫一個類別的方法，就可以
對這個類別物件執行該方法中的敘述。因為一個類別中可以有多個物件，
而類別的方法必須知道要對哪個物件執行該方法，所以，類別的方法的第
一個參數都是 self，以表示需要呼叫這個類別的方法的哪個物件。

下面的程式定義了 Student 類別的兩個物件 s1 和 s2，並透過它們呼叫了
Student 類別的 print() 方法，而 Student 類別的 print() 方法呼叫了內建函數
print() 來輸出 self，以指向物件的姓名和分數。

```python
s1 = Student("LiPing",67)
s2 = Student("WangQiang",83)
s1.print()
s2.print()
```

```
LiPing , 67
WangQiang , 83
```

類別的 __init__() 方法是一種特殊方法，稱為**建構函數**。在定義類物件時，會自動呼叫這個建構函數，對 self 指向的類別物件進行初始化。

上述 Student 類別的建構函數，分別使用參數 name 和 score 對 self 指向的物件自身的兩個屬性 self.name 和 self.score 進行初始化。舉例來說，在執行 Student("LiPing",67) 時會自動呼叫這個建構函數，"LiPing" 和 67 分別作為參數 name 和 score 來呼叫建構函數，從而創建一個物件。

每個物件都有自己的實例屬性，改變一個物件的實例屬性不會影響其他物件的實例屬性。

除了實例屬性，還可以給一個類別定義類別屬性。類別屬性是指由類別的所有物件共用的屬性，是定義在類別的方法外面的屬性。舉例來說，修改後的 Student 類別增加了一個類別屬性 count，表示透過這個類別創建了多少個具體的類別物件，其初值為 0，每次創建一個類別物件都會增加其計數，範例如下。

```python
class Student:
    count=0
    def __init__(self, name, score):
        self.name = name
        self.score = score
        Student.count +=1

    def print(self):
        print(self.name,",",self.score)
```

通常可以透過「類別名.類別屬性」來查詢或修改類別的屬性，如 "Student.count"。也可透過「實例名稱.類別屬性」（包括「self.類別屬性」）來查詢實例的屬性，如以下程式中的"s1.count"。

```python
print(Student.count)
s1 = Student("LiPing",67)
print(s1.count)
s2 = Student("WangQiang",83)
print(Student.count)
```

```
0
1
2
```

1.1.8 Matplotlib 入門

Matplotlib 是一個用於繪製和顯示 2D 圖形的 Python 套件。matplotlib. pyplot 為 Matplotlib 的物件導向繪圖函數庫提供了介面函數。執行以下命令，可匯入 matplotlib.pyplot 模組並將其命名為 "plt"，從而避免輸入 "matplotlib.pyplot" 這個長字串。

```
import matplotlib.pyplot as plt
%matplotlib inline
```

"%matplotlib inline" 用於使圖形在 Jupyter Notebook 中顯示。

pyplot 模組的 plot() 函數可直接用於繪製 2D 圖形，範例如下，結果如圖 1-5 所示。

```
y = [i*0.5 for i in range(10)]
print(y)
plt.plot(y)                        #繪製以 y 作為縱軸座標點組成的圖形
plt.show()                         #呼叫 plt.show() 來顯示圖形
```

```
[0.0, 0.5, 1.0, 1.5, 2.0, 2.5, 3.0, 3.5, 4.0, 4.5]
```

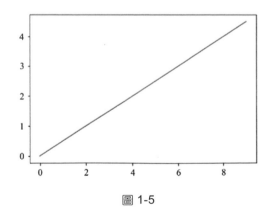

圖 1-5

由於只列出了縱軸座標的陣列 y，plot() 函數預設會自動生成從 0 開始的橫軸座標。當然，可以分別傳遞兩個陣列來表示 x 和 y 的座標，範例如下，結果如圖 1-6 所示。

```
x = [i*0.1 for i in range(10)]
y = [xi**2 for xi in x]
print(["{0:0.2f}".format(i) for i in x])
print(["{0:0.2f}".format(i) for i in y])
plt.plot(x, y)                          #繪製由(x,y)座標點組成的圖形
plt.show()                              #呼叫 plt.show() 來顯示圖形
```

```
['0.00', '0.10', '0.20', '0.30', '0.40', '0.50', '0.60', '0.70', '0.80',
'0.90']
['0.00', '0.01', '0.04', '0.09', '0.16', '0.25', '0.36', '0.49', '0.64',
'0.81']
```

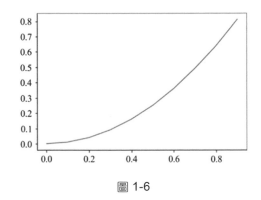

圖 1-6

還可以同時繪製多條曲線，範例如下，結果如圖 1-7 所示。

```
x = [i*0.2 for i in range(10)]
y = [xi**2 for xi in x]
y2 = [3*xi-1 for xi in x]

plt.plot(x, y)                          #繪製由(x,y)座標點組成的圖形
plt.plot(x, y2)
plt.ylim(0,5)
plt.xlabel('$x$ axis label')
plt.ylabel('$y$ axis label')
plt.title('$y=x^2$ and $y=3x-1$')
```

```
plt.legend(['$y=x^2$', '$y=3x-1$'])        #指定圖例的標籤
plt.show()                                  #呼叫 plt.show()來顯示圖形
```

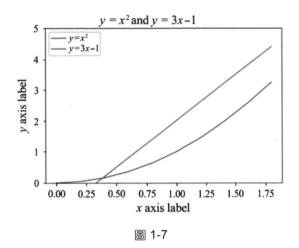

圖 1-7

其中，pyplot 模組的 title() 函數用於給圖片增加標題，legend() 函數用於給繪製出來的曲線命名，xlim() 和 ylim() 函數用於限制 x 和 y 的座標的範圍，xlabel() 和 ylabel() 函數用於給 x 軸和 y 軸增加標籤。不同的圖形將自動使用不同的顏色來顯示。

plot() 函數還可以接收一些參數，以指定所繪製圖形的樣式，範例如下，結果如圖 1-8 所示。

```
import math
x = [i*0.2 for i in range(50)]
y = [math.sin(xi) for xi in x]
y2 = [math.cos(xi) for xi in x]
y3 = [0.2*xi for xi in x]
plt.plot(x, y,'r-')
plt.plot(x, y2,'bo')
plt.plot(x, y3,'g:')
plt.legend(['$sin(x)$', '$cos(x)$','$0.2x$'])
plt.show()
```

"r-" 中的 "r" 表示紅色（Red），"-" 表示短線。"bo" 中的 "b" 表示藍色（Blue），"o" 表示小數點。"g:"中的"g"表示綠色（Green），":"表示虛線。

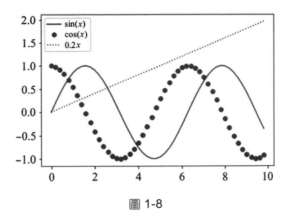

圖 1-8

除了 plot() 函數，還有一些函數可用於繪製圖形。舉例來說，scatter() 函數用於繪製散點圖，範例如下，結果如圖 1-9 所示。

```
import math
x = [i*0.2 for i in range(50)]
y = [math.sin(xi) for xi in x]
y2 = [math.cos(xi) for xi in x]
y3 = [0.2*xi for xi in x]
plt.scatter(x, y, c='r', s=6, alpha=0.2)
plt.scatter(x, y2,c='g', s=18, alpha=0.9)
plt.scatter(x, y3,c='b', s=3, alpha=0.4)
plt.legend(['$sin(x)$', '$cos(x)$','$0.2x$'])
plt.show()
```

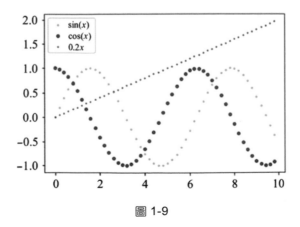

圖 1-9

在以上程式中，參數 c 表示顏色，參數值 r、g、b 分別表示紅色、綠色、藍色，參數 s 表示點的大小，參數 alpha 表示透明度。

1. subplot() 函數

subplot() 函數用於設定圖形的視窗（figure）物件，除了可以顯示多個圖形，還可以在多個子區域中顯示不同的圖形。用 subplot() 函數指定子圖（subplot）的顯示視窗，範例如下。

```
subplot(numRows, numCols, plotNum)
```

參數 numRows、numCols、plotNum 分別用於指定行數、列數、子圖的序號。在繪製子圖中的圖形前，需要呼叫 subplot() 函數指明要在哪個子圖上繪製圖形。可以用 title() 函數設定子圖的標題。範例程式如下，結果如圖 1-10 所示。

```python
import math
x = [i*0.2 for i in range(50)]
y = [math.sin(xi) for xi in x]
y2 = [math.cos(xi) for xi in x]
y3 = [0.2*xi for xi in x]

fig = plt.gcf()
fig.set_size_inches(12, 4, forward=True)

plt.subplot(1, 2, 1)
plt.plot(x, y,'r-')
plt.plot(x, y2,'bo')
plt.title('$sin(x)$ and $cos(x)$')
plt.legend(['$sin(x)$', '$cos(x)$'])

plt.subplot(1, 2, 2)
plt.plot(x, y3,'g:')
plt.title('$0.2x$')


plt.show()
```

以上程式先透過 "fig = plt.gcf()" 得到當前視窗的 figure 物件並將其指定變數 fig，再透過呼叫 figure 的 set_size_inches() 函數修改 figure 物件的寬和高的預設值。"forward=True" 表示立即更新當前視窗的 figure 物件的大小。

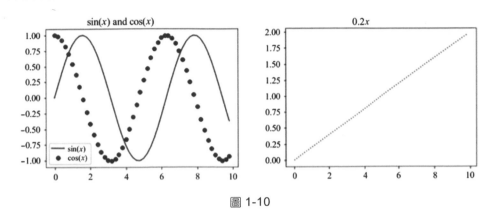

圖 1-10

2. 軸物件

subplot() 函數用於返回一個軸（axes）物件。我們可以使用它隨時指定一個子圖是否處於活動狀態，範例如下，結果如圖 1-11 所示。

```
# http://www.math.buffalo.edu/~badzioch/MTH337/PT/PT-matplotlib_subplots/PT-
matplotlib_subplots.html
from math import pi
plt.figure(figsize=(8,4))

x = [i*0.03 for i in range(300)]
y = [math.sin(2*xi) for xi in x]
y2 = [math.sin(10*xi) for xi in x]
y3 =[math.cos(2*xi) for xi in x]

plt.subplots_adjust(hspace=0.4)

ax1 = plt.subplot(2,1,1)        # subplot(2,1,1) is active, plotting will be
done there
plt.xlim(0, 9)
plt.plot(x, y)
plt.title('subplot(2,1,1)')
```

```
ax2 = plt.subplot(2,1,2)      # subplot(2,1,2) is now active
plt.xlim(0, 9)
plt.plot(x, y2)
plt.title('subplot(2,1,2)')

plt.axes(ax1)          # we activate subplot(2,1,1) to do more plotting on
this subplot
plt.plot(x, y3, 'r--')

plt.show()
```

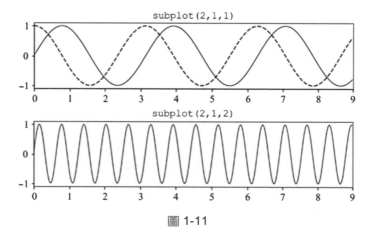

圖 1-11

3. mplot3d

可以執行 "projection ='3d'" 命令，創建 Axes3D 物件。

創建 matplotlib.figure.Figure 並增加一個類型為 Axes3D 的軸物件，範例如下。

```
from mpl_toolkits.mplot3d import Axes3D
fig = plt.figure()
ax = fig.add_subplot(111, projection='3d')
```

同樣，可以分別用 Axes3D 物件的方法 plot()、scatter()、plot_wireframe()、plot_surface() 來繪製線、點、線框、陰影曲面，範例如下，結果如圖 1-12 〜圖 1-15 所示。

```
import matplotlib as mpl
from mpl_toolkits.mplot3d import Axes3D
import numpy as np
import matplotlib.pyplot as plt

mpl.rcParams['legend.fontsize'] = 10

fig = plt.figure()
ax = fig.gca(projection='3d')

theta = np.linspace(-4 * np.pi, 4 * np.pi, 100)
z = np.linspace(-2, 2, 100)
r = z**2 + 1
x = r * np.sin(theta)
y = r * np.cos(theta)
ax.plot(x, y, z, label='parametric curve')
ax.legend()

plt.show()
```

```
from mpl_toolkits.mplot3d import Axes3D
import matplotlib.pyplot as plt
import numpy as np


def randrange(n, vmin, vmax):
    '''
    Helper function to make an array of random numbers having shape (n, )
    with each number distributed Uniform(vmin, vmax).
    '''
    return (vmax - vmin)*np.random.rand(n) + vmin

fig = plt.figure()
ax = fig.add_subplot(111, projection='3d')

n = 100

# For each set of style and range settings, plot n random points in the box
# defined by x in [23, 32], y in [0, 100], z in [zlow, zhigh].
for c, m, zlow, zhigh in [('r', 'o', -50, -25), ('b', '^', -30, -5)]:
    xs = randrange(n, 23, 32)
```

```
    ys = randrange(n, 0, 100)
    zs = randrange(n, zlow, zhigh)
    ax.scatter(xs, ys, zs, c=c, marker=m)

ax.set_xlabel('$X$ Label')
ax.set_ylabel('$Y$ Label')
ax.set_zlabel('$Z$ Label')

plt.show()
from mpl_toolkits.mplot3d import axes3d
import matplotlib.pyplot as plt


fig = plt.figure()
ax = fig.add_subplot(111, projection='3d')

# Grab some test data.
X, Y, Z = axes3d.get_test_data(0.05)
print(len(X))
print(X)

# Plot a basic wireframe.
ax.plot_wireframe(X, Y, Z, rstride=10, cstride=2)

plt.show()
120
```

```
[[-30.  -29.5 -29.  ...  28.5  29.   29.5]
 [-30.  -29.5 -29.  ...  28.5  29.   29.5]
 [-30.  -29.5 -29.  ...  28.5  29.   29.5]
 ...
 [-30.  -29.5 -29.  ...  28.5  29.   29.5]
 [-30.  -29.5 -29.  ...  28.5  29.   29.5]
 [-30.  -29.5 -29.  ...  28.5  29.   29.5]]
```

```
from mpl_toolkits.mplot3d import Axes3D
import matplotlib.pyplot as plt
from matplotlib import cm
from matplotlib.ticker import LinearLocator, FormatStrFormatter
import numpy as np
```

```python
fig = plt.figure()
ax = fig.gca(projection='3d')

# Make data.
X = np.arange(-5, 5, 0.25)
Y = np.arange(-5, 5, 0.25)
X, Y = np.meshgrid(X, Y)
R = np.sqrt(X**2 + Y**2)
Z = np.sin(R)

# Plot the surface.
surf = ax.plot_surface(X, Y, Z, cmap=cm.coolwarm,
                           linewidth=0, antialiased=False)

# Customize the z axis.
ax.set_zlim(-1.01, 1.01)
ax.zaxis.set_major_locator(LinearLocator(10))
ax.zaxis.set_major_formatter(FormatStrFormatter('%.02f'))

# Add a color bar which maps values to colors.
fig.colorbar(surf, shrink=0.5, aspect=5)

plt.show()
```

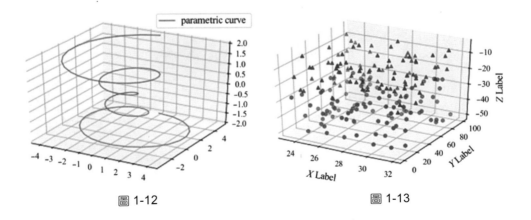

圖 1-12   圖 1-13

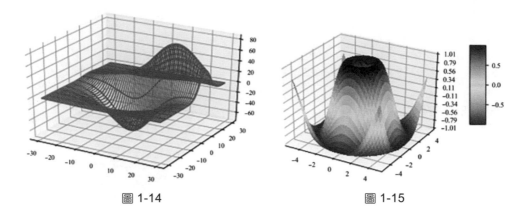

圖 1-14　　　　　　　　　　　圖 1-15

4. 顯示圖型

可以用 imshow() 函數顯示一幅圖型。在此之前，可以用 skimage 函數庫的 io 模型的 imread() 函數讀取圖型。讀取的圖型將被放在一個多維陣列函數庫 NumPy 的多維陣列物件 ndarray 中。NumPy 函數庫提供了很多用於處理多維陣列的函數，如 uint8() 函數可以將其他類型的 NumPy 陣列轉為 uint8 型（不帶正負號的整數型，設定值範圍是 [0,255]），程式如下，結果如圖 1-16 所示。

```python
import numpy as np
#import skimage
import matplotlib.pyplot as plt
import skimage.io

img = skimage.io.imread('../imgs/lenna.png')  #原圖
img_tinted = img * [1, 0.95, 0.9]       #對三個顏色通道的值分別乘以不同的係數

plt.subplot(1, 2, 1)
plt.imshow(img)

plt.subplot(1, 2, 2)
plt.imshow(np.uint8(img_tinted))    #將用實數值表示的 img_tinted 圖型轉為 unit8 型
plt.show()
```

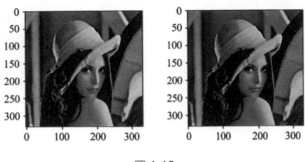

圖 1-16

▎ 1.2 張量函數庫 NumPy

張量也叫作**多維陣列**，是多個數值的有規律的排列。張量運算是深度學習中最重要的運算。本節將介紹 Python 張量函數庫 NumPy。

1.2.1 什麼是張量

最簡單的張量就是一個單獨的數。一個單獨的數也叫作**純量**，如 2、3.6 等都是純量。

1. 向量

在物理學中，向量是指具有大小和方向的量，如力、速度。可以透過直角座標系將向量表示為一組有序的數，如 (2,5,8)，以便透過數學方法來研究向量。

在線性代數中，向量被定義為一組有序的數，即一維陣列（一維張量）。舉例來說，一個學生的平時成績、實驗成績、期末成績、總評成績，可以表示成一個向量 (平時成績,實驗成績,期末成績,總評成績)。再如，方程式 $ax_1 + bx_2 + cx_3 = d$ 的係數和未知數，可以分別用向量表示為 (a, b, c, d) 和 (x_1, x_2, x_3)，也就是說，線性代數中的向量是對各種實際問題中的向量的抽象。

向量（一組有序的數）可表示為 $\boldsymbol{a} = (a_0, a_1, \cdots, a_{n-1})$，其中的每個數在序列中都有一個確定的序號（或索引）。向量也稱為**一維張量**或**一維陣列**。可以用 Python 的 list 等序列容器表示一個一維張量，範例如下。

```
a = [2,5,8]
a[1] = 30                    #透過索引存取元素
print(a[0],a[1],a[2])
```

在數學中，向量可以寫成 1 行（**行向量**）或 1 列（**列向量**）的形式。舉例來說，行向量 (2,3,5) 所對應的列向量的形式如下。

$$\begin{pmatrix} 2 \\ 3 \\ 5 \end{pmatrix}$$

同一個向量的行列形式具有**轉置**關係，即行向量 $(x_1, x_2, \cdots, x_n)$ 的轉置就是其列向量，範例如下。

$$(x_1, x_2, \cdots, x_n)^{\mathrm{T}} = \begin{pmatrix} x_1 \\ x_2 \\ \vdots \\ x_n \end{pmatrix}$$

其中，上標 T 表示轉置運算，即將行向量轉置為列向量。反過來，列向量也可以轉置為行向量，範例如下。

$$\begin{pmatrix} x_1 \\ x_2 \\ \vdots \\ x_n \end{pmatrix}^{\mathrm{T}} = (x_1, x_2, \cdots, x_n)$$

只包含兩個數值的向量 (x, y) 可用二維直角座標系中的點（更準確地說，是有向線段）來形象化地表示。舉例來說，向量 (1,3) 中的兩個元素分別作為 x 和 y 座標，表示二維平面上的點。如圖 1-17 所示，向量可表示為平面上的點，或從起點（原點）到該點的有向線段：點 A 以座標系的原點 O 到點 A 的有向線段 OA 表示向量 (1,3)；向量 (3,1) 可以用點 B 表示，或用有向線段 OB 表示。

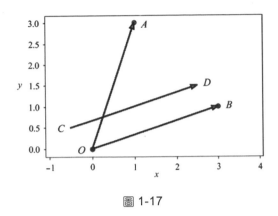

圖 1-17

在用有向線段表示向量時，起點可以不是原點。只要兩個有向線段具有相同的大小和方向，就認為它們是相同的向量。舉例來説，有向線段 *CD* 和 *OB* 表示的是同一個向量，其中點 *C* 和 *D* 的座標分別為 $(-0.5, 0.5)$ 和 $(2.5, 1.5)$。

有三個數值的向量 (x, y, z) 可以用三維直角座標系中的點或有向線段形象地表示。

對於一個包含兩個元素的向量 $v = (x, y)$，可以用直角座標系中座標點 (x, y) 到原點 $(0, 0)$ 的歐幾里德距離 $\sqrt{x^2 + y^2}$ 表示其大小（直接表示該座標點與原點的距離）。通常用 $\| v \|_2$ 表示這個歐幾里德距離，即

$$\| v \|_2 = \sqrt{x^2 + y^2}$$

舉例來説，$\| OA \|_2 = \sqrt{3^2 + 1^2} = \sqrt{10}$，$\| OB \|_2 = \sqrt{1^2 + 3^2} = \sqrt{10}$，可見 $\| OA \|_2 = \| OB \|_2$，即向量 $(3, 1)$ 和 $(1, 3)$ 的大小相同。

對於向量 $v = (x, y)$，$\| v \|_2 = \sqrt{x^2 + y^2}$ 稱為向量的 2-範數，它刻畫了向量的大小。對於包含三個元素的向量 $v = (x, y, z)$，其 2-範數是三維空間中的歐幾里德距離 $\| v \|_2 = \sqrt{x^2 + y^2 + z^2}$。

在不引起混淆的情況下，可以將向量中元素的數目稱為向量的長度，向量的範數則表示向量的大小。

2-範數的一般推廣是 **p-範數**，即對於一個正整數 p，其 p-範數定義為

$$\| \boldsymbol{x} \|_p = \left(\sum_{i=1}^{n} |x_i|^p \right)^{\frac{1}{p}}$$

對向量元素絕對值的 p 次方求和後，再計算和的 $\frac{1}{p}$ 次冪。p-範數也在不同意義上刻畫了向量的某種大小。舉例來說，$p = 1$ 的 1-範數就是向量所有元素的絕對值的和，即

$$\| \boldsymbol{x} \|_1 = \sum_{i=1}^{N} |x_i|$$

$p = \infty$ 的 ∞-**範數**是向量元素絕對值的最大值，即

$$\| \boldsymbol{x} \|_\infty = \max_i |x_i|$$

通常約定：向量的 **0 範數**是其非零元素的個數。

2. 矩陣

代數中的矩陣是多個向量的有序序列。舉例來說，以下 3 行 4 列的純量組成了一個矩陣。

$$\begin{bmatrix} a_{11} & a_{12} & a_{13} & a_{14} \\ a_{21} & a_{22} & a_{23} & a_{24} \\ a_{31} & a_{32} & a_{33} & a_{34} \end{bmatrix}$$

矩陣中的每一行都是一個向量（一維張量）。當然，矩陣中的每一列也都是一個向量。對於矩陣中的所有元素，可透過其兩個索引（行索引和列索引）來存取，如透過索引 ij 存取元素 a_{ij}。

由於可透過兩個索引存取矩陣中的元素，因此矩陣也稱為**二維陣列**或**二維張量**。

矩陣可以被看作資料元素是行向量的列向量，範例如下。

$$A_{m \times n} = \begin{bmatrix} a_{11} & a_{11} & \cdots & a_{1n} \\ a_{21} & a_{21} & \cdots & a_{2n} \\ \vdots & \vdots & \vdots & \vdots \\ a_{m1} & a_{m1} & \cdots & a_{mn} \end{bmatrix} = \begin{bmatrix} \boldsymbol{a}_{1,:} \\ \boldsymbol{a}_{2,:} \\ \vdots \\ \boldsymbol{a}_{m,:} \end{bmatrix}$$

其中，$\boldsymbol{a}_{i,:}$ 表示矩陣中的行向量。

矩陣也可以被看作資料元素是列向量的行向量，範例如下。

$$A_{m \times n} = \begin{bmatrix} a_{11} & a_{11} & \cdots & a_{1n} \\ a_{21} & a_{21} & \cdots & a_{2n} \\ \vdots & \vdots & \vdots & \vdots \\ a_{m1} & a_{m1} & \cdots & a_{mn} \end{bmatrix} = \begin{bmatrix} \boldsymbol{a}_{:,1} & \boldsymbol{a}_{:,2} & \cdots & \boldsymbol{a}_{:,n} \end{bmatrix}$$

其中，$\boldsymbol{a}_{:,j}$ 表示矩陣中的列向量。

在電腦中，一幅灰階圖型可以表示為其各個點的像素值的矩陣，如圖 1-18 所示。也可以透過在 list 中巢狀結構 list 來表示二維張量（矩陣），範例如下。

```
b = [[1,2,3],[4,5,6]]
b[0][2] = 20
print(b)
print(b[0])
print(b[1])
```

```
[[1, 2, 20], [4, 5, 6]]
[1, 2, 20]
[4, 5, 6]
```

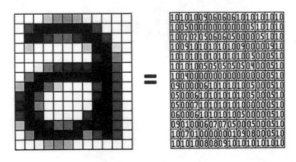

圖 1-18

3. 三維張量

彩色圖型是由紅、綠、藍 3 個通道的圖型（即 3 個矩陣）組成的，如圖 1-19 所示。

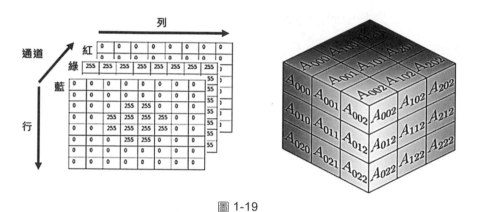

圖 1-19

這 3 個矩陣組合在一起，組成了一個三維張量（三維陣列）。如圖 1-20 所示，其每個元素都可以透過 3 個索引來存取，如透過索引 ijk 存取元素 a_{ijk}。

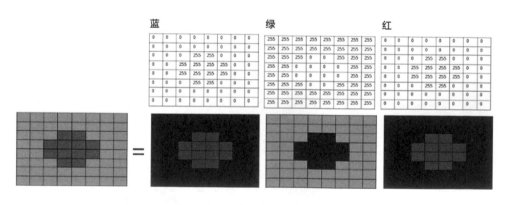

圖 1-20

當然，也可以透過巢狀結構的 list 來表示三維張量，讀者可以自行嘗試。常見的有零維純量、一維向量、二維矩陣。此外，張量的維數可以是四維、五維等。

注意：在線性代數中，張量的維數（維度）和向量的維數（維度）是兩個
概念。在線性代數中，一維向量的資料元素個數稱為維數（維度）。在本
書中，一律採用張量的維度而非向量的維度，即一維向量的維度是 1 而非
其元素的個數。

儘管 Python 內建的序列類型（如 list）可以表示**多維張量**（也稱**多軸張
量**），但 Python 軟體套件 NumPy 提供了更加高效的張量（多維陣列）函
數庫功能。NumPy 的張量（多維陣列）類型 **ndarray** 可以描述任意維度
（軸）的張量。一個 ndarray 物件就是一個張量（多維陣列）。在由
ndarray 物件表示的張量中，每個元素的資料類型都是相同的。

1.2.2 創建 ndarray 物件

1. array() 函數

NumPy 函數庫的 array() 函數是創建 ndarray 物件時最常用的函數，該函數
可以從一個序列物件或可疊代物件創建一個多維陣列（ndarray 物件）。執
行以下程式，可創建一個一維張量和一個二維張量。

```
import numpy as np
a= np.array([1,3,2])                    #創建一維張量 a
print(a)
print(a.shape)
b= np.array([[1,3,2],[4,5,6]])          #創建二維張量 b
print(b)
print(b.shape)                          #axis=0
```

```
[1 3 2]
(3,)
[[1 3 2]
 [4 5 6]]
(2, 3)
```

numpy.array() 函數的實現程式如下。

```
numpy.array(object, dtype = None, copy = True, order = 'K', subok = False,
ndmin = 0)
```

第一個參數 object 是必需的，表示該 object 物件創建一個 ndarray 物件，如 np.array([1,3,2]) 從串列物件 [1,3,2] 創建了一個 ndarray 物件。dtype 用於指定陣列元素的資料類型，預設值為 None，表示和 object 元素的類型相同。copy 的預設值為 True，表示創建一個複製物件且不與 object 共用資料儲存空間。order 表示 object 中的元素在被創建的陣列中的排列次序，預設為 'K'，表示按行排列。

array() 函數不僅可以根據傳入的可疊代物件元素的類型創建對應元素類型的陣列，還可以透過指定參數 dtype 創建對應元素類型的陣列，範例如下。

```
a = np.array([1,2,3,4])
print(a.dtype)
print(a)
b = np.array([1,2,3,4], dtype=np.float64)
print(b.dtype)
print(b)
```

```
int32
[1 2 3 4]
float64
[1. 2. 3. 4.]
```

2. 多維陣列類別 ndarray

NumPy 的 ndarray 類別用於表示多維陣列。下面列舉 ndarray 類別物件的常用屬性。

- ndarray.ndim：陣列的軸（維度）的個數，即陣列的秩。
- ndarray.shape：陣列的形狀，是一個整數元組。該元組中的每個整數都表示陣列的對應維度（軸）的長度（資料元素的個數）。
- ndarray.size：陣列中元素的總數，等於 shape 屬性中各元組元素的乘積。
- ndarray.dtype：陣列中元素的資料類型。
- ndarray.itemsize：陣列中每個元素的位元組數。舉例來說，元素類型為 float64 的陣列的 itemsiz 屬性值為 8（64/8）。

- ndarray.data：儲存實際陣列元素的記憶體位址。通常不會使用這個屬性，因為我們可以透過索引存取陣列中的元素。

執行以下程式，輸出 ndarray 物件 a、b 的上述屬性。

```
a= np.array([1.,2.,3.])
print(a.ndim,a.shape,a.size,a.dtype,a.itemsize,a.data)

b= np.array([[1,3,2],[4,5,6]])
print(b.ndim,b.shape,b.size,b.dtype,b.itemsize,b.data)
```

```
1 (3,) 3 float64 8 <memory at 0x000001F747A16F40>
2 (2, 3) 6 int32 4 <memory at 0x000001F747A11A00>
```

ndarray 物件的 shape 屬性工作表示張量的形狀。(3,) 表示 a 是一個一維張量，其中有 3 個元素。(2, 3) 表示 b 是一個二維張量，其第一維（行）有 2 個元素，第二維（列）有 3 個元素，即 b 是一個 2 行 3 列的矩陣，具體如下。

$$b = \begin{bmatrix} 1 & 3 & 2 \\ 4 & 5 & 6 \end{bmatrix}$$

ndim 是張量（陣列）的維數（軸的個數）。軸從 0 開始編號。以上程式中的 b 有 axis=0 和 axis=1 兩個軸，如圖 1-21 所示。

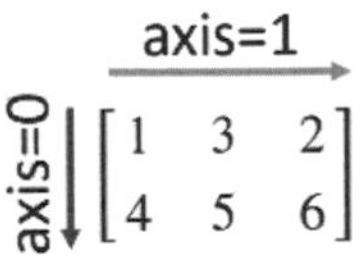

圖 1-21

可以透過索引（稱為**索引**）存取多維陣列中的元素。索引從 0 開始。舉例來說，用索引 [1,2] 存取陣列 b 中第 2 行第 3 列的元素，程式如下。

```
print(a[2])
print(b[1,2])
```

```
3.0
6
```

3. asarray() 函數

array() 函數預設用於進行複製（Copy）操作，即新建的 ndarray 物件和原來傳入的 object 不共用資料儲存空間。如果不需要進行複製，就直接將傳入的 obejct 轉為 ndarray 物件。

array() 的簡化版是 asarray()，範例如下。asarray() 函數不會複製原來的資料，參數比 array() 函數少。

```
numpy.asarray(a, dtype = None, order = None)
```

asarray() 函數的實現程式如下。

```
def asarray(a, dtype=None, order=None): return array(a, dtype, copy=False,
order=order)
```

asarray() 函數簡單地呼叫 array() 函數，創建一個新的 ndarray 物件，新物件和傳入的 a 共用資料儲存空間。當然，如果傳入的 a 是一個可疊代物件，就不會共用資料儲存空間，新物件的資料會指向一個儲存了所有元素的新的區塊，範例如下。

```
d= np.asarray(range(5))
print(d)
#透過 asarray()函數也可以從一個序列或可疊代物件創建一個 ndarray 物件
e= np.asarray([1,2,3,4,5])
print(e)
print(type(e))

f= np.asarray(e)        #f 和 e 共用資料儲存空間，修改一個就會影響另一個
e[2] = 20               #可透過索引 2 存取 e 的第 3 個元素
print(e)
print(f)
```

```
[0 1 2 3 4]
[1 2 3 4 5]
<class 'numpy.ndarray'>
[ 1  2 20  4  5]
[ 1  2 20  4  5]
```

4. ndarray 的 tolist() 方法

NumPy 的 array() 和 asarray() 函數，可以從 Python 可疊代物件創建 NumPy 的 ndarray 物件。ndarray() 函數的 tolist() 方法可將 ndarray 物件轉為 Python 的 list 物件，範例如下。

```
a = np.array([[1,2,3],[4,5,6]])
b = a.tolist()
print(type(b))
print(b)
```

```
<class 'list'>
[[1, 2, 3], [4, 5, 6]]
```

5. astype() 和 reshape() 方法

ndarray 的 astype() 方法可將 ndarray 物件的元素的資料類型轉換成另一種資料類型，如將前面提到的 a 的元素的資料類型從 NumPy 的 int32 轉為 NumPy 的 float64，範例如下。

```
c = a.astype(np.float64)
print(a.dtype,c.dtype)
a[0][0] = 100
print(a)
print(c)
```

```
int32 float64
[[100   2   3]
 [  4   5   6]]
[[1. 2. 3.]
 [4. 5. 6.]]
```

NumPy 的 reshape() 函數和 ndarray 的 reshape() 方法可透過改變 ndarray 物件的形狀來創建 ndarray 物件，範例如下。

```
a= np.array(range(6))          #從可疊代物件創建一個張量
b =np.reshape(a,(2,3))         #創建形狀為(2,3)的張量
c = a.reshape(2,3).astype(np.float64)
print(a)
print(b)
```

```
print(c)
```

```
[0 1 2 3 4 5]
[[0 1 2]
 [3 4 5]]
[[0. 1. 2.]
 [3. 4. 5.]]
```

6. arange() 和 linspace() 函數

arange() 函數可透過指定初值、終值和步進值的方式創建用於表示等差數列的一維陣列,其實現程式如下。

```
numpy.arange([start], stop, [step], dtype=None)
```

在等差數列中,元素的初值為 start,等差為 step(步進值),數列到終值 stop(但不包括 stop)結束,範例如下。可以指定元素類型為 dtype。start 的預設值為 0,step 的預設值為 1,dtype 的預設值為 None,它們都可以不指定。

```
print(np.arange(5))          #只指定 stop,start 和 step 取各自的預設值 0 和 1
print(np.arange(2,5))
print(np.arange(2,7,2))
```

```
[0 1 2 3 4]
[2 3 4]
[2 4 6]
```

注意:結果陣列不包含終值。

和 arange() 函數類似,linspace() 函數也用於創建一個初值和終值之間的等差數列,只不過其第三個參數不是步進值,而是創建的元素的數目,實現程式如下。

```
numpy.linspace(start, stop, num=50, endpoint=True, retstep=False,
dtype=None)
```

linspace() 函數在 start 和 stop 之間創建由 num 個數組成的等差數列。endpoint 用於表示是否包含 stop。範例程式如下。

```
np.linspace(2.0, 3.0, num=5, endpoint=False)
```

```
array([2. , 2.2, 2.4, 2.6, 2.8])
```

```
np.linspace(2.0, 3.0, num=5)
```

```
array([2. , 2.25, 2.5 , 2.75, 3. ])
```

和 linspace() 函數類似，logspace() 函數用於創建等比數列，實現程式如下。

```
numpy.logspace(start, stop, num=50, endpoint=True, base=10.0, dtype=None)
```

logspace() 函數先產生一個 start 和 stop 之間的等差數列，再以 base（預設值為 10）為底，以數列中的數為指數，產生一個等比數列作為 NumPy 陣列的元素。該方法相等於以下實現程式。

```
y = numpy.linspace(start, stop, num=num, endpoint=endpoint)
numpy.power(base, y).astype(dtype)
```

範例程式如下。

```
np.logspace(2.0, 3.0, num=5)
```

```
array([ 100.        ,  177.827941  ,  316.22776602,  562.34132519,
       1000.        ])
```

```
np.logspace(2.0, 3.0, base = 3,num=5)
```

```
array([ 9.        , 11.84466612, 15.58845727, 20.51556351, 27.        ])
```

7. full()、empty()、zeros()、ones()、eye() 函數

full() 函數用於創建指定值為 fill_value、形狀為 shape 的陣列，實現程式如下。

```
numpy.full(shape, fill_value, dtype=None, order='C')
```

範例程式如下。

```
np.full((2, 3),np.inf)
```

```
array([[inf, inf, inf],
       [inf, inf, inf]])
```

```
np.full((2, 3),3.5)
```

```
array([[3.5, 3.5, 3.5],
       [3.5, 3.5, 3.5]])
```

和 full() 函數類似，NumPy 的 empty()、zeros()、ones()、eye() 函數分別用
於創建未初始化的、值為 0 的、值為 1 的、對角線元素值為 1 其餘為 0 的
陣列，範例如下。

```
numpy.empty(shape, dtype = float, order = 'C')
numpy.zeros(shape, dtype = float, order = 'C')
numpy.ones(shape, dtype = None, order = 'C')
numpy.eye(N, M=None, k=0, dtype=<class 'float'>, order='C')

print( np.empty((2,3)) ,'\n') #創建形狀為(2,3)的二維陣列，相當於 2x3 的矩陣，元素值
                              未初始化
print( np.zeros((2,3)) ,'\n') #創建形狀為(2,3)、元素值都為 0 的二維陣列，相當於 2x3
                              的矩陣
print( np.ones((1,2)) ,'\n' ) #創建形狀為(1,2)、元素值都為 1 的二維陣列
#創建形狀為(2,2)的單位矩陣，即對角線元素值為 1、其他元素值都為 0 的矩陣
print(  np.eye(2)   ,'\n' )
```

```
[[3.5 3.5 3.5]
 [3.5 3.5 3.5]]

[[0. 0. 0.]
 [0. 0. 0.]]

[[1. 1.]]

[[1. 0.]
 [0. 1.]]
```

8. 可創建隨機值張量的常用函數

numpy.random 模組提供了多個可以創建值為隨機數的張量的函數，舉例如
下。

- numpy.random.rand(d0, d1, ..., dn) 用於創建指定形狀 (d0, d1, ... , dn)、值在 [0,1] 區間內的均勻取樣的隨機數陣列。
- numpy.random.random(shape) 用於創建形狀為 shape、值在 [0,1] 區間內的均勻取樣的隨機數陣列。shape 是一個元組物件，表示每維的元素個數。
- numpy.random.randn(d0,d1,...,dn) 用於創建指定形狀 (d0, d1, ..., dn)、值在 [0,1] 區間內的高斯取樣的隨機數陣列。
- numpy.random.normal(loc=0.0, scale=1.0, size=None) 用於生成值在 [0,1] 區間內的、按正態分佈 N(loc,scale) 取樣的隨機數或陣列。size 的預設值為 None，表示生成一個數值。如果 size 是一個整數，就表示創建一個一維陣列；如果 size 是一個元組，就表示創建一個由該元組指定形狀的多維陣列。
- numpy.random.randint(low,hight,size,dtype) 用於創建形狀為 size、值在 low 和 high 之間的 dtype 類型的隨機整數。dtype 的資料類型可以是 int64 或 int。

執行以下程式，可創建形狀為 (2,3) 的二維陣列。

```
np.random.rand(2,3)
```

```
array([[0.77752078, 0.90528037, 0.03474023],
       [0.74134429, 0.53963193, 0.12413591]])
```

注意：rand() 函數可直接傳遞一系列整數來分別表示每維的元素個數；random() 函數可傳遞一個元組物件來表示每維的元素個數。

```
e = np.random.random((2,3))    #創建形狀為(2,3)、元素值在[0,1]內的隨機數的二維陣列
print(e)
```

```
[[0.09472091 0.21267183 0.05193963]
 [0.16334292 0.20288691 0.89140325]]
```

執行以下程式，可創建服從標準正態分佈的一維或二維陣列。

```
a = np.random.randn(5)        #生成5個服從(0,1)標準正態分佈的隨機數一維陣列
```

```
b = np.random.randn(2,3)     #生成形狀為(2,3)、服從(0,1)標準正態分佈的隨機數二維陣列
print("a:",a)
print("b:",b)
c = np.random.normal(0,1,5)   #生成 5 個服從(0,1)標準正態分佈的隨機數一維陣列
#生成 size 為(2,3)、服從(0,1)標準正態分佈的隨機數二維陣列
d = np.random.normal(size=(2,3))
#生成 size 為(2,3)、服從(2,0.3)正態分佈的隨機數二維陣列
e = np.random.normal(2,0.3,size=(2,3))
print("c:",c)
print("d:",d)
print("e:",e)

print(a.shape,b.shape,c.shape,d.shape)
```

```
a: [ 0.19371118 -1.15554198  1.19635313  0.79492457  0.87414178]
b: [[ 0.00880117 -0.75877358 -0.64144633]
    [ 1.04679662  0.24226954  0.34902206]]
c: [-0.43792241  0.8093157  -1.18669693 -1.37376709 -1.3847464 ]
d: [[-0.6863099   0.24868581 -0.5864114 ]
    [ 2.26636543 -1.24958728 -1.78229482]]
e: [[2.12434416 1.97693289 2.12858001]
    [1.69272355 1.89084818 2.15927248]]
(5,) (2, 3) (5,) (2, 3)
```

標準正態分佈和正態分佈都用於描述隨機變數設定值的機率。如果一個隨機變數 x 服從正態分佈，那麼它的機率密度函數為

$$N(x; \mu, \sigma^2) = \frac{1}{\sqrt{2\pi\sigma^2}} e^{-\frac{(x-\mu)^2}{2\sigma^2}}$$

上式描述了 x 取不同值的機率。其中，x 取 μ 時的機率最大，而離 μ 越遠的值，被取到的機率越小。$\mu = 0$、$\sigma = 1$ 的正態分佈稱為標準正態分佈。標準正態分佈的機率密度為

$$N(x; 0,1) = \frac{1}{\sqrt{2\pi}} e^{-\frac{x^2}{2}}$$

randn() 函數只能創建按標準正態分佈隨機取樣的多維陣列，而 normal() 函數可以創建按正態分佈隨機取樣的多維陣列。它們之間可以相互轉換。

假設 x 服從正態分佈 $x \sim N(\mu, \sigma)$，透過變數替換

$$z = \frac{x - \mu}{\sigma}$$

可以將它轉為變數 z 的標準正態分佈 $z \sim N(0,1)$。範例程式如下。

```
mu, sigma = 2, 0.3
e = np.random.normal(mu, sigma,size=(2,3))
print(e)
f = np.random.randn(2,3)
print(f)
g = f*sigma+mu            #f=(g-mu)/sigma 服從標準正態分佈，g 服從(mu,sigma)正態分佈
print(g)
```

```
[[2.34166242 1.98567633 2.21305203]
 [2.37320838 1.7396114  1.62458515]]
[[ 0.14297945 -1.29341937  0.44674436]
 [ 0.7630391   0.49162644  0.43494297]]
[[2.04289383 1.61197419 2.13402331]
 [2.22891173 2.14748793 2.13048289]]
```

一些隨機數函數有別名，如 random() 函數的別名是 random_sample()，即二者表示同一個函數，都生成在 [0,1] 區間內均勻取樣的隨機數。如果要生成在 [a,b] 區間內均勻取樣的隨機數，只需要對生成的陣列進行簡單的線性變換。舉例來說，"(b - a) * random_sample() + a" 可生成在 [a,b] 區間內的隨機數陣列。以下程式用於創建在 [2,7] 區間內的隨機數陣列。

```
5 * np.random.random_sample((2, 3)) +2
```

9. 增加、重複與鋪設、合併與分裂、邊緣填充、增加軸與交換軸

除了前面介紹的內容，NumPy 還有很多透過對已有陣列進行增加、重複、鋪設、合併、分裂、增加軸、交換軸等操作創建 ndarray 物件的函數或方法。

NumPy 的 append() 函數可在已有陣列後增加內容以創建一個新的陣列，其實現程式如下。

```
numpy.append(arr, values, axis=None)
```

以上程式表示在陣列 arr 後增加 values 的內容。axis 表示沿著哪個軸增加
內容,其預設值為 None。執行以下程式,將創建一個被攤平(扁平)的
一維陣列。

```
a = np.array([1,2,3])
b= np.append(a,4)
print(a)
print(b)
np.append([1, 2, 3], [[4, 5, 6], [7, 8, 9]])
```

```
[1 2 3]
[1 2 3 4]
```

```
array([1, 2, 3, 4, 5, 6, 7, 8, 9])
```

```
np.append([[1, 2, 3], [4, 5, 6]], [[7, 8, 9]], axis=0)
```

```
array([[1, 2, 3],
       [4, 5, 6],
       [7, 8, 9]])
```

(1)repeat() 函數

repeat() 函數可以透過沿著某個軸重複使用陣列中的元素的方式創建一個新
的 ndarray 陣列,實現程式如下。

```
numpy.repeat(a, repeats, axis=None)
```

根據上述程式,創建一個陣列,讓 a 的元素沿著軸 axis 重複 repeats 次,範
例如下。axis 的預設值是 None,表示創建一個被攤平(扁平)的陣列。

```
np.repeat(3, 4)                    #創建一個陣列,讓數值 3 重複 4 次
```

```
array([3, 3, 3, 3])
```

```
a = np.array([[1,2],[3,4]])
np.repeat(a, 2)                    #創建一個扁平的陣列,即一維陣列,讓 x 中的元素重複 2 次
```

```
array([1, 1, 2, 2, 3, 3, 4, 4])
```

```
np.repeat(a, 2,axis=0)
```

```
array([[1, 2],
       [1, 2],
       [3, 4],
       [3, 4]])
```

np.repeat(a, 2, axis=0) 表示讓 axis=0 方向上的所有元素（行）重複 2 次；np.repeat(a, 2, axis=1) 表示沿 axis=1 方向讓所有元素（列）重複 2 次，範例如下。

```
np.repeat(a, 2,axis=1)
```

```
array([[1, 1, 2, 2],
       [3, 3, 4, 4]])
```

（2）tile() 函數

與 repeat() 函數複製每個 axis 方向上的元素不同，鋪設函數 tile(A, reps) 可將整個陣列像瓷磚（tile）一樣垂直或水平複製，範例如下。

```
numpy.tile(A, reps)
```

A 是要鋪設的陣列，reps 表示每個 axis 的重複次數。如果 reps 的長度小於 A.ndim，如形狀為 (2, 3, 4, 5)，而 rep=(2,2)，就會在陣列 A 前面補 1，變成 (1,1,2,2)。如果 A.ndim 小於 reps 的長度，則 A 會被提升為和 reps 形狀相同的陣列。舉例來說，一維張量的形狀是 (3,)，reps=(2,2)，則該一維張量會被提升為形狀是 (1,3) 的二維張量，程式如下。

```
a = np.array([1, 2,3])
b= np.tile(a, 2)              #以將 a 重複 2 次的方式創建一個陣列
print(a)
print(b)
```

```
[1 2 3]
[1 2 3 1 2 3]
```

在將陣列 a 按 (2, 2) 的方式鋪設時，會先將 a 從一維張量 [1, 2, 3] 提升為二維張量 [[1, 2, 3]]，再進行鋪設，程式如下。

```
np.tile(a, (2, 2))                    #將 a 以 2 行 2 列的方式鋪設，以創建一個陣列
```

```
array([[1, 2, 3, 1, 2, 3],
       [1, 2, 3, 1, 2, 3]])
```

再如，以下程式中的 c，形狀為 (1,2)，而 reps=2，長度為 1，所以，reps 會先被轉為 (1,2)，再進行鋪設，即沿 axis=0 方向重複 1 次（在行方向上保持不變），沿 axis=2 方向重複 2 次。

```
c = np.array([[1, 2], [3, 4]])
print(c)
np.tile(c, 2)                         #reps 會先被轉為(1,2)
```

```
[[1 2]
 [3 4]]
```

```
array([[1, 2, 1, 2],
       [3, 4, 3, 4]])
```

下面的程式與上面的程式相反。

```
np.tile(c, (2, 1))
```

```
array([[1, 2],
       [3, 4],
       [1, 2],
       [3, 4]])
```

注意：repeat() 函數用於對陣列中的所有軸進行複製（如果沒有指定軸，就對所有元素進行複製），而 tile() 函數用於對整個陣列進行複製。

（3）concatenate() 函數

拼接函數 concatenate() 和累加函數 stack() 可透過將多個陣列合併的方式創建新陣列。

concatenate() 函數沿指定軸 axis 拼接多個陣列，從而創建一個新陣列，實現程式如下。

```
numpy.concatenate((a1, a2, ...), axis=0, out=None)
```

axis 用於指定合併方向的軸，預設值是 0；如果該值是 None，則表示合併成一個扁平的陣列（一維陣列）。out 的預設值是 None；如果該值不是 None，則合併結果將被放到 out 中。範例程式如下。

```
a = np.array([[1, 2], [3, 4]])
b = np.array([[5, 6]])
print(b.T)
c = np.concatenate((a, b), axis=0)        #沿 axis=0 方向合併
d = np.concatenate((a, b.T), axis=1)      #沿 axis=1 方向合併
e = np.concatenate((a, b), axis=None)     #合併成一個扁平的陣列
print(c)
print(d)
print(e)
```

```
[[5]
 [6]]
[[1 2]
 [3 4]
 [5 6]]
[[1 2 5]
 [3 4 6]]
[1 2 3 4 5 6]
```

（4）stack() 函數

疊加函數 stack(arrays, axis=0, out=None) 用於將一系列陣列沿著 axis 的方向堆積成一個新陣列。axis 的預設值為 0，表示第 1 軸。如果 axis=-1，就表示最後一個軸。範例程式如下。

```
a = np.array([1, 2])
b = np.array([3, 4])
c = np.array([5, 6])
np.stack((a, b,c))
```

```
array([[1, 2],
       [3, 4],
       [5, 6]])
```

```
np.stack((a,b,c),axis=1)
```

```
array([[1, 3, 5],
```

```
     [2, 4, 6]])
```

stack() 和 concatenate() 函數的區別是：stack() 函數將合併的陣列作為一個整體進行堆積（合併）操作，因此新陣列中會多出一個軸（維度），如將多個一維陣列透過 stack() 函數累加，將形成一個二維陣列；concatenate() 函數對陣列中的元素進行拼接，或說，將後面的陣列中的元素增加到前面的陣列中，因此新陣列和原陣列的軸數通常是一樣的，不會產生新的軸（維度）。

（5）column_stack()、hstack()、vstack() 函數

作為 stack() 函數的特殊形式，numpy.column_stack(tup) 將 tup 中的一系列一維陣列作為二維陣列的列，以創建一個二維陣列。將兩個一維陣列作為新陣列的列來創建一個二維陣列，程式如下。

```
a = np.array((1,2,3))
b = np.array((4,5,6))
np.column_stack((a,b))
```

```
array([[1, 4],
       [2, 5],
       [3, 6]])
```

作為 concatenate() 函數的特殊形式，numpy.hstack(tup) 沿第 2 軸（axis=1）方向進行拼接操作，或說，沿水平方向（列）進行拼接操作，範例如下，過程如圖 1-22 所示。

```
a = np.array([[1],[2],[3]])          #3 行 1 列
b = np.array([[4],[5],[6]])          #3 行 1 列
print(a.shape,b.shape)
np.hstack((a,b))                     #合併結果為 3 行 2 列
```

```
(3, 1) (3, 1)
```

```
array([[1, 4],
       [2, 5],
       [3, 6]])
```

$$\begin{bmatrix} 1 \\ 2 \\ 3 \end{bmatrix} \begin{bmatrix} 4 \\ 5 \\ 4 \end{bmatrix} \implies \begin{bmatrix} 1 & 4 \\ 2 & 5 \\ 3 & 6 \end{bmatrix}$$

圖 1-22

對一維陣列進行合併，得到的仍然是一維陣列，範例如下。

```
a = np.array((1,2,3))
b = np.array((4,5,6))
print(a.shape,b.shape)
np.hstack((a,b))
```

```
(3,) (3,)
```

```
array([1, 2, 3, 4, 5, 6])
```

作為 concatenate() 的特殊形式，numpy.vstack(tup) 沿第 1 軸（axis=0）方向進行拼接操作，或說，沿垂直方向（行）進行拼接操作，範例如下。

```
a = np.array([[1, 2, 3]])          #1 行 3 列
b = np.array([[4, 5, 6]])          #1 行 3 列
print(a.shape)
np.vstack((a,b))                   #合併結果為 2 行 3 列
```

```
(1, 3)
```

```
array([[1, 2, 3],
       [4, 5, 6]])
```

```
c = np.array([[1], [2], [3]])      #3 行
d = np.array([[4], [5], [6]])      #3 行
np.vstack((c,d))                   #合併結果為 6 行
```

```
array([[1],
       [2],
       [3],
       [4],
       [5],
       [6]])
```

用 vstack() 函數將一維陣列 (N,) 以形狀 (1,N) 進行拼接，範例如下。

```
a = np.array([1, 2, 3])
b = np.array([4, 5, 6])
np.vstack((a,b))    #一維陣列 a 的形狀是 (3,)，會被當作形狀為 (1,3) 的二維陣列；b 也是如此
```

```
array([[1, 2, 3],
       [4, 5, 6]])
```

（6）split() 函數

分裂是與合併相反的操作。split() 函數沿著 axis 的方向對陣列進行分裂
（axis 的預設值為 0）操作，範例如下。

```
numpy.split(ary, indices_or_sections, axis=0)
```

如果 indices_or_sections 是一個整數，就表示將分裂成對應個相等的子陣
列；如果無法按該方式進行分裂操作，則操作失敗。如果
indices_or_sections 是一個有序的整數陣列，就表示在軸方向上分裂的位
置。舉例來說，當 indices_or_sections = [2,3]、axis=0 時，分裂操作的結果
如下。

- ary[:2]。
- ary[2:3]。
- ary[3:]。

相關範例程式如下。

```
x = np.arange(9.0)
print(x)
np.split(x, 3)          #分裂成 3 個長度相等的子陣列
```

```
[0. 1. 2. 3. 4. 5. 6. 7. 8.]
```

```
[array([0., 1., 2.]), array([3., 4., 5.]), array([6., 7., 8.])]
```

```
x = np.arange(8.0)
print(x)
np.split(x, [3, 5, 6, 10])
```

```
[0. 1. 2. 3. 4. 5. 6. 7.]
```

```
[array([0., 1., 2.]),
 array([3., 4.]),
 array([5.]),
 array([6., 7.]),
 array([], dtype=float64)]
```

hsplit()、vsplit() 是對應於合併操作 hstack()、vstack() 的分裂函數，它們分別沿水平（axis=1）和垂直（axis=0）方向對陣列進行分裂操作。這兩個分裂函數都是 split() 函數的特殊形式。範例程式如下。

```
x = np.arange(16.0).reshape(4, 4)
print(x)
np.hsplit(x, 2)                    #沿水平方向（列）分裂成 2 個相等的子陣列
```

```
[[ 0.  1.  2.  3.]
 [ 4.  5.  6.  7.]
 [ 8.  9. 10. 11.]
 [12. 13. 14. 15.]]
```

```
[array([[ 0.,  1.],
       [ 4.,  5.],
       [ 8.,  9.],
       [12., 13.]]),
 array([[ 2.,  3.],
       [ 6.,  7.],
       [10., 11.],
       [14., 15.]])]
```

```
np.vsplit(x, 2)                   #沿垂直方向（行）分裂成 2 個相等的子陣列
```

```
[array([[0., 1., 2., 3.],
       [4., 5., 6., 7.]]),
 array([[ 8.,  9., 10., 11.],
       [12., 13., 14., 15.]])]
```

```
np.split(x, [1,2])
```

```
[array([[0., 1., 2., 3.]]),
 array([[4., 5., 6., 7.]]),
 array([[ 8.,  9., 10., 11.],
       [12., 13., 14., 15.]])]
```

（7）邊緣填充

np.pad() 函數可以對陣列的所有軸（維度）進行邊緣填充，即在軸（維度）的前後填充一些數值，實現程式如下。

```
numpy.pad(array, pad_width, mode='constant', **kwargs)
```

arrary 是輸入陣列，pad_width 表示填充的寬度（元素的個數），mode 表示填充方式，'constant' 表示填充的常數，constant_values 表示常數的值，範例如下。

```
a = [7,8 ,9 ]
b =np.pad(a, (2, 3), mode='constant', constant_values=(4, 6))
print(a)
print(b)
```

```
[7, 8, 9]
[4 4 7 8 9 6 6 6]
```

在以上程式中：(2, 3) 表示在陣列 a 的前面填充 2 個元素，在陣列 a 的後面填充 3 個元素；mode='constant' 表示填充的是常數；constant_values=(4, 6) 表示在前面和後面填充的常數值分別是 4 和 6。

將 mode 設定為 'edge'，表示用邊緣元素的值進行填充，範例如下。Mode = 'minimum' 表示用陣列中的最小值進行填充。

```
np.pad(a, (2, 3), 'edge')
```

```
array([7, 7, 7, 8, 9, 9, 9, 9])
```

對於多維陣列，必須指定每維首尾填充的寬度，範例如下。

```
a = [[2, 5], [7, 9]]
print(a)
np.pad(a, ((1, 2), (2, 3)), 'minimum')
```

```
[[2, 5], [7, 9]]
```

```
array([[2, 2, 2, 5, 2, 2, 2],
       [2, 2, 2, 5, 2, 2, 2],
       [7, 7, 7, 9, 7, 7, 7],
```

```
       [2, 2, 2, 5, 2, 2, 2],
       [2, 2, 2, 5, 2, 2, 2]])
```

以上程式表示在 a 的第 1 軸（行）的前面和後面分別填充 1 個和 2 個最小
值 2，即在二維陣列的前面和後面分別增加 1 行和 2 行的數值 2。同樣，
在 a 的列方向上，即陣列的左邊和右邊，各填充 2 列和 3 列的數值 2。

（8）增加軸

numpy.expand_dims(a, axis) 用於在 axis 的位置插入一個新的軸，從而擴充
陣列，範例如下。

```
x = np.array([3,5])                    #x 是一維陣列，只有 1 個軸
print(x.shape)
print(x)
#y 是二維陣列，有 2 個軸，新增的是軸 axis=0，即新增的軸成為第 1 軸（行）
y = np.expand_dims(x, axis=0)
print(y.shape)
print(y)
```

```
(2,)
[3 5]
(1, 2)
[[3 5]]
```

x 是一維陣列，只有 1 個軸。執行 "y = np.expand_dims(x, axis=0)" 後，y
是二維陣列，有 2 個軸。新增的是軸 axis=0，即新增的軸成為第 1 軸
（行）。也可以用 np.newaxis 給 x 增加一個軸，範例如下。

```
y = x[np.newaxis,:]
print(y.shape)
print(y)
```

```
(1, 2)
[[3 5]]
```

```
y = x[:,np.newaxis]
print(y.shape)
print(y)
```

```
(2, 1)
[[3]
 [5]]
```

（9）交換軸

有時我們需要交換陣列的軸。舉例來說，彩色圖型的顏色通道可能是第 3 軸（axis=2），而在一些程式中，顏色通道需要在第 1 軸內。一些函數可用於交換陣列的軸。

numpy.swapaxes(a, axis1, axis2) 用於交換軸，範例如下。

```
A = np.random.random((2,3,4,5))
print(A.shape)
B = np.swapaxes(A,0,2)              #交換軸 axis=0 和 axis=2
print(B.shape)
```

```
(2, 3, 4, 5)
(4, 3, 2, 5)
```

numpy.rollaxis(a, axis, start=0) 用於將軸向後捲動，直到其位於軸 start 前，範例如下。

```
C = np.rollaxis(A,2,0)      #將 A 的軸 axis=2 移動到軸 axis=0 前，即 C 的形狀為
(4,23,,5)
print(C.shape)
D = np.rollaxis(C,2,1)      #將 C 的軸 axis=2 移動到軸 axis=1 前，即 D 的形狀為
(4,3,2,5)
print(D.shape)
```

```
(4, 2, 3, 5)
(4, 3, 2, 5)
```

numpy.moveaxis(a, source, destination) 用於將軸 source 移到軸 destination 處，範例如下。

```
C = np.moveaxis(A,2,0)      #A 的形狀為(2,3,4,5)，C 的形狀為(4,2,3,5)
print(C.shape)
D = np.rollaxis(C,2,1)      #D 的形狀為(4,3,2,5)
print(D.shape)
```

```
(4, 2, 3, 5)
(4, 3, 2, 5)
```

numpy.transpose(a, axes=None) 可根據 axes 中軸的次序重新對陣列的軸進行排列，範例如下。axes 的預設值為 None，表示對軸進行反向排列。可以說，numpy.transpose(a, axes=None) 函數的通用性更強，也更靈活。

```
A = np.random.random((2,4))
print(A)
B = np.transpose(A)
print(B)
C = np.random.random((2,4,3,5))
D = np.transpose(C,(2,0,3,1))
print(D.shape)
```

```
[[0.37541182 0.15745876 0.81639957 0.09506275]
 [0.2499226  0.59380174 0.69907614 0.73254894]]
[[0.37541182 0.2499226 ]
 [0.15745876 0.59380174]
 [0.81639957 0.69907614]
 [0.09506275 0.73254894]]
(3, 2, 5, 4)
```

1.2.3　ndarray 陣列的索引和切片

NumPy 的索引（indexing）和切片（slicing）功能與 Python 對序列物件的索引和切片功能是相同的，即透過以中括號指定元素索引的方式提取陣列中的元素或子陣列。

和 Python 不同的是，NumPy 陣列的索引和切片不是創建新的陣列，而是創建原陣列的視圖（視窗），即子陣列是原陣列的一部分。因此，透過切片所引用的變數去修改這個切片，實際上修改的是原陣列。範例程式如下。

```
import numpy as np
a = np.array([1,2,3,4,5])      #創建秩是 1 的陣列，即一維陣列
print(a[0], a[1], a[2])        #透過中括號中的索引存取陣列 a 中的元素並列印它們
```

```
a[0] = 5                  #修改索引為 0 的元素 a[0]的值
print(a)                  #列印整個陣列
b = a[1:4]                #a[1:4]返回由索引為從 1 到 4 (不包含 4)的元素組成的切片
print(b)
b[0] = 40                 #切片 b 是 a 的一部分,修改 b 就相當於修改 a 中的元素
print(b)
print(a)
```

```
1 2 3
[5 2 3 4 5]
[2 3 4]
[40  3  4]
[ 5 40  3  4  5]
```

a[1:4] 用於獲取 a 中由索引從 1 到 4(不包括 4)的元素組成的 a 的子陣列,如圖 1-23 所示。

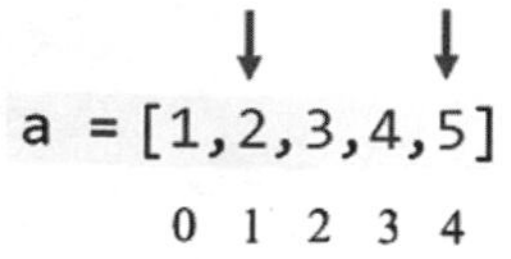

圖 1-23

索引和切片對多維陣列而言是相同的,即可對任意維度進行索引或切片,範例如下。

```
a = np.array([[1,2,3,4], [5,6,7,8], [9,10,11,12]])
print(a)
print(a[2,1])
print(a[2])
print(a[:,1])
```

```
[[ 1  2  3  4]
 [ 5  6  7  8]
 [ 9 10 11 12]]
10
[ 9 10 11 12]
[ 2  6 10]
```

在以上程式中，a[2,1] 表示第 3 行第 2 列的元素，a[2] 表示第 1 軸的第 3 行，a[:,1] 表示第 2 列。第 1 軸的 ":" 表示所有行索引和列索引為 1 的一列元素。a[2] 和 a[:,1] 的切片，如圖 1-24 所示。

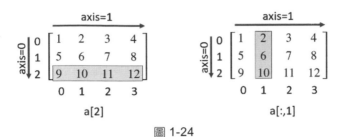

圖 1-24

也可以用負整數進行切片，範例如下。

```
a = np.array([[1,2,3,4], [5,6,7,8], [9,10,11,12]])
b = a[:2, -1:-4:-1]     #切片區域：第一維從 0 到 2（不包含 2）；第二維從 -1 到 -4
                        （不包含 -4），步進值是 -1
print(a)
print(b)
```

```
[[ 1  2  3  4]
 [ 5  6  7  8]
 [ 9 10 11 12]]
[[4 3 2]
 [8 7 6]]
```

在以上程式中，":2" 表示第 1 軸的索引 (0,1)；"-1:-4:-1"表示第 2 軸的索引從 -1 開始，步進值是 -1，因此索引為 (-1,-2,-3)。

a[:2, -1:-4:-1] 的切片，如圖 1-25 所示。列索引是反向的。

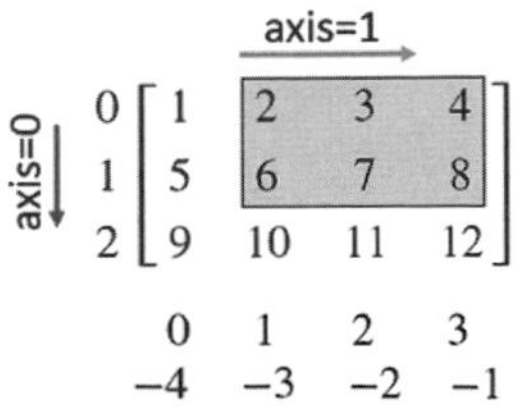

圖 1-25

如果某維的索引或切片用 ":" 表示該維中的所有元素，指定了範圍 start:end:step，未指定步進值 step，則預設 step=1；如果未指定 start，則預設為 "-"；如果未指定 end，則預設在該維的最後增加 1。範例程式如下。

```
c = a[:2,:] #第一維預設結束位置是 2，即第 3 行，而起始位置是 0；第二維預設為所有索引
print(c)
d = a[1:,1] #第一維預設結束位置是 4，而起始位置是 1；第二維為索引 1；最終得到一個一維陣列
print(d)
```

```
[[1 2 3 4]
 [5 6 7 8]]
[ 6 10]
```

同樣，改變陣列本身或切片，都將使二者發生改變，範例如下。這是因為，切片中的資料是原陣列的一部分，即切片是原陣列的視窗。

```
a[0,3]=100
print(a)
print(b)
```

```
[[  1   2   3 100]
 [  5   6   7   8]
 [  9  10  11  12]]
[[100   3   2]
 [  8   7   6]]
```

再看一個三維張量（陣列）的索引，程式如下。

```
a = np.array(range(27)).reshape(3,3,3)
print(a)
```

```
[[[ 0  1  2]
  [ 3  4  5]
  [ 6  7  8]]

 [[ 9 10 11]
  [12 13 14]
  [15 16 17]]
```

```
[[18 19 20]
 [21 22 23]
 [24 25 26]]]
```

```
print(a[1, 2])
```

```
[15 16 17]
```

指定兩個索引，第 1 軸、第 2 軸的索引是分別 1、2，第 3 軸的索引預設是 ":"，即第 3 軸為所有索引。a[1,2]、a[0,:,1]、a[:,1,2] 的切片，如圖 1-26 所示。

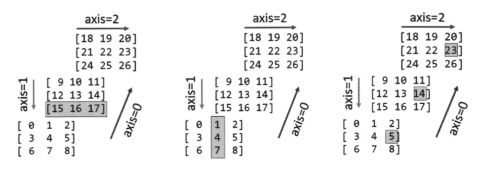

圖 1-26

a[0,:,1] 是由第 1 軸的第 1 元素（第一個平面）和第 3 軸的第 2 元素（列）組成的子陣列，範例如下。

```
print(a[0,:,1])
```

```
[1 4 7]
```

a[:,1,2] 為第 2 軸、第 3 軸的第 2 個和第 3 個元素。第 1 軸為所有的索引值。範例程式如下。

```
print(a[:,1,2])
```

```
[ 5 14 23]
```

1. 整數陣列索引

對 NumPy 陣列進行切片操作，得到的陣列視圖（Array View）總是原陣列的子陣列，即子陣列中的元素是由原陣列中的連續元素組成的。這是因為，每維的索引值都是連續的，如 1:3 的實際索引值是 1 和 2。透過切片操作得到的子陣列是原陣列的視窗，與原陣列視窗區域共用資料儲存空間。

在進行索引操作時，也可以給每維索引傳遞不連續的整數值，即給每維傳遞一個整數陣列。整數陣列索引可用於建構新陣列，範例如下。

```
a = np.array([[1,2,3,4], [5,6,7,8], [9,10,11,12]])
c = a[[0,2],[1,3]]     #第 1 行（0）、第 3 行（2）和第 2 列、第 4 列中的元素
print(a)
print(c)
c[0] = 111
print(a)
print(c)               #c 是獨立於 a 的新陣列
```

```
[[ 1  2  3  4]
 [ 5  6  7  8]
 [ 9 10 11 12]]
[ 2 12]
[[ 1  2  3  4]
 [ 5  6  7  8]
 [ 9 10 11 12]]
[111  12]
```

傳遞整數陣列的索引，就是使每個軸所對應的索引組成索引索引，即組成兩個索引索引 (0,1) 和 (2,3)，指向兩個元素。整數陣列所謂「索引」的切片，如圖 1-27 所示。

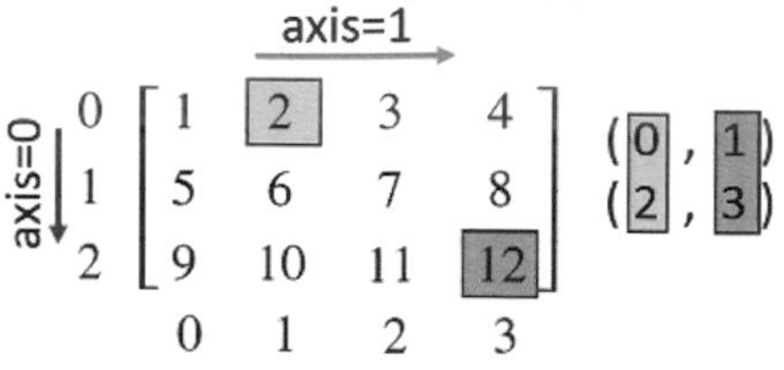

圖 1-27

透過以上操作，得到的是一個一維張量（陣列）。透過給每維傳遞整數陣列的索引，可創建新陣列，且新陣列和原陣列不共用資料儲存空間，即改變一個陣列的內容不會影響另一個陣列。

2. 布林型陣列索引

布林型陣列索引用於選取陣列中滿足某些條件的元素，以創建一個不共用資料儲存空間的新陣列，範例如下。

```
import numpy as np

a = np.array([[1,2], [3, 4], [5, 6]])

bool_idx = (a > 2)      #返回一個和 a 形狀相同的、值為 True 和 False 的陣列
print(bool_idx)                # Prints "[[False False]
                        #           [ True True]
                        #           [ True True]]"

print(a[bool_idx])      #由於布林值只能是 True 和 False，所以可將上述二式合為一式
print(a[a > 2])
```

```
[[False False]
 [ True  True]
 [ True  True]]
[3 4 5 6]
[3 4 5 6]
```

1.2.4　張量的計算

1. 逐元素計算

對兩個多維陣列，可「逐元素」執行 +、-、*、/、% 等運算子，以產生新陣列，範例如下。

```
a = np.array([[1,2,3],[4,5,6]])
b = np.array([[7,8,9],[10,11,12]])
print(a+b)
print(a*b)
print(b%a)
```

```
[[ 8 10 12]
 [14 16 18]]
[[ 7 16 27]
 [40 55 72]]
[[0 0 0]
 [2 1 0]]
```

這些運算子還有對應的 NumPy 函數，如 add()、subtract()、multiply()、divide() 函數分別對應於運算子＋、-、＊、/，範例如下。

```
print(np.add(a,b))
print(np.subtract(a,b))
print(np.multiply(a,b))
print(np.divide(a,b))
```

```
[[ 8 10 12]
 [14 16 18]]
[[-6 -6 -6]
 [-6 -6 -6]]
[[ 7 16 27]
 [40 55 72]]
[[0.14285714 0.25       0.33333333]
 [0.4        0.45454545 0.5       ]]
```

NumPy 中的函數都可以執行逐元素的運算，即對每個元素執行對應的運算，以產生新陣列。舉例來説，NumPy 的 sqrt()、sin()、power() 函數分別用於計算陣列元素的平方根、正弦值、指數函數值，程式如下。

```
print(np.sqrt(a))
print(np.sin(a))
print(np.power(a,2))          #計算 a 的 2 次方
```

```
[[1.         1.41421356 1.73205081]
 [2.         2.23606798 2.44948974]]
[[ 0.84147098  0.90929743  0.14112001]
 [-0.7568025  -0.95892427 -0.2794155 ]]
[[ 1  4  9]
 [16 25 36]]
```

逐元素乘積也稱為 Hadamard 乘積或 Schur 乘積。

兩個向量的 Hadamard 乘積是由其對應元素的乘積組成的向量，即

$$\begin{pmatrix} 1 \\ 2 \end{pmatrix} \odot \begin{pmatrix} 3 \\ 4 \end{pmatrix} = \begin{pmatrix} 1 \times 3 \\ 2 \times 4 \end{pmatrix} = \begin{pmatrix} 3 \\ 8 \end{pmatrix}$$

和向量的 Hadamard 乘積一樣，兩個矩陣的 Hadamard 乘積是由其對應元素的乘積組成的矩陣，即

$$\begin{bmatrix} 1 & 2 \\ 3 & 4 \end{bmatrix} \odot \begin{bmatrix} 5 & 6 \\ 7 & 8 \end{bmatrix} = \begin{bmatrix} 1 \times 5 & 2 \times 6 \\ 3 \times 7 & 4 \times 8 \end{bmatrix} = \begin{bmatrix} 5 & 12 \\ 21 & 32 \end{bmatrix}$$

2. 累積計算

可以使用 NumPy 的函數或 ndarray 類別的方法對 ndarray 物件進行累積計算，如求和（sum()）、求最值（min()、max()）、求平均值（mean()）、求標準差（std()），範例如下。

```
a = np.array([[1,2,3],[4,5,6]])
print(np.max(a),a.max())
print(np.min(a),a.min())
print(np.sum(a),a.sum())
print(np.mean(a),a.mean())
print(np.std(a),a.std())
```

```
6 6
1 1
21 21
3.5 3.5
1.707825127659933 1.707825127659933
```

這些函數還可以指定沿陣列的某個軸進行運算，範例如下。

```
print(a)
#np.max(a,axis=0)表示沿第 0 軸（第一維）的方向求最大值
print(np.max(a,axis=0),a.max(axis=1))
print(np.min(a,axis=0),a.min(axis=1))
print(np.sum(a,axis=0),a.sum(axis=1))
print(np.mean(a,axis=0),a.mean(axis=0))
print(np.std(a,axis=0),a.std(axis=0))
```

```
[[1 2 3]
 [4 5 6]]
[4 5 6] [3 6]
[1 2 3] [1 4]
[5 7 9] [ 6 15]
[2.5 3.5 4.5] [2.5 3.5 4.5]
[1.5 1.5 1.5] [1.5 1.5 1.5]
```

3. 點積

Hadamard 乘積是逐元素的乘積，而張量的點積是**向量點積**和**矩陣乘積**的推廣。

（1）點積（內積）

兩個向量 $x = (x_1, x_2, \cdots, x_n)$、$y = (y_1, y_2, \cdots, y_n)$ 的點積（內積，Dot Product）是它們所對應元素乘積的和 $x_1 y_1 + x_2 y_2 + \cdots + x_n y_n$，通常用 $x \cdot y$ 表示。向量的點積是純量。

在幾何中，向量的點積就是兩個向量的長度乘以它們夾角的餘弦值，如圖 1-28 所示，公式如下。

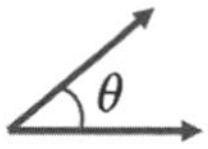

圖 1-28

$$x \cdot y = \parallel x \parallel_2 \parallel y \parallel_2 \cos(\theta)$$

因此，對於長度不變的兩個向量：如果夾角為 0，則它們的點積最大；如果夾角為 -2π（180°），則它們的點積最小，是一個負數；如果夾角為 $\frac{\pi}{2}$（90°），則它們的點積為 0。

向量的點積相等於其中一個向量在另一個向量上的投影向量和另一個向量的長度的積。

（2）矩陣的乘積

如果矩陣 $A_{m \times n}$ 的列數和矩陣 $B_{n \times l}$ 的行數相同，那麼，這兩個矩陣可以相乘，它們的乘積 $A_{m \times n} B_{n \times l}$ 的結果矩陣 C 將是一個大小為 $m \times l$ 的矩陣，其中索引為 ij 的元素 c_{ij} 是矩陣 A 的第 i 行向量和矩陣 B 的第 j 列向量的點積，即 $c_{ij} = \sum_k^n (a_{ik} b_{kj})$。乘積矩陣中第 2 行第 1 列的元素是第一個矩陣中第 2 行的向量和第二個矩陣中第 1 列的向量的點積,如圖 1-29 所示。

$$\begin{pmatrix} 1 & 2 & 3 \\ \boxed{4 \quad 5 \quad 6} \end{pmatrix} \begin{pmatrix} 4 & \boxed{3} & 2 & 1 \\ 5 & \boxed{6} & 7 & 8 \\ 9 & \boxed{10} & 11 & 12 \end{pmatrix} = \begin{pmatrix} 41 & 45 & 49 & 53 \\ 95 & \boxed{102} & 109 & 116 \end{pmatrix}$$

圖 1-29

兩個向量的點積可以用矩陣乘法來表示。設 x 和 y 是兩個列向量,則

$$x \cdot y = x^{\mathrm{T}} y = y^{\mathrm{T}} x$$

用 $A_{i,:}$ 表示矩陣 A 中第 i 行的行向量,用 $B_{:,j}$ 表示矩陣 B 中第 j 列的列向量,那麼

$$c_{ij} = A_{i,:} B_{:,j}$$

由於向量是一個特殊的矩陣,所以矩陣和向量的乘積也屬於矩陣乘法。舉例來說,矩陣 $A_{m \times n}$ 和列向量 $x_{n \times 1}$ 相乘

$$Ax = \begin{bmatrix} a_{1,:} \\ a_{2,:} \\ \vdots \\ a_{m,:} \end{bmatrix} x = \begin{bmatrix} a_{1,:} x \\ a_{2,:} x \\ \vdots \\ a_{m,:} x \end{bmatrix} = \begin{bmatrix} a_{11}x_1 + a_{12}x_2 + \cdots + a_{1n}x_n \\ a_{21}x_1 + a_{22}x_2 + \cdots + a_{2n}x_n \\ \vdots \\ a_{m1}x_1 + a_{m2}x_2 + \cdots + a_{mn}x_n \end{bmatrix}$$

Ax 是一個列向量,其每個元素都是矩陣 A 的一行和 x 相乘(點積)的結果。因此,可以證明:

- 矩陣的乘法滿足結合律,即 $(AB)C = A(BC)$;
- 矩陣的乘法和加法滿足分配律,即 $A(B + C) = AB + AC$。

可以用 NumPy 的 dot() 函數或 ndarray 的 dot() 方法計算向量的點積、矩陣的乘積。NumPy 的 dot() 函數可接收兩個多維陣列,執行多維陣列的點積(乘法)運算,實現程式如下。

```
numpy.dot(a, b, out=None)
```

如果指定了輸出 out,則結果將被輸出到 out 中。

以下程式比較展示了逐元素乘（*）和點積的區別。

```
a= np.array([1,3])
b= np.array([2,5])
print("a*b:",a*b)
print("dot(a,b):",np.dot(a,b))          #兩個向量的點積是一個數值（純量）
```

```
a*b: [ 2 15]
dot(a,b): 17
```

可見，兩個向量逐元素乘的結果是一個向量，而兩個向量的點積是一個純量（數值）。

在矩陣和向量相乘的過程中，需要注意其對應軸中元素的個數是否一致，範例如下。

```
a= np.array([[1,2,3],[4,5,6]])
b =  np.array([2,5])
c =  np.array([2,5,3])
print("a.shape:",a.shape)
print("b.shape:",b.shape)
print("c.shape:",c.shape)
#print("dot(a,b):",np.dot(a,b))
print("dot(b,a):",np.dot(b,a))
print("dot(a,c):",np.dot(a,c))
```

```
a.shape: (2, 3)
b.shape: (2,)
c.shape: (3,)
dot(b,a): [22 29 36]
dot(a,c): [21 51]
```

在以上程式中，a 是矩陣 (2, 3)，b 是一維張量 (2,)。因為一維張量既可以作為行向量，也可以作為列向量，所以 np.dot(b,a) 相當於矩陣 (1,2) 和 (2, 3) 相乘。np.dot(a,b) 是無法執行的，其原因在於矩陣 (2, 3) 不可能和矩陣 (1,2) 或 (2,1) 相乘。但是，可以執行 np.dot(a,c)，因為 c 的形狀為 (3,)，np.dot(a,c) 相當於矩陣 (2, 3) 和 (3,1) 相乘。

對於一維向量和二維矩陣，透過 matmul() 函數和運算子 "@" 也可以執行
矩陣乘法運算，它們和 np.dot() 的作用相同，範例如下。

```
a= np.array([1,3])
b= np.array([2,5])
print("dot(a,b):",np.dot(a,b))
print("matmul(a,b):",np.matmul(a,b))
print("a@b:",a@b)

a= np.array([[1,2,3],[4,5,6]])
b= np.array([[2,5],[1,3],[4,5]])
print("a.shape:",a.shape)             #2x3 的矩陣
print("b.shape:",b.shape)             #3x2 的矩陣
print("dot(a,b):",np.dot(a,b))
print("matmul(a,b):",np.matmul(a,b))
print("a@b:",a@b)
```

```
dot(a,b): 17
matmul(a,b): 17
a@b: 17
a.shape: (2, 3)
b.shape: (3, 2)
dot(a,b): [[16 26]
 [37 65]]
matmul(a,b): [[16 26]
 [37 65]]
a@b: [[16 26]
 [37 65]]
```

4. 廣播

廣播（Broadcasting）是一種強有力的機制，可以使 NumPy 對不同形狀的
陣列進行算數運算。舉例來說，用一個數和一個陣列進行運算，相當於將
這個數變成了和這個陣列大小相同的陣列，然後進行逐元素的運算。以下
程式中的 "a+3" 相等於 "a+ np.array([[3,3],[3,3]])"，運算過程如圖 1-30 所
示。

```
a = np.array([[1,2],[3,4]])
```

```
print(a)

print(a+3)
print(a+ np.array([[3,3],[3,3]]))
```

```
[[1 2]
 [3 4]]
[[4 5]
 [6 7]]
[[4 5]
 [6 7]]
```

$$\begin{bmatrix} 1 & 2 \\ 3 & 4 \end{bmatrix} + 3 = \begin{bmatrix} 1 & 2 \\ 3 & 4 \end{bmatrix} + \begin{bmatrix} 3 & 3 \\ 3 & 3 \end{bmatrix} = \begin{bmatrix} 4 & 5 \\ 6 & 7 \end{bmatrix}$$

圖 1-30

一個數和一個張量的減法、乘法、除法等，也是透過廣播進行計算的，範例如下。

```
print(a*3)
print(a/3)
```

```
[[ 3  6]
 [ 9 12]]
[[0.33333333 0.66666667]
 [1.         1.33333333]]
```

二維陣列 a 可以和一維陣列 b 進行運算，範例如下。

```
b = np.array([1,2])
print(a+b)
```

```
[[2 4]
 [4 6]]
```

在計算 a+b 時，陣列 b 的軸中只有 1 個元素（1 行），而陣列 a 的軸中有 2 個元素（2 行），這相當於將陣列 b 沿 axis=0 的方向重複堆積，形成一個和陣列 a 大小相同的新陣列，再進行計算。此過程如圖 1-31 所示。

$$\begin{bmatrix} 1 & 2 \\ 3 & 4 \end{bmatrix} + \begin{bmatrix} 1 & 2 \end{bmatrix} = \begin{bmatrix} 1 & 2 \\ 3 & 4 \end{bmatrix} + \begin{bmatrix} 1 & 2 \\ 1 & 2 \end{bmatrix} = \begin{bmatrix} 2 & 4 \\ 4 & 6 \end{bmatrix}$$

圖 1-31

NumPy 的廣播並不實際執行上述重複堆積再計算的過程，而是按照這個概念的計算過程直接進行廣播計算，從而節省記憶體、提高效率，範例如下。

```
a = np.array([[1],[2],[3]])      #a 是形狀為(3,1)的二維陣列
b = np.array([4,5])              #b 是陣列(2,)的一維陣列
print(a)
print(b)
print(a+b)
```

```
[[1]
 [2]
 [3]]
[4 5]
[[5 6]
 [6 7]
 [7 8]]
```

a 是二維陣列 (3,1)，b 是陣列 (2,) 的一維陣列。一維陣列既可以被看成陣列 (2,1)，也可以被看成張量 (1,2)。a+b 需要對 a 和 b 的形狀進行匹配，而 (2,1) 和 (3,1) 的第 1 軸顯然不匹配。因此，需要將 b 看成張量 (1,2)（因為只有 1 個元素的軸可以和任意數目的軸匹配），a+b 就是 (3,1) 和 (1,2) 兩個二維陣列相加。元素個數為 1 的軸會被提升為與陣列元素個數一致的陣列，即被提升為形狀為 (3,2) 的二維陣列，如圖 1-32 所示，然後進行逐元素運算。

$$\begin{bmatrix} 1 \\ 2 \\ 3 \end{bmatrix} + \begin{bmatrix} 4 & 5 \end{bmatrix} = \begin{bmatrix} 1 & 1 \\ 2 & 2 \\ 3 & 3 \end{bmatrix} + \begin{bmatrix} 4 & 5 \\ 4 & 5 \\ 4 & 5 \end{bmatrix} = \begin{bmatrix} 5 & 6 \\ 6 & 7 \\ 7 & 8 \end{bmatrix}$$

圖 1-32

兩個陣列進行運算，使用廣播的原則如下。

- 如果陣列的秩不同，就使用一對秩較小的陣列進行擴充，直到兩個陣列的秩相同。舉例來說，秩為 0 的數和秩不為 0 的陣列進行運算，需要將這個數擴充成和陣列相同的形狀。
- 如果兩個陣列在某維度（軸）上的長度相同，或其中一個陣列在該維度上的長度為 1，就認為這兩個陣列在該維度上是相容的。
- 如果兩個陣列在所有維度上都相容，它們就能使用廣播。在使用廣播時，需要將所有長度為 1 的軸的長度擴充成長度不為 1 的那個陣列所對應的軸的長度。

1.3 微積分

在本節中，將介紹函數、極限、函數的導數等微積分基本概念。

1.3.1 函數

關於函數，有多種定義，舉例如下。

- 函數描述了一個變數與另一個變數的依賴關係。被依賴的變數稱為引數，依賴其他變數的變數稱為因變數。
- 函數是一個變數到另一個變數的映射，即函數可將一個變數映射到另一個變數。
- 函數是從輸入到輸出的變換，即函數接收一個輸入變數，產生一個輸出變數。

這些定義從不同的角度描述了兩個變數之間的函數關係。舉例來說，正方形的面積 S 是依賴其邊長 e 的。在這裡，邊長 e（被依賴的變數）就是**引數**，面積 S（依賴其他變數的變數）就是**因變數**。面積 S 對邊長 e 的依賴關係可表示為 $S = e^2$。依賴關係可以看成映射關係 $e \rightarrow S$，即將邊長 e 映射為面積 S，也可以看成一個從輸入到輸出的變換 $S(e)$，即輸入邊長 e，輸出面積 $S(e)$。

兩個變數之間的函數關係是普遍存在的,例如:溫度是時間的函數;股票價格是時間的函數;運動物體的速度是時間的函數;身高是年齡的函數;房價是房屋面積的函數;等等。

在機器學習中,將函數作為一個從輸入到輸出的變換,可能更容易了解。如果用 x 表示輸入變數,用 f 表示函數,用 $f(x)$ 表示將 x 輸入 f 後產生的輸出值,那麼三者的關係為

$$x \to f \to f(x)$$

有時,從 x 產生 $f(x)$ 的過程可以表示為一個計算子,如對 $f(x) = 2x + 1$ 輸入 $x = 3$,將產生輸出值 $f(3) = 2 \times 3 + 1 = 7$。

常數 C 也可以作為一個函數,即 $f(x) = C$。這種函數稱為**常數函數**。

如果兩個純量(數) x、$f(x)$ 可以表示為二維直角座標平面上的座標點 $(x, f(x))$,那麼,透過在該平面上繪製多個該函數的座標點,我們可以更清楚地看到一個函數是如何將 x 變換為 $f(x)$ 的。這些點組成的圖形,稱為**函數曲線**。

也可以用一個字母(如 y)表示輸出值 $f(x)$。

以下程式透過在 $[0,10]$ 中取樣 x 的值,得到對應的 $f(x) = 2x + 1$ 的值。透過繪製 $(x, f(x))$ 組成的圖形,可以了解 x 和 $f(x)$ 的關係。繪製由函數 $f(x) = 2x + 1$ 定義的一些座標點,結果如圖 1-33 所示。

```
import numpy as np
import matplotlib.pyplot as plt
%matplotlib inline

x = np.arange(-3, 3, 0.1) #
y = 2*x+1

plt.scatter(x, y, s=6)
plt.legend(['$f(x)=2x+1$'])

plt.show()
```

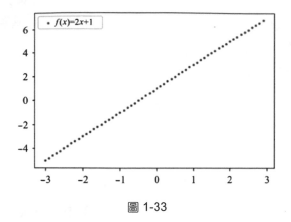

圖 1-33

形如 $f(x) = ax + b$ 的函數稱為線性函數，因為所有的點 $(x, f(x))$ 都在一條直線上。$f(x) = ax^2$ 是一條由二次函數的所有點 $(x, f(x))$ 組成的拋物線。還有一些常見的基本函數，如指數函數 $f(x) = e^x$、正弦函數 $f(x) = \sin(x)$。

執行以下程式，繪製曲線，結果如圖 1-34 所示。

```
import numpy as np
import matplotlib.pyplot as plt
%matplotlib inline

x = np.arange(-3, 3, 0.1)
y = np.sin(x)
y0 = np.full(x.shape, 2)
y1 = 2*x
y2 = x**2
y3 = np.exp(x)

fig = plt.gcf()
fig.set_size_inches(20, 4, forward=True)

plt.subplot(1, 5, 1)
plt.scatter(x, y, s=6)
plt.legend(['$sin(x)$'])

plt.subplot(1, 5, 2)
```

```
plt.scatter(x, y0, s=6)
plt.legend(['$2$'])


plt.subplot(1, 5, 3)
plt.scatter(x, y1, s=6)
plt.legend(['$2x$'])

plt.subplot(1, 5, 4)
plt.scatter(x, y2, s=6)
plt.legend(['$x^2$'])

plt.subplot(1, 5, 5)
plt.scatter(x, y3, s=6)
plt.legend(['$e^x$'])
plt.axis('equal')

plt.show()
```

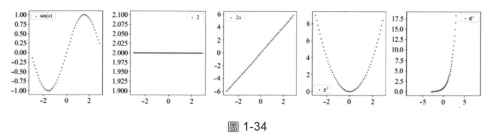

圖 1-34

直線函數 $y = 2x$ 和指數函數 $y = e^x$ 的值（因變數）都隨 x 的增大而增大，但指數函數的值增長得非常快。人們經常說某個量「呈指數級增長」，就是指這個量增長得非常快。

1.3.2　四則運算和複合運算

可以透過四則運算和複合運算，從簡單的函數建構複雜的函數。

1. 四則運算

四則運算是指對兩個函數執行加、減、乘、除運算,從而建構一個函數的過程。

假設有兩個函數 $f(x)$、$g(x)$,可分別將 x 變換為 $f(x)$、$g(x)$,即

$$f: x \rightarrow f(x)$$

$$g: x \rightarrow g(x)$$

如果定義一個新的變換關係,將每個 x 都變換為 $f(x) + g(x)$,就會得到一個新的函數

$$x \rightarrow f(x) + g(x))$$

這個新的函數稱為原來兩個函數的**和函數**。

舉例來說,$y = x^2$ 和 $y = e^x$ 可以透過加法運算產生新的函數 $y = x^2 + e^x$,當 $x = 2$ 時,新的函數的值為 $y = 2^2 + e^2 = 4 + e^2$。

執行以下程式,可以繪製 $y = x^2$、$y = e^x$、$y = x^2 + e^x$ 的曲線,結果如圖 1-35 所示。

```python
import numpy as np
import matplotlib.pyplot as plt
%matplotlib inline

x = np.arange(-2, 2, 0.1) #
y = x**2
y2 = np.exp(x)
y3 = x**2 + np.exp(x)

plt.plot(x, y)
plt.plot(x, y2)
plt.plot(x, y3)
plt.legend(['$x^2$','$e^x$','$x^2+e^x$'])

fig = plt.gcf()
fig.set_size_inches(4, 4, forward=True)
#plt.axis('equal')
```

```
plt.xlim([-3,3])
plt.show()
```

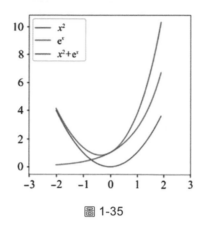

圖 1-35

同理，可分別透過 "-"、"*"、"/" 建構兩個函數的差函數 $f(x) - g(x)$、積函數 $f(x)g(x)$、商函數 $f(x)/g(x)$。

2. 複合運算

既然函數是一個變換（或輸入/輸出裝置），那麼將 x 輸入函數 g，會產生一個輸出 $g(x)$。將 $g(x)$ 作為另一個函數 f 的輸入，就會產生一個新的函數 $f(g(x))$，關係如下。

$$x \to g \to g(x) \to f \to f(g(x))$$

將一個函數的輸出作為另一個函數的輸入，可以組成一個新的變換（或說新的函數）。這個新的函數是由原來的兩個函數 g 和 f 串聯組成的複合函數，可記為 $f \circ g : x \to f(g(x))$，即

$$f \circ g(x) = f(g(x))$$

舉例來說，$g(x) = -x$，$f(x) = e^x$，則 $f \circ g(x) = f(g(x)) = e^{-x}$。再如，$g(x) = e^x$，$f(x) = x^2$，則 $f \circ g(x) = f(g(x)) = (e^x)^2$，該複合函數的計算程式如下。

```
y =  np.exp(x)**2
```

$y = e^x$、$y = e^{-x}$、$y = e^{x^2}$ 的函數曲線，如圖 1-36 所示。

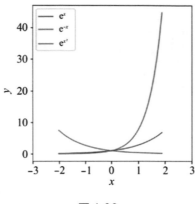

圖 1-36

sigmoid 函數 $\sigma(x) = \frac{1}{1+e^{-x}}$ 是機器學習（深度學習）中的常用函數之一，可以將它看成常數函數 1 和函數 $1 + e^{-x}$ 的商。可以將函數 $1 + e^{-x}$ 看成常數函數 1 和函數 e^{-x} 的和。可以將函數 e^{-x} 看成 e^z 和 $z = -x$ 的複合函數。可以將 $-x$ 看成常數函數 -1 和 x 的積。透過四則運算和複合運算，用簡單的初等函數建構這個複雜函數的過程，如圖 1-37 所示。

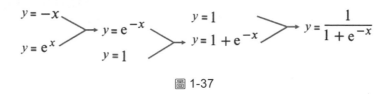

圖 1-37

執行以下程式，可以繪製 $\sigma(x)$ 函數的曲線，結果如圖 1-38 所示。

```python
import numpy as np
import matplotlib.pyplot as plt
%matplotlib inline

x = np.arange(-7, 7, 0.1)
y = 1/(1+ np.exp(-x) )
plt.plot(x, y)

plt.xlabel('$x$')
```

```
plt.ylabel('$y$')
plt.show()
```

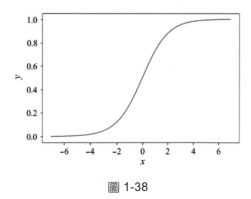

圖 1-38

可以看出，函數 $f(x)$ 的值在區間 $[0,1]$ 內，且隨著 x 的增大而增大，也就是說，該函數是**遞增**的。如果在引數的某個區間內的任意兩個數 $x_1 < x_2$ 必然有 $f(x_1) < f(x_2)$，就說該函數是嚴格遞增的。函數遞減也可以這樣定義。

如果 $\sigma(x)$ 在 $x = 0$ 處的值是 $\frac{1}{1+\mathrm{e}^{-x}} = \frac{1}{2}$，那麼當 x 趨近於正無限大（$x \to \infty$）時，e^{-x} 將趨近於 0，即 $\mathrm{e}^{-x} \to 0$，$\frac{1}{1+\mathrm{e}^{-x}}$ 將趨近於 $\frac{1}{1+0} = 1$；反之，當 $x \to -\infty$ 時，$\mathrm{e}^{-x} \to \infty$，$\frac{1}{1+\mathrm{e}^{-x}}$ 將趨近於 $\frac{1}{1+\infty} = 0$。為了描述一個變數趨近於某個量（趨近於 0 或無限大時）的行為，人們提出了極限的概念。

1.3.3 極限和導數

1. 數列的極限

數列是指一列有序的數，如 $(1,2,3,4)$、$(1, \frac{1}{2}, \frac{1}{3}, \cdots, \frac{1}{n}, \cdots)$。

數列中的元素格式稱為**項數**，項數有限的稱為有限數列，項數無限的稱為無限數列。

數列也是函數，它是自然數的子集到一個數值集合的映射，也就是說，數列的引數是一個自然數，因變數是一個數值。數列通常指無限數列，寫作

$$a_1, a_2, a_3, \cdots, a_n, \cdots$$

極限描述的是無限逼近的情況。舉例來說,有一個無限數列 $\{1,\frac{1}{2},\frac{1}{3},\cdots,\frac{1}{n},\cdots\}$,當 n 不斷增大時,

數列中對應的數值(如 $\frac{1}{n}$)將越來越小、越來越接近 0,即無限逼近 0。也就是說,這個數列隨著 n 的增大而無限增大,並逐漸收斂至 0。這裡的 0 就稱為這個數列的**極限**。

所謂「無限逼近」就是說,只要 n 夠大,$\frac{1}{n}$ 和其極限 0 的距離就夠小。也就是說,對一個任意小的數,如 $\epsilon = 0.001$,總能找到一個 n,使數列中第 n 項之後的所有數與極限的距離都小於 ϵ。舉例來說,$n = 1000$,$|\frac{1}{n} - 0| < \epsilon$。再如,可以證明數列 $\{3-1, 3-\frac{1}{2}, 3-\frac{1}{3}, \cdots, 3-\frac{1}{n}, \cdots\}$ 的極限是 3。

通常用 $\lim$ 表示極限,即

$$\lim_{n \to \infty} \frac{1}{n} = 0$$

上式表示,對等號左邊的數列,當 $n \to \infty$ 時,其極限是 0。

一個數列可能沒有極限。如果數列有極限,則極限必定是唯一的。

2. 函數的極限與連續性

同樣,可以定義函數 $f(x)$ 在點 x_0 處的極限 $\lim_{x \to x_0} f(x)$,表示當 x 充分接近 x_0 時,$f(x)$ 將充分接近這個極限,範例如下。

$$\lim_{x \to 3} x^2 = 9$$

上式表示當引數 x 充分接近 3 時,因變數 $f(x)$ 的值將逼近 9,即 $f(x)$ 的極限是 9。舉例來說,一個逼近 3 的引數列 $\{3-1, 3-\frac{1}{2}, 3-\frac{1}{3}, \cdots\}$,其所對應的 $f(x)$ 的值組成的數列 $\{(3-1)^2, (3-\frac{1}{2})^2, (3-\frac{1}{3})^2, \cdots\}$ 的極限是 9。

如果函數在點 x_0 的極限存在且等於 x_0 的函數值,即 $\lim_{x \to x_0} f(x) = f(x_0)$,就說函數在 x_0 這一點是**連續**的。直觀地,函數 $f(x)$ 所對應的曲線在 x_0 處沒有斷開。

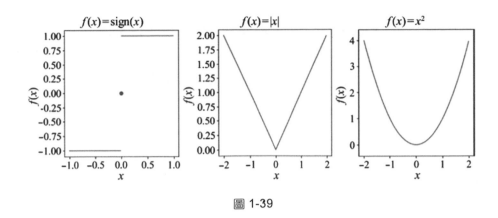

圖 1-39

如圖 1-39 所示：函數 $f(x) = \text{sign}(x)$ 在 $x = 0$ 處是不連續的，公式以下；
函數 $f(x) = |x|$ 是處處連續的；函數 $f(x) = x^2$ 在任意引數 x 處都是連續
的（表現在其函數曲線是連續的），就說這個函數是連續的。

$$f(x) = \text{sign}(x) = \begin{cases} 1, \text{如果 } x > 0 \\ 0, \text{如果 } x = 0 \\ -1, \text{如果 } x < 0 \end{cases}$$

令 $\Delta x_0 = x - x_0$，$\Delta f(x_0) = f(x) - f(x_0)$，則 $\lim\limits_{x \to x_0} f(x) = f(x_0)$ 可表示為

$$\lim\limits_{\Delta x_0 \to 0} \Delta f(x_0) = 0$$

函數在引數 x_0 處連續的含義是：當 Δx_0 趨近於 0 時，$\Delta f(x_0)$ 也趨近於
0，即 $\Delta f(x_0)$ 隨 Δx_0 趨近於 0 而趨近於 0。

3. 函數的導數

函數 $y = f(x)$ 在點 x 處的連續性是指，在該點附近，因變數 $y = f(x)$ 隨引
數的連續變化而連續變化。有時需要進一步檢查因變數隨引數變化的具體
情況。舉例來說，用 t 表示時間，用 s 表示運動物體走過的距離，顯然 s
是隨著 t 連續變化的，不會出現在某個時刻從某個點突然跳到另一個點的
情況。

對運動物體，有時我們更關心其運動速度。可以以運動物體在一段時間裡走過的距離來表示其平均運動速度。舉例來說，在時刻 t_0 到時刻 $t_0 + \Delta t$ 這個時間段（$t_0 + \Delta t - t_0$）內，運動物體走過的距離是 $s(t_0 + \Delta t) - s(t_0)$，它們的比值表示在這段時間內運動物體的平均運動速度，公式如下。

$$\frac{s(t_0 + \Delta t) - s(t_0)}{t_0 + \Delta t - t_0} = \frac{s(t_0 + \Delta t) - s(t_0)}{\Delta t}$$

要想了解運動物體在時刻 t_0 的精確速度，需要計算上述平均速度在 $\Delta x \to 0$ 時的極限，然後用這個極限作為時刻 t_0 的精確速度，公式如下。

$$\lim_{\Delta t \to 0} \frac{s(t_0 + \Delta t) - s(t_0)}{\Delta t}$$

在微積分裡，將上述極限值稱為函數 $s(t)$ 在 t_0 處的導數，記為 $s'(t_0)$ 或 $\frac{ds}{dt}|_{t_0}$，公式如下。

$$s'(t_0) = \frac{ds}{dt}|_{t_0} = \lim_{\Delta t \to 0} \frac{s(t_0 + \Delta t) - s(t_0)}{\Delta t}$$

一般地，函數 $f(x)$ 在點 x_0 處的導數 $f'(x_0)$ 定義為

$$f'(x_0) = \lim_{\Delta x \to 0} \frac{\Delta y}{\Delta x} = \lim_{\Delta x \to 0} \frac{f(x_0 + \Delta x) - f(x_0)}{\Delta x}$$

其中，Δx 是一個趨近於 0 的微小增量，$\Delta y = f(x_0 + \Delta x) - f(x_0)$ 是對應的因變數的增量。這個導數刻畫了在點 x_0 處依賴引數 x 的因變數 y 的變化情況。$f'(x_0)$ 的絕對值越大，說明 y 的變化越劇烈。

舉例來說，$f(x) = x^2$ 在 $x = 3$ 處的導數為

$$f'(3) = \lim_{\Delta x \to 0} \frac{f(3 + \Delta x) - f(3)}{\Delta x} = \lim_{\Delta x \to 0} \frac{(3 + \Delta x)^2 - 3^2}{\Delta x}$$
$$= \lim_{\Delta x \to 0} (6 + \Delta x) = 6$$

根據同樣的推導過程，$f(x) = x^2$ 在 $x = 1$ 處的導數為

$$f'(1) = \lim_{\Delta x \to 0} \frac{f(1 + \Delta x) - f(1)}{\Delta x} = \lim_{\Delta x \to 0} \frac{(1 + \Delta x)^2 - 1^2}{\Delta x}$$
$$= \lim_{\Delta x \to 0} (2 + \Delta x) = 2$$

$f(x) = x^2$ 在 $x = 0$ 處的導數為

$$f'(0) = \lim_{\Delta x \to 0} \frac{f(0 + \Delta x) - f(0)}{\Delta x} = \lim_{\Delta x \to 0} \frac{(0 + \Delta x)^2 - 0^2}{\Delta x}$$
$$= \lim_{\Delta x \to 0} \Delta x = 0$$

以上推導過程説明：在 $x = 0$ 處，當 x 有微小增量 Δx 時，y 的增量大約是其 0 倍（幾乎不改變）；在 $x = 1$ 處，當 x 有微小增量 Δx 時，y 的增量大約是其 2 倍，即 $2\Delta x$；在 $x = 3$ 處，當 x 有微小增量 Δx 時，y 的增量大約是其 6 倍，即 $6\Delta x$。

可以看出，導數刻畫了因變數 y 相對於引數 x 的變化情況。如果導數的絕對值較大，那麼微小的 x 增量可導致 y 發生劇烈變化；如果導數的絕對值較小（如接近 0），那麼微小的 x 增量引起的 y 的變化較小，即 y 相對於 x 變化平緩（如同一個運動物體在時間發生變化時幾乎靜止）。

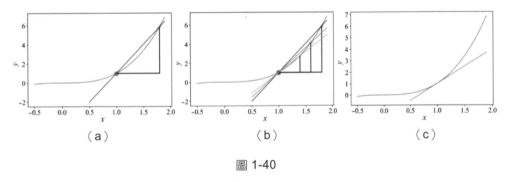

圖 1-40

如圖 1-40 所示：（a）是函數 $y = x^3$ 在 $x = 1$ 處 $\Delta x = 0.8$ 時的 $\frac{\Delta y}{\Delta x}$，它表示兩個點 $(1, 1^3)$ 和 $(1.8, 1.8^3)$ 的因變數變化關於引數變化的變化率，這個比值就是這兩個點所在直線的斜率；（b）是 $x = 1$ 處的 $\Delta x = 0.8, 0.6, 0.4$ 時的 $\frac{\Delta y}{\Delta x}$；（c）是當 $\Delta x \to 0$ 時，斜率將收斂為 $x = 1$ 和函數曲線的切線的斜率。

如果函數 $f(x)$ 在所有點的導數 $f'(x)$ 都存在，就説該函數處處可導，即每個 x 都對應於一個導數值 $f'(x)$，此時映射關係 $x \to f'(x)$ 就是一個函數關係。這樣的函數稱為原函數的**導函數**，記為 $f'(x)$。

對於 $f(x) = x^2$，可以按照極限公式求出其每個點的導數值 $f'(x)$，公式如下。

$$f'(x) = \lim_{\Delta x \to 0} \frac{f(x + \Delta x) - f(x)}{\Delta x} = \lim_{\Delta x \to 0} \frac{(x + \Delta x)^2 - x^2}{\Delta x}$$
$$= \lim_{\Delta x \to 0} 2x + \Delta x = 2x$$

即 $f(x) = x^2$ 的導函數為 $f(x) = 2x$。

很容易求出以下初等函數的導函數。

$$C' = 0$$

$$(x'')' = nx^{n-1}(n \in Q)$$

$$(\sin x)' = \cos x$$

$$(\cos x)' = -\sin x$$

$$(a^x)' = a^x \ln a$$

$$(e^x)' = e^x$$

$$(\log_a x)' = \frac{1}{x} \log_a e$$

$$(\ln x)' = \frac{1}{x}$$

1.3.4 導數的四則運算和連鎖律

對可能遇到的函數，都根據導數的極限的定義去計算其導函數，是不現實的（可以透過四則運算或複合運算建構不同的函數）。幸好我們很容易證明，對於用四則運算或複合運算的方式建構的函數的導數，可以透過建構它們的函數的導數來計算。

舉例來說，對於 $(f(x) + g(x))' = f'(x) + g'(x)$（和函數的導數是原來兩個函數的導數之和），根據導數的極限的定義，很容易證明，對於用四則運算建構的函數的導數,有下列計算公式。

$$\big(f(x) + g(x)\big)' = f'(x) + g'(x)$$

$$\big(f(x) - g(x)\big)' = f'(x) - g'(x)$$

$$(f(x)g(x))' = f'(x)g(x) + f(x)g'(x)$$

$$\left(\frac{f(x)}{g(x)}\right)' = \frac{f'(x)g(x) - f(x)g'(x)}{g(x)^2}$$

因為常數函數 $f(x) = C$ 的導數是 0,常數 C 和函數 $f(x)$ 的積 $Cf(x)$ 的導數
為

$$(C + f(x))' = C' + f'(x) = f'(x)$$

所以,有 $(\frac{f(x)}{C})' = (\frac{1}{C}f(x))' = \frac{1}{C}f'(x)$。

常數 C 和函數 $f(x)$ 的和 $C + f(x)$ 的導數為

$$(C + f(x))' = C' + f'(x) = f'(x)$$

再如,對於 $(x^2 + \sin(x))' = (x^2)' + (\sin(x))' = 2x + \cos(x)$,同樣由 $f(x)$
和 $g(x)$ 組成複合函數 $f(g(x))$,其導數和原來的函數的導數有以下關係。

$$(f(g(x))' = f'(g(x))g'(x)$$

這個複合函數的求導公式稱為**連鎖律**。在求 $f(g(x))$ 的導數時,應先求 f
關於 g 的導數 $f'(g)$,再求 g 關於 x 的導數 $g'(x)$,最後將二者相乘,即求
$f'(g)g'(x)$,如圖 1-41 所示。

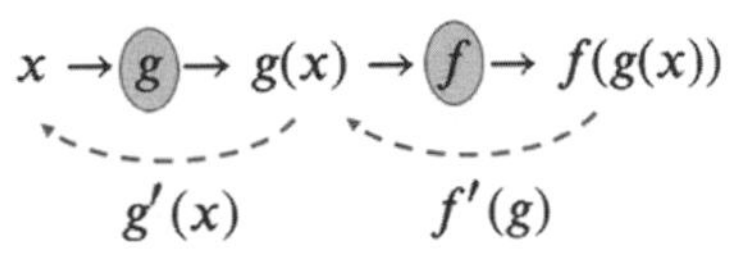

$$x \to \boxed{g} \to g(x) \to \boxed{f} \to f(g(x))$$
$$g'(x) \qquad f'(g)$$

圖 1-41

對於複合函數,輸入一個變數 x,就會「從內到外」沿著函數的複合過程
計算其函數值,即先計算 $g(x)$,再計算 $f(g(x))$,最後將二者相乘。求最
終的函數值 $f(g(x))$ 關於輸入 x 的導數的過程則與此相反,即先計算
$f'(g)$,再計算 $g'(x)$,最後將二者相乘,也就是說,求導過程「從外到

內」依次求每個函數的導數。

舉例來說，$\sin(x^2)$ 是 $f = \sin(g)$ 和 $g = x^2$ 的複合函數，因此，其導數為

$$\sin(x^2)' = \sin'(g)g'(x) = \sin'(g)(x^2)' = \cos(g)(2x) = 2x\cos(x^2)$$

同樣，可以對函數 $\sigma(x)$ 求導，公式如下。

$$
\begin{aligned}
\sigma'(x) \quad &= (\frac{1}{1+e^{-x}})' = \frac{1' \times (1+e^{-x}) - 1 \times (1+e^{-x})'}{(1+e^{-x})^2} \\
&= \frac{-(1+e^{-x})'}{(1+e^{-x})^2} = \frac{-0 - (e^{-x})'}{(1+e^{-x})^2} = \frac{-(e^{-x})(-x)'}{(1+e^{-x})^2} \\
&= \frac{e^{-x}}{(1+e^{-x})^2} = \frac{1+e^{-x}-1}{(1+e^{-x})^2} = \frac{1}{1+e^{-x}} - \frac{1}{(1+e^{-x})^2} \\
&= \frac{1}{1+e^{-x}}(1 - \frac{1}{1+e^{-x}}) = \sigma(x)(1-\sigma(x))
\end{aligned}
$$

執行以下程式，繪製函數 $\sigma'(x)$ 的曲線，結果如圖 1-42 所示。

```python
import numpy as np
import matplotlib.pyplot as plt
%matplotlib inline

def sigmoid(x):
    return 1/(1+np.exp(-x))

x = np.arange(-7, 7, 0.1)
y = sigmoid(x)
dy = sigmoid(x)*(1-sigmoid(x))

plt.plot(x, y)
plt.plot(x, dy)

plt.legend(['$\sigma(x)$','$\sigma'\(x)$'])
plt.xlabel('$x$')
plt.ylabel('$y$')
plt.show()
```

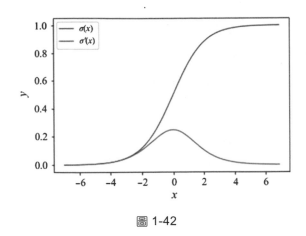

圖 1-42

可以看出，函數 $\sigma'(x)$ 的曲線是一條鐘形曲線，對所有 x，都有 $\sigma'(x) > 0$。在 $x = 0$ 處其導數值最大，為 $\sigma(0)(1 - \sigma(0)) = 0.5 \times 0.5 = 0.25$；當 x 趨近於無窮時，導數值趨近於 0。由於導數值的絕對值表現了函數值隨引數變化的情況，所以，$\sigma(x)$ 在 $x = 0$ 處變化最劇烈，而在逐漸接近無窮的過程中變化越來越平緩。

根據導數的定義，很容易就能證明上述四則運算法則和複合函數的連鎖律，感興趣的讀者可以自己證明一下或查閱微積分教材。

1.3.5　計算圖、正向計算和反向傳播求導

如圖 1-43 所示，是將引數 x 輸入函數，計算函數值（函數的輸出）的過程。這種圖稱為**計算圖**。按照計算圖中的過程計算一個引數（輸入）的函數值的過程稱為**正向計算**。求導的過程是正向計算過程的反向過程，因此稱為**反向計算**或**反向傳播計算**。

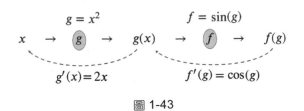

圖 1-43

從圖 1-43 中可以看出，對於 x，正向計算先透過函數 g 得到 $g(x) = x^2$，再透過函數 f 得到 $f(g) = \sin(g) = \sin(x^2)$。正向計算的過程如下。

$$x \to g \to g(x) = x^2 \to f \to f(g) = \sin(g) = \sin(x^2)$$

反向傳播求導的過程如下。

$$f \to f'(g) \to f'(g) = \sin'(g) = \cos(g)$$

$$g \to g'(x) \to g'(x) = (x^2)' = 2x$$

$$f'(x) = f'(g)g'(x) = \cos(g)(x^2)' = \cos(g)2x = \cos(x^2)2x$$

反向傳播求導是神經網路（深度學習）最核心和最關鍵的基礎。了解了反向傳播求導，就能輕鬆了解深度學習的演算法原理。

1.3.6 多變數函數的偏導數與梯度

有些時候，引數是由多個分量組成的向量，而非單一數值，即 $x = (x_1, x_1, \cdots, x_n)$ 包含多個分量（x_j）。將這樣的引數 x 映射到單一數值的因變數的函數 $f(x)$ 稱為**多變數函數**，一般表示為 $f: \mathbb{R}^n \to \mathbb{R}$。

$f(x)$ 關於 x 的分量 x_j 的導數稱為偏導數，記為 $\frac{\partial f}{\partial x_j}$，它反映了 $f(x)$ 關於分量 x_j 的變化率，公式如下。

$$\frac{\partial f}{\partial x_j} = \lim_{\Delta x \to 0} \frac{f(x_1, \cdots, x_j + \Delta x_j, \cdots, \Delta x_n) - f(x_1, \cdots, x_j, \cdots, x_n)}{\Delta x_j}$$

也就是說，偏導數將其他變數當作常數，而將 x_j 當作變數。因此，該函數是一個單變數函數，其關於 x_j 的導數稱為原函數關於 x_j 的偏導數。

舉例來說，$f(x, y) = 2x + y^2$ 的引數包括兩個分量 x 和 y。該函數是一個多變數函數，將引數 (x, y) 映射到函數值 $f(x, y)$，即 $f: (x, y) \to (2x + y^2)$。該函數關於 x 和 y 的偏導數分別為

$$\frac{\partial f}{\partial x} = \frac{\partial (2x + y^2)}{\partial x} = \frac{\mathrm{d}(2x)}{\mathrm{d}x} = 2$$

$$\frac{\partial f}{\partial y} = \frac{\partial (2x + y^2)}{\partial y} = \frac{\mathrm{d}(y^2)}{\mathrm{d}y} = 2y$$

$f(x)$ 關於 x 的梯度 $\nabla_x f(x)$ 是由 $f(x)$ 關於 x 的分量 x_j 的偏導數組成的向量，公式如下。

$$\nabla_x f(x) = \frac{\mathrm{d}f}{\mathrm{d}x} = (\frac{\partial f}{\partial x_1}, \cdots, \frac{\partial f}{\partial x_j}, \cdots, \frac{\partial f}{\partial x_n}) \in \mathbb{R}^n$$

在上例中，$f(x, y) = 2x + y^2$ 關於 (x, y) 的梯度為 $\nabla_{(x,y)} f(x, y) = (2, 2y)$，在點 $(2,3)$ 處的梯度為 $(2,6)$。

在不會引起混淆的前提下，$f(x)$ 關於 x 的梯度 $\nabla_x f(x)$ 常簡寫為 $\nabla f(x)$。

對於一個很小的 x 的增量 $\Delta x = (\Delta x_1, \Delta x_2, \cdots, \Delta x_n)$，$f(x)$ 的增量 $f(x + \Delta) - f(x)$ 可以近似表示為梯度 $\nabla f(x)$ 和 x 的增量 Δx 的點積，公式如下。

$$f(x + \Delta) - f(x) \simeq \nabla f(x) \cdot \Delta x$$

一般來說梯度可以寫成行向量的形式，具體如下。

$$\nabla f(x) = (\frac{\partial f}{\partial x_1}, \cdots, \frac{\partial f}{\partial x_j}, \cdots, \frac{\partial f}{\partial x_n}) \in \mathbb{R}^n$$

而對於 $f(x)$，x 可以寫成列向量的形式，具體如下。

$$x = \begin{bmatrix} x_1 \\ x_2 \\ \vdots \\ x_n \end{bmatrix}, \qquad \Delta x = \begin{bmatrix} \Delta x_1 \\ \Delta x_2 \\ \vdots \\ \Delta x_n \end{bmatrix}$$

梯度向量和增量向量的點積也可以寫成矩陣乘積的形式，公式如下。

$$f(x + \Delta) - f(x) \simeq \nabla f(x) \Delta x = \Delta x^\mathrm{T} \nabla f(x)^\mathrm{T}$$

如果將梯度也寫成列向量的形式，那麼梯度向量和增量向量的點積可以寫成矩陣乘積的形式，公式如下。

$$f(x + \Delta) - f(x) \simeq \nabla f(x)^\mathrm{T} \Delta x = \Delta x^\mathrm{T} \nabla f(x)$$

如果將引數寫成行向量的形式，將梯度寫成列向量的形式，那麼

$$x = (x_1, x_2, \cdots, x_n)$$

$$\Delta x = (\Delta x_1, \Delta x_2, \cdots, \Delta x_n)$$

$$\nabla f(x) = (\frac{\partial f}{\partial x_1}, \frac{\partial f}{\partial x_2}, \cdots, \frac{\partial f}{\partial x_n})^{\mathrm{T}}$$

因此有

$$f(x + \Delta) - f(x) \simeq \Delta x \nabla f(x)$$

如果將 $\nabla_x f(x)$、$f(x)$、x 都寫成行向量的形式,那麼

$$f(x + \Delta) - f(x) \simeq \nabla f(x) \Delta x^{\mathrm{T}} = \Delta x \nabla f(x)^{\mathrm{T}}$$

對於一個多變數函數 $f(x)$,如果將引數 x 寫成矩陣的形式,那麼,雖然 $f(x)$ 關於 x 的梯度是一個向量,但仍可以寫成和 x 形狀相同的矩陣的形式,從而直觀地表示偏導數所對應的變數,公式如下。

$$f'(x) = \frac{\mathrm{d}f}{\mathrm{d}x} = \begin{bmatrix} \dfrac{\partial y}{\partial x_{11}} & \dfrac{\partial y}{\partial x_{21}} & \cdots & \dfrac{\partial y}{\partial x_{n1}} \\ \dfrac{\partial y}{\partial x_{12}} & \dfrac{\partial y}{\partial x_{22}} & \cdots & \dfrac{\partial y}{\partial x_{n2}} \\ \vdots & \vdots & \ddots & \vdots \\ \dfrac{\partial y}{\partial x_{1n}} & \dfrac{\partial y}{\partial x_{2n}} & \cdots & \dfrac{\partial y}{\partial x_{nn}} \end{bmatrix}$$

將梯度、引數和因變數,寫成行向量、列向量還是矩陣的形式,完全取決於哪種形式更有助我們推導公式。舉例來説,將 x 寫成矩陣的形式、將梯度寫成矩陣的形式,公式的格式看上去相對統一。下面列出幾個範例。

例 1:對於多變數函數 $F(x, y, z) = x + 2y^2 + 3z^3$,有

$$\nabla F(x, y, z) = (1, 4y, 9z^2)$$

該函數在點 $(2,3,4)$ 處的梯度為 $(1, 4 \times 3, 9 \times 4^2) = (1, 12, 144)$。如果在該點附近,引數有微小增量 $(\Delta x, \Delta y, \Delta z)$,那麼有

$$F(2 + \Delta x, 3 + \Delta y, 4 + \Delta z) - F(2,3,4) \simeq 1 \cdot \Delta x + 12 \cdot \Delta y + 144 \cdot \Delta z$$

例 2:設 $y = w_1 \cdot x_1 + w_2 \cdot x_2 + \cdots + w_n \cdot x_n + b$。如果將 y 當作 $w =$

$(w_1, w_2, ..., w_n)$ 的 函數，則 $\frac{\mathrm{d}y}{\mathrm{d}w} = (x_1, x_2, ..., x_n)$；如果將 y 當作 $\boldsymbol{x} = (x_1, x_2, ..., x_n)$ 的函數，則 $\frac{\mathrm{d}y}{\mathrm{d}x} = (w_1, w_2, ..., w_n)$；如果將 y 當作 b 的函數，則 $\frac{\mathrm{d}y}{\mathrm{d}b} = 1$。

如果將 $\boldsymbol{w}$ 寫成列向量的形式，將 $\boldsymbol{x}$ 寫成行向量的形式，則 $y = \boldsymbol{xw}$。如果將梯度寫成行向量的形式，則 $\frac{\partial y}{\partial x} = \boldsymbol{w}^{\mathrm{T}}$，$\frac{\partial y}{\partial w} = \boldsymbol{x}$。

如果將 $\boldsymbol{w}$ 和 $\boldsymbol{x}$ 寫成列向量的形式，將梯度寫成行向量的形式，則 $y = \boldsymbol{w}^{\mathrm{T}}\boldsymbol{x} = \boldsymbol{x}^{\mathrm{T}}\boldsymbol{w}$，$\frac{\partial y}{\partial x} = \boldsymbol{w}^{\mathrm{T}}$，$\frac{\partial y}{\partial w} = \boldsymbol{x}^{\mathrm{T}}$。

可以證明，導數的四則運算法則和連鎖律對於梯度同樣成立。設 f 和 g 是從 $\mathbb{R}^n$ 到 $\mathbb{R}$ 的兩個實值函數。

- 線性規則：$(\alpha f + \beta g)'(x) = \nabla(\alpha f + \beta g)(x) = \alpha f'(x) + \beta g'(x) = \alpha \nabla f + \beta \nabla g(x)$。

- 乘積規則：$(fg)'(x) = \nabla(fg)(x) = f'(x)g(x) + f(x)g'(x) = g(x)\nabla f(x) + f\nabla g(x)$。

- 連鎖律：設 g 是從 $\mathbb{R}^n$ 到 $\mathbb{R}$ 的實值函數，f 是從 $\mathbb{R}^n$ 到 $\mathbb{R}$ 的實值函數，對 $\boldsymbol{x} \in \mathbb{R}^n$，$g(\boldsymbol{x})$ 的值是 z。如果將 $\boldsymbol{x}$ 寫成列向量的形式，將其梯度寫成行向量的形式，則 $(f \circ g)'(\boldsymbol{x}) = \nabla(f \circ g)(\boldsymbol{x}) = f'(z)g'(\boldsymbol{x}) = f'(z)\nabla g(\boldsymbol{x})$。如果將 $\boldsymbol{x}$ 寫成行向量的形式，將其梯度寫成列向量的形式，則 $(f \circ g)'(\boldsymbol{x}) = \nabla(f \circ g)(\boldsymbol{x}) = g'(\boldsymbol{x})f'(z) = \nabla g(\boldsymbol{x})f'(z)$。也就是說，這兩種連鎖律的運算次序正好相反。

例 3：如果 $g\left(\begin{pmatrix} x_1 \\ x_2 \end{pmatrix}\right) = 3x_1 + 2x_2^3$，$f(z) = z^2$，則 $(f \circ g)\left(\begin{pmatrix} x_1 \\ x_2 \end{pmatrix}\right) = (3x_1 + 2x_2^3)^2$。因此，有

$$(f \circ g)'(\boldsymbol{x}) = f'(z)\nabla g(\boldsymbol{x}) = 2z \cdot (3, 6x_2^2) = 2 \cdot (3x_1 + 2x_2^3) \cdot (3, 6x_2^2)$$
$$= \left(18x_1 + 12x_2^3, 36x_1x_2^2 + 24x_2^5\right)$$

如果將變數寫成行向量的形式，將其梯度寫成列向量的形式，$g(x_1, x_2) = 3x_1 + 2x_2^3$，$f(z) = z^2$，則 $(f \circ g)(x_1, x_2) = (3x_1 + 2x_2^3)^2$。因此，有

$$(f \circ g)'(x) = \nabla g(x) f'(z) = \begin{pmatrix} 3 \\ 6x_2^2 \end{pmatrix} 2z = \begin{pmatrix} 3 \\ 6x_2^2 \end{pmatrix} 2 \cdot (3x_1 + 2x_2^3)$$
$$= \begin{pmatrix} 18x_1 + 12x_2^3 \\ 36x_1 x_2^2 + 24x_2^5 \end{pmatrix}$$

例 4：設 y 和 $\hat{y}$ 是 $\mathbb{R}^n$ 中的兩個向量，可以用它們的歐幾里德距離的平方來定義這兩個向量之間的距離（誤差）。舉例來説，以下公式表示兩個向量之間的距離。

$$E(y, \hat{y}) = \frac{1}{2} \| y - \hat{y} \|_2^2 = \frac{1}{2}((y_1 - \hat{y}_1)^2 + (y_2 - \hat{y}_2)^2 + \cdots + (y_n - \hat{y}_n)^2)$$

其中，$E(y, \hat{y})$ 關於 y 的梯度為 $(y - \hat{y})^{\mathrm{T}}$。

1.3.7　向量值函數的導數與 Jacobian 矩陣

假設有多個函數

$$f_1 : x \to f_1(x)$$
$$f_2 : x \to f_2(x)$$
$$\vdots$$
$$f_m : x \to f_m(x)$$

可以用一個列向量將它們組合在一起，具體如下。

$$f(x) = \begin{bmatrix} f_1(x) \\ f_2(x) \\ \vdots \\ f_m(x) \end{bmatrix}$$

這些組合在一起的函數稱為**向量值函數**。輸入 x，每個函數產生一個函數值 $f_i(x)$，這些函數值就組成了上式等號右邊的向量。

舉例來説，有 3 個函數 $f_1(x) = x^2$、$f_2(x) = \mathrm{e}^x$、$f_1(x) = ax$，它們組成了一個向量值函數，具體如下。

$$f(x) = \begin{bmatrix} f_1(x) \\ f_2(x) \\ f_3(x) \end{bmatrix} = \begin{bmatrix} x^2 \\ \mathrm{e}^x \\ ax \end{bmatrix}$$

輸入 x 的值，如 3，就會產生以下結果。

$$\begin{bmatrix} 9 \\ e^3 \\ 3a \end{bmatrix}$$

m 個單變數函數組成的向量值函數是實數集 $\mathbb{R}$ 到 $\mathbb{R}^m$ 的映射（變換）$f(x): \mathbb{R} \to \mathbb{R}^m$。如果在點 x 處，任意函數 $f_i(x)$ 關於 x 的導數都存在，那麼這些導數可堆積成一個向量，稱為向量值函數關於引數 x 的導數，記為 $\mathrm{D}f(x)$，公式如下。

$$\mathrm{D}f(x) = f'(x) = \frac{\mathrm{d}f}{\mathrm{d}x} = \begin{bmatrix} \dfrac{\mathrm{d}f_1}{\mathrm{d}x} \\ \dfrac{\mathrm{d}f_2}{\mathrm{d}x} \\ \vdots \\ \dfrac{\mathrm{d}f_m}{\mathrm{d}x} \end{bmatrix} \in \mathbb{R}^{m \times 1}$$

向量值函數的導數是一個包含 m 個元素的向量。

如果向量值函數的引數 x 是一個由多個變數組成的向量，那麼這樣的向量值函數稱為多變數向量值函數。設引數個數為 n，函數個數為 m，那麼這就是一個從 $\mathbb{R}^n$ 到 $\mathbb{R}^m$ 的映射（變換）$f: \mathbb{R}^n \to \mathbb{R}^m$。輸入 n 個引數的值，就會輸出 m 個實數。

所有多變數向量值函數 $f_i(x)$ 都是多變數函數。在點 x 處，如果任意函數 $f_i(x)$ 都有一個關於 x 的梯度，那麼，將這些梯度向量堆積在一起，會得到一個矩陣，公式如下。這個矩陣稱為 Jacobian 矩陣。

$$\mathrm{D}f(x) = f'(x) = \frac{\mathrm{d}f}{\mathrm{d}x} = \begin{bmatrix} \dfrac{\partial f_1}{\partial x_1} & \dfrac{\partial f_1}{\partial x_2} & \cdots & \dfrac{\partial f_1}{\partial x_n} \\ \dfrac{\partial f_2}{\partial x_1} & \dfrac{\partial f_2}{\partial x_2} & \cdots & \dfrac{\partial f_2}{\partial x_n} \\ \vdots & \vdots & \ddots & \vdots \\ \dfrac{\partial f_m}{\partial x_1} & \dfrac{\partial f_m}{\partial x_2} & \cdots & \dfrac{\partial f_m}{\partial x_n} \end{bmatrix} \in \mathbb{R}^{m \times n}$$

這是一個 $m \times n$ 的矩陣，其中的每一行都是一個函數的梯度。

通常可將引數和向量值函數寫成列向量的形式，將每個函數的梯度寫成行向量的形式。在本書中，將引數和向量值函數都寫成行向量的形式，即

$$f(\boldsymbol{x}) = f_1(\boldsymbol{x}), f_2(\boldsymbol{x}), \cdots, f_m(\boldsymbol{x})$$
$$\boldsymbol{x} = (x_1, x_2, \cdots, x_n)$$

則

$$\mathrm{D}f(\boldsymbol{x}) = f'(\boldsymbol{x}) = \frac{\mathrm{d}\boldsymbol{f}}{\mathrm{d}\boldsymbol{x}} = \begin{bmatrix} \dfrac{\partial f_1}{\partial x_1} & \dfrac{\partial f_2}{\partial x_1} & \cdots & \dfrac{\partial f_m}{\partial x_1} \\ \dfrac{\partial f_1}{\partial x_2} & \dfrac{\partial f_2}{\partial x_2} & \cdots & \dfrac{\partial f_m}{\partial x_2} \\ \vdots & \vdots & \ddots & \vdots \\ \dfrac{\partial f_1}{\partial x_n} & \dfrac{\partial f_1}{\partial x_n} & \cdots & \dfrac{\partial f_m}{\partial x_n} \end{bmatrix} \in \mathbb{R}^{n \times m}$$

由於 Jacobian 矩陣是由不同的多變數實值函數的梯度向量累積而成的，所以，梯度的四則運算和連鎖律適用於 Jacobian 矩陣。

設 f 和 g 是從 $\mathbb{R}^n$ 到 $\mathbb{R}^m$ 的向量值函數，則

$$\mathrm{D}(\alpha f + \beta g)(x) = \alpha \mathrm{D}f(x) + \beta \mathrm{D}g(x)$$

設 g 是從 $\mathbb{R}^m$ 到 $\mathbb{R}^k$ 的向量值函數，f 是從 $\mathbb{R}^k$ 到 $\mathbb{R}^n$ 的向量值函數，對於 $\mathbb{R}^m$ 中的點 $\boldsymbol{x}$，假設 $g(\boldsymbol{x})$ 的值是 $\boldsymbol{z}$，如果向量值函數和引數等都被寫成了列向量的形式，那麼

$$(\boldsymbol{f} \circ \boldsymbol{g})'(\boldsymbol{x}) = \mathrm{D}(\boldsymbol{f} \circ \boldsymbol{g})(\boldsymbol{x}) = f'(\boldsymbol{z})g'(\boldsymbol{x}) = \mathrm{D}f(\boldsymbol{z})\mathrm{D}g(\boldsymbol{x})$$

如果向量值函數和引數等都被寫成了行向量的形式，則

$$(\boldsymbol{f} \circ \boldsymbol{g})'(\boldsymbol{x}) = \mathrm{D}(\boldsymbol{f} \circ \boldsymbol{g})(\boldsymbol{x}) = g'(\boldsymbol{x})f'(\boldsymbol{z}) = \mathrm{D}g(\boldsymbol{x})\mathrm{D}f(\boldsymbol{z})$$

向量 $\boldsymbol{x} = (x_1, x_2, \cdots, x_n)$ 可以作為其自身的多變數向量值函數，其導數就是一個恒等矩陣 $\boldsymbol{I}$，公式如下。

$$\frac{\mathrm{d}x}{\mathrm{d}x} = \begin{bmatrix} 1 & 0 & \cdots & 0 \\ 0 & 1 & \cdots & 0 \\ \vdots & \vdots & \ddots & \vdots \\ 0 & 0 & \cdots & 1 \end{bmatrix} = I$$

根據導數的四則運算法則，對於向量 x 和 b，$\nabla_x(\alpha x + \beta b) = \alpha I$。

在 1.3.6 節的例 4 中，如果將 $E(y, \hat{y})$ 當作 y 的函數，那麼，這個函數可以被當作 $z = y - \hat{y}$ 和 $E(z) = \frac{1}{2}z^2$ 這兩個函數的複合函數。$E(y, \hat{y})$ 關於 y 的梯度為

$$E'(z) = z^{\mathrm{T}}$$
$$z'(y) = (y - \hat{y})' = I$$
$$\nabla_y E(y, \hat{y}) = E'(z)z'(y) = z^{\mathrm{T}}z'(y) = z^{\mathrm{T}}I = z^{\mathrm{T}} = (y - \hat{y})^{\mathrm{T}}$$

例 5：設 $z(x) = \begin{bmatrix} z_1(x) \\ z_2(x) \end{bmatrix} = \begin{bmatrix} 2x_1 + 4x_2 + 7x_3 \\ 3x_1 + 5x_2 + 4x_3 \end{bmatrix}$ 是 x 的函數，$y = [4z_1 + 3z_2]$ 是 z 的函數，則 $f(x) = y(z(x))$ 是 $y(z)$ 和 $z(x)$ 的複合函數。根據複合函數的求導規則，有

$$f'(x) = y'(z)z'(x) = (4,3)\begin{bmatrix} 2 & 4 & 7 \\ 3 & 5 & 4 \end{bmatrix} = (17,31,40)$$

$f(x)$ 的完整運算式為

$$f(x) = 4(2x_1 + 4x_2 + 7x_3) + 3(3x_1 + 5x_2 + 4x_3) = 17x_1 + 31x_2 + 40x_3$$

可以證明上述結果是正確的。

如果約定將梯度寫成列向量的形式，那麼連鎖律公式就要倒過來寫，具體如下。

$$y'(z) = \begin{bmatrix} 4 \\ 3 \end{bmatrix}, \quad z'(x) = \begin{bmatrix} 2 & 3 \\ 4 & 5 \\ 7 & 4 \end{bmatrix}, \quad f'(x) = z'(x)y'(z) = \begin{bmatrix} 2 & 3 \\ 4 & 5 \\ 7 & 4 \end{bmatrix}\begin{bmatrix} 4 \\ 3 \end{bmatrix} = \begin{bmatrix} 17 \\ 31 \\ 40 \end{bmatrix}$$

今後在推導這些公式時，一定要注意梯度等向量是列向量還是行向量。

例 **6**：設

$$\boldsymbol{z} = \begin{bmatrix} z_1 & z_2 & \cdots & z_n \end{bmatrix} = \begin{bmatrix} x_1 & x_2 & \cdots & x_m \end{bmatrix} \cdot \begin{bmatrix} w_{11} & w_{12} & \dots & w_{1n} \\ w_{21} & w_{22} & \dots & w_{2n} \\ \vdots & \vdots & \ddots & \vdots \\ w_{m1} & w_{m2} & \dots & w_{mn} \end{bmatrix}$$

$$= [w_{11} \cdot x_1 + w_{21} \cdot x_2 + \cdots + w_{m1} \cdot x_m, w_{12} \cdot x_1 + w_{22} \cdot x_2 + \cdots + w_{m2} \cdot x_m, \cdots,$$
$$w_{1n} \cdot x_1 + w_{2n} \cdot x_2 + \cdots + w_{mn} \cdot x_m]$$

因為 $\frac{\partial z_i}{\partial x_j} = w_{ji}$，$\frac{\partial z_i}{\partial \boldsymbol{x}} = \boldsymbol{w}_{.i}$ 表示 $\boldsymbol{W}$ 的第 i 列，所以有 $\frac{\partial \boldsymbol{z}}{\partial \boldsymbol{x}} = \boldsymbol{W}$。

如果有一個變數 y，它關於 $\boldsymbol{z}$ 的梯度為 $\frac{\mathrm{d}y}{\mathrm{d}\boldsymbol{z}} = (\frac{\partial y}{\partial z_1}, \frac{\partial y}{\partial z_2}, \cdots, \frac{\partial y}{\partial z_n})^{\mathrm{T}}$，則

$$\frac{\mathrm{d}y}{\mathrm{d}\boldsymbol{x}} = \frac{\partial y}{\partial z_1} \cdot \frac{\partial z_1}{\partial \boldsymbol{x}} + \frac{\partial y}{\partial z_2} \cdot \frac{\partial z_2}{\partial \boldsymbol{x}} + \cdots + \frac{\partial y}{\partial z_n} \cdot \frac{\partial z_n}{\partial \boldsymbol{x}} = \frac{\mathrm{d}\boldsymbol{z}}{\mathrm{d}\boldsymbol{x}} \frac{\mathrm{d}y}{\mathrm{d}\boldsymbol{z}}$$

$$= \left(\frac{\partial z_1}{\partial \boldsymbol{x}}, \frac{\partial z_2}{\partial \boldsymbol{x}}, \cdots, \frac{\partial z_n}{\partial \boldsymbol{x}} \right) \left(\frac{\partial y}{\partial z_1}, \frac{\partial y}{\partial z_2}, \cdots, \frac{\partial y}{\partial z_n} \right)^{\mathrm{T}} = \boldsymbol{W} \frac{\mathrm{d}y}{\mathrm{d}\boldsymbol{z}}$$

$\frac{\partial z_j}{\partial w_{ij}} = x_i$，$\frac{\partial z_k}{\partial w_{ij}} = 0$，$k \neq j$，有

$$\frac{\mathrm{d}\boldsymbol{z}}{\mathrm{d}\boldsymbol{W}} = \begin{bmatrix} x_1 & 0 & \dots & 0 \\ x_2 & 0 & \dots & 0 \\ \vdots & \vdots & \ddots & \vdots \\ x_n & 0 & \dots & 0 \end{bmatrix}$$

如果有一個變數 y，它關於 $\boldsymbol{z}$ 的梯度為 $\frac{\mathrm{d}y}{\mathrm{d}\boldsymbol{z}} = (\frac{\partial y}{\partial z_1}, \frac{\partial y}{\partial z_2}, \cdots, \frac{\partial y}{\partial z_n})^{\mathrm{T}}$，則

$$\frac{\mathrm{d}y}{\mathrm{d}w_{ij}} = \frac{\partial y}{\partial z_1} \cdot \frac{\partial z_1}{\partial w_{ij}} + \frac{\partial y}{\partial z_2} \cdot \frac{\partial z_2}{\partial w_{ij}} + \cdots + \frac{\partial y}{\partial z_n} \cdot \frac{\partial z_n}{\partial w_{ij}} = \frac{\partial y}{\partial z_j} \cdot \frac{\partial z_j}{\partial w_{ij}} = \frac{\partial y}{\partial z_j} x_i = x_i \frac{\partial y}{\partial z_j}$$

因此，有

$$\frac{\mathrm{d}y}{\mathrm{d}\boldsymbol{W}} = \begin{bmatrix} x_1 \dfrac{\partial y}{\partial z_1} & x_1 \dfrac{\partial y}{\partial z_2} & \dots & x_1 \dfrac{\partial y}{\partial z_n} \\ x_2 \dfrac{\partial y}{\partial z_1} & x_2 \dfrac{\partial y}{\partial z_2} & \dots & x_2 \dfrac{\partial y}{\partial z_n} \\ \vdots & \vdots & \ddots & \vdots \\ x_m \dfrac{\partial y}{\partial z_1} & x_m \dfrac{\partial y}{\partial z_2} & \dots & x_m \dfrac{\partial y}{\partial z_n} \end{bmatrix} = \boldsymbol{x}^{\mathrm{T}} \left(\frac{\mathrm{d}y}{\mathrm{d}\boldsymbol{z}} \right)^{\mathrm{T}}$$

設

$$W = \begin{bmatrix} w_{11} & w_{12} & \dots & w_{1n} \\ w_{21} & w_{22} & \dots & w_{2n} \\ \vdots & \vdots & \ddots & \vdots \\ w_{m1} & w_{m2} & \dots & w_{mn} \end{bmatrix}, \quad x = \begin{bmatrix} x_1 \\ x_2 \\ \vdots \\ x_n \end{bmatrix}, \quad b = \begin{bmatrix} b_1 \\ b_2 \\ \vdots \\ b_m \end{bmatrix}, \quad \hat{z} = \begin{bmatrix} \hat{z}_1 \\ \hat{z}_2 \\ \vdots \\ \hat{z}_m \end{bmatrix}$$

$z = Wx + b$，即

$$z = \begin{bmatrix} z_1 \\ z_2 \\ \vdots \\ z_m \end{bmatrix} = \begin{bmatrix} w_{11} & w_{12} & \dots & w_{1n} \\ w_{21} & w_{22} & \dots & w_{2n} \\ \vdots & \vdots & \ddots & \vdots \\ w_{m1} & w_{m2} & \dots & w_{mn} \end{bmatrix} \cdot \begin{bmatrix} x_1 \\ x_2 \\ \vdots \\ x_n \end{bmatrix} + \begin{bmatrix} b_1 \\ b_2 \\ \vdots \\ b_m \end{bmatrix}$$

$$= \begin{bmatrix} w_{11} \cdot x_1 + w_{12} \cdot x_2 + \dots + w_{1n} \cdot x_n + b_1 \\ w_{21} \cdot x_1 + w_{22} \cdot x_2 + \dots + w_{2n} \cdot x_n + b_2 \\ \vdots \\ w_{m1} \cdot x_1 + w_{m2} \cdot x_2 + \dots + w_{mn} \cdot x_n + b_m \end{bmatrix}$$

如果將 z 當作 $x = (x_1, x_2, \cdots, x_n)$ 的多變數向量值函數，則 $\frac{\mathrm{d}z}{\mathrm{d}x}$ 的 Jacobian 矩陣為

$$f'(x) = \frac{\mathrm{d}z}{\mathrm{d}x} = \begin{bmatrix} w_{11} & w_{12} & \dots & w_{1n} \\ w_{21} & w_{22} & \dots & w_{2n} \\ \vdots & \vdots & \ddots & \vdots \\ w_{m1} & w_{m2} & \dots & w_{mn} \end{bmatrix} \in \mathbb{R}^{m \times n}$$

如果將 z 當作 $b = (b_1, b_2, \cdots, b_m)$ 的多變數向量值函數，則 $\frac{\mathrm{d}z}{\mathrm{d}b}$ 的 Jacobian 矩陣為

$$f'(b) = \frac{\mathrm{d}z}{\mathrm{d}b} = \begin{bmatrix} 1 & 0 & \dots & 0 \\ 0 & 1 & \dots & 0 \\ \vdots & \vdots & \ddots & \vdots \\ 0 & 0 & \dots & 0 \end{bmatrix} \in \mathbb{R}^{m \times m}$$

如果將 z 當作 $W = (w_{11}, w_{12}, \cdots, w_{1n}, \cdots, w_{m1}, w_{m2}, \cdots, w_{mn})$ 的多變數向量值函數，則 $\frac{\mathrm{d}z}{\mathrm{d}W}$ 的 Jacobian 矩陣為

$$f'(W) = \frac{\mathrm{d}z}{\mathrm{d}W} = \begin{bmatrix} x_1 & \cdots & x_n & 0 & \cdots & 0 & \cdots\cdots & 0 & \cdots & 0 \\ 0 & \cdots & 0 & x_1 & \cdots & x_n & \cdots\cdots & 0 & \cdots & 0 \\ \vdots & \vdots & \vdots & \vdots & \vdots & \vdots & \cdots\cdots & \vdots & \ddots & \vdots \\ 0 & \cdots & 0 & 0 & \cdots & 0 & \cdots\cdots & x_1 & \cdots & x_n \end{bmatrix} \in \mathbb{R}^{m \times (m \times n)}$$

為便於辨識，$\boldsymbol{z}$ 關於 $\boldsymbol{W}$ 的導數或 Jacobian 矩陣也寫入成和 $\boldsymbol{W}$ 形狀相同的形式，具體如下。

$$f'(\boldsymbol{W}) = \frac{\mathrm{d}\boldsymbol{z}}{\mathrm{d}\boldsymbol{W}} = \begin{bmatrix} x_1 & x_2 & \cdots & x_n \\ x_1 & x_2 & \cdots & x_n \\ \vdots & \vdots & \ddots & \vdots \\ x_1 & x_2 & \cdots & x_n \end{bmatrix} \in \mathbb{R}^{m \times n}$$

例 7：設 $\boldsymbol{W}$、$\boldsymbol{x}$、$\boldsymbol{b}$ 同例 6，$L = \frac{1}{2}\| \boldsymbol{W}\boldsymbol{x} - \boldsymbol{b} \|^2$。如果將 L 當作 $\boldsymbol{x}$ 的函數，就可以將 L 當作 $f(\boldsymbol{z}) = \frac{1}{2}\| \boldsymbol{z} \|^2$ 和 $z(x) = \boldsymbol{W}\boldsymbol{x} - \boldsymbol{b}$ 的複合函數，L 關於 $\boldsymbol{x}$ 的梯度是

$$\nabla_{\boldsymbol{x}} L = f'(\boldsymbol{z}) \cdot z'(\boldsymbol{x}) = \boldsymbol{z}^{\mathrm{T}}\boldsymbol{W} = (\boldsymbol{W}\boldsymbol{x} - \boldsymbol{b})^{\mathrm{T}}\boldsymbol{W}$$

這是梯度的行向量形式，其列向量形式為

$$((\boldsymbol{W}\boldsymbol{x} - \boldsymbol{b})^{\mathrm{T}}\boldsymbol{W})^{\mathrm{T}} = \boldsymbol{W}^{\mathrm{T}}(\boldsymbol{W}\boldsymbol{x} - \boldsymbol{b}) = \boldsymbol{W}^{\mathrm{T}}\boldsymbol{W}\boldsymbol{x} - \boldsymbol{W}^{\mathrm{T}}\boldsymbol{b}$$

如果將 L 當作 $\boldsymbol{W}$ 的函數，就可以將 L 當作 $f(\boldsymbol{z}) = \frac{1}{2}\| \boldsymbol{z} \|^2$ 和 $z(\boldsymbol{W}) = \boldsymbol{W}\boldsymbol{x} - \boldsymbol{b}$ 的複合函數，L 關於 $\boldsymbol{W}$ 的梯度是

$$\begin{aligned} \nabla_{\boldsymbol{W}} L &= f'(\boldsymbol{z}) \cdot z'(\boldsymbol{W}) = \boldsymbol{z}^T z'(\boldsymbol{W}) \\[2mm] &= (\boldsymbol{W}_1\boldsymbol{x} - b_1, \boldsymbol{W}_2\boldsymbol{x} - b_2, \cdots, \boldsymbol{W}_m\boldsymbol{x} - b_m) \begin{bmatrix} x_1 & \cdots & x_n & 0 & \cdots & 0 & \cdots\cdots & 0 & \cdots & 0 \\ 0 & \cdots & 0 & x_1 & \cdots & x_n & \cdots\cdots & 0 & \cdots & 0 \\ \vdots & \vdots & \vdots & \vdots & \vdots & \vdots & \cdots\cdots & \vdots & \ddots & \vdots \\ 0 & \cdots & 0 & 0 & \cdots & 0 & \cdots\cdots & x_1 & \cdots & x_n \end{bmatrix} \end{aligned}$$

$$= ((\boldsymbol{W}_1\boldsymbol{x} - b_1)x_1, (\boldsymbol{W}_1\boldsymbol{x} - b_1)x_2, \cdots, (\boldsymbol{W}_1\boldsymbol{x} - b_1)x_n, \cdots, (\boldsymbol{W}_2\boldsymbol{x} - b_2)x_1,$$

$$(\boldsymbol{W}_2\boldsymbol{x} - b_2)x_2, \cdots, (\boldsymbol{W}_2\boldsymbol{x} - b_2)x_n, \cdots,)$$

將 $\nabla_{\boldsymbol{W}} L$ 寫成和 $\boldsymbol{W}$ 一樣的矩陣形式，公式如下。

$$\begin{aligned} \begin{bmatrix} (\boldsymbol{W}_1\boldsymbol{x} - b_1)x_1 & (\boldsymbol{W}_1\boldsymbol{x} - b_1)x_2 & \cdots & (\boldsymbol{W}_1\boldsymbol{x} - b_1)x_n \\ (\boldsymbol{W}_2\boldsymbol{x} - b_2)x_1 & (\boldsymbol{W}_2\boldsymbol{x} - b_2)x_2 & \cdots & (\boldsymbol{W}_2\boldsymbol{x} - b_2)x_n \\ \vdots & \vdots & \ddots & \vdots \\ (\boldsymbol{W}_m\boldsymbol{x} - b_m)x_1 & (\boldsymbol{W}_m\boldsymbol{x} - b_m)x_2 & \cdots & (\boldsymbol{W}_m\boldsymbol{x} - b_m)x_n \end{bmatrix} &= \begin{bmatrix} \boldsymbol{W}_1\boldsymbol{x} - b_1 \\ \boldsymbol{W}_2\boldsymbol{x} - b_2 \\ \vdots \\ \boldsymbol{W}_m\boldsymbol{x} - b_m \end{bmatrix} \times \begin{bmatrix} x_1 & x_2 & \cdots & x_n \end{bmatrix} \\[2mm] &= (\boldsymbol{W}\boldsymbol{x} - \boldsymbol{b})\boldsymbol{x}^{\mathrm{T}} = \boldsymbol{z}\boldsymbol{x}^{\mathrm{T}} = f'(\boldsymbol{z})^{\mathrm{T}}\boldsymbol{x}^{\mathrm{T}} \end{aligned}$$

一般地，假設 $f(\boldsymbol{z})$ 關於 $\boldsymbol{z}$ 的梯度為 $f'(\boldsymbol{z})$，$\boldsymbol{z} = \boldsymbol{W}\boldsymbol{x} + \boldsymbol{b}$，則 $f(\boldsymbol{W}\boldsymbol{x} + \boldsymbol{b})$ 關於 $\boldsymbol{x}$ 的梯度為 $f'(\boldsymbol{z})z'(\boldsymbol{x}) = f'(\boldsymbol{z})\boldsymbol{W}$，關於 $\boldsymbol{W}$ 的梯度可以寫成和 $\boldsymbol{W}$ 一樣的矩陣形式 $f'(\boldsymbol{z})^{\mathrm{T}}\boldsymbol{x}^{\mathrm{T}}$。這個規律在神經網路的梯度計算中作用很大。

1.3.8　積分

對於如圖 1-44 所示的函數 $f(x)$，如何求其曲線下方陰影部分的面積？可以將由曲線上均勻分佈的點 x_i 組成的長方形的面積加起來，即用 $\sum_i f(x_i) * \Delta x$ 去逼近陰影部分的面積，其中 Δx 是 x 所在區間被均勻分割的小區間的長度。

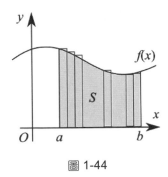

圖 1-44

根據極限的思想，只要 Δx 夠小，上述累加和與實際面積的誤差就夠小，即實際面積 S 為以下極限值。

$$S = \lim_{\Delta x \to 0} \sum_i f(x_i) * \Delta x$$

這個極限值稱為函數 $f(x)$ 在這個區間上的**定積分**（Integral）。在微積分中，用一個專門的符號 $\int_a^b f(x)\mathrm{d}x$ 表示這個極限值，其中：$\mathrm{d}x$ 表示引數的微分，即可認為是無限小的 Δ；$\int_a^b$ 表示在區間 $[a,b]$ 上對乘積 $f(x)\mathrm{d}x$ 進行累加。

同理，區間 $[a,x]$ 上的面積可以用 $\int_a^x f(x)\mathrm{d}x$ 表示。如果 x 的值不斷變化，這個值就會不斷變化，從而組成一個函數，其映射關係為 $F: x \to \int_a^x f(x)\mathrm{d}x$，公式如下。

$$F(x) = \int_a^x f(x)\mathrm{d}x$$

這也是一個隨著 x 的變化而變化的函數。

那麼，$F(x)$ 的導數是什麼呢？根據導數的定義，有

$$F'(x) = \lim_{\Delta x \to 0} \frac{(F(x + \Delta) - F(x))}{\Delta x} = \lim_{\Delta x \to 0} \frac{(f(x) * \Delta x)}{\Delta x} = f(x)$$

上式的證明過程不夠嚴格，感興趣的讀者可參考微積分教材。

▍1.4 機率基礎

在本節中，將介紹機率、隨機變數、期望、方差等機率論基礎知識。

1.4.1 機率

機率是指一個事件出現（發生）的可能性（likelihood）的大小。機率是一個在 0 和 1 之間的實數。如果一個事件的機率是 0，就說明這個事件不可能發生，如「太陽從西邊升起」、「人可以長生不老」。如果一個事件的機率是 1，就說明這是一個必然會發生的事件，如「一個人總會死去」。因此，機率為 1 和 0 的事件屬於確定性事件，即必然會發生和必然不會發生的事件。

然而，很多事件是否發生、發生的可能性有多大，往往是不確定的，即為隨機事件。「買彩券中大獎」這個事件，可能發生，也可能不發生。拋一枚硬幣，可能出現正面，也可能出現反面。投一枚六面數字骰子，出現的數字可能是 1、2、3、4、5、6 中的任意一個。當然，「買彩券中大獎」是一個小機率事件，即其機率應該是一個很小的、接近 0 的實數。

如果一個硬幣是均質的，那麼拋硬幣出現正面和反面的機率是相同的。一個隨機試驗（如拋硬幣）可能出現很多不同的結果（隨機事件），這些結果可能有不同的機率，但在所有結果中必然會有一個出現，即所有結果的機率之和等於 1。因此，設拋硬幣出現正面和出現反面的機率都是 P，則 $2P = 1$，即 $P = \frac{1}{2} = 0.5$。同理，如果一個六面數字骰子是均質的，則投骰子時每個數字出現的機率都是 $\frac{1}{6}$。

通常用大寫字母 P 表示機率。在拋硬幣時可能發生的兩個事件的機率為：$P(出現正面) = \frac{1}{2}$；$P(出現反面) = \frac{1}{2}$。在投骰子時出現數字 i 的機率為：$P(出現數字 i) = \frac{1}{6}$，$i \in 1,2,3,4,5,6$。將「隨機拋一枚硬幣」稱為一個隨機試驗。將隨機試驗可能出現的結果（事件）稱為**樣本點**。將隨機試驗可能出現的所有結果（所有樣本點的集合）稱為**樣本空間**。通常用大寫字母 E 表示隨機試驗，用大寫字母 S、Ω 或 U 表示樣本空間。對於拋硬幣，樣本空間為 {出現正面, 出現反面}；對於投骰子，樣本空間為 {出現數字 1, 出現數字 2, 出現數字 3, 出現數字 4, 出現數字 5, 出現數字 6}。

如果隨機試驗是「隨機投兩次骰子」，則樣本空間為 {第一次出現數字 1 且第二次出現數字 1, 第一次出現數字 1 且第二次出現數字 2, …, 第一次出現數字 6 且第二次出現數字 6}，一共有 36 種可能的結果。假設投每枚骰子出現每個數字的機率是一樣的，則每個結果出現的機率是相等的，即 $\frac{1}{36}$。

如果隨機試驗為「從 52 張撲克牌中隨機抽出一張，牌面上的數字是多少」，則樣本空間為 {A, 2,3, …, J, Q, K}，一共有 13 個樣本點。如果隨機試驗為「從 52 張撲克牌中隨機抽出一張，牌面上的花色是什麼」，則樣本空間為 {黑桃, 紅桃, 梅花, 方塊}，一共有 4 個樣本點。如果隨機試驗為「從 52 張撲克牌中隨機抽出一張，觀察這張牌的牌面」，則此時隨機試驗的結果，既要檢查數字，又要檢查花色，樣本空間將是上述兩個樣本空間的笛卡兒乘積，具體為 {(A,黑桃),(A,紅桃),(A,梅花),(A,方塊),(B,黑桃),(B, 紅桃),(B,梅花),(B,方塊),…,(K,黑桃),(K, 紅桃),(K,梅花),(K,方塊)}，一共有 $13 \times 4 = 52$ 個樣本點。

樣本空間的樣本點稱為**基本事件**。多個樣本點的集合也是一個事件。舉例來說，隨機試驗「投一個骰子」有 6 個基本事件，這些基本事件可能組合成其他事件，如「出現的數字不大於 3」這個事件，其樣本空間為 {出現數字 1, 出現數字 2, 出現數字 3}，它是 3 個基本事件的聯集。

在所有隨機事件中，有兩種特殊的事件：空集對應的事件，記為 $\emptyset$；全集（包含所有樣本點）對應的事件，記為 Ω。

隨機事件 A（記為 A）出現的可能性的大小，可用一個在 0 和 1 之間的實數來表示，通常記為 $P(A)$，即 $0 \leq P(A) \leq 1$。顯然，$P(\emptyset) = 0$，$P(\Omega) = 1$，機率為 0 和 1 的事件分別稱為不可能事件和必然事件，$\emptyset$ 和 Ω 分別表示不可能事件和必然事件。

對於隨機事件 A，顯然有 $\emptyset \subseteq A \subseteq \Omega$。

- **互斥事件**（也稱為**不相容事件**）：隨機事件 A 與隨機事件 B（記為 B）不可能同時發生，隨機事件 A 與隨機事件 B 沒有公共的樣本點，即 $A \cap B = \emptyset$。

- **對立事件**：互斥事件的特殊形式。隨機事件 A 與隨機事件 B 不可能同時發生，但隨機事件 A 與隨機事件 B 必然有一個發生，用集合表示為 $A \cap B = \emptyset$ 且 $A \cup B = \Omega$。

- **古典機率模型**（**古典概型**）：樣本空間有限，每個樣本出現的機率都是一樣的。古典概型的事件機率 = 事件包含的樣本數 / 樣本空間的總樣本數。

舉例來說，對於投骰子這個隨機事件，樣本空間是 6，而「出現的數字小於 3」的樣本點只有兩個（數字 1 和數字 2），因此，P (出現的數字小於 3) = $\frac{2}{6}$。

當然，對於一般的隨機事件，每個樣本點（基本事件）出現的機率通常是不相等的。如何知道一個事件出現的機率？可以用統計的方法確定一個事件的機率，即多次重複進行隨機試驗（如 n 次），如果在這些試驗中隨機事件 A 出現了 k 次，就說隨機事件 A 出現的頻率是 $\frac{k}{n}$。多次重複進行隨機試驗，當 n 的值很大時，根據機率論中的大數定律，這個頻率就會逼近真正的機率，公式如下。

$$P(A) = \lim_{n \to \infty} \frac{k}{n}$$

舉例來說，以下程式用函數 one_coin_test(n) 模擬了一個隨機試驗（拋 n 次

硬幣），並返回出現正面的頻率。可以看到，隨著 n 的值的增大，頻率逼
近 0.5。

```
from random import randint
def one_coin_test(n):
    head_tails=[]
    for i in range(n):
        head_tails.append(randint(0,1))
    heads = head_tails.count(1)
    return heads/n

for n in range(10,50000,2000):
    print(one_coin_test(n),end=', ')
```

```
0.7, 0.47562189054726367, 0.4845386533665835, 0.4945091514143095,
0.5013732833957553, 0.5031968031968032, 0.49467110741049125,
0.5007137758743755, 0.5033104309806371, 0.4999444752915047,
0.49485257371314345, 0.5070422535211268, 0.5001665972511453,
0.5036908881199539, 0.5008568368439843, 0.5007664111962679,
0.5004998437988128, 0.4972655101440753, 0.4980560955290197,
0.5011312812417785, 0.5004498875281179, 0.4991906688883599,
0.5021586003181095, 0.49734840252119106, 0.49989585503020206,
```

一個隨機試驗中有很多可能的事件，每個事件都有一個機率。在數學領
域，將這些事件的機率定義為事件到機率的映射。

設樣本空間 Ω 中的所有可測事件的集合為 F，機率 P 是從 F 到實數區間
[0,1] 的映射，即 $P: F \rightarrow [0,1]$ 必須具有以下性質。

- 非負性：$0 \le P(A) \le 1$。
- 規範性：$P(\Omega) = 1$。
- 可列可加性：設 $A_1, A_2, \cdots$ 是兩兩互不相容的事件，即對於 $i \ne j$，$A_i \cap A_j = \emptyset, (i, j = 1, 2, \cdots)$，有 $P(A_1 \cup A_2 \cup \cdots) = P(A_1 + P(A_2) + \cdots)$。

1.4.2　條件機率、聯合機率、全機率公式、貝氏公式

對於一個事件 A，$P(A)$ 表示其發生的機率，稱為**先驗機率**。有時我們還會

考慮一種條件機率，即在某個事件已經發生的情況下，另一個事件發生的機率。通常用 $P(B|A)$ 表示在事件 A 已經發生情況下，事件 B 發生的機率。

舉個醫學方面的例子。事件 A 為「得了 B 肝」，事件 B 為「B 肝表面抗體呈現陽性」。$P(A)$ 表示隨機取一個人，他「得了 B 肝」的機率是多少。$P(B)$ 表示隨機對一個人進行檢查，他「B 肝表面抗體呈現陽性」的機率是多少。那麼，$P(B|A)$ 表示一個人在「得了 B 肝」的情況下，他「B 肝表面抗體呈現陽性」的機率是多少。顯然，先驗機率 $P(B)$ 和條件機率 $P(B|A)$ 是不相等的，因為「B 肝表面抗體呈現陽性」和「得了 B 肝」且「B 肝表面抗體呈現陽性」顯然是不一樣的，後者的機率應該更大一些。

聯合機率 $P(A,B)$ 為 (A,B) 的聯合，即事件 A 和事件 B 同時發生的機率，也就是隨機找一個人，其「得了 B 肝」和「B 肝表面抗體呈現陽性」同時發生的機率是多少。

聯合機率 $P(A,B)$ 有時也寫成 $P(A \cap B)$，表示事件 A 和事件 B 同時發生（或說，事件 A 和事件 B 的交集）的機率。

條件機率可以用先驗機率和聯合機率來計算，公式如下。

$$P(B|A) = \frac{P(A,B)}{P(A)}$$

$$P(A|B) = \frac{P(A,B)}{P(B)}$$

前面提到的「投骰子」的例子可以幫助我們了解以上二式。設 A 表示「數字大於 3」，B 表示「數字是偶數」，則 (A,B) 表示「數字大於 3 且是偶數」，$(B|A)$ 表示「在數字大於 3 的情況下是偶數」。

「數字大於 3 且是偶數」在樣本空間 {1,2,3,4,5,6} 中只有兩個樣本點，即 {4,6}，因此，有 $P(A,B) = \frac{2}{6}$。同理，「數字大於 3」的機率為 $P(A) = \frac{3}{6}$。

在「數字大於 3」的情況下，樣本空間為 {4,5,6}，共有三個樣本點，其中有兩個是偶數，即 {4,6}，因此，有 $P(B|A) = \frac{2}{3}$。

因此，可以驗證

$$\frac{P(A,B)}{P(A)} = \frac{2/6}{3/6} = \frac{2}{3} = P(B|A)$$

聯合機率也可以寫成下面的形式（條件機率和先驗機率的乘積）。

$$P(A,B) = P(A)P(B|A) = P(B)P(A|B)$$

該公式可以推廣到 n 個事件，具體如下。

$$P(A_1, A_2, \cdots, A_n) = P(A_1)P(A_2|A_1)P(A_3|A_1, A_2) \cdots P(A_n|A_1, A_2, \cdots, A_{n-1})$$

如果兩個事件是**獨立**的，那麼，當且僅當 $P(A,B) = P(A)P(B)$ 時，相等於 $P(B|A) = P(B)$ 或 $P(A|B) = P(A)$。

兩個事件是**互斥**的，是指這兩個事件不可能同時發生，如拋硬幣時出現正面和出現反面。對於互斥的事件 A 和事件 B，顯然，它們同時發生的機率為 0，即 $P(A,B) = 0$。

對於集合 A 和 B，其交集和聯集具有關係 $A \cup B = A + B - (A \cap B)$，因此：如果事件 A 和事件 B 不互斥，則 $P(A \cup B) = P(A) + P(B) - P(A,B)$，如圖 1-45 所示；如果事件 A 和事件 B 互斥，則 $P(A \cup B) = P(A) + P(B) - P(A,B) = P(A) + P(B)$。

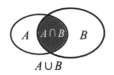

圖 1-45

如果 n 個事件 $A_1, A_2, \cdots, A_n$ 是互斥的，且它們的聯集就是整個樣本空間，即 $A_1 \cup A_2 \cup \cdots \cup A_n = \Omega$，則有 $P(A_1 \cup A_2 \cup \cdots \cup A_n) = P(A_1) + P(A_2) + \cdots + P(A_n) = 1$。

如果對於集合 B，有 $B = B \cap \Omega = B \cap (A_1 \cup A_2 \cup \cdots \cup A_n) = ((B \cap A_1) \cup (B \cap A_2) \cup \cdots \cup (B \cap A_n))$，則對任意事件 B，下式成立。

$$P(B) = P(B \cap A_1) + P(B \cap A_2) + \cdots = \sum_{i=1}^{n} P(B|A_i)P(A_i)$$

上式稱為**全機率公式**。

根據全機率公式，可以計算條件機率 $P(A|B)$，公式如下。

$$P(A_i|B) = \frac{P(A_i, B)}{P(B)} = \frac{P(B|A_i)P(A_i)}{\sum_{i=1}^{n} P(B|A_i)P(A_i)}$$

舉例來說，用 $P(A) = 0.001$ 表示一個人「得了 B 肝」的先驗機率，用 $P(A^c) = 0.999$ 表示一個人「沒有得 B 肝」的先驗機率，用 $P(B|A) = 0.99$ 表示一個人「得了 B 肝，B 肝表面抗體呈現陽性」的機率，用 $P(B|A^c) = 0.01$ 表示一個人「沒有得 B 肝，B 肝表面抗體呈現陽性」的機率。假設一個人進行了 B 肝表面抗體檢查，結果為陽性，那麼他得 B 肝的機率（可能性）有多大？可以用貝氏公式直接求解，具體如下。

$$P(A|B) = \frac{P(B|A)P(A)}{P(B|A)P(A) + P(B|A^c)P(A^c)} = \frac{0.99 \times 0.001}{0.99 \times 0.001 + 0.01 \times 0.999} \approx 0.09$$

1.4.3 隨機變數

如果總是將隨機事件寫成文字的形式，如「出現正面」，將對應的機率寫成 P(出現正面)，是很不方便的——特別是在隨機事件數目很多時。為了更進一步地透過數學方法來研究機率，可以將樣本空間中的樣本點（基本事件）映射到一個實數值，這樣的映射關係稱為**隨機變數**。簡單地說，就是從樣本空間 Ω 到實數集合 R 的映射，即對每個樣本點（基本事件），都有一個實數與之對應，如圖 1-46 所示。

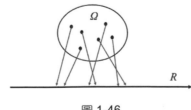

圖 1-46

舉例來說，在隨機試驗「拋一枚硬幣，觀察其正反面」的樣本空間中，只有兩個樣本，即「正面」和「反面」。可以定義隨機變數 $X(\omega)$，具體如下。

$$X(正面) = 3, \quad X(正面) = 4$$

隨機變數 $X(\omega)$ 將基本事件「正面」和「反面」分別映射到兩個數值 3 和 4。該隨機變數也可以寫成以下形式。

$$X(\omega = 正面) = 3, \quad X(\omega = 反面) = 4$$

或寫成分段函數的形式，具體如下。

$$X(\omega) = \begin{cases} 3, 如果\ \omega = 正面 \\ 4, 如果\ \omega = 反面 \end{cases}$$

假設這兩個樣本點（基本事件）的機率為 $P(正面) = 0.3$，$P(正面) = 0.7$，則可以表示為隨機變數 X 的機率，具體如下。

$$P(X(\omega) = 3) = 0.3, \quad P(X(\omega) = 4) = 0.7$$

即 $X(\omega)$ 取 3 和 4 的機率分別為 0.3 和 0.7。

對一個隨機試驗，可以定義不同的隨機變數。舉例來說，隨機投兩個骰子，整個事件空間可以由 36 個元素組成，公式如下。

$$\omega = \{(i,j)|i = 1,\cdots,6,; j = 1,\cdots,6\}$$

定義一個隨機變數（映射）X，表示投兩個骰子獲得的點數的和。隨機變數 X 可取 11 個整數值，公式如下。

$$X(\omega) = X(i,j) := i + j, x = 2,3,\cdots,12$$

也可以定義一個隨機變數（映射）Y，表示投兩個骰子獲得的點數的差。隨機變數 Y 可以取 6 個整數值，公式如下。

$$Y(\omega) = Y(i,j) := |i - j|, y = 0,1,2,3,4,5$$

再如，班車的發車間隔是 5 分鐘，如果一個人到達車站的事件是隨機的，那麼他等車的時間可以用隨機變數 $X(\omega)$ 表示。假設樣本空間 $S =$

{等車時間}，樣本點本身是一個實數，則隨機變數 $X(\omega)$ 為

$$X(\omega) = \omega, \quad \omega \in \Omega$$

實際上，這是一個恒等函數。

如果隨機變數 $X(\omega)$ 的設定值範圍是可數的，那麼 $X(\omega)$ 稱為**離散型隨機變數**；不然稱為**非離散型隨機變數**。在非離散型隨機變數中，如果設定值範圍是由一些區間組成的，那麼這種非離散型隨機變數稱為**連續型隨機變數**。隨機變數 $X(\omega)$ 經常簡寫為 X，即省略了樣本點 ω。

1.4.4　離散型隨機變數的機率分佈

設 X 為離散型隨機變數，即它只有有限個可能的設定值 $x_1, x_2, \cdots, x_n$。如果 X 取每個值時都有一個機率 $P(X_i)$，這些機率的排列 $P(x_1), P(x_2), \cdots, P(x_n)$ 就稱為該隨機變數的**機率分佈列**。隨機變數 X 從其可能的設定值 x_i 到對應的機率 $P(x_i)$ 的映射，即 $P(X): x_i \to P(x_i)$，稱為**機率質量函數**。

舉例來說，對一個商家的評論有「優」、「良」、「中」、「差」，可以用一個隨機變數 X 將這組樣本點映射為 [0,1,2,3]。如果根據以往的評論，已經知道該商家獲得「優」、「良」、「中」、「差」評論的機率為 [0.5,0.3,0.1,0.1]，那麼隨機變數 X 的機率分佈律為

$$P(X = 0) = 0.5, \quad P(X = 1) = 0.3, \quad P(X = 2) = 0.1, \quad P(X = 3) = 0.1$$

執行以下程式，繪製 X 的機率分佈率，結果如圖 1-47 所示。可以看出，除了 0、1、2、3 四個整數，X 取其他值的機率為 0。

```python
import matplotlib.pyplot as plt
%matplotlib inline

x = [0,1,2,3]
p = [0.5,0.3,0.1,0.1]
plt.vlines(0, 0, 0.5,color="red")
plt.vlines(1, 0, 0.3,color="red")
plt.vlines(2, 0, 0.1,color="red")
plt.vlines(3, 0, 0.1,color="red")
```

```
plt.scatter(x,p)
plt.show()
```

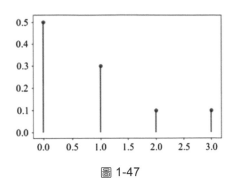

圖 1-47

1. 兩點分佈

離散型隨機變數只會取兩個值（如 0 和 1）。這種二值隨機變數的分佈稱為**兩點分佈**（也稱為 0-1 分佈、Bernoulli 分佈）。一個二值隨機變數 X 取 1 和 0 的機率，公式如下。

$$P(X = 1) = \phi, \quad P(X = 0) = 1 - \phi$$

上式描述的是隨機試驗的結果只有兩個不同基本事件的機率，類似於拋硬幣時出現正面和反面的機率。在機器學習的二分類問題中，經常用兩點分佈表示一個物體屬於兩個分類的機率。

2. 二項分佈

「隨機拋一個硬幣 n 次，正面出現 k 次」的機率是多少？這個問題可以用二項分佈來回答。

「隨機拋一個硬幣 n 次」這個事件符合兩點分佈，即任意兩次拋硬幣的事件都是相互獨立的。「前 k 次出現正面，後面出現的都是反面」這個事件是 n 個獨立事件的聯合事件，即「第 1 次出現正面」（用 A_1 表示）、「第 2 次出現正面」……「第 k 次出現正面」、「第 $k+1$ 次出現反面」（用 B_{k+1} 表示）……「第 n 次出現反面」這個聯合事件。因此，有

$$A = (A_1, A_2, \cdots, A_k, B_{k+1}, \cdots, B_n)$$

假設拋一次硬幣出現正面的機率為 p，則有

$$P(A) = P(A_1)P(A_2) \cdots P(A_k)P(B_{k+1}) \cdots P(B_n) = p^k(1-p)^{n-1}$$

根據組合的原理，在「隨機拋一個硬幣 n 次，正面出現 k 次」這個事件中，正面出現的總次數為 $C_n^k = \frac{n!}{k!(n-k)!}$。根據機率的可加性，出現「隨機拋一個硬幣 n 次，正面出現 k 次」這個事件的機率為 $C_n^k p^k(1-p)^{n-1}$。完整的公式如下。

$$P(k; n, p) = C_n^k p^k(1-p)^{n-1}$$

如果用隨機變數 X 將「隨機拋一個硬幣 n 次，正面出現 k 次」映射為一個整數 k，則這個離散型隨機變數 X 的機率分佈稱為**二項分佈**，公式如下。

$$P(X = k) = C_n^k p^k(1-p)^{n-1}$$

上式描述了，對於確定的 n 和 p，離散型隨機變數 $X = k$ 的機率。

1.4.5 連續型隨機變數的機率密度

離散型隨機變數，可直接枚舉隨機變數，取每個離散值的機率。然而，一些隨機變數，如人的身高、水位、溫度、股票價格等，能取的值可能有無數個（不可數的）。這些隨機變數的可能設定值在實數軸上是連續的，屬於**連續型隨機變數**。

對連續型隨機變數，無法枚舉隨機變數的所有可能設定值的機率（這樣做也是沒有意義的）。如同對一個物體，測量其內部某個點的品質，不僅是不可行的，也是沒有意義的。

既然定義連續型隨機變數取單一值的機率是沒有意義的，那麼，應該怎樣衡量隨機變數取不同值的可能性的大小呢？我們知道，密度用於衡量物質某個點的品質。對於隨機變數，可以用**機率密度**衡量隨機變數在某個值附近設定值的可能性的大小。

如同物質的密度是其品質和體積的比的極限，對於物質內部的點 p，其密

度定義為

$$\rho(p) = \lim_{\Delta p \to 0} \frac{\Delta m}{\Delta p}$$

Δp 和 Δm 分別表示包含點 p 的小區域的體積和品質，它們的比值反映了該小區域的品質的大小。當這個小區域趨近於 0 時，該比值的極限值就精確地刻畫了點 p 處的品質的大小（嚴格地說，是品質密度的大小）。

同理，連續型隨機變數在點 x 處的機率（嚴格地說，是機率密度）可以表示為

$$p(x) = \lim_{\Delta x \to 0} \frac{\Delta P}{\Delta x} = \lim_{\Delta x \to 0} \frac{P(x + \Delta) - P(x)}{\Delta x}$$

Δx 是包含 x 的小區間，ΔP 表示隨機變數落在這個小區間的機率，它們的比值表示隨機變數落在這個小區間的平均機率。當 Δx 趨近於 0 時，這個比值的極限就精確地刻畫了隨機變數在點 x 處設定值的機率（可能性的大小）。因此，對於 x，隨機變數 X 在 $[x - dx, x + dx]$ 上設定值的機率 $P([x - dx, x + dx])$ 可近似地用 $2dx * p(x)$ 表示。

假設隨機變數 X 在區間 $[a, b]$ 上是均勻設定值的，$P[a, b] = 1$，點 x 處的機率密度為 $p(x) = \frac{1}{b-a}$，即每個點的機率密度都是相同的，隨機變數取 $[a, b]$ 上每個點的可能性是相同的，也就是說，隨機變數在區間 $[a, b]$ 上是均勻分佈的。

如果一個隨機變數的機率密度函數可以用以下高斯函數公式表示

$$p(x) = N(\mu, \sigma^2) = \frac{1}{\sigma\sqrt{2\pi}} e^{-\frac{(x-\mu)^2}{2\sigma^2}}$$

就說該隨機變數服從高斯分佈。該隨機變數的設定值範圍是整個實數軸。

執行以下程式，繪製不同的 μ 和 σ 的高斯分佈曲線，結果如圖 1-48 所示。

```
import numpy as np
import matplotlib.pyplot as plt
```

```
%matplotlib inline

def gaussian(x, mu, sigma):
    return 1/(sigma*np.sqrt(2*np.pi))*np.exp(-np.power(x - mu, 2) / (2 * \
            np.power(sigma, 2.)))

x = np.linspace(-5, 5, 100)
plt.plot(x, gaussian(x,0,0.5))
plt.plot(x, gaussian(x,-2,0.7))
plt.plot(x, gaussian(x,0,1))
plt.plot(x, gaussian(x,1,2.3))
plt.legend(['$\mu=0,\sigma=0.5$','$\mu=-
2,\sigma=0.7$','$\mu=0,\sigma=1$','$\mu=1,\sigma=2.3$'])
#plt.axis('equal')
plt.xlabel('$x$')
plt.ylabel('$p(x)$')
plt.show()
```

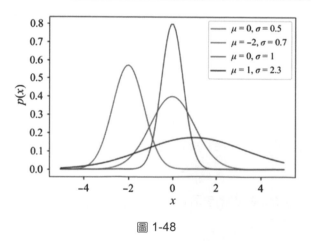

圖 1-48

這是一個倒置的鐘形曲線。可以看出，點 μ 處的機率密度最大，離 μ 越遠，機率密度越小。也就是説，隨機變數在點 μ 附近設定值的可能性最大，距離該點越遠的值，被取到的可能性越小。同時，σ 越小，曲線越窄，隨機變數的設定值越集中於點 μ 附近。$\mu = 0$、$\sigma = 1$ 的高斯分佈稱為**標準正態分佈**。

1.4.6　隨機變數的分佈函數

函數

$$F(x) = P(X \le x) = P(\omega|X(\omega) \le x) \qquad -\infty \le x \le \infty$$

稱為隨機變數 X 的分佈函數。分佈函數描述了隨機變數落在區間 $(-\infty, x)$ 上的機率。

舉例來說，在本節多次提到的事件拋硬幣中，隨機變數 X 所對應的分佈函數是一個階梯形的函數 $F(x)$，公式如下。

$$F(x) = \begin{cases} 1, \text{如果 } x < 3 \\ 0.3, \text{如果 } 3 \le x \le 4 \\ 1, \text{如果 } x \ge 4 \end{cases}$$

因為該隨機變數只有兩個可能的值，即 3 和 4，其機率分別是 0.3 和 0.7，所以，該隨機變數不可能小於 3，即落在區間 $(-\infty, x)(x < 3)$ 上的機率為 0，落在區間 $(-\infty, x)(x < 4)$ 上的機率為取 3 的機率 0.3。因為該隨機變數的值 3 和 4 總會落在區間 $(-\infty, x)(x \ge 4)$ 上，所以 $F(x)$ 落在區間 $(-\infty, x)(x \ge 4)$ 上的機率為 1。相關程式如下。

```
import numpy as np
import matplotlib.pyplot as plt
%matplotlib inline
lines = [(-2, 3), (0, 0),'r',(3, 4), (0.3, 0.3),'g',(4, 10), (1, 1),'b']
plt.plot(*lines)
plt.scatter(3,0, s=50, facecolors='none', edgecolors='r')
plt.scatter(4,0.3, s=50, facecolors='none', edgecolors='g')
```

對於拋硬幣這個事件，隨機變數 X 所對應的分佈函數的圖型，如圖 1-49。

對於一個連續型隨機變數，如果其機率密度為 $p(x)$，那麼分佈函數是機率密度函數 $p(x)$ 在區間 $(-\infty, x)$ 上的定積分，公式如下。

$$F(x) = \int_{-\infty}^{x} p(x)\mathrm{d}x$$

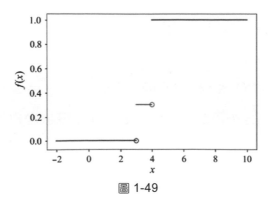

圖 1-49

反過來，機率密度就是分佈函數的導數，即

$$p(x) = F'(x)$$

執行以下程式，繪製如圖 1-49 所示的機率密度所對應的分佈函數的曲線，結果如圖 1-50 所示。

```
from scipy.integrate import quad
import numpy as np
import matplotlib.pyplot as plt
%matplotlib inline

def gaussian(x, mu, sigma):
    return 1/(sigma*np.sqrt(2*np.pi))*np.exp(-np.power(x - mu, 2) / (2 *
np.power(sigma, 2.)))
def gaussion_dist(x,mu, sigma):
    return quad(gaussian, np.inf,x, args=(mu, sigma))
vec_gaussion_dist = np.vectorize(gaussion_dist)

x = np.linspace(-5, 5, 100)
plt.plot(x, vec_gaussion_dist(x,0,0.5)[0])
plt.plot(x, vec_gaussion_dist(x,-2,0.7)[0])
plt.plot(x, vec_gaussion_dist(x,0,1)[0])
plt.plot(x, vec_gaussion_dist(x,1,2.3)[0])
plt.legend(['$\mu=0,\sigma=0.5$','$\mu=-
2,\sigma=0.7$','$\mu=0,\sigma=1$','$\mu=1,\sigma=2.3$'])

plt.xlabel('$x$')
plt.ylabel('$p(x)$')
plt.show()
```

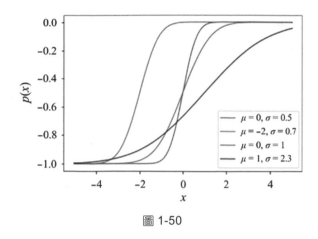

圖 1-50

1.4.7 期望、方差、協方差、協變矩陣

1. 平均值和期望

假設學生的年齡是 (18,19,20,21,22,19)，他們的平均年齡的計算程式如下。

```
(18+19+20+21+22+19)/6
```

計算結果如下。

```
19.833333333333332
```

這個平均年齡就是他們年齡的平均值。

平均值是指一組數的平均值。假設這組數是 $(x_1, x_2, \cdots, x_n)$，則這組數的平均值是

$$\frac{x_1 + x_2 + \cdots + x_n}{n} = \frac{1}{n}\sum_{x=1}^{n} x_i$$

如果 $(x_1, x_2, \cdots, x_n)$ 是一個隨機變數 X 的所有可能設定值，假設隨機變數取這些值的機率是相同的，即都是 $\frac{1}{n}$，那麼平均值可以寫成

$$\frac{1}{n}(x_1 + x_2 + \cdots + x_n) = \frac{1}{n}x_1 + \frac{1}{n}x_2 + \cdots + \frac{1}{n}x_n$$

即平均值是隨機變數的每個值的機率與這個值的乘積的和。這個平均值稱

為這個隨機變數的**數學期望**，簡稱**期望**，也就是從平均的角度看，這個隨機變數期望的設定值。

如果隨機變數取每個值的機率是不同的，如取 x_i 的機率是 p_i，則隨機變數的期望（平均值）值為 $p_1x_1 + p_2x_2 + \cdots + p_nx_n$。通常用字母 E 表示一個隨機變數的期望，用記號 $E[X]$ 表示隨機變數 X 的期望，公式如下。

$$E[X] = p_1x_1 + p_2x_2 + \cdots + p_nx_n = \sum_{i=1}^{n} p_i x_i$$

假設大一新生的年齡為 18 歲、19 歲、20 歲、21 歲，可以用值可能是 0、1、2、3 的隨機變數 X 表示，隨機變數的機率 $p_i = P(x = i)(i = 0,1,2,3)$ 表示該隨機變數的設定值機率，或說一個學生屬於不同年齡的機率。這個隨機變數 X 的期望是

$$E[X] = p_0 \times 0 + p_1 \times 1 + p_2 \times 2 + p_3 \times 3$$

如果 p_0、p_1、p_2、p_3 的值分別是 0.2、0.4、0.3、0.1，則有 $E(x) = 0.2 \times 0 + 0.4 \times 1 + 0.3 \times 2 + 0.1 \times 0.3 = 1.03$。假設函數 $f(X)$ 將表示學生年齡的隨機變數 X 映射到學生年齡，即將 $x = 0,1,2,3$ 映射到年齡 $(18,19,20,21)$。因為隨機變數 X 取 0、1、2、3 的機率分別是 p_0、p_1、p_2、p_3，所以，隨隨機變數 X 變化而變化的函數值 $f(X)$ 也是一個隨機變化的隨機變數，隨機變數 $f(X)$ 取 $f(0)$、$f(1)$、$f(2)$、$f(3)$ 的機率也分別是 p_0、p_1、p_2、p_3。這樣，就可以計算隨機變數 $f(X)$ 的期望 $E[f(X)]$ 了，公式如下。

$$E[f(X)] = p_0f(0) + p_1f(1) + p_2f(2) + p_3f(3)$$
$$= 0.2 \times 18 + 0.4 \times 19 + 0.3 \times 20 + 0.1 \times 21 = 19.3$$

如果隨機變數 X 的所有設定值的機率是 $p_1, \cdots, p_i, \cdots, p_n$，該隨機變數的函數值 $f(X)$ 也是隨機變數，那麼，隨機變數 $f(X)$ 的期望是

$$E[f(X)] = p_1f(x_1) + p_2f(x_2) + \cdots + p_nf(x_n)$$
$$= \sum_{i=1}^{n} p_i f(x_i)$$

如果隨機變數 X 取 x 的機率是 $p(x)$，$f(X)$ 是依賴 X 的隨機變數，那麼，隨機變數 X 和 $f(X)$ 的期望可以用積分來計算，公式如下。

$$E_{X\sim p}[X] = \int p(x)x\mathrm{d}x$$
$$E_{X\sim p}[f(X)] = \int p(x)f(x)\mathrm{d}x$$

如果令 $f(X) = X$ 是一個恒等映射，就可以透過 $E_{X\sim p}[f(X)] = \int p(x)f(x)\mathrm{d}x$ 得出 $E_{X\sim p}[X] = \int p(x)x\mathrm{d}x$。因此，$E_{X\sim p}[X] = \int p(x)x\mathrm{d}x$ 可作為 $E_{X\sim p}[f(X)] = \int p(x)f(x)\mathrm{d}x$ 的特例。

期望具有線性，即

$$E_X[\alpha f(X) + \beta g(X)] = \alpha E_X[f(X)] + \beta E_X[g(X)]$$

2. 方差、標準差

期望（平均值）表示的是隨機變數的期望平均值。舉例來說，18、19、20、21、22 的平均值是 20，1、6、18、10、65 的平均值也是 20，前一組數比較接近，後一組數之間偏差較大（或說發散）。那麼，如何表示隨機變數設定值的發散程度呢？可以用隨機變數距離其期望的平均誤差來刻畫隨機變數設定值的發散程度。具體的計算方法就是，將每個隨機變數與期望值的誤差的平方加起來，再求平均值，公式如下。

$$\frac{(18-20)^2 + (19-20)^2 + (20-20)^2 + (21-20)^2 + (22-20)^2}{5}$$
$$= \frac{4+1+0+1+4}{5} = 2$$
$$\frac{(1-20)^2 + (6-20)^2 + (18-20)^2 + (10-20)^2 + (65-20)^2}{5}$$
$$= \frac{4+1+0+1+4}{5} = 537.2$$

這個誤差的平方的平均值稱為**均方差**，簡稱**方差**（Variance）。方差刻畫了隨機變數對於其期望值的發散程度：方差越大，說明資料越發散；方差越小，說明資料越集中。也就是說，方差越小，隨機變數的值越集中於期望值附近。

對於一個設定值為 $(x_1, x_2, \cdots, x_n)$ 的等機率隨機變數 x，其期望（平均值）記為 $\mu = E(X)$，其方差 $\mathrm{Var}(X)$ 為

$$\mathrm{Var}(X) = \frac{1}{n}((x_1 - \mu)^2 + (x_2 - \mu)^2 + \cdots + (x_n - \mu)^2)$$

$$= \frac{(x_1 - \mu)^2 + (x_2 - \mu)^2 + \cdots + (x_n - \mu)^2}{n}$$

$$= \frac{\sum_{i=1}^{n}(x_i - \mu)^2}{n}$$

如果隨機變數 X 的機率分別是 $p_1, \cdots, p_i, \cdots, p_n$，則方差為

$$\mathrm{Var}(X) = (p_1(x_1 - \mu)^2 + p_2(x_2 - \mu)^2 + \cdots + p_n(x_n - \mu)^2)$$

如果 X 是連續型隨機變數，其取 x 的機率是 $p(x)$，則 X 的方差 $\mathrm{Var}(X)$ 為

$$\mathrm{Var}(X) = E_{X \sim p}[X - E(X)]^2 = \int p(x)(X - E[x])^2 \mathrm{d}x$$

因此，方差也是期望，即隨機變數 $(X - E(X))^2$ 的期望，或說是誤差的平方的期望（平均值）。根據期望的線性法則，可以推導出

$$\mathrm{Var}(X) = E_{X \sim p}[X - E(X)]^2 = E[X^2] - E[X]^2$$

方差是誤差的平方，方差的平方根稱為**標準差**，可用 $\mathrm{std}(X)$ 表示，即 $\mathrm{std}(X) = \sqrt{\mathrm{Var}(X)}$。

通常分別用 μ 和 σ 表示期望和標準差，用 σ^2 表示方差。

注意：有時，也會將方差定義為取樣方差，公式如下。

$$\mathrm{Var}(X) = \frac{1}{n-1}((x_1 - \mu)^2 + (x_2 - \mu)^2 + \cdots + (x_n - \mu)^2)$$

$$= \frac{(x_1 - \mu)^2 + (x_2 - \mu)^2 + \cdots + (x_n - \mu)^2}{n-1}$$

3. 協方差、協變矩陣

對於二維平面上的兩個向量 $a = (x_a, y_a)$ 和 $b = (x_b, y_b)$，它們的點積 $a \cdot b = x_a x_b + y_a y_b$ 刻畫了它們的相關性。

舉例來說，$a = (1,1)$，$b = (-1,1)$，它們的點積 $a \cdot b = 1 \cdot 1 + (-1) \times 1 = 0$ 表示它們是相互垂直的（不相關的）。

再如，$a = (1,1)$，$b = (1,1)$，它們的點積為 $a \cdot b = 1 \times 1 + 1 \times 1 = 2$，這兩個向量就是重合的（同一個向量，也説是相關的），如 $a = (1,1)$、$b = (1,0)$ 的點積為 $a \cdot b = 1 \times 1 + 1 \times 0 = 1$。這兩個向量的夾角是 $45°$，它們的相關程度介於上例中兩個向量的相關程度之間。

一般地，如果有兩個向量 $x = (x_1, x_2, \cdots, x_n)$ 和 $y = (y_1, x_2, \cdots, y_n)$，就可以用它們的點積 $x \cdot y = x_1 y_1 + x_2 y_2 + \cdots + x_n y_n$ 來刻畫它們的相關性。

協方差是對兩個隨機變數的相關性的度量。如果有兩個隨機變數 X 和 Y，它們的設定值分別為 $x = (x_1, x_2, \cdots, x_n)$ 和 $y = (y_1, x_2, \cdots, y_n)$，則它們的協方差 $\text{Cov}(X,Y)$ 可定義為

$$
\begin{aligned}
&\text{Cov}(X,Y) \\
&= \frac{(x_1 - \mu_X)(y_1 - \mu_Y) + (x_2 - \mu_X)(y_2 - \mu_Y) + \cdots + (x_n - \mu_X)(y_n - \mu_Y)}{n}
\end{aligned}
$$

即對 X 和 Y 分別減去期望後的值進行點積運算，再求平均值，公式如下。這個形式和單一隨機變數的方差相似。

$$
\begin{aligned}
&\text{Var}(X) \\
&= \frac{(x_1 - \mu_X)(x_1 - \mu_X) + (x_2 - \mu_X)(x_2 - \mu_X) + \cdots + (x_n - \mu_X)(x_n - \mu_X)}{n}
\end{aligned}
$$

但是，二者的含義是不同的。$\text{Var}(X)$ 刻畫的是隨機變數對於期望值的發散程度。$\text{Cov}(X,Y)$ 刻畫的是兩個隨機變數之間的相關性，公式如下。

$$
\text{Cov}(X,Y) \quad = E[(X - E[X])(Y - E[Y])]
$$

根據期望的線性法則，可以進行以下推導。

$$
\begin{aligned}
\mathrm{Cov}(X,Y) \quad &= E[(X-\mu_X)(Y-\mu_Y)] \\
&= E[XY - \mu_X Y - \mu_Y X + \mu_x \mu_Y] \\
&= E[XY] - \mu_X E[Y] - \mu_Y E[X] + \mu_x \mu_Y \\
&= E[XY] - \mu_x \mu_Y - \mu_x \mu_Y + \mu_x \mu_Y \\
&= E[XY] - \mu_x \mu_Y \\
&= E[XY] - E[X]E[Y]
\end{aligned}
$$

在機器學習中，一個樣本可能有多個特徵，如一套住宅可能包含的特徵有面積、房間數量、地點、所在樓層等。透過每個特徵都可以得到一個隨機變數。有些特徵可能是相關的，相關的特徵對機器學習演算法的影響會相互牽制。消除特徵之間的相關性，或選擇低相關性的特徵，有助提高機器學習演算法的性能。可以對這些特徵進行相關性分析，從而選擇好的特徵；也可以對原始資料進行變換，以消除特徵之間的相關性。

假設一個樣本有三個特徵，它們所對應的隨機變數分別為 X_1、X_2、X_3。透過兩兩計算它們之間的協變，可以分析它們之間的相關性。這些協變值可以用一個矩陣來表示，公式如下。該矩陣稱為**協變矩陣**，通常記為 $\boldsymbol{\Sigma}$。

$$
\boldsymbol{\Sigma} = \begin{pmatrix} \mathrm{Cov}(X_1,X_1) & \mathrm{Cov}(X_1,X_2) & \mathrm{Cov}(X_1,X_3) \\ \mathrm{Cov}(X_2,X_1) & \mathrm{Cov}(X_2,X_2) & \mathrm{Cov}(X_2,X_3) \\ \mathrm{Cov}(X_3,X_1) & \mathrm{Cov}(X_3,X_2) & \mathrm{Cov}(X_3,X_3) \end{pmatrix}
$$

可以看出，這是一個對稱矩陣。

如果將每個隨機變數的所有可能設定值排成一列，那麼，所有隨機變數的這些可能設定值可表示為一個矩陣，公式如下。

$$
\boldsymbol{X} = (X_1, X_2, X_3)
$$

如果 X_i 是等機率隨機變數，則協變矩陣可透過以下公式計算。

$$
\boldsymbol{X} = \boldsymbol{X} - E[\boldsymbol{X}]
$$

$$
\boldsymbol{\Sigma} = \boldsymbol{X}^{\mathrm{T}} \boldsymbol{X}
$$

執行以下 Python 程式，即可進行上述計算。

```
X = X-np.mean(X,axis=0)
np.dot(X.transpose(),X)
```

梯度下降法

深度學習的核心任務就是透過樣本資料訓練一個函數模型，或說，找到一個最佳函數來表示或刻畫樣本資料。求最佳函數模型可歸結為數學最佳化問題，更準確地說，是求某種損失函數的最值（極值）問題。在深度學習中，通常用**梯度下降法**解答最值問題（或說，求解模型參數）。

本章將從函數極值的必要條件出發，介紹梯度下降法的理論依據、演算法原理、程式實現，以及梯度下降法在更新變數（參數）時採用的最佳化策略。

▌ 2.1 函數極值的必要條件

函數 $y = f(x)$ 在 x_0 處取**極小值**，是指存在一個正數 ϵ，使區間 $(x_0 - \epsilon, x_0 + \epsilon)$ 中的所有 x 都滿足 $f(x_0) \leq f(x)$。此時，x_0 稱為函數的**極小值點**，$f(x_0)$ 稱為函數的**極小值**。

函數 $y = f(x)$ 在 x_0 處取**極大值**，是指存在一個正數 ϵ，使區間 $(x_0 - \epsilon, x_0 + \epsilon)$ 中的所有 x 都滿足 $f(x) \leq f(x_0)$。此時，x_0 稱為函數的**極大值點**，$f(x_0)$ 稱為函數的**極大值**。

極小值和極大值統稱為**極值**，極小值點和極大值點統稱為**極值點**。

如果函數 $f(x)$ 的定義域內的所有 x 都滿足 $f(x_0) \leq f(x)$，則 x_0 稱為函數的**最小值點**，$f(x_0)$ 稱為函數的**最小值**。

如果函數 $f(x)$ 的定義域內的所有 x 都滿足 $f(x) \leq f(x_0)$，則 x_0 稱為函數的**最大值點**，$f(x_0)$ 稱為函數的**最大值**。

也就是說，最小值是一個全域範圍的極小值，最大值是一個全域範圍的極大值。最小值和最大值統稱為**最值**，最小值點和最大值點統稱為**最值點**。

函數取極值的必要條件是：如果 x_0 是函數 $f(x)$ 的極值點，且函數在 x_0 處可導，則一定有 $f'(x_0) = 0$，即極值點處的導數值必然為 0。舉例來說，函數 $f(x) = x^2$ 在 $x = 0$ 處取最小值（當然，也是極小值）且可導，因此，在 $x = 0$ 處其導數值 $f'(0) = 2 \times 0 = 0$ 一定是 0。

這個命題很容易被證明。假設 x_0 是函數 $f(x)$ 的極值點，即存在區間 $(x_0 - \epsilon, x_0 + \epsilon)$，滿足 $f(x_0) \leq f(x)$，因此，$f(x) - f(x_0) \geq 0$，而

$$f'(x_0) = \lim_{\Delta x \to 0} \frac{\Delta y}{\Delta x} = \lim_{\Delta x \to 0} \frac{f(x_0 + \Delta x) - f(x_0)}{\Delta x} = \lim_{\Delta x \to x_0} \frac{f(x) - f(x_0)}{x - x_0}$$

當 x 從左右兩邊分別趨近於 x_0 時，Δx 可以是負數，也可以是正數，而分子總是正數，所以，當 x 從右邊趨近於 x_0 時其極限值應該大於等於 0，當 x 從左邊趨近於 x_0 時其極限值應該小於等於 0。這個極限是存在的，因此，其值只能是 0。

根據極限公式，還可以發現一個規律：如果在 x_0 處導數是正數，就說明在該點附近函數 $f(x)$ 是單調遞增的，即如果 $x_1 < x_2$，則 $f(x_1) < f(x_2)$，$f(x)$ 隨著 x 的增大而增大（或說，如果 Δx 是正數，那麼 Δy 也是正數）。舉例來說，由於 $y = f(x) = x^2$ 的導數是 $f'(x) = 2x$，當 $x > 0$ 時導數都是正數，所以，函數曲線是單調遞增的；而當 $x < 0$ 時導數都是負數，所以，函數曲線是單調遞減的，即如果 $x_1 < x_2$，則 $f(x_1) > f(x_2)$。

舉例來說，對函數 $f(x) = x^3 - 3x^2 - 9x + 2$，令其導數 $f'(x) = 0$，則有

$$f'(x) = 0 \Rightarrow (x^3 - 3x^2 - 9x + 2) = 0 \Rightarrow 3x^2 - 6x - 9 = 0 \Rightarrow x^2 - 2x - 3 = 0$$
$$\Rightarrow x_1 = -1, \ x_2 = 3$$

可以得到導數為 0 的兩個點 $x_1 = -1$、$x_2 = 3$。

該函數及其導函數 $f'(x)$ 的單調變化情況,如圖 2-1 所示。

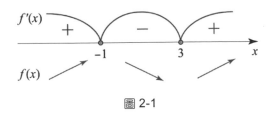

圖 2-1

在區間 $(-\infty, -1]$ 內,$f'(x)$ 是正數,因此,$f(x)$ 是單調遞增的。在區間 $(-1,3)$ 內,$f'(x)$ 是負數,因此,$f(x)$ 是單調遞減的。在區間 $[3,\infty)$ 內,$f'(x)$ 是正數,因此,$f(x)$ 是單調遞增的。

執行以下程式,可以繪製函數 $f(x)$ 及其導函數的曲線。

```
import numpy as np
import matplotlib.pyplot as plt
%matplotlib inline

x = np.arange(-3, 4, 0.01)
f_x = np.power(x,3)-3*x**2-9*x+2
df_x = 3*x**2-6*x-9

plt.plot(x,f_x)
plt.plot(x,df_x)
plt.xlabel('$x$ axis label')
plt.ylabel('$y$ axis label')
plt.legend(['$f(x)$', '$df(x)$'])
plt.axvline(x=0, color='k')
plt.axhline(y=0, color='k')
plt.show()
```

$f(x) = x^3 - 3x^2 - 9x + 2$ 及其導函數的曲線,如圖 2-2 所示。

注意：以上只討論了函數極值點處的必要條件，但這不是充分條件。也就是說，一個函數在 x_0 處的導數 $f'(x_0) = 0$，並不表示 x_0 是一個極值點。

舉例來說，$f(x) = x^3$ 在 $x = 0$ 處的導數 $f'(0)$ 是 0，但該點並不是函數的極值點，程式如下。實際上，這個函數是一個單調遞增函數，如圖 2-3 所示。

```
x = np.arange(-3, 3, 0.01)
f_x = np.power(x,3)

plt.plot(x,f_x)
plt.xlabel('$x$ axis label')
plt.ylabel('$y$ axis label')
plt.axvline(x=0, color='k')
plt.axhline(y=0, color='k')
plt.show()
```

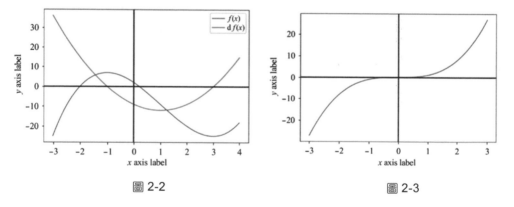

圖 2-2   圖 2-3

顯然，函數極值的必要條件可以推廣到多變數函數，即對一個多變數函數 $f(x_1, x_2, \cdots, x_n)$，如果該函數在 $x^* = (x_1^*, x_2^*, \cdots, x_n^*)$ 處取極值且該點的梯度存在（即所有偏導數都存在），則該點處梯度必然為 0（即每個偏導數的值都是 0），公式如下。

$$\frac{\partial f(x_1, x_2, \cdots, x_n)}{\partial x_i}\bigg|_{x^*} = 0 \quad i = 1, 2, \cdots, n$$

2.2 梯度下降法基礎

對於一個一元函數 $f(x)$，如果在點 x 附近有微小的變化 Δx，則 $f(x)$ 的變化 $f(x + \Delta x) - f(x)$ 可表示成以下微分形式。

$$f(x + \Delta x) - f(x) \simeq f'(x)\Delta x$$

也就是説，在點 x 附近：如果 Δx 和 $f'(x)$ 的符號相同，那麼 $f'(x)\Delta x$（即 $f(x + \Delta x) - f(x)$）是正數；如果 Δx 和 $f'(x)$ 的符號相反，那麼 $f'(x)\Delta x$（即 $f(x + \Delta x) - f(x)$）是負數。

舉例來説，取 $\Delta x = -\alpha f'(x)$（α 是一個很小的正數），那麼 $f(x + \Delta x) - f(x) = -\alpha f'(x)^2$ 是負數，即 $f(x + \Delta x)$ 的值比 $f(x)$ 小，或説，x 沿著 $f'(x)$ 的反方向 $-f'(x)$ 運動 Δx 的距離（增量），其函數值 $f(x + \Delta x)$ 比原來的 $f(x)$ 小。

如圖 2-4 所示，函數 $f(x) = x^2 + 0.2$ 在 $x = 1.5$ 處，函數值 $f(x)$ 是 2.45，導數值 $f'(x)$ 是 3.0。它們都是正數，在 $f(x)$ 的定義域中（即在 x 軸上）指向 x 軸的方向。

令 $\alpha = 0.15$，$\Delta x = -\alpha f'(x) = -0.449$，讓 x 沿著這個 Δx（如圖 2-4 中較粗箭頭的方向）移動到 $x_{\text{new}} = x + \Delta x = 1.05$，得到 $x = 1.05$ 處的 $f(1.05)$，即 1.3025（圖 2-4 中曲線下方點的 y 座標）。因為 Δx 和 $f'(x)$ 的方向相反（一負一正），所以 $f(1.05)$ 肯定小於 $f(1.5)$。

只要不斷重複這個過程，即讓 x 沿著其導函數 $f'(x)$ 的反方向（$-f'(x)$）移動一個微小的距離 $-\alpha f'(x)$，就能到達 $x_{\text{new}} = x - \alpha f'(x)$。$x_{\text{new}}$ 的函數值 $f'(x_{\text{new}})$ 肯定小於之前的函數值 $f'(x)$。隨著 x 不斷接近最小值點，$f'(x)$ 將不斷接近 0（因為在函數極值點 x^*，$f'(x^*) = 0$），x 移動的距離 Δx 越來越接近 0。

這就是**梯度下降法**的思想，即從一個初始的 x 出發，不斷用以下公式更新 x 的值。

$$x = x - \alpha f'(x)$$

對於當前的 x，沿著其導數（梯度）的反方向（$-f'(x)$）移動，就能使 $f(x)$ 變小。在理想情況下，對於達到最小值 $f(x)$ 的 x，有 $f'(x) = 0$。此時，如果疊代更新 x，x 的值將不會發生變化。如圖 2-5 所示，x 不斷疊代更新，從而不斷接近極值點。

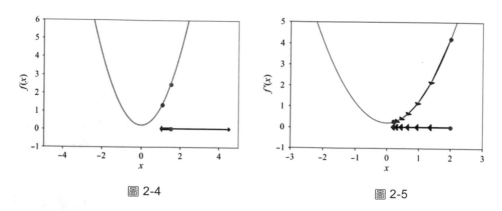

圖 2-4   圖 2-5

當然，移動的「步伐」（即 $-\alpha f'(x)$）不能太大。這是因為，根據導數的定義，上述近似公式只在點 x 附近適用。如果移動的「步伐」太大，就有可能跳過最佳值所對應的點 x，導致 x 的值來回震盪，如圖 2-6 所示。

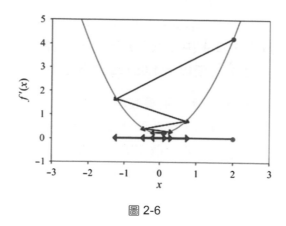

圖 2-6

梯度下降法就是求一個逼近的最佳解。為了避免一直疊代下去，可以用下列方法檢查是否夠逼近最佳解。

- $f'(x)$ 的絕對值夠小。
- 疊代次數已達到預先設定的最大疊代次數。

梯度下降法的範例程式如下。其中，參數 df 用於計算函數 $f(x)$ 的導數 $f'(x)$，x 是變數的初值，alpha 是學習率，iterations 表示疊代次數，epsilon 用於檢查 $\mathrm{d}f = f'(x)$ 的值是否接近 0。

```python
def gradient_descent(df,x,alpha=0.01, iterations = 100,epsilon = 1e-8):
    history=[x]
    for i in range(iterations):
        if abs(df(x))<epsilon:
            print("梯度夠小！")
            break
        x = x-alpha* df(x)
        history.append(x)
    return history
```

這個梯度下降法函數將疊代過程中所有被更新的 x 保存在一個 Python 的串列物件 history 中，並返回這個物件。

函數 $f(x) = x^3 - 3x^2 - 9x + 2$ 的導函數為 $f'(x) = 3x^2 - 6x - 9$，要想求 $x = 1$ 附近函數的極小值，可呼叫 gradient_descent() 函數，程式如下。

```python
df = lambda x: 3*x**2-6*x-9
path = gradient_descent(df,1.,0.01,200)
print(path[-1])
```

```
梯度夠小！
2.999999999256501
```

執行以上程式，獲得了 $f(x)$ 的極值點 $x = 2.999999999256501$。

執行以下程式，可將疊代過程中 x 所對應的曲線繪製出來，如圖 2-7 所示。

```python
f = lambda x: np.power(x,3)-3*x**2-9*x+2
x = np.arange(-3, 4, 0.01)
y= f(x)
plt.plot(x,y)
```

```
path_x = np.asarray(path)                # .reshape(-1,1)
path_y=f(path_x)
plt.quiver(path_x[:-1], path_y[:-1], path_x[1:]-path_x[:-1],
           path_y[1:]-path_y[:-1], scale_units='xy', angles='xy', scale=1,
           color='k')
plt.scatter(path[-1],f(path[-1]))
plt.show()
```

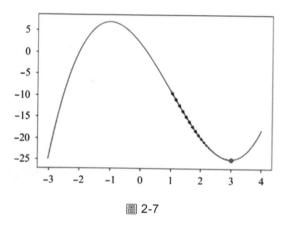

圖 2-7

Matplotlib 的 quiver() 函數可以用箭頭繪製速度向量，其實現程式如下。

```
quiver([X, Y], U, V, [C], **kw)
```

"X, Y" 是一維或二維陣列，表示箭頭的位置。"U, V" 也是一維或二維陣列，表示箭頭的「速度」（向量）。其他參數的含義，請讀者自行查詢相關文件。

對於多變數函數，梯度下降法的原理和單變數函數相同，只不過用梯度代替了導數，公式如下。

$$f(x + \Delta x) - f(x) \simeq \nabla f(x)\Delta x$$

維基百科列出的 Beale's 函數公式，具體如下。

$$f(x,y) = (1.5 - x + xy)^2 + (2.25 - x + xy^2)^2 + (2.625 - x + xy^3)^2$$

這個函數的全域極小值點是 (3,0.5)，可以用以下 Python 程式計算函數值。

```
f = lambda x, y: (1.5 - x + x*y)**2 + (2.25 - x + x*y**2)**2 + (2.625 - x +
x*y**3)**2
```

為了繪製這個函數所對應的曲面，可以先取一些均勻分佈的座標值，範例如下。

```
xmin, xmax, xstep = -4.5, 4.5, .2
ymin, ymax, ystep = -4.5, 4.5, .2
x_list = np.arange(xmin, xmax + xstep, xstep)
y_list = np.arange(ymin, ymax + ystep, ystep)
```

然後，根據以上程式中的的 x_list 和 y_list，用 np.meshgrid() 函數求出它們的交換位置的座標點 (x,y)，並計算這些座標點所對應的函數值，範例如下。

```
x, y = np.meshgrid(x_list, y_list)
z = f(x, y)
```

最後，呼叫 plot_surface() 函數，繪製曲面，範例如下。

```
ax.plot_surface(x, y, z, norm=LogNorm(), rstride=1, cstride=1,
                edgecolor='none', alpha=.8, cmap=plt.cm.jet)
```

完整程式如下所示，結果如圖 2-8 所示。

```
import numpy as np
import matplotlib.pyplot as plt
from mpl_toolkits.mplot3d import Axes3D
from matplotlib.colors import LogNorm
import random

%matplotlib inline

f = lambda x, y: (1.5 - x + x*y)**2 + (2.25 - x + x*y**2)**2 + (2.625 - x +
x*y**3)**2

minima = np.array([3., .5])
minima_ = minima.reshape(-1, 1)

xmin, xmax, xstep = -4.5, 4.5, .2
```

```
ymin, ymax, ystep = -4.5, 4.5, .2
x_list = np.arange(xmin, xmax + xstep, xstep)
y_list = np.arange(ymin, ymax + ystep, ystep)
x, y = np.meshgrid(x_list, y_list)
z = f(x, y)

fig = plt.figure(figsize=(8, 5))
ax = plt.axes(projection='3d', elev=50, azim=-50)

ax.plot_surface(x, y, z, norm=LogNorm(), rstride=1, cstride=1,
                edgecolor='none', alpha=.8, cmap=plt.cm.jet)
ax.plot(*minima_, f(*minima_), 'r*', markersize=10)

ax.set_xlabel('$x$')
ax.set_ylabel('$y$')
ax.set_zlabel('$z$')

ax.set_xlim((xmin, xmax))
ax.set_ylim((ymin, ymax))

plt.show()
```

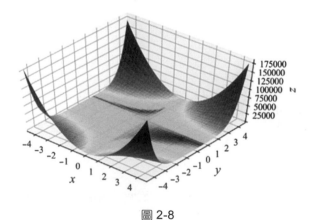

圖 2-8

$f(x, y)$ 關於 (x, y) 的偏導數，公式如下。

$$\frac{\partial f(x, y)}{\partial x} = 2(1.5 - x + xy)(y - 1) + 2(2.25 - x + xy^2)(y^2 - 1)$$
$$+ 2(2.625 - x + xy^3)(y^3 - 1)$$

$$\frac{\partial f(x,y)}{\partial y} = 2(1.5 - x + xy)x + 2(2.25 - x + xy^2)(2yx)$$
$$+ 2(2.625 - x + xy^3)(3y^2x)$$

可使用 Matplotlib 的 quiver() 函數在二維座標平面上繪製這些座標點的梯度的方向，結果如圖 2-9 所示。

```
df_x = lambda x, y: 2*(1.5 - x + x*y)*(y-1) + 2*(2.25 - x + x*y**2)*(y**2-1)
                    + 2*(2.625 - x + x*y**3)*(y**3-1)
df_y = lambda x, y: 2*(1.5 - x + x*y)*x + 2*(2.25 - x + x*y**2)*(2*x*y)
                    + 2*(2.625 - x + x*y**3)*(3*x*y**2)
dz_dx = df_x(x, y)
dz_dy = df_y(x, y)

fig, ax = plt.subplots(figsize=(10, 6))

ax.contour(x, y, z, levels=np.logspace(0, 5, 35), norm=LogNorm(),
cmap=plt.cm.jet)
ax.quiver(x, y, x - dz_dx, y - dz_dy, alpha=.5)
ax.plot(*minima_, 'r*', markersize=18)

ax.set_xlabel('$x$')
ax.set_ylabel('$y$')

ax.set_xlim((xmin, xmax))
ax.set_ylim((ymin, ymax))

plt.show()
```

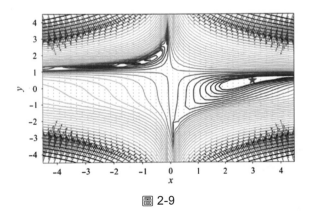

圖 2-9

為了直接利用本節前面列出的梯度下降法的程式，可用一個 NumPy 向量表示 x，即將

```
if abs(df(x))<epsilon:
```

修改為

```
if np.max(np.abs(df(x)))<epsilon:
```

將分離的 x、y 座標點陣列組合起來，範例如下。

```
print(x.shape)
print(y.shape)

x_ = np.vstack((x.reshape(1, -1) ,y.reshape(1, -1) ))
print(x_.shape)
```

```
(46, 46)
(46, 46)
(2, 2116)
```

可以定義一個針對這個向量化的座標點 x 的梯度函數 df，範例如下。在以下程式中，還實現了修改後的向量化梯度下降法。

```
df = lambda x: np.array( [2*(1.5 - x[0] + x[0]*x[1])*(x[1]-1) + 2*(2.25 - x[0]
                          + x[0]*x[1]**2)*(x[1]**2-1) + 2*(2.625 - x[0]
                          + x[0]*x[1]**3)*(x[1]**3-1), 2*(1.5 - x[0]
                          + x[0]*x[1])*x[0] + 2*(2.25 - x[0]
                          + x[0]*x[1]**2)*(2*x[0]*x[1]) + 2*(2.625 - x[0]
                          + x[0]*x[1]**3)*(3*x[0]*x[1]**2)])


def gradient_descent(df,x,alpha=0.01, iterations = 100,epsilon = 1e-8):
    history=[x]
    for i in range(iterations):
        if np.max(np.abs(df(x)))<epsilon:
            print("梯度夠小！")
            break
        x = x-alpha* df(x)
        history.append(x)
    return history
```

執行以下程式，從 [3., 4.] 出發，求這個曲面的極值點。

```
x0=np.array([3., 4.])
print("初始點",x0,"的梯度",df(x0))

path = gradient_descent(df,x0,0.000005,300000)
print("極值點：",path[-1])
```

```
初始點 [3. 4.] 的梯度 [25625.25 57519.  ]
極值點： [2.70735828 0.41689171]
```

因為 x 的初始梯度值很大，所以學習率 α 必須取很小的值（如 0.000005），否則會導致震盪或得到的值很大。最後，收斂到點[2.70735828 0.41689171]，但它不是最佳點。

執行以下程式，繪製疊代過程中 x 的變化情況，如圖 2-10 所示。

```
def plot_path(path,x,y,z,minima_,xmin, xmax,ymin, ymax):
    fig, ax = plt.subplots(figsize=(10, 6))
    ax.contour(x, y, z, levels=np.logspace(0, 5, 35), norm=LogNorm(),
            cmap=plt.cm.jet)
    #ax.scatter(path[0],path[1]);
    ax.quiver(path[:-1,0], path[:-1,1], path[1:,0]-path[:-1,0],
            path[1:,1]-path[:-1,1], scale_units='xy', angles='xy', scale=1,
color='k')
    ax.plot(*minima_, 'r*', markersize=18)

    ax.set_xlabel('$x$')
    ax.set_ylabel('$y$')
    ax.set_xlim((xmin, xmax))
    ax.set_ylim((ymin, ymax))

path = np.asarray(path)
plot_path(path,x,y,z,minima_,xmin, xmax,ymin, ymax)
```

在疊代過程中，梯度值將變得越來越小，因此，使用同樣的學習率，將使 x 的更新速度變得非常慢——疊代 10 萬次，仍未能逼近最佳解。針對這個問題，一種解決方法是，採用自我調整的學習率，即當梯度變得很小時增

大學習率。作為練習，讀者可以嘗試修改梯度下降法的程式，以便更好、
更快地逼近最佳解。

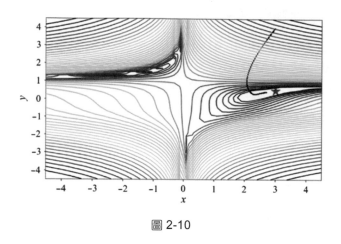

圖 2-10

▌ 2.3　梯度下降法的參數最佳化策略

在梯度下降法中，學習率是一個固定值。在疊代過程中，梯度大小是不斷
變化的。學習率過大，會導致待求變數來回震盪；學習率過小，會使收斂
緩慢甚至停滯。即使初始學習率適中，在接近最佳解的過程中，梯度值也
將接近 0，從而造成收斂停滯。因此，應在疊代過程中調整學習率。在疊
代過程中，通常用一個可變化的學習率來更新待求變數 x。

為了更好、更快地逼近最佳解，人們針對梯度下降法提出了許多改進方
法。這些改進方法都是用變化的學習率或策略對待求變數（也稱為參數）
進行更新的。對變數（參數）的更新（最佳化）策略和方法，主要有
Momentum、Nesterov Accelerated Gradient、AdaGrad、AdaDelta、
RMSprop、Adam、AdaMax、Nadam、AMSGrad 等。

需要說明的是，因為函數可能是多變數函數，所以，變數 x 可能是由多個
值組成的向量（即 x）。下面對一些常用的最佳化策略說明。

2.3.1　Momentum 法

梯度下降法每次都會使用學習率 α 沿梯度的負方向（$-\alpha\nabla f(x)$）來更新 x。$-\alpha\nabla f(x)$ 完全取決於當前計算出來的梯度。

Momentum（動量）法在更新 x 的向量時，不僅會考慮當前的梯度，還會考慮上次更新的向量，即認為更新的向量具有慣性。

假設 $\boldsymbol{v}_{t-1}$ 是前一次用於更新的向量，當前更新的向量為

$$\boldsymbol{v}_t = \gamma\boldsymbol{v}_{t-1} + \alpha\nabla f(x)$$

用這個 $\boldsymbol{v}$ 更新 x，有

$$x = x - \boldsymbol{v}_t$$

這個用於更新 x 的向量稱為**動量**。

Momentum 法將需要更新的向量看成一個運動物體的速度，而速度是有慣性的。由於結合了之前的更新向量和當前的梯度，Momentum 法緩解了不同時刻梯度的劇烈變化，使需要更新的向量更「光滑」──既保持了之前運動的慣性，使得在梯度很小的地方仍具有較大的運動速度，也不會因梯度突然變大而發生過衝。Momentum 法可以視為，一個有品質的小球沿著斜坡向下捲動，在尋找最「陡峭」的下降路徑的同時，保持了一定的慣性。普通的梯度下降法只根據「陡峭」的程度決定運動速度，如在「陡峭」的地方移動得快、在「平坦」的地方幾乎不移動。

設 $\boldsymbol{v}$ 的初值為 0，用 Python 程式可表示如下。

```
v= np.zeros_like(x)
```

也就是說，$\boldsymbol{v}$ 是和 x 形狀相同的、初值為 0 的張量。在疊代過程中，先更新 v，再更新函數的參數 x，範例如下。

```
v = gamma*v+alpha* df(x)
x = x-v
```

基於 Momentum 法的梯度下降法，程式如下。

```
def gradient_descent_momentum(df,x,alpha=0.01,gamma = 0.8, iterations = 100,
epsilon = 1e-6):
    history=[x]
    v= np.zeros_like(x)                        #動量
    for i in range(iterations):
        if np.max(np.abs(df(x)))<epsilon:
            print("梯度夠小！")
            break
        v = gamma*v+alpha* df(x)        #更新動量
        x = x-v                         #更新變數（參數）

        history.append(x)
    return history
```

用 Momentum 法求解，程式如下。

```
path = gradient_descent_momentum(df,x0,0.000005,0.8,300000)
print(path[-1])
path = np.asarray(path)
```

```
[2.96324633 0.49067782]
```

可以看出，透過 Momentum 法得到的解已經非常接近最佳解了，如圖 2-11
所示。

```
plot_path(path,x,y,z,minima_,xmin, xmax,ymin, ymax)
```

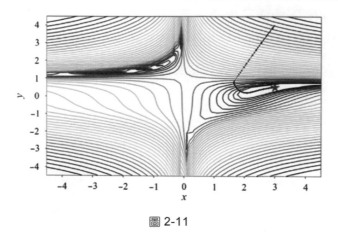

圖 2-11

2.3.2 AdaGrad 法

根據梯度下降法的變數更新公式 $x = x - \alpha \nabla f(x)$，影響變數更新的是學習率和梯度的乘積 $\alpha \nabla f(x)$，梯度過大或過小和學習率過大過小都會影響演算法的收斂。

在多變數函數中，每個變數的偏導數的大小可能相差很大。舉例來說，有兩個變數的函數 $f(x_1, x_2)$ 在點 (x_1, x_2) 處的偏導數 $\frac{\partial f}{\partial x_1}$、$\frac{\partial f}{\partial x_2}$ 的絕對值可能相差很大，就像對它們採用同一個學習率一樣。

對一個分量合適的學習率，對另一個分量來說可能過大或過小，從而造成震盪或停滯，即直接用下式進行更新是**不合適**的。

$$x_1 = x_1 - \alpha \frac{\partial f}{\partial x_1}$$

$$x_2 = x_2 - \alpha \frac{\partial f}{\partial x_2}$$

AdaGrad 法，根據名字可翻譯為「自我調整（Ada）梯度（Grad）」。它對每個梯度分量除以該梯度分量的歷史累加值，從而消除不同分量梯度大小不均衡的問題。對於兩個分量 (x_1, x_2)，如果分別計算它們的歷史累加值 (G_1, G_2)，則這兩個分量的更新公式為

$$x_1 = x_1 - \alpha \frac{1}{G_1} \frac{\partial f}{\partial x_1}$$

$$x_2 = x_2 - \alpha \frac{1}{G_2} \frac{\partial f}{\partial x_2}$$

通常用 $g_{t,i} = \nabla_\theta f(x_{t,i})$ 表示第 t 輪疊代中分量 x_i 的偏導數 $\frac{\partial f}{\partial x_i}$。透過從 $t' = 1$ 到 $t' = t$ 的所有疊代輪中該分量的梯度，可以計算以下累加和。

$$G_{t,i} = \sqrt{\sum_{t'=1}^{t} g_{t',i}^2}$$

用 $g_{t,i}$ 除以 $G_{t,i}$，即可更新該分量，公式如下。

$$x_{t+1,i} = x_{t,i} - \alpha \frac{1}{\sqrt{\sum_{t'=1}^{t} g_{t',i}^2}} g_{t,i}$$

為了防止出現除數為 0 的情況，可以在分母上增加一個很小的正數 ϵ。因此，AdaGrad 的參數更新公式如下。

$$x_{t+1,i} = x_{t,i} - \alpha \frac{1}{\sqrt{\sum_{t'=1}^{t} g_{t',i}^2} + \epsilon} g_{t,i}$$

比較基本的參數更新公式 $x_{t+1,i} = x_{t,i} - \alpha g_{t,i}$，可以看出，AdaGrad 法消除了分量梯度大小不均衡的問題。

AdaGrad 法的參數更新公式，也可以寫成向量的形式，具體如下。

$$\boldsymbol{x}_{t+1} = \boldsymbol{x}_t - \alpha \frac{1}{\sqrt{\sum_{t'=1}^{t} \boldsymbol{g}_{t'}^2} + \epsilon} \odot \boldsymbol{g}_t$$

可以用初值為 0 的變數 gl 記錄 G_t^2 的累加和。在每一輪疊代中，AdaGrad 法的參數更新程式如下。

```
gl += df(x)**2
x = x-alpha* df(x)/(sqrt(gl)+epsilon)
```

AdaGrad 法的優點主要是消除了不同梯度值大小差異的影響。這樣，就可以將學習率設定為一個固定的值，而不需要在疊代過程中不斷調整學習率了（學習率一般設定為 0.01）。

AdaGrad 法的主要缺點是，隨著疊代的進行，累加和 $\sum_{t'=1}^{t} \boldsymbol{g}_{t'}^2$ 會越來越大。這是因為，其中的每一項都是正數，而這會導致學習變得緩慢甚至停滯。另外，使每個分量梯度具有一致的「步伐」，可能不符合實際情況，因為這會使更新方向偏離最佳解的方向。

基於 AdaGrad 法的梯度下降法，程式如下。

```
def gradient_descent_Adagrad(df,x,alpha=0.01,iterations = 100,epsilon = 1e-
8):
    history=[x]
    # v= np.zeros_like(x)
    gl = np.ones_like(x)
    for i in range(iterations):
        if np.max(np.abs(df(x)))<epsilon:
            print("梯度夠小！")
            break
        grad = df(x)
        gl += grad**2
        x = x-alpha* grad/(np.sqrt(gl)+epsilon)
        history.append(x)
    return history
```

針對上述問題，可使用梯度下降法，範例如下。

```
path = gradient_descent_Adagrad(df,x0,0.1,300000,1e-8)
print(path[-1])
path = np.asarray(path)
```

```
[-0.69240717  1.76233766]
```

可以看出，基於分量梯度的均衡化，變數的更新方向偏離了最佳解的方向，收斂到了另一個局部最佳解，範例如下，如圖 2-12 所示。

```
plot_path(path,x,y,z,minima_,xmin, xmax,ymin, ymax)
```

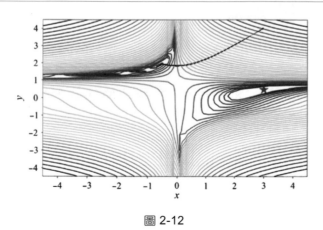

圖 2-12

2.3.3 AdaDelta 法

回顧基本的參數更新方法，可以用 Δx_t 表示參數的更新向量，具體如下。

$$
\begin{aligned}
\Delta x_t &= -\eta \cdot g_t \\
x_{t+1} &= x_t + \Delta x_t
\end{aligned}
$$

AdaGrad 法的更新向量，公式如下。

$$
\Delta x_t = -\frac{\eta}{\sqrt{G_t + \epsilon}} \odot g_t
$$

這裡的 $G_t = \sum g_t^2$ 是 g_t 的歷史值的平方和。隨著疊代的進行，G_t 會越來越大，導致 Δx_t 越來越小，收斂速度越來越慢。其解決方法是：用均方和 $E[g^2]_t = \frac{G_t}{t}$（而非平方和）代替 G_t。

$E[g^2]_t$ 可以透過移動平均法計算出來，即將上一次的平均值和當前值進行平均，公式如下。

$$
E[g^2]_t = \gamma E[g^2]_{t-1} + (1 - \gamma)g_t^2
$$

AdaDelta 法更進一步，對更新向量採用移動平均法，讓更新向量的變化更平滑，公式如下。

$$
E[\Delta x^2]_t = \gamma E[\Delta x^2]_{t-1} + (1 - \gamma)\Delta x_t^2
$$

最終的更新向量如下。

$$
\Delta x_t = -\sqrt{\frac{E[\Delta x^2]_{t-1} + \epsilon}{E[g^2]_t + \epsilon}} g_t
$$

通常分別用 $\mathrm{RMS}[\Delta x]_{t-1}$ 和 $\mathrm{RMS}[g]_t$ 表示 $E[\Delta x^2]_{t-1} + \epsilon$ 和 $E[g^2]_t + \epsilon$。更新向量可表示為

$$
\Delta x_t = -\sqrt{\frac{\mathrm{RMS}[\Delta x]_{t-1}}{\mathrm{RMS}[g]_t}} g_t
$$

參數更新公式為

$$x_{t+1} = x_t + \alpha \Delta x_t$$

AdaDelta 法的 Python 實現程式如下。

```
Eg = rho*Eg+(1-rho)*(grad**2)                          #更新梯度的累加平方和
delta = np.sqrt((Edelta+epsilon)/(Eg+epsilon))*grad    #計算更新向量
x = x- alpha* delta
Edelta = rho*Edelta+(1-rho)*(delta**2)                 #更新向量的累加更
新
```

AdaDelta 法的衰減率參數 ρ 通常設定為 0.9。Δx_t、$E[\Delta x^2]_t$、$E[g^2]_t$ 的初值為 0。基於 AdaDelta 法的梯度下降法，程式如下。

```
def gradient_descent_Adadelta(df,x,alpha = 0.1,rho=0.9,iterations = 100, \
                              epsilon = 1e-8):
    history=[x]
    Eg = np.ones_like(x)
    Edelta = np.ones_like(x)
    for i in range(iterations):
        if np.max(np.abs(df(x)))<epsilon:
            print("梯度夠小！")
            break
        grad = df(x)
        Eg = rho*Eg+(1-rho)*(grad**2)
        delta = np.sqrt((Edelta+epsilon)/(Eg+epsilon))*grad
        x = x- alpha*delta
        Edelta = rho*Edelta+(1-rho)*(delta**2)
        history.append(x)
    return history
path = gradient_descent_Adadelta(df,x0,1.0,0.9,300000,1e-8)
print(path[-1])
path = np.asarray(path)
```

```
[2.9386002  0.45044889]
```

可以看出，AdaDelta 法也能收斂到接近最佳解的位置，範例如下，如圖 2-13 所示。

```
plot_path(path,x,y,z,minima_,xmin, xmax,ymin, ymax)
```

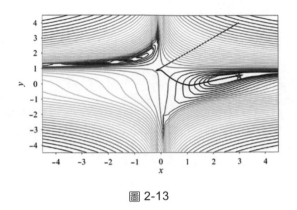

圖 2-13

2.3.4   RMSprop 法

和 Momentum 法類似，RMSprop 法使用下列公式更新動量和參數。

$$v_t = \beta v_{t-1} + (1 - \beta)\nabla f(x)^2$$

$$x = x - \alpha \frac{1}{\sqrt{v_t + \epsilon}} \nabla f(x)$$

RMSprop 法的思想是，將梯度的所有數值都除以一個長度（數值的絕對值），即轉為單位長度，從而總是以固定的步進值 α 來更新參數 x。為了計算梯度的每個分量的長度，RMSprop 法採用類似於 Momentum 法的方式，計算梯度值的平均移動長度的平方，即 $f(x)^2$。

RMSprop 法更新模型參數的 Python 實現程式如下。

```
v= np.ones_like(x)
grad = df(x)
v = beta*v+(1-beta)* grad**2
x = x-alpha*(1/(np.sqrt(v)+epsilon))*grad
```

基於 RMSprop 法的梯度下降法，程式如下。

```
def gradient_descent_RMSprop(df,x,alpha=0.01,beta = 0.9, iterations = 100, \
                         epsilon = 1e-8):
    history=[x]
    v= np.ones_like(x)
    for i in range(iterations):
```

```
    if np.max(np.abs(df(x)))<epsilon:
        print("梯度夠小！")
        break
    grad = df(x)
    v = beta*v+(1-beta)*grad**2
    x = x-alpha*grad/(np.sqrt(v)+epsilon)

    history.append(x)
return history
```

針對上述問題，可使用梯度下降法，程式如下。

```
path = gradient_descent_RMSprop(df,x0,0.000005,0.99999999999,300000,1e-8)
print(path[-1])
path = np.asarray(path)
```

```
[2.70162562 0.41500366]
```

如果模型參數還不夠好，可增加疊代次數，程式如下。

```
path = gradient_descent_RMSprop(df,x0,0.000005,0.99999999999,900000,1e-8)
print(path[-1])
path = np.asarray(path)
```

```
[2.9082809  0.47616156]
```

可以看出，模型收斂到接近最佳解的位置，範例如下，如圖 2-14 所示。

```
plot_path(path,x,y,z,minima_,xmin, xmax,ymin, ymax)
```

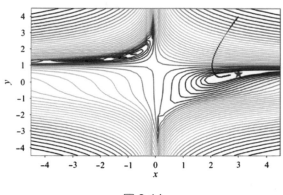

圖 2-14

2.3.5 Adam 法

Adam 法除了和 RMSprop 法一樣，儲存了一個指數衰減的過去梯度的平方的累積平均值，還和 Momentum 法一樣，儲存了梯度的累積平均值。Momentum 法的行為可視為一個沿著斜坡運動的球，但 Adam 法的行為像一個有摩擦力的球，因此，Adam 法更適合獲取平坦的極小值。

用 m_t、v_t 表示過去的梯度和梯度的平方的移動平均值，公式如下。

$$m_t = \beta_1 m_{t-1} + (1 - \beta_1)g_t$$
$$v_t = \beta_2 v_{t-1} + (1 - \beta_2)g_t^2$$

以上二式相當於梯度的一階和二階動量（因為它們的初值為 0）。

Adam 法的作者觀還察到：當衰減率很小（如 β_1、β_2 接近 1）時，m_t、v_t 將偏向 0 ——特別是在疊代初期。為了校正這個問題，Adam 法的作者使用了以下校正公式。

$$\widehat{m}_t = \frac{m_t}{1 - \beta_1^t}$$

$$\hat{v}_t = \frac{v_t}{1 - \beta_2^t}$$

在此基礎上更新 x，公式如下。

$$\theta_{t+1} = \theta_t - \frac{\eta}{\sqrt{\hat{v}_t} + \epsilon} \widehat{m}_t$$

範例程式如下。

```python
# https://towardsdatascience.com/adam-latest-trends-in-deep-learning-
optimization-6be9a291375c
def gradient_descent_Adam(df,x,alpha=0.01,beta_1 = 0.9,beta_2 = 0.999, \
                          iterations = 100,epsilon = 1e-8):
    history=[x]
    m = np.zeros_like(x)
    v = np.zeros_like(x)
    for t in range(iterations):
        if np.max(np.abs(df(x)))<epsilon:
```

```
            print("梯度夠小！")
            break
        grad = df(x)
        m = beta_1*m+(1-beta_1)*grad
        v = beta_2*v+(1-beta_2)*grad**2

        # m_1 = m/(1-beta_1)
        # v_1 = v/(1-beta_2)
        t = t+1
        if True:
            m_1 = m/(1-np.power(beta_1, t+1))
            v_1 = v/(1-np.power(beta_2, t+1))
        else:
            m_1 = m / (1 - np.power(beta_1, t)) + (1 - beta_1) * grad /
                        (1 - np.power(beta_1, t))
            v_1 = v / (1 - np.power(beta_2, t))

        x = x-alpha*m_1/(np.sqrt(v_1)+epsilon)
        # print(x)
        history.append(x)
    return history
```

針對上述問題，可使用梯度下降法函數 gradient_descent_Adam()，程式如
下，結果如圖 2-15 所示。

```
path = gradient_descent_Adam(df,x0,0.001,0.9,0.8,100000,1e-8)
# path = gradient_descent_Adam(df,x0,0.000005,0.9,0.9999,300000,1e-8)
print(path[-1])
path = np.asarray(path)
# plt.plot(path)
```

```
[2.99999653 0.50000329]
```

```
plot_path(path,x,y,z,minima_,xmin, xmax,ymin, ymax)
```

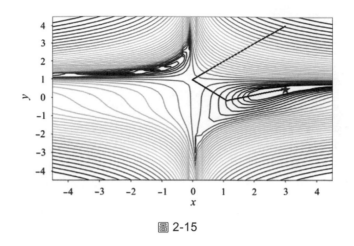

圖 2-15

2.4 梯度驗證

2.4.1 比較數值梯度和分析梯度

在編寫梯度下降法的程式時,最容易出現的錯誤是梯度計算錯誤(這會導致演算法無法收斂)。因此,除了調整學習率,還應檢查梯度的計算是否正確。

可根據導數的定義(導數是函數的變化率),用以下公式估計函數在 x 處的導數(梯度)。

$$\frac{\partial f(x)}{\partial x} = \lim_{\epsilon \to 0} \frac{f(x+\epsilon) - f(x-\epsilon)}{2\epsilon}$$

上式等號右邊的除式可近似表示 $f(x)$ 在點 x 處的導數(梯度)。如果 ϵ 夠小,那麼這個數值的導數(梯度)應該和等號左邊的分析導數(梯度)的值夠接近。因此,在使用梯度下降法訓練模型前,可比較數值計算梯度和分析梯度,以驗證分析梯度的計算是否正確。

舉例來說,對二元函數 $f(x,y) = \frac{1}{16}x^2 + 9y^2$ 使用梯度下降法,該函數在 $x = (x_0, x_1)$ 處的函數值和分析梯度是透過以下程式計算出來的。

```
f = lambda x: (1/16)*x[0]**2+9*x[1]**2
df = lambda x: np.array( ((1/8)*x[0],18*x[1]))
```

$x = (x_0, x_1)$ 處的數值梯度，可透過以下程式計算。

```
df_approx = lambda x,eps:((f([x[0]+eps,x[1]])-f([x[0]-eps,x[1]]) )/(2*eps),
( f([x[0],x[1]+eps])-f([x[0],x[1]-eps]) )/(2*eps))
```

以下程式用於在 [2.,3.] 處比較分析梯度和數值梯度。

```
x = [2.,3.]
eps = 1e-8
grad = df(x)
grad_approx = df_approx(x,eps)
print(grad)
print(grad_approx)
print(abs(grad-grad_approx))
```

```
[ 0.25 54.  ]
(0.2500001983207767, 54.00000020472362)
[1.98320777e-07 2.04723619e-07]
```

可見，只要用於計算數值梯度的微小增量（eps）夠小，該數值梯度就夠接近分析梯度。這正符合導數的定義：數值梯度可以夠逼近分析梯度。如果兩者的差較大或很大，就說明分析梯度、函數值或數值梯度的計算可能存在問題（在大多數情況下，是分析梯度或函數值的計算存在問題）。因此，在使用梯度下降法求最佳解之前，都應使用梯度驗證的方法來確保分析梯度和函數值的計算是正確的，在此基礎上，再調整梯度下降法的超參數（如學習率）或動量參數等。

2.4.2　通用的數值梯度

機器學習（包括深度學習）中的假設函數，參數的數量往往很多。因此，可以編寫一個通用的數值梯度計算函數，程式如下。

```
def numerical_gradient(f,params,eps = 1e-6):
    numerical_grads = []
    for x in params:
```

```
    #x 可能是一個多維陣列，對其所有元素計算數值偏導數
    grad = np.zeros(x.shape)
    it = np.nditer(x, flags=['multi_index'], op_flags=['readwrite'])
    while not it.finished:
        idx = it.multi_index
        old_value = x[idx]
        x[idx] = old_value + eps        #x[idx]+eps
        fx = f()
        x[idx] = old_value - eps        #x[idx]-eps
        fx_ = f()
        grad[idx] = (fx - fx_) / (2*eps)
        x[idx] = old_value              #一定要將該權值參數恢復為原始值
        it.iternext()                   #循環存取 x 的下一個元素

    numerical_grads.append(grad)
return numerical_grads
```

該函數接收的參數 f 表示要計算梯度的那個函數，params 表示該函數的參數。因為 f 可能有多個參數，params 是由這些參數組成的集合（如 Python 的串列、元組等類型的物件），所以，為了使程式更具一般性，假設 params 的每個元素都是包含多個元素的多維陣列。

在內層循環中，對 x 的索引 idx 指向的元素 x[idx]，分別加上微小的增量（即 x[idx]+eps 和 x[idx]-eps），並計算對應的函數值。然後，用導數的差分逼近公式計算 x[idx] 所對應的偏導數，並將其指定 grad[idx]。

注意：每次對 x[idx] 進行修改後，都要將其恢復為原始值；不然會影響其他偏導數的計算，並在退出函數後影響 params 的值。

可使用以下通用數值梯度計算函數，計算函數的數值梯度。

```
x = np.array([2.,3.])
param = np.array(x)    #numerical_gradient 的參數 param 必須是 NumPy 陣列
numerical_grads = numerical_gradient(lambda:f(param),[param],1e-6)
print(numerical_grads[0])
```

```
[ 0.25        54.00000001]
```

注意：numerical_gradient 的第一個參數 f，必須指向一個函數物件，而非函數呼叫結果。也就是説，將 lambda:f(param) 寫成 f(param) 是錯誤的。

對一個包含參數（如 param）的函數，通常可以使用上述 lambda 運算式，或以下包裹函數 fun()，返回一個在參數 param 上執行計算的函數物件。

```
def fun():
    return f(param)

numerical_grads = numerical_gradient(fun,[param],1e-6)
print(numerical_grads[0])
```

```
[ 0.25      54.00000001]
```

這個通用的數值梯度計算函數 numerical_gradient() 的原始程式碼在本書的原始程式碼檔案 util.py 中。

2.5 分離梯度下降法與參數最佳化策略

2.5.1 參數最佳化器

在前面介紹的將變數（參數）的最佳化策略強制寫入在梯度下降法的方法中，對於不同最佳化策略的梯度下降法，除了參數更新方式不同，梯度下降法的框架是完全一樣的。為了提高程式的重複使用性和靈活性，可將參數的最佳化策略從梯度下降法中提取出來。

定義一個表示參數最佳化策略的類別，程式如下。

```
class Optimizator:
    def __init__(self,params):
        self.params = params

    def step(self,grads):
      pass
    def parameters(self):
        return self.params
```

params 是變數（參數）的清單。step() 函數用於根據 grads（梯度）來更新參數。舉例來說，可以從該類別衍生出定義（使用梯度下降法的基本參數最佳化策略的參數最佳化器類別 SGD），範例如下。

```python
class SGD(Optimizator):
    def __init__(self,params,learning_rate):
        super().__init__(params)
        self.lr = learning_rate

    def step(self,grads):
        for i in range(len(self.params)):
            self.params[i] -= self.lr*grads[i]
        return self.params
```

也可以定義其他參數最佳化器，如 Momentum 法的 SGD_Momentum，範例如下。

```python
class SGD_Momentum(Optimizator):
    def __init__(self,params,learning_rate,gamma):
        super().__init__(params)
        self.lr = learning_rate
        self.gamma= gamma
        self.v = []
        for param in params:
            self.v.append(np.zeros_like(param) )

    def step(self,grads):
        for i in range(len(self.params)):
            self.v[i] = self.gamma*self.v[i]+self.lr* grads[i]
            self.params[i] -= self.v[i]
        return self.params
```

2.5.2　接受參數最佳化器的梯度下降法

梯度下降法只要接受可以更新參數的參數最佳化器，就可以按照該最佳化器的最佳化策略對參數進行更新，範例如下。

```
def gradient_descent_(df,optimizator,iterations,epsilon = 1e-8):
    x, = optimizator.parameters()
    x = x.copy()
    history=[x]
    for i in range(iterations):
        if np.max(np.abs(df(x)))<epsilon:
            print("梯度夠小！")
            break
        grad = df(x)
        x, = optimizator.step([grad])
        x = x.copy()
        history.append(x)
    return history
```

一個簡單的凸函數，公式如下。

$$f(x,y) = \frac{1}{16}x^2 + 9y^2$$

這是一個碗形曲面，如圖 2-16 所示，其最小值在「碗底」，即 (0,0) 是整個函數的最小值點（最小值是 0）。

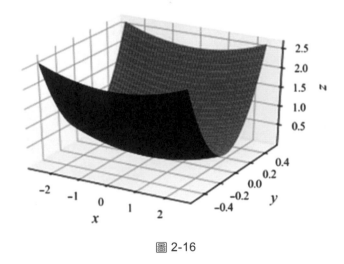

圖 2-16

對該函數應用上述 SGD 參數最佳化器，範例如下。

```
df = lambda x: np.array( ((1/8)*x[0],18*x[1]))
x0=np.array([-2.4, 0.2])

optimizator = SGD([x0],0.1)
path = gradient_descent_(df,optimizator,100)
print(path[-1])
path = np.asarray(path)
path = path.transpose()
```

```
[-8.26638332e-06  2.46046384e-98]
```

可以看出，逼近了最佳解。

換用 SGD_Momentum 最佳化器，範例如下。

```
x0=np.array([-2.4, 0.2])
optimizator = SGD_Momentum([x0],0.1,0.8)
path = gradient_descent_(df,optimizator,1000)
print(path[-1])
path = np.asarray(path)
path = path.transpose()
```

```
梯度夠小！
[-1.49829905e-08 -4.74284398e-10]
```

以上程式更進一步地逼近了最佳解。

線性回歸、邏輯回歸和 softmax 回歸

本章將介紹三種典型的機器學習技術——線性回歸、邏輯回歸和 softmax 回歸。它們是基於神經網路的深度學習的基礎，其中的概念、技術、方法，如資料的規範化、模型的評估、正則化等，在深度學習中經常會使用。

▍3.1 線性回歸

3.1.1 餐車利潤問題

在吳恩達的深度學習課程中，有一個「餐車利潤問題」，提供了以下資料集。

```
6.1101,17.592
5.5277,9.1302
8.5186,13.662
7.0032,11.854
5.8598,6.8233
...
```

在該資料集中，第 1 列是各個城市的人口，第 2 列是對應城市的餐車利潤（資料都以萬元為單位）。執行以下 Python 程式，可從文字檔中讀取該資料集，並輸出前 5 筆記錄。

```
x , y = [] ,[]
with open('food_truck_data.txt') as A:
    for eachline in A:
        s = eachline.split(',')
        x.append(float(s[0]))
        y.append(float(s[1]))
for i in range(5):
    print(x[i],y[i])
```

```
6.1101 17.592
5.5277 9.1302
8.5186 13.662
7.0032 11.854
5.8598 6.8233
```

將城市人口和餐車利潤分別當作二維座標平面上的 x 和 y 座標，即將資料
樣本看成二維平面上的座標點，範例如下。

```
import matplotlib.pyplot as plt
%matplotlib inline

fig, ax = plt.subplots()
ax.scatter(x, y, marker="x", c="red")
plt.title("Food Truck Dataset", fontsize=16)
plt.xlabel("City Population in 10000s", fontsize=14)
plt.ylabel("Food Truck Profit in 10000s", fontsize=14)
plt.axis([4, 25, -5, 25])
plt.show()
```

如圖 3-1 所示，可以將該資料集在二維平面上顯示出來。

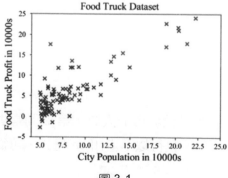

圖 3-1

「餐車利潤問題」的目標是,根據已有的城市人口及對應的餐車利潤資料,對已有城市以外的城市的餐車利潤進行預測。

3.1.2 機器學習與人工智慧

1. 機器學習

「餐車利潤問題」是一個典型的機器學習問題。機器學習能夠從經驗資料中學到某種統計規律,並使用學到的規律對新的資料進行判斷或預測。也就是說,機器學習可以透過已知資料得到一個能夠反映資料之間關係的資料模型(函數)。

用 x 表示城市人口,用 y 表示餐車利潤。機器學習的任務就是尋找一個函數 $f(x)$,使 y 滿足 $y = f(x)$。求解這個函數或數學模型的過程,稱為**機器學習**或**模型訓練**。有了這個數學模型(函數)$f(x)$,就可以將一個新的城市的人口 x 代入 $f(x)$,從而預測該城市的餐車利潤。

在機器學習中,用於訓練模型的資料稱為**樣本資料**、**樣本集**或**訓練集**。樣本集中可能有多個樣本,每個樣本均由**樣本特徵**(如城市人口)和**樣本標籤**(如餐車利潤)組成,它們分別對應於要學習的函數 $y = f(x)$ 的引數 x 和因變數 y。樣本標籤通常也稱為**真實值**或**目標值**。學習模型的最終目的是,根據模型從樣本特徵預測其目標值或標籤。

一般地,模型的預測值 $f(x)$ 和真實值不可能完全相等。模型訓練通常就是尋找某種意義(如預測值 $f(x)$ 和真實值 y 之間的某種誤差最小)上的最佳數學函數。

2. 機器學習與人工智慧的關係

機器學習是人工智慧的研究領域。人工智慧演算法與常見的電腦程式不同。常見的電腦程式都是根據已知的數學模型進行計算的,每一步計算都是按照一個確定的計算公式進行的。舉例來說,根據圓面積 A 和半徑 r 之間的公式 $A = \frac{1}{2}\pi r^2$,計算半徑為某個值時圓的面積。

但對很多實際問題，我們卻無法找到一個確定的數學模型來表示資料之間的關係或規律。舉例來說，我們希望根據一所房屋的特徵資訊（如房屋的面積等）預測房屋的價格，但並沒有一個現成的數學模型告訴我們，應該如何透過房屋的特徵資訊來計算房屋的價格。類似的問題還有很多，如預測股票的價格、辨識人臉照片、辨識語音所對應的文字、判斷垃圾郵件、行棋落子、向使用者推薦其可能感興趣的商品、自動駕駛等。

要想解決這些問題，都需要計算機具有和人類一樣的智慧。人類之所以能輕鬆地辨識一幅圖型中是否包含貓和狗，是因為我們之前已經看過很多這樣的圖型，在大腦中形成了某種用於完成這個辨識任務的模型。但對電腦來說，所有的圖型都是由數值組成的矩陣（陣列），並沒有一個明確的公式可以表示圖型及其類別之間的關係。

使計算機具有人類智慧，是人工智慧研究的目標。人工智慧並不神秘。舉例來說，20 世紀 80 年代興起的專家系統將特定領域專家的經驗轉為一些規則，然後基於規則匹配的邏輯推理等方法去解決特定問題：如果一個人發燒，就提示他可能生病了；如果一個人血液中的紅血球數量很少，則提示他可能患有某種缺血性或失血性疾病。但是，專家系統存在耗時、費力、昂貴等問題，且一個問題的專家規則無法應用到其他問題上。另外，有些問題，如圖型和語音辨識等，其規則很難被定義。

和傳統的基於邏輯推理的人工智慧不同，作為現代人工智慧的機器學習，無須借助領域專家的知識，只需要有大量的資料，就可以用統計學方法對資料進行建模和統計、學習。舉例來說，購物網站的推薦系統可根據使用者的瀏覽和購買記錄預測其喜好，從而向使用者推薦對應的商品。再如，如果有很多房屋特徵資訊及其價格方面的資料，機器學習就可以找到一個合理的、能反映二者關係的數學模型，透過房屋特徵資訊預測其價格。

3. 機器學習的分類

機器學習主要分為三大類——監督式學習、非監督式學習、強化學習。

（1）監督式學習

監督式學習是指，對用於學習的資料，不僅知道它們的特徵，還知道它們的目標值。舉例來說，在「餐車利潤問題」中，對於一個樣本，不僅知道城市的人口，還知道該城市的餐車利潤。如果資料特徵 x 和目標值 y 滿足函數 $y = f(x)$，就可以透過多個已知樣本 $(x^{(i)}, y^{(i)})$ 求得盡可能滿足 $y^{(i)} = f(x^{(i)})$ 的函數。這種根據資料特徵 x 和目標值 y 都已知的多個資料樣本 $(x^{(i)}, y^{(i)})$ 求解最佳假設函數的機器學習，稱為監督式學習。監督式學習是目前應用最廣泛的機器學習方法。

監督式學習的過程，就是根據引數（特徵）和其所對應的因變數（標籤或目標）已知的很多樣本來學習引數（特徵）和因變數（目標）的函數關係。一旦知道了這個函數，就可以對新的樣本特徵預測其目標值。

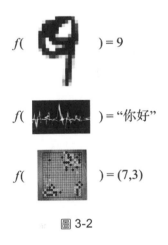

圖 3-2

如圖 3-2 所示：訓練（學習）一個手寫數字辨識函數 f，接收輸入的數字圖型，輸出 0 到 9 中的某個數字；訓練一個語音辨識模型，從輸入的語音產生其對應的文字；訓練一個人工智慧圍棋程式，根據輸入的行棋落子情況，輸出一個落子的位置。

引數和因變數的函數關係有很多種，如線性函數、二次函數、三角函數等。監督式學習根據具體問題及其資料集的特點，選擇一個能恰當地表示資料特徵 x 和目標值 y 的關係的函數。舉例來說，對於「餐車利潤問題」，如果認為城市人口和餐車利潤之間具有線性關係，就可以將線性函數 $f(x) = wx + b$ 作為 x 和 y 之間的函數模型。函數 $f(x) = wx + b$ 稱為**假設函數**。不同的參數（w 和 b）表示不同的線性關係，模型訓練就是根據大量樣本 $(x^{(i)}, y^{(i)})$ 的真實值 $y^{(i)}$ 和假設函數的預測值 $f(x^{(i)}) = wx^{(i)} + b$ 的某種誤差求解一組最佳的參數。一旦確定了參數（也就是確定了模型函數 $f(x)$），對於新的輸入 x_*，只要將其帶入模型函數，就能得到預測值

$f(x^*) = wx^* + b$。

監督式學習是目前應用最廣泛、最成功的機器學習方法。舉例來說，圖型分類辨識可透過大量已知類別的圖型去辨識一幅新的圖型屬於哪一類，郵遞區號辨識系統可自動辨識手寫的郵遞區號，還有完勝人類圍棋冠軍的 AlphaGo，擊敗所有人類專家、成功地根據基因序列預測出蛋白質的 3D 形狀的 AlphaFold，等等。

監督式學習主要包含以下幾個步驟（任務）。

- 需要一組訓練樣本。
- 設計可以良好刻畫樣本特徵和目標值之間關係的假設函數。
- 選擇一個合理的損失函數，用於刻畫預測值和真實值之間的誤差。
- 訓練模型。
- 用模型進行預測。

可根據目標值是否是連續實數將監督式學習分成**回歸**（Regression）和**分類**（Classification）。舉例來說，房屋價格是連續實數，因此，房屋價格預測問題就是一個回歸問題。再如，在圖型分類問題中，需要辨識圖型所屬的類別（如貓、狗、飛機等），而圖型的類別是離散值，因此，圖型分類問題就是一個分類問題。

分類問題通常也是透過學習一個連續的目標值（即物體屬於每個分類的機率）進行分類的。本章將要介紹的線性回歸、邏輯回歸、softmax 回歸的假設函數的預測值都是連續值，所以稱為回歸。其中，邏輯回歸和 softmax 回歸分別用於解決二分類和多分類問題。

監督式學習依賴目標值已知的訓練資料，但在大多數情況下，手動標注資料樣本的目標值是一項耗時費力的任務。舉例來說，人臉辨識任務需要在所有人臉圖型上標注 68 個標示點的位置，如果要處理幾百萬幅人臉圖型，則工作量是巨大的。再如，對幾百萬幅圖型，僅就標記它們的類別來說，工作量也是巨大的。

（2）非監督式學習

能否在不知道樣本的真實值的情況下學習到這些資料之間的某些規律呢？**非監督式學習**就是應用在不知道真實值的情況下的一種機器學習方法。舉例來説，聚類演算法可以對資料樣本進行分析，以確定它們分別屬於哪個聚類中心。主成分分析法可以確定資料的主成分，然後對資料進行降維，即將高維資料轉為低維形式。自編碼器將資料自身作為目標值，即用 $(x^{(i)}, x^{(i)})$ 作為監督式學習的樣本，透過編碼/解碼的自監督學習過程得到資料的內在特徵。

缺少真實值的監督，使非監督式學習難以進行。儘管非監督式學習看似漫無目的，很難學習到高品質的規律或數學模型，但它不需要監督資料，因此，通常作為監督式學習的輔助技術使用。

一種折中的學習方法是**半監督式學習**，它只對少量資料提供真實值（大部分資料是沒有真實值的），既避免了監督式學習獲得樣本所要花費的高昂代價，又可以監督和指導學習過程，是一種非常有前途的機器學習方法。

（3）強化學習

一些**強化學習**方法，可以透過與環境的互動獲得的經驗來學習環境的模型和決策過程，從而指導行為決策。

3.1.3　什麼是線性回歸

對於「餐車利潤問題」，應該用一個什麼樣的函數 $f(x)$ 來表示樣本特徵（城市人口）x 和樣本標籤（餐車利潤）y 之間的映射關係呢？透過對圖 3-1 的觀察，可以認為，由 x 和 y 組成的座標點幾乎都在一條直線上，或説，x 和 y 幾乎滿足一種線性關係。因此，可以用一個線性函數來表示 x 和 y 的關係，公式如下。

$$y = f(x) = wx + b$$

這個線性函數稱為**假設函數**、**函數模型**或**模型**。

這個線性函數由參數 w 和 b 決定,參數不同,所表示的線性關係就不同。如果有多個資料樣本 $(x^{(i)}, y^{(i)})$,就可以透過最小化樣本特徵 x 的預測值 $f(x)$ 和真實值 y 之間的某種誤差的方式得到參數值,然後用由這些參數值表示的線性函數來刻畫 x 和 y 之間的關係。求解參數的過程,稱為**模型訓練**或**訓練模型**。

線性回歸(Linear Regression)就是用線性函數表示引數(特徵)和因變數(真實值)之間的關係,並根據一組樣本資料求解最佳線性函數的過程。

那麼,什麼是「最佳」?

對樣本 $(x^{(i)}, y^{(i)})$,用記號 $f^{(i)}$ 表示假設函數 $f(x)$ 的預測值 $f(x^{(i)})$。對於「餐車利潤問題」,可用方差 $(f^{(i)} - y^{(i)})^2$ 表示單一樣本的預測誤差。所有樣本的預測誤差,公式如下。

$$L = \frac{1}{m}\sum_{i=1}^{m}\left(f^{(i)} - y^{(i)}\right)^2 = \frac{1}{m}\sum_{i=1}^{m}\left(wx^{(i)} + b - y_i\right)^2$$

L 可以看成未知參數 w、b 的函數 $L(w, b)$,用於刻畫在樣本資料上模型預測的誤差。$L(w, b)$ 稱為**損失函數**(也稱為**誤差函數**)。模型訓練就是求解使損失函數 $L(w, b)$ 的值最小的參數 w、b。

當然,對一個函數乘以一個常數,不會影響其最小值的參數。有些時候,為了使導數更簡單,會將上式第一個等號右邊的式子除以 2,作為損失函數,具體如下。

$$L(w, b) = \frac{1}{2m}\sum_{i=1}^{m}\left(f^{(i)} - y^{(i)}\right)^2 = \frac{1}{2m}\sum_{i=1}^{m}\left(wx^{(i)} + b - y^{(i)}\right)^2$$

線性回歸就是求使這個損失函數的值最小的參數 w、b。求最小值有兩種方法,分別是正規方程式法和梯度下降法。

3.1.4 用正規方程式法求解線性回歸問題

損失函數 $L(w,b)$ 是一個關於 (w,b) 的多變數函數。$L(w,b)$ 關於 (w,b) 的偏導數如下。

$$\frac{\partial L}{\partial w} = \frac{1}{2m}\frac{\partial\left(\sum\left(wx^{(i)}+b-y^{(i)}\right)^2\right)}{\partial w} = \frac{1}{m}\sum\left(wx^{(i)}+b-y^{(i)}\right)x^{(i)}$$

$$\frac{\partial L}{\partial b} = \frac{1}{2m}\frac{\partial\left(\sum\left(wx^{(i)}+b-y^{(i)}\right)^2\right)}{\partial b} = \frac{1}{m}\sum\left(wx^{(i)}+b-y^{(i)}\right)$$

函數 $L(w,b)$ 的最小值必須滿足的條件是：$L(w,b)$ 關於引數（即 (w,b) 的梯度，或説偏導數）等於 0，公式如下。

$$\frac{\partial L}{\partial w} = \frac{1}{m}\sum\left(wx^{(i)}+b-y^{(i)}\right)x^{(i)} = 0$$

$$\frac{\partial L}{\partial b} = \frac{1}{m}\sum\left(wx^{(i)}+b-y^{(i)}\right) = 0$$

令

$$\boldsymbol{X} = \begin{pmatrix} 1 & x^{(1)} \\ 1 & x^{(2)} \\ 1 & \vdots \\ 1 & x^{(m)} \end{pmatrix}, \quad \boldsymbol{W} = \begin{pmatrix} b \\ w \end{pmatrix}, \quad \boldsymbol{y} = \begin{pmatrix} y^{(1)} \\ y^{(2)} \\ \vdots \\ y^{(m)} \end{pmatrix}$$

去掉方程式的係數 $\frac{1}{m}$，有

$$\left(x^{(1)}\ x^{(2)}\ \cdots\ x^{(m)}\right)\begin{pmatrix} wx^{(1)}+b-y^{(1)} \\ wx^{(2)}+b-y^{(2)} \\ \vdots \\ wx^{(m)}+b-y^{(m)} \end{pmatrix} = 0$$

$$\left(1\ 1\ \cdots\ 1\right)\begin{pmatrix} wx^{(1)}+b-y^{(1)} \\ wx^{(2)}+b-y^{(2)} \\ \vdots \\ wx^{(m)}+b-y^{(m)} \end{pmatrix} = 0$$

即

$$\begin{pmatrix} 1 & 1 & \cdots & 1 \\ x^{(1)} & x^{(2)} & \cdots & x^{(m)} \end{pmatrix} \begin{pmatrix} b + wx^{(1)} - y^{(1)} \\ b + wx^{(2)} - y^{(2)} \\ \vdots \\ b + wx^{(m)} - y^{(m)} \end{pmatrix} = 0$$

令

$$X = \begin{pmatrix} 1 & x^{(1)} \\ 1 & x^{(2)} \\ 1 & \vdots \\ 1 & x^{(m)} \end{pmatrix}, \quad W = \begin{pmatrix} b \\ w \end{pmatrix}, \quad y = \begin{pmatrix} y^{(1)} \\ y^{(2)} \\ \vdots \\ y^{(m)} \end{pmatrix}$$

因此，有 $X^\mathrm{T}(XW - y) = 0$，即

$$X^\mathrm{T}XW = X^\mathrm{T}y$$

等號兩邊同時乘以 $X^\mathrm{T}X$ 的反矩陣 $(X^\mathrm{T}X)^{-1}$，結果如下。

$$W = (X^\mathrm{T}X)^{-1}X^\mathrm{T}y$$

求得 $W = (b, w)$。

求解 W 的正規方程式（Normal Equation）如下。

$$\frac{\partial L}{\partial w} = \frac{1}{m}\sum\left(wx^{(i)} + b - y^{(i)}\right)x^{(i)} = 0$$

用正規方程式法求解「餐車利潤問題」，程式如下。

```
import numpy as np

#data 是 mx2 的矩陣，每一行表示一個樣本
data = np.loadtxt('food_truck_data.txt', delimiter=",")
train_x = data[:, 0]              #城市人口，mx1 的矩陣
train_y = data[:, 1]              #餐車利潤，mx1 的矩陣

X = np.ones(shape=(len(train_x), 2))
X[:, 1] = train_x
y = train_y
```

```
XT = X.transpose()

XTy = XT @ y

w = np.linalg.inv(XT@X) @ XTy
print(w)
```

```
[-3.89578088  1.19303364]
```

執行以上程式，可以求出模型函數 $f(x) = wx + b$。只要將一個城市人口的數值 x 代入這個函數，就可以預測該城市的餐車利潤了。舉例來說，預測人口 4.6 萬人的城市的餐車利潤，範例如下。

```
4.6*w[1]+w[0]
```

```
1.5921738849602525
```

3.1.5　用梯度下降法求解線性回歸問題

在使用正規方程式法時，需要計算矩陣乘積和矩陣的反矩陣，不過，如果資料特徵數量或樣本數量較多，則耗時較長。因此，一般用梯度下降法（Gradient Descent）求解這種問題。

為了求解 $L(w, b)$ 的未知的模型參數 w、b，梯度下降法從 (w_0, b_0) 出發，透過下列公式疊代更新 $(w:, b:)$。

$$w := w - \alpha \frac{\partial L}{\partial w}$$

$$b := w - \alpha \frac{\partial L}{\partial b}$$

 令

$$\boldsymbol{x} = \begin{pmatrix} x^{(1)} \\ x^{(2)} \\ \vdots \\ x^{(m)} \end{pmatrix}, \quad \boldsymbol{y} = \begin{pmatrix} y^{(1)} \\ y^{(2)} \\ \vdots \\ y^{(m)} \end{pmatrix}, \quad \boldsymbol{b} = \begin{pmatrix} b \\ b \\ \vdots \\ b \end{pmatrix}$$

可將偏導數表示成向量的形式，公式如下。

$$\frac{\partial L}{\partial w} = \text{np. mean}((wx + b - y) \odot x)$$

$$\frac{\partial L}{\partial b} = \text{np. mean}(wx + b - y)$$

將係數 $\frac{1}{m}$ 包含到學習率中，使用 NumPy 的向量化運算，很容易就能寫出梯度的計算程式，具體如下。

```
X = train_x
w,b = 0.,0.
dw = np.mean((w*X+b-y)*X)
db = np.mean((w*X+b-y))
print(dw)
print(db)
```

```
-65.32884974555671
-5.839135051546393
```

因此，可以寫出基於梯度下降法的線性回歸的計算程式，具體如下。

```
def linear_regression(x,y,w,b,alpha=0.01, iterations = 100,epsilon = 1e-9):
    history=[]
    for i in range(iterations):
        dw = np.mean((w*x+b-y)*x)
        db = np.mean((w*x+b-y))
        if abs(dw) < epsilon and abs(db) < epsilon:
            break;

        #更新w: w = w - alpha * gradient
        w -= alpha*dw
        b -= alpha*db
        history.append([w,b])

    return history
```

用學習率 alpha 和疊代次數 iterations 呼叫上述碼，可以求出假設函數的參數，範例如下。

```
alpha = 0.02
iterations=1000
history = linear_regression(X,y,w,b,alpha,iterations)
print(len(history))
print(history[-1])
```

```
1000
[1.1822480052540145, -3.7884192615511796]
```

history 記錄了疊代過程中每一步的模型參數，最後一個參數就是最佳參數。

那麼，如何判斷梯度下降法收斂到最佳解了呢？

對於輸入變數和輸出變數都只有一個數值的函數 $f(x)$，可以透過在樣本點的二維平面上繪製這個函數的圖型的方式，從視覺上觀察函數是否已經收斂。執行以下程式，繪製模型參數所對應的函數的圖型。

```
def draw_line(plt,w,b,x,linewidth =2):
    m=len(x)
    f = [0]*m
    for i in range(m):
        f[i] = b+w*x[i]
    plt.plot(x, f, linewidth)
```

執行以下程式，可以繪製求得的模型參數所對應的假設函數的圖型，結果如圖 3-3 所示。

```
import matplotlib.pyplot as plt
%matplotlib inline

#fig, ax = plt.subplots()
plt.scatter(X, y, marker="x", c="red")
plt.title("Food Truck Dataset", fontsize=16)
plt.xlabel("City Population in 10000s", fontsize=14)
plt.ylabel("Food Truck Profit in 10000s", fontsize=14)
plt.axis([4, 25, -5, 25])
w,b = history[-1]
draw_line(plt,w,b,X,6)
plt.show()
```

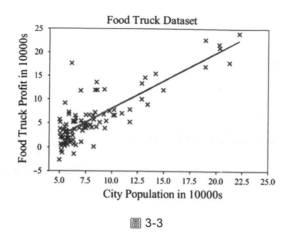

圖 3-3

對資料特徵（引數）多於 2 個的線性回歸問題，觀察疊代的收斂情況的通用做法是繪製**損失曲線（代價曲線）**，即觀察疊代過程中損失（代價）的變化情況。可使用以下 loss() 函數計算參數所對應的損失。

```python
def loss(x,y,w,b):
    m = len(y)
    return np.mean((x*w+b-y)**2)/2
    cost = 0
    for i in range(m):
        f =  x[i]*w+b
        cost += (f-y[i])**2
    cost /=(2*m)
    return cost

print(loss(X,y,1,-3))
```

```
4.983860697569072
```

用 loss() 函數計算疊代過程中所有的參數所對應的損失，並繪製損失曲線，程式如下，結果如圖 3-4 所示。

```python
costs = [loss(X,y,w,b) for w,b in history]
plt.axis([0, len(costs), 4, 6])
plt.plot(costs)
```

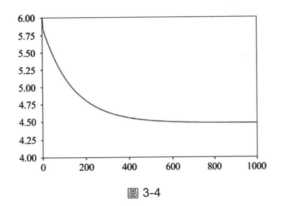

圖 3-4

可以看出，損失曲線是逐漸下降的，即疊代是逐漸收斂的。如果損失曲線不下降，就說明演算法程式可能存在問題或設定的學習率不合適。

當然，對於引數的線性回歸，其損失函數是兩個參數的函數，因此，可執行以下程式，繪製損失函數所對應的曲面，以及疊代過程中未知參數的變化情況，結果如圖 3-5 所示。

```python
from mpl_toolkits.mplot3d import Axes3D

def plot_history(x,y,history,figsize=(20, 10)):
    w= [ e[0] for e in history]
    b= [ e[1] for e in history]

    xmin,xmax, xstep = min(w)-0.2,max(w)+0.2, .2
    ymin, ymax, ystep = min(b)-0.2,max(b)+0.2, .2
    ws,bs = np.meshgrid(np.arange(xmin, xmax + xstep, xstep), np.arange(ymin,
                        ymax + ystep, ystep))

    zs = np.array([loss(x, y, w,b)      for w,b in zip(np.ravel(ws),
np.ravel(bs))])
    z = zs.reshape(ws.shape)

    fig = plt.figure(figsize=figsize)
    ax = fig.add_subplot(111, projection='3d')

    ax.set_xlabel('$w[0]$', labelpad=30, fontsize=24, fontweight='bold')
    ax.set_ylabel('$w[1]$', labelpad=30, fontsize=24, fontweight='bold')
```

```
    ax.set_zlabel('$L(w,b)$', labelpad=30, fontsize=24, fontweight='bold')

    ax.plot_surface(ws, bs, z, rstride=1, cstride=1, color='b', alpha=0.2)

    w_sart,b_start,w_end,b_end = history[0][0], history[0][1],history[-1][0],
                history[-1][1]
    ax.plot([w_sart],[b_start], [loss(x,y,w_sart,b_start)] ,
            markerfacecolor='b', markeredgecolor='b', marker='o',
            markersize=7)
    ax.plot([w_end],[b_end], [loss(x,y,w_end,b_end)] , markerfacecolor='r',
            markeredgecolor='r', marker='o', markersize=7)

    z2 =  [loss(x,y,w,b) for w,b in history]
    ax.plot(w, b, z2 , markerfacecolor='r', markeredgecolor='r',
            marker='.', markersize=2)
    ax.plot(w, b,  0 , markerfacecolor='r', markeredgecolor='r', marker='.',
            markersize=2)

    fig.suptitle("L(w,b)", fontsize=24, fontweight='bold')
    return ws,bs,z

ws,bs,z = plot_history(X,y,history)
```

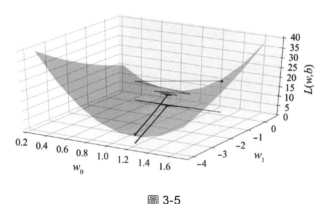

圖 3-5

對這種有 2 個參數的損失函數，我們經常會在參數平面上繪製損失函數的
相等曲線，從而更清楚地在參數平面上觀察疊代過程中參數的變化情況，
程式如下，結果如圖 3-6 所示。

```
from matplotlib.colors import LogNorm
plt.contour(bs,ws,z,levels=np.logspace(-5, 5, 100), norm=LogNorm(),
cmap=plt.cm.jet)

w= [ e[0] for e in history]
b= [ e[1] for e in history]
plt.plot(b,w)
plt.xlabel("b")
plt.ylabel("w")
title = str.format("iteration={0}, alpha={1}, b={2:.3f}, w={3:.3f}",
iterations, alpha, b[-1], w[-1])
plt.title(title)

#plt.axis([result_w-1,result_w+1,result_b-1,result_b+1])
plt.show()
```

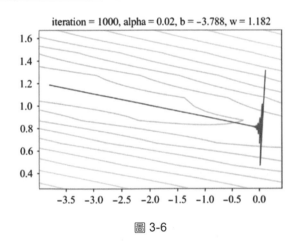

圖 3-6

3.1.6 偵錯學習率

偵錯學習率的過程，就是用不同的學習率進行嘗試的過程。

執行以下程式，對每個學習率繪製對應的**代價歷史（Cost History）曲線**（簡稱**代價曲線**），結果如圖 3-7 所示。

```
plt.figure()
num_iters = 1200
```

```
learning_rates = [0.01, 0.015, 0.02]
for lr in learning_rates:
    w,b=0,0
    history = linear_regression(X, y,w, b,lr, num_iters)
    cost_history = [loss(X,y,w,b) for w,b in history]
    plt.plot(cost_history, linewidth=2)
plt.title("Gradient descent with different learning rates", fontsize=16)
plt.xlabel("number of iterations", fontsize=14)
plt.ylabel("cost", fontsize=14)
plt.legend(list(map(str, learning_rates)))
plt.axis([0, num_iters, 4, 6])
plt.grid()
plt.show()
```

在使用這些學習率時,梯度下降法都能正常執行,並且,學習率越小,疊代次數越多。那麼,能不能使用更大的學習率呢?我們來試試看,程式如下。

```
learning_rate = 0.025
num_iters = 50
w,b=0.,0.
history = linear_regression(X, y,w, b,learning_rate, num_iters)
cost_history = [loss(X,y,w,b) for w,b in history]
plt.plot(cost_history, linewidth=2)
plt.title("Gradient descent with learning rate = " + str(learning_rate),
          fontsize=16)
plt.xlabel("number of iterations", fontsize=14)
plt.ylabel("cost", fontsize=14)
plt.axis([0, num_iters, 0, 6000])
plt.grid()
plt.show()
```

當 alpha = 0.025 時,代價曲線如圖 3-8 所示。

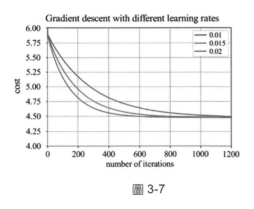 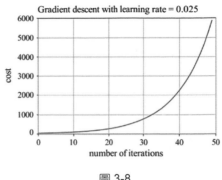

圖 3-7　　　　　　　　　　　　　　圖 3-8

結果不妙——學習率太大了。儘管梯度下降法總能沿著正確的方向前進，但學習率過大會導致前進「步伐」過大，甚至越過最佳解，也就是說，其代價是發散，而非收斂。當 alpha = 0.025 時，損失曲面上的疊代過程，如圖 3-9 所示。

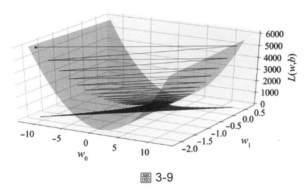

圖 3-9

看來，學習率取 0.02 比較合適，因為此時梯度能以較少的疊代次數收斂（即最小化目標函數值），範例如下。

```
ws,bs,z = plot_history(X,y,history)
```

3.1.7　梯度驗證

在實際執行梯度下降法之前，應進行梯度驗證，以保證梯度和函數值的計算正確。對於線性回歸問題，應使用以下數值梯度公式來檢驗分析梯度的計算是否正確。

$$\frac{\partial L(w,b)}{\partial w} = \lim_{\epsilon \to 0} \frac{L(w+\epsilon,b) - L(w-\epsilon,b)}{2\epsilon}$$

$$\frac{\partial L(w,b)}{\partial b} = \lim_{\epsilon \to 0} \frac{L(w,b+\epsilon) - L(w,b-\epsilon)}{2\epsilon}$$

對梯度下降法,可使用以下程式來驗證分析梯度和數值梯度是否一致。舉例來說,3.1.5 節提到的 loss() 函數是用於計算函數值 $L(w,b)$ 的,而以下程式是用於計算分析梯度的。

```
dw = np.mean((w*x+b-y)*x)
db = np.mean((w*x+b-y))
```

可以定義一個函數來計算數值梯度,程式如下。

```
df_approx = lambda x,y,w,b,eps: ( (loss(x,y,w+eps,b)-loss(x,y,w-
eps,b) )/(2*eps),  (loss(x,y,w,b+eps)-loss(x,y,w,b-eps) )/(2*eps) )
```

然後,在任意點,如 $(w,b) = (1.0, -2.0)$,比較分析梯度和數值梯度,程式如下。

```
w =1.0
b = -2.
eps = 1e-8
dw = np.mean((w*X+b-y)*X)
db = np.mean((w*X+b-y))
grad = np.array([dw,db])
grad_approx = df_approx(X,y,w,b,eps)
print(grad)
print(grad_approx)
print(abs(grad-grad_approx))
```

```
[-0.24450692  0.32066495]
(-0.24450690361277339, 0.3206649612508272)
[1.98820717e-08 1.27972190e-08]
```

可以看出,兩者的計算結果是一致的。這樣,就可以在梯度下降法中放心地使用分析梯度了。當然,也可以用 2.4.2 節介紹的通用數值梯度函數來計算損失函數的數值梯度。

3.1.8 預測

一旦確定了假設函數 $f(x; w, b) = xw + b$ 的參數 (w, b)，將新的資料（如城市人口）代入這個假設函數，就能得到對應的預測值（如餐車利潤）。舉例來說，將訓練集 X 中的所有 $X[i]$ 代入假設函數，得到預測值 $f(X[i]; w, b) = X[i]w + b$。執行以下程式，對 x 中的所有樣本計算預測值，並繪製這些預測值所對應的資料點，結果如圖 3-10 所示。

```
#用求得的 w 計算 X 個樣本的預測值
m=len(X)
predictions = [0]*m
for i in range(m):
    predictions[i] =  X[i]*w+b

plt.scatter(X, y, marker="x", c="red")
plt.scatter(X, predictions, marker="o", c="blue")
#plt.plot(X, predictions, linewidth=2)  # plot the hypothesis on top of the
training data
```

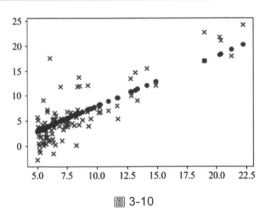

圖 3-10

3.1.9 多特徵線性回歸

1. 多個特徵的線性回歸

「餐車利潤問題」的樣本只有一個資料特徵。而在很多實際問題中，樣本的特徵很多，如房屋的特徵可能包含房屋面積 x_1、房間數 x_2 等。房屋特徵

$x = (x_1, x_2)$ 和房價 y 之間的關係如下。

$$y = f(x) = w_1 * x_1 + w_2 * x_2 + b$$

有時，為了更進一步地刻畫 x 和 y 之間的關係，可在原有特徵的基礎上構造一些高階特徵，如 x_1^2、x_2^2 等，從而將原有特徵和高階特徵作為新特徵，用以下函數表示新特徵和真實值之間的關係。

$$y = f(x) = w_1 * x_1 + w_2 * x_2 + w_3 * x_1^2 + w_4 * x_2^2 + b$$

$f(x)$ 既是特性 (x_1, x_2) 的非線性函數，又是未知參數 (w_1, w_2, w_3, w_4, b) 的線性函數，因此，它仍然屬於線性回歸。將 x_1^2、x_2^2 當作兩個新特性 x_3、x_4，則該函數也是 (x_1, x_2, x_3, x_4) 的線性函數。

一般地，如果一個樣本包含 K 個特徵，那麼線性回歸的假設函數如下。

$$f(x) = w_1 * x_1 + w_2 * x_2 + \cdots + w_K * x_K + b = \sum_{i=1}^{K} w_i * x_i + b$$

用行向量表示一個樣本的所有特徵，即 $x = (x_1, x_2, \cdots, x_K)$。用列向量表示假設函數中這些特徵的係數，即 $w = (w_1, w_2, \cdots, w_K)^{\mathrm{T}}$。假設函數可以表示成更簡單的向量形式，公式如下。

$$f(x) = (x_1, x_2, \cdots, x_K) \begin{bmatrix} w_1 \\ w_1 \\ \vdots \\ w_K \end{bmatrix} + b = xw + b$$

x_i 的係數 w_i 越大，對 $f(x)$ 的輸出值的影響就越大，因此，w_i 常被稱作**權重**。與 x_i 無關的 b 也會在整體上對輸出值產生影響，因此，常被稱作**偏置**。

有時，將 b 寫成 w_0，將所有未知參數表示成 $w = (w_0, w_1, w_2, \cdots, w_K)^{\mathrm{T}}$，將 x 表示成 $x = (x_0 = 1, x_1, x_2, \cdots, x_K)$。假設函數可表示成

$$f_w(x) = w_1 * x_1 + w_2 * x_2 + \cdots + w_K * x_K + w_0 = (x_0, x_1, x_2, \cdots, x_K) \begin{bmatrix} w_0 \\ w_1 \\ w_1 \\ \vdots \\ w_K \end{bmatrix} = xw$$

假設有 m 個樣本 $\boldsymbol{x}^{(i)}$，將這些樣本按行放在一個二維矩陣中，具體如下。

$$X = \begin{bmatrix} \boldsymbol{x}^{(1)} \\ \boldsymbol{x}^{(2)} \\ \vdots \\ \boldsymbol{x}^{(m)} \end{bmatrix} = \begin{bmatrix} \boldsymbol{x}_0^{(1)} & \boldsymbol{x}_1^{(1)} & \cdots & \boldsymbol{x}_K^{(1)} \\ \boldsymbol{x}_0^{(2)} & \boldsymbol{x}_1^{(2)} & \cdots & \boldsymbol{x}_K^{(2)} \\ \vdots & \vdots & & \vdots \\ \boldsymbol{x}_0^{(m)} & \boldsymbol{x}_1^{(m)} & \cdots & \boldsymbol{x}_K^{(m)} \end{bmatrix}$$

因為每個樣本都會產生一個輸出，所以，所有樣本的函數輸出可以寫成向量（矩陣）的形式，具體如下。

$$f_{\boldsymbol{w}}X == \begin{bmatrix} \boldsymbol{x}^{(1)} \\ \boldsymbol{x}^{(2)} \\ \vdots \\ \boldsymbol{x}^{(m)} \end{bmatrix}, \qquad \boldsymbol{w} = \begin{bmatrix} \boldsymbol{x}_0^{(1)} & \boldsymbol{x}_1^{(1)} & \cdots & \boldsymbol{x}_K^{(1)} \\ \boldsymbol{x}_0^{(2)} & \boldsymbol{x}_1^{(2)} & \cdots & \boldsymbol{x}_K^{(2)} \\ \vdots & \vdots & & \vdots \\ \boldsymbol{x}_0^{(m)} & \boldsymbol{x}_1^{(m)} & \cdots & \boldsymbol{x}_K^{(m)} \end{bmatrix}$$

因此，有

$$\boldsymbol{w} = X\boldsymbol{w}$$

這樣，就可以很容易地用 NumPy 計算這個矩陣乘積（用 np.dot(X,W)、X.dot(W) 或 X@W 進行計算）了。舉例來說，X 中有 2 個樣本，每個樣本有 3 個特徵，$\boldsymbol{w}$ 對應於這 3 個特徵的權值，可以直接計算 $f_{\boldsymbol{w}}(X) = X\boldsymbol{w}$，程式如下。

```python
import numpy as np
X = np.array([[1,8,3],[1,7,5]])        #有 2 個樣本，每個樣本有 3 個特徵
w = np.array([1.3, 2.4,0.5])           #權重
X@w
```

```
array([22. , 20.6])
```

在用向量（矩陣）表示運算過程時，一定要注意每維的界是否一致。對於前面提到的 $\boldsymbol{xw}$，有

$$\begin{array}{ccccc} X & & \boldsymbol{w} & = & f \\ 2 \times 3 & & 3 \times 1 & & 2 \times 1 \end{array}$$

我們知道，**模型訓練**就是透過已知目標值的一組樣本 $\{\boldsymbol{x}^{(i)}, y^{(i)}\}$ 求解某種

意義上的最佳假設函數 $f_w(x)$，即確定假設函數的未知參數 w。

和單變數假設函數一樣，多變數假設函數也可以用基於均方差的損失函數對模型的預測值和真實值之間的誤差進行度量，公式如下。

$$L(w) = \frac{1}{2m} \sum_{i=1}^{m} \left(f_w(x^{(i)}) - y^{(i)} \right)^2$$

$L(w)$ 是未知參數 w 的函數，而 w 包含多個變數，因此，這是一個 w 的多變數函數。線性回歸的模型訓練，就是求使損失函數值最小的參數 $w = (w_0, w_1, \cdots)$，公式如下。

$$\arg \min_{w_0, w_1, \cdots} L(w_0, w_1, \cdots)$$

如果 $L(w)$ 在 w^* 處取最小值，那麼該點的梯度（偏導數）應該為 0，公式如下。

$$\frac{\partial L(w_0, w_1, \cdots)}{\partial w_j} |_{w^*} = 0$$

為了更進一步地了解方程式等號左邊偏導數的求導過程，我們引入一些輔助記號，定義如下。

$$f^{(i)} = f_w(x^{(i)}) = x^{(i)}w = w_1 * x_1^{(i)} + w_2 * x_2^{(i)} + \cdots + w_K * x_K^{(i)} + w_0 * 1$$

$$\delta^{(i)} = f^{(i)} - y^{(i)}$$

$$L(w) = \frac{1}{2m} \sum_{i=1}^{m} \delta^{(i)^2}$$

$L(w)$ 可以看成 m 個 $\delta^{(i)^2}$ 的平均值除以 2，$\delta^{(i)}$ 是 $f^{(i)}$ 的函數，$f^{(i)}$ 是 $w = (w_1, w_2, \cdots, w_k)^{\mathrm{T}}$ 的函數。因此，根據求導的四則運算法則（舉例來説，和函數的導數是所有函數的導數之和）和複合函數的連鎖律，有

$$\frac{\partial L(w)}{\partial \delta^{(i)}} = \frac{1}{2m} 2\delta^{(i)} = \frac{\delta^{(i)}}{m}$$

$$\frac{\partial \delta^{(i)}}{\partial f^{(i)}} = 1$$

$$\frac{\partial f^{(i)}}{\partial w_j} = x_j^{(i)}$$

$$\frac{\partial L(\boldsymbol{w})}{\partial \delta^{(i)}} = \sum_{i=1}^{m} \frac{\partial L(\boldsymbol{w})}{\partial \delta^{(i)}} \times \frac{\partial \delta^{(i)}}{\partial f^{(i)}} \times \frac{\partial f^{(i)}}{\partial w_j}$$

$$= \frac{1}{m}\sum_{i=1}^{m} \delta^{(i)} \times 1 \times x_j^{(i)}$$

$$= \frac{1}{m}\sum_{i=1}^{m} (f^{(i)} - y^{(i)})x_j^{(i)} = \frac{1}{m}\sum_{i=1}^{m} (f_w(x^{(i)}) - y^{(i)})x_j^{(i)}$$

其中，除係數以外的值，都可以看成兩個向量的點積，具體如下。

$$\sum_{1=1}^{m} \left(f_w(x^{(i)}) - y^{(i)} \right) x_j^{(i)}$$

$$= \left(f_w(x^{(1)}) - y^{(1)} \quad f_w(x^{(2)}) - y^{(2)} \quad \cdots \quad f_w(x^{(3)}) - y^{(3)} \right) \begin{pmatrix} x_j^{(1)} \\ x_j^{(2)} \\ \vdots \\ x_j^{(m)} \end{pmatrix}$$

$$= \left(x_j^{(1)} \quad x_j^{(2)} \quad \cdots \quad x_j^{(m)} \right) \begin{pmatrix} f_w(x^{(1)}) - y^{(1)} \\ f_w(x^{(2)}) - y^{(2)} \\ \vdots \\ f_w(x^{(3)}) - y^{(3)} \end{pmatrix}$$

$$= \left(x_j^{(1)} \quad x_j^{(2)} \quad \cdots \quad x_j^{(m)} \right) \begin{pmatrix} x^{(1)}\boldsymbol{w} - \boldsymbol{y}^{(1)} \\ x^{(2)}\boldsymbol{w} - \boldsymbol{y}^{(2)} \\ \vdots \\ x^{(3)}\boldsymbol{w} - \boldsymbol{y}^{(3)} \end{pmatrix}$$

$$= \boldsymbol{X}_{:,j}^{\mathrm{T}}(\boldsymbol{X}\boldsymbol{w} - \boldsymbol{y})$$

其中，$\boldsymbol{X}_{:,j}^{\mathrm{T}}$ 表示矩陣 $\boldsymbol{X}$ 的第 j 列（即所有樣本的第 j 個特徵）的轉置。因此，偏導數 $\frac{\partial L(\boldsymbol{w})}{\partial w_j}$ 可以寫成向量的形式，具體如下。

$$\frac{\partial L(\boldsymbol{w})}{\partial w_j} = \frac{1}{m}\boldsymbol{X}_{:,j}^{\mathrm{T}}(\boldsymbol{X}\boldsymbol{w} - \boldsymbol{y})$$

$L(\boldsymbol{w})$ 關於 $\boldsymbol{w}$ 的梯度的列向量形式為

$$\nabla L(\boldsymbol{w}) = \left(\frac{\partial L(\boldsymbol{w})}{\partial w_1}, \cdots, \frac{\partial L(\boldsymbol{w})}{\partial w_j}, \cdots\right)^{\mathrm{T}} = \frac{1}{m} X_{:,j}^{\mathrm{T}}(X\boldsymbol{w} - \boldsymbol{y})$$

讀者可以自己檢驗矩陣乘法每維的界是否一致,公式如下。

$$\nabla L(\boldsymbol{w}) \quad = \quad X^{\mathrm{T}} \quad (\quad X \quad \boldsymbol{w} \quad - \quad \boldsymbol{y})$$
$$n \times 1 \qquad n \times m \quad (m \times n \quad n \times 1 \quad m \times 1)$$

直計算損失函數關於 $\boldsymbol{w}$ 的梯度,程式如下。

```
y = np.array([2.3,1.7])
(1/len(y))*X.transpose() @ (X@w-y)          #或(1/m)*X.T @ (X@W-y)
```

```
array([ 19.3 , 144.95,  76.8 ])
```

令 $\nabla L(\boldsymbol{w}) = 0$,即可得到正規方程式,具體如下。

$$X_{:,j}^{\mathrm{T}}(X\boldsymbol{w} - \boldsymbol{y}) = 0$$

根據正規方程式,可以計算 $\boldsymbol{w}$,公式如下。

$$\boldsymbol{w} = (X^{\mathrm{T}}X)^{-1}X^{\mathrm{T}}\boldsymbol{y}$$

2. 擬合平面

執行以下程式,可生成一組取樣自平面 $z = 2x + 3y + c$ 的資料樣本,每個資料樣本的特徵為 (x, y),目標值是該點在對應平面上的雜訊的 z 值,結果如圖 3-11 所示。

```
#https://stackoverflow.com/questions/20699821/find-and-draw-regression-
plane-to-a-set-of-points
#create random data
import matplotlib.pyplot as plt
from mpl_toolkits.mplot3d import Axes3D
import numpy as np

np.random.seed(1)

n_points = 20
```

```
a = 3
b = 2
c  = 5
x_range = 5
y_range = 5
noise = 3

xs = np.random.uniform(-x_range,x_range,n_points)
ys = np.random.uniform(-y_range,y_range,n_points)
zs = xs*a+ys*b+ c+ np.random.normal(scale=noise)

#-----繪製平面-------------
#創建網格點(xx,yy)
xx, yy = np.meshgrid([x for x in range(-x_range,x_range+1)],
                      [y for y in range(-y_range,y_range+1)])
#計算網格點(xx,yy)所對應的 z 的值 zz
zz = a * xx +b * yy +c
#繪製曲面
plt3d = plt.figure().gca(projection='3d')
plt3d.plot_surface(xx, yy, zz, alpha=0.2)

#-------繪製資料點---------
ax = plt.gca()

ax.scatter(xs, ys, zs, color='b')
ax.set_xlabel('$x$')
ax.set_ylabel('$y$')
ax.set_zlabel('$z$');

plt.show()
```

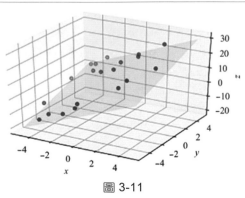

圖 3-11

用上述樣本點求解正規方程式以擬合一個平面，並用擬合函數計算原來的
資料點 (xs,ys) 的預測值 zs2，然後，顯示原來的資料點和擬合的資料點，
以及原始平面和擬合的平面，程式如下。

```
#擬合一個平面
X = np.hstack((xs[:, None],ys[:, None]))
X = np.hstack((np.ones((len(xs), 1), dtype=xs.dtype),xs[:, None],ys[:,
None]))
y = zs

#求解正規方程式
XT = X.transpose()
XTy = XT @ y
w = np.linalg.inv(XT@X) @ XTy

#計算擬合誤差
errors = y - X@w
residual = np.linalg.norm(errors)

print("擬合的平面的方程式:")
print("z = %f x + %f y + %f" % (w[1], w[2],w[0]))
print("residual:",residual)

#繪製擬合的平面
xlim = ax.get_xlim()
ylim = ax.get_ylim()
xx2,yy2 = np.meshgrid(np.arange(xlim[0], xlim[1]),
                      np.arange(ylim[0], ylim[1]))
zz2 = w[1] * xx2 + w[1]  * yy2 +w[0]

zs2 = w[1] * xs + w[1]  * ys +w[0]
#ax.plot_wireframe(xx,yy,zz, color='k')
plt3d = plt.figure().gca(projection='3d')
plt3d.plot_surface(xx, yy, zz, alpha=0.5)
plt3d.plot_wireframe(xx2,yy2,zz2, color='k',alpha=0.2)

ax = plt.gca()
ax.scatter(xs, ys, zs, color='b')
ax.scatter(xs, ys, zs2, color='r')
```

```
ax.set_xlabel('$x$')
ax.set_ylabel('$y$')
ax.set_zlabel('$z$')
plt.show()
```

```
#擬合的平面的方程式
z = 3.000000 x + 2.000000 y + 7.702568
residual: 8.103867617357112e-15
```

得到的擬合效果很好，如圖 3-12 所示。

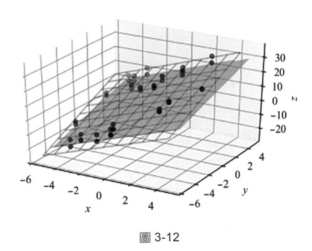

圖 3-12

當樣本數量或樣本特徵數量較多時，使用正規方程式需要求反矩陣，耗時較長。因此，一般用疊代法求解方程組，其中最典型的方法就是**梯度下降法**。

用 NumPy 的向量運算的方式實現梯度下降法，程式如下。

```
def linear_regression_vec(X, y, alpha, num_iters,gamma = 0.8,epsilon=1e-8):
    history = []                              #記錄疊代過程中的參數
    X = np.hstack((np.ones((X.shape[0], 1), dtype=X.dtype),X))#增加一列特徵"1"
    num_features = X.shape[1]
    v= np.zeros_like(num_features)
    w = np.zeros(num_features)
    for n in range(num_iters):
        predictions = X @ w                   #求假設函數的預測值
```

```
        errors = predictions - y                 #預測值和真實值之間的誤差
        gradient = X.transpose() @ errors /len(y)  #計算梯度
        if np.max(np.abs(gradient))<epsilon:
            print("gradient is small enough!")
            print("iterated num is :",n)
            break
        #w -= alpha * gradient                     #更新模型的參數
        v = gamma*v+alpha* gradient
        w= w-v
        history.append(w)
        #cost_history.append((errors**2).mean()/2)
        #compute and record the cost
    return history                                 #返回最佳化參數的歷史記錄
```

在上述程式中，對輸入資料 X 的每個資料特徵 $X[i]$ 增加了特徵 1。因此，在呼叫該函數時，只要傳遞輸入資料本身的特徵就可以了。

執行以下程式，用上述向量版的梯度下降法擬合平面上的資料點。

```
learning_rate = 0.02
num_iters = 100
X = np.hstack((xs[:, None],ys[:, None]))
history = linear_regression_vec(X, y,learning_rate, num_iters)
print("w:",history[-1])
```

```
w: [7.70249204 3.00001029 1.99999546]
```

根據 history 記錄的疊代過程中的模型參數，計算每次疊代時模型參數所對應的假設函數在訓練集上的平均損失，程式如下，結果如圖 3-13 所示。可以看出，使用梯度下降法的擬合結果和使用正規方程式法一樣好。

```
def compute_loss_history(X,y,w_history):
    loss_history = []
    for w in w_history:
        errors = X@w[1:]+w[0]-y
        loss_history.append((errors**2).mean()/2)
    return loss_history
loss_history = compute_loss_history(X,y,history)
print(loss_history[:-1:10])
plt.plot(loss_history, linewidth=2)
```

```
plt.title("Gradient descent with learning rate = " + str(learning_rate),
          fontsize=16)
plt.xlabel("number of iterations", fontsize=14)
plt.ylabel("cost", fontsize=14)
plt.grid()
plt.show()
```

```
[47.37207097798576, 7.869389606872218, 0.9330673577385573,
0.07231072725212524, 0.000871720174545, 0.0005480772411971994,
0.00010045516466507, 1.6311477818270702e-05, 7.729368560150418e-07,
4.385531240105606e-08]
```

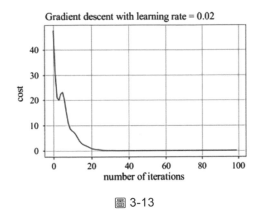

圖 3-13

3.2 資料的規範化

3.2.1 預測大壩出水量

在吳恩達的機器學習課程中列出了一個「根據水庫水位的變化預測大壩出水量」的問題，其中的樣本資料記錄了水庫水位變化和對應的大壩出水量。可以用 SciPy 的 loadmat() 函數讀取該課程提供的 MATLAB 資料檔案，範例如下。

```
import numpy as np
import matplotlib.pyplot as plt
import scipy.io as sio
```

```
dataset = sio.loadmat("water.mat")
x_train = dataset["X"]
x_val = dataset["Xval"]
x_test = dataset["Xtest"]

# squeeze the target variables into one dimensional arrays
y_train = dataset["y"].squeeze()
y_val = dataset["yval"].squeeze()
y_test = dataset["ytest"].squeeze()
print(x_train.shape,y_train.shape)
print(x_val.shape,y_val.shape)
print(x_test.shape,y_test.shape)
print(x_train[:5])
print(y_train[:5])
```

```
(12, 1) (12,)
(21, 1) (21,)
(21, 1) (21,)
[[-15.93675813]
 [-29.15297922]
 [ 36.18954863]
 [ 37.49218733]
 [-48.05882945]]
[ 2.13431051  1.17325668 34.35910918 36.83795516  2.80896507]
```

樣本資料分為訓練集、驗證集和測試集。x_train 和 y_train 分別表示訓練集的資料特徵和目標值。x_val 和 y_val 分別表示驗證集的資料特徵和目標值。x_test 和 y_test 分別表示訓練集的資料特徵和目標值。執行以下命令，可在二維平面上顯示訓練集和驗證集的樣本點，如圖 3-14 所示，其中叉號和小數點分別表示訓練樣本和驗證樣本。

```
plt.scatter(x_train, y_train, marker="x", s=40, c='red')
plt.scatter(x_val, y_val, marker="o", s=40, c='blue')
plt.xlabel("change in water level", fontsize=14)
plt.ylabel("water flowing out of the dam", fontsize=14)
plt.title("Training sample", fontsize=16)
plt.show()
```

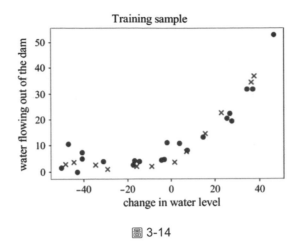

圖 3-14

呼叫 linear_regression_vec() 函數，執行線性回歸操作，程式如下。

```
X,y = x_train,y_train
alpha = 0.001
iterations = 100000
history = linear_regression_vec(X,y,alpha,iterations)
w = history[-1]
print("w",history[-1])
loss_history = compute_loss_history(X,y,history)
print(loss_history[:-1:len(loss_history)//10])
print(loss_history[-1])
```

```
gradient is small enough!
iterated num is : 4232
w [13.0879035   0.36777923]
[106.08297267143769, 23.666015886214183, 22.39338816981072,
22.374200228481484, 22.373910923850048, 22.3739065618829, 22.37390649611569,
22.37390649512409, 22.373906495109143, 22.373906495108923,
22.373906495108912]
22.373906495108915
```

以下函數用於繪製損失曲線並訓練模型的預測值。

```
def plot_history_predict(X,y,w,loss_history,fig_size=(12,4)):
    fig = plt.gcf()
    fig.set_size_inches(fig_size[0], fig_size[1], forward=True)
```

```
    plt.subplot(1, 2, 1)
    plt.plot(loss_history)

    X = np.hstack((np.ones((X.shape[0], 1), dtype=X.dtype),X))#增加一列特徵"1"
    x = X[:,1]

    predicts = X @ w
    plt.subplot(1, 2, 2)
    plt.scatter(x, predicts)# ,marker="x", c="red")

    indices = x.argsort()
    sorted_x = x[indices[::-1]]
    sorted_predicts = predicts[indices[::-1]]

    plt.plot(sorted_x, sorted_predicts, color = 'red')
    #plt.plot(x, predicts, color = 'red')

    plt.scatter(x, y)# ,marker="x", c="red")
    plt.show()
```

繪製損失曲線和訓練樣本的預測值，程式如下，結果如圖 3-15 所示。

```
loss_history = compute_loss_history(X,y,history)
plot_history_predict(X,y,w,loss_history)
```

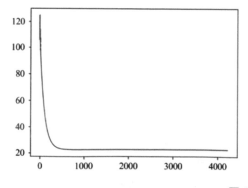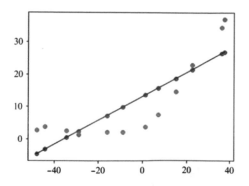

圖 3-15

儘管我們獲得了最佳的線性模型，可以擬合水位和出水量之間的關係，但根據圖 3-15，水位和出水量的關係並不是線性的，所以，線性假設函數不是最好的選擇。因此，很自然地，我們會想到用多項式函數來表示非線性關係（舉例來說，壓強 y 和溫度 x 之間的關係）。

假設有以下非線性函數。

$$f(x) = w_3 x^3 + w_2 x^2 + w_1 x + w_0 = (1, x, x^2, x^2)(w_0, w_1, w_2, w_3)^{\mathrm{T}}$$

該函數從最初的特徵 x 建構新特徵 (x^2, x^3)，同時將 "1" 作為特徵，即將 x 當作由 4 個特徵組成的資料特徵向量 $x = (1, x, x^2, x^3)$，公式如下。

$$f(x; w) = (1, x, x^2, x^3)(w_0, w_1, w_2, w_3)^{\mathrm{T}} = xw$$

其中，w 是模型參數。

生成 4 個特徵（包含 "1"）的資料，程式如下。

```
X  = np.hstack((X,X**2,X**3))
print(X[:3])
```

```
[[-1.59367581e+01  2.53980260e+02 -4.04762197e+03]
 [-2.91529792e+01  8.49896197e+02 -2.47770062e+04]
 [ 3.61895486e+01  1.30968343e+03  4.73968522e+04]]
```

使用梯度下降法，發現損失函數快速增大（直到無窮），並沒有收斂，程式如下。

```
history = linear_regression_vec(X,y,alpha,iterations)
print("w:",history[-1])
```

```
<ipython-input-54-a3fa2f9ea4ed>:10: RuntimeWarning: overflow encountered in
matmul
  gradient = X.transpose() @ errors /len(y)        #計算梯度
<ipython-input-54-a3fa2f9ea4ed>:10: RuntimeWarning: invalid value
encountered in    matmul
  gradient = X.transpose() @ errors /len(y)        #計算梯度
```

```
w: [nan nan nan nan]
```

這是因為，資料的特徵值都是比較大的值，這會導致梯度變得很大，所以必須使用一個特別小的學習率，而過小的學習率會使演算法的收斂變得很慢。解決這個問題的方法是：對資料特徵進行規範化，也就是說，將資料特徵限制在一個較小的數值範圍（如 [0,1]、[−1,1]）內。

3.2.2　資料的規範化過程

對一個特徵進行規範化，過程很簡單：首先計算所有樣本關於此特徵的平均值，然後計算所有樣本的此特徵關於平均值的偏移（即標準差），最後用所有樣本的此特徵減去其平均值並除以標準差，具體如下。

$$x \leftarrow \frac{x - \text{mean}(x)}{\text{stddev}(x)}$$

其中，x 是一組數值，$\text{mean}(x)$ 是 x 中數值的平均值，$\text{stddev}(x)$ 是 x 中數值的標準差（均方差）。

假設有一組特徵值 $\{-5, 6, 9, 2, 4\}$，其平均值 mean 的計算程式如下。

```
mean = (-5+6+9+2+4) / 5 = 3.2
```

用所有特徵值減去這個平均值，得到偏差，並計算這些偏差的平方，程式如下。

```
(-5-3.2)2 = 67.24
(6-3.2) 2 = 7.84
(9-3.2) 2 = 33.64
(2-3.2) 2 = 1.44
(4-3.2) 2 = 0.64
```

接下來，可以計算標準差 stddev，公式如下。

$$\text{stddev} = \sqrt{(67.24 + 7.84 + 33.64 + 1.44 + 0.64)/5} = 4.71$$

執行以下程式，計算 X 的所有特徵的平均值（mean）和均方差（stddev）。

```
mean = np.mean(X, axis=0)
stddev = np.std(X, axis=0)
print(mean)
print(stddev)
X = (X-mean)/stddev
#X2[:,1:] = (X2[:,1:]-mean[1:])/stddev[1:]
print(X[:3])
```

```
[-5.08542635e+00  8.48904834e+02 -1.28290173e+04]
[2.86887308e+01 7.54346385e+02 4.61380464e+04]
[[-3.78243704e-01 -7.88662325e-01  1.90328720e-01]
 [-8.38920100e-01  1.31420204e-03 -2.58961742e-01]
 [ 1.43871736e+00  6.10831582e-01  1.30534069e+00]]
```

對於規範化的資料，可採用較大的學習率來提高收斂速度，程式如下。

```
alpha = 0.3
history = linear_regression_vec(X,y,alpha,iterations)
print("w:",history[-1])
loss_history = compute_loss_history(X,y,history)
print(loss_history[:-1:len(loss_history)//10])
print(loss_history[0],loss_history[-1])
```

```
gradient is small enough!
iterated num is : 186
w: [11.21758932 11.33617058  7.61835033  2.39058388]
[66.33875695666133, 1.2177302089369388, 0.7300248803812178,
0.7169042030439288, 0.7163708782460617, 0.7163655445395009,
0.716365458967088, 0.7163654554751844, 0.7163654554466984,
0.7163654554465998, 0.7163654554465827]
66.33875695666133 0.7163654554465829
```

可以看出，損失函數的損失（代價）為 0.7163654554465846。當然，讀者也可以調整學習率和疊代次數，進一步降低誤差。

執行以下程式，繪製損失曲線並擬合模型及其訓練樣本的預測值，結果如圖 3-16 所示。

```
plot_history_predict(X,y,history[-1],loss_history)
```

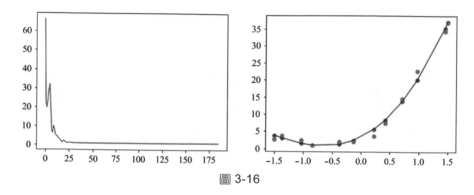

圖 3-16

從預測結果中可以看出,該模型函數能較好地擬合訓練資料。

這個範例說明:應根據資料的特點選擇合適的假設函數;如果假設函數不能較好地擬合資料,那麼可以考慮在已有特徵的基礎上人為增加特徵。此外,資料特徵的值應該在一個比較小的、規範化的範圍內,如將資料特徵都規範到平均值是 0、方差是 1 的範圍內。

執行以下程式,將一個九次多項式作為函數模型。

```
X = x_train
K = 9
X = np.hstack([np.power(X,k+1) for k in range(K)])
mean = np.mean(X, axis=0)
stddev = np.std(X, axis=0)
X = (X-mean)/stddev

history = linear_regression_vec(X,y,alpha,iterations)
print("w:",history[-1])
loss_history = compute_loss_history(X,y,history)
print(loss_history[:-1:len(loss_history)//10])
print(loss_history[0],loss_history[-1])

plot_history_predict(X,y,history[-1],loss_history)
```

```
w: [ 1.12175893e+01  9.70254834e+00  1.78687279e+01  2.24463156e+01
 -2.40167938e+01 -5.18112169e+01 -3.10644297e-02  3.03604478e+01
  2.43339480e+01  1.33876716e+01]
[79.14476005753899, 0.055451482748361876, 0.049890993181668515,
```

```
0.0466514294230935, 0.044031955443562955, 0.04189069702401279,
0.0401273959827210, 0.038663476362514326, 0.03743725317121494,
0.036400278691007544]
79.14476005753899 0.035514562768199316
```

可以看出，訓練集的誤差非常小，如圖 3-17 所示。

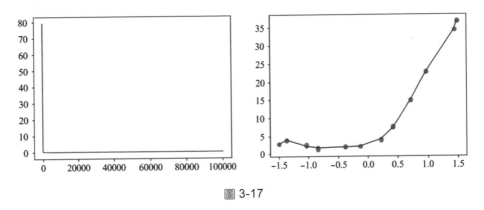

圖 3-17

3.3 模型的評估

3.3.1 欠擬合和過擬合

當一個假設函數（統計模型）過於簡單，不足以充分表達樣本資料特徵和目標值之間的關係時，不管如何訓練，得到的模型函數都不能極佳地進行預測，即輸入資料特徵，得到的預測值和真實值之間的誤差很大。

模型函數不能極佳地擬合訓練資料的現象，稱為**欠擬合**（Underfitting）。舉例來說，在 3.2.1 節預測大壩出水量的例子中，如果用線性函數表示水位與出水量的關係，那麼最終求得的線性函數產生的擬合誤差會很大。為了增加特徵，可以用一個三次多項式表示水位與出水量的關係，從而較好地擬合訓練資料。其原因在於，三次多項式比一次（線性）多項式的表達能力強。

那麼，用於表示資料特徵和目標值的關係的函數是不是越複雜越好呢？當用一個三次多項式表示水位與出水量的關係時，儘管訓練誤差變小了，但其與實際資料之間潛在的真實關係相差很大，如果用這樣的模型去做預測，將造成很大的預測誤差。這種對訓練樣本的擬合誤差很小，而在測試樣本上誤差很大的現象，稱為**過擬合**（Overfitting）。

執行以下程式，在正弦曲線附近隨機取樣一些座標點，如圖 3-18 所示。

```python
#https://github.com/ctgk/PRML/blob/master/notebooks/ch01_Introduction.ipynb
import numpy as np
import matplotlib.pyplot as plt
%matplotlib inline


np.random.seed(896)


def sample(n_samples,std = 0.25):
    x = np.sort(np.random.uniform(0,1,n_samples))
    y = np.sin(2*np.pi*x) + np.random.normal(scale = std, size=x.shape)
    return x,y


n_samples = 10
x,y = sample(n_samples)
#x = np.sort(np.random.uniform(0,1,n_samples))
#y = np.sin(2*np.pi*x) + np.random.normal(scale = 0.25, size=x.shape)

x_test =  np.linspace(0, 1, 100)
xx = x_test
y_test = np.sin(2*np.pi*x_test)
plt.plot(x_test, y_test, c="g", label="$\sin(2\pi x)$")
plt.scatter(x, y,facecolor="none", edgecolor="b", s=50, label="training data")
plt.show()
```

用不同次數（零次、一次、三次、九次）的多項式擬合這些樣本點，並用正規方程式法求解模型函數，程式如下，結果如圖 3-19 所示。

```python
for i, K in enumerate([0, 1, 3, 9]):
    plt.subplot(2, 2, i + 1)
    X = np.array([np.power(x,k) for k in range(K+1)])
    X = X.transpose()

    #w,history = gradient_descent_vec(X,y,lr,iterations)
```

```
    XT = X.transpose()
    XTy = XT @ y
    w = np.linalg.inv(XT@X) @ XTy
    #w = np.linalg.pinv(X) @ y
    print("w=:",w)

    y_predict = 0 #np.zeros(x_test.shape)
    for i,wi in enumerate(w):
        y_predict+=wi*np.power(x_test,i)

    plt.plot(x_test, y_test, c="g", label="$\sin(2\pi x)$")
    plt.scatter(x, y,facecolor="none", edgecolor="b", s=50, label="training
data")


    y_test = np.sin(2*np.pi*x_test)
    plt.plot(x_test, y_test, c="g", label="$\sin(2\pi x)$")
    plt.plot(x_test, y_predict, c="r", label="fitting")
    plt.ylim(-1.5, 1.5)

plt.show()
```

```
w=: [-0.19410186]
w=: [ 1.167293    -2.40352288]
w=: [ -0.69160733  14.4684786   -40.54048788  27.82130232]
w=: [ -4850.58138275    82357.68505859  -572250.34179688  2099805.484375
    -4310128.5          4541129.375      -994781.625       -2845787.5
    2864116.6875       -860148.515625   ]
```

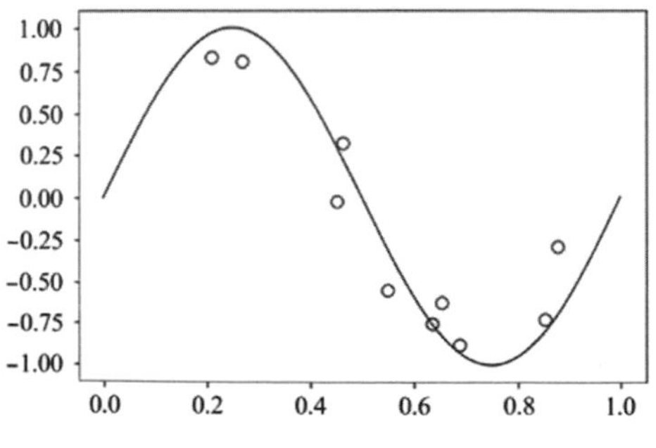

圖 3-18

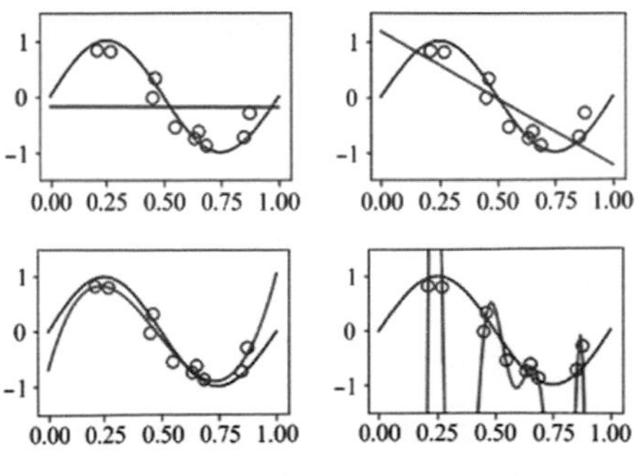

圖 3-19

對這個例子，零次、一次多項式函數對訓練集的擬合誤差很大（即欠擬合），而九次多項式雖然訓練誤差很小，但與實際資料潛在的真實關係相差很大（即過擬合）。欠擬合是模型函數過於簡單造成的，過擬合則是模型函數過於複雜造成的。

解決過擬合的方法，一是用複雜度較低的函數作為假設函數，二是增加訓練集的樣本數量。執行以下程式，在增加訓練集的樣本數量後，對九次多項式假設函數能得到較好的擬合效果，如圖 3-20 和圖 3-21 所示。

```python
n_samples = 100
x,y = sample(n_samples)
#x = np.sort(np.random.uniform(0,1,n_samples))
#y = np.sin(2*np.pi*x) + np.random.normal(scale = 0.25, size=x.shape)

K= 9

X = np.array([np.power(x,k) for k in range(K+1)])
X = X.transpose()

#w,history = gradient_descent_vec(X,y,lr,iterations)
XT = X.transpose()
XTy = XT @ y
w = np.linalg.inv(XT@X) @ XTy
#w = np.linalg.pinv(X) @ y
print("w=:",w)

y_predict = 0 #np.zeros(x_test.shape)
for i,wi in enumerate(w):
    y_predict+=wi*np.power(x_test,i)

plt.plot(x_test, y_test, c="g", label="$\sin(2\pi x)$")
plt.scatter(x, y,facecolor="none", edgecolor="b", s=50, label="training
data")


y_test = np.sin(2*np.pi*x_test)
plt.plot(x_test, y_test, c="g", label="$\sin(2\pi x)$")
plt.plot(x_test, y_predict, c="r", label="fitting")
```

```
plt.ylim(-1.5, 1.5)

plt.show()
```

```
w=: [-6.03748469e-02  1.68918336e+01 -2.40282791e+02  2.07239002e+03
 -9.57345773e+03  2.50977081e+04 -3.92730265e+04  3.65062225e+04
 -1.86196456e+04  4.01347821e+03]
```

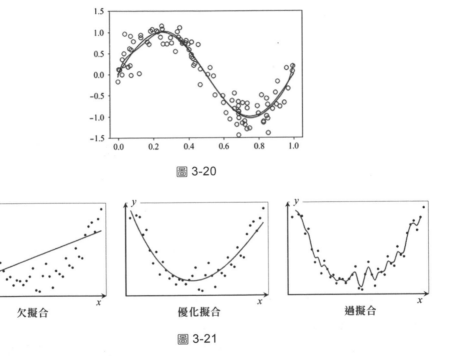

圖 3-20

圖 3-21

在圖 3-21 中，對平面上的一組二維座標點，用一次函數（直線）、二次函數（拋物線）、高次多項式作為線性回歸的模型函數，左、中、右圖分別展示了欠擬合、最佳化擬合、過擬合的情況。可以看出：如果模型過於簡單，就會發生欠擬合；如果模型過於複雜，就會發生過擬合；複雜度合適的模型，才能達到最佳化擬合的效果。

可透過以下方法緩解欠擬合問題。

- 增加樣本特徵。舉例來說，從一個樣本特徵增加更多的樣本特徵，實際上也提高了資料的複雜度，緩解了欠擬合問題。

- 提高模型複雜度：使用表達能力更強的假設函數（模型）或降低正則
化程度。

可透過以下方法緩解過擬合問題。

- 增加訓練樣本的數量。
- 降低模型的複雜度：使用複雜度較低的假設函數（模型）或透過正則
化限制假設函數（模型）的複雜度。

3.3.2　驗證集和測試集

透過訓練模型函數和真實樣本資料的視覺化，我們可以觀察模型函數是否
出現了欠擬合和過擬合現象，從而直接判斷模型函數擬合的好壞。不過，
這種方法只適用於那些簡單的、可以用曲線和曲面表示的假設函數。

在很多實際問題中，假設函數複雜、資料特徵數量較多，如一幅圖型有數
百萬維特徵、神經網路的函數有成千上萬個參數。這樣的資料樣本和假設
函數，是無法透過視覺化的方式展示的。對這樣的問題，僅根據下降的損
失函數曲線往往無法判斷求得的模型函數擬合的好壞。對一個函數來說，
即使對訓練樣本的損失很小，也可能對不在訓練集中的樣本產生很大的誤
差（即過擬合；或說，該模型函數的泛化能力不足，不能較好地表達實際
樣本的資料特徵和目標值之間的關係）。由於訓練模型更關注如何更進一
步地擬合訓練集，所以，訓練出來的模型很可能在與訓練集不同的資料上
產生較大的誤差。當然，僅根據損失函數值的大小很難判斷模型函數是過
擬合還是欠擬合。有時，即使損失函數的值很小，也可能發生了欠擬合。

訓練模型的目的是用模型對新資料進行預測，因此，如果模型對新資料的
預測效果不好，就沒有使用價值（就像一名運動員在自己所在的隊伍中成
績名列前茅，但這不能保證他在面對其他選手時也能取得好成績一樣）。
為了幫助判斷一個模型函數是否出現了過擬合或欠擬合問題，除損失函數
曲線外，通常會借助不同的訓練集對模型函數的擬合品質進行評估。

在機器學習中，一般都用單獨的測試集對訓練出來的模型進行評估。對於模型函數，可以計算測試集中樣本的預測誤差（即預測值和目標值之間的誤差），如果測試集樣本的預測誤差和訓練集樣本的預測誤差差不多，就可以初步判斷模型函數具有較強的泛化能力。測試集應盡可能覆蓋各種資料，從而更進一步地評估訓練出來的模型的泛化能力。

除訓練集和訓練模型的演算法外，不同假設函數的性能也是不一樣的。舉例來說，在用多項式擬合二維度據點的過程中，使用次數不同的多項式函數，得到的模型函數的性能是不一樣的，有的會出現欠擬合，有的會出現過擬合。

演算法中的超參數（如學習率、批大小、疊代次數等）對訓練結果的影響也是很大的。舉例來說，在其他條件不變的情況下，疊代次數會對訓練誤差產生直接影響：疊代次數少，可能會發生欠擬合；疊代次數多，可能會發生過擬合。

透過驗證集來評估不同模型的預測誤差，可以幫助我們選擇合適的假設函數、訓練超參數，從而得到具有較強泛化能力的模型。舉例來說，在訓練模型時，可同時計算訓練集和驗證集的損失（誤差），當疊代開始時，驗證誤差和訓練誤差都不斷降低，而隨著疊代次數的增加，驗證集的誤差變大，就說明模型的泛化能力減弱，可儘快停止疊代。這種方法稱為**早停**（Early Stopping）法，即驗證集可用於防止訓練過程中疊代次數過多。再如，對於多項式擬合，如果沒有視覺化手段的幫助，則可根據訓練集和驗證集在不同次數的多項式模型函數上的訓練誤差和驗證誤差來選擇次數合適的多項式函數。

可見，訓練集一般用於訓練模型，驗證集一般用於評估和選擇模型。有時，會有單獨的測試集用於測試最終得到的模型；有時，則不會區分測試集和驗證集。

對於正弦曲線取樣點的擬合問題，可透過以下程式取樣訓練集、驗證集、測試集。

```
import numpy as np
import matplotlib.pyplot as plt
%matplotlib inline

n_pts = 10
x_train,y_train =  sample(n_pts)
x_valid,y_valid =  sample(n_pts)
x_test,y_test  =  sample(n_pts)
```

要想對不同次數（$K = 0,1,2,3,\cdots,9$）的假設函數進行擬合，可使用不同次數的假設函數進行訓練，並計算訓練誤差和驗證誤差，程式如下，結果如圖 3-22 所示。

```
def rmse(a, b):
    return np.sqrt(np.mean(np.square(a - b)))

M = 10
errors_train = []
errors_valid = []
for K in range(M):
    X = np.array([np.power(x_train,k) for k in range(K+1)])
    X = X.transpose()

    XT = X.transpose()
    XTy = XT @ y_train
    w = np.linalg.inv(XT@X) @ XTy
    #w = np.linalg.pinv(X) @ y
    #print("w=:",w)

    predict_train = X@w
    error_train = rmse(y_train,predict_train)

    X_valid = np.array([np.power(x_valid,k) for k in range(K+1)])
    X_valid = X_valid.transpose()
    predict_valid =  X_valid@w
    error_valid = rmse(y_valid,predict_valid)

    errors_train.append(error_train)
    errors_valid.append(error_valid)
```

```
plt.plot(errors_train, 'o-', mfc="none", mec="b", ms=10, c="b",
label="Training")
plt.plot(errors_valid, 'o-', mfc="none", mec="r", ms=10, c="r",
label="Valid")
plt.legend()
plt.xlabel("degree")
plt.ylabel("RMSE")
plt.ylim(0, 1.5)
plt.show()
```

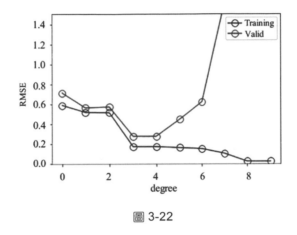

圖 3-22

可以看出：當多項式的次數小於 2 時，訓練誤差和驗證誤差都比較大，說明對訓練集和驗證集的擬合效果都不好，即模型處於欠擬合狀態；當多項式的次數為 3 和 4 時，訓練誤差和驗證誤差都比較小；當多項式的次數大於 5 時，訓練誤差繼續下降，驗證誤差則有所上升，說明模型的泛化能力有所降低。因此，次數為 3 和 4 的多項式函數是比較好的假設函數。

訓練集、驗證集、測試集的規模（樣本數量）應該多大才合適？這取決於實際情況。對一些問題，獲取樣本的成本較低，樣本模型可以達到數十萬甚至數百萬個。舉例來說，購物網站很容易獲取大量使用者購物行為資料，訓練集樣本資料在所有樣本資料中的佔比可能高達約 90%，而驗證集和測試集樣本資料各自在所有樣本資料中的佔比可能低至約 5%，其原因在於，樣本總量很大，5% 的樣本已經很多了。對另一些問題，獲取樣本的成本較高、樣本總數較少。舉例來說，醫學影像的驗證集和測試集樣本資料在所有樣本資料中的佔比較高，有時甚至在 20% 以上，這樣，訓練集樣本資料在所有樣本資料中的佔比自然不會很高。對於一般規模的樣本，通常將訓練集、驗證集、測試集的樣本資料在所有樣本資料中的佔比分別設定為 60%、20%、20%──這個比例劃分不是絕對的，應根據實際問題確定。

3.3.3　學習曲線

從狹義的角度看，學習曲線通常是指訓練損失（誤差）曲線和驗證損失（誤差）曲線。可使用不同數量的訓練樣本和驗證樣本來計算誤差（或得分），從而繪製訓練誤差（或得分）曲線和驗證誤差（或得分）曲線。透過學習曲線，我們可以了解訓練中可能發生的過擬合、欠擬合等情況。

從廣義的角度看，任何有助判斷訓練情況的曲線都可稱為學習曲線，如訓練損失曲線、準確率曲線。透過針對訓練樣本的曲線，我們可以了解訓練是否收斂，但不能判斷是否發生了欠擬合或過擬合。只有結合針對驗證樣本的曲線，我們才能判斷是否發生了欠擬合或過擬合。一般來說學習曲線包含訓練曲線和驗證曲線。

下面針對特定的假設函數，如次數為 9 的多項式函數，繪製訓練損失曲線和驗證損失曲線，以觀察訓練集和驗證集的損失（誤差）是如何隨著疊代次數的變化而變化的。

在以下程式中，loss() 函數用於計算模型參數所對應的假設函數在樣本集 (X,y) 上的損失，learning_curves_trainSize() 函數用於計算不同大小（trainSize）的訓練集的訓練損失和驗證損失，並繪製訓練損失曲線和驗證損失曲線，結果如圖 3-23 所示。

```
def loss(w,X,y):
    X = np.hstack((np.ones((X.shape[0], 1), dtype=X.dtype),X)) #增加一列特徵"1"
    predictions = X @ w
    errors = predictions - y
```

```
    return (errors**2).mean()/2

def learning_curves_trainSize(X_train, y_train, X_val, y_val,alpha=0.3,
            iterations = 1000):
    train_err = np.zeros(len(y_train))
    valid_err = np.zeros(len(y_train))
    for i in range(len(y_train)):
        w_history = linear_regression_vec(X_train[0:i + 1, :], y_train[0:i + 1],
                    alpha,iterations)
        w = w_history[-1]
        train_err[i] = loss(w, X_train[0:i + 1, :], y_train[0:i + 1])
        valid_err[i] = loss(w, X_val, y_val)

    plt.plot(range(1, len(y_train) + 1), train_err, c="r", linewidth=2)
    plt.plot(range(1, len(y_train) + 1), valid_err, c="b", linewidth=2)
    plt.xlabel("number of training examples", fontsize=14)
    plt.ylabel("error", fontsize=14)
    plt.legend(["training", "validation"], loc="best")

    max_err = np.max( np.array([np.max(train_err),np.max(valid_err)]))
    min_err = np.min( np.array([np.min(train_err),np.min(valid_err)]))
    offset = (max_err-min_err)/10
    plt.axis([1, len(y_train)+1, min_err-offset, max_err+offset])
    #plt.axis([1, len(y_train)+1, 0, 100])
    plt.grid()
```

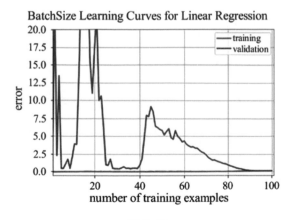

圖 3-23

循環中的 i 表示每次訓練時訓練集的大小。用 (X_train,y_train) 中的 1 個、
2 個……直到所有樣本來訓練模型,計算得到的模型參數的訓練損失及在
驗證集 (x_valid,y_valid) 上的驗證損失。然後,對正弦曲線取樣一組訓練
集和驗證集,以測試 learning_curves_batchSize() 函數。當 K = 2 時,範例
程式如下。

```
np.random.seed(89)
n_pts = 100
x_train,y_train =  sample(n_pts)
x_valid,y_valid =  sample(n_pts)


#K = 4
K =2
X_train = np.array([np.power(x_train,k+1) for k in range(K)]).transpose()
X_valid = np.array([np.power(x_valid,k+1) for k in range(K)]).transpose()

plt.title("BatchSize Learning Curves for Linear Regression", fontsize=16)

alpha=0.3
iterations = 50000
learning_curves_trainSize(X_train, y_train, X_valid,
y_valid,alpha,iterations)

plt.ylim(-0.5, 20)
plt.show()
```

```
gradient is small enough!
iterated num is : 117
...
```

當訓練集的大小超過 40 後,訓練誤差和驗證誤差就比較接近了。因此,
對於二次多項式假設函數,訓練集的樣本數量應大於 40 個。

對於確定的假設函數,可以透過疊代學習曲線來判斷疊代次數為多少比較
合適,範例如下。

```
def learning_curves_iterations(X_train, y_train, X_valid, y_valid,alpha=0.3,
        iterations = 10000):
    w_history = linear_regression_vec(X_train, y_train,alpha,iterations)
    train_err = compute_loss_history(X_train, y_train,w_history)
    valid_err = compute_loss_history(X_valid, y_valid,w_history)

    plt.plot(range(1, len(train_err) + 1), train_err, c="r", linewidth=2)
    plt.plot(range(1, len(train_err) + 1), valid_err, c="b", linewidth=2)
    plt.xlabel("iterations", fontsize=14)
    plt.ylabel("error", fontsize=14)
    plt.legend(["training", "validation"], loc="best")
    max_err = np.max( np.array([np.max(train_err),np.max(valid_err)]))
    min_err = np.min( np.array([np.min(train_err),np.min(valid_err)]))
    offset = (max_err-min_err)/10
    plt.axis([1, len(train_err)+1, min_err-offset, max_err+offset])
    plt.grid()
```

對於二次多項式假設函數，執行以下程式，即可繪製其疊代過程中的訓練損失曲線和驗證損失曲線，結果如圖 3-24 所示。

```
np.random.seed(89)
n_pts = 100
x_train,y_train =  sample(n_pts)
x_valid,y_valid =  sample(n_pts)

K = 2
X_train = np.array([np.power(x_train,k+1) for k in range(K)]).transpose()
X_valid = np.array([np.power(x_valid,k+1) for k in range(K)]).transpose()

plt.title("Iteration Learning Curves for Linear Regression", fontsize=16)

learning_curves_iterations(X_train, y_train, X_valid, y_valid,0.001,2000)
plt.show()
```

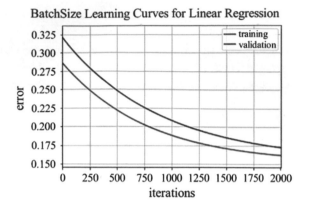

圖 3-24

可以從 1 個樣本開始，增加訓練樣本的數量，以觀察大小不同的訓練集得到的訓練模型的訓練誤差及在整個驗證集上的驗證誤差，從而評估模型的泛化能力。這樣，當過擬合發生時，就可以及時停止無意義的訓練。修改前面的 learning_curves_batchSize() 函數，具體如下。

```python
def learning_curves_batchSize(X_train, y_train, X_val, y_val,alpha=0.3,
            iterations = 1000):
    train_err = np.zeros(len(y_train))
    val_err = np.zeros(len(y_train))
    for i in range(1, len(y_train)):
        w_history = linear_regression_vec(X_train[0:i + 1, :],
                    y_train[0:i + 1],alpha,iterations)
        w = w_history[-1]
        train_err[i] = loss(w, X_train[0:i + 1, :], y_train[0:i + 1])
        val_err[i] = loss(w, X_val, y_val)
        #增加是否需要使用早停的檢查程式，以便跳出循環
        #省略部分程式
    plt.plot(range(2, len(y_train) + 1), train_err[1:], c="r", linewidth=2)
    plt.plot(range(2, len(y_train) + 1), val_err[1:], c="b", linewidth=2)
    plt.xlabel("number of training examples", fontsize=14)
    plt.ylabel("error", fontsize=14)
    plt.legend(["training", "validation"], loc="best")
    plt.axis([2, len(y_train), 0, 100])
    plt.grid()
```

對於 3.2.1 節中預測大壩出水量的例子，執行以下程式，可繪製不同次數的多項式函數在不同大小的訓練集上的學習曲線。

```
import numpy as np
import matplotlib.pyplot as plt
import scipy.io as sio

dataset = sio.loadmat("water.mat")
x_train = dataset["X"]
x_val = dataset["Xval"]
x_test = dataset["Xtest"]

# squeeze the target variables into one dimensional arrays
y_train = dataset["y"].squeeze()
y_val = dataset["yval"].squeeze()
y_test = dataset["ytest"].squeeze()

alphas = [0.3,0.3,0.3]
iterations = [100000,100000,100000]
for i, n in enumerate([1,3, 9]):
    #(x_train_1,x_train**2,x_train**3,x_train**4))
    x_train_n =np.hstack(tuple(x_train**(i+1)  for i in range(n) )  )
    train_means = x_train_n.mean(axis=0)
    train_stdevs = np.std(x_train_n, axis=0, ddof=1)
    x_train_n = (x_train_n - train_means) / train_stdevs
    #(x_train_1,x_train**2,x_train**3,x_train**4))
    x_val_n =np.hstack(tuple(x_val**(i+1)  for i in range(n) )  )
    x_val_n = (x_val_n - train_means) / train_stdevs

    plt.title("Learning Curves for Linear Regression", fontsize=16)
    print(x_train_n.shape)
    print(w.shape)
    print(x_val_n.shape)
    learning_curves_batchSize(x_train_n, y_train, x_val_n,
                            y_val,alphas[i],iterations[i])
    plt.show()
```

使用大小不同的訓練集進行訓練，三次多項式假設函數的學習曲線，如圖 3-25 所示和圖 3-26 所示。

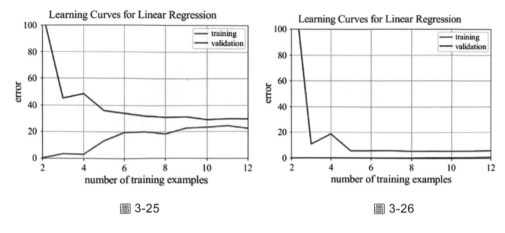

圖 3-25　　　　　　　　　　　　　　　圖 3-26

對於某訓練集，九次多項式假設函數的學習曲線，如圖 3-27 所示。

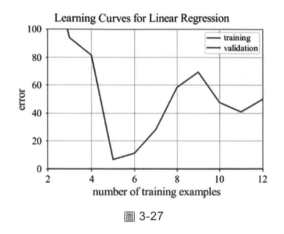

圖 3-27

可以看出：隨著訓練樣本數量的增加，模型函數的損失會逐漸增大（因為樣本數量越多，模型擬合全部樣本的難度就越大）；當樣本數量達到一定的水準後，模型函數的損失的增長速度就會降低，此時，即使繼續增加樣本數量，對模型的改進作用也不大了。

再討論一下驗證集的模型損失。如果在訓練樣本數量很少時，驗證誤差很大，就說明擬合出來的模型不夠準確，模型的泛化能力非常弱，這會導致驗證集的損失很大。如果隨著訓練集樣本數量的增加，驗證誤差逐漸減小，就說明模型的泛化能力越來越好。如果在訓練集的樣本數量達到一定的水準後，即使繼續增加訓練樣本，驗證誤差也不會得到改進，就可以停止增加訓練樣本（早停）了。

3.3.4 偏差和方差

假設對某個問題，引數（特徵）x 和因變數（目標值）y 之間有函數關係 $f(x)$，但是，現在我們不知道函數具體是什麼，只有一組資料樣本 $\{x_i, y_i\}$。由於在取樣過程中會產生雜訊，所以實際樣本的 x 和 y 之間並不嚴格滿足函數 $f(x)$，即 y 和 $f(x)$ 之間存在一個隨機誤差 ϵ。通常認為隨機誤差服從高斯分佈 $\mathcal{N}(\mu, \sigma^2)$，即 $\epsilon = y - f(x) \sim \mathcal{N}(0, \sigma^2)$。因此，$y$ 和 $f(x)$ 之間的關係可表示如下。

$$y = f(x) + \epsilon$$

也就是説，取樣目標值 y 和實際值 $f(x)$ 之間存在誤差 ϵ。

機器學習的目標是用假設函數 $\hat{f}(x)$ 來逼近真實的 $f(x)$。通常透過將實際值 y_i 和假設函數的預測值 $\hat{f}(x_i)$ 之間的誤差 $(y_i - \hat{f}(x_i))^2$ 最小化來求解假設函數 $\hat{f}(x)$。如果使用不同的訓練集、不同的機器學習演算法，就會得到不同的 $\hat{f}(x_i)$。對於一個確定的 x，不同的 $\hat{f}(x_i)$ 和 y_i 之間的誤差 $(y_i - \hat{f}(x_i))^2$ 也不同。由所有可能的 $\hat{f}(x_i)$ 產生的這個誤差的平均值（期望），稱為**期望誤差**或**誤差期望**，即 $E[(y - \hat{f}(x))^2]$。期望誤差的公式如下。

$$E\left[\left(y - \hat{f}(x)\right)^2\right] = (\text{Bias}[\hat{f}(x)])^2 + \text{Var}[\hat{f}(x)] + \sigma^2$$

$\text{Bias}[\hat{f}(x)] = E[\hat{f}(x)] - E[f(x)]$ 稱為偏差，用於表示假設函數 $\hat{f}(x)$ 的期望預測值和真實值之間的偏差。$\text{Var}[\hat{f}(x)] = E[\hat{f}(x)^2] - E[\hat{f}(x)]^2 = E(\hat{f}(x) - E[\hat{f}(x)])^2$ 稱為方差，用於表示透過假設函數 $\hat{f}(x)$ 求得的不同的 $\hat{f}(x)$ 預測值及其期望預測值的均方差。

假設待訓練函數為 $f(x) = x + 2 * \text{np}.\sin(1.5 * x)$。執行以下程式，可以繪製這個函數的曲線，以及從該函數取樣的一組 $\{x_i, y_i\}$，如圖 3-28 所示。

```
import numpy as np
import math
import matplotlib.pyplot as plt
%matplotlib inline

np.random.seed(0)

f = lambda x: x+2*np.sin(1.5*x)

def plot_f(pts=50):
    x = np.linspace(0, 10, pts)
    f_ = f(x)
    plt.plot(x,f_)


def sample_f(pts =8):
    x = np.random.uniform(0,10,pts)
    f = x+2*np.sin(1.5*x)
    y = f+np.random.normal(0, 0.5, pts)         #隨機雜訊
    return x,y

plot_f()
x,y = sample_f()
plt.scatter(x,y,s=30)#, facecolors='none', edgecolors='r')
```

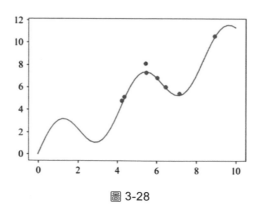

圖 3-28

如果用一個常數函數 $\hat{f}(x) = b$ 作為假設函數模型來逼近 $f(x)$，那麼，對於一個訓練集中的所有 $\{x_i, y_i\}(i = 1,2,\cdots,m)$，$\hat{f}(x) = b$ 的預測值都是 b。

所以，最小化 $\sum_{i=1}^{m}(b-y_i)^2$，就可以求得

$$b = \frac{\sum_{i=1}^{m} y_i}{m} = \text{np. mean}(y_i)$$

由於不同訓練集中的樣本不同，所以，用不同訓練集求得的 b（即假設函數 $\hat{f}(x) = b$）是不同的。所有用不同的訓練集求得的假設函數在某一點的預測期望值和真實值的差，就是偏差。所有不同的假設函數在某一點的預測值和預測期望值的均方差，就是方差。

執行以下程式，用 50 個訓練集進行訓練，求得 50 個假設函數，然後計算這些假設函數的預測偏差和預測方差，結果如圖 3-29 所示。

```
train_set_num = 100

def plot_b(b):
    x = np.linspace(0, 10, pts)
    hat_f = [b for i in range(pts)]
    plt.plot(x,hat_f)


bs=[]
for i in range(train_set_num):
    x,y = sample_f(20)
    plt.scatter(x,y)
    b = np.mean(y)
    bs.append(b)
    plot_b(b)

plot_f()
plt.show()

x = 18
f_true = f(x)
f_predict_mean = np.mean(bs)
print("真正的函數值:",f_true)
print("預測期望值:",f_predict_mean)
print("預測的偏差:",f_predict_mean - f_true)
print("預測的方差:",np.std(bs))
```

```
真正的函數值：19.912751856809006
預測期望值：5.348626589850284
預測的偏差：-14.564125266958722
預測的方差：0.7240080347500965
```

將以上程式中的函數換成一次函數 $\hat{f}(x) = wx + b$，具體如下，結果如圖 3-30 所示。

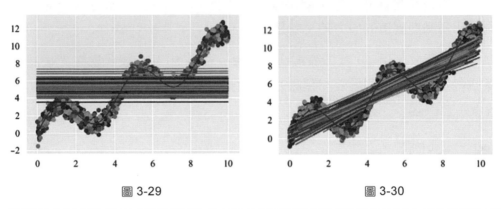

圖 3-29   圖 3-30

```
ws = []
for i in range(train_set_num):
    x,y = sample_f(20)
    plt.scatter(x,y)
    X = np.hstack((np.ones((len(x), 1), dtype=x.dtype),x[:, None]))
    XT = X.transpose()
    XTy = XT @ y
    w = np.linalg.inv(XT@X) @ XTy
    draw_line(plt,w[1],w[0],x)
    ws.append(w)


plot_f()
plt.show()

x = 18
f_true = f(x)

f_predict = np.array([ w*x+b for w,b in ws])
```

```
f_predict_mean = np.mean(f_predict)
print("真正的函數值:",f_true)
print("預測期望值:",f_predict_mean)
print("預測的偏差:",f_predict_mean - f_true)
print("預測的方差:",np.std(f_predict))
```

```
真正的函數值: 19.912751856809006
預測期望值: 7.968426904632787
預測的偏差: -11.944324952176219
預測的方差: 10.868072850656494
```

我們可以進行這樣的假設：函數模型 $\hat{f}(x) = b$ 的偏差和方差分別是 -14.564125266958722 和 0.7240080347500965；函數模型 $\hat{f}(x) = wx + b$ 的偏差和方差分別是 -11.944324952176219 和 10.868072850656494。簡單的模型，往往複雜度不夠，難以充分逼近真正的函數，因此，容易發生欠擬合（偏差比複雜的模型大）；複雜的模型，雖然偏差較小，但由於函數變化複雜，其預測值的變化往往很大（發散，即方差較大）。

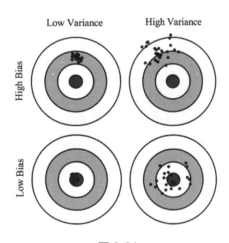

圖 3-31

可以用如圖 3-31 所示的「靶心」來說明模型預測的偏差和方差。靶心代表真實值，射擊者就是假設函數。射擊者訓練完成，可以視為模型訓練完成；對靶心進行射擊，可以視為對樣本進行預測。每完成一次模型訓練，就進行一次預測（射擊），最終，假設函數（射擊者）的所有模型都產生了對應的預測值。這些預測值偏離真實值的程度，就是其偏差。

如圖 3-31 所示：左上方的圖表示偏差很大，模型欠擬合（射擊者的水準不足），即模型不能較好地表達引數和目標值之間關係；右邊一列的兩幅圖，表示對同一個引數的預測值的發散程度較大，即預測的方差較大，這說明不同模型的預測值之間的偏差較大（射擊者的發揮不穩定）；左邊一列的兩幅圖，預測值都比較集中，即預測的方差較小，這說明不同模型的預測結果幾乎一致（射擊者的發揮穩定）；左下方的圖表示偏差很小且方差很小，說明模型的擬合效果較好（射擊的準度較高）且很穩定；右下方的圖表示偏差的期望較小（偏差比較均勻），預測值總是圍繞著真實值（似乎擬合效果較好），但方差較大，提示可能存在過擬合現象。

比較訓練集和驗證集的學習曲線，可以直觀地了解偏差和方差。如果訓練集和驗證集的誤差比較接近，就說明模型對這個兩個資料集的預測結果接近，方差較小（發散程度低）；反之，說明方差較大。誤差數值的大小，表示訓練集和驗證集的偏差的大小。

可根據訓練損失曲線和驗證損失曲線判斷欠擬合、過擬合、偏差、方差。如圖 3-32 所示：當驗證誤差比訓練誤差大很多且訓練誤差較小時，說明模型對訓練集的擬合效果較好、對驗證集的擬合效果較差，提示存在過擬合現象；當驗證誤差和訓練誤差差距不大且值都較大時，提示可能存在欠擬合現象。

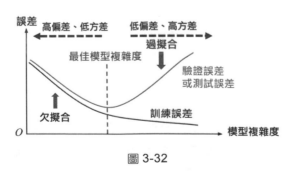

圖 3-32

▌ 3.4 正則化

過擬合是由模型過於複雜、自由度過高造成的。解決過擬合問題的方法之一，就是增加訓練樣本的數量。但是，有時我們可能要面對很難獲得足夠的訓練樣本或樣本獲取成本高昂的問題。

還有一種解決過擬合問題的方法，就是降低模型的複雜度。降低模型的複雜度，需要用簡單的假設函數代替複雜的假設函數，如用三次多項式而非九次多項式作為假設函數。如果不想替換假設函數，就需要透過一些技術手段限制假設函數的複雜度——這種降低假設函數複雜度的方法，稱為**正則化（Regularization）**。

3.3.2 節提到的**早停法**就是一種正則化方法。透過學習曲線觀察訓練模型的梯度下降法疊代過程中的訓練損失和驗證損失的變化（根據訓練損失曲線和驗證損失曲線，設定合適的疊代次數），可以使模型函數不會過於複雜。對於複雜的函數，由模型參數的所有可能值組成的假設函數集合可能會非常大，但在開始進行模型訓練時，會將參數初始化為一個很小的值（例如 0）。這些很小的模型參數所對應的函數集合，只是所有可能的函數的很小一部分，也就是說，設定值範圍較小的模型會限制模型函數的表達能力、降低模型的複雜度。

對函數模型施加正則化約束的另一種常用方法是給損失函數增加懲罰項。舉例來說，對於線性回歸問題，模型的假設函數為 $f(x) = xw = w_0 + x_1 * w_1 + \cdots + +x_n * w_n$，假設一共有 m 個樣本 $(x^{(i)}, y^{(i)})$，用於刻畫擬合誤差的均方差損失函數如下。

$$L(x; w) = \sum_{i=1}^{m} \left\| x^{(i)}w - y^{(i)} \right\|^2$$

增加了正則項的損失函數如下。

$$L(x; w) = \frac{1}{2m} \sum_{i=1}^{m} \left\| x^{(i)}w - y^{(i)} \right\|^2 + \lambda \|w^2\|$$

其中，$\| \boldsymbol{w}^2 \| = {w_0}^2 + {w_1}^2 + \cdots + {w_n}^2$。

懲罰項（模型參數的範數的平方）可以阻止模型參數取過大的值，其原因在於：過大的 w_i 會使損失函數的值過大，而最佳化目標是使損失函數的值盡可能小。新的損失函數的 λ 是一個需要根據實際情況調整的超參數，用於控制擬合誤差項和懲罰項之間的關係：λ 越大，懲罰項的作用就越大；λ 越小，懲罰項的作用就越小。於是，新的損失函數的梯度變成了

$$\nabla L(\boldsymbol{w}) = \frac{1}{m}\sum\nolimits_{i=1}^{m}(\boldsymbol{x}^{(i)}\boldsymbol{w} - \boldsymbol{y}^{(i)})\,\boldsymbol{x}^{(i)} + 2\lambda\boldsymbol{w}$$

因此，在用梯度下降法求偏導數時，只要增加後面一項的梯度就可以了。懲罰項版本的梯度下降法的程式，具體如下，繪製出來的帶正則項的損失曲線和擬合曲線，如圖 3-33 所示。

```python
def gradient_descent_reg(X, y, reg, alpha, num_iters,gamma = 0.8,epsilon=1e-8):
    w_history = []                                    #記錄疊代過程中的參數
    X = np.hstack((np.ones((X.shape[0], 1), dtype=X.dtype),X))#增加一列特徵"1"
    num_features = X.shape[1]
    v= np.zeros_like(num_features)
    w = np.zeros(num_features)
    for n in range(num_iters):
        predictions = X @ w                           #求假設函數的預測值
        errors = predictions - y                      #預測值和真實值之間的誤差
        gradient = X.transpose() @ errors /len(y)     #計算梯度
        gradient += 2*reg*w
        if np.max(np.abs(gradient))<epsilon:
            print("gradient is small enough!")
            print("iterated num is :",n)
            break
        #w -= alpha * gradient                         #更新模型的參數
        v = gamma*v+alpha* gradient
        w= w-v

        w_history.append(w)
    return w_history
def loss_reg(w,X,y,reg = 0.):
    errors = X@w[1:]+w[0]-y
```

```
    reg_error = reg*np.sum(np.square(w))
    return (errors**2).mean()/2+reg_error

def compute_loss_history_reg(X,y,w_history,reg = 0.):
    loss_history = []
    for w in w_history:
        loss_history.append(loss_reg(w,X,y,reg))
    return loss_history
reg = 0.2
iterations = 100000
history = gradient_descent_reg(x_train_n,y_train,reg,alpha,iterations)
print("w:",history[-1])
loss_history = compute_loss_history_reg(x_train_n,y_train,history,reg)
plot_history_predict(x_train_n,y_train,history[-1],loss_history)
```

```
gradient is small enough!
iterated num is : 184
w: [8.0125638  5.79344199 3.33539832 3.53746298 2.03218329 2.16210927
 1.23141113 1.33653994 0.72424795]
```

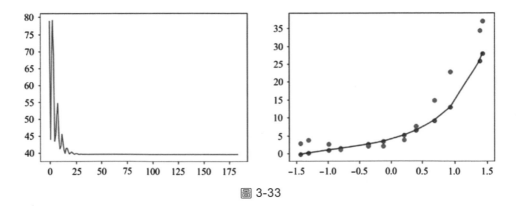

圖 3-33

修改用於繪製學習曲線的 learning_curves() 函數，程式如下。

```
def learning_curves(X_train, y_train, X_val, y_val,reg,alpha=0.3,iterations
= 1000):
    train_err = np.zeros(len(y_train))
    val_err = np.zeros(len(y_train))
    for i in range(1, len(y_train)):
        w_history = gradient_descent_reg(X_train[0:i + 1, :],
```

```
                                            y_train[0:i +
1],reg,alpha,iterations)
        w = w_history[-1]
        train_err[i] = loss_reg(w, X_train[0:i + 1, :], y_train[0:i + 1],reg)
        val_err[i] = loss_reg(w, X_val, y_val,reg)
    plt.plot(range(2, len(y_train) + 1), train_err[1:], c="r", linewidth=2)
    plt.plot(range(2, len(y_train) + 1), val_err[1:], c="b", linewidth=2)
    plt.xlabel("number of training examples", fontsize=14)
    plt.ylabel("error", fontsize=14)
    plt.legend(["training", "validation"], loc="best")
    plt.axis([2, len(y_train), 0, 100])
    plt.grid()
```

繪製學習曲線，程式如下，結果如圖 3-34 所示。

```
#(x_train_1,x_train**2,x_train**3,x_train**4))
x_val_n =np.hstack(tuple(x_val**(i+1) for i in range(n) )  )
x_val_n = (x_val_n - train_means) / train_stdevs

plt.title("Learning Curves for Linear Regression", fontsize=16)
print(x_train_n.shape)
print(w.shape)
print(x_val_n.shape)
reg = 0.2
learning_curves(x_train_n, y_train, x_val_n, y_val,reg,alpha,iterations)
```

```
(12, 8)
(9,)
(21, 8)
gradient is small enough!
iterated num is : 158
gradient is small enough!
iterated num is : 177
gradient is small enough!
iterated num is : 167
gradient is small enough!
iterated num is : 190
gradient is small enough!
iterated num is : 178
gradient is small enough!
```

```
iterated num is : 183
gradient is small enough!
iterated num is : 185
gradient is small enough!
iterated num is : 185
gradient is small enough!
iterated num is : 180
gradient is small enough!
iterated num is : 184
gradient is small enough!
iterated num is : 184
```

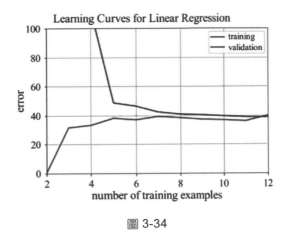

圖 3-34

同樣，對九次多項式假設函數，使用正則化技術懲罰模型參數，可解決模型的過擬合問題。

▌ 3.5 邏輯回歸

在線性回歸問題中，目標值（如餐車利潤、房屋價格）是一個連續值。而在一些實際問題（如分類問題）中，目標值是一個離散的值，需要判斷一個資料屬於幾個類別中的哪一個。舉例來說，辨識一幅圖型上的物體是貓還是狗、根據一個人的醫學影像或其他測量資料判斷其是否患有某種疾病，就屬於二分類問題，即需要判斷一個資料屬於兩個類別中的哪一個。

邏輯回歸（Logistic Regression）是對線性回歸的推廣，專門用於解決二分類問題。

3.5.1　邏輯回歸基礎

能否用線性回歸解決二分類問題？答案是肯定的。

設定一個閾值 0，線性回歸的輸出值大於 0 的屬於一類、小於 0 的屬於另一類。線性回歸的模型函數的輸出值的範圍是 $(-\infty, \infty)$。邏輯回歸對這個輸出值進一步使用 sigmoid 函數 $\sigma(x)$，將其變換到 (0,1) 區間內，從而使輸出值可被解釋為輸入變數屬於某個類別的機率。

用 sigmoid 函數對線性回歸的預測值進行變換，就組成了邏輯回歸的假設函數，具體如下。

$$f_w(x) = \frac{1}{1 + \mathrm{e}^{-(wx+b)}} = \sigma(x)$$

用這個假設函數對樣本的特徵及其目標值之間的關係進行建模，就是所謂的**邏輯回歸**。

邏輯回歸的假設函數 $f_w(x)$ 的值介於 0 和 1 之間，可用於表示 x 屬於某個類別的機率。假設 x 表示一幅醫學影像中的腫瘤的特徵，$f_w(x)$ 表示 x 所對應的腫瘤為惡性的機率。用 $y = 0$ 和 $y = 1$ 分別表示腫瘤為良性和惡性兩個類別，用 $f_w(x)$ 表示 x 屬於 $y = 1$ 的機率，那麼 x 屬於 $y = 0$ 的機率就是 $1 - f_w(x)$。具體的公式如下。

$$P(y = 1|x) = f_w(x) = \frac{1}{1 + \mathrm{e}^{-xw}} = \sigma(xw)$$

$$P(y = 0|x) = 1 - f_w(x) = 1 - \frac{1}{1 + \mathrm{e}^{-xw}} = 1 - \sigma(xw)$$

對於一個樣本 (x, y)：如果它屬於類別 $y = 1$，那麼它出現的機率是 $P(y = 1|x)$；如果它屬於類別 $y = 0$，那麼它出現的機率是 $P(y = 0|x)$。不管是 $y = 1$ 還是 $y = 0$，(x, y) 出現的機率可統一表示為 $P(y = 1|x)^y P(y = 0|x)^{1-y}$ 或 $f_w(x)^y (1 - f_w(x))^{1-y}$。因此，$m$ 個樣本同時出現的機率如下。

$$\prod_{i=1}^{m} (f_{\boldsymbol{w}}(\boldsymbol{x}^i)^{y^i} (1 - f_{\boldsymbol{w}}(\boldsymbol{x}^i))^{1-y^i})$$

只有使這個機率最大的 $\boldsymbol{w}$，才能使這 m 個樣本以最大的機率出現。邏輯回歸需要求出使機率最大的 $\boldsymbol{w}$。因為乘法計算會使數值迅速變成無限大或趨近於 0，所以，為了使演算法具有數值穩定性並方便導數計算，通常將這個機率的負對數的平均值作為代價函數，即

$$\mathcal{L}(\boldsymbol{w}) = -\frac{1}{m}\sum_{i=1}^{m} (y^i \log(f_{\boldsymbol{w}}(\boldsymbol{x}^i)) + (1 - y^i)\log(1 - f_{\boldsymbol{w}}(\boldsymbol{x}^i)))$$

$-(y^i\log(f_{\boldsymbol{w}}(\boldsymbol{x}^i)) + (1 - y^i)\log(1 - f_{\boldsymbol{w}}(\boldsymbol{x}^i)))$ 稱為該樣本的**交叉熵**（Entropy Cross）**損失**，通常用符號用 $\mathcal{L}^{(i)}$ 表示。所有樣本的交叉熵損失可表示為

$$\mathcal{L}(\boldsymbol{w}) = -\frac{1}{m}\sum_{i=1}^{m} \mathcal{L}^{(i)}$$

對於一個樣本 $(\boldsymbol{x}^i, y^i)$：如果其真實目標值 y^i 為 1，邏輯回歸的預測值 $f_{\boldsymbol{ww}}(\boldsymbol{x}^i)$ 也為 1，則有 $\mathcal{L}^{(i)} = -(1 * 0 + 0 * \log 0) = 0$；如果其真實目標值 y^i 為 0，邏輯回歸的預測值 $f_{\boldsymbol{w}}(\boldsymbol{x}^i)$ 也為 0，則有 $\mathcal{L}^{(i)} = -(0 * \log 0 + 1 * \log 1) = 0$，即當預測值和目標值一致時這個值為 0（如果不一致，那麼，因為 y^i、$1 - y^i$、$f_{\boldsymbol{w}}(\boldsymbol{x}^i)$、$1 - f_{\boldsymbol{w}}(\boldsymbol{x}^i)$ 都是 (0,1) 區間內的實數，所以 $\mathcal{L}^{(i)}$ 是一個大於 0 的正數）。因此，只有預測值和目標值完全一致時，$\mathcal{L}^{(i)}$ 才會取最小值 0。

邏輯回歸的目標就是求解使 $\mathcal{L}(\boldsymbol{w})$ 最小的 $\boldsymbol{w}$，使用的演算法仍然是梯度下降法。因此，需要計算 $\mathcal{L}(\boldsymbol{w})$ 關於 $\boldsymbol{w}$ 的梯度，即關於每個 w_j 的偏導數。

為了討論如何求 $L(\boldsymbol{w})$ 關於 $\boldsymbol{w} = (w_0, w_1, \cdots, w_K)^{\mathrm{T}}$ 的偏導數，在此引入助記號 $z^{(i)}$ 和 $f^{(i)}$，公式如下。

$$z^{(i)} = \boldsymbol{w} \odot \boldsymbol{x}^{(i)} = w_1 * x_1^{(i)} + w_2 * x_2^{(i)} + \cdots + w_K * x_K^{(i)} + w_0 * x_0^{(i)}$$

$$f^{(i)} = \sigma(z^{(i)})$$

$$\mathcal{L}^{(i)} = -\left(y^i \log(f^{(i)}) + (1 - y^i)\log(1 - f^{(i)})\right)$$

$$\mathcal{L}(\boldsymbol{w}) = \frac{1}{m}\sum_{i=1}^{m}\mathcal{L}^{(i)}$$

在以上公式中，$\mathcal{L}(\boldsymbol{w})$ 可以看成 m 個 $\mathcal{L}^{(i)}$ 的和，$\mathcal{L}^{(i)}$ 是 $f^{(i)}$ 的函數，$f^{(i)}$ 是 $z^{(i)}$ 的函數，$z^{(i)}$ 是 $\boldsymbol{w} = (w_1, w_2, \cdots, w_k)^{\mathsf{T}}$ 的函數。根據求導的四則運算法則和複合函數的連鎖律，有

$$\frac{\partial\mathcal{L}(\boldsymbol{w})}{\partial\mathcal{L}^{(i)}} = \frac{1}{m}$$

$$\frac{\partial\mathcal{L}^{(i)}}{\partial f^{(i)}} = -\left(\frac{y^i}{f^{(i)}} - \frac{(1-y^i)}{(1-f^{(i)})}\right) = \frac{f^{(i)} - y^i}{f^{(i)}(1-f^{(i)})}$$

$$\frac{\partial f^{(i)}}{\partial z^{(i)}} = \sigma(z^{(i)})(1-\sigma(z^{(i)})) = f^{(i)}(1-f^{(i)})$$

$$\frac{\partial z^{(i)}}{\partial w_j} = x_j^{(i)}$$

因此，有

$$\frac{\partial L(\boldsymbol{w})}{\partial w_j} = \sum_{i=1}^{m}\frac{\partial\mathcal{L}(\boldsymbol{w})}{\partial\mathcal{L}^{(i)}} \times \frac{\partial\mathcal{L}^{(i)}}{\partial f^{(i)}} \times \frac{\partial f^{(i)}}{\partial z^{(i)}} \times \frac{\partial z^{(i)}}{\partial w_j}$$

$$= \frac{1}{m}\sum_{i=1}^{m}\frac{f^{(i)} - y^{(i)}}{f^{(i)}(1-f^{(i)})} \times f^{(i)}(1-f^{(i)}) \times x_j^{(i)}$$

$$= \frac{1}{m}\sum_{i=1}^{m}(f^{(i)} - y^{(i)})x_j^{(i)}$$

$$= \frac{1}{m}\sum_{i=1}^{m}(f_{\boldsymbol{w}}(\boldsymbol{x}^{(i)}) - y^{(i)})x_j^{(i)}$$

$$= \frac{1}{m}\sum_{i=1}^{m}x_j^{(i)}(f_{\boldsymbol{w}}(\boldsymbol{x}^{(i)}) - y^{(i)})$$

因為 $f_{\boldsymbol{w}}(\boldsymbol{x}^{(i)}) - y^{(i)}$ 是一個數值，所以，它與向量的數乘可以交換順序，即

$$\left(f_w(\boldsymbol{x}^{(i)}) - y^{(i)}\right)x_j^{(i)} = x_j^{(i)}\left(f_w(\boldsymbol{x}^{(i)}) - y^{(i)}\right)$$

可以看出，對於一個樣本 $(\boldsymbol{x}, y)$，$L(\boldsymbol{w})$ 關於累加和 $z = \boldsymbol{xw}$ 的梯度（導數）$\frac{\partial L}{\partial z}$ 是 $f - y$，這和線性回歸的方差 $\frac{1}{2}(f-y)^2$ 關於 f 的梯度（導數）的形式是一樣的。

如果將 $\boldsymbol{x}^i$ 寫成行向量的形式，那麼所有的 $\boldsymbol{x}^i$ 可以按行組成一個矩陣 $\boldsymbol{X}$，對應地，所有樣本的目標值和預測值 y^i 和 f^i 可以寫成列向量的形式，公式如下。

$$\boldsymbol{X} = \begin{bmatrix} \boldsymbol{x}^1 \\ \boldsymbol{x}^2 \\ \vdots \\ \boldsymbol{x}^i \\ \vdots \\ \boldsymbol{x}^m \end{bmatrix}, \quad \boldsymbol{y} = \begin{bmatrix} y^1 \\ y^2 \\ \vdots \\ y^i \\ \vdots \\ y^m \end{bmatrix}, \quad \boldsymbol{f} = \begin{bmatrix} f_w(\boldsymbol{x}^1) \\ f_w(\boldsymbol{x}^2) \\ \vdots \\ f_w(\boldsymbol{x}^i) \\ \vdots \\ f_w(\boldsymbol{x}^m) \end{bmatrix} = \begin{bmatrix} \sigma(\boldsymbol{x}^1\boldsymbol{w}) \\ \sigma(\boldsymbol{x}^2\boldsymbol{w}) \\ \vdots \\ \sigma(\boldsymbol{x}^i\boldsymbol{w}) \\ \vdots \\ \sigma(\boldsymbol{x}^m\boldsymbol{w}) \end{bmatrix} = \sigma(\boldsymbol{Xw})$$

將所有 $L(\boldsymbol{w})$ 關於 w_j 的偏導數 $\frac{\partial L(\boldsymbol{w})}{\partial w_j} = \frac{1}{m}\sum_{i=1}^{m} x_j^i \left(f_w(\boldsymbol{x}^i) - y^i\right)$ 寫成行向量的形式，公式如下。

$$\nabla_{\boldsymbol{w}} L(\boldsymbol{w}) = \begin{bmatrix} \dfrac{\partial L(\boldsymbol{w})}{\partial \boldsymbol{w}_0} & \dfrac{\partial L(\boldsymbol{w})}{\partial \boldsymbol{w}_1} & \dfrac{\partial L(\boldsymbol{w})}{\partial \boldsymbol{w}_2} & \cdots & \dfrac{\partial L(\boldsymbol{w})}{\partial \boldsymbol{w}_n} \end{bmatrix}$$

$$= \Bigg[\frac{1}{m}\sum_{1=1}^{m} x_0^{(i)}\left(f_w(\boldsymbol{x}^i) - y^i\right) \quad \frac{1}{m}\sum_{1=1}^{m} x_1^{(i)}\left(f_w(\boldsymbol{x}^i) - y^i\right) \quad \frac{1}{m}\sum_{1=1}^{m} x_2^{(i)}\left(f_w(\boldsymbol{x}^i) - y^i\right) \cdots \frac{1}{m}\sum_{1=1}^{m} x_n^{(i)}\left(f_w(\boldsymbol{x}^i) - y^i\right) \Bigg]$$

$$= \frac{1}{m}\sum_{1=1}^{m}\big[x_0^{(i)}\left(f_w(\boldsymbol{x}^i) - y^i\right) \; x_1^{(i)}\left(f_w(\boldsymbol{x}^i) - y^i\right) \; x_2^{(i)}\left(f_w(\boldsymbol{x}^i) - y^i\right) \cdots x_n^{(i)}\left(f_w(\boldsymbol{x}^i) - y^i\right)\big]$$

$$= \frac{1}{m}\sum_{1=1}^{m}\big[x_0^{(i)} \; x_1^{(i)} \; x_2^{(i)} \cdots x_n^{(i)}\big]\left(f_w(\boldsymbol{x}^i) - y^i\right)$$

$$= \frac{1}{m} \sum_{1=1}^{m} x^i \left(f_w(x^i) - y^i \right) = \frac{1}{m} \sum_{1=1}^{m} \left(f_w(x^i) - y^i \right) x^i$$

$$= \frac{1}{m} \left(f_w(x^1) - y^1, f_w(x^2) - y^2, \cdots, f_w(x^m) - y^m \right) \begin{bmatrix} x^1 \\ x^2 \\ \vdots \\ x^m \end{bmatrix}$$

$$= \frac{1}{m} (f_w(x) - y)^{\mathrm{T}} X = \frac{1}{m} (f - y)^{\mathrm{T}} X$$

梯度 $\nabla_w L(w)$ 可表示為

$$\nabla_w L(w) = \frac{1}{m} (f - y)^{\mathrm{T}} X = \frac{1}{m} (\sigma(Xw) - y)^{\mathrm{T}} X$$

假設樣本資料特徵的數目為 n，可以驗證，上述矩陣運算的維度是一致的，具體如下。

$$1Xn \quad = \quad 1Xm \quad\quad mXn$$

因此，一旦知道了邏輯回歸的輸出 f，就可以用以下 Python 程式計算交叉熵損失關於模型參數的梯度。

```
f = sigmoid(X @ w)                          #求假設函數的預測值
errors = f - y                              #預測值和真實值之間的誤差
gradient = errors.transpose() @ X /len(y)   #計算梯度
```

如果將 x^i 寫成列向量的形式，那麼所有的 x^i 可以按列組成一個矩陣 X，對應地，所有樣本的目標值和預測值 y^i 和 f^i 可以寫成行向量的形式，公式如下。

$$X = \begin{bmatrix} x^1 & x^2 & \cdots & x^i & \cdots & x^m \end{bmatrix}$$
$$y = \begin{bmatrix} y^1 & y^2 & \cdots & y^i & \cdots & y^m \end{bmatrix}$$
$$\begin{aligned} f &= \begin{bmatrix} f_w(x^1) & f_w(x^2) & \cdots & f_w(x^i) & \cdots & f_w(x^m) \end{bmatrix} \\ &= \begin{bmatrix} \sigma(x^1 w) & \sigma(x^2 w) & \cdots & \sigma(x^i w) & \cdots & \sigma(x^m w) \end{bmatrix} \end{aligned}$$

將所有 $L(w)$ 關於 w_j 的偏導數 $\frac{\partial L(w)}{\partial w_j} = \frac{1}{m} \sum_{i=1}^{m} x_j^i \left(f_w(x^i) - y^i \right)$ 寫成列向量的形式，將 x^i 也寫成列向量的形式，公式如下。

$$\nabla_{\boldsymbol{w}}L(\boldsymbol{w}) \;=\; \begin{bmatrix} \dfrac{\partial L(\boldsymbol{w})}{\partial w_0} \\[4pt] \dfrac{\partial L(\boldsymbol{w})}{\partial w_1} \\[4pt] \dfrac{\partial L(\boldsymbol{w})}{\partial w_2} \\[2pt] \vdots \\[2pt] \dfrac{\partial L(\boldsymbol{w})}{\partial w_K} \end{bmatrix} = \begin{bmatrix} \dfrac{1}{m}\displaystyle\sum_{1=1}^{m} x_0^{(i)}\left(f_{\boldsymbol{w}}(\boldsymbol{x}^{(i)})-y^{(i)}\right) \\[4pt] \dfrac{1}{m}\displaystyle\sum_{1=1}^{m} x_1^{(i)}\left(f_{\boldsymbol{w}}(\boldsymbol{x}^{(i)})-y^{(i)}\right) \\[4pt] \dfrac{1}{m}\displaystyle\sum_{1=1}^{m} x_2^{(i)}\left(f_{\boldsymbol{w}}(\boldsymbol{x}^{(i)})-y^{(i)}\right) \\[2pt] \vdots \\[2pt] \dfrac{1}{m}\displaystyle\sum_{1=1}^{m} x_K^{(i)}\left(f_{\boldsymbol{w}}(\boldsymbol{x}^{(i)})-y^{(i)}\right) \end{bmatrix}$$

$$= \frac{1}{m}\sum_{1=1}^{m} \begin{bmatrix} x_0^{(i)}(f_{\boldsymbol{w}}(\boldsymbol{x}^{(i)})-y^{(i)}) \\ x_1^{(i)}(f_{\boldsymbol{w}}(\boldsymbol{x}^{(i)})-y^{(i)}) \\ x_2^{(i)}(f_{\boldsymbol{w}}(\boldsymbol{x}^{(i)})-y^{(i)}) \\ \vdots \\ x_K^{(i)}(f_{\boldsymbol{w}}(\boldsymbol{x}^{(i)})-y^{(i)}) \end{bmatrix} = \frac{1}{m}\sum_{1=1}^{m} \begin{bmatrix} x_0^{(i)} \\ x_1^{(i)} \\ x_2^{(i)} \\ \vdots \\ x_K^{(i)} \end{bmatrix} (f_{\boldsymbol{w}}(\boldsymbol{x}^{(i)})-y^{(i)})$$

$$= \frac{1}{m}\sum_{i=1}^{m} \boldsymbol{x}^i\left(f_{\boldsymbol{w}}(\boldsymbol{x}^i)-y^i\right) = \frac{1}{m}\sum_{i=1}^{m} (f_{\boldsymbol{w}}(\boldsymbol{x}^i)-y^i)\boldsymbol{x}^i$$

$$= \frac{1}{m}\boldsymbol{X}(f_{\boldsymbol{w}}(\boldsymbol{x})-\boldsymbol{y})^{\mathrm{T}} = \frac{1}{m}\boldsymbol{X}(\boldsymbol{f}-\boldsymbol{y})^{\mathrm{T}}$$

按照習慣，可以將梯度寫成行向量的形式，即

$$\nabla_{\boldsymbol{w}}L(\boldsymbol{w}) = \left[\frac{\partial L(\boldsymbol{w})}{\partial w_0}\ \frac{\partial L(\boldsymbol{w})}{\partial w_1}\ \frac{\partial L(\boldsymbol{w})}{\partial w_2}\ \cdots\ \frac{\partial L(\boldsymbol{w})}{\partial w_K} \right] = \frac{1}{m}(\boldsymbol{f}-\boldsymbol{y})\boldsymbol{X}^{\mathrm{T}}$$

也可以給邏輯回歸的損失函數增加正則項，即

$$L(\boldsymbol{w}) = -\frac{1}{m}\sum_{1=1}^{m} \left(y^i\log\left(f_{\boldsymbol{w}}(\boldsymbol{x}^i)\right) + (1-y^i)\log\left(1-f_{\boldsymbol{w}}(\boldsymbol{x}^i)\right) \right) + \lambda\|\boldsymbol{w}\|^2$$

對應地，$L(\boldsymbol{w})$ 關於 $\boldsymbol{w}$ 的梯度就是

$$\nabla_{\boldsymbol{w}}L(\boldsymbol{w}) = \frac{1}{m}\sum_{1=1}^{m} f_{\boldsymbol{w}}(\boldsymbol{x}^i - y^i)\,\boldsymbol{x}^i + 2\lambda\boldsymbol{w}$$

如果樣本 x 都是行向量，f、y 和模型參數 w 都是列向量，則上式可以寫成以下形式。

$$\nabla_w L(w) = \frac{1}{m}(f - y)^\mathrm{T} X + 2\lambda w = \frac{1}{m}(\sigma(Xw) - y)^\mathrm{T} X + 2\lambda w$$

3.5.2　邏輯回歸的 NumPy 實現

1. 生成資料

執行以下程式，用 np.random.normal() 函數分別生成服從不同正態分佈的兩組二維座標點資料的集合 Xa 和 Xb。每個樣本都表示二維平面上的座標點。

```
import numpy as np
import matplotlib.pyplot as plt
%matplotlib inline

# Persistent random data
np.random.seed(0)

n_pts = 100
D = 2

#x0 = np.ones(n_pts)
Xa = np.array([#x0,
               np.random.normal(10, 2, n_pts),
               np.random.normal(12, 2, n_pts)])
Xb = np.array([#x0,
               np.random.normal(5, 2, n_pts),
               np.random.normal(6, 2, n_pts)])


X = np.append(Xa, Xb, axis=1).T
#y = np.matrix(np.append(np.zeros(n_pts), np.ones(n_pts))).T
y = (np.append(np.zeros(n_pts), np.ones(n_pts))).T
print(X[::50])
print(y[::50])
```

```
[[13.52810469 15.76630139]
 [ 8.20906688 11.86351679]
 [ 4.26163632  3.3869463 ]
 [ 6.04212975  4.47171215]]
[0. 0. 1. 1.]
```

```
fig, ax = plt.subplots(figsize=(4,4))
ax.scatter(X[:n_pts,0], X[:n_pts,1],
           color='lightcoral', label='$Y = 0$')
ax.scatter(X[n_pts:,0], X[n_pts:,1],
           color='blue', label='$Y = 1$')
ax.set_title('Sample Dataset')
ax.set_xlabel('$x_1$')
ax.set_ylabel('$x_2$')
ax.legend(loc=4);
```

在上述程式中，如圖 3-35 所示：Xa 中的樣本點，是圍繞中心點 (10,12) 的正態分佈的取樣點；Xb 中的樣本點，是圍繞中心點 (5,6) 的正態分佈的取樣點。

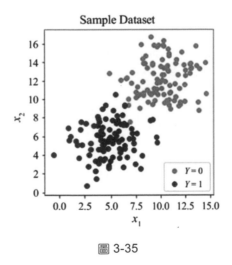

圖 3-35

2. 梯度下降法的程式實現

假設 x 和 w 都是長度為 3 的向量。類似於線性回歸，可以寫出以下基於梯度下降法的演算法程式。

```
def sigmoid(z):
    """ApplY the sigmoid function element-wise to the
    input arraY z."""
    return 1 / (1 + np.exp(-z))

def gradient_descent_logistic_reg(X, y, lambda_, alpha, num_iters,gamma =
    0.8, epsilon=1e-8):
    #cost_history = []
    w_history = []                                  #記錄疊代過程中的參數
    X = np.hstack((np.ones((X.shape[0], 1), dtype=X.dtype),X))#增加一列特徵"1"
    num_features = X.shape[1]
    v= np.zeros_like(num_features)
    w = np.zeros(num_features)
    for n in range(num_iters):
        predictions = sigmoid(X @ w)                #求假設函數的預測值
        errors = predictions - y                    #預測值和真實值之間的誤差
        #gradient = X.transpose() @ errors /len(y)  #計算梯度
        gradient = errors.transpose() @ X /len(y)   #計算梯度
        loss_grad = errors /len(y)


        gradient += 2*lambda_*w
        if np.max(np.abs(gradient))<epsilon:
            print("gradient is small enough!")
            print("iterated num is :",n)
            break
        #w -= alpha * gradient                       #更新模型的參數
        v = gamma*v+alpha* gradient
        w= w-v

        #cost = - np.mean((np.log(predictions).T * y+np.log(1-predictions).T
                            *(1-y) ))
        #cost_history.append(cost)
        w_history.append(w)


    return w_history
```

3. 計算損失函數的值

對於一個 w 和一組樣本 (X, y)，可執行下列程式計算損失函數的值。

```python
def loss_logistic(w,X,y,reg=0.):
    f = sigmoid(X @ w[1:]+w[0])
    loss = -np.mean((np.log(f).T * y+np.log(1-f).T *(1-y) ))
    loss += reg*( np.sum(np.square(w)))
    return loss

def loss_history_logistic(w_history,X,y,reg=0.):
    #X = np.hstack((np.ones((X.shape[0], 1), dtype=X.dtype),X))
    loss_history = []
    for w in w_history:
        loss_history.append(loss_logistic(w,X,y,reg))
    return loss_history

reg = 0.0
alpha=0.01
iterations=10000
w_history = gradient_descent_logistic_reg(X,y,reg,alpha,iterations)
w = w_history[-1]
print("w:",w)

loss_history = loss_history_logistic(w_history,X,y,reg)
print(loss_history[:-1:len(loss_history)//10])
```

```
[11.3920102  -0.55377808 -0.83931251]
[0.6577262444936193, 0.22674637036423945, 0.15646446608041156,
0.12698570286225014, 0.11034864425987873, 0.0994935596036448,
0.09177469381378582, 0.08596435646154407, 0.08141010065377204,
0.07773089221384288]
```

4. 決策曲線

以機率 $f_w(x) = 0.5$ 區分兩個類別，因為 $f_w(x) == \sigma(xw)$，所以，對於樣本 x，$f_w(x) == 0.5$ 相等於 $xw = 0$，即 w 和 x 的點積為 0，$w_0 + w_1 * x_1 + w_2 * x_2 = 0$。

執行以下程式，可以根據 w 計算一組 $\{x_1\}$ 所對應的 $\{x_2 = -w_0/w_2 - w_1 * x_1/w_2\}$，然後在 (x_1, x_2) 座標平面上繪製這些點所對應的決策曲線。

```
fig, ax = plt.subplots(nrows=1, ncols=2, figsize=(8,4))

x1 = np.array([X[:,0].min()-1, X[:,0].max()+1])
x2 = - w.item(0) / w.item(2) + x1 * (- w.item(1) / w.item(2))

# Plot decision boundary？
ax[0].plot(x1, x2, color='k', ls='--', lw=2)

ax[0].scatter(X[:int(n_pts),0], X[:int(n_pts),1], color='lightcoral',
              label='$y = 0$')
ax[0].scatter(X[int(n_pts):,0], X[int(n_pts):,1], color='blue', label='$y =
1$')
ax[0].set_title('$x_1$ vs. $x_2$')
ax[0].set_xlabel('$x_1$')
ax[0].set_ylabel('$x_2$')
ax[0].legend(loc=4)

ax[1].plot(loss_history, color='r')
ax[1].set_ylim(0,ax[1].get_ylim()[1])
ax[1].set_title(r'$J(w)$ vs. Iteration')
ax[1].set_xlabel('Iteration')
ax[1].set_ylabel(r'$J(w)$')

fig.tight_layout()
```

如圖 3-36 所示，該演算法是逐漸收斂的，模型可以極佳地區分兩個類別的
樣本。

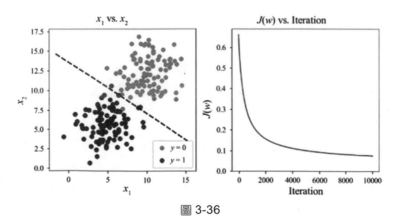

圖 3-36

5. 預測的準確性

計算預測的準確性，程式如下。

```
# Print accuracy
X_1 = np.hstack((np.ones((X.shape[0], 1), dtype=X.dtype),X)) #增加一列特徵"1"
y_predictions = sigmoid(X_1 @ w)>=0.5

print ('預測的準確性是: %d ' % float((np.dot(y, y_predictions)
       + np.dot(1 - y,1 - y_predictions)) / float(y.size) * 100) +'% ')
```

```
預測的準確性是: 98 %
```

6. Scikit-Learn 函數庫的邏輯回歸函數

Scikit-Learn 函數庫的 linear_model 模組提供了邏輯回歸函數 Logistic Regression()。可以用這個函數求解本節中的邏輯回歸問題（得到的結果相同），如圖 3-37 所示。

```
import sklearn
from sklearn.linear_model import LogisticRegression
from sklearn.model_selection import train_test_split

scikit_log_reg = sklearn.linear_model.LogisticRegression();
scikit_log_reg.fit(X,y)

# Score is Mean Accuracy
scikit_score = scikit_log_reg.score(X,y)
print('Scikit score: ', scikit_score)

# Print accuracy
y_predictions = scikit_log_reg.predict(X)
print ('預測的準確性是: %d ' % float((np.dot(y, y_predictions)
       + np.dot(1 - y,1 - y_predictions)) / float(y.size) * 100) +    '% ')

#plot_decision_boundary(lambda x: clf.predict(x), X, Y)
# Plot decision boundary
x1 = np.array([X[:,0].min()-1, X[:,0].max()+1])
x2 = - w.item(0) / w.item(2) + x1 * (- w.item(1) / w.item(2))
```

```
fig, ax = plt.subplots(figsize=(4,4))
ax.scatter(X[:n_pts,0], X[:n_pts,1], color='lightcoral',
        label='$Y = 0$')
ax.scatter(X[n_pts:,0], X[n_pts:,1], color='blue',
        label='$Y = 1$')
ax.set_title('Sample Dataset')
ax.set_xlabel('$x_1$')
ax.set_ylabel('$x_2$')

ax.plot(x1, x2, color='k', ls='--', lw=2)
```

```
Scikit score:  0.97
預測的準確性是: 97 %
```

```
D:\Programs\Anaconda3\lib\site-
packages\sklearn\linear_model\logistic.py:433: FutureWarning: Default solver
will be changed to 'lbfgs' in 0.22. Specify a solver to silence this
warning.
   FutureWarning)
```

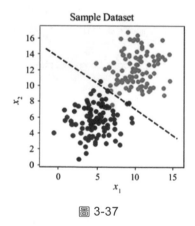

圖 3-37

3.5.3　實戰：鳶尾花分類的 NumPy 實現

經典資料集「鳶尾花」（iris.csv），特徵如下。

```
sepal_length - Continuous variable measured in centimeters.
sepal_width - Continuous variable measured in centimeters.
petal_length - Continuous variable measured in centimeters.
```

```
petal_width - Continuous variable measured in centimeters.
species - Categorical. 2 species of iris flowers, Iris-virginica or
Iris-versicolor.
```

```
import pandas
import matplotlib.pyplot as plt
import numpy as np
iris = pandas.read_csv("iris.csv")
# shuffle rows
shuffled_rows = np.random.permutation(iris.index)
iris = iris.loc[shuffled_rows,:]
print(iris.head())

print(iris.species.unique())
iris.hist()
plt.show()
```

```
     sepal_length  sepal_width  petal_length  petal_width     species
55            5.7          2.8           4.5          1.3  versicolor
20            5.4          3.4           1.7          0.2      setosa
144           6.7          3.3           5.7          2.5   virginica
58            6.6          2.9           4.6          1.3  versicolor
31            5.4          3.4           1.5          0.4      setosa
['versicolor' 'setosa' 'virginica']
```

執行以下程式，繪製鳶尾花資料集的不同特徵的長條圖，如圖 3-38 所示。

```
X = iris[['sepal_length', 'sepal_width', 'petal_length',
'petal_width']].values
#將 Iris-versicolor 類別的標籤設定為 1，將 Iris-virginica 類別的標籤設定為 0
y = (iris.species == 'Iris-versicolor').values.astype(int)
print(X[:3])
print(y[:3])
```

```
[[5.7 2.8 4.5 1.3]
 [5.4 3.4 1.7 0.2]
 [6.7 3.3 5.7 2.5]]
[0 0 0]
```

```
reg = 0.0
alpha=0.0001
```

```
iterations=10000
w_history = gradient_descent_logistic_reg(X,y,reg,alpha,iterations)
w = w_history[-1]
print("w:",w)

loss_history = loss_history_logistic(w_history,X,y,reg)
print(loss_history[:-1:len(loss_history)//10])
```

```
w: [-0.10784884 -0.59039117 -0.33446609 -0.31856867 -0.09292942]
[0.691647452939996, 0.04139644267230338, 0.021270173400400796,
0.014388875912695448, 0.010902234144325786, 0.008790617212622023,
0.007372547259035234, 0.006353506410124969, 0.005585274554324254,
0.004985062855525219]
```

```
# Print accuracy
X_1 = np.hstack((np.ones((X.shape[0], 1), dtype=X.dtype),X))  #增加一列特徵"1"
y_predictions = sigmoid(X_1 @ w)>=0.5

print ('預測的準確性是: %d ' % float((np.dot(y, y_predictions)
       + np.dot(1 - y,1 - y_predictions)) / float(y.size) * 100) +'% ')
plt.plot(history, color='r')
```

```
預測的準確性是: 100 %
```

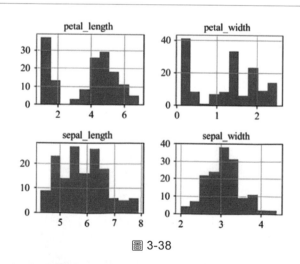

圖 3-38

鳶尾花資料集的訓練損失曲線，如圖 3-39 所示。

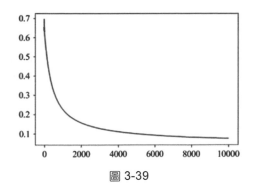

圖 3-39

在這裡，沒有使用驗證集和測試集對訓練出來的模型進行評估。讀者可以嘗試將原資料集劃分為訓練集、驗證集和測試集，計算驗證集和測試集的誤差並繪製對應的學習曲線，以觀察訓練出來的模型的擬合效果。

3.6 softmax 回歸

邏輯回歸可以解決二分類問題，但在實際應用中，很多分類問題屬於多分類問題（類別超過 2 個）。舉例來說，手寫數字辨識問題，需要辨識手寫數字圖型中的數字是 0 到 9 中的哪一個（目標值有 10 個類別），如圖 3-40 所示。

圖 3-40

這種多分類問題，當然可以轉換成二分類問題來解決。舉例來說，先將其作為辨識 0 和非 0 數字的二分類問題；如果是非 0 數字，就將其作為辨識 1 和非 1 數字的二分類問題……依此類推。對每個數字，都要訓練一個邏輯回歸的二分類模型。也就是說，對於 10 個數字，需要訓練 10 個邏輯回歸的二分類模型。

與邏輯回歸的假設函數只輸出一個值來表示資料屬於二分類中的某個分類不同，softmax 回歸的假設函數可以輸出和多分類類別數目相同的值來表示資料屬於每個分類的機率。

3.6.1 spiral 資料集

執行以下程式，生成一個二維平面上的三分類資料集，結果如圖 3-41 所示。

```python
import numpy as np
import matplotlib.pyplot as plt
%matplotlib inline

np.random.seed(100)

def gen_spiral_dataset(N=100,D=2,K=3):
    N = 100 # number of points per class
    D = 2 # dimensionality
    K = 3 # number of classes
    X = np.zeros((N*K,D))          # data matrix (each row = single example)
    y = np.zeros(N*K, dtype='uint8') # class labels
    for j in range(K):
        ix = range(N*j,N*(j+1))
        r = np.linspace(0.0,1,N) # radius
        t = np.linspace(j*4,(j+1)*4,N) + np.random.randn(N)*0.2  # theta
        X[ix] = np.c_[r*np.sin(t), r*np.cos(t)]
        y[ix] = j
    return X,y

N = 100        # number of points per class
D = 2          # dimensionality
K = 3          # number of classes

X_spiral,y_spiral = gen_spiral_dataset()
# lets visualize the data:
plt.scatter(X_spiral[:, 0], X_spiral[:, 1], c=y_spiral, s=20,
cmap=plt.cm.spring) #s=40, cmap=plt.cm.Spectral)
plt.show()
```

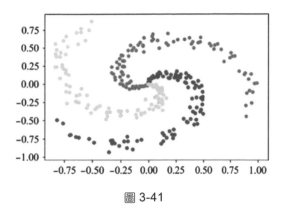

圖 3-41

3.6.2 softmax 函數

softmax 函數是一種多變數向量值函數,它接收多個(如 3 個)輸入值,產生同樣數目(如 3 個)的輸出值。3 個引數z_1、z_2、z_3的softmax(z_1, z_2, z_3),其函數值是與引數的數目相同的向量,公式如下。

$$\text{softmax}(z_1, z_2, z_3) = \left[\frac{e^{z_1}}{e^{z_1} + e^{z_2} + e^{z_3}}, \frac{e^{z_2}}{e^{z_1} + e^{z_2} + e^{z_3}}, \frac{e^{z_2}}{e^{z_1} + e^{z_2} + e^{z_3}} \right]$$

$$= \left(\frac{e^{z_1}}{\sum_1^3 e^{z_i}}, \frac{e^{z_2}}{\sum_1^3 e^{z_i}}, \frac{e^{z_2}}{\sum_1^3 e^{z_i}} \right)$$

顯然,softmax 函數的輸出向量的每個分量的值都在區間 [0,1] 內,其所有分量值的和為 1,因此,其每個分量都可以看成一個機率。

執行以下 softmax() 函數程式,實現以上計算過程。

```python
import numpy as np

def softmax(x):
    e_x = np.exp(x)
    return e_x / e_x.sum()
```

輸入一個三維向量 **z**,softmax() 函數將輸出一個三維向量,其每個分量都表示一個機率,即這些分量的值在區間 [0,1] 內,且它們的和等於 1。範例程式如下。

```
z = [3.0, 1.0, 0.2]
softmax(z)
```

```
array([0.8360188 , 0.11314284, 0.05083836])
```

注意：softmax() 函數作用於 $z = [3.0, 1.0, 0.2]$，其值

$$\text{softmax}(z) = \left[\frac{e^{3.0}}{e^{3.0} + e^{1.0} + e^{0.2}}, \frac{e^{1.0}}{e^{3.0} + e^{1.0} + e^{0.2}}, \frac{e^{0.2}}{e^{3.0} + e^{1.0} + e^{0.2}} \right]$$

和 z 值之間不是線性關係。

對於值很大的 x，e^x 會超出電腦可表示值的範圍，從而導致 softmax() 函數的值溢位，範例如下。

```
z = [100,1000]
softmax(z)
```

```
<ipython-input-1-e3aa77d695fd>:4: RuntimeWarning: overflow encountered in exp
  e_x = np.exp(x)
<ipython-input-1-e3aa77d695fd>:5: RuntimeWarning: invalid value encountered
in true_divide
  return e_x / e_x.sum()

array([ 0., nan])
```

由於對一個分數的分子和分母同時除以一個數，分數的值保持不變，即

$$\frac{e^{z_j}}{\sum_i e^{z_i}} = \frac{e^{z_j}/e^a}{\sum_i e^{z_i}/e^a} = \frac{e^{z_j-a}}{\sum_i e^{z_i-a}}$$

所以，可以先求出所有 z_i 中的最大值 a，然後用 $z_i - a$ 計算 softmax() 函數的值，程式如下。

```
def softmax(x):
    e_x = np.exp(x - np.max(x))
    return e_x / e_x.sum()

print(softmax(z))
z = [500,1000]
softmax(z)
```

```
[0. 1.]

array([7.12457641e-218, 1.00000000e+000])
```

以上程式主要針對一個輸入向量進行計算。那麼，以上程式能否用在由多個輸入向量組成的矩陣（二維度組）上呢？範例如下。

```
z = np.array([[1, 2, 3],[6, 2, 4]])
softmax(z)
```

```
array([[0.00548473, 0.01490905, 0.04052699],
       [0.8140064 , 0.01490905, 0.11016379]])
```

在以上程式中，對於輸入向量 [1,2,3]，輸出向量為 [0.00548473, 0.01490905, 0.04052699]，這不滿足機率的歸一化條件（0.00548473 + 0.01490905 + 0.04052699 ≠ 1），原因在於，上述 softmax() 函數中的 e_x.sum() 對該陣列的所有元素進行了求和操作。

正確的做法是，對每個樣本單獨計算其屬於每個分類的機率，即對每個樣本計算其 softmax 輸出值（求和應針對該樣本的分量進行）。另外，max() 函數只需要計算樣本中所有分量的最大值，不需要計算整個陣列中的最大值（雖然這樣做沒有什麼問題）。

為了能同時對多個樣本計算 softmax() 函數的值，應對每個樣本單獨計算其 softmax 值向量。為此，可將上述程式改寫如下。

```
def softmax(x):
    a= np.max(x,axis=-1,keepdims=True)
    e_x = np.exp(x - a)
    return e_x /np.sum(e_x,axis=-1,keepdims=True)

softmax(z)
```

```
array([[0.09003057, 0.24472847, 0.66524096],
       [0.86681333, 0.01587624, 0.11731043]])
```

在以上程式中：NumPy 函數 np.max() 和 np.sum() 的參數 axis=1，表示沿著該軸（列）進行對應的求最大值（max）和求和（sum）運算；

keepdims=True 表示不改變結果陣列的維度，即結果陣列和原來的陣列的維度相同。首先，求每一行的向量的最大值；然後，對每一行的向量都減去其最大值並計算其指數；最後，按行計算 softmax 函數的值，對每一行輸入，都產生一個對應的、代表機率的輸出向量。

以上程式可以進一步簡化，具體如下。

```
def softmax(x):
    e_x=np.exp(x-np.max(x,axis=-1,keepdims=True))
    return e_x /np.sum(e_x,axis=-1,keepdims=True)

softmax(z)
```

```
array([[0.09003057, 0.24472847, 0.66524096],
       [0.86681333, 0.01587624, 0.11731043]])
```

一般地，假設 $\mathbf{z} = (z_1, z_2, \cdots, z_k, \cdots, z_C)$，用 $f(\mathbf{z})$ 表示 softmax$(\mathbf{z})$，有

$$f_i = \frac{\mathrm{e}^{z_i}}{\sum_{k=1}^{C} \mathrm{e}^{z_k}}$$

其中，$\sum_{i=1}^{C} f_i = 1$。

為防止計算過程中發生溢位，可對每個分量減去它們的最大值，即

$$f_i = \frac{\mathrm{e}^{z_i - \max(z)}}{\sum_{k=1}^{C} \mathrm{e}^{z_k - \max(z)}}$$

為了求 $f(\mathbf{z}) = $ softmax$(\mathbf{z})$ 關於 $\mathbf{z}$ 的梯度，需要引入中間變數 $a_i = \mathrm{e}^{z_i}$、$b = \sum_{k=1}^{C} \mathrm{e}^{z_k}$，即

$$f_i = \frac{a_i}{b}$$

將 a_i 看成 z_k 的函數，有

$$\frac{\partial a_i}{\partial z_i} = \frac{\partial \mathrm{e}^{z_i}}{\partial z_i} = \mathrm{e}^{z_i}$$

$$\frac{\partial a_i}{\partial z_j} = \frac{\partial \mathrm{e}^{z_i}}{\partial z_j} = 0$$

b 是 z_k 的函數。同樣，有

$$\frac{\partial b}{\partial z_i} = \frac{\partial \left(\sum_{k=1}^{C} e^{z_k} \right)}{\partial z_i} = e^{z_i}$$

根據商的求導法則，有

$$\frac{\partial f_i}{\partial z_i} = \frac{\frac{\partial a_i}{\partial z_i} \cdot b - a_i \frac{\partial b}{\partial z_i}}{b^2} = \frac{a_i b - a_i a_i}{b^2} = \frac{a_i}{b}\left(1 - \frac{a_i}{b} \right) = f_i(1 - f_i) = f_i - f_i f_i$$

$$\frac{\partial f_i}{\partial z_j} = \frac{\frac{\partial a_i}{\partial z_j} \cdot b - a_i \frac{\partial b}{\partial z_j}}{b^2} = \frac{0 - a_i a_j}{b^2} = -f_i f_j$$

$$\frac{\partial \boldsymbol{f}}{\partial \boldsymbol{z}} = \begin{bmatrix} f_1(1 - f_1) & -f_1 f_2 & \cdots & -f_1 f_c \\ -f_2 f_1 & f_2(1 - f_2) & \cdots & -f_2 f_c \\ \vdots & \vdots & \vdots & \vdots \\ -f_c f_1 & -f_c f_2 & \cdots & f_c(1 - f_c) \end{bmatrix}$$

用 $\boldsymbol{f} = (f_1, f_2, \cdots, f_k, \cdots, f_c)$ 的外積進行計算，得到由 $f_i f_j$ 組成的矩陣，具體如下。

$$\begin{bmatrix} f_1 f_1 & f_1 f_2 & \cdots & f_1 f_c \\ f_2 f_1 & f_2 f_2 & \cdots & f_2 f_c \\ \vdots & \vdots & \vdots & \vdots \\ f_c f_1 & f_c f_2 & \cdots & f_c f_c \end{bmatrix}$$

因此，$\boldsymbol{f}$ 關於 $\boldsymbol{z}$ 的梯度，可透過以下程式計算。

```python
def softmax_gradient(z,isF = False):
    if isF:
        f = z
    else:
        f = softmax(z)
    grad = -np.outer(f, f) + np.diag(f.flatten())
    return grad
```

如果知道另一個變數，如 L 關於 $\boldsymbol{f}$ 的梯度 $\nabla_f L = \frac{\partial L}{\partial f} = \left(\frac{\partial L}{\partial f_1}, \frac{\partial L}{\partial f_2}, \cdots, \frac{\partial L}{\partial f_C} \right)$，則有

$$\nabla_{\boldsymbol{z}} L = \frac{\partial L}{\partial \boldsymbol{z}} = \frac{\partial L}{\partial \boldsymbol{f}} \frac{\partial \boldsymbol{f}}{\partial \boldsymbol{z}}$$

用 df 表示某個變數 L 關於 $\boldsymbol{f}$ 的梯度，L 關於 $\boldsymbol{z}$ 的梯度的 Python 計算程式如下。

```
def softmax_backward(z,df,isF = False):
    grad = softmax_gradient(z,isF)
    return df@grad
```

測試一下，範例如下。

```
x = np.array([[1, 2]])
print(softmax_gradient(x))
df = np.array([1, 3])
print(softmax_backward(x,df))
```

```
[[ 0.19661193 -0.19661193]
 [-0.19661193  0.19661193]]
[-0.39322387  0.39322387]
```

對於多個樣本，可以用以下程式來計算 softmax 函數的梯度。

```
def softmax_gradient(z,isF = False):
    if isF:
        f = z
    else:
        f = softmax(z)

    if len(df)==1:
        return -np.outer(f, f) + np.diag(f.flatten())
    else:
        grads = []
        for i in range(len(f)):
            fi = f[i]
            grad = -np.outer(fi, fi) + np.diag(fi.flatten())
            grads.append(grad)
        return np.array(grads)

x = np.array([[1, 2],[2, 5]])
print(softmax_gradient(x))
```

```
[[ 0.19661193 -0.19661193]
 [-0.19661193  0.19661193]]
[-0.39322387  0.39322387]
```

用 np.einsum() 函數執行多樣本的外積運算，向量化程式如下。

```
def softmax_gradient(Z,isF = False):
    if isF:
        F = Z
    else:
        F = softmax(Z)
    D = []
    for i in range(F.shape[0]):
        f = F[i]
        D.append(np.diag(f.flatten()))
    grads = D-np.einsum('ij,ik->ijk',F,F)
    return grads

print(softmax_gradient(x))
```

```
[[[ 0.19661193 -0.19661193]
  [-0.19661193  0.19661193]]

 [[ 0.04517666 -0.04517666]
  [-0.04517666  0.04517666]]]
```

如果知道某個函數（如損失函數）關於 softmax 輸出值 F 的梯度 dF，就可以用以下函數計算該函數關於 softmax 函數的輸入 Z 的梯度。

```
def softmax_backward(Z,dF,isF = True):
    grads = softmax_gradient(Z,isF)
    grad = np.einsum("bj, bjk -> bk", dF, grads)  # [B,D]*[B,D,D] -> [B,D]
    return grad

df = np.array([[1, 3],[2, 4]])
print(softmax_backward_2(x,df))
```

```
[[-0.39322387  0.39322387]
 [-0.09035332  0.09035332]]
```

3.6.3　softmax 回歸模型

softmax 回歸的函數模型，將多個線性回歸函數的輸出作為 softmax 函數的輸入，從而產生數量相同的、用於表示機率的輸出，也就是說，softmax 回歸的模型函數是由多個線性回歸和一個 softmax 函數複合而成的。

如圖 3-42 所示，對於三分類問題，可以用 3 個線性回歸函數產生 3 個輸出。這 3 個輸出經過 softmax 函數，產生 3 個在 (0,1) 區間內的值 f_i（$i = 1,2,3$），以分別表示樣本屬於這 3 個分類的機率 $\sum_1^3 f_i = 1$。

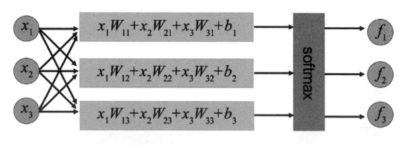

圖 3-42

這個 softmax 回歸函數的計算公式如下。

$$f(\pmb{x}) = (f_1, f_2, f_3)$$
$$= \text{sofmax}(x_1 W_{11} + x_2 W_{21} + x_3 W_{31} + b_1, x_1 W_{12} + x_2 W_{22} +$$
$$x_3 W_{32} + b_2, x_{13} + x_2 W_{23} + x_3 W_{33} + b_3)$$

對於手寫數字辨識這個十分類問題，可以用 10 個線性回歸函數 $\pmb{x}\pmb{W}_{,i}$ 從輸入特徵 $\pmb{x}$ 產生 10 個輸出值 z_i，然後，用 softmax 函數將這 10 個輸出值轉為 10 個機率值 f_i，即 $\sum_1^{10} f_i = 1$ 且 $f_i \in [0,1]$。

和線性回歸一樣，將偏置 b_i 看成 $\pmb{w}_{0i}$，即 $\pmb{W}_{,i} = (w_{0i}, w_{1i}, w_{2i}, w_{3i})$，將"1"也作為 $\pmb{x}$ 的一個特徵，即 $\pmb{x} = (1, x_1, x_2, x_3)$，那麼，上式可以寫成

$$f(\pmb{x}) = \text{softmax}(\pmb{x}\pmb{W}_{,1}, \pmb{x}\pmb{W}_{,2}, \pmb{x}\pmb{W}_{,3}) = \text{softmax}(\pmb{x}\pmb{W})$$

其中，$\pmb{W}_{,i}$ 表示 $\pmb{W}$ 的第 i 列。將 $\pmb{x}\pmb{W}_{,i}$ 看成中間變數 z_i，則 $\text{softmax}(\pmb{x}\pmb{W})$ 可表示成

$$\text{softmax}(z_1, z_2, z_3) = \left(\frac{e^{z_1}}{(e^{z_1} + e^{z_2} + e^{z_3})}, \frac{e^{z_2}}{(e^{z_1} + e^{z_2} + e^{z_3})}, \frac{e^{z_2}}{(e^{z_1} + e^{z_2} + e^{z_3})}\right)$$

$$= \left(\frac{e^{z_1}}{\sum_1^3 e^{z_i}}, \frac{e^{z_2}}{\sum_1^3 e^{z_i}}, \frac{e^{z_2}}{\sum_1^3 e^{z_i}}\right)$$

對一個樣本 x，$f(x) = \text{softmax}(xW)$ 是一個向量，其每個分量表示 x 屬於這個分量所對應的類別的機率。舉例來説，f_j 表示 x 屬於第 j 個類別的機率。如果樣本 $(x^{(i)}, y^{(i)})$ 的真實值 $y^{(i)}$ 為 2，則該樣本屬於第 2 個類別的機率就是 f_2，即 $f_{y^{(i)}}$。

m 個樣本的資料特徵的加權和 XW 是一個二維矩陣。該矩陣的每一行表示一個樣本的資料特徵的加權和。用 Z 表示這個矩陣，公式如下。

$$Z = \begin{bmatrix} z^{(1)} \\ z^{(2)} \\ \vdots \\ z^{(m)} \end{bmatrix} = \begin{bmatrix} x^{(1)}W \\ x^{(2)}W \\ \vdots \\ x^{(m)}W \end{bmatrix}$$

樣本 $x^{(i)}$ 所對應的加權和 $z^{(i)}$ 本身也是一個向量。softmax 函數作用於這個向量，將產生一個向量 $\text{softmax}(z^{(i)})$ 來表示該樣本屬於不同類別的機率。用 $f^{(i)}$ 表示 $\text{softmax}(z^{(i)})$，所有的 $f^{(i)}$ 可以表示成一個列向量 F，公式如下。

$$F = \begin{bmatrix} f^{(1)} \\ f^{(2)} \\ \vdots \\ f^{(m)} \end{bmatrix} = \begin{bmatrix} \frac{e^{z_1^{(1)}}}{\sum_1^C e^{z_i^{(1)}}} & \frac{e^{z_2^{(1)}}}{\sum_1^C e^{z_i^{(1)}}} & \cdots & \frac{e^{z_C^{(1)}}}{\sum_1^C e^{z_i^{(1)}}} \\ \frac{e^{z_1^{(2)}}}{\sum_1^C e^{z_i^{(2)}}} & \frac{e^{z_2^{(2)}}}{\sum_1^C e^{z_i^{(2)}}} & \cdots & \frac{e^{z_C^{(2)}}}{\sum_1^C e^{z_i^{(2)}}} \\ \vdots & \vdots & & \vdots \\ \frac{e^{z_1^{(m)}}}{\sum_1^C e^{z_i^{(m)}}} & \frac{e^{z_2^{(m)}}}{\sum_1^C e^{z_i^{(m)}}} & \cdots & \frac{e^{z_C^{(m)}}}{\sum_1^C e^{z_i^{(m)}}} \end{bmatrix}$$

樣本的目標值（標籤）可以用一個一維向量 y 來表示，其中的每個元素都表示該樣本的真正目標類別所對應的整數，公式如下。

$$y = \begin{bmatrix} y^{(1)} \\ y^{(2)} \\ \vdots \\ y^{(m)} \end{bmatrix}$$

用向量 $f_{y^{(i)}}^{(i)}$ 表示所有樣本 i 所對應的真實類別 $y^{(i)}$ 的機率。多個樣本的這些機率也組成了一個向量，公式如下。

$$F_y = \begin{bmatrix} f_{y^{(1)}}^{(1)} \\ f_{y^{(2)}}^{(2)} \\ \vdots \\ f_{y^{(m)}}^{(m)} \end{bmatrix} = \begin{bmatrix} \dfrac{e^{z_{y^{(1)}}^{(1)}}}{\sum_1^C e^{z_i^{(1)}}} \\ \dfrac{e^{z_{y^{(2)}}^{(2)}}}{\sum_1^C e^{z_i^{(2)}}} \\ \vdots \\ \dfrac{e^{z_{y^{(m)}}^{(m)}}}{\sum_1^C e^{z_i^{(m)}}} \end{bmatrix}$$

3.6.4 多分類交叉熵損失

對於一個樣本 $(x^{(i)}, y^{(i)})$，其資料特徵 $x^{(i)}$ 經過 softmax 回歸模型，輸出的是該樣本屬於每個分類的機率 $(f_1^{(i)}, f_2^{(i)}, \cdots, f_C^{(i)})$。樣本屬於目標分類 $y^{(i)}$ 的機率為 $f_{y^{(i)}}^{(i)}$，表示該樣本以該目標分類出現的機率。m 個樣本 $(x^{(i)}, y^{(i)})$ 以它們所對應的目標分類同時出現的機率，公式如下。

$$\prod_{i=1}^{m} f_{y^{(i)}}^{(i)}$$

機率最大的 W 才能使這 m 個樣本以最大的機率出現。因此，softmax 回歸就是要求解使這些機率最大的回歸模型的參數 W。因為乘法會使數值迅速變成無限大或趨近於 0，所以，為了使演算法具有數值穩定性，通常將這個機率的負對數的平均值作為代價函數，公式如下。

$$L(W) = -\frac{1}{m} \sum_{i=1}^{m} \log \left(f_{y^{(i)}}^{(i)} \right)$$

其中，$-\log(f_{y^{(i)}}^{(i)})$ 稱為樣本 i 的交叉熵損失。這樣，使 $\prod_{i=1}^{m} f_{y^{(i)}}^{(i)}$ 最大的問題，就變成了使這個交叉熵損失最小的問題。

對於一個三分類問題，$y^{(i)}$ 用 0、1、2 分別表示該樣本屬於 3 個不同類別的機率。如果一個樣本的真實類別是第 3 類，即 $y^{(i)} = 2$，那麼，針對該樣本的預測值 $\boldsymbol{f}^{(i)}$ 就是一個向量，表示該樣本屬於每個分類的機率。假設該向量值為

$$\boldsymbol{f}^{(i)} = \begin{bmatrix} f_0^{(i)} \\ f_1^{(i)} \\ f_2^{(i)} \end{bmatrix} = \begin{bmatrix} 0.5 \\ 0.3 \\ 0.2 \end{bmatrix}$$

該樣本的交叉熵損失就是 $-\log(f_2^{(i)}) = -\log(0.2)$。

對於多個樣本（$m = 2$），對應的機率矩陣 $\boldsymbol{F}$ 和目標值向量 $\boldsymbol{y}$ 的計算公式如下。

$$\boldsymbol{F} = \begin{bmatrix} 0.2 & 0.5 & 0.3 \\ 0.2 & 0.6 & 0.2 \end{bmatrix}, \qquad \boldsymbol{y} = \begin{bmatrix} 2 \\ 1 \end{bmatrix}$$

因此，有

$$\boldsymbol{F_y} = \begin{bmatrix} 0.3 \\ 0.6 \end{bmatrix}$$

它表示每個樣本屬於對應目標分類的機率。所有樣本的交叉熵損失的向量化表示如下。

$$L(\boldsymbol{W}) = -\frac{1}{m} \sum_{i=1}^{m} \log\left(f_{y^{(i)}}^{(i)}\right) = -\frac{1}{m} \text{sum}\left(\log(\boldsymbol{F_y})\right)$$

對於有 2 個樣本的例子，平均交叉熵損失如下。

$$L(\boldsymbol{W}) = -\frac{1}{2}\left(\log(0.3) + \log(0.6)\right)$$

用於計算交叉熵的 Python 程式，範例如下。

```
def cross_entropy(F,y):
    m = len(F) #y.shape[0]
```

```
    log_Fy = -np.log(F[range(m),y])
    return np.sum(log_Fy) / m
```

計算上述有 2 個樣本的例子的交叉熵，程式如下。

```
F = np.array([[0.2,0.5,0.3],[0.2,0.6,0.2]])   #每一行都對應於一個樣本
Y = np.array([2,1])

print(-1/2*(np.log(0.3)+np.log(0.6)))
print(cross_entropy(F,Y))
```

```
0.8573992140459634
0.8573992140459634
```

有些時候，不是用一個整數值來表示某個樣本的類別，而是用一個獨熱（one-hot）向量 $y^{(i)} = (y_1^{(i)}, y_2^{(i)}, \cdots, y_C^{(i)})$ 來表示某個樣本的類別，C 表示類別的總數。在這個向量中，只有一個分量的值為 1，其他分量的值都為 0。舉例來說，對於三分類問題，如果某個樣本的類別是 3，那麼其 one-hot 向量為 (0,0,1)，即第 3 個分量的值為 1，其他分量的值都為 0。

對於一個樣本，如果其所對應的 $y^{(i)}$ 的第 j 個分量為 $y_j^{(i)} = 1$，即該樣本屬於第 j 類，則該樣本的交叉熵損失寫入成

$$-\log\left(f_j^{(i)}\right) = -y_j^{(i)}\log\left(f_j^{(i)}\right) = -\sum_{I=1}^{C} y_j^{(i)}\log\left(f_j^{(i)}\right) = -y_j^{(i)} \cdot \log\left(f_j^{(i)}\right)$$

也就是說，這個樣本所對應的交叉熵損失就是向量 $y^{(i)}$ 和 $\log(f^{(i)})$ 的點積的相反數。

因此，對於以 one-hot 向量形式表示的目標值，可將所有樣本的交叉熵損失寫成以下形式。

$$L(\boldsymbol{W}) = -\frac{1}{m}\sum_{i=1}^{m} y_j^{(i)} \cdot \log\left(f_j^{(i)}\right) = -\frac{1}{m}\text{np.sum}(Y \odot \log(F))$$

舉例來說，對於上述 f 和 one-hot 向量 $\boldsymbol{y}$，有

$$f = \begin{bmatrix} 0.2 & 0.5 & 0.3 \\ 0.2 & 0.6 & 0.2 \end{bmatrix}, \qquad \boldsymbol{y} = \begin{bmatrix} 0 & 0 & 1 \\ 0 & 1 & 0 \end{bmatrix}$$

$$
\begin{aligned}
L(\boldsymbol{W}) \quad &= -\frac{1}{2}\big(\mathrm{np.\,sum}(y \cdot \log(f))\big) \\
&= -\frac{1}{2} \times \mathrm{np.\,sum}\left(\begin{bmatrix} 0 \times \log(0.2) + 0 \times \log(0.5) + 1 \times \log(0.3) \\ 0 \times \log(0.2) + 1 \times \log(0.6) + 0 \times \log(0.2) \end{bmatrix}\right) \\
&= -\frac{1}{2}\big(\log(0.3) + \log(0.6)\big)
\end{aligned}
$$

也可以用逐元素乘積（Hadamard 乘積）的方法，將這兩個形狀相同的矩陣相乘，得到

$$
Y \odot \log(F) = \begin{bmatrix} 0 \times \log(0.2) & 0 \times \log(0.5) & 1 \times \log(0.3) \\ 0 \times \log(0.2) & 1 \times \log(0.6) & 0 \times \log(0.2) \end{bmatrix}
$$

將結果矩陣中的所有元素相加再除以樣本的個數，就能得到整體交叉熵，具體如下。

$$
\frac{1}{2}\big(\log(0.3) + \log(0.6)\big)
$$

對應的 Python 計算程式如下。

```python
def cross_entropy_one_hot(F,Y):
    m = len(F)
    return -np.sum(Y*np.log(F))/m  # -(1./m) *np.sum(np.multiply(y,
np.log(f)))

F = np.array([[0.2,0.5,0.3],[0.2,0.6,0.2]])   #每一行對應於一個樣本
Y = np.array([[0,0,1],[0,1,0]])

print(cross_entropy_one_hot(F,Y))
```

```
0.8573992140459634
```

3.6.5　透過加權和計算交叉熵損失

一個樣本的加權和 z 的 softmax 函數的輸出，就是機率 f。知道了加權和 z，就可以算出 f，從而算出交叉熵損失。

執行以下程式，透過多個樣本的加權和 Z 和它們的目標分類標籤 y 來計算交叉熵損失。

```
#https://deepnotes.io/softmax-crossentropy
def softmax(Z):
    A = np.exp(Z-np.max(Z,axis=1,keepdims=True))
    return A/np.sum(A,axis=1,keepdims=True)

def softmax_cross_entropy(Z,y):
    m = len(Z)
    F = softmax(Z)
    log_Fy = -np.log(F[range(m),y])
    return  np.sum(log_Fy) / m
```

用一組 Z 測試一下，範例如下。

```
Z = np.array([[2,25,13],[54,3,11]])          #每一行對應於一個樣本
y = np.array([2,1])
softmax_cross_entropy(Z,y)
```

```
31.500003072148047
```

如果標籤是 one-hot 向量形式的，則可以執行以下程式，透過加權和計算交叉熵損失。

```
def softmax_cross_entropy_one_hot(Z, y):
    F = softmax(Z)
    loss =  -np.sum(y*np.log(F),axis=1)
    return np.mean(loss)
Z = np.array([[2,25,13],[54,3,11]])          #每一行對應於一個樣本
y = np.array([[0, 0, 1],[0, 1, 0]])
softmax_cross_entropy_one_hot(Z,y)
```

```
31.500003072148047
```

3.6.6　softmax 回歸的梯度計算

softmax 回歸的目標就是求解使交叉熵損失 $\mathcal{L}(W)$ 最小的 W，使用的仍然是梯度下降法。因此，需要計算 $\mathcal{L}(W)$ 關於 W 的梯度（即關於 W_{jk} 的偏導數）。

1. 交叉熵損失關於加權和的梯度

假設樣本為 (x, y)，$f(x) = \text{softmax}(xW)$ 可以看成 $z = (z_1, z_2, z_3) = (xW_{,1}, xW_{,2}, xW_{,3})$ 和 $f(z) = \text{softmax}(z) = \text{softmax}(z_1, z_2, z_3)$ 的複合函數。

引入輔助中間變數 $a = (a_1, a_2, a_3) = (e^{z_1}, e^{z_2}, e^{z_3})$，則

$$
\begin{aligned}
f(z) = f(a) &= (f_1, \quad f_2, \quad f_3) \\
&= \left(\frac{a_1}{a_1 + a_2 + a_3}, \quad \frac{a_2}{a_1 + a_2 + a_3}, \quad \frac{a_2}{a_1 + a_2 + a_3} \right)
\end{aligned}
$$

令

$$
\mathcal{L} = -\log(f_y) = -\left(\log(a_y) - \log(a_1 + a_2 + a_3) \right)
$$

$$
\begin{aligned}
\frac{\partial \mathcal{L}}{\partial z_i} &= -\frac{1}{a_y} \frac{\partial a_y}{\partial z_i} - \frac{1}{a_1 + a_2 + a_3} \left(\frac{\partial a_1}{\partial z_i} + \frac{\partial a_2}{\partial z_i} + \frac{\partial a_3}{\partial z_i} \right) \\
&= -\frac{1}{a_y} \frac{\partial a_y}{\partial z_i} - \frac{1}{a_1 + a_2 + a_3} e^{z_i} \\
&= -\frac{1}{a_y} \cdot 1(y == i) e^{z_y} - \frac{1}{a_1 + a_2 + a_3} e^{z_i} = -1(y == i) + \frac{e^{z_i}}{\sum_1^3 e^{z_i}} \\
&= f_i - 1(y == i)
\end{aligned}
$$

其中，記號 $1(y == i)$ 表示當 $y == i$ 成立時值為 1，否則值為 0。

因此，$\mathcal{L}$ 關於 $z = (z_1, z_2, z_3)$ 的梯度為

$$
\nabla_z \mathcal{L} = \left(\frac{\partial \mathcal{L}}{\partial z_1}, \frac{\partial \mathcal{L}}{\partial z_2}, \frac{\partial \mathcal{L}}{\partial z_3} \right) = (f_1 - 1(y == 1), f_2 - 1(y == 2), f_3 - 1(y == 3))
$$

如果 $y = 1$，那麼 $\nabla_z \mathcal{L} = (f_1 - 1, f_2, f_3)$，也就是說，對於任意分類問題，如果某個 y 的分類為 i，則

$$
\nabla_z \mathcal{L} = (f_1, f_2, \cdots, f_i - 1, \cdots f_c) = f - I_i
$$

其中，記號 I_i 表示一個第 i 個分量為 1、其他分量為 0 的 one-hot 向量。如果用這個 one-hot 向量表示樣本的目標值 y，即 $y = I_i$，則

$$
\nabla_z \mathcal{L} = f - y
$$

這和線性回歸的損失 $\frac{1}{2}\|\boldsymbol{f}-\boldsymbol{y}\|^2$ 關於 $\boldsymbol{f}$ 的梯度公式、邏輯回歸的交叉熵損失 $-(\boldsymbol{y}\log(\boldsymbol{f})+(1-\boldsymbol{y})\log(1-\boldsymbol{f}))$ 關於加權和 $\boldsymbol{z}$ 的梯度公式驚人的一致。不過，它們還是有區別的。線性回歸是損失函數值關於 $\boldsymbol{f}$ 的梯度，而邏輯回歸和 softmax 回歸關於加權和 $\boldsymbol{z}$（而非 $\boldsymbol{f}$）的梯度都是 $\boldsymbol{f}-\boldsymbol{y}$。不過，邏輯回歸的機率是透過 $\boldsymbol{f}=\sigma(\boldsymbol{z})$ 計算的，softmax 回歸的機率則是透過 $\boldsymbol{f}=\text{softmax}(\boldsymbol{z})$ 計算的。因此，對於由多個樣本特徵建構的向量 $\boldsymbol{Z}$，用 $\mathcal{L}$ 表示所有樣本總損失，$\mathcal{L}$ 關於加權和 $\boldsymbol{Z}$ 的梯度為

$$\nabla_z \mathcal{L} = \boldsymbol{F} - \boldsymbol{I}_i$$

或

$$\nabla_z \mathcal{L} = \boldsymbol{F} - \boldsymbol{Y}$$

以上形式，不僅和邏輯回歸損失函數關於加權和的梯度是一樣的，也和線性回歸的損失函數 $\frac{1}{2}\|\boldsymbol{F}-\boldsymbol{Y}\|^2$ 關於輸出 $\boldsymbol{F}$ 的梯度是一樣的。

計算交叉熵關於 $\boldsymbol{Z}$ 的梯度，程式如下。

```
def grad_softmax_crossentropy(Z,y):
    F = softmax(Z)
    I_i = np.zeros_like(Z)
    I_i[np.arange(len(Z)),y] = 1
    return (F - I_i) / Z.shape[0]
def grad_softmax_cross_entropy(Z,y):
    m = len(Z)
    F = softmax(Z)
    F[range(m),y] -= 1
    return F/m
```

用包含 2 個樣本的 $\boldsymbol{Z}$ 及其目標值 y 測試一下，程式如下。

```
Z = np.array([[2,25,13],[54,3,11]])   #每一行對應於一個樣本
y = np.array([2,1])
grad_softmax_cross_entropy(Z,y)
#grad_softmax_crossentropy(Z,y)
```

為了確保分析梯度的計算沒有錯誤，可以用 1.4 節介紹的透過數值梯度函數計算出來的交叉熵關於 **Z** 的數值梯度和上述分析梯度進行比較，程式如下。

```
def loss_f():
    return softmax_cross_entropy(Z,y)

import util
Z = Z.astype(float)                #注意：必須將整數陣列轉換成 float 類型的
print("num_grad",util.numerical_gradient(loss_f,[Z]))
```

```
num_grad [array([[ 0.       ,  0.49999693, -0.49999693],
                 [ 0.5      , -0.5       ,  0.        ]])]
```

如果目標樣本是用 one-hot 向量表示的，那麼，計算交叉熵關於 **Z** 的梯度的程式如下。

```
def grad_softmax_crossentropy_one_hot(Z, y): #y 是用 one-hot 向量表示的
    F = softmax(Z)
    return (F - y)/Z.shape[0]

Z = np.array([[2,25,13],[54,3,11]])          #每一行對應於一個樣本
y = np.array([[0, 0, 1], [0, 1, 0]])
grad_softmax_crossentropy_one_hot(Z,y)
```

```
array([[ 5.13090829e-11,  4.99996928e-01, -4.99996928e-01],
       [ 5.00000000e-01, -5.00000000e-01,  1.05756552e-19]])
```

2. 交叉熵損失關於權值參數的梯度

求出了損失函數關於加權和 **z** 的梯度，進一步地，可以求出損失函數模型的參數 **W**。因為 $z_i = xW_{,i}$ 對於 $W_{,i}$ 的梯度為 **x**、對於 $W_{,j}$ 的梯度為 0，所以

$$\frac{\partial z_i}{\partial W_{,j}} = 1(i == j)x$$

因此，有

$$\frac{\partial \mathcal{L}}{\partial W_{,j}} = \sum_{i=1}^{3} \frac{\partial \mathcal{L}}{\partial z_i}\frac{\partial z_i}{\partial W_{,j}} = \frac{\partial \mathcal{L}}{\partial z_i}\frac{\partial z_i}{\partial W_{,j}} = (f_j - 1(y == j))x$$

即對於 $j = 1, 2, 3$，有

$$\frac{\partial \mathcal{L}}{\partial W_{,1}} = (f_1 - 1(y == 1))x$$

$$\frac{\partial \mathcal{L}}{\partial W_{,2}} = (f_2 - 1(y == 2))x$$

$$\frac{\partial \mathcal{L}}{\partial W_{,3}} = (f_3 - 1(y == 3))x$$

注意：因為 $W_{,1}$ 是一個列向量，所以，如果 x 是一個行向量，則上述的 $\frac{\partial \mathcal{L}}{\partial W_{,j}}$ 也是行向量。如果要將 $\frac{\partial \mathcal{L}}{\partial W}$ 寫成和 W 形狀相同的矩陣形式，則

$$\frac{\partial \mathcal{L}}{\partial W} = \left(\frac{\partial \mathcal{L}}{\partial W_{,1}}^\mathrm{T}, \frac{\partial \mathcal{L}}{\partial W_{,j}}^\mathrm{T}, \cdots, \frac{\partial \mathcal{L}}{\partial W_{,C}}^\mathrm{T} \right)$$

$$= x^\mathrm{T}(f_1 - 1(y == 1), f_2 - 1(y == 2), \cdots, f_C - 1(y == C))$$

如果用 ont-hot 向量表示目標值（標籤）y，則上式可以寫成更簡潔的式子，具體如下。

$$\frac{\partial \mathcal{L}}{\partial W} = x^\mathrm{T}(f - y)$$

假設 x、f、y 都是行向量，上式就可以表示成一個和 W 形狀相同的矩陣。C 表示類別的數目，n 表示資料特徵的數目，x 就是一個 $1 \times n$ 的向量，x^T 就是一個 $n \times 1$ 的向量，W 就是一個 $n \times C$ 的矩陣。因為 $z = xW$，$f = \mathrm{softmax}(z)$，所以，f 和 y 都是 $1 \times C$ 的向量。因此，$x^\mathrm{T}(f - y)$ 是一個 $n \times C$ 的矩陣。

對於由 m 個樣本 $x^{(i)}$ 組成的矩陣

$$X = \begin{bmatrix} x^{(1)} \\ x^{(2)} \\ \vdots \\ x^{(i)} \\ \vdots \\ x^{(m)} \end{bmatrix}$$

F和Y分別是由這些樣本所對應的預測值和目標值組成的矩陣，具體如下。

$$F = \begin{bmatrix} f^{(1)} \\ f^{(2)} \\ \vdots \\ f^{(i)} \\ \vdots \\ f^{(m)} \end{bmatrix}, \qquad Y = \begin{bmatrix} x^{(1)} \\ x^{(2)} \\ \vdots \\ x^{(i)} \\ \vdots \\ x^{(m)} \end{bmatrix}$$

因此，損失函數關於權重 W 的梯度的向量形式為

$$\frac{\partial \mathcal{L}}{\partial W} = X^{\mathrm{T}}(F - Y)$$

給 softmax 回歸的交叉熵損失增加正則項。如果用整數表示目標值，則損失函數變為

$$L(W) = -\frac{1}{m}\sum_{i=1}^{m} \log\left(f_{y^{(i)}}^{(i)}\right) + \lambda\|W\|^2$$

如果用 one-hot 向量表示目標值，則損失函數變為

$$L(W) = -\frac{1}{m}\sum_{i=1}^{m} \log y^{(i)}\left(f^{(i)}\right) + \lambda\|W\|^2$$

損失函數關於權重 W 的梯度為

$$\frac{\partial \mathcal{L}}{\partial W} = X^{\mathrm{T}}(F - Y) + 2\lambda W$$

根據梯度的計算公式，很容易就能寫出損失函數關於W的梯度的計算程式。

在以下程式中，X 表示多個樣本的資料特徵矩陣，y 表示目標值向量，reg 表示正則化參數，loss_softmax() 和 gradient_soft_max() 函數分別用於計算損失函數的損失和損失函數關於 W 的梯度。

```
#def loss_gradient(W,X,y,lambda_):
def gradient_softmax(W,X,y,reg):
    m = len(X)
    Z=  np.dot(X,W)

    I_i = np.zeros_like(Z)
```

```
    I_i[np.arange(len(Z)),y] = 1
    F = softmax(Z)
    #F = np.exp(Z) / np.exp(Z).sum(axis=-1,keepdims=True)
    grad =  (1 / m) * np.dot(X.T,F - I_i)# Z.shape[0]
    grad = grad +2*reg*W
    return grad

def loss_softmax(W,X,y,reg):
    m = len(X)
    Z=  np.dot(X,W)
    Z_i_y_i = Z[np.arange(len(Z)),y]
    negtive_log_prob = - Z_i_y_i + np.log(np.sum(np.exp(Z),axis=-1))
    loss =  np.mean(negtive_log_prob)+reg*np.sum(W*W)
    return loss
```

測試一下，程式如下。

```
X = np.array([[2,3],[4,5]])          #每一行對應於一個樣本，每個樣本都有兩個特徵
y = np.array([2,1])                   #類別數為 3
W = np.array([[0.1,0.2,0.3],[0.4,0.2,0.8]])   #2x3 的矩陣

reg = 0.2;

print(gradient_softmax(W,X,y,reg))
print(loss_softmax(W,X,y,reg))
```

```
[[ 0.30213245 -1.75779321  1.69566076]
 [ 0.5254108  -2.19194012  2.22652932]]
2.086304963628266
```

如果用 one-hot 向量表示每個樣本的目標值，用 y 表示由多個樣本的目標值組成的矩陣，那麼，執行以下程式中的 loss_softmax_onehot() 和 gradient_softmax_onehot() 函數，可以分別計算損失函數的損失和損失函數關於 **W** 的梯度。

```
def gradient_softmax_onehot(W,X,y,reg):
    m = len(X)                         #樣本數目
    nC = W.shape[1]                    #類別數目
    #y_one_hot = np.eye(nC)[y[:,0]]
    y_one_hot = y
```

```
    #y_mat = oneHotIt(y)  # Next we convert the integer class coding into a
one-hot representation
    Z = np.dot(X,W)                         #Z 為加權和
    F = softmax(Z)                          #F 為機率矩陣
    grad = (1 / m) * np.dot(X.T,(F - y_one_hot)) + 2*reg*W  # And compute
the gradient for that loss
    return grad

def loss_softmax_onehot(W,X,y,reg):
    m = len(X)  #First we get the number of training examples
    nC = W.shape[1]
    #y_one_hot = np.eye(nC)[y[:,0]]
    y_one_hot = y

    #y_mat = oneHotIt(y)                     #將整數編碼轉為 one-hot 向量的形式
    Z = np.dot(X,W)                          #Z 為加權和
    F = softmax(Z)                           #F 為機率矩陣
    loss = (-1 / m) * np.sum(y_one_hot * np.log(F)) + (reg)*np.sum(W*W)
    return loss
X = np.array([[2,3],[4,5]])                 #每一行對應於一個樣本，每個樣本都有兩個特徵
y = np.array([[0,0,1],[0,1,0]])             #類別數為 3
W = np.array([[0.1,0.2,0.3],[0.4,0.2,0.8]]) #2x3 的矩陣

reg = 0.2;
print(gradient_softmax_onehot(W,X,y,reg))
print(loss_softmax_onehot(W,X,y,reg))
```

```
[[ 0.30213245 -1.75779321  1.69566076]
 [ 0.5254108  -2.19194012  2.22652932]]
2.0863049636282662
```

3.6.7 softmax 回歸的梯度下降法的實現

softmax 回歸的梯度下降法程式如下。

```
def gradient_descent_softmax(w,X, y, reg=0., alpha=0.01, iterations=100,
                             gamma = 0.8,epsilon=1e-8):
    X = np.hstack((np.ones((X.shape[0], 1), dtype=X.dtype),X))#增加一列特徵"1"
    v= np.zeros_like(w)
```

```
    #losses = []
    w_history=[]
    for i in range(0,iterations):
        gradient = gradient_softmax(w,X,y,reg)
        if np.max(np.abs(gradient))<epsilon:
            print("gradient is small enough!")
            print("iterated num is :",i)
            break

        w = w - (alpha * gradient)
        #v = gamma*v+alpha* gradientz
        #w= w-v
        #losses.append(loss)
        w_history.append(w)
    return w_history
```

對於樣本 (X,y)，執行以下輔助函數，可計算 w_history（歷史記錄）裡的
每個模型參數所對應的模型損失。

```
def compute_loss_history(w_history,X,y,reg=0.,OneHot=False):
    loss_history=[]
    X = np.hstack((np.ones((X.shape[0], 1), dtype=X.dtype),X))
    if OneHot:
        for w in w_history:
            loss_history.append(loss_softmax_onthot(w,X,y,reg))
    else:
        for w in w_history:
            loss_history.append(loss_softmax(w,X,y,reg))
    return loss_history
```

3.6.8　spiral 資料集的 softmax 回歸模型

對三分類資料集 spiral 訓練一個 softmax 回歸模型，程式如下，損失曲線
如圖 3-43 所示。

```
X_spiral,y_spiral = gen_spiral_dataset()
X = X_spiral
y = y_spiral
```

```
alpha = 1e-0
iterations  =200
reg = 1e-3

w = np.zeros([X.shape[1]+1,len(np.unique(y))])
w_history = gradient_descent_softmax(w,X,y,reg,alpha,iterations)
w = w_history[-1]
print("w: ",w)
loss_history = compute_loss_history(w_history,X,y,reg)
print(loss_history[:-1:len(loss_history)//10])
plt.plot(loss_history, color='r')
```

```
w:  [[-0.05432759  0.00909428  0.04523331]
 [ 1.33458061  1.00350822 -2.33808883]
 [-2.34741204  2.66497338 -0.31756134]]
[1.0676120053842029, 0.8282060256848282, 0.7842866954902825,
0.7712475770990912, 0.7664708448591956, 0.7645211840017035,
0.7636739840781024, 0.7632912248183761, 0.7631138695802607,
0.763030293277599]
```

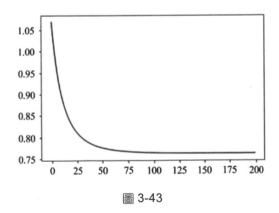

圖 3-43

執行以下函數，可計算訓練模型在一批資料 (X,y) 上的預測準確性。

```
def getAccuracy(w,X,y):"
    X = np.hstack((np.ones((X.shape[0], 1), dtype=X.dtype),X))#增加一列特徵"1"
    probs = softmax(np.dot(X,w))
    predicts = np.argmax(probs,axis=1)
    accuracy = sum(predicts == y)/(float(len(y)))
    return accuracy
```

使用 getAccuracy() 函數，可以計算訓練 spiral 資料集得到的 softmax 模型的預測準確性，程式如下。

```
getAccuracy(w,X_spiral,y_spiral)
```

```
0.5366666666666666
```

執行以下程式，繪製 softmax 模型的分類邊界，如圖 3-44 所示。

```
# plot the resulting classifier
h = 0.02
x_min, x_max = X[:, 0].min() - 1, X[:, 0].max() + 1
y_min, y_max = X[:, 1].min() - 1, X[:, 1].max() + 1
xx, yy = np.meshgrid(np.arange(x_min, x_max, h), np.arange(y_min, y_max, h))

Z = np.dot(np.c_[np.ones(xx.size),xx.ravel(), yy.ravel()], w)
Z = np.argmax(Z, axis=1)
Z = Z.reshape(xx.shape)
fig = plt.figure()
plt.contourf(xx, yy, Z, cmap=plt.cm.Spectral, alpha=0.3)
plt.scatter(X[:, 0], X[:, 1], c=y, s=40, cmap=plt.cm.Spectral)
plt.xlim(xx.min(), xx.max())
plt.ylim(yy.min(), yy.max())
#fig.savefig('spiral_linear.png')
```

```
(-1.908218802050246, 1.9517811979497575)
```

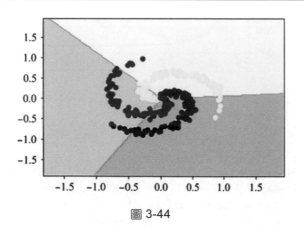

圖 3-44

可見，softmax 回歸本質上仍然是線性函數模型。表現在圖形上，就是其分割線大都是直線，即很難對資料進行非線性分割（本節模型的預測準確性為 0.5366666666666666）。

▌ 3.7　批次梯度下降法和隨機梯度下降法

3.7.1　MNIST 手寫數字集

MNIST 手寫數字集中是一些手寫數字的圖型，每幅圖型中都有一個手寫數字。也就是説，在樣本資料集中，有 (0,1,⋯,9) 共 10 個數字的圖型。因此，辨識 MNIST 手寫數字集中的數字是一個十分類問題。

執行以下程式，讀取 MNIST 手寫數字集的訓練集。

```
import pickle, gzip, urllib.request, json
import numpy as np
import os.path

if not os.path.isfile("mnist.pkl.gz"):
    # Load the dataset

urllib.request.urlretrieve("http://deeplearning.net/data/mnist/mnist.pkl.gz",
                        "mnist.pkl.gz")

with gzip.open('mnist.pkl.gz', 'rb') as f:
    train_set, valid_set, test_set = pickle.load(f, encoding='latin1')

train_X, train_y = train_set
valid_X, valid_y = valid_set
test_X, test_y = valid_set
print(train_X.shape,train_y.shape)
print(valid_X.shape,valid_y.shape)
print(test_X.shape,test_y.shape)
print(train_X.dtype,train_y.dtype)
print(train_X[9][300],train_y[9])
```

```
print(np.min(train_y),np.max(train_y))
```

```
(50000, 784) (50000,)
(10000, 784) (10000,)
(10000, 784) (10000,)
float32 int64
0.98828125 4
0 9
```

在訓練集中有 50000 個樣本，在驗證集和測試集中各有 10000 個樣本。圖型的每個像素點的值都是 float 類型的實數，其設定值範圍是 [0,1] 之間的實數（表示每個像素點的灰階）。標籤值表示圖型所對應的數字分類，用 (0,1,…,9) 表示。

執行以下程式，對資料集中的一幅圖型進行視覺化，結果如圖 3-45 所示。

```
import matplotlib.pyplot as plt
%matplotlib inline
digit = train_X[9].reshape(28,28)
plt.subplot(1,2,1)
plt.imshow(digit)
plt.colorbar()
plt.subplot(1,2,2)
plt.imshow(digit,cmap='gray')
plt.colorbar()
plt.show()
```

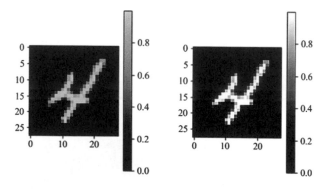

圖 3-45

輸出這幅圖型（樣本）中的一部分像素值（資料特徵），程式如下。

```
print(train_X.shape)
print(train_X[9][200:250])
```

```
(50000, 784)
[0.          0.          0.          0.          0.          0.
 0.          0.          0.          0.          0.          0.
 0.          0.          0.          0.          0.75        0.984375
 0.73046875  0.          0.          0.          0.          0.
 0.          0.          0.          0.          0.          0.
 0.          0.          0.          0.          0.          0.
 0.2421875   0.72265625  0.0703125   0.          0.          0.
 0.          0.34765625  0.921875    0.84765625  0.18359375  0.
 0.          0.          ]
```

3.7.2 用部分訓練樣本訓練邏輯回歸模型

由於訓練集中有 50000 個樣本，所以，如果使用整個訓練集中的樣本進行訓練，就會消耗大量的運算資源和時間。為了提高訓練效率，我們可以用一部分資料（如 500 個樣本）進行訓練，程式如下。

```
batch = 500

alpha   =1e-2
iterations   =1000
reg = 1e-3

w_history=[]

w = np.zeros([train_X.shape[1]+1,len(np.unique(train_y))])
for i in range(5):
    s = i*batch
    X = train_X[s :s+batch,:]
    y = train_y[s :s+batch]
    w_history_batch = gradient_descent_softmax(w,X,y,reg,alpha,iterations)
    w = w_history_batch[-1]
    w_history.extend(w_history_batch)
```

```
print("w: ",w)
loss_history = compute_loss_history(w_history,X,y,reg)
print(loss_history[:-1:len(loss_history)//10])
```

分別計算模型函數在訓練集、驗證集、測試集上的準確性，程式如下。

```
print("訓練集的準確性：",getAccuracy(w,train_X,train_y))
print("驗證集的準確性：",getAccuracy(w,valid_X,valid_y))
print("測試集的準確性：",getAccuracy(w,test_X,test_y))
```

```
訓練集的準確性： 0.88412
驗證集的準確性： 0.8979
測試集的準確性： 0.8979
```

繪製訓練集和驗證集的學習曲線，程式如下，結果如圖 3-46 所示。

```
loss_history_valid = compute_loss_history(w_history,valid_X[0:1000,:],
                valid_y[0:1000],reg)

plt.plot(loss_history, color='r')
plt.plot(loss_history_valid, color='b')
plt.ylim(0,5)
plt.xlabel('iterations')
plt.ylabel('loss')
plt.title('iterative learning curve')
plt.legend(['train', 'valid'])
plt.ylim(-0.2,3)
plt.show()
```

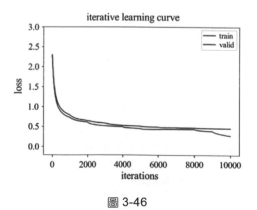

圖 3-46

3.7.3　批次梯度下降法

如果訓練集的資料量很大，那麼，用整個訓練集進行訓練，將消耗大量的運算資源和時間。實際上，使用少量樣本，甚至 1 個樣本，都可以計算損失函數的梯度、對模型的參數進行更新。因此，在實際應用中，通常會從訓練集中隨機選取少量樣本，用這批樣本對模型的參數進行梯度更新，每次更新都可以使用不同批的樣本，從而使訓練集中的所有樣本均參與訓練。這種梯度下降法，稱為**批次梯度下降法**。

批次梯度下降法的一般做法如下。

- 對原始訓練集中的樣本重新排序，即打亂原始訓練集中樣本的順序。
- 對重新排序的訓練集，從頭開始按照順序取少量樣本，用這批樣本計算模型函數損失的梯度並更新模型的參數。
- 多次重複以上兩步，幾乎可以完成訓練集樣本的遍歷，並用不同批的樣本對模型的參數進行更新。以上兩步，稱為一個 epoch。

可以用 numpy.random.shuffle() 函數打亂一個串列的順序，範例如下。

```
m=5
indices = list(range(m))
print(indices)
np.random.shuffle(indices)
print(indices)
```

```
[0, 1, 2, 3, 4]
[2, 1, 4, 3, 0]
```

對資料集 (X,y)，可以定義一個疊代器函數 data_iter() 來打亂原始資料集中樣本的順序，並且每次從資料集中返回大小為 batch_size 的一批訓練樣本，程式如下。

```
def data_iter(X,y,batch_size,shuffle=False):
    m = len(X)
    indices = list(range(m))
    if shuffle:                    # shuffle 為 True，表示打亂順序
```

```
        np.random.shuffle(indices)
    for i in range(0, m - batch_size + 1, batch_size):
        batch_indices = np.array(indices[i: min(i + batch_size, m)])
        yield X.take(batch_indices,axis=0), y.take(batch_indices,axis=0)
```

批次梯度下降法的實現程式如下。

```
def batch_gradient_descent_softmax(w,X, y, epochs,batchsize = 50,
            shuffle = False, reg=0., alpha=0.01, gamma = 0.8,epsilon=1e-8):
    w_history = []
    X = np.hstack((np.ones((X.shape[0], 1), dtype=X.dtype),X))
    for epoch in range(epochs):
        for X_batch,y_batch in data_iter(X,y,batchsize,shuffle):
            gradient = gradient_softmax(w,X_batch,y_batch,reg)
            if np.max(np.abs(gradient))<epsilon:
                print("gradient is small enough!")
                print("iterated num is :",i)
                break
            w = w - (alpha * gradient)
            w_history.append(w)
    return w_history
```

對 MNIST 手寫數字集的訓練集執行批次梯度下降法,程式如下。

```
import matplotlib.pyplot as plt
%matplotlib inline

batchsize = 50
epochs = 5
shuffle = True
alpha = 0.01
reg = 1e-3
gamma = 0.8

X,y = train_X,train_y
w = np.zeros([X.shape[1]+1,len(np.unique(y))])
w_history =
batch_gradient_descent_softmax(w,train_X,train_y,epochs,batchsize,
                                shuffle,reg,alpha,gamma)
w = w_history[-1]
```

```
print("w: ",w)
X,y = train_X[0:1000,:],train_y[0:1000]
loss_history = compute_loss_history(w_history,X,y,reg)
print(loss_history[:-1:len(loss_history)//10])
```

```
w:  [[-0.09892444  0.18983056 -0.03299558 ...  0.14317605 -0.35128395
   -0.05662875]
 [ 0.          0.          0.         ... 0.          0.
0.          ]
 [ 0.          0.          0.         ... 0.          0.
0.          ]
 ...
 [ 0.          0.          0.         ... 0.          0.
0.          ]
 [ 0.          0.          0.         ... 0.          0.
0.          ]
 [ 0.          0.          0.         ... 0.          0.
0.          ]]
[2.2958836783277783, 0.8257136664784022, 0.6443896577216318,
0.5720465018352683, 0.5335402945023445, 0.5081438385368758,
0.4898016509007597, 0.4760620858697159, 0.4682054859168761,
0.4587856686373923]
```

執行批次梯度下降法，就可以用很小的一批樣本進行訓練，從而在提高演算法執行速度的基礎上保證模型的準確性不下降。

使用以下輸出模型，輸出演算法在不同樣本集上的準確性。

```
print("訓練集的準確性：",getAccuracy(w,train_X,train_y))
print("驗證集的準確性：",getAccuracy(w,valid_X,valid_y))
print("測試集的準確性：",getAccuracy(w,test_X,test_y))
```

```
訓練集的準確性： 0.89254
驗證集的準確性： 0.904
測試集的準確性： 0.904
```

執行以下程式，繪製學習曲線，結果如圖 3-47 所示。

```
loss_history_valid = compute_loss_history(w_history,valid_X[0:1000,:],
               valid_y[0:1000],reg)
```

```
plt.plot(loss_history, color='r')
plt.plot(loss_history_valid, color='b')
plt.ylim(0,5)
plt.xlabel('iterations')
plt.ylabel('loss')
plt.title('iterative learning curve')
plt.legend(['train', 'valid'])
plt.ylim(-0.2,3)
plt.show()
```

模型參數矩陣 W 是一個 $n \times C$ 的矩陣，其每一列都對應於一個類似於邏輯回歸的分類器。列的權值用於從資料中提取相關特徵。對於 MNIST 圖型分類問題的模型參數 W，可將其某一列（對應與某個分類）的大小為 784 的權重參數以圖型的形式顯示出來。

執行以下程式，可以顯示第 0 列（對應於數字 0 的那個類別）的權重參數，並將這個列向量轉為一個 28×28 的圖型矩陣，如圖 3-48 所示。

```
c = 0
plt.imshow(w[1:,c].reshape((28,28)))
```

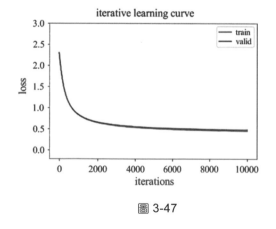

圖 3-47

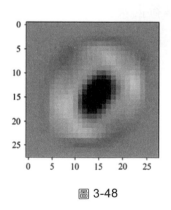

圖 3-48

Fashion MNIST 訓練集的 softmax 回歸函數，範例如下。

```
import mnist_reader
X_train, y_train = mnist_reader.load_mnist('data/fashion', kind='train')
X_test, y_test = mnist_reader.load_mnist('data/fashion', kind='t10k')
```

```
print(X_train.shape,y_train.shape)
print(X_train.dtype,y_train.dtype)
```

```
(60000, 784) (60000,)
uint8 uint8
```

執行以下程式，查看其中一部分圖型，如圖 3-49 所示。

```
# https://machinelearningmastery.com/how-to-develop-a-cnn-from-scratch-for-
fashion-mnist-clothing-classification/
from matplotlib import pyplot
trainX = X_train.reshape(-1,28,28)
print(trainX.shape)
# lot first few images
for i in range(9):
    # define subplot
    pyplot.subplot(330 + 1 + i)
    # plot raw pixel data
    pyplot.imshow(trainX[i], cmap=pyplot.get_cmap('gray'))
# show the figure
pyplot.show()
```

```
(60000, 28, 28)
```

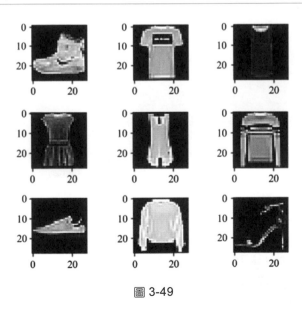

圖 3-49

將用位元組表示的值轉為 [0,1] 區間內的值，程式如下。

```
train_X = X_train.astype('float32')/255.0
test_X = X_test.astype('float32')/255.0
print(train_X.shape,y_train.shape)
print(test_X.shape,y_test.shape)
print(test_X.dtype,y_test.dtype)
print(np.mean(train_X[0:1000,:]))
print(np.mean(test_X[0:1000,:]))
train_y = y_train
```

```
(60000, 784) (60000,)
(10000, 784) (10000,)
float32 uint8
0.2829032
0.29028687
```

開始訓練，程式如下。

```
import matplotlib.pyplot as plt
%matplotlib inline

batchsize = 50
epochs = 5
shuffle = True
alpha = 0.01
reg = 1e-3
gamma = 0.8

w = np.zeros([train_X.shape[1]+1,len(np.unique(train_y))])
w_history =
batch_gradient_descent_softmax(w,train_X,train_y,epochs,batchsize,
                               shuffle,reg,alpha,gamma)
w = w_history[-1]
print("w: ",w)
X,y = train_X[0:1000,:],train_y[0:1000]
loss_history = compute_loss_history(w_history,X,y,reg)
print(loss_history[:-1:len(loss_history)//10])
```

```
w:  [[ 7.31575784e-02 -6.19716807e-02 -7.67268263e-02 ... -6.90256353e-02
   -2.28128013e-01 -3.95874153e-01]
```

```
 [-1.40999051e-05 -3.41569227e-06 -1.79953563e-05 ... -1.06757525e-06
  -4.63211933e-06 -1.43653900e-06]
 [ 1.34046441e-04 -5.59964269e-07 -3.40548333e-06 ... -5.55241661e-06
  -7.51688795e-05 -1.99009945e-05]
 ...
 [-1.39504254e-02 -1.61035934e-03  1.85487894e-02 ... -4.45252904e-03
  -1.39324550e-02 -2.90555040e-03]
 [-4.71228285e-03 -3.51288646e-04  4.02540435e-03 ... -1.56477203e-03
  -5.55355304e-03 -2.51245458e-04]
 [-1.92933951e-04 -9.90426911e-05  8.16674872e-04 ... -1.71482628e-04
  -9.56241526e-04  7.42584615e-05]]
[2.275109028057496, 0.8003628208932961, 0.6917393913965211,
0.6483408155406045, 0.6101999163854088, 0.5895045906115264,
0.5749317113081786, 0.5656061065575259, 0.5555802050015674,
0.5481140082218926]
```

執行以下程式，繪製曲線，結果如圖 3-50 和圖 3-51 所示。

```
plt.plot(loss_history)
```

```
loss_history_valid = compute_loss_history(w_history,test_X[0:1000,:],
            test_y[0:1000],reg)

plt.plot(loss_history, color='r')
plt.plot(loss_history_valid, color='b')
plt.ylim(0,5)
plt.xlabel('iterations')
plt.ylabel('loss')
plt.title('iterative learning curve')
plt.legend(['train', 'valid'])
plt.ylim(-0.2,3)
plt.show()
print("訓練集的準確性：",getAccuracy(w,train_X,train_y))
print("測試集的準確性：",getAccuracy(w,test_X,test_y))
```

```
訓練集的準確性： 0.8293
測試集的準確性： 0.8171
```

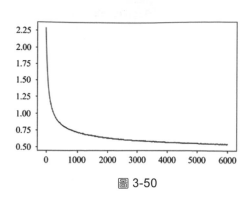

圖 3-50

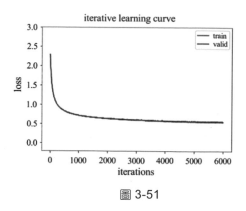

圖 3-51

3.7.4 隨機梯度下降法

批次梯度下降法每次疊代只使用少量樣本,隨機梯度下降法更「極端」——每次疊代只使用 1 個樣本。因此,要使用隨機梯度下降,只需要在呼叫梯度下降法的程式之前,將 batch_size 的值修改為 1,即每次只使用 1 個樣本更新模型的參數。為了節省訓練時間,我們將 epochs 的值修改為 2。範例程式如下。

```
batchsize=1
epochs = 2
w = np.zeros([train_X.shape[1]+1,len(np.unique(train_y))])
w_history =
batch_gradient_descent_softmax(w,train_X,train_y,epochs,batchsize,
                               shuffle,reg,alpha,gamma)
w = w_history[-1]
print("w: ",w)
```

計算模型在訓練集和測試集上的準確性,程式如下。

```
print("訓練集的準確性:",getAccuracy(w,train_X,train_y))
print("測試集的準確性:",getAccuracy(w,test_X,y_test))
```

```
訓練集的準確性: 0.81425
測試集的準確性: 0.7988
```

神經網路

神經網路自問世以來,經過了輝煌、沉寂、重獲生機的曲折過程。直到 2012 年 ImageNet 取得成功,神經網路模型才大放異彩。

現代神經網路的成功,主要得益於高性能平行計算硬體的使用,以及大規模資料處理能力的實現。高性能 GPU,尤其是輝達的 CUDA GPU,可以進行資料密集型的大規模平行計算。

▌ 4.1 神經網路概述

線性回歸使用資料特徵的線性函數來表示特徵和目標值之間的關係。不過,線性函數過於簡單,對許多機器學習問題,特徵和目標值的函數關係往往是非線性的。

邏輯回歸在線性函數的基礎上,透過非線性函數(如 sigmoid 函數)將線性函數的計算結果轉為一個在 [0,1] 之間的機率,使特徵和目標值之間有了非線性關係。但是,這僅是將線性加權和轉為機率而已,仍然很難表示複雜的函數。

如何表示複雜的函數呢?

一個複雜的函數通常可以分解為多個簡單的函數,或説,一個複雜的函數是由多個簡單的函數透過四則運算等簡單的方式組合而成的。舉例來説，邏輯回歸的假設函數 $\sigma(xw+b)$ 是由 $z = xw + b$ 和 $\sigma(z)$ 組合而成的，$xw+b$ 是由 x、w、b 透過乘法和加法運算組合而成的。

透過簡單的運算和函數複合，可以表示非常複雜的函數。**神經網路**（Neural Network）就是透過這樣的方法，將很多簡單的**神經元**（Neuron）函數複合，組成的複雜的函數。一個神經元就是一個邏輯回歸函數。神經元函數先對輸入進行線性加權，再用非線性函數對加權和進行非線性變換。當然，神經元函數中對加權和進行非線性變換的函數，也可以是其他類似於 sigmoid 函數的簡單函數。

神經網路由多個神經元（函數）組成，一個神經元的輸出會作為另一個神經元的輸入。神經元可接收其他神經元的輸入，並透過簡單的加權和及函數變換（非線性的）將結果輸出到其他神經元。神經元之間透過輸入和輸出的連接形成網路。

4.1.1　感知機和神經元

1. 感知機

感知機（Perceptron）是一種具有二分類作用的簡單函數。邏輯回歸用 sigmoid 函數將輸入的線性加權和轉為一個機率 $\sigma(xw)$，感知機則用閾值函數將輸入的線性加權和轉為 0 或 1——$\text{sign}_b(xw)$。其中，$\text{sign}_b(z)$ 是一個根據 z 是否大於閾值 b 來輸出 1 或 0 的步階函數，具體如下。

$$\text{sign}_b(z) = \begin{cases} 1, & \text{如果 } z \geq b \\ 0, & \text{否則} \end{cases}$$

感知機先透過權值向量 w 對輸入 x 求加權和 xw，再根據加權和是否超出閾值 b 來輸出 1 或 0。舉例來説，有 3 個輸入值的感知機的計算公式為

$$f_{w,b}(x) = \text{sign}_b(\sum_{j=1}^{3} w_j x_j)$$

可以用一個簡單的圖形形象地表示感知機。如圖 4-1 所示,感知機接收 3 個輸入值,產生 1 個輸出值。

感知機也稱為**類神經元**(簡稱**神經元**),它可以嘗試模擬人腦中的神經元。神經科學告訴我們,人腦是由很多簡單的神經元組成的,如圖 4-2 所示。

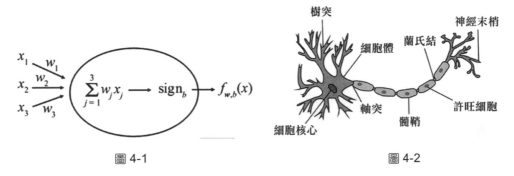

圖 4-1   圖 4-2

一個神經元通常有多個樹突,主要用來接收傳入的資訊,而軸突只有一個。軸突尾端有許多神經末梢,可以給其他神經元傳遞資訊。神經末梢與其他神經元的樹突產生連接,從而傳遞訊號,這個連接的位置在生物學上叫作突觸。

每個神經元接收多個輸入訊號,每個輸入訊號對神經元的作用的權重是不一樣的。只有當所有輸入訊號的加權和超過神經元內部的閾值時,才會產生輸出訊號。

用 $f_w(x)$ 表示感知機函數,即 $f_w(x) = \text{sign}_b(xw)$,$x$ 表示輸入,w 是權值向量,有

$$f_w(x) = \begin{cases} 1, & \text{如果} \sum_j w_j x_j \geq 0 \\ 0, & \text{否則} \end{cases}$$

上式可轉為

$$f_w(x) = \begin{cases} 1, & \text{如果} \sum_j w_j x_j - b \geq 0 \\ 0, & \text{否則} \end{cases}$$

b 可正可負。用 b 表示 $-b$，上式寫入為

$$f_w(x) = \begin{cases} 1, & \text{如果} \sum_j w_j x_j + b \geq 0 \\ 0, & \text{否則} \end{cases}$$

因此，感知機函數通常可以寫為 $f_w(x) = \text{sign}(xw + b)$。

感知機可直接表示最基本的邏輯計算功能「與」、「或」、「與非」。如圖 4-3 所示，是邏輯電路的「與」門、「與非」門、「或」門、「互斥」門的功能。

x_1	x_2	y		x_1	x_2	y		x_1	x_2	y		x_1	x_2	y
0	0	0		0	0	1		0	0	0		0	0	1
1	0	0		1	0	1		1	0	1		1	0	1
0	1	0		0	1	1		0	1	1		0	1	1
1	1	1		1	1	0		1	1	1		1	1	0
與				與非				或				互斥		

圖 4-3

滿足「與」門功能的感知機參數 (w_1, w_2, b) 有很多，例如 $(0.5, 0.5, -0.6)$、$(0.5, 0.5, -0.9)$、$(1, 1, -1)$、$(1, 1, -1.5)$。參數 $(0.5, 0.5, -0.6)$ 表示的感知機函數如下。

$$\text{sign}(x_1 w_1 + x_2 w_2 + b) = \text{sign}(0.5x_1 + 0.5x_2 - 0.6)$$

將 $(x_1 = 0, x_2 = 0)$、$(x_1 = 1, x_2 = 0)$ 或 $(x_1 = 0, x_2 = 1)$ 代入以上感知機函數，輸出值都是 0；將 $(x_1 = 1, x_2 = 1)$ 代入以上感知機函數，輸出值是 1。也就是說，以上感知機函數實現了邏輯電路的「與」門功能。

滿足「與非」門功能的感知機參數 (w_1, w_2, b) 有很多，如 $(-0.5, -0.5, 0.6)$、$(-0.5, -0.5, 0.9)$、$(-1, -1, 1)$、$(-1, -1, 1.5)$。

滿足「或」門功能的感知機參數 (w_1, w_2, b) 也有很多，如 $(1, 1, 0)$、$(1, 1, -0.5)$、$(0.5, 0.5, -0.3)$。

對於感知機，用不同的權值 w_j 和偏置 b，可產生能夠實現不同具體功能（如「與」、「或」、「與非」等邏輯計算功能）的函數。和邏輯回歸一樣，在本質上，單一感知機表示的仍然是具有線性可分功能的模型。舉例來說，參數 $(1, 1, -0.5)$ 表示的感知機是由直線 $-0.5 + x_1 + x_2 = 0$ 分開的兩個「半空間」，一個「半空間」的 (x_1, x_2) 感知機的輸出值是 1，另一個「半空間」的 (x_1, x_2) 感知機的輸出值是 0，如圖 4-4 所示。

因此，儘管單一感知機函數是非線性函數，但仍無法表示非線性可分功能，如無法表示「互斥」門邏輯運算功能。只有如圖 4-5 所示的非線性曲線，才能進行非線性劃分。

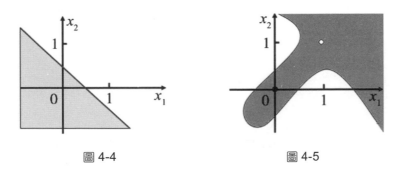

圖 4-4   圖 4-5

要想實現「互斥」門的功能，可透過函數複合的方式用多個感知機產生一個複雜的函數。假設用如圖 4-6 所示的符號表示滿足「與」門、「與非」門、「或」門功能的感知機。

與   與非   或

圖 4-6

簡單的「與」門、「與非」門、「或」門感知機,可以組合成功能複雜的函數。一個滿足「互斥」門功能的感知機,如圖 4-7 所示。該感知機的運算過程,如圖 4-8 所示。輸入 (x_1, x_2) 後,輸出 y 實現了「互斥」門的功能。

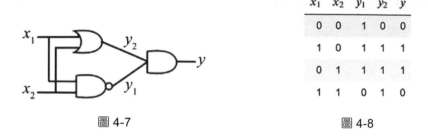

x_1	x_2	y_1	y_2	y
0	0	1	0	0
1	0	1	1	1
0	1	1	1	1
1	1	0	1	0

圖 4-7   圖 4-8

2. 神經元

神經元是一種對多個輸入值的線性加權和進行線性或非線性變換,從而產生一個或多個輸出值的函數或向量值函數。神經元接收多個輸入值,對它們進行加權求和,然後透過線性或非線性函數產生一個或多個輸出值。神經元中對加權和進行線性或非線性變換的函數稱為**啟動函數**。

神經元函數,範例如下。

$$a = g\left(\sum_j w_j x_j\right)$$

其中,x_j 是一個輸入值,w_j 是該輸入值的權重,它們的加權和 $\sum_j w_j x_j$ 透過啟動函數 g 產生輸出值 a。

神經元通常用如圖 4-9 所示的圖形來表示。

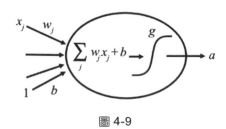

圖 4-9

有時，也會將神經元的偏置表示出來，即將神經元函數寫成以下形式。

$$a = g\left(\sum_j w_j x_j + b\right)$$

對應地，上式可以表示為如圖 4-10 所示的帶偏置的神經元。

神經元經常用如圖 4-11 所示的簡化圖形來表示。

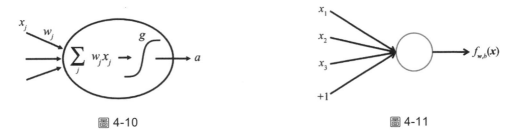

圖 4-10　　　　　　　　　　　　　　圖 4-11

圖 4-11 中的神經元，接收 3 個輸入 x_1、x_2、x_3 和一個對應偏置的固定輸入特徵值 1，產生一個輸出，公式如下。

$$f_{\boldsymbol{w},b}(\boldsymbol{x}) = g\left(\sum_{j=1}^3 w_j x_j + b\right)$$

如果用 W_0 表示 b，用 x_0 表示 1，則上式可以表示為

$$f_{\boldsymbol{w}}(\boldsymbol{x}) = g\left(\sum_{j=0}^3 w_j x_j\right)$$

啟動函數的不同決定了神經元功能的不同。線性回歸、邏輯回歸、感知機是使用不同啟動函數的神經元。線性回歸的啟動函數是恒等函數，即直接將加權和輸出。邏輯回歸用非線性啟動函數（如 sigmoid 函數）對加權和進行變換。感知機用步階函數對加權和進行變換。因此，神經元是對線性回歸、邏輯回歸、感知機的推廣。softmax 回歸可以看成輸出多個值的神經元，也就是說，其啟動函數是 softmax。神經元的啟動函數還可以是其他非線性函數，如 tanh、ReLU 等。

4.1.2 啟動函數

神經元中的啟動函數通常是一些簡單的非線性函數。神經元常用的啟動函數有 tanh、Rectified Linear（簡稱 ReLU）、sigmoid 等。sigmoid 函數已在 3.5 節詳細介紹過，這裡不再重複。

1. 步階函數

步階函數 $sign(x)$ 及其導數的 Python 實現程式如下。

```python
def sign(x):
    return np.array(x > 0, dtype=np.int)

def grad_sign(x):
    return np.zeros_like(x)
```

執行以下程式，可以繪製步階函數 $sign(x)$ 的圖型，結果如圖 4-12 所示。

```python
import numpy as np
import matplotlib.pylab as plt
%matplotlib inline

x = np.arange(-5.0,5.0, 0.1)
plt.ylim(-0.1, 1.1)                          #指定 y 軸的範圍
plt.plot(x, sign(x),label="sigmoid")
plt.plot(x, grad_sign(x),label="derivative")
plt.legend(loc="upper right", frameon=False)
plt.show()
```

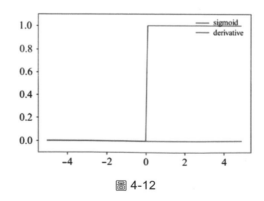

圖 4-12

2. tanh 函數

tanh 函數的公式如下。

$$\tanh(x) = \frac{e^x - e^{-x}}{e^x + e^{-x}}$$

tanh 函數的導函數公式如下。

$$\tanh'(x) = \frac{(e^x + e^{-x})(e^x + e^{-x}) - (e^x - e^{-x})(e^x - e^{-x})}{(e^x + e^{-x})^2}$$

$$= 1 - \frac{(e^x - e^{-x})^2}{(e^x + e^{-x})^2} = 1 - \tanh^2(x)$$

NumPy 提供了計算函數 tanh()。以下程式用於計算 $\tanh'(x)$，並繪製 $\tanh(x)$ 和 $\tanh'(x)$ 的函數曲線，結果如圖 4-13 所示。

```python
def grad_tanh(x):
    a = np.tanh(x)
    return 1 - a**2
x = np.arange(-5.0, 5.0, 0.1)
plt.plot(x, np.tanh(x),label="tanh")
plt.plot(x, grad_tanh(x),label="derivative")
plt.legend(loc="upper right", frameon=False)
plt.show()
```

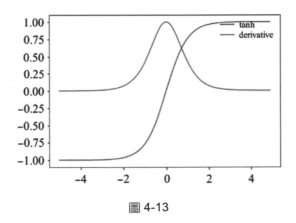

圖 4-13

3. ReLU 函數

ReLU 函數在 x 大於 0 時直接輸出 x，否則輸出 0，公式如下。

$$\text{ReLU}(x) = \begin{cases} x, \text{如果 } x > 0 \\ 0, \text{如果 } x \leq 0 \end{cases}$$

其導函數公式如下。

$$\text{ReLU}'(x) = \begin{cases} 1, \text{如果 } x > 0 \\ 0, \text{如果 } x \leq 0 \end{cases}$$

以下程式用於計算 $\text{ReLU}(x)$ 和 $\text{ReLU}'(x)$，並繪製它們的函數曲線，結果如圖 4-14 所示。

```python
def relu(x):
    return np.maximum(0, x)
def grad_relu(x):
    return 1. * (x > 0)

x = np.arange(-5.0, 5.0, 0.1)
plt.plot(x, relu(x),label="ReLU")
plt.plot(x, grad_relu(x),label="derivative")
plt.legend(loc="upper right", frameon=False)
plt.show()
```

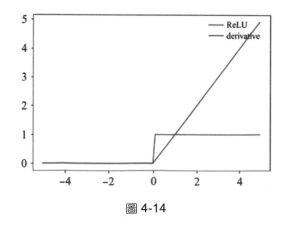

圖 4-14

ReLU 函數還有一些變種，如 LeakReLU 函數，公式如下。

$$\text{LeakReLU}(x) = \begin{cases} x, \text{如果 } x > 0 \\ kx, \text{如果 } x \leq 0 \end{cases}$$

其導函數公式如下。

$$\text{LeakReLU}'(x) = \begin{cases} 1, \text{如果 } x > 0 \\ k, \text{如果 } x \leq 0 \end{cases}$$

以下程式用於計算 $\text{LeakReLU}(x)$ 和 $\text{LeakReLU}'(x)$，並繪製它們的函數曲線，結果如圖 4-15 所示。

```python
import numpy as np
def leakRelu(x,k=0.2):
    y = np.copy( x )
    y[ y < 0 ] *= k
    return y

def grad_leakRelu(x,k=0.2):
    return np.clip(x > 0, k, 1.0)
    grad = np.ones_like(x)
    grad[x < 0] = alpha
    return grad

x = np.arange(-5.0, 5.0, 0.1)
plt.plot(x, leakRelu(x),label="LeakReLU")
plt.plot(x, grad_leakRelu(x),label="derivative")
plt.legend(loc="upper right", frameon=False)
plt.show()
```

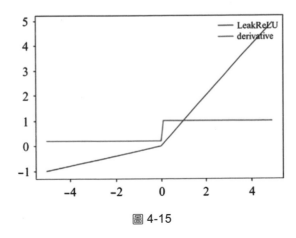

圖 4-15

4.1.3 神經網路與深度學習

1943 年，心理學家 McCulloch 和數學家 Pitts 參考生物神經元的結構，發表了抽象的神經元模型 MP。1949 年，心理學家 Hebb 提出了 Hebb 學習率，認為人腦神經細胞的突觸（也就是連接）的強度是可以變化的。1957 年，學者 Frank Rosenblatt 將類神經元稱為感知機，並提出了由兩層感知機組成的多層感知機（Multilayer Perceptron，MLP）。在現代機器學習中，感知機更多地被稱為**神經元**，多層感知機也被稱為類神經網路（Artificial Neural Network，ANN，簡稱**神經網路**）。

神經網路由多個簡單的神經元組成，從而表示一個複雜的函數。softmax 函數是一個多變數的向量值函數，即接收多個輸入值，輸出多個輸出值。舉例來說，一個有 3 個輸入值和 3 個輸出值的 softmax 函數 $f = \text{softmax}(z)$，它的輸入向量為 $z = (z_1, z_2, z_3)$，輸出向量為 $f = (f_1, f_2, f_3)$，因此，可以認為該函數是由 3 個神經元組成的，其結構如圖 4-16 所示。

這 3 個神經元都接收輸入向量 $z = (z_1, z_2, z_3)$，產生輸出 f_1、f_2、f_3，公式如下。

$$f_1 = \frac{e^{z_1}}{e^{z_1} + e^{z_2} + e^{z_3}}, \qquad f_2 = \frac{e^{z_2}}{e^{z_1} + e^{z_2} + e^{z_3}}, \qquad f_3 = \frac{e^{z_3}}{e^{z_1} + e^{z_2} + e^{z_3}}$$

可以看出，這 3 個神經元和一般的神經元不同，它們沒有對輸入向量 $z = (z_1, z_2, z_3)$ 進行加權和計算，而是直接透過上述公式輸出一個結果值 f_i。

下面我們對螺旋資料集中的二維資料點進行三分類 softmax 回歸。首先用 3 個神經元對輸入向量 $x = (x_1, x_2)$ 求加權和 $z = (z_1, z_2, z_3)$，然後將 $z = (z_1, z_2, z_3)$ 輸入 softmax 函數的 3 個神經元，得到最終的輸出 $f = (f_1, f_2, f_3)$。因此，可以認為這個 softmax 回歸的假設函數是由如圖 4-17 所示的神經元組成的。

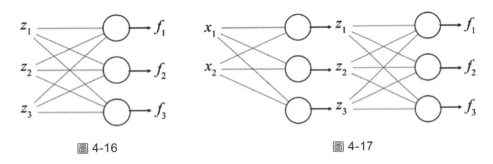

圖 4-16   圖 4-17

左邊一列圓圈，表示一個輸入的多個特徵。對於二維平面上的點，一個樣本只有兩個特徵，即其橫、垂直座標值 $x = (x_1, x_2)$。中間一列神經元，對輸入資料的多個特徵求加權和。這些加權和 $z = (z_1, z_2, z_3)$ 直接被輸出到最右邊的列，即 softmax 函數的 3 個神經元各自產生一個輸出值 f_i，組成 softmax 回歸的最終輸出 $f = (f_1, f_2, f_3)$。可以看出，資料從左邊輸入，從右邊輸出，左邊的神經元的輸出是其所對應的右邊一列的神經元的輸入，同一列的神經元之間沒有聯繫，右邊的神經元也不會向左邊輸出。這是一個資料從左到右「流動」且不會回復的計算過程。這樣的神經網路稱為**前饋神經網路**（Feedforward Neural Network）。

前饋神經網路每一列的所有神經元，稱為神經網路的一層。通常將輸入資料的特徵稱為**輸入層**，將產生最終輸出的最後一列神經元稱為**輸出層**，將中間所有列的神經元稱為**隱含層**。在前饋神經網路中，資料就是這樣一層一層地，從輸入層依次經過各個隱含層，最後透過輸出層輸出最終的輸出值的。有些書籍將包含輸入層的層數稱為神經網路的層數，如將圖 4-17 中的神經網路稱為 3 層神經網路；有些書籍則將圖 4-17 中的神經網路稱為 2 層神經網路（不包含輸入層）。

如圖 4-18 所示，可將 softmax 函數看成一個能產生多個輸出的神經元，而非多個神經元。這個神經網路中的神經元有些特殊：softmax 輸出層的神經元沒有計算前一層輸入的加權和；隱含層直接輸出加權和，沒有經過非線性啟動函數的變換，也就是説，隱含層神經元是一個線性回歸函數。

在大多數情況下，神經網路的隱含層神經元是類似於邏輯回歸的神經元，即先計算加權和，再透過非線性啟動函數進行輸出。輸出層神經元可以是 softmax 神經元、線性回歸神經元、邏輯回歸神經元。因為 softmax 層的神經元沒有權值等參數，而是一個確定的 softmax 函數，所以，在針對多分類問題設計神經網路時，可以不將 softmax 函數單獨作為一個層──直接將 softmax 層的前一層作為輸出層即可。

softmax 回歸可以用如圖 4-19 所示的神經網路來表示。在這個神經網路中，只有輸入層和輸出層，沒有隱含層，輸出層的輸出值表示輸入資料屬於各個類別的得分。這個得分經過 softmax 函數，可以輸出資料屬於各個類別的機率。

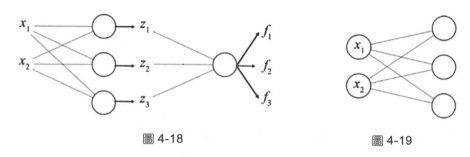

圖 4-18　　　　　　　　　　　圖 4-19

實際的神經網路至少包含 1 個隱含層，通常包含多個隱含層。隨著以 GPU 為代表的硬體的運算能力的發展，以及大規模資料的可獲得，現代神經網路通常包含多個隱含層。神經網路的層次數稱為神經網路的深度。現代神經網路可以很深，甚至可以包含數百個隱含層。較深的神經網路稱為**深度神經網路**，基於深度神經網路的機器學習稱為**深度學習**（Deep Learning）。

不管是深度神經網路還是淺層神經網路，其工作原理都是一樣的，只不過深度神經網路「深」了一些而已。為簡單起見，下面以淺層神經網路為例來講解。

為了對二維座標點進行三分類，可以用一個簡單的 2 層神經網路作為假設函數進行模型訓練。如圖 4-20 所示，左邊一列是輸入層，中間一列的神經元組成了隱含層，右邊一列的神經元組成了輸出層。

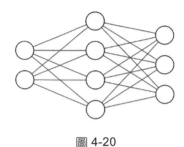

圖 4-20

隱含層和輸出層都是類似邏輯回歸函數的神經元,即每個該神經元用自己的權值向量計算一個加權和 z,然後經過自己的啟動函數,產生一個輸出值 a。

這個只有一個隱含層的 2 層神經網路定義了一個函數 $f\colon \mathbf{R}^D \to \mathbf{R}^K$。其中,$D$ 表示輸入向量 $\boldsymbol{x}$ 的大小,K 表示輸出向量 $\boldsymbol{f}(\boldsymbol{x})$ 的大小。用 $l = 0,1,2$ 分別表示每一層。對一個神經元,用 $\boldsymbol{z}$ 表示輸入值的加權和,用 $z_i^{[l]}$ 表示第 l 層的第 i 個神經元的加權和,用 $\boldsymbol{a}$ 表示輸出值,用 $a_i^{[l]}$ 表示第 l 層的第 i 個神經元的啟動值。當 $l = 0$ 時,$a_i^{(0)}$ 就是第 i 個輸入特徵。

假設第 1 層的所有神經元的啟動函數都是 $g^{[1]}$,每個神經元接收輸入 $\boldsymbol{x} = (x_1, x_2)$,產生一個輸出值。這些輸出值(啟動值)就組成了一個向量 $\boldsymbol{a}^{[1]} = (a_1^{[1]}, a_2^{[1]}, a_3^{[1]}, a_4^{[1]})$,公式如下。

$$a_1^{[1]} = g^{[1]}\left(x_1 W_{11}^{[1]} + x_2 W_{21}^{[1]} + b_1^{[1]}\right)$$

$$a_2^{[1]} = g^{[1]}\left(x_1 W_{12}^{[1]} + x_2 W_{22}^{[1]} + b_2^{[1]}\right)$$

$$a_3^{[1]} = g^{[1]}\left(x_1 W_{13}^{[1]} + x_2 W_{23}^{[1]} + b_3^{[1]}\right)$$

$$a_4^{[1]} = g^{[1]}\left(x_1 W_{14}^{[1]} + x_2 W_{24}^{[1]} + b_4^{[1]}\right)$$

用矩陣 $\boldsymbol{W}^{[1]}$、$\boldsymbol{b}^{[1]}$ 表示這些權值和偏置,公式如下。

$$\boldsymbol{W}^{[1]} = \begin{bmatrix} W_{11}^{[1]} & W_{12}^{[1]} & W_{13}^{[1]} & W_{14}^{[1]} \\ W_{21}^{[1]} & W_{22}^{[1]} & W_{23}^{[1]} & W_{24}^{[1]} \end{bmatrix}$$

$$\boldsymbol{b}^{[1]} = \left(b_1^{[1]}, b_2^{[1]}, b_3^{[1]}, b_4^{[1]}\right)$$

即每一列表示一個神經元的權值或偏置。第 1 層神經元的計算過程如下。

$$a^{[1]} = g^{[1]}\big(a^{[1]} \quad W^{[1]} \quad + \quad b^{[1]}\big)$$

$$1 \times 4 \qquad 1 \times 2 \quad 2 \times 4 \quad 1 \times 4$$

假設第 2 層（輸出層）的所有神經元的啟動函數都是 $g^{[2]}$，它們接收來自隱含層的輸出值 $a^{[1]} = (a_1^{[1]}, a_2^{[1]}, a_3^{[1]}, a_4^{[1]})$，產生最終的輸出值，即向量 $a^{[2]} = (a_1^{[2]}, a_2^{[2]}, a_3^{[2]})$，公式如下。

$$a_1^{[2]} = g^{[2]}\left(a_1^{[1]}W_{11}^{[2]} + a_2^{[1]}W_{21}^{[2]} + a_3^{[1]}W_{31}^{[2]} + a_4^{[1]}W_{41}^{[2]} + b_1^{[2]}\right)$$

$$a_2^{[2]} = g^{[2]}\left(a_1^{[1]}W_{12}^{[2]} + a_2^{[1]}W_{22}^{[2]} + a_3^{[1]}W_{32}^{[2]} + a_4^{[1]}W_{42}^{[2]} + b_2^{[2]}\right)$$

$$a_3^{[2]} = g^{[2]}\left(a_1^{[1]}W_{13}^{[2]} + a_2^{[1]}W_{23}^{[2]} + a_3^{[1]}W_{33}^{[2]} + a_4^{[1]}W_{43}^{[2]} + b_3^{[2]}\right)$$

用矩陣 $W^{[2]}$、$b^{[2]}$ 表示這些權值和偏置，公式如下。

$$W^{[2]} = \begin{bmatrix} W_{11}^{[2]} & W_{12}^{[2]} & W_{13}^{[2]} \\ W_{21}^{[2]} & W_{22}^{[2]} & W_{23}^{[2]} \\ W_{31}^{[2]} & W_{32}^{[2]} & W_{33}^{[2]} \\ W_{41}^{[2]} & W_{42}^{[2]} & W_{43}^{[2]} \end{bmatrix}$$

$$b^{[2]} = \left(b_1^{[2]}, b_2^{[2]}, b_3^{[2]}\right)$$

第 2 層神經元的計算過程如下。

$$a^{[2]} = \quad g^{[2]}\big(a^{[1]} \quad W^{[2]} \quad + \quad b^{[2]}\big)$$

$$1 \times 3 \qquad 1 \times 4 \quad 4 \times 3 \quad 1 \times 3$$

將整個神經網路的函數 $f(x)$ 寫成以下形式。

$$f(x) = g^{[2]}\left(\left(g^{[1]}\big(xW^{[1]} + b^{[1]}\big)\right)W^{[2]} + b^{[2]}\right)$$

用 $a^{(0)}$ 表示輸入資料 x。若

$$a^{(0)} = \left(a_1^{(0)}, a_2^{(0)}\right) = x = (x_1, x_2)$$

則輸入一個 x，即 $a^{(0)}$。這個神經網路的計算過程如下。

$$z^{[1]} = a^{(0)}W^{[1]} + b^{[1]}$$

$$a^{[1]} = g^{[1]}(z^{[1]})$$

$$z^{[2]} = a^{(1)}W^{[2]} + b^{[2]}$$

$$f(x) = a^{[2]} = g^{[2]}(z^{[2]})$$

按照 $x \to z^{[1]} \to a^{[1]} \to z^{[2]} \to a^{[2]}$ 的順序計算神經網路產生最終輸出的過程，稱為**前向傳播**（Forward Propagation）或**正向計算**。

第 1 層和第 2 層的加權和及啟動值的計算過程是類似的。對於一個普通的神經網路，其第 l 層的加權和及啟動值的計算公式如下。

$$z^{[l]} = a^{(l-1)}W^{[l]} + b^{[l]}$$

$$a^{[l]} = g^{[l]}(z^{[l]})$$

第 l 層接收來自第 $l-1$ 層的輸入 $a^{[l-1]}$，計算加權和 $z^{[l]} = a^{[l-1]}W^{[l]} + b^{[l]}$，經過啟動函數 $g^{[l]}$，產生輸出 $a^{[l]} = g^{[l]}(z^{[l]})$。

上述神經網路的正向計算，可用以下 Python 程式實現（不失一般性，假設所有神經元的啟動函數都是 sigmoid 函數）。

```python
import numpy as np

def sigmoid(x):
    return 1 / (1 + np.exp(-x))

g1 = sigmoid

g2 = sigmoid

#x 和(W1,b1)
x = np.array([1.0, 0.5])                    #輸入 x 是 1x2 的行向量
W1 = np.array([[0.1, 0.3,0.5,0.2],
               [0.4,0.6,0.7, 0.1]])         #W1 是 2x4 的矩陣
b1 = np.array([0.1, 0.2, 0.3,0.4])          #偏置 b1 是 1x4 的行向量
print("x.shape",x.shape)                    #(2,)
print("W1.shape",W1.shape)                  #(2, 4)
print("b1.shape",b1.shape)                  #(4,)
```

```
#透過輸入 x 和(W1,b1)計算 z1 和 a1 的值
z1 = np.dot(x,W1) + b1                    #(1,4)
a1 = g1(z1)                               #(1,4)
print("z1",z1)                            #(4,)
print("a1",a1)

#a1 和(W2,b2)
W2 = np.array([[0.1, 1.4,0.2],[2.5, 0.6, 0.3],[1.1,0.7,0.8],[0.3,1.5,2.1]])
b2 = np.array([0.1, 2,0.3])
print("a2.shape",a1.shape)                #(4,)
print("W2.shape",W2.shape)                #(2, 4)
print("b2.shape",b2.shape)                #(2,)

#透過 a1 和(W2,b2)計算 z2 和 a2 的值
z2 = np.dot(a1,W2) + b2
a2 = g2(z2)
print("z2",z2)
print("a2",a2)
```

```
x.shape (2,)
W1.shape (2, 4)
b1.shape (4,)
z1 [0.4   0.8   1.15 0.65]
a1 [0.59868766 0.68997448 0.75951092 0.65701046]
a2.shape (4,)
W2.shape (4, 3)
b2.shape (3,)
z2 [2.91737012 4.76932075 2.61406058]
a2 [0.94869845 0.99158527 0.93176103]
```

4.1.4　多個樣本的正向計算

多個樣本（如 m 個樣本 $x^{(i)}$）的資料特徵可以組成一個矩陣 X，公式如下。

$$X = \begin{bmatrix} x^{(1)} \\ x^{(2)} \\ \vdots \\ x^{(m)} \end{bmatrix}$$

每個樣本所對應的層的輸出向量 $z^{[l]}$、$a^{[l]}$ 的矩陣 $Z^{[l]}$、$A^{[l]}$ 的公式如下。

$$Z^{[l]} = \begin{bmatrix} z^{(1)[l]} \\ z^{(2)[l]} \\ \vdots \\ z^{(m)[l]} \end{bmatrix}, \quad A^{[l]} = \begin{bmatrix} a^{(1)[l]} \\ a^{(2)[l]} \\ \vdots \\ a^{(m)[l]} \end{bmatrix}$$

其中，$z^{(i)[l]}$、$a^{(i)[l]}$ 分別是第 i 個樣本的第 l 層的加權和、啟動值，它們將分別作為矩陣 $Z^{[l]}$、$A^{[l]}$ 的第 i 行。

多個樣本的正向計算可以寫成向量（矩陣）的形式，公式如下。

$$Z^{[l]} = \begin{bmatrix} z^{(1)[l]} \\ z^{(2)[l]} \\ \vdots \\ z^{(m)[l]} \end{bmatrix} = \begin{bmatrix} a^{(1)[l-1]}W^{[l]} + b^{[l]} \\ a^{(2)[l-1]}W^{[l]} + b^{[l]} \\ \vdots \\ a^{(m)[l-1]}W^{[l]} + b^{[l]} \end{bmatrix}$$

因為 NumPy 陣列具有廣播功能，所以，可以將上式化簡為

$$Z^{[l]} = A^{[l-1]}W^{[l]} + b^{[l]}$$

同樣，$A^{[l]}$ 是 $Z^{[l]}$ 的啟動值，公式如下。

$$A^{[l]} = \begin{bmatrix} a^{(1)[l]} \\ a^{(2)[l]} \\ \vdots \\ a^{(m)[l]} \end{bmatrix} = \begin{bmatrix} g^{[l]}(z^{(1)[l]}) \\ g^{[l]}(z^{(2)[l]}) \\ \vdots \\ g^{[l]}(z^{(m)[l]}) \end{bmatrix}$$

因為 NumPy 陣列具有廣播功能，所以，可以將上式化簡為

$$A^{[l]} = g^{[l]}(Z^{[l]})$$

因此，對於一般的層 l，正向計算的向量化公式如下。

$$Z^{[l]} = A^{[l-1]}W^{[l]} + b^{[l]}$$

$$A^{[l]} = g^{[l]}(Z^{[l]})$$

針對多個樣本的向量（矩陣）形式的正向計算的 Python 程式，具體如下。

```
X = np.array([[1.0, 2.],[3.0,4.0]])
W1 = np.array([[0.1, 0.3,0.5,0.2],
               [0.4,0.6,0.7, 0.1]])        #W1 是 2x4 的矩陣
```

```
b1 = np.array([0.1, 0.2, 0.3,0.4])              #偏置 b1 是 1x4 的行向量

print("X.shape",X.shape)                         #(2,)
print("W1.shape",W1.shape)                        #(4, 2)
print("b1.shape",b1.shape)                        #(4,)

#計算第 1 層的 Z1 和 A1
Z1 = np.dot(X,W1) + b1
A1 = sigmoid(Z1)
print("Z1:",Z1)
print("A1:",A1)

W2 = np.array([[0.1, 1.4,0.2],[2.5, 0.6, 0.3],[1.1,0.7,0.8],[0.3,1.5,2.1]])
b2 = np.array([0.1, 2,0.3])
print("A1.shape",A1.shape)               #(2,)
print("W2.shape",W2.shape)               #(4, 2)
print("b2.shape",b2.shape)               #(4,)

#計算第 1 層的 Z2 和 A2
Z2 = np.dot(A1,W2) + b2
A2 = sigmoid(Z2)
print("Z2:",Z2)
print("A2:",A2)
```

```
X.shape (2, 2)
W1.shape (2, 4)
b1.shape (4,)
Z1: [[1.   1.7 2.2 0.8]
 [2.   3.5 4.6 1.4]]
A1: [[0.73105858 0.84553473 0.90024951 0.68997448]
 [0.88079708 0.97068777 0.9900482  0.80218389]]
A1.shape (2, 4)
W2.shape (4, 3)
b2.shape (3,)
Z2: [[3.4842095  5.19593923 2.86901816]
 [3.94450732 5.71183814 3.24399047]]
A2: [[0.97023513 0.9944915  0.94629347]
 [0.98100697 0.99670431 0.96245657]]
```

有些書籍將 $x^{(i)}$、$z^{[l]}$、$a^{[l]}$、$b^{[l]}$ 等寫成了列向量的形式，公式如下。

$$z^{[l]} = W^{[l]}a^{[l-1]} + b^{[l]}$$

例如

$$z^{[1]} = \begin{bmatrix} z_1^{[1]} \\ z_2^{[1]} \\ z_3^{[1]} \\ z_4^{[1]} \end{bmatrix} = \begin{bmatrix} W_{11}^{[1]} & W_{21}^{[1]} \\ W_{21}^{[1]} & W_{22}^{[1]} \\ W_{31}^{[1]} & W_{32}^{[1]} \\ W_{41}^{[1]} & W_{42}^{[1]} \end{bmatrix} \begin{bmatrix} x_1 \\ x_2 \end{bmatrix} + \begin{bmatrix} b_1^{[1]} \\ b_2^{[1]} \\ b_3^{[1]} \\ b_4^{[1]} \end{bmatrix}$$

因為 $x^{(i)}$ 是一個列向量,所以 m 個樣本 $x^{(i)}$ 組成了一個矩陣 X,公式如下。

$$X = \begin{bmatrix} x^{(1)} & x^{(2)} & \cdots & x^{(m)} \end{bmatrix}$$

即每個樣本的資料特徵 $x^{(i)}$ 作為矩陣 X 的一列。因此,加權和 $Z^{[1]}$ 的計算公式為

$$Z^{[1]} = W^{[1]}X + b^{[1]}$$

一般地,有

$$Z^{[l]} = W^{[l]}A^{[l-1]} + b^{[l]}$$

$$A^{[l]} = g^{[l]}(Z^{[l]})$$

4.1.5 輸出

當神經網路用於解決回歸問題時,類似於線性回歸,輸出的是實數軸上的任意實數(可以是一個實數,也可以是多個實數)。舉例來說,對於目標定位問題,需要輸出目標的位置,如目標在樣本圖型中的座標。再如,對於人臉標示點檢測問題,需要輸出圖型中人臉上的多個特徵點的座標。對於這些問題,輸出值可以是任意實數。

在解決二分類問題時,類似於邏輯回歸,輸出的是表示樣本屬於其中一個類別的機率。這個機率透過 sigmoid 函數,將屬於實數區間的實數壓縮到表示機率的區間 [0,1] 內。在解決多分類問題時,輸出的是樣本屬於各個類別的機率,這些機率就是由 softmax 函數將同樣數目的(實數軸上的)實數壓縮到表示機率的區間 [0,1] 內的。

對於分類問題，即使不將實數軸上的實數壓縮到表示機率的區間 [0,1] 內，也可以根據實數的大小來判斷樣本的類別。

舉例來說，對於三分類問題，如果輸出是 3 個實數 219、18、564，那麼可知該樣本屬於最大實數的類別是第 3 類，而非第 1 類或第 2 類。將任意實數轉為表示機率的實數，是為了從機率意義上定義二分類或多分類的交叉熵損失。因此，對於分類問題，神經網路的輸出可以是實數軸上的實數（表示樣本屬於哪個類別或在多個不同類別上的**得分**），也可以是將得分透過 sigmoid 或 softmax 函數轉換得到的機率。

在設計神經網路時：如果將包含 sigmoid 或 softmax 函數的神經元作為最後的輸出層，那麼輸出的機率可以直接和目標值計算交叉熵損失；如果將輸出得分的網路層作為輸出層，那麼不管是分類問題還是回歸問題，輸出的都是實數軸上的任意實數，只不過對於分類問題，這種得分還會透過 sigmoid 或 softmax 函數轉為機率，再與目標值計算交叉熵損失。

不管是否將 sigmoid 或 softmax 函數作為輸出層，神經網路的其他層的神經元都是具有類似邏輯回歸功能的神經元，即每個神經元接收前一層的輸入 $a^{[l-1]}$，用該神經元的權值向量對這些輸入計算加權和 $z^{[l]} = a^{[l-1]}W^{[l]}$，再經過一個啟動函數 $g^{[l]}$，產生一個輸出 $a^{[l]} = g^{[l]}(z^{[l]})$。如果將輸出得分的層作為輸出層，那麼該層的啟動函數 $g^{[L]}$ 通常是一個恒等函數；不然輸出層的啟動函數就是 sigmoid 或 softmax 函數這種特殊的神經元。為了避免區分特殊的神經元和一般的邏輯回歸神經元，本書將輸出得分的層作為輸出層。

4.1.6　損失函數

無論是訓練神經網路，還是使用訓練好的神經網路進行預測，都需要對神經網路輸出值（預測值）和真實值進行**誤差評估**。這個誤差也稱為**損失**或**代價**。

假設一個樣本的預測值和真實值分別是 $f^{(i)}$ 和 $y^{(i)}$，該樣本的誤差是 $L(f^{(i)}, y^{(i)})$。在訓練神經網路或對神經網路模型進行驗證時，通常都要對一組樣本計算它們的整體平均誤差。對於 m 個樣本的誤差，可以取它們的誤差的平均值，公式如下。

$$L(f, y) = \frac{1}{m} \sum_{i=1}^{m} L(f^{(i)}, y^{(i)})$$

對於一個確定的樣本，其誤差 $L(f^{(i)}, y^{(i)})$ 會隨模型參數的不同而不同。模型參數不同，預測值 $f^{(i)}$ 就會不同，多個樣本的平均誤差 $L(f, y)$ 也是如此，即誤差可以看成預測值 $f^{(i)}$ 和模型參數的函數。這個函數通常稱為**損失函數**。透過最小化訓練損失（誤差），可以得到該損失函數的最小值所對應的模型的參數。

在神經網路中，常用的損失函數有均方差損失函數、二分類交叉熵損失函數、多分類交叉熵損失函數。

1. 均方差損失函數

均方差誤差，就是將所有樣本的預測值和真實值的歐幾里德距離的平方的平均值作為誤差。

對於多個樣本，設 $F = (f^{(1)}, f^{(2)}, \cdots, f^{(m)})^T$、$Y = (y^{(1)}, y^{(2)}, \cdots, y^{(m)})^T$，$F$ 和 Y 之間的均方差損失 $\mathcal{L}(F, Y)$ 的計算公式如下。

$$\mathcal{L}(F, Y) = \frac{1}{m} \| f^{(i)} - y^{(i)} \|_2^2 = \frac{1}{m} \sum_{i=1}^{m} \| f^{(i)} - y^{(i)} \|_2^2$$

我們知道，乘以一個常數不會改變損失函數的極值點。有時，為了使求導的梯度更「好看」，會將這個均方差損失除以 2，公式如下。

$$\mathcal{L}(F, Y) = \frac{1}{2m} \| f^{(i)} - y^{(i)} \|_2^2 = \frac{1}{2m} \sum_{i=1}^{2} \| f^{(i)} - y^{(i)} \|_2^2$$

對於一個樣本 $(f^{(i)}, y^{(i)})$，$\frac{1}{2} \| f^{(i)} - y^{(i)} \|_2^2$ 的計算程式如下。

```
import numpy as np
f = np.array([0.1, 0.2,0.5])
```

```
y = np.array([0.3, 0.4,0.2])
loss =  np.sum((f - y) ** 2)/2
print(loss)
```

```
0.08499999999999999
```

對於多個樣本，$\mathcal{L}(\boldsymbol{F},\boldsymbol{Y}) = \frac{1}{2m} \| \boldsymbol{f}^{(i)} - \boldsymbol{y}^{(i)} \|_2^2$ 可透過以下程式來計算。

```
F = np.array([[0.1, 0.2,0.5],[0.1, 0.2,0.5]])
Y = np.array([[0.3, 0.4,0.2],[0.3, 0.4,0.2]])

m = len(F)
loss =  np.sum((F - Y) ** 2)/(2*m)
# loss = (np.square(H-Y)).mean()
print(loss)
```

```
0.08499999999999999
```

將均方差寫成一個函數，具體如下。

```
def mse_loss(F,Y,divid_2=False):
    m = F.shape[0]
    loss =  np.sum((F - Y) ** 2)/m
    if divid_2:        loss/=2
    return loss

mse_loss(F,Y,True)
```

```
0.08499999999999999
```

均方差損失常用在回歸問題中。對於分類問題，一般使用交叉熵損失
（Cross-Entropy Loss）。

2. 二分類交叉熵損失函數

對於二分類問題，神經網路的輸出層只有一個邏輯回歸神經元，用於輸出
一個樣本屬於某個類別的機率。所有樣本的機率輸出，組成了一個向量
$\boldsymbol{f}$。訓練樣本的目標值用 1 或 0 表示樣本屬於哪個類別。由所有樣本的目
標值組成的向量，用 $\boldsymbol{y}$ 表示。交叉熵損失的計算公式如下。

$$L(\boldsymbol{f}, \boldsymbol{y}) = \frac{1}{m} \sum_{i=1}^{m} L(y^{(i)}, f^{(i)})$$

$$= \frac{1}{m} \sum_{i=1}^{m} \left[y^{(i)} \log(f^{(i)}) + (1 - y^{(i)}) \log(1 - f^{(i)}) \right]$$

$$= -\frac{1}{m} \text{np.sum}(\boldsymbol{y} \log \boldsymbol{f} + (1 - \boldsymbol{y}) \log(1 - \boldsymbol{f}))$$

其中：$y^{(i)}$ 的值為 1 或 0，表示樣本所屬的類別；$f^{(i)}$ 表示樣本屬於值為 1 的類別的機率。

二分類交叉熵損失可用以下程式來計算。

```
- (1./m)*np.sum(np.multiply(y,np.log(f)) + np.multiply((1 - y), np.log(1 -
f)))
```

範例程式如下。

```
#https://towardsdatascience.com/neural-net-from-scratch-using-numpy-
71a31f6e3675
f = np.array([0.1, 0.2,0.5])            #3 個樣本屬於類別 1 的機率
y = np.array([0,   1,    0])            #3 個樣本所對應的類別
m = y.shape[0]

loss = - (1./m)*np.sum(np.multiply(y,np.log(f)) + np.multiply((1 - y),
                       np.log(1 - f)))
print(loss)
```

```
0.8026485362172906
```

為防止 $\boldsymbol{f}$ 或 $1 - \boldsymbol{f}$ 出現 0 值，從而導致 log() 函數的值出現異常，可在計算對數時增加一個很小的值 ϵ。二分類交叉熵損失函數的計算程式如下。

```
def binary_crossentropy(f,y,epsilon = 1e-8):
    #np.sum(y*np.log(f+epsilon)+ (1-y)*np.log(1-f+epsilon), axis=1)
    m = len(y)
    return - (1./m)*np.sum(np.multiply(y,np.log(f+epsilon)) + np.multiply((1 - y),
                           np.log(1 - f+epsilon)))
binary_crossentropy(f,y)
```

```
0.8026485091802541
```

3. 多分類交叉熵損失函數

上述針對二分類問題的交叉熵損失，可以推廣到超過 2 個類別的多分類問題。

假設 $f_c^{(i)}$ 表示第 i 個樣本屬於第 c 個類別的機率，$y_c^{(i)}$ 用 1 或 0 表示第 i 個樣本是否屬於類別 c，即用 one-hot 向量 $y^{(i)}$ 表示樣本的目標值。根據 softmax 回歸的相關知識，多個樣本的交叉熵損失的計算公式如下。

$$L(f, y) = \frac{1}{m} \sum_{i=1}^{m} L_i \left(y^{(i)}, f^{(i)} \right)$$

$$= \frac{1}{m} \sum_{i=1}^{m} \sum_{c=1}^{C} y_c^{(i)} \cdot \log \left(f_c^{(i)} \right)$$

$$= -\frac{1}{m} \sum_{i=1}^{m} y^{(i)} \cdot \log(f^{(i)})$$

對於三分類問題，即 $C = 3$，某個樣本的 $f^{(i)}$ 和 $y^{(i)}$ 的值分別如下。

$$f^{(i)} = \begin{bmatrix} f_1^{(i)} & f_2^{(i)} & f_3^{(i)} \end{bmatrix} = \begin{bmatrix} 0.3 & 0.5 & 0.2 \end{bmatrix}$$

$$y^{(i)} = \begin{bmatrix} y_1^{(i)} & y_2^{(i)} & y_3^{(i)} \end{bmatrix} = \begin{bmatrix} 0 & 0 & 1 \end{bmatrix}$$

以上結果說明，樣本的真實分類是第 3 類。預測值表示樣本屬於這 3 個分類的機率。

這個樣本的交叉熵損失如下。

$$-(0 \times \log(0.3) + 0 \times \log(0.5) + 1 \times \log(0.2) = -\log(0.2)$$

可以看出，交叉熵損失只取決於真實的類別所對應的那一項。

因此，如果所有樣本的目標值都是 one-hot 向量，那麼對於 m 個樣本，可以將 $\mathcal{L}(f, y)$ 寫成向量化的 Hadamard 乘積的形式，公式如下。

$$\mathcal{L}(F, Y) = -\frac{1}{m} \text{sum}(y \odot \log(f))$$

其 NumPy 程式如下。

```
-(1./m)*np.sum(np.multiply(y, np.log(f)))
```

舉例來說，對於 $m = 2$（2 個樣本），softmax 層的輸出 F 和樣本的目標值（one-hot 向量）矩陣 Y，具體如下。

$$F = \begin{bmatrix} 0.2 & 0.5 & 0.3 \\ 0.4 & 0.3 & 0.3 \end{bmatrix}, \quad Y = \begin{bmatrix} 0 & 1 & 1 \\ 0 & 0 & 1 \end{bmatrix}$$

以下程式用於計算這 2 個樣本的交叉熵損失。

```
def cross_entropy_loss_onehot(F,Y):
    m = len(F) # F.shape[0]
    return -(1./m) *np.sum(np.multiply(Y, np.log(F)))

F = np.array([[0.2,0.5,0.3],[0.4,0.3,0.3]])
Y = np.array([[0,0,1],[1,0,0]])
cross_entropy_loss_onehot(F,Y)
```

```
1.0601317681000455
```

對每個樣本的目標值，如果沒有用 one-hot 向量來表示，而是用一個整數來表示（該樣本屬於哪個類別），那麼，對於 C 分類問題，這些整數就是 $(0,1,2,\cdots,C-1)$。舉例來說，用整數 2 表示樣本屬於第 3 類，此時，該樣本的交叉熵損失就是 $f^{(i)}$ 所對應的分量（索引 2 所對應的類別 $f_2^{(i)}$），即 $-\log f_2^{(i)}$。

如果用整數表示樣本的目標分類，則多分類交叉熵損失的計算公式如下。

$$\mathcal{L}(F,Y) = \frac{1}{m}\sum_{i=1}^{m} L_i\big(y^{(i)}, f^{(i)}\big) = -\frac{1}{m}\sum_{i=1}^{m} \log\big(f_{y^{(i)}}^{(i)}\big)$$

其中，$y^{(i)}$ 表示第 i 個樣本所屬類別所對應的整數（索引）。

因此，可以定義以下多分類交叉熵計算函數。

```
def cross_entropy_loss(F,Y,onehot=False):
    m = len(F) #F.shape[0]          #樣本數
    if onehot:
        return -(1./m) *np.sum(np.multiply(Y, np.log(F)))
    #F[i]中對應於類別Y[i]的對數
    else: return  - (1./m) *np.sum( np.log(F[range(m),Y]) )
```

在以下程式中：F 表示兩個樣本的輸出；每個樣本的輸出向量都有 3 個分量，表示該樣本屬於 3 個類別的機率；目標 Y 的第 i 個分量表示第 i 個樣本所屬類別的索引（如 0、1、2）。

```
F = np.array([[0.2,0.5,0.3],[0.4,0.3,0.3]])　#每一行對應於一個樣本
Y = np.array([2,0])                          #第 1 個樣本屬於第 2 類，第 2 個樣本屬於第 0 類

cross_entropy_loss(F,Y)
```

```
1.0601317681000455
```

執行以下程式，可將一個整數索引陣列轉為一個 one-hot 陣列。

```
#numpy.eye(number of classes)[vector containing the labels]
n_C =  np.max(Y) + 1                 #類別數
one_hot_y = np.eye(n_C)[Y]
print(one_hot_y)
```

```
[[0. 0. 1.]
 [1. 0. 0.]]
```

```
cross_entropy_loss_onehot(F,one_hot_y)
```

```
1.0601317681000455
```

當然，為了防止過擬合，可以在上述損失計算公式的基礎上增加正則化項，對絕對值較大的模型參數施加較大的懲罰（防止模型參數的絕對值過大），具體如下。

$$\mathcal{L}(\boldsymbol{F},\boldsymbol{Y}) = \frac{1}{m}\sum_{i=1}^{m} L_i\big(\boldsymbol{y}^{(i)},\boldsymbol{f}^{(i)}\big) + \lambda \sum_{l=i}^{L} \big\|\boldsymbol{W}^{[l]}\big\|_2^2$$

4.1.7　基於數值梯度的神經網路訓練

和回歸問題一樣，一個結構確定的神經網路函數完全由其神經元的參數（權值參數和偏置）決定。參數不同，所表示的神經網路函數就不同。

對於一組樣本，希望找到能夠擬合這些樣本的最佳神經網路參數，即確定能夠反映樣本特徵和目標值關係的最佳神經網路函數。尋找最佳神經網路

參數的過程，和任何機器學習模型的訓練過程一樣，都是求解使某種損失最小的模型參數，具體地，就是透過求解損失函數的最小化問題來確定神經網路的模型參數。這個過程稱為**神經網路的訓練**。

神經網路的訓練和回歸模型的訓練一樣，都是用梯度下降法疊代更新模型參數，直到演算法足夠收斂或達到最大疊代次數為止。梯度下降法需要計算損失函數關於模型參數的偏導數。神經網路通常包含很多層，每一層都有很多神經元，每個神經元又包含很多模型參數，因此，其偏導數的計算要比回歸問題複雜得多。

前面討論了神經網路的正向計算和損失函數的計算，可以在梯度下降法中用數值梯度來逼近分析梯度。下面我們針對 2 層神經網路，完整地實現一個神經網路訓練和預測演算法。

在線性回歸中，模型參數通常被初始化為 0。然而，如果神經網路模型的權值參數被初始化為 0，那麼神經網路的神經元最終會趨同，即所有神經元的模型參數相同，每一層的多個神經元相當於一個神經元，神經網路的表達能力將大大退化，難以獲得令人滿意的神經網路。因此，需要對神經網路的權值進行隨機初始化。研究人員提供了多種不同的初始化神經網路權值的方法。

一般來說神經網路的偏置被初始化為 0，而權值參數隨機取樣自一個分佈（如高斯分佈）。假設神經元的數目為 $n^{(l)}$，前一層輸出值的數目是 $n^{(l-1)}$，那麼該層的神經元權值矩陣 $W^{(l)}$ 就是一個 $n^{(l-1)} \times n^{(l)}$ 的矩陣。可以用以下 Python 程式對該神經網路進行初始化，將所有權值的標準正態分佈的隨機值乘以 0.01。

```
Wl = np.random.randn(n_l_1,n_l)* 0.01
```

假設上述 2 層神經網路的輸入特徵的數目是 n_x，中間層和輸出層神經元的數目分別是 n_h 和 n_o，initialize_parameters() 函數負責完成所有模型參數的初始化工作並返回一個字典物件。範例程式如下。

```
import numpy as np

def initialize_parameters(n_x, n_h, n_o):
    np.random.seed(2) #固定的種子，使每次運行這段程式時隨機數的值都是相同的

    W1 = np.random.randn(n_x,n_h)* 0.01
    b1 = np.zeros((1,n_h))
    W2 = np.random.randn(n_h,n_o) * 0.01
    b2 = np.zeros((1,n_o))

    assert (W1.shape == (n_x, n_h))
    assert (b1.shape == (1, n_h))
    assert (W2.shape == (n_h, n_o))
    assert (b2.shape == (1, n_o))

    parameters = [W1,b1,W2,b2]
    return parameters
```

對 initialize_parameters() 函數進行測試，程式如下。

```
n_x, n_h, n_o = 2,4,3
parameters = initialize_parameters(n_x, n_h, n_o)
print("W1 = " + str(parameters[0]))
print("b1 = " + str(parameters[1]))
print("W2 = " + str(parameters[2]))
print("b2 = " + str(parameters[3]))
```

```
W1 = [[-0.00416758 -0.00056267 -0.02136196  0.01640271]
 [-0.01793436 -0.00841747  0.00502881 -0.01245288]]
b1 = [[0. 0. 0. 0.]]
W2 = [[-1.05795222e-02 -9.09007615e-03  5.51454045e-03]
 [ 2.29220801e-02  4.15393930e-04 -1.11792545e-02]
 [ 5.39058321e-03 -5.96159700e-03 -1.91304965e-04]
 [ 1.17500122e-02 -7.47870949e-03  9.02525097e-05]]
b2 = [[0. 0. 0.]]
```

用於進行正向計算的 forward_propagation(X, parameters) 函數的程式，具體如下。

```
def sigmoid(x):
    return 1 / (1 + np.exp(-x))

def forward_propagation(X, parameters):
    W1,b1,W2,b2 = parameters

    Z1 = np.dot(X,W1) + b1        #Z1 的形狀：(3,2)(2,4)+(1,4)=>(3,4)
    A1 = np.tanh(Z1)
    Z2 = np.dot(A1,W2) + b2       #Z2 的形狀：(3,4)(4,3)+(1,3)=>(3,3)
    #A2 = sigmoid(Z2)

    assert(Z2.shape == (X.shape[0],3))
    return Z2
```

對 forward_propagation(X, parameters) 函數進行測試，程式如下。

```
X = np.array([[1.,2.],[3.,4.],[5.,6.]])    #每一行對應於一個樣本

Z2 = forward_propagation(X, parameters)
print(Z2)
```

```
[[-1.36253581e-04  4.87491807e-04 -2.47960226e-05]
 [-1.64985210e-04  1.01574088e-03 -5.99877659e-05]
 [-1.96135525e-04  1.54048069e-03 -9.36558871e-05]]
```

正向計算函數輸出了樣本屬於各個類別的得分。對於得分，可使用 softmax 函數將其轉為樣本屬於各個類別的機率，然後和真正的目標值計算多分類交叉熵損失。

在以下程式中，softmax_cross_entropy() 和 softmax_cross_entropy_reg() 函數根據輸出的得分和真實值計算交叉熵損失，後者包含了正則項損失（reg 是正則項係數）。

```
def softmax(Z):
    exp_Z = np.exp(Z-np.max(Z,axis=1,keepdims=True))
    return exp_Z/np.sum(exp_Z,axis=1,keepdims=True)

def softmax_cross_entropy_reg(Z, y, onehot=False):
    m = len(Z)
```

```
    F = softmax(Z)
    if onehot:
        loss = -np.sum(y*np.log(F))/m
    else:
        y.flatten()
        log_Fy = -np.log(F[range(m),y])
        loss = np.sum(log_Fy) / m
    return loss

def softmax_cross_entropy_reg(Z, Y, parameters,onehot=False,reg=1e-3):
    W1 = parameters[0]
    W2 = parameters[2]
    L  = softmax_cross_entropy(Z,y,onehot)+
reg*(np.sum(W1**2)+np.sum(W2**2))
    assert(isinstance(L, float))
    return L
```

```
y = np.array([2,0,1])                    #每一行對應於一個樣本
softmax_crossentropy_loss_reg(Z2,y,parameters)
```

```
1.098427770814438
```

一般來說我們希望輸入一組資料和對應的目標值，神經網路就能計算損失
函數的值。因此，可將正向計算和單獨的交叉熵損失計算合併在一起，程
式如下。

```
def compute_loss_reg(f,loss,X, Y, parameters,reg=1e-3):
    Z2 = f(X,parameters)
    return loss(Z2,y,parameters,reg)
```

對 compute_loss_reg() 函數進行測試，程式如下。

```
reg  =1e-3
compute_loss_reg(forward_propagation,softmax_cross_entropy_reg, X, y,\
                 parameters,reg)
```

```
1.098427770814438
```

定義一個用於返回計算損失函數物件的函數 f()，將它和模型參數傳給在
2.4 節中介紹的通用數值梯度計算函數，以計算神經網路的數值梯度，程

式如下。

```
import util

def f():
    return compute_loss_reg(forward_propagation,\
                          softmax_cross_entropy_reg, X, y, parameters,reg)
num_grads = util.numerical_gradient(f,parameters)
print(num_grads[0])
print(num_grads[3])
```

```
[[ 0.00956814 -0.00773283  0.00375128  0.00506506]
 [ 0.00950714 -0.00774762  0.00379433  0.0050036 ]]
[[-0.00014298  0.00025054 -0.00010756]]
```

現在，就可以修改梯度下降法的計算程式，訓練神經網路模型了。範例程
式如下。

```
def max_abs(grads):
    return max([np.max(np.abs(grad)) for grad in grads])

def gradient_descent_ANN(f,X, y,parameters, reg=0., alpha=0.01,
                        iterations=100,gamma = 0.8,epsilon=1e-8):
    losses = []
    for i in range(0,iterations):
        loss = f()
        grads = util.numerical_gradient(f, parameters)
        if max_abs(grads)<epsilon:
            print("gradient is small enough!")
            print("iterated num is :",i)
            break
        for param, grad in zip(parameters, grads):
            param-=alpha * grad

        losses.append(loss)
    return parameters,losses
```

再次對螺旋資料集進行測試，結果如圖 4-21 所示。

```
import numpy as np
```

```python
import matplotlib.pyplot as plt
%matplotlib inline

np.random.seed(100)

def gen_spiral_dataset(N=100,D=2,K=3):
    X = np.zeros((N*K,D)) # data matrix (each row = single example)
    y = np.zeros(N*K, dtype='uint8') # class labels
    for j in range(K):
        ix = range(N*j,N*(j+1))
        r = np.linspace(0.0,1,N) # radius
        t = np.linspace(j*4,(j+1)*4,N) + np.random.randn(N)*0.2  # theta
        X[ix] = np.c_[r*np.sin(t), r*np.cos(t)]
        y[ix] = j
    return X,y


N = 100 # number of points per class
D = 2 # dimensionality
K = 3 # number of classes

X_spiral,y_spiral = gen_spiral_dataset()
# lets visualize the data:
plt.scatter(X_spiral[:, 0], X_spiral[:, 1], c=y_spiral, s=40,
cmap=plt.cm.Spectral)
plt.show()

X = X_spiral
y = y_spiral
n_x, n_h, n_o = 2,5,3
parameters = initialize_parameters(n_x, n_h, n_o)
alpha = 1e-0
iterations  =1000
lambda_ = 1e-3
parameters,losses = gradient_descent_ANN(f,X,y,parameters,lambda_, alpha,\
                                        iterations)
for param in parameters:
    print(param)
print(losses[:-1:len(losses)//10])
plt.plot(losses, color='r')
```

```
W1 [[ 3.38138518  0.61426967 -4.03084148  4.58725647 -3.51525488]
 [ 1.71779295  4.22070297 -0.02482012 -2.94531953 -1.70138925]]
b1 [[-0.22738705  2.46255351 -1.6012184   0.13971558  1.93803839]]
W2 [[ 3.02107406 -0.56140685 -2.45577033]
 [-3.6239263   1.24139541  2.38094385]
 [ 0.1104459  -2.84775015  2.73785532]
 [ 0.32970362 -3.41827375  3.08718502]
 [ 2.15366321 -3.60902121  1.45391142]]
b2 [[ 2.05837167 -0.0169156  -2.04145607]]
[1.0986563635370763, 0.7420794668454465, 0.6457726035432326,
0.4988028574844082, 0.4744212204660607, 0.4252523826460135,
0.3952037360037423, 0.3830253864421071, 0.37822677209963196,
0.3757042519269851]
```

三分類神經網路針對螺旋資料集的損失曲線，如圖 4-22 所示。

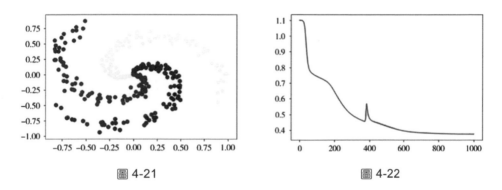

圖 4-21   圖 4-22

以下函數可透過比較預測結果和目標值，計算模型在樣本集 (X, y) 上的預測準確度。

```
def getAccuracy(X,y,parameters):
    predicts = forward_propagation(X,parameters)
    predicts = np.argmax(predicts,axis=1)
    accuracy = sum(predicts == y)/(float(len(y)))
    return accuracy
getAccuracy(X,y,parameters)
```

```
0.9433333333333334
```

模型在訓練集上的預測準確度達到了 0.943，而原來的 softmax 回歸模型的
預測準確度只有 0.516。

執行以下程式，繪製決策曲線，結果如圖 4-23 所示。

```
# plot the resulting classifier
h = 0.02
x_min, x_max = X[:, 0].min() - 1, X[:, 0].max() + 1
y_min, y_max = X[:, 1].min() - 1, X[:, 1].max() + 1
xx, yy = np.meshgrid(np.arange(x_min, x_max, h), np.arange(y_min, y_max, h))

XX = np.c_[xx.ravel(), yy.ravel()]
Z = forward_propagation(XX,parameters)
Z = np.argmax(Z, axis=1)
Z = Z.reshape(xx.shape)
fig = plt.figure()
plt.contourf(xx, yy, Z, cmap=plt.cm.Spectral, alpha=0.3)
plt.scatter(X[:, 0], X[:, 1], c=y, s=40, cmap=plt.cm.Spectral)
plt.xlim(xx.min(), xx.max())
plt.ylim(yy.min(), yy.max())
#fig.savefig('spiral_linear.png')
```

```
(-1.9355521912329907, 1.8444478087670126)
```

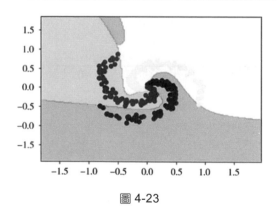

圖 4-23

可以看出，2 層神經網路模型的決策曲線不再是直線，而是可以任意彎曲
的曲線。

▌ 4.2 反向求導

神經網路模型的訓練，需要求出損失函數關於模型參數的梯度（偏導數）。透過數值求導方法求得的梯度（導數），只是對分析梯度（導數）的逼近，還不夠準確。更重要的是，數值求導需要對每個模型參數進行微小的擾動，然後計算整個神經網路的損失，當神經網路規模比較大（層數或每層的神經元數目比較多）時，正向計算損失函數需要的負擔也比較大。

舉例來說，用 2 層神經網路辨識手寫數字，一個樣本有 $28 \times 28 = 784$ 個特徵，採用批次梯度下降法，每批樣本有 500 個。如果神經網路的中間層有 100 個神經元，輸出層有 10 個神經元，那麼神經網路的模型參數的個數是 $784 \times 100 + 100 + 100 \times 10 + 10 = 79510$，而每個參數的更新都需要進行 2 次正向計算，所以，需要進行 2×79510 次正向計算，且每次計算都需要進行矩陣相乘和相加運算（舉例來說，第 1 層神經元的 $\boldsymbol{XW}^{(1)}$ 計算就是一個 500×784 的矩陣和一個 784×100 的矩陣乘法運算）。因此，計算量與樣本個數、每個樣本的特徵數目、神經網路的神經元數目成正比。對不同的模型參數求數值偏導數的過程是相互獨立的，都要獨立進行 2 次正向計算（包括損失函數值的計算），負擔很大。對於較深的、規模較大的神經網路，這是不可行的。

實際上，目前深度學習都是用平行計算硬體（如 GPU）來提高神經網路的正向計算和求梯度的速度的。在實際的神經網路訓練中，透過連鎖律計算損失函數關於模型參數的分析梯度（導數），可先透過一次正向計算求出模型的損失，再以損失關於最終輸出值的梯度沿正向計算的反方向算出每層模型參數的梯度。

4.2.1 正向計算和反向求導

神經網路是透過函數的運算和複合形成的複雜的複合函數，其每一層都可以看成一個多輸入、多輸出的多變數向量值函數，前一層的輸出作為後一層的輸入,即神經網路是由一層一層的函數複合而成的。

連鎖律告訴我們,導數的計算過程和函數值的計算過程是相反的。舉例來說,一個變數 x,經過函數 g,得到函數值 $g(x)$;將這個值輸入函數 h,得到值 $h(g(x))$;再將這個值輸入函數 k,得到最終的輸出 $f(x) = k(h(g(x)))$。計算過程如下。

$$x \to g(x) \to h(g(x)) \to k(h(g(x))) = f(x)$$

$f(x) = k(h(g(x)))$ 是由一系列函數 $g(x)$、$h(g)$、$k(h)$ 透過函數複合的方式得到的。透過輸入一個引數 x 計算 $f(x)$ 的過程,就是按照這個複合過程一步一步進行的——直到求出最終的 $f(x)$。這種從最內層開始,透過一系列中間值對引數求最終函數值的過程,稱為**正向計算**。如果將 g、h、k 看成神經網路各層的函數,那麼這個計算過程就是從神經網路的輸入層開始,沿著神經網路的前一層向後一層計算(即前向傳播)。

根據連鎖律,計算最終的 f 關於 x 的導數,公式如下。

$$f'(x) = k'(h)h'(g)g'(x)$$

也就是說,$f'(x)$ 的計算過程可以分解為一系列步驟:先計算 f 關於 h 的導數 $f'(h) = k'(h)$,再計算 h 關於 g 的導數 $h'(g)$,最後計算 g 關於 x 的導數 $g'(x)$。

如下式所示,導數 $f'(x)$ 的計算過程和函數值 $f(x)$ 的計算過程的方向正好相反,導數是按照函數複合過程的反方向(從外到內)計算的,即沿著正向計算的反向過程來計算。

$$f'(h) = k'(h) \to f'(g) = k'(h)h'(g) \to f'(x) = k'(h)h'(g)g'(x)$$

這個反向計算複合函數的導數的過程,稱為**反向求導**。$f'(h) = k'(h), h'(g), g'(x)$ 的計算不是相互獨立的。如果先求出了 $f'(h)$,那麼在計算 $f'(g) = f'(h)h'(g)$ 時就不必重複計算 $f'(h)$ 了,即如果沿著反向求導的方向將 f 關於中間變數的導數(如 h 的導數 $f'(h)$)保存起來,就可以直接

把它和 $h'(g)$ 相乘，得到 $f'(g)$，從而避免在計算 $f'(g)$ 時重新計算 $f'(h)$。

如果將 x 作為神經網路的輸入，將 g 和 h 作為隱藏層和輸出層的輸出，將 $f(h) = k(h)$ 作為損失函數，那麼 $f'(h) = k'(h)$ 表示損失函數關於神經網路的輸出 h 的梯度（導數）。在 $f'(h)$ 的基礎上，沿著神經網路的反方向（從輸出層到隱藏層）可依次求出損失函數關於隱藏層 g、輸入 x 的梯度（導數）。

如果知道損失函數關於某一層的輸出的梯度（如 $f'(h)$），就能求出該層的模型參數的梯度。假設一個神經網路層的輸入是 x，其輸出就是 $a = \sigma(xw + b) = \sigma(z)$。如果知道損失函數 L 關於 a 的導數 $L'(a)$，那麼關於該層的模型參數 w 的梯度就是

$$L'(w) = L'(a)a'(z)z'(w) = L'(a)\sigma'(z)x$$

對於神經網路模型，損失函數關於每一層的輸出、中間變數、輸入的梯度的計算過程和正向傳播的計算過程相反，即先計算損失函數關於輸出層的輸出的梯度，然後從後向前逐層計算損失函數關於每一層的中間變數、模型參數、輸入的梯度。這個計算過程，稱為**反向傳播**（Backward Propagation）。

用簡單的函數建構複合函數，不僅包括函數的複合運算，還包括普通的四則運算。不管使用哪些運算建構複合函數，從引數計算函數輸出的正向計算，以及求解函數關於中間變數和引數的導數（梯度）的反向求導過程，都是類似的。下面再透過一個簡單的例子深入討論正向計算和反向求導過程。

對於兩個引數 x 和 y，函數 $f(x,y) = (2x + 3y)^2 + (x - 4y)^2$ 可以看成 $f(x,y) = s + t$，s 和 t 可以看成 $s = u^2$ 和 $t = v^2$，u 和 v 可以看成 $u = 2x + 3y$ 和 $v = x - 4y$。該函數的複合過程，如圖 4-24 所示。

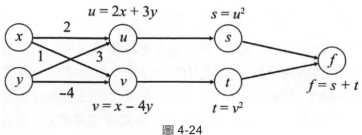

圖 4-24

函數 $f(x, y)$ 的正向計算過程如下。

$$x, y \to u = 2x + 3y, v = x - 4y \to s = u^2, t = v^2 \to f = s + t$$

函數 $f(x, y)$ 關於 x 的偏導數的反向求導過程如下。

$$f'(s) = 1, f(t) = 1 \to f'(u) = f'(s)s'(u) + f'(t)t'(u), f'(v)$$
$$= f'(s)s'(v) + f'(t)t'(v) \to f'(x) = f'(u)u'(x) + f'(v)v'(x)$$
$$= (f'(s)s'(u) + f'(t)t'(u))u'(x) + (f'(s)s'(v) + f'(t)t'(v))v'(x)$$

4.2.2　計算圖

一個函數的正向計算和反向求導過程，可以用圖形來表示。這種圖形稱作計算圖。

對於函數 $f(x, y) = (2x + 3y)^2 + (x - 4y)^2$，其正向計算過程是根據如圖 4-24 所示的過程進行的。該函數的反向求導過程，如圖 4-25 所示。

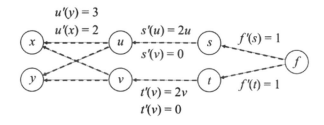

圖 4-25

$f'(x)$ 來自兩條路徑的偏導數累加，一條來自 u 的反向求導，另一條來自 v 的反向求導，即 $f'(x) = f'(u)u'(x) + f'(v)v'(x) = f'(u)$。$f'(u)$ 只有來

自 s 的反向求導,即 $f'(u) = f'(s)s'(u)$。同理,$f'(v) = f'(t)t'(v)$。因此,有

$$f'(x) = f'(s)s'(u)u'(x) + f'(t)t'(v)v'(x)$$

也就是說,先求 $f'(s)$,再求 $s'(u)$,最後求 $u'(x)$,就能求出 $f'(s)s'(u)u'(x)$ 了。這就是沿著正向計算的反方向求導數($f'(t)t'(v)v'(x)$ 的反向求導同理)。

由 於 $f'(s) = 1$、$f'(t) = 1$、$s'(u) = 2u$、$t'(v) = 2v$、$u'(x) = 2$、$v'(x) = 1$,因此,最終 $f'(x)$ 的計算公式如下。

$$f'(x) = 1 \times 2u \times 2 + 1 \times 2v \times 1$$

我們知道,前饋神經網路是由多層神經元組成的,每一層的神經元接收前一層的輸入 $a^{[l-1]}$,透過神經元自身的模型參數 $w^{[l]}$、$b^{[l]}$ 計算加權和 $z^{[l]} = a^{[l-1]}w^{[l]} + b^{[l]}$,再經過啟動函數 $g^{[l-1]}$ 產生輸出 $a^{[l]}$。這個輸出將作為後一層神經元的輸入,逐層將計算結果輸出——直到輸出層。最後,透過輸出層的輸出和目標值計算損失 $\mathcal{L}(a^{[L]}, y)$。對本節中的 2 層神經網路,可按照以下順序計算每一層神經元的加權和 $z^{[1]}$、$z^{[2]}$ 及輸出值 $a^{[1]}$、$a^{[2]}$,最後計算 $\mathcal{L}(a^{[2]}, y)$。

$$z^{[1]} = W^{[1]}x + b^{[1]} \to a^{[1]} = \sigma(z^{[1]}) \to z^{[2]} = W^{[2]}a^{[1]} + b^{[2]} \to a^{[2]} = \sigma(z^{[2]}) \to \mathcal{L}(a^{[2]}, y)$$

以上計算過程,如圖 4-26 所示。

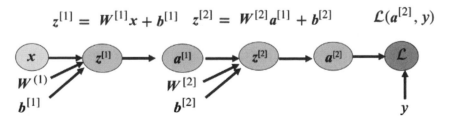

圖 4-26

神經網路函數可以看成其模型參數和中間變數的函數。計算損失函數關於
這些參數和變數的梯度（導數）的過程，和任何複雜函數的反向求導過程
一樣，都是從最外層的損失函數開始，沿正向計算神經網路函數值的反方
向依次求解這些中間變數和參數的梯度。具體過程是：先求出損失函數關
於輸出層的輸出的梯度；如果求出了損失函數關於層 l 的輸出的梯度，即
$\frac{\partial \mathcal{L}}{\partial a^{[l]}}$，即可根據該層每個神經元的啟動函數，求出該層神經元加權和 $z^{[l]}$ 的
梯度，即 $\frac{\mathcal{L}}{z^{[l]}}$（假設該層的神經元啟動函數都是 g，即 $\frac{\partial \mathcal{L}}{\partial z^{[l]}} = g'(\frac{\partial \mathcal{L}}{\partial a^{[l]}})$）；在
已知 $\frac{\mathcal{L}}{z^{[l]}}$ 的情況下，分別求出損失函數關於該層的模型參數 $\boldsymbol{W}^{[l]}$ 和輸入
$\boldsymbol{a}^{[l-1]}$ 的梯度 $\frac{\partial \mathcal{L}}{\partial \boldsymbol{W}^{[l]}}$ 和 $\frac{\partial \mathcal{L}}{\partial \boldsymbol{a}^{[l-1]}}$。

對於以上 2 層神經網路，反向求導過程如下。

$$\frac{\partial \mathcal{L}}{\partial \boldsymbol{a}^{[2]}} \rightarrow \frac{\partial \mathcal{L}}{\partial \boldsymbol{z}^{[2]}} \rightarrow \left(\frac{\partial \mathcal{L}}{\partial \boldsymbol{W}^{[2]}}, \frac{\partial \mathcal{L}}{\partial \boldsymbol{b}^{[2]}}, \frac{\partial \mathcal{L}}{\partial \boldsymbol{a}^{[1]}}\right) \rightarrow \frac{\partial \mathcal{L}}{\partial \boldsymbol{z}^{[1]}} \rightarrow \left(\frac{\partial \mathcal{L}}{\partial \boldsymbol{W}^{[1]}}, \frac{\partial \mathcal{L}}{\partial \boldsymbol{b}^{[1]}}\right)$$

損失函數關於模型的每一層的中間變數和參數的梯度，都依賴正向計算的
結果，如 $\boldsymbol{a}^{[l]}$。為了避免重複計算這些值，可在正向計算過程中將這些結
果保存到神經網路的對應層中，在反向求導過程中直接利用這些結果，從
而避免重複計算，以及提高效率。

在計算圖上，這些中間結果可以保存在對應的節點中。現在的深度學習平
台，大都會借助計算圖來表示神經網路的正向傳播和反向求導過程，並將
相關的中間計算結果保存到計算圖的對應節點中。因此，計算圖不僅可以
確保計算順序正確，還可以保存中間結果以提高計算效率。

4.2.3 損失函數關於輸出的梯度

在反向求導過程中，首先要計算損失函數關於最後的輸出層的輸出的梯
度，然後從輸出層開始，沿正向傳播的反方向計算損失函數關於每一層的
中間變數和參數的梯度，直到輸入層為止。

不同的問題（回歸、分類等），其損失函數的定義不同。下面針對常見的
損失函數，討論如何計算損失函數關於輸出的梯度。

1. 二分類交叉熵損失函數關於輸出的梯度

對於二分類問題，神經網路的輸出層是一個邏輯回歸神經元。用 z 表示這個神經元對輸入的加權和。這個加權和經過 sigmoid 函數產生一個在 $(0,1)$ 之間的輸出值 $a = \sigma(z)$，表示樣本屬於兩個類別中的的機率（屬於另一個類別的機率就是 $1 - a$）。對於輸出層，本書用 $f = a$ 表示輸出值，即 $f = \sigma(z)$，用 y 表示值為 1 或 0 的目標值。

根據二分類交叉熵損失的知識，$L(f, y) = -(y\log(f) + (1 - y)\log(1 - f))$ 關於 f 的導數為

$$\frac{\partial L}{\partial f} = -\left(\frac{y}{f} - \frac{(1 - y)}{(1 - f)}\right) = \frac{f - y}{f(1 - f)}$$

$f = \sigma(z)$ 關於 z 的導數為

$$\frac{\partial f}{\partial z} = \sigma(z)(1 - \sigma(z)) = f(1 - f)$$

因此，$L(f, y)$ 關於 z 的導數為 $f - y$。

對於二分類問題，多個樣本的交叉熵是單一樣本的交叉熵的平均值，公式如下。

$$L(\boldsymbol{F}, \boldsymbol{Y}) = \frac{1}{m}\sum_{i=1}^{m} L_i\left(y^{(i)}, f^{(i)}\right) = -\frac{1}{m}\sum_{i=1}^{m}\left[y^{(i)}\log(f^{(i)}) + (1 - y^{(i)})\log(1 - f^{(i)})\right]$$

因此，交叉熵損失 $L(\boldsymbol{F}, \boldsymbol{Y})$ 關於 $\boldsymbol{z}$ 的梯度為

$$\frac{\partial L}{\partial \boldsymbol{F}} = \frac{1}{m}\frac{\boldsymbol{F} - \boldsymbol{Y}}{\boldsymbol{F}(1 - \boldsymbol{F})}$$

$$\frac{\partial \boldsymbol{F}}{\partial \boldsymbol{Z}} = \sigma(\boldsymbol{Z})\left(1 - \sigma(\boldsymbol{Z})\right) = \boldsymbol{F}(1 - \boldsymbol{F})$$

$$\frac{\partial L}{\partial \boldsymbol{Z}} = \frac{\partial L}{\partial \boldsymbol{f}}\frac{\partial \boldsymbol{f}}{\partial \boldsymbol{z}} = \frac{1}{m}(\boldsymbol{F} - \boldsymbol{Y})$$

即

$$\boldsymbol{F} = \begin{bmatrix} f^{(1)} \\ \vdots \\ f^{(i)} \\ \vdots \\ f^{(m)} \end{bmatrix}, \qquad \boldsymbol{Y} = \begin{bmatrix} y^{(1)} \\ \vdots \\ y^{(i)} \\ \vdots \\ y^{(m)} \end{bmatrix}, \qquad \frac{\partial \mathcal{L}}{\partial \boldsymbol{Z}} = \frac{1}{m} \begin{bmatrix} f^{(1)} - y^{(1)} \\ \vdots \\ f^{(i)} - y^{(i)} \\ \vdots \\ f^{(m)} - y^{(m)} \end{bmatrix}$$

注意：因為每個樣本都唯一對應於一個 $z^{(i)}$，所以，交叉熵損失 L 關於每個 $z^{(i)}$ 應單獨求導，而非將這些導數的值加起來。另外，上述式子中向量的乘、除運算，都是逐元素進行的。

由於神經網路的輸出不僅是由加權和表示的得分，還是由 sigmoid 函數輸出的機率，所以，可以編寫以下程式，計算二分類交叉熵損失關於加權和或機率的梯度。

```python
def sigmoid(x):
    return 1 / (1 + np.exp(-x))

def binary_cross_entropy(f,y,epsilon = 1e-8):
    #np.sum(y*np.log(f+epsilon)+ (1-y)*np.log(1-f+epsilon), axis=1)
    m = len(y)
    return - (1./m)*np.sum(np.multiply(y,np.log(f+epsilon)) \
                        + np.multiply((1 - y), np.log(1 - f+epsilon)))

def binary_cross_entropy_grad(out,y,sigmoid_out = True,epsilon = 1e-8):
    if sigmoid_out:
        f = out
        grad = ((f-y)/(f*(1-f)+epsilon)   )/(len(y))
    else:
        f = sigmoid(out) # out is z
        grad = (f-y)/(len(y))

def binary_cross_entropy_loss_grad(out,y,sigmoid_out = True,epsilon = 1e-8):
    if sigmoid_out:
        f = out
        grad = ((f-y)/(f*(1-f)+epsilon)   )/(len(y))
    else:
        f = sigmoid(out) # out is z
        grad = (f-y)/(len(y))
```

```
        loss = binary_cross_entropy(f,y,epsilon)
        return loss,grad
```

```
z = np.array([-4, 5,2])              #3 個樣本所對應的類別的得分
f = sigmoid(z)                       #3 個樣本屬於類別 1 的機率
y = np.array([0,    1,    0])        #3 個樣本所對應的類別

loss,grad = binary_cross_entropy_loss_grad(z,y,False)
print(loss,grad)
loss,grad = binary_cross_entropy_loss_grad(f,y)
print(loss,grad)
```

```
0.7172643944362687 [ 0.0059954  -0.00223095  0.29359903]
0.7172643944362687 [ 0.33943835 -0.33557881  2.79635177]
```

2. 均方差損失函數關於輸出的梯度

對於回歸問題，神經網路的輸出層就是一個或多個線性回歸神經元，即每個神經元直接輸出其輸入的加權和 z_i。輸出層各神經元輸出的值，可以組成一個輸出向量 $\boldsymbol{z} = (z_1, z_2, \ldots z_K)$，作為整個輸出層的輸出 $\boldsymbol{f} = \boldsymbol{z}$。當 $K > 1$ 時，目標值是大小相同的向量 $\boldsymbol{y} = (y_1, y_2, \ldots y_K)$。對於一個樣本，可將輸出向量 $\boldsymbol{z}$ 和目標值向量 $\boldsymbol{y}$ 的歐幾里德距離的平方作為誤差，即 $\| (\boldsymbol{f}^{(i)} - \boldsymbol{y}^{(i)}) \|_2^2$。

為使導數（梯度）公式看起來更簡潔，通常需要乘以一個常數，如將 $\frac{1}{2} \| (\boldsymbol{f}^{(i)} - \boldsymbol{y}^{(i)}) \|_2^2$ 作為誤差。該誤差關於 $\boldsymbol{f}^{(i)}$ 的梯度是 $\boldsymbol{f}^{(i)} - \boldsymbol{y}^{(i)}$。假設輸出值的維度是 K，則有

$$\frac{1}{2} \| (\boldsymbol{f}^{(i)} - \boldsymbol{y}^{(i)}) \|_2^2 = \frac{1}{2} \sum_{k=1}^{K} (f_k^{(i)} - y_k^{(i)})^2$$

該誤差關於 $\boldsymbol{f}^{(i)}$ 的梯度是 $(f_1^{(i)} - y_1^{(i)}, f_2^{(i)} - y_2^{(i)}, \cdots, f_K^{(i)} - y_K^{(i)}) = \boldsymbol{f}^{(i)} - \boldsymbol{y}^{(i)}$。對於由多個樣本組成的矩陣 $\boldsymbol{F}$ 和 $\boldsymbol{Y}$，均方差 $L(\boldsymbol{F}, \boldsymbol{Y}) = \frac{1}{2m} \sum_{i=1}^{m} \| (\boldsymbol{f}^{(i)} - \boldsymbol{y}^{(i)}) \|_2^2$ 關於 $\boldsymbol{F}$ 的梯度為 $\frac{1}{m} (\boldsymbol{F} - \boldsymbol{Y})$。因為 $\boldsymbol{F} = \boldsymbol{Z}$，所以，有

$$\frac{\partial \mathcal{L}}{\partial \boldsymbol{Z}} = \frac{\partial \mathcal{L}}{\partial \boldsymbol{F}} = \frac{1}{m} (\boldsymbol{F} - \boldsymbol{Y})$$

相關計算程式如下。

```
def mse_loss_grad(f,y):
    m = len(f)
    loss = (1./m)*np.sum((f-y)**2)# np.square(f-y))
    grad = (2./m)*(f-y)
    return loss,grad
```

3. 多分類交叉熵損失函數關於輸出的梯度

對於多分類問題，神經網路透過最後的 softmax 函數，將前一層的輸出轉為具有直觀意義的機率。由於 softmax 層的神經元不包含任何模型參數，因此，有時不將 softmax 層作為神經網路的輸出層，而是將其前一層作為神經網路的輸出層。不管採用哪種方案，都要計算 softmax 回歸中的多分類交叉熵損失。在實際應用中，通常採用後一種方案，即假設輸出層輸出的是得分，而非機率。假設有一個 L 層的神經網路，輸出層的序號是 L，輸出層的神經元都是線性回歸神經元，可直接將其輸入的加權和作為啟動值輸出，即 $f_i = a_i^{(L)} = z_i^{(L)}$。

設輸出層的輸出 z 透過 softmax 函數產生了一個輸出 f，與目標值 y 計算 $L(f, y)$。對於多個樣本，輸出層的輸出可以寫成一個矩陣 $Z = (z_1, \cdots, z_i, \cdots, z_m)^T$。softmax 函數產生的輸出，也是一個用於表示機率的矩陣 $F = (f, \cdots, f_i, \cdots, f_m)^T$。

如 3.6 節所述：如果目標值 y_i 是 one-hot 向量，那麼 Y 也是一個矩陣，此時，$L(F, Y)$ 關於 Z 的梯度是 $\frac{1}{m}(F - Y)$；如果目標值 y_i 是一個整數，表示該樣本所屬類別的索引，那麼 $L(F, Y)$

關於 Z 的梯度是 $\frac{1}{m}(F - I_i)$，其中 I_i 的每一行都是一個 one-hot 向量，即由該樣本所對應的整數轉換而成的 one-hot 向量。因此，當 I_i 與 y_i 是 one-hot 向量時，組成的矩陣 Y 相同。

執行以下 Python 程式，將由整數組成的目標值向量轉換成由 one-hot 向量組成的矩陣。

```
I_i = np.zeros_like(Z)
I_i[np.arange(len(Z)),Y] = 1
```

可以看出，回歸的歐幾里德損失、二分類的交叉熵損失、多分類的交叉熵損失關於輸出層 Z 的梯度驚人的一致，都是 $\frac{1}{m}(F - Y)$。

執行以下程式，計算對於指定多樣本的輸出層加權和 Z 和目標值 Y 的多分類交叉熵關於 Z 的梯度（參見 3.6 節）。

```
def softmax(x):
    a= np.max(x,axis=-1,keepdims=True)
    e_x = np.exp(x - a)
    return e_x /np.sum(e_x,axis=-1,keepdims=True)

def cross_entropy_grad(Z,Y,onehot = False,softmax_out=False):
    if softmax_out:
        F = Z
    else:
        F = softmax(Z)
    if onehot:
        dZ = (F - Y) /len(Z)
    else:
        m = len(Y)
        dZ = F.copy()
        dZ[np.arange(m),Y] -= 1
        dZ /= m
        #I_i = np.zeros_like(Z)
        #I_i[np.arange(len(Z)),Y] = 1
        #return (F - I_i) /len(Z)   #Z.shape[0]
    return dZ
```

4.2.4　2 層神經網路的反向求導

1. 單樣本的反向求導

反向求導演算法，沿著照神經網路正向計算的反方向，求解損失函數關於每一層中相關變數的梯度。前面已經求出了損失函數關於輸出層的加權和的梯度 $\frac{\partial \mathcal{L}}{\partial z^{[l]}}$，下面討論如何在已知某層的加權和 $z^{[l]}$ 的梯度 $\frac{\partial \mathcal{L}}{\partial z^{[l]}}$ 的基礎上，求解損失關於該層的變數 $\boldsymbol{W}^{[l]}$、$\boldsymbol{b}^{[l]}$、$\boldsymbol{a}^{[l-1]}$ 的梯度。

對於 2 層神經網路，在 $\frac{\partial \mathcal{L}}{\partial \boldsymbol{z}^{[2]}}$ 已知的基礎上，如何求 $\frac{\partial \mathcal{L}}{\partial \boldsymbol{W}^{[2]}}$、$\frac{\partial \mathcal{L}}{\partial \boldsymbol{b}^{[2]}}$、$\frac{\partial \mathcal{L}}{\partial \boldsymbol{a}^{[1]}}$？由於 $\mathcal{L}$ 是 $\boldsymbol{z}^{[2]} = (z_1^{[2]}, z_2^{[2]}, z_3^{[2]})$ 的函數，$\boldsymbol{z}^{[2]} = \boldsymbol{a}^{[1]}\boldsymbol{W}^{[2]} + \boldsymbol{b}^{[2]}$，所以，$\boldsymbol{z}^{[2]}$ 也是 $\boldsymbol{a}^{[1]}$、$\boldsymbol{W}^{[2]}$、$\boldsymbol{b}^{[2]}$ 的函數，公式如下。

$$
\begin{aligned}
\boldsymbol{z}^{[2]} &= (z_1^{[2]}, z_2^{[2]}, z_3^{[2]}) = (a_1^{[1]}, a_2^{[1]}, a_3^{[1]}, a_4^{[1]})
\begin{bmatrix}
W_{11}^{(2)} & W_{12}^{(2)} & W_{13}^{(2)} \\
W_{21}^{(2)} & W_{22}^{(2)} & W_{23}^{(2)} \\
W_{31}^{(2)} & W_{32}^{(2)} & W_{33}^{(2)} \\
W_{41}^{(2)} & W_{42}^{(2)} & W_{43}^{(2)}
\end{bmatrix}
+ (b_1^{[2]}, b_2^{[2]}, b_3^{[2]}) \\
&= (a_1^{[1]}W_{11}^{(2)} + a_2^{[1]}W_{21}^{(2)} + a_3^{[1]}W_{31}^{(2)} + a_4^{[1]}W_{41}^{(2)} + b_1^{[2]}, \\
&\quad\ a_1^{[1]}W_{12}^{(2)} + a_2^{[1]}W_{22}^{(2)} + a_3^{[1]}W_{32}^{(2)} + a_4^{[1]}W_{42}^{(2)} + b_2^{[2]} \\
&\quad\ a_1^{[1]}W_{13}^{(2)} + a_2^{[1]}W_{23}^{(2)} + a_3^{[1]}W_{33}^{(2)} + a_4^{[1]}W_{43}^{(2)} + b_3^{[2]})
\end{aligned}
$$

根據連鎖律，有

$$
\frac{\partial \mathcal{L}}{\partial a_1^{[1]}} = \frac{\partial \mathcal{L}}{\partial z_1^{[2]}}\frac{\partial z_1^{[2]}}{\partial a_1^{[1]}} + \frac{\partial \mathcal{L}}{\partial z_2^{[2]}}\frac{\partial z_2^{[2]}}{\partial a_1^{[1]}} + \frac{\partial \mathcal{L}}{\partial z_3^{[2]}}\frac{\partial z_3^{[2]}}{\partial a_1^{[1]}} = \frac{\partial \mathcal{L}}{\partial z_1^{[2]}}W_{11}^{[2]} + \frac{\partial \mathcal{L}}{\partial z_2^{[2]}}W_{12}^{[2]} + \frac{\partial \mathcal{L}}{\partial z_3^{[2]}}W_{13}^{[2]}
$$

$$
\frac{\partial \mathcal{L}}{\partial a_2^{[1]}} = \frac{\partial \mathcal{L}}{\partial z_1^{[2]}}\frac{\partial z_1^{[2]}}{\partial a_2^{[1]}} + \frac{\partial \mathcal{L}}{\partial z_2^{[2]}}\frac{\partial z_2^{[2]}}{\partial a_2^{[1]}} + \frac{\partial \mathcal{L}}{\partial z_3^{[2]}}\frac{\partial z_3^{[2]}}{\partial a_2^{[1]}} = \frac{\partial \mathcal{L}}{\partial z_1^{[2]}}W_{21}^{[2]} + \frac{\partial \mathcal{L}}{\partial z_2^{[2]}}W_{22}^{[2]} + \frac{\partial \mathcal{L}}{\partial z_3^{[2]}}W_{23}^{[2]}
$$

$$
\frac{\partial \mathcal{L}}{\partial a_3^{[1]}} = \frac{\partial \mathcal{L}}{\partial z_1^{[2]}}\frac{\partial z_1^{[2]}}{\partial a_3^{[1]}} + \frac{\partial \mathcal{L}}{\partial z_2^{[2]}}\frac{\partial z_2^{[2]}}{\partial a_3^{[1]}} + \frac{\partial \mathcal{L}}{\partial z_3^{[2]}}\frac{\partial z_3^{[2]}}{\partial a_3^{[1]}} = \frac{\partial \mathcal{L}}{\partial z_1^{[2]}}W_{31}^{[2]} + \frac{\partial \mathcal{L}}{\partial z_2^{[2]}}W_{32}^{[2]} + \frac{\partial \mathcal{L}}{\partial z_3^{[2]}}W_{33}^{[2]}
$$

$$
\frac{\partial \mathcal{L}}{\partial a_4^{[1]}} = \frac{\partial \mathcal{L}}{\partial z_1^{[2]}}\frac{\partial z_1^{[2]}}{\partial a_4^{[1]}} + \frac{\partial \mathcal{L}}{\partial z_2^{[2]}}\frac{\partial z_2^{[2]}}{\partial a_4^{[1]}} + \frac{\partial \mathcal{L}}{\partial z_3^{[2]}}\frac{\partial z_3^{[2]}}{\partial a_4^{[1]}} = \frac{\partial \mathcal{L}}{\partial z_1^{[2]}}W_{41}^{[2]} + \frac{\partial \mathcal{L}}{\partial z_2^{[2]}}W_{42}^{[2]} + \frac{\partial \mathcal{L}}{\partial z_3^{[2]}}W_{43}^{[2]}
$$

因此，有

$$
\frac{\partial \mathcal{L}}{\partial \boldsymbol{a}^{[1]}} = \left(\frac{\partial \mathcal{L}}{\partial a_1^{[1]}}, \frac{\partial \mathcal{L}}{\partial a_2^{[1]}}, \frac{\partial \mathcal{L}}{\partial a_3^{[1]}}, \frac{\partial \mathcal{L}}{\partial a_4^{[1]}} \right)
$$

$$
= \left(\frac{\partial \mathcal{L}}{\partial \boldsymbol{a}_1^{[1]}}, \frac{\partial \mathcal{L}}{\partial \boldsymbol{a}_2^{[1]}}, \frac{\partial \mathcal{L}}{\partial \boldsymbol{a}_3^{[1]}} \right)
\begin{bmatrix}
W_{11}^{(2)} & W_{21}^{(2)} & W_{31}^{(2)} & W_{41}^{(2)} \\
W_{12}^{(2)} & W_{22}^{(2)} & W_{32}^{(2)} & W_{42}^{(2)} \\
W_{13}^{(2)} & W_{23}^{(2)} & W_{33}^{(2)} & W_{43}^{(2)}
\end{bmatrix}
= \frac{\partial \mathcal{L}}{\partial \boldsymbol{z}^{[2]}}\boldsymbol{W}^{[2]\mathrm{T}}
$$

同理，有

$$\frac{\partial \mathcal{L}}{\partial W_{11}^{[2]}} = \frac{\partial \mathcal{L}}{\partial z_1^{[2]}}\frac{\partial z_1^{[2]}}{\partial W_{11}^{[2]}} + \frac{\partial \mathcal{L}}{\partial z_2^{[2]}}\frac{\partial z_2^{[2]}}{\partial W_{11}^{[2]}} + \frac{\partial \mathcal{L}}{\partial z_3^{[2]}}\frac{\partial z_3^{[2]}}{\partial W_{11}^{[2]}} = \frac{\partial \mathcal{L}}{\partial z_1^{[2]}}\frac{\partial z_1^{[2]}}{\partial W_{11}^{[2]}} + 0 + 0$$

$$= \frac{\partial \mathcal{L}}{\partial z_1^{[2]}}\frac{\partial z_1^{[2]}}{\partial W_{11}^{[2]}} = \frac{\partial \mathcal{L}}{\partial z_1^{[2]}}a_1^{[1]}$$

原因在於，$W_{11}^{[2]}$ 只與 $z_1^{[2]}$ 有關，$z_2^{[2]}$ 和 $z_3^{[2]}$ 都不依賴 $W_{11}^{[2]}$，所以後面兩個偏導數都為 0。因為 $\boldsymbol{W}^{[2]}$ 的第 i 列只對 $z_i^{[2]}$ 有貢獻，或說，只有 $z_i^{[2]}$ 依賴 $\boldsymbol{W}^{[2]}$ 的第 i 列，所以，有

$$\frac{\partial \mathcal{L}}{\partial W_{i1}^{[2]}} = \frac{\partial \mathcal{L}}{\partial z_1^{[2]}}a_i^{[1]}, \qquad \frac{\partial \mathcal{L}}{\partial W_{i2}^{[2]}} = \frac{\partial \mathcal{L}}{\partial z_2^{[2]}}a_i^{[1]}, \qquad \frac{\partial \mathcal{L}}{\partial W_{i3}^{[2]}} = \frac{\partial \mathcal{L}}{\partial z_3^{[2]}}a_i^{[1]}$$

寫成矩陣的形式，具體如下。

$$\frac{\partial \mathcal{L}}{\partial W^{[2]}} = \begin{bmatrix} \dfrac{\partial \mathcal{L}}{\partial W_{11}^{[2]}} & \dfrac{\partial \mathcal{L}}{\partial W_{12}^{[2]}} & \dfrac{\partial \mathcal{L}}{\partial W_{13}^{[2]}} \\ \dfrac{\partial \mathcal{L}}{\partial W_{21}^{[2]}} & \dfrac{\partial \mathcal{L}}{\partial W_{22}^{[2]}} & \dfrac{\partial \mathcal{L}}{\partial W_{23}^{[2]}} \\ \dfrac{\partial \mathcal{L}}{\partial W_{31}^{[2]}} & \dfrac{\partial \mathcal{L}}{\partial W_{32}^{[2]}} & \dfrac{\partial \mathcal{L}}{\partial W_{33}^{[2]}} \\ \dfrac{\partial \mathcal{L}}{\partial W_{41}^{[2]}} & \dfrac{\partial \mathcal{L}}{\partial W_{42}^{[2]}} & \dfrac{\partial \mathcal{L}}{\partial W_{43}^{[2]}} \end{bmatrix} = \begin{bmatrix} \dfrac{\partial \mathcal{L}}{\partial z_1^{[2]}}a_1^{[1]} & \dfrac{\partial \mathcal{L}}{\partial z_2^{[2]}}a_1^{[1]} & \dfrac{\partial \mathcal{L}}{\partial z_3^{[2]}}a_1^{[1]} \\ \dfrac{\partial \mathcal{L}}{\partial z_1^{[2]}}a_2^{[1]} & \dfrac{\partial \mathcal{L}}{\partial z_2^{[2]}}a_2^{[1]} & \dfrac{\partial \mathcal{L}}{\partial z_3^{[2]}}a_2^{[1]} \\ \dfrac{\partial \mathcal{L}}{\partial z_1^{[2]}}a_3^{[1]} & \dfrac{\partial \mathcal{L}}{\partial z_2^{[2]}}a_3^{[1]} & \dfrac{\partial \mathcal{L}}{\partial z_3^{[2]}}a_3^{[1]} \\ \dfrac{\partial \mathcal{L}}{\partial z_1^{[2]}}a_4^{[1]} & \dfrac{\partial \mathcal{L}}{\partial z_2^{[2]}}a_4^{[1]} & \dfrac{\partial \mathcal{L}}{\partial z_3^{[2]}}a_4^{[1]} \end{bmatrix}$$

$$= \begin{bmatrix} a_1^{[1]} \\ a_2^{[1]} \\ a_3^{[1]} \\ a_4^{[1]} \end{bmatrix} \begin{bmatrix} \dfrac{\partial \mathcal{L}}{\partial z_1^{[2]}} & \dfrac{\partial \mathcal{L}}{\partial z_2^{[2]}} & \dfrac{\partial \mathcal{L}}{\partial z_3^{[2]}} \end{bmatrix} = \boldsymbol{a}^{[1]\mathrm{T}}\frac{\partial \mathcal{L}}{\partial \boldsymbol{z}^{[2]}}$$

顯然

$$\frac{\partial \mathcal{L}}{\partial \boldsymbol{b}^{[2]}} = \left(\frac{\partial \mathcal{L}}{\partial b_1^{[2]}} \quad \frac{\partial \mathcal{L}}{\partial b_2^{[2]}} \quad \frac{\partial \mathcal{L}}{\partial b_3^{[2]}} \right) = \left(\frac{\partial \mathcal{L}}{\partial z_1^{[2]}} \quad \frac{\partial \mathcal{L}}{\partial z_2^{[2]}} \quad \frac{\partial \mathcal{L}}{\partial z_3^{[2]}} \right) = \frac{\partial \mathcal{L}}{\partial \boldsymbol{z}^{[2]}}$$

這樣，我們就求出了損失函數對 $l = 2$ 層的所有變數 $\boldsymbol{W}^{[2]}$、$\boldsymbol{b}^{[2]}$、$\boldsymbol{a}^{[1]}$ 的梯度。

因為 $\boldsymbol{a}^{[1]} = g(\boldsymbol{z}^{[1]})$，即

$$\boldsymbol{a}^{[1]} = (a_1^{[1]}, a_2^{[1]}, a_3^{[1]}, a_4^{[1]}) = (g(z_1^{[1]}), g(z_2^{[1]}), g(z_3^{[1]}), g(z_4^{[1]})) = g(\boldsymbol{z}^{[1]})$$

所以

$$\frac{\partial \mathcal{L}}{\partial \boldsymbol{z}^{[1]}} = \left(\frac{\partial \mathcal{L}}{\partial a_1^{[1]}} g'\left(z_1^{[1]}\right), \frac{\partial \mathcal{L}}{\partial a_2^{[1]}} g'\left(z_2^{[1]}\right), \frac{\partial \mathcal{L}}{\partial a_3^{[1]}} g'\left(z_3^{[1]}\right), \frac{\partial \mathcal{L}}{\partial a_4^{[1]}} g'\left(z_4^{[1]}\right) \right)$$

$$= \left(\frac{\partial \mathcal{L}}{\partial a_1^{[1]}}, \frac{\partial \mathcal{L}}{\partial a_2^{[1]}}, \frac{\partial \mathcal{L}}{\partial a_3^{[1]}}, \frac{\partial \mathcal{L}}{\partial a_4^{[1]}} \right) \odot \left(g'\left(z_1^{[1]}\right), g'\left(z_2^{[1]}\right), g'\left(z_3^{[1]}\right), g'\left(z_4^{[1]}\right) \right)$$

$$= \frac{\partial \mathcal{L}}{\partial \boldsymbol{a}^{[1]}} \odot g'\left(\boldsymbol{z}^{[1]}\right)$$

根據以上推導過程，可以得到

$$\frac{\partial \mathcal{L}}{\partial \boldsymbol{W}^{[1]}} = \boldsymbol{a}^{[0]\mathrm{T}} \frac{\partial \mathcal{L}}{\partial \boldsymbol{z}^{[1]}}, \qquad \frac{\partial \mathcal{L}}{\partial \boldsymbol{b}^{[1]}} = \frac{\partial \mathcal{L}}{\partial \boldsymbol{z}^{[1]}}$$

借助損失函數關於 $\boldsymbol{z}^{[2]}$、$\boldsymbol{z}^{[1]}$ 的梯度，就可以求出損失函數關於模型參數 $\boldsymbol{W}^{[2]}$、$\boldsymbol{b}^{[2]}$、$\boldsymbol{W}^{[1]}$、$\boldsymbol{b}^{[1]}$ 的梯度。因此，可以根據損失函數關於輸出層的加權和的梯度 $\frac{\partial \mathcal{L}}{\partial \boldsymbol{z}^{[2]}}$，按照反向求導過程，求出

損失函數關於每一層的相關變數的梯度，公式如下。

$$\frac{\partial \mathcal{L}}{\partial \boldsymbol{W}^{[2]}} = \boldsymbol{a}^{[1]\mathrm{T}} \frac{\partial \mathcal{L}}{\partial \boldsymbol{z}^{[2]}} \qquad \frac{\partial \mathcal{L}}{\partial \boldsymbol{b}^{[2]}} = \frac{\partial \mathcal{L}}{\partial \boldsymbol{z}^{[2]}} \qquad \frac{\partial \mathcal{L}}{\partial \boldsymbol{a}^{[1]}} = \frac{\partial \mathcal{L}}{\partial \boldsymbol{z}^{[2]}} \boldsymbol{W}^{[2]\mathrm{T}}$$

$$\frac{\partial \mathcal{L}}{\partial \boldsymbol{z}^{[1]}} = \frac{\partial \mathcal{L}}{\partial \boldsymbol{a}^{[1]}} \odot g'\left(\boldsymbol{z}^{[1]}\right) \qquad \frac{\partial \mathcal{L}}{\partial \boldsymbol{W}^{[1]}} = \boldsymbol{a}^{[0]\mathrm{T}} \frac{\partial \mathcal{L}}{\partial \boldsymbol{z}^{[1]}} \qquad \frac{\partial \mathcal{L}}{\partial \boldsymbol{b}^{[1]}} = \frac{\partial \mathcal{L}}{\partial \boldsymbol{z}^{[1]}}$$

2. 反向求導的多樣本向量化表示

如同一般的機器學習，在訓練神經網路時，通常會將多個樣本的預測值和真實值之間的誤差（損失）最小化，以求解模型參數。損失是模型參數的函數，也是中間變數的函數。

對神經網路各層的非模型參數，如中間變數 $a^{[l]}$、$z^{[l]}$，不同的樣本有不同的值，且屬於不同的變數。舉例來説，$a^{[l](1)}$ 和 $a^{[l](2)}$ 是第 l 層的兩個不同的樣本產生的不同的變數。如果將這些變數都寫成行向量的形式，就可以將所有樣本的這些變數按行堆積起來，形成一個矩陣，矩陣的每一行對應一個樣本。可以用記號 $A^{[l]}$ 和 $Z^{[l]}$ 表示由所有樣本所對應的這些中間變數組成的矩陣，公式如下。

$$A^{[l]} = \begin{bmatrix} a^{[l](1)} \\ a^{[l](2)} \\ \vdots \\ a^{[l](m)} \end{bmatrix}, \quad Z^{[l]} = \begin{bmatrix} z^{[l](1)} \\ z^{[l](2)} \\ \vdots \\ z^{[l](m)} \end{bmatrix}$$

其中，$A^{[0]}$ 是由所有樣本的輸入特徵組成的矩陣 $X^{[0]}$，公式如下。

$$A^{[0]} = X^{[0]} = \begin{bmatrix} x^{(1)} \\ x^{(2)} \\ \vdots \\ x^{(m)} \end{bmatrix}$$

即不同的樣本在進行正向計算時，在每一層產生的中間變數都是不同的，但使用的是相同的模型參數 $W^{[l]}$、$b^{[l]}$。因為多個樣本的損失是所有樣本損失的平均值，所以，多個樣本的損失關於模型參數的梯度，就是所有樣本關於模型參數的梯度的平均值。假設有 m 個樣本，對於權值參數 W，有

$$\frac{\partial \mathcal{L}}{\partial W} = \frac{1}{m} \sum_{i=1}^{m} \frac{\partial \mathcal{L}}{\partial W}^{(i)}$$

通常在計算損失函數關於輸出層 $z^{[L]}$ 的梯度 $\frac{\partial \mathcal{L}}{\partial z^{[L]}}$ 時，已經乘以平均值因數 $\frac{1}{m}$，因此，模型參數

的梯度可以直接累積，公式如下。

$$\frac{\partial \mathcal{L}}{\partial W} = \sum_{i=1}^{m} \frac{\partial \mathcal{L}}{\partial W}^{(i)}$$

所以，有

$$
\begin{aligned}
\frac{\partial \mathcal{L}}{\partial \boldsymbol{W}^{[2]}} &= \sum_{i=1}^{m} \boldsymbol{a}^{[1](i)^{\mathrm{T}}} \frac{\partial \mathcal{L}}{\partial \boldsymbol{z}^{[2](i)}} = \sum_{i=1}^{m} \boldsymbol{a}^{[1](i)^{\mathrm{T}}} \frac{\partial \mathcal{L}}{\partial \boldsymbol{z}^{[2](i)}} \\
&= \boldsymbol{a}^{[1](1)^{\mathrm{T}}} \frac{\partial \mathcal{L}}{\partial \boldsymbol{z}^{[2](1)}} + \boldsymbol{a}^{[1](2)^{\mathrm{T}}} \frac{\partial \mathcal{L}}{\partial \boldsymbol{z}^{[2](2)}} + \cdots + \boldsymbol{a}^{[1](m)^{\mathrm{T}}} \frac{\partial \mathcal{L}}{\partial \boldsymbol{z}^{[2](m)}} \\
&= \begin{bmatrix} \boldsymbol{a}^{[1](1)^{\mathrm{T}}} & \boldsymbol{a}^{[1](2)^{\mathrm{T}}} & \cdots & \boldsymbol{a}^{[1](m)^{\mathrm{T}}} \end{bmatrix} \begin{bmatrix} \dfrac{\partial \mathcal{L}}{\partial \boldsymbol{z}^{[2](1)}} \\ \dfrac{\partial \mathcal{L}}{\partial \boldsymbol{z}^{[2](2)}} \\ \vdots \\ \dfrac{\partial \mathcal{L}}{\partial \boldsymbol{z}^{[2](m)}} \end{bmatrix} \\
&= \boldsymbol{A}^{[1]^{\mathrm{T}}} \frac{\partial \mathcal{L}}{\partial \boldsymbol{Z}^{[2]}}
\end{aligned}
$$

同理，對於偏置，將所有單樣本的偏導數 $\frac{\partial \mathcal{L}}{\partial \boldsymbol{b}^{[l]}} = \frac{\partial \mathcal{L}}{\partial z^{[l]}}$ 累加，可得

$$
\frac{\partial \mathcal{L}}{\partial \boldsymbol{b}^{[2]}} = \sum_{i=1}^{m} \frac{\partial \mathcal{L}}{\partial \boldsymbol{z}^{[2](i)}} = \mathrm{np.\,sum}\left(\frac{\partial \mathcal{L}}{\partial \boldsymbol{Z}^{[2]}}, \mathrm{axis} = 0, \mathrm{keepdims} = \mathrm{True} \right)
$$

即將矩陣 $\frac{\partial \mathcal{L}}{\partial \boldsymbol{Z}^{[2]}}$ 的所有行累加起來，keepdims = True 表示累加的結果仍然是一個二維矩陣（以便進行 NumPy 陣列的運算）。

和模型參數不同，不同樣本的中間變數是不同的（不是共用的），因此，損失函數關於中間變數的梯度是相互獨立的。假設每個樣本的中間變數的梯度都是行向量，所有中間變數的梯度就可以堆積成一個矩陣，矩陣的每一行表示一個樣本的梯度。可將單樣本的梯度公式 $\frac{\partial \mathcal{L}}{\partial \boldsymbol{a}^{[1]}} = \frac{\partial \mathcal{L}}{\partial \boldsymbol{z}^{[2]}} \boldsymbol{W}^{[2]^{\mathrm{T}}}$ 轉換成向量（矩陣）的形式，具體如下。

$$
\frac{\partial \mathcal{L}}{\partial \boldsymbol{A}^{[1]}} = \begin{bmatrix} \dfrac{\partial \mathcal{L}}{\partial \boldsymbol{a}^{[1](1)}} \\ \dfrac{\partial \mathcal{L}}{\partial \boldsymbol{a}^{[1](2)}} \\ \vdots \\ \dfrac{\partial \mathcal{L}}{\partial \boldsymbol{a}^{[1](m)}} \end{bmatrix} = \begin{bmatrix} \dfrac{\partial \mathcal{L}}{\partial \boldsymbol{z}^{[2](1)}} \boldsymbol{W}^{[2]^{\mathrm{T}}} \\ \dfrac{\partial \mathcal{L}}{\partial \boldsymbol{z}^{[2](1)}} \boldsymbol{W}^{[2]^{\mathrm{T}}} \\ \vdots \\ \dfrac{\partial \mathcal{L}}{\partial \boldsymbol{z}^{[2](1)}} \boldsymbol{W}^{[m]^{\mathrm{T}}} \end{bmatrix} = \frac{\partial \mathcal{L}}{\partial \boldsymbol{Z}^{[2]}} \boldsymbol{W}^{[2]^{\mathrm{T}}}
$$

$$\frac{\partial \mathcal{L}}{\partial Z^{[1]}} = \frac{\partial \mathcal{L}}{\partial A^{[1]}} \odot g^{[1]}(Z^{[1]})$$

多樣本的梯度公式和單樣本的梯度公式相同，具體如下。

$$\frac{\partial \mathcal{L}}{\partial W^{[2]}} = A^{[1]^{\mathrm{T}}} \frac{\partial \mathcal{L}}{\partial Z^{[2]}}$$

$$\frac{\partial \mathcal{L}}{\partial b^{[2]}} = \mathrm{np.\,sum}\left(\frac{\partial \mathcal{L}}{\partial Z^{[2]}}, \mathrm{axis} = 0, \mathrm{keepdims} = \mathrm{True}\right)$$

$$\frac{\partial \mathcal{L}}{\partial A^{[1]}} = \frac{\partial \mathcal{L}}{\partial Z^{[2]}} W^{[2]^{\mathrm{T}}}$$

$$\frac{\partial \mathcal{L}}{\partial Z^{[1]}} = \frac{\partial L}{\partial A^{[1]}} \odot g'(Z^{[1]})$$

$$\frac{\partial \mathcal{L}}{\partial W^{[1]}} = A^{[0]^{\mathrm{T}}} \frac{\partial \mathcal{L}}{\partial Z^{[1]}}$$

$$\frac{\partial \mathcal{L}}{\partial b^{[1]}} = \mathrm{np.\,sum}\left(\frac{\partial \mathcal{L}}{\partial Z^{[1]}}, \mathrm{axis} = 0, \mathrm{keepdims} = \mathrm{True}\right)$$

3. 列向量形式的梯度計算公式

如果樣本、中間變數及其梯度等都採用列向量的形式，如 x、$a^{[1]}$、$z^{[1]}$、$b^{[1]}$、$a^{[2]}$、$z^{[2]}$、$b^{[2]}$ 都是列向量，而 $W^{[1]}$、$W^{[2]}$ 的每一行都對應於一個神經元的所有權值，即

$$z^{[1]} = W^{[1]}x + b^{[1]} = W^{[1]}a^{[0]} + b^{[1]}, \quad z^{[2]} = W^{[2]}a^{[1]} + b^{[2]}$$

就可以推導出對應的公式，具體如下。

（1）單樣本形式

$$\frac{\partial \mathcal{L}}{\partial W^{[2]}} = \frac{\partial \mathcal{L}}{\partial z^{[2]}} z^{[1]^{\mathrm{T}}} \qquad \frac{\partial \mathcal{L}}{\partial b^{[2]}} = \frac{\partial \mathcal{L}}{\partial z^{[2]}} \qquad \frac{\partial \mathcal{L}}{\partial a^{[1]}} = W^{[2]^{\mathrm{T}}} \frac{\partial \mathcal{L}}{\partial z^{[2]}}$$

$$\frac{\partial \mathcal{L}}{\partial z^{[1]}} = \frac{\partial L}{\partial z^{[1]}} \odot g'(z^{[1]}) \qquad \frac{\partial \mathcal{L}}{\partial W^{[1]}} = \frac{\partial \mathcal{L}}{\partial z^{[1]}} z^{[0]^{\mathrm{T}}} \qquad \frac{\partial \mathcal{L}}{\partial b^{[1]}} = \frac{\partial \mathcal{L}}{\partial z^{[1]}}$$

（2）多樣本形式

$$\frac{\partial \mathcal{L}}{\partial W^{[2]}} = \frac{\partial \mathcal{L}}{\partial Z^{[2]}} A^{[1]^{\mathrm{T}}}$$

$$\frac{\partial \mathcal{L}}{\partial \boldsymbol{b}^{[2]}} = \text{np.sum}\left(\frac{\partial \mathcal{L}}{\partial \boldsymbol{Z}^{[2]}}, \text{axis} = 1, \text{keepdims} = \text{True}\right)$$

$$\frac{\partial \mathcal{L}}{\partial \boldsymbol{A}^{[1]}} = \boldsymbol{W}^{[2]\text{T}} \frac{\partial \mathcal{L}}{\partial \boldsymbol{Z}^{[2]}}$$

$$\frac{\partial \mathcal{L}}{\partial \boldsymbol{Z}^{[1]}} = \frac{\partial L}{\partial \boldsymbol{A}^{[1]}} \odot g'(\boldsymbol{Z}^{[1]})$$

$$\frac{\partial \mathcal{L}}{\partial \boldsymbol{W}^{[1]}} = \frac{\partial \mathcal{L}}{\partial \boldsymbol{Z}^{[1]}} \boldsymbol{A}^{[0]\text{T}}$$

$$\frac{\partial \mathcal{L}}{\partial \boldsymbol{b}^{[1]}} = \text{np.sum}\left(\frac{\partial \mathcal{L}}{\partial \boldsymbol{Z}^{[1]}}, \text{axis} = 1, \text{keepdims} = \text{True}\right)$$

對於包含正則項的損失函數，在計算梯度時也要計算正則項對每個模型參數的偏導數。如果正則項為 $\lambda \parallel \boldsymbol{W}^2 \parallel = \lambda \sum_l \sum_{ij} W_{ij}^{[l]2}$，則 $W_{ij}^{[l]}$ 的偏導數為 $2\lambda W_{ij}^{[l]}$，其向量形式為 $2\lambda \boldsymbol{W}$。

在以下程式中，對於 2 層神經網路，在正向計算的基礎（即正向計算中的 A0、A1 已知）上進行了反向求導（假設第 1 層的啟動函數為 ReLU）。

```python
def dRelu(x):
    return 1. * (x > 0)


dZ2 = grad_softmax_crossentropy(Z2,y)    #計算損失函數關於輸出層的加權和的梯度
dW2 = np.dot(A1.T, dZ2) +lambda*W2
db2 = np.sum(dZ2, axis=0, keepdims=True)
dA1 = np.dot(dZ2,W2.T)


#dZ1 = A1*dRelu(A1)
dA1[A1 <= 0] = 0
dZ1 = dA1


dW1 = np.dot(X.T, dZ1) +lambda*W1
db1 = np.sum(dZ1, axis=0, keepdims=True)
```

4.2.5　2 層神經網路的 Python 實現

2 層神經網路包含輸入層、隱含層和輸出層。

用 TwoLayerNN 類表示的 2 層神經網路模型，程式如下。

```python
#https://github.com/jldbc/numpy_neural_net/blob/master/three_layer_network.py
#https://github.com/martinkersner/cs231n/blob/master/assignment1/neural_net.py
from util import *
def dRelu(x):
    return 1 * (x > 0)


def max_abs(s):
    max_value = 0
    for x in s:
        max_value_ = np.max(np.abs(x))
        if(max_value_>max_value):
            max_value = max_value_
    return max_value


class TwoLayerNN:
    def __init__(self, input_units, hidden_units,output_units):
        # initialize parameters randomly
        n = input_units
        h = hidden_units
        K = output_units

        self.W1 = 0.01 * np.random.randn(n,h)
        self.b1 = np.zeros((1,h))
        self.W2 = 0.01 * np.random.randn(h,K)
        self.b2 = np.zeros((1,K))



    def train(self,X,y,reg=0,iterations=10000, learning_rate=1e-0,epsilon =
1e-8):
        m = X.shape[0]
        W1 =  self.W1
        b1 =  self.b1
        W2 =  self.W2
        b2 =  self.b2
        for i in range(iterations):
            # forward evaluate class scores, [N x K]
            Z1 = np.dot(X, W1) + b1
            A1 = np.maximum(0,Z1)   #ReLU activation
            Z2 = np.dot(A1, W2) + b2
```

```
            data_loss = softmax_cross_entropy(Z2,y)
            reg_loss = reg*np.sum(W1*W1) + reg*np.sum(W2*W2)
            loss = data_loss + reg_loss
            if i % 1000 == 0:
                print("iteration %d: loss %f" % (i, loss))

            # backward
            dZ2 = cross_entropy_grad(Z2,y)
            dW2 = np.dot(A1.T, dZ2) +2*reg*W2
            db2 = np.sum(dZ2, axis=0, keepdims=True)
            dA1 = np.dot(dZ2,W2.T)


            dA1[A1 <= 0] = 0
            dZ1 = dA1
            #dZ1 = dA1*dReLU(A1)
            #dZ1 = np.multiply(dA1,dRelu(A1) )
            dW1 = np.dot(X.T, dZ1)+2*reg*W1
            db1 = np.sum(dZ1, axis=0, keepdims=True)

            if max_abs([dW2,db2,dW1,db1])<epsilon:
                print("gradient is small enough at iter : ",i);
                break


            # perform a parameter update
            W1 += -learning_rate * dW1
            b1 += -learning_rate * db1
            W2 += -learning_rate * dW2
            b2 += -learning_rate * db2
        return W1,b1,W2,b2

    def predict(self,X):
        Z1 = np.dot(X, W1) + b1
        A1 = np.maximum(0,Z1)   #ReLU activation
        Z2 = np.dot(A1, W2) + b2
        return Z2
```

TwoLayerNN 類別的建構函數 __init__()，接收輸入層、隱含層和輸出層的神經元的數目，並將其作為參數，對 2 層神經網路的模型參數進行初始化。train() 函數用於訓練神經網路模型，即根據訓練樣本，使用梯度下降法計算最佳的模型參數，使得對這些訓練樣本，其交叉熵損失最小。

train() 函數的參數包括一組訓練樣本 (X,y)、正則化參數 reg、梯度下降法的相關超參數（如疊代次數 iterations、學習率 learning_rate、收斂誤差）。在梯度下降法疊代的每一步，train() 函數先正向計算樣本的輸出值及其中間變數 (Z1,A1,Z2)，將得分轉為機率，並計算多分類交叉熵損失（data_loss），再計算 data_loss 關於輸出層輸出的梯度 dZ2，並透過反向傳播求出關於中間變數和模型參數的梯度（模型參數的梯度包含正則項關於模型參數的梯度 2*reg*W2、2*reg*W1）。

模型的預測函數 predict()，根據訓練得到的神經網路模型預測輸入資料 X 的目標值。這是一個正向傳播過程。

我們使用此 2 層神經網路，對螺旋資料集的資料特徵和目標值進行建模。

首先，執行以下程式，生成資料集，結果如圖 4-27 所示。

```
import numpy as np
import matplotlib.pyplot as plt
%matplotlib inline
import  data_set  as ds

np.random.seed(89)
X,y = ds.gen_spiral_dataset()

# lets visualize the data:
#plt.scatter(X[:, 0], X[:, 1], c=y, s=20, cmap=plt.cm.spring)
#plt.show()
```

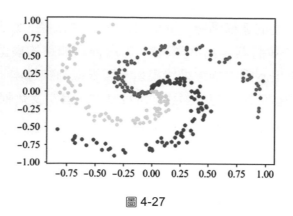

圖 4-27

然後，定義一個 TwoLayerNN 類別物件，將訓練集傳給該類別物件的組成函數，並呼叫其 train() 函數進行模型訓練，程式如下。

```
nn = TwoLayerNN(2,100,3)
W1,b1,W2,b2 = nn.train(X,y)
```

```
iteration 0: loss 1.098627
iteration 1000: loss 0.115216
iteration 2000: loss 0.053218
iteration 3000: loss 0.038299
iteration 4000: loss 0.031767
iteration 5000: loss 0.028016
iteration 6000: loss 0.025411
iteration 7000: loss 0.023476
iteration 8000: loss 0.022009
iteration 9000: loss 0.020872
```

執行以下程式，輸出模型的準確度。

```
# evaluate training set accuracy
#A1 = np.maximum(0, np.dot(X, W1) + b1)
#Z2 = np.dot(A1, W2) + b2
Z2 = nn.predict(X)
predicted_class = np.argmax(Z2, axis=1)
print ('training accuracy: %.2f' % (np.mean(predicted_class == y)))
```

定義一個 TwoLayerNN 類別物件，將訓練集傳給該類別物件的組成函數，並呼叫其 train() 函數進行模型訓練，程式如下。

```
nn = TwoLayerNN(2,100,3)
W1,b1,W2,b2 = nn.train(X,y)
```

```
iteration 0: loss 1.098627
iteration 1000: loss 0.115216
iteration 2000: loss 0.053218
iteration 3000: loss 0.038299
iteration 4000: loss 0.031767
iteration 5000: loss 0.028016
iteration 6000: loss 0.025411
iteration 7000: loss 0.023476
iteration 8000: loss 0.022009
iteration 9000: loss 0.020872
training accuracy: 0.99
```

使用分析導數計算梯度，得到的模型更準確——準確度達 99%。執行以下
程式，即可顯示決策邊界。

```
# plot the resulting classifier
h = 0.02
x_min, x_max = X[:, 0].min() - 1, X[:, 0].max() + 1
y_min, y_max = X[:, 1].min() - 1, X[:, 1].max() + 1
xx, yy = np.meshgrid(np.arange(x_min, x_max, h),
                     np.arange(y_min, y_max, h))
XX = np.c_[xx.ravel(), yy.ravel()]
Z = nn.predict(XX)
Z = np.argmax(Z, axis=1)
Z = Z.reshape(xx.shape)
fig = plt.figure()
plt.contourf(xx, yy, Z, cmap=plt.cm.Spectral, alpha=0.8)
plt.scatter(X[:, 0], X[:, 1], c=y, s=20, cmap=plt.cm.spring)
plt.xlim(xx.min(), xx.max())
plt.ylim(yy.min(), yy.max())
#fig.savefig('spiral_net.png')
```

定義一個 TwoLayerNN 類別物件，將訓練集傳給該類別物件的組成函數，
並呼叫其 train() 函數進行模型訓練，程式如下。

```
nn = TwoLayerNN(2,100,3)
W1,b1,W2,b2 = nn.train(X,y)
```

```
iteration 0: loss 1.098627
iteration 1000: loss 0.115216
iteration 2000: loss 0.053218
iteration 3000: loss 0.038299
iteration 4000: loss 0.031767
iteration 5000: loss 0.028016
iteration 6000: loss 0.025411
iteration 7000: loss 0.023476
iteration 8000: loss 0.022009
iteration 9000: loss 0.020872
(-1.9124776305480737, 1.9275223694519297)
```

螺旋資料集的分類決策區域，如圖 4-28 所示。

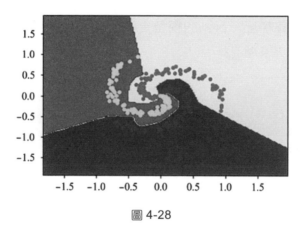

圖 4-28

4.2.6　任意層神經網路的反向求導

2 層神經網路的反向求導過程，可以推廣到任意深度（層）的神經網路，即對任意層 l，其加權和 $z^{[l]} = a^{[l-1]}W^{[l]} + b^{[l]}$ 經過啟動函數 g，產生輸出 $a^{[l]} = g(z^{[l]})$。

如果損失函數關於 $\frac{\partial \mathcal{L}}{\partial a^{[l]}}$ 的梯度是已知的，就能求出 $\frac{\partial \mathcal{L}}{\partial z^{[l]}} = \frac{\partial \mathcal{L}}{\partial a^{[l]}} g'(z^{[l]})$，透過 $\frac{\partial \mathcal{L}}{\partial z^{[l]}}$ 就能求出損失函數關於該層的參數 $W^{[l]}$、$b^{[l]}$ 和輸入 $a^{[l-1]}$ 的梯度，公式如下。

$$\frac{\partial \mathcal{L}}{\partial \boldsymbol{W}^{[l]}} = \boldsymbol{a}^{[l-1]^{\mathrm{T}}} \frac{\partial \mathcal{L}}{\partial \boldsymbol{z}^{[l]}}$$

$$\frac{\partial \mathcal{L}}{\partial \boldsymbol{b}^{[l]}} = \mathrm{np.\,sum}\left(\frac{\partial \mathcal{L}}{\partial \boldsymbol{z}^{[l]}}, \mathrm{axis} = 0, \mathrm{keepdims} = \mathrm{True}\right)$$

$$\frac{\partial \mathcal{L}}{\partial \boldsymbol{a}^{[l-1]}} = \frac{\partial \mathcal{L}}{\partial \boldsymbol{z}^{[l]}} \boldsymbol{W}^{[l]^{\mathrm{T}}}$$

多樣本形式的向量，公式如下。

$$\frac{\partial \mathcal{L}}{\partial \boldsymbol{Z}^{[l]}} = \frac{\partial \mathcal{L}}{\partial \boldsymbol{A}^{[l]}} g'\left(\boldsymbol{Z}^{[l]}\right)$$

$$\frac{\partial \mathcal{L}}{\partial \boldsymbol{W}^{[l]}} = \boldsymbol{A}^{[l-1]^{\mathrm{T}}} \frac{\partial \mathcal{L}}{\partial \boldsymbol{Z}^{[l]}}$$

$$\frac{\partial \mathcal{L}}{\partial \boldsymbol{b}^{[l]}} = \mathrm{np.\,sum}\left(\frac{\partial \mathcal{L}}{\partial \boldsymbol{Z}^{[l]}}, \mathrm{axis} = 0, \mathrm{keepdims} = \mathrm{True}\right)$$

$$\frac{\partial \mathcal{L}}{\partial \boldsymbol{A}^{[l-1]}} = \frac{\partial \mathcal{L}}{\partial \boldsymbol{Z}^{[l]}} \boldsymbol{W}^{[l]^{\mathrm{T}}}$$

以上公式假設輸入 $\boldsymbol{x} = \boldsymbol{a}^{[0]}$ 和中間變數 $\boldsymbol{z}^{[1-1]}$、$\boldsymbol{a}^{[1-1]}$ 都採用行向量的形式。

下面以列向量的形式來推導損失函數關於中間變數和模型參數的梯度，即假設輸入 $\boldsymbol{x} = \boldsymbol{a}^{[0]}$，中間變數 $\boldsymbol{z}^{[1-1]}$、$\boldsymbol{a}^{[1-1]}$ 及其梯度都是列向量。採用列向量的形式，第 l 層的加權和 $\boldsymbol{z}^{[l]}$ 為

$$\boldsymbol{z}^{[l]} = \boldsymbol{W}^{[l]} \boldsymbol{a}^{[l-1]} + \boldsymbol{b}^{[l]}$$

此時，權值矩陣的每一行（而非每一列）表示一個神經元的權值參數。當然，加權和 $\boldsymbol{z}^{[l]}$ 經過啟動函數 g，產生的也是列向量 $\boldsymbol{a}^{[l]} = g(\boldsymbol{z}^{[l]})$。

假設第 l 層有 m 個神經元，輸入 $\boldsymbol{a}^{[l-1]}$ 有 n 個值。將加權和的向量形式展開，具體如下。

$$z^{[l]} = \begin{bmatrix} z_1^{[l]} \\ z_2^{[l]} \\ \vdots \\ z_m^{[l]} \end{bmatrix} = \begin{bmatrix} \sum_{k=1}^{n} W_{1k}^{[l]} a_k^{[l-1]} + b_1^{[l]} \\ \sum_{k=1}^{n} W_{2k}^{[l]} a_k^{[l-1]} + b_2^{[l]} \\ \vdots \\ \sum_{k=1}^{n} W_{mk}^{[l]} a_k^{[l-1]} + b_m^{[l]} \end{bmatrix}$$

為了便於推導,用記號 $\delta_j^{[l]}$ 表示損失函數關於 $z_j^{[l]}$ 的偏導數,即 $\delta_j^{(l)} = \frac{\partial \mathcal{L}}{\partial z_j^{(l)}}$。

神經網路的第 l 層的第 j 個神經元輸出一個加權和 $z_j^{[l]}$。該加權和只與該神經元有關,與該層的其他神經元無關。因此,該神經元的權值參數 $W_{jk}^{[l]}$ 只對 $z_j^{[l]}$ 有貢獻,或說,依賴 $W^{[l]}$ 的第 j 行的只有 $z_j^{[l]}$。因此,有

$$\frac{\partial \mathcal{L}}{\partial W_{jk}^{[l]}} = \frac{\partial \mathcal{L}}{\partial z_j^{[l]}} \frac{\partial z_j^{[l]}}{\partial W_{jk}^{[l]}} = \delta_j^{(l)} \frac{\partial}{\partial W_{jk}^{(l)}} \left(\sum_i W_{ji}^{[l]} a_i^{(l-1)} \right) = \delta_j^{[l]} a_k^{[l-1]}$$

將 $W^{[l]}$ 的所有權值 $W_{jk}^{[l]}$ 的偏導數放入一個和 $W^{[l]}$ 形狀相同的陣列。假設神經網路的第 l 層有 m 個神經元,輸入 $a^{[l-1]}$ 的值有 n 個,則有

$$\frac{\partial \mathcal{L}}{\partial W^{[l]}} = \begin{bmatrix} \frac{\partial \mathcal{L}}{\partial W_{11}^{[l]}} & \frac{\partial \mathcal{L}}{\partial W_{12}^{[l]}} & \cdots & \frac{\partial \mathcal{L}}{\partial W_{1n}^{[l]}} \\ \vdots & \vdots & \cdots & \vdots \\ \frac{\partial \mathcal{L}}{\partial W_{j1}^{[l]}} & \frac{\partial \mathcal{L}}{\partial W_{j2}^{[l]}} & \cdots & \frac{\partial \mathcal{L}}{\partial W_{jn}^{[l]}} \\ \vdots & \vdots & \cdots & \vdots \\ \frac{\partial \mathcal{L}}{\partial W_{m1}^{[l]}} & \frac{\partial \mathcal{L}}{\partial W_{m2}^{[l]}} & \cdots & \frac{\partial \mathcal{L}}{\partial W_{mn}^{[l]}} \end{bmatrix} = \begin{bmatrix} \delta_1^{[l]} a_1^{[l-1]} & \delta_1^{[l]} a_2^{[l-1]} & \cdots & \delta_1^{[l]} a_n^{[l-1]} \\ \vdots & \vdots & \cdots & \vdots \\ \delta_2^{[l]} a_1^{[l-1]} & \delta_2^{[l]} a_2^{[l-1]} & \cdots & \delta_2^{[l]} a_n^{[l-1]} \\ \vdots & \vdots & \cdots & \vdots \\ \delta_m^{[l]} a_1^{[l-1]} & \delta_m^{[l]} a_2^{[l-1]} & \cdots & \delta_m^{[l]} a_n^{[l-1]} \end{bmatrix}$$

$$= \begin{bmatrix} \delta_1^{[l]} \\ \delta_2^{[l]} \\ \vdots \\ \delta_m^{[l]} \end{bmatrix} \begin{bmatrix} a_1^{[l-1]} & a_2^{[l-1]} & \cdots & a_n^{[l-1]} \end{bmatrix} = \delta^{[l]} a^{[l-1]^{\mathrm{T}}}$$

同理

$$\frac{\partial \mathcal{L}}{\partial b_j^{[l]}} = \frac{\partial L}{\partial z_j^{[l]}} \frac{\partial z_j^{[l]}}{\partial b_j^{[l]}} = \frac{\partial L}{\partial z_j^{[l]}} = \delta_j^{[l]}$$

即

$$\frac{\partial \mathcal{L}}{\partial \boldsymbol{b}^{[l]}} = \boldsymbol{\delta}^{[l]}$$

與 $W_{jk}^{[l]}$、$b_j^{[l]}$ 不同,第 $l-1$ 層的輸出(即第 l 層的輸入)$\boldsymbol{a}^{[l-1]}$ 的所有分量 $a_i^{[l-1]}$ 都對第 l 層的各個神經元 $z_j^{[l]}$ 有貢獻,如圖 4-29 所示。

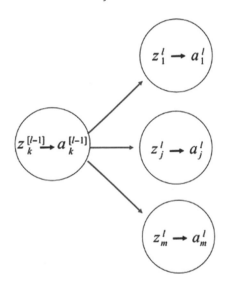

圖 4-29

因此,在計算損失函數關於 $a_k^{[l-1]}$ 的偏導數時,需要累加所有 $z_j^{[l]}$ 對它的偏導數,即

$$\frac{\partial \mathcal{L}}{\partial a_k^{[l-1]}} = \sum_{j=1}^{m} \frac{\partial \mathcal{L}}{\partial z_j^{[l]}} \frac{\partial z_j^{[l]}}{\partial a_k^{[l-1]}} = \sum_{j=1}^{m} \left(\delta_j^{[l]} \frac{\partial}{\partial a_k^{[l-1]}} \left(\sum_i W_{jk}^{[l]} a_k^{[l-1]} \right) \right)$$

$$= \sum_{j=1}^{m} \left(\delta_j^{[l]} W_{jk}^{[l]} \right)$$

也就是 $\boldsymbol{\delta}^{[l]}$ 和 $\boldsymbol{W}^{[l]}$ 的第 k 列的點積。

如果用 $\boldsymbol{W}^{[l]}_{,k}$ 表示第 k 列,那麼上式寫入成矩陣乘積的形式,具體如下。

$$\frac{\partial \mathcal{L}}{\partial a_k^{[l-1]}} = \boldsymbol{W}^{[l]^\mathrm{T}}_{,k} \boldsymbol{\delta}^{[l]}$$

將 L 關於 $\boldsymbol{a}^{[l-1]}$ 的所有梯度寫成一個列向量,具體如下。

$$\frac{\partial \mathcal{L}}{\partial \boldsymbol{a}^{[l-1]}} = \begin{bmatrix} \dfrac{\partial \mathcal{L}}{\partial a_1^{[l-1]}} \\ \dfrac{\partial \mathcal{L}}{\partial a_2^{[l-1]}} \\ \vdots \\ \dfrac{\partial \mathcal{L}}{\partial a_n^{[l-1]}} \end{bmatrix} = \begin{bmatrix} \boldsymbol{W}^{[l]^\mathrm{T}}_{,1} \boldsymbol{\delta}^{[l]} \\ \boldsymbol{W}^{[l]^\mathrm{T}}_{,2} \boldsymbol{\delta}^{[l]} \\ \vdots \\ \boldsymbol{W}^{[l]^\mathrm{T}}_{,n} \boldsymbol{\delta}^{[l]} \end{bmatrix} = \boldsymbol{W}^{[l]^\mathrm{T}} \boldsymbol{\delta}^{[l]}$$

接下來,問題的關鍵變成了求 $\delta_j^{(l)} = \frac{\partial \mathcal{L}}{\partial z_j^{(l)}}$。

對於輸出層 L,可以直接用損失函數求關於輸出的梯度。而對於其他層,如第 l 層($l < L$),關於輸出的梯度,可由該層的啟動值 $\boldsymbol{a}^{[l]}$ 的 $\frac{\partial \mathcal{L}}{\partial \boldsymbol{a}^{[l]}}$ 和該層神經元的啟動函數的導數求得。不失一般性,設該層神經元的啟動函數都是 g,即 $a_i^{[l]} = g(z_i^{[l]})$。根據連鎖律,有

$$\delta_i^{[l-1]} = \frac{\partial L}{\partial z_i^{[l-1]}} = \frac{\partial L}{\partial a_i^{[l-1]}} g'(z_i^{[l-1]})$$

記號 $g'(.)$ 表示具有廣播功能,即可以作用於一個陣列,相當於作用於陣列中的所有元素,具體如下。

$$g'(\boldsymbol{z}^{[l]}) = \begin{bmatrix} g'\left(z_1^{[l]}\right) \\ g'\left(z_2^{[l]}\right) \\ \vdots \\ g'\left(z_n^{[l]}\right) \end{bmatrix}$$

$$\boldsymbol{\delta}^{[l-1]} = \frac{\partial L}{\partial \boldsymbol{z}^{[l-1]}} = \frac{\partial L}{\partial \boldsymbol{a}^{[l-1]}} \odot g'(\boldsymbol{z}^{[l-1]})$$

將 $\frac{\partial \mathcal{L}}{\partial \boldsymbol{a}^{[l-1]}} = \boldsymbol{W}^{[l]^{\mathrm{T}}} \boldsymbol{\delta}^{[l]}$ 代入上述公式，得到

$$\boldsymbol{\delta}^{[l-1]} = (\boldsymbol{W}^{[l]^{\mathrm{T}}} \boldsymbol{\delta}^{[l]}) \odot g'(\boldsymbol{z}^{[l-1]})$$

即在反向求導過程中，可以不計算中間層關於 $\boldsymbol{a}^{[l]}$ 的梯度，只計算損失函數關於 $\boldsymbol{z}^{[l]}$ 的梯度 $\boldsymbol{\delta}^{[l]}$。

最後需要說明的是，如果輸出層沒有將加權和 $\boldsymbol{z}^{[L]}$ 直接輸出，而是經過啟動函數（如 $\boldsymbol{a}^{[L]} = f(\boldsymbol{z}^{[L]})$）輸出的，那麼對於方差損失 $\frac{1}{2} \| \boldsymbol{a}^{[L]} - \boldsymbol{y} \|^2$，損失函數關於 $\boldsymbol{a}^{(L)}$ 的梯度為 $\frac{\partial \mathcal{L}}{\partial \boldsymbol{a}^{(L)}} = \boldsymbol{a}^{(L)} - \boldsymbol{y}$。這樣，根據 $\frac{\partial \mathcal{L}}{\partial \boldsymbol{z}^{(L)}} = \frac{\partial \mathcal{L}}{\partial \boldsymbol{a}^{(L)}} f'(\boldsymbol{z}^{[L]})$ 即可計算關於輸出層加權和 $\boldsymbol{z}^{[L]}$ 的梯度 $\frac{\partial \mathcal{L}}{\partial \boldsymbol{z}^{(L)}}$，公式如下。

$$\boldsymbol{\delta}^{(L)} = \frac{\partial L}{\partial \boldsymbol{z}^{(L)}} = \frac{\partial \mathcal{L}}{\partial \boldsymbol{a}^{(L)}} f'(\boldsymbol{z}^{[L]})$$

對於二分類問題，啟動函數就是 sigmoid 函數；對於多分類問題，啟動函數就是 softmax 函數。可以計算 $\boldsymbol{a}^{[L]}$ 和目標值 $\boldsymbol{y}$ 的交叉熵損失關於加權和 $\boldsymbol{z}^{[L]}$ 的梯度 $\frac{\partial \mathcal{L}}{\partial \boldsymbol{z}^{(L)}} = \boldsymbol{a}^{(L)} - \boldsymbol{y}$（對於多分類問題，$\boldsymbol{y}$ 是 one-hot 向量）。當然，對於多樣本，該梯度就是 $\frac{\partial \mathcal{L}}{\partial \boldsymbol{z}^{(L)}} = \frac{1}{m}(\boldsymbol{A}^{(L)} - \boldsymbol{Y})$。

在輸出層直接輸出加權和 $\boldsymbol{z}^{(L)}$ 而沒有啟動函數的情況下，有

$$\boldsymbol{\delta}^{(L)} = \frac{\partial \mathcal{L}}{\partial \boldsymbol{z}^{(L)}} = f(\boldsymbol{z}^{[L]}) - \boldsymbol{y}$$

對於回歸問題，f 是恒等函數（假設方差損失為 $\frac{1}{2} \| \boldsymbol{z}^{[L]} - \boldsymbol{y} \|^2$）；對於二分類或多分類問題，$f$ 是 sigmoid 函數或 softmax 函數。當然，對於多樣本，梯度是 $\frac{\partial \mathcal{L}}{\partial \boldsymbol{z}^{(L)}} = \frac{1}{m}(f(\boldsymbol{Z}^{(L)}) - \boldsymbol{Y})$。

損失函數關於輸出的梯度計算公式，連同以下 3 個公式，稱為反向求導的四大公式。

$$\frac{\partial \mathcal{L}}{\partial \boldsymbol{W}^{(l)}} = \boldsymbol{\delta}^{(l)} (\boldsymbol{a}^{(l-1)})^{\mathrm{T}} = \begin{bmatrix} \delta_1^{(l)} a_1^{(l-1)} & \delta_1^{(l)} a_2^{(l-1)} & \cdots & \delta_1^{(l)} a_k^{(l-1)} \\ \delta_2^{(l)} a_1^{(l-1)} & \delta_2^{(l)} a_2^{(l-1)} & \cdots & \delta_2^{(l)} a_k^{(l-1)} \\ \vdots & \vdots & & \vdots \\ \delta_j^{(l)} a_1^{(l-1)} & \delta_j^{(l)} a_2^{(l-1)} & \cdots & \delta_j^{(l)} a_k^{(l-1)} \end{bmatrix}$$

$$\frac{\partial \mathcal{L}}{\partial \boldsymbol{b}^{(l)}} = \boldsymbol{\delta}^{(l)}$$

$$\boldsymbol{\delta}^{[l-1]} = (\boldsymbol{W}^{[l]^{\mathrm{T}}} \boldsymbol{\delta}^{[l]}) \odot g'(\boldsymbol{z}^{[l-1]})$$

以上三式的向量形式如下。

$$\frac{\partial \mathcal{L}}{\partial \boldsymbol{W}^{(l)}} = \boldsymbol{\delta}^{(l)} (\boldsymbol{a}^{(l-1)})^{\mathrm{T}} = \frac{\partial \mathcal{L}}{\partial \boldsymbol{z}^{[l]}} (\boldsymbol{a}^{(l-1)})^{\mathrm{T}}$$

$$\frac{\partial \mathcal{L}}{\partial \boldsymbol{b}^{(l)}} = \boldsymbol{\delta}^{(l)} = \frac{\partial \mathcal{L}}{\partial \boldsymbol{z}^{[l]}}$$

$$\boldsymbol{\delta}^{[l-1]} = (\boldsymbol{W}^{[l]^{\mathrm{T}}} \boldsymbol{\delta}^{[l]}) \odot g'(\boldsymbol{z}^{[l-1]}) = (\boldsymbol{W}^{[l]^{\mathrm{T}}} \frac{\partial \mathcal{L}}{\partial \boldsymbol{z}^{[l]}}) \odot g'(\boldsymbol{z}^{[l-1]})$$

其多樣本的向量形式如下。

$$\frac{\partial \mathcal{L}}{\partial \boldsymbol{W}^{(l)}} = \frac{\partial \mathcal{L}}{\partial \boldsymbol{Z}^{[l]}} (\boldsymbol{A}^{(l-1)})^{\mathrm{T}}$$

$$\frac{\partial \mathcal{L}}{\partial \boldsymbol{b}^{(l)}} = \mathrm{np.\,sum}(\frac{\partial \mathcal{L}}{\partial \boldsymbol{Z}^{[l]}}, \mathrm{axis} = 1, \mathrm{keepdims} = \mathrm{True})$$

$$\frac{\partial \mathcal{L}}{\partial \boldsymbol{Z}^{[l-1]}} = \left(\boldsymbol{W}^{[l]^{\mathrm{T}}} \frac{\partial \mathcal{L}}{\partial \boldsymbol{Z}^{[l]}} \right) \odot g'(\boldsymbol{Z}^{[l-1]})$$

▌ 4.3 實現一個簡單的深度學習框架

4.3.1 神經網路的訓練過程

和其他機器學習演算法一樣,神經網路的訓練過程如下。

- 準備資料:準備訓練模型的樣本資料集。除訓練集外,還可能包含驗
  證集和測試集。

- 確定神經網路的結構：針對具體問題，設計一個合適的神經網路模型。模型規模大，訓練時間長，訓練難度就大；模型規模小，模型的表達能力可能不夠。需要根據實際問題，選擇合適的網路結構。網路結構還包括啟動函數、誤差（損失）評估方法，即應該定義一個什麼樣的損失函數。
- 訓練模型：包括隨機初始化模型參數、用梯度下降法求最佳解。可能需要借助驗證集來選擇合適的模型和超參數，以免出現過擬合或欠擬合。

和回歸模型一樣，神經網路也使用梯度下降法來訓練模型，以尋找最合適的模型參數。梯度下降法包含以下 3 步。

1. 正向傳播計算模型的輸出和損失函數值

從第 1 層開始，依次計算後面每一層的中間變數並啟動輸出值，直到輸出層，公式如下。

$$Z^{[l]} = XW^{[l]} + b^{[l]} = A^{[l-1]}W^{[l]} + b^{[l]}$$

$$A^{[l]} = g^{[l]}(Z^{[l]})$$

根據不同的損失評價標準計算損失函數值，公式如下。

$$\mathcal{L} = \mathcal{L}(A^{(L)}, y)$$

2. 反向求導

計算損失函數關於輸出層的輸出的梯度，即 $\delta^{[L]} = \frac{\partial \mathcal{L}}{\partial Z^{[L]}}$。

從輸出層 L 到第 1 層，計算損失函數關於 W、b、x 的梯度 $\frac{\partial \mathcal{L}}{\partial W^{[l]}}$、$\frac{\partial \mathcal{L}}{\partial b^{[l]}}$、$\frac{\partial \mathcal{L}}{\partial A^{[l-1]}}$、$\frac{\partial \mathcal{L}}{\partial Z^{[l-1]}}$，公式如下。

$$\frac{\partial \mathcal{L}}{\partial W^{[l]}} = A^{[l-1]\mathrm{T}} \frac{\partial \mathcal{L}}{\partial Z^{[l]}}$$

$$\frac{\partial \mathcal{L}}{\partial b^{[1]}} = \mathrm{np.\,sum}\left(\frac{\partial \mathcal{L}}{\partial Z^{[1]}}, \mathrm{axis} = 0, \mathrm{keepdims} = \mathrm{True}\right)$$

$$\frac{\partial \mathcal{L}}{\partial \boldsymbol{A}^{[l-1]}} = \frac{\partial \mathcal{L}}{\partial \boldsymbol{Z}^{[l]}} \boldsymbol{W}^{[l]\mathrm{T}}$$

$$\frac{\partial \mathcal{L}}{\partial \boldsymbol{Z}^{[l]}} = \frac{\partial L}{\partial \boldsymbol{A}^{[l]}} \cdot g'\left(\boldsymbol{Z}^{[l]}\right)$$

3. 更新模型參數

更新模型參數，公式如下。

$$\boldsymbol{W}^{(l)} = \boldsymbol{W}^{(l)} - \alpha \frac{\partial \mathcal{L}}{\partial \boldsymbol{W}^{(l)}}$$

$$\boldsymbol{b}^{(l)} = \boldsymbol{b}^{(l)} - \alpha \frac{\partial \boldsymbol{L}}{\partial \boldsymbol{b}^{(l)}}$$

4.3.2　網路層的程式實現

神經網路的正向計算和反向求導都是一層一層進行計算的。為了實現一個通用的神經網路框架，可以將每個神經網路層用一個類別 Layer 來表示。

Layer 類別表示一個抽象的神經網路層，除初始化建構函數 init() 外，主要有兩個函數：正向計算函數 forward(self, x) 接收輸入 x，產生輸出；反向求導函數 backward(self,grad) 接收反向傳來的梯度 grad。grad 是損失函數關於其輸出的梯度，來自其後一層（對於最後一層，grad 表示損失函數關於輸出的梯度）。backward() 函數用於計算該層相關參數的梯度（如累加和、權值參數）。相關程式如下。

```
class Layer:
    def __init__(self):
        pass
    def forward(self, x):
        raise NotImplementedError

    def backward(self, grad):
        raise NotImplementedError
```

在 Layer 類別的基礎上，可以定義一個衍生類別 Dense 來表示一個全連接層。所謂全連接層，指的是該層的每個神經元接收前一層的所有輸入。

Dense 類別的建構函數 init() 的參數 input_units、output_units 和 activation，分別表示輸入的大小、輸出的大小和啟動函數。正向計算函數 forward() 先根據輸入、權值、偏置來計算累加和，再將其輸入啟動函數，以計算輸出值，公式如下。

$$Z^{[l]} = XW^{[l]} + b^{[l]} = A^{[l-1]}W^{[l]} + b^{[l]}$$
$$A^{[l]} = g^{[l]}(Z^{[l]})$$

反向計算（反向求導）接收損失函數關於輸出值 A 的梯度 $\frac{\partial L}{\partial A^{[l]}}$，分別計算損失函數關於 W、b、x 的梯度 $\frac{\partial L}{\partial Z^{[l]}}$、$\frac{\partial L}{\partial W^{[l]}}$、$\frac{\partial L}{\partial A^{[l-1]}}$。

因為在程式中無法使用偏導數、梯度等符號，所以，可分別用 $\mathrm{d}A^{[l]}$、$\mathrm{d}Z^{[l]}$、$\mathrm{d}W^{[l]}$、$\mathrm{d}b^{[l]}$ 來表示 $\frac{\partial L}{\partial A^{[l]}}$、$\frac{\partial L}{\partial Z^{[l]}}$、$\frac{\partial L}{\partial W^{[l]}}$、$\frac{\partial L}{\partial b^{[l]}}$。這些梯度的計算公式，具體如下。

$$\mathrm{d}Z^{[l]} = \mathrm{d}A^{[l]} \cdot g'(Z^{[l]})$$
$$\mathrm{d}W^{[l]} = A^{[l-1]^{\mathrm{T}}} \mathrm{d}Z^{[l]}$$
$$\mathrm{d}b^{[l]} = \mathrm{np.\,sum}(\mathrm{d}Z^{[l]}, \mathrm{axis} = 0, \mathrm{keepdims} = \mathrm{True})$$
$$\mathrm{d}A^{[l-1]} = \mathrm{d}Z^{[l]} W^{[l]^{\mathrm{T}}}$$

網路層的程式實現，具體如下。

```
class Layer:
    def __init__(self):
        pass
    def forward(self, x):
        raise NotImplementedError

    def backward(self, grad):
        raise NotImplementedError

class Dense(Layer):
    def __init__(self, input_dim, out_dim,activation=None):
        super().__init__()
        self.W = np.random.randn(input_dim, out_dim) * 0.01  #0.01 *
```

```
np.random.randn
        self.b = np.zeros((1,out_dim))  #np.zeros(out_dim)

        self.activation = activation
        self.A = None

    def forward(self, x):
        # f(x) = xw+b
        self.x = x
        Z = np.matmul(x, self.W) + self.b
        self.A = self.g(Z)
        return self.A

    def backward(self, dA_out):
        #反向傳播
        A_in = self.x
        dZ = self.dZ_(dA_out)

        self.dW = np.dot(A_in.T, dZ)
        self.db = np.sum(dZ, axis=0, keepdims=True)
        dA_in = np.dot(dZ, np.transpose(self.W))
        return dA_in

    def g(self,z):
        if self.activation=='relu':
            return np.maximum(0, z)
        elif self.activation=='sogmiod':
            return 1 / (1 + np.exp(-z))
        else:
            return z

    def dZ_(self,dA_out):
        if self.activation=='relu':
            grad_g_z = 1. * (self.A > 0) #實際上應該是"1.*(self.Z>0)"，二者相等
            return np.multiply(dA_out,grad_g_z)
        elif self.activation=='sogmiod':
            grad_g_z = self.A(1-self.A)
            return np.multiply(dA_out,grad_g_z)
        else:
            return dA_out
```

對 Dense 類別的 forward() 函數進行測試，範例如下。

```
import numpy as np
np.random.seed(1)
x = np.random.randn(3,48)          #3 個樣本，3 個通道，每個通道都是 4x4 的圖型
dense = Dense(48,10,'none')
o = dense.forward(x)
print(o.shape)
print(o)
```

```
(3, 10)
[[-0.03953509 -0.00214997  0.00743433 -0.16926214 -0.05162853  0.06734225
  -0.00221485 -0.11710758 -0.07046456  0.02609659]
 [ 0.00848392  0.08259757 -0.09858177  0.0374092  -0.08303008  0.04151241
  -0.01407859 -0.02415486  0.04236149  0.0648261 ]
 [-0.13877363 -0.04122276 -0.00984716 -0.03461381  0.11513754  0.1043094
   0.00170353 -0.00449278 -0.0057236  -0.01403174]]
```

4.3.3　網路層的梯度檢驗

只有在確保神經網路的正向計算和反向求導正確的前提下，才能進一步訓練神經網路模型。為了檢測正向計算和反向求導的正確性，通常會比較用數值方法計算的梯度和用分析方法計算的梯度。如果二者之間的誤差很小，就說明分析梯度的計算結果正確性很高，可放心地進行後續的工作了。

假設 f 是多變數參數 p 的函數，即列出了 p，可以計算 $f(p)$ 的函數值。如果知道損失函數 $\mathcal{L}$ 關於 f 的梯度 $\frac{\partial \mathcal{L}}{\partial f}$，則可在此基礎上計算損失函數 $\mathcal{L}$ 關於 p 的梯度，公式如下。

$$\frac{\partial \mathcal{L}}{\partial p} = \frac{\partial \mathcal{L}}{\partial f}\frac{\partial f}{\partial p}$$

一般用 grad、$\mathrm{d}f$ 分別表示 $\frac{\partial \mathcal{L}}{\partial p}$、$\frac{\partial \mathcal{L}}{\partial f}$，於是，有

$$\mathrm{grad} = \mathrm{d}f\frac{\partial f}{\partial p}$$

如果 f 包含多個輸出值，即 $f(p) = (f_1(p), f_2(p), \cdots, f_n(p))^{\mathrm{T}}$ 是一個多變數參數 p 的向量值函數，已知損失函數 $\mathcal{L}$ 關於 f 的梯度，那麼，仍然可以根據連鎖律計算 $\mathcal{L}$ 關於 p 的梯度，即關於每個參數 p_j 的偏導數，公式如下。

$$\frac{\partial \mathcal{L}}{\partial p_j} = \sum_i \frac{\partial \mathcal{L}}{\partial f_i} \frac{\partial f_i}{\partial p} = \sum_i \mathrm{d}f_i \frac{\partial f_i}{\partial p_j}$$

在 $\frac{\partial \mathcal{L}}{\partial f_i}$ 已知的情況下，可根據上式，用數值求導的方法求解 $\frac{\partial \mathcal{L}}{\partial p_j}$，即用數值導數來表示 $\frac{\partial f_i}{\partial p_j}$，公式如下。

$$\frac{\partial f_i}{\partial p_j} \simeq \frac{f_i(p_j + \epsilon) - f_i(p_j - \epsilon)}{2\epsilon}$$

即

$$\frac{\partial \mathcal{L}}{\partial p_j} = \sum_i \frac{\partial \mathcal{L}}{\partial f_i} \frac{f_i(p + \epsilon) - f_i(p - \epsilon)}{2\epsilon} = \frac{\partial \mathcal{L}}{\partial f} \cdot \frac{f(p_j + \epsilon) - f(p_j - \epsilon)}{2\epsilon}$$
$$= \mathrm{d}f \cdot \frac{f(p_j + \epsilon) - f(p_j - \epsilon)}{2\epsilon}$$

其中，f 就是網路層 Dense 的輸出。

如果用 $f = \mathrm{dense.forward}(x)$ 表示這個函數，那麼這個函數的計算將依賴參數 p。損失函數對參數 p 的數值求導過程可透過以下程式實現。

```
def numerical_gradient_from_df(f, p, df, h=1e-5):
  grad = np.zeros_like(p)
  it = np.nditer(p, flags=['multi_index'], op_flags=['readwrite'])
  while not it.finished:
    idx = it.multi_index

    oldval = p[idx]
    p[idx] = oldval + h
    pos = f()            #當 f 的某個依賴參數 p[idx]發生變化後，重新呼叫 f()並計算其輸出
    p[idx] = oldval - h
    neg = f()            #當 f 的某個依賴參數 p[idx]發生變化後，重新呼叫 f()並計算其輸出
    p[idx] = oldval
```

```
    grad[idx] = np.sum((pos - neg) * df) / (2 * h)
    #grad[idx] = np.dot((pos - neg), df) / (2 * h)
    it.iternext()
return grad
```

模擬一個損失函數關於網路層 Dense 的輸出的梯度 df，呼叫 dense.backward(df)，透過反向求導獲取 Dense 的模型參數的梯度。輸出的 dx 就是關於 Dense 的輸入 x 的梯度。然後，用數值梯度函數 numerical_gradient_from_df() 計算關於 x 的數值梯度 dx_num。最後，比較 dx 和 dx_num 之間的誤差。相關程式如下。

```
df = np.random.randn(3, 10)
dx = dense.backward(df)
dx_num = numerical_gradient_from_df(lambda :dense.forward(x),x,df)

diff_error = lambda x, y: np.max(np.abs(x - y))
print(diff_error(dx,dx_num))
```

```
2.1851062625977136e-12
```

數值梯度和分析梯度之間的誤差很小，說明透過 backward() 函數計算得到的分析梯度和數值梯度幾乎相同。

也可以比較 Dense 的模型參數的梯度。執行以下程式，可以檢驗 Dense 的模型參數的梯度是否一致。

```
dW_num = numerical_gradient_from_df(lambda :dense.forward(x),dense.W,df)
print(diff_error(dense.dW,dW_num))
```

```
2.2715163083830703e-12
```

可以看出，模型參數的數值梯度和分析梯度非常接近。因此，可以判斷分析梯度的計算程式基本正確。

4.3.4 神經網路的類別

在層的基礎上，可以定義一個能夠表示整個神經網路的類別 NeuralNetwork，範例如下。

```python
class NeuralNetwork:
    def __init__(self):
        self._layers = []

    def add_layer(self, layer):
        self._layers.append(layer)

    def forward(self, X):
        self.X = X
        for layer in self._layers:
            X = layer.forward(X)
        return X

    def predict(self, X):
        p = self.forward(X)

        if p.ndim == 1:                      #單樣本
            return np.argmax(p)

        #多樣本
        return np.argmax(p, axis=1)


    def backward(self,loss_grad,reg = 0.):
        for i in reversed(range(len(self._layers))):
            layer = self._layers[i]
            loss_grad = layer.backward(loss_grad)

        for i in range(len(self._layers)):
            self._layers[i].dW += 2*reg * self._layers[i].W

    def reg_loss(self,reg):
        loss = 0
        for i in range(len(self._layers)):
            loss+= reg*np.sum(self._layers[i].W*self._layers[i].W)
        return loss

    def update_parameters(self,learning_rate):
        for i in range(len(self._layers)):
```

```
        self._layers[i].W += -learning_rate *  self._layers[i].dW
        self._layers[i].b += -learning_rate * self._layers[i].db

    def parameters(self):
        params = []
        for i in range(len(self._layers)):
            params.append(self._layers[i].W)
            params.append(self._layers[i].b)
        return params

    def grads(self):
        grads = []
        for i in range(len(self._layers)):
            grads.append(self._layers[i].dW)
            grads.append(self._layers[i].db)
        return grads
```

有了網路層 Layer 和神經網路類別 NeuralNetwork，就可以針對實際問題定義神經網路模型了。

針對二維平面上的點集分類問題定義的神經網路模型，範例如下。

```
nn = NeuralNetwork()
nn.add_layer(Dense(2, 100, 'relu'))
nn.add_layer(Dense(100, 3, 'softmax'))
```

對於多分類問題，可使用 softmax_cross_entropy() 和 cross_entropy_grad() 函數計算多分類交叉熵損失及加權和的梯度，範例如下。

```
X_temp = np.random.randn(2,2)
y_temp = np.random.randint(3, size=2)
F = nn.forward(X_temp)
loss = softmax_cross_entropy(F,y_temp)
loss_grad =  cross_entropy_grad(F,y_temp)
print(loss,np.mean(loss_grad))
```

```
1.098695480580774 -9.25185853854297e-18
```

4.3.5 神經網路的梯度檢驗

執行以下程式，比較數值梯度和分析梯度，以驗證神經網路的正向計算、損失函數計算和反向求導的結果。

```
import util

#根據損失函數關於輸出的梯度 loss_grad，計算模型參數的梯度
nn.backward(loss_grad)
grads= nn.grads()

def loss_fun():
    F = nn.forward(X_temp)
    return softmax_cross_entropy(F,y_temp)

params = nn.parameters()
numerical_grads = util.numerical_gradient(loss_fun,params,1e-6)

for i in range(len(params)):
    print(numerical_grads[i].shape,grads[i].shape)


def diff_error(x, y):
  return np.max(np.abs(x - y))

def diff_errors(xs, ys):
    errors = []
    for i in range(len(xs)):
        errors.append(diff_error(xs[i],ys[i]))
    return np.max(errors)

diff_errors(numerical_grads,grads)
```

```
(2, 100) (2, 100)
(1, 100) (1, 100)
(100, 3) (100, 3)
(1, 3) (1, 3)
2.3017241064515748e-10
```

數值梯度和分析梯度的誤差很小，説明分析梯度基本正確。

梯度下降法的程式如下。

```
def cross_entropy_grad_loss(F,y,softmax_out=False,onehot=False):
    if softmax_out:
        loss = cross_entropy_loss(F,y,onehot)
    else:
        loss = softmax_cross_entropy(F,y,onehot)
    loss_grad =  cross_entropy_grad(F,y,onehot,softmax_out)
    return loss,loss_grad

def train(nn,X,y,loss_function,epochs=10000,learning_rate=1e-0,reg = 1e-3,\
                    print_n=10):
    for epoch in range(epochs):
        f = nn.forward(X)
        loss,loss_grad = loss_function(f,y)
        loss+=nn.reg_loss(reg)

        nn.backward(loss_grad,reg)

        nn.update_parameters(learning_rate);

        if epoch % print_n == 0:
            print("iteration %d: loss %f" % (epoch, loss))
```

對於訓練樣本 (X,y)，梯度下降法的每一次疊代，都會進行正向計算，輸出 f = nn.forward(X)，並計算損失函數關於輸出的梯度 loss,loss_grad = loss_function(f,y)。然後，根據這個梯度，透過反向求導的方式計算模型參數的梯度 nn.backward(loss_grad,reg)。最後，更新模型參數 nn.update_parameters(learning_rate)。

對模型進行訓練，並輸出模型預測的準確度，範例如下。

```
import  data_set  as ds

np.random.seed(89)
X,y = ds.gen_spiral_dataset()
```

```
epochs=10000
learning_rate=1e-0
reg = 1e-4
print_n = epochs//10
train(nn,X,y,loss_gradient_softmax_crossentropy,epochs,learning_rate,reg,pri
nt_n)
print(np.mean(nn.predict(X)==y))
```

```
iteration 0: loss 1.098749
iteration 1000: loss 0.199245
iteration 2000: loss 0.129508
iteration 3000: loss 0.116411
iteration 4000: loss 0.110031
iteration 5000: loss 0.105776
iteration 6000: loss 0.103647
iteration 7000: loss 0.102508
iteration 8000: loss 0.101521
iteration 9000: loss 0.100991
0.9933333333333333
```

train() 函數使用訓練集中的所有樣本進行訓練。在實際的訓練過程中，通常使用其批次梯度下降法函數 train_batch()，即每次從訓練集中取出一部分樣本進行訓練。

使用 train_batch() 函數重新進行訓練，範例如下。

```
def data_iter(X,y,batch_size,shuffle=False):
    m = len(X)
    indices = list(range(m))
    if shuffle:                          #shuffle 為 True，表示打亂順序
        np.random.shuffle(indices)
    for i in range(0, m - batch_size + 1, batch_size):
        batch_indices = np.array(indices[i: min(i + batch_size, m)])
        yield X.take(batch_indices,axis=0), y.take(batch_indices,axis=0)

def train_batch(nn,XX,YY,loss_function,epochs=10000,batch_size=50,\
                learning_rate=1e-0,reg = 1e-3,print_n=10):
    iter = 0
    for epoch in range(epochs):
```

```
        for X,y in data_iter(XX,YY,batch_size,True):
            f = nn.forward(X)
            loss,loss_grad = loss_function(f,y)
            loss+=nn.reg_loss(reg)

            nn.backward(loss_grad,reg)

            nn.update_parameters(learning_rate);

            if iter % print_n == 0:
                print("iteration %d: loss %f" % (iter, loss))
            iter+=1
```

使用批次梯度下降法訓練一個 2 層神經網路，範例如下。

```
nn = NeuralNetwork()
nn.add_layer(Dense(2, 100, 'relu'))
nn.add_layer(Dense(100, 3))

epochs=1000
batch_size=50
learning_rate=1e-0
reg = 1e-4
print_n = epochs*len(X)//batch_size//10

train_batch(nn,X,y,cross_entropy_grad_loss,epochs,batch_size,learning_rate,\
          reg,print_n)
print(np.mean(nn.predict(X)==y))
```

```
iteration 0: loss 1.098579
iteration 600: loss 0.377089
iteration 1200: loss 0.198609
iteration 1800: loss 0.129696
iteration 2400: loss 0.208457
iteration 3000: loss 0.090015
iteration 3600: loss 0.110976
iteration 4200: loss 0.095018
iteration 4800: loss 0.084522
iteration 5400: loss 0.095629
0.9866666666666667
```

4.3.6   基於深度學習框架的 MNIST 手寫數字辨識

下載 MNIST 資料集，範例如下。其中，每幅數字圖型都已轉為長度為 784 的一維向量，如圖 4-30 所示。

```
#%%time
import pickle, gzip, urllib.request, json
import numpy as np
import os.path

if not os.path.isfile("mnist.pkl.gz"):
    # Load the dataset

urllib.request.urlretrieve("http://deeplearning.net/data/mnist/mnist.pkl.gz",
                           "mnist.pkl.gz")

with gzip.open('mnist.pkl.gz', 'rb') as f:
    train_set, valid_set, test_set = pickle.load(f, encoding='latin1')

train_X, train_y = train_set
valid_X, valid_y = valid_set
print(train_X.dtype)
print(train_set[0].shape)
print(valid_X.shape)
```

```
float32
(50000, 784)
(10000, 784)
```

```
import matplotlib.pyplot as plt
%matplotlib inline

digit = train_set[0][9].reshape(28,28)
plt.imshow(digit,cmap='gray')
plt.colorbar()
plt.show()
```

```
print(train_X.shape)
```

```
(50000, 784)
```

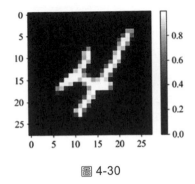

圖 4-30

定義如圖 4-31 所示的神經網路模型，作為進行手寫數字圖型辨識的分類器函數。

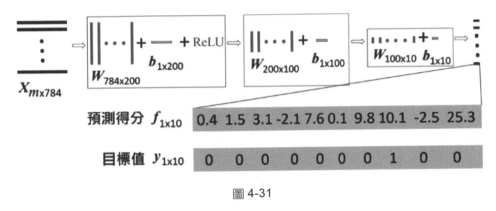

圖 4-31

相關程式如下。

```
nn = NeuralNetwork()
nn.add_layer(Dense(784, 200, 'relu'))
nn.add_layer(Dense(200, 100, 'relu'))
nn.add_layer(Dense(100, 10, ))

epochs = 25
batch_size = 32
learning_rate = 0.1
reg = 1e-3
print_n = 25*len(train_X)//32//10
train_batch(nn,train_X,train_y,cross_entropy_grad_loss,epochs,batch_size,\
                  learning_rate,reg,print_n)
```

```
print(np.mean(nn.predict(valid_X)==valid_y))
print(nn.predict(valid_X[9]),valid_y[9])
```

```
iteration 0: loss 2.320527
iteration 3906: loss 0.436557
iteration 7812: loss 0.363573
iteration 11718: loss 0.289885
iteration 15624: loss 0.177679
iteration 19530: loss 0.286339
iteration 23436: loss 0.189970
iteration 27342: loss 0.143797
iteration 31248: loss 0.158769
0.98474
0.9766
[4] 4
```

4.3.7　改進的通用神經網路框架：分離加權和與啟動函數

神經網路框架的網路層 Dense 包含加權和及啟動函數，對應程式中的 Dense 類別包含加權和及啟動函數的正在計算和反向計算。為了提高靈活性，可分別用兩個類別來表示加權和及啟動函數並進行計算，以便將來增加新的啟動函數。

Layer 類別提供了成員變數 params 來保存模型的參數，並提供了一個方法 reg_loss_grad()，用於將損失函數正則項的梯度增加到模型參數的梯度中。

Dense 類別僅進行加權和計算，其建構函數可接收一個能夠對權值參數進行隨機初始化的參數，並根據不同的隨機初始化方法對權值參數進行初始化。Dense 類別接收的單一資料特徵，不僅可以是向量，還可以是多通道的二維圖型，如包含紅、綠、藍 3 種顏色的彩色圖型（每個顏色通道對應於一個二維陣列）。因此，forward() 和 backwrd() 方法都可以將多通道的輸入「攤平」為一個一維向量，範例如下。

```python
x1 = x.reshape(x.shape[0],np.prod(x.shape[1:]))        #將多通道的 x "攤平"

class Layer:
    def __init__(self):
        self.params = None
        pass
    def forward(self, x):
        raise NotImplementedError
    def backward(self, x, grad):
        raise NotImplementedError
    def reg_grad(self,reg):
        pass
    def reg_loss(self,reg):
        return 0.

#----------計算加權和------------
class Dense(Layer):
    # Z = XW+b
    def __init__(self, input_dim, out_dim,init_method = ('random',0.01)):
        super().__init__()
        random_method_name,random_value = init_method
        if random_method_name == "random":
            self.W = np.random.randn(input_dim, out_dim) * random_value
#0.01 * \
                        np.random.randn
            self.b = np.random.randn(1,out_dim)* random_value
        elif random_method_name == "he":
            self.W = np.random.randn(input_dim, out_dim)*np.sqrt(2/input_dim)
            #self.b = np.random.randn(1,out_dim)* random_value
            self.b = np.zeros((1,out_dim))
        elif random_method_name == "xavier":
            self.W = np.random.randn(input_dim, out_dim)*np.sqrt(1/input_dim)
            self.b = np.random.randn(1,out_dim)* random_value
        elif random_method_name == "zeros":
            self.W = np.zeros((input_dim, out_dim))
            self.b = np.zeros((1,out_dim))
        else:
            self.W = np.random.randn(input_dim, out_dim)* random_value
```

```
            self.b = np.zeros((1,out_dim))

        self.params = [self.W,self.b]
        self.grads = [np.zeros_like(self.W),np.zeros_like(self.b)]
    #   self.activation = activation
    #   self.A = None

    def forward(self, x):
        self.x = x
        x1 = x.reshape(x.shape[0],np.prod(x.shape[1:]))   #將多通道的 x "攤平"
        Z = np.matmul(x1, self.W) + self.b
        return Z

    def backward(self, dZ):
        #反在傳播
        x = self.x
        x1 = x.reshape(x.shape[0],np.prod(x.shape[1:]))   #將多通道的 x "攤平"
        dW = np.dot(x1.T, dZ)
        db = np.sum(dZ, axis=0, keepdims=True)
        dx = np.dot(dZ, np.transpose(self.W))
        dx = dx.reshape(x.shape)              #反"攤平"為多通道的 x 的形狀

        #self.grads = [dW, db]
        self.grads[0] += dW
        self.grads[1] += db

        return dx

    #--------增加正則項的梯度-----
    def reg_grad(self,reg):
        self.grads[0]+= 2*reg * self.W

    def reg_loss(self,reg):
        return  reg*np.sum(self.W**2)

    def reg_loss_grad(self,reg):
```

```
        self.grads[0]+= 2*reg * self.W
        return   reg*np.sum(self.W**2)
```

假設 x 中的所有樣本都是 4×4 的 3 通道圖型。執行以下程式，可將這些樣本作為輸入，進行正向計算。

```
import numpy as np
np.random.seed(1)
x = np.random.randn(3,3,4, 4)          #3 個樣本，3 個通道，每個通道都是 4x4 的圖型
dense = Dense(3*4*4,10,('no',0.01))
o = dense.forward(x)
print(o.shape)
print(o)
```

```
(3, 10)
[[-0.03953509 -0.00214997  0.00743433 -0.16926214 -0.05162853  0.06734225
  -0.00221485 -0.11710758 -0.07046456  0.02609659]
 [ 0.00848392  0.08259757 -0.09858177  0.0374092  -0.08303008  0.04151241
  -0.01407859 -0.02415486  0.04236149  0.0648261 ]
 [-0.13877363 -0.04122276 -0.00984716 -0.03461381  0.11513754  0.1043094
   0.00170353 -0.00449278 -0.0057236  -0.01403174]]
```

下面重點討論一下梯度驗證。為了驗證反向求導是否正確，可以模擬一個損失函數關於 Dense 的輸出向量的梯度 do，然後用 dense.backward() 方法進行反向求導計算，並將計算結果與透過數值梯度函數 numerical_gradient_from_df 計算得到的數值梯度進行比較。由於 Dense 的輸出向量的大小是 10，所以，可以用程式模擬一個包含 3 個樣本的輸入 x 經過 Dense 產生一個 3×10 的輸出 o 的過程，模擬生成的梯度 do 是與輸出形狀相同的多維陣列。

如果損失函數關於這個輸出向量的梯度 do 是已知的，就可以從這個梯度反向計算模型參數和中間變數（如 x）的梯度。backward() 返回關於 Dense 的輸入 x 的梯度 dx，然後比較這個分析梯度和數值梯度 dx_num 的誤差。同樣，對模型的權重參數 dense.params[0]，也要比較分析梯度 dense.grads[0] 和數值梯度 dW_num 的誤差。相關程式如下。

```
do = np.random.randn(3, 10)
dx = dense.backward(do)
dx_num = numerical_gradient_from_df(lambda :dense.forward(x),x,do)

diff_error = lambda x, y: np.max(np.abs(x - y)/(np.maximum(1e-8, np.abs(x) + \
            np.abs(y) )) )
print(diff_error(dx,dx_num))

dW_num =
numerical_gradient_from_df(lambda :dense.forward(x),dense.params[0],do)
print(diff_error(dense.grads[0],dW_num))
print(dense.grads[0][:3])
print(dW_num[:3])
```

```
3.638244314951079e-09
1.3450414982951384e-11
[[ 1.77463167  0.11663492  1.87794917  0.27986781  1.27243915 -2.44375556
  -2.1266117   0.99629747 -0.73720237 -0.68570287]
 [-0.69807196  0.22547472 -0.93721649  0.3286185  -1.0421723   0.66487528
   1.33111205  0.25677848 -0.58451408  0.71015412]
 [ 0.12251147 -0.4041516   0.57764614  0.89962639 -0.35195022  0.77829011
  -0.01618803 -0.62209694 -1.28543176 -0.37554316]]
[[ 1.77463167  0.11663492  1.87794917  0.27986781  1.27243915 -2.44375556
  -2.1266117   0.99629747 -0.73720237 -0.68570287]
 [-0.69807196  0.22547472 -0.93721649  0.3286185  -1.0421723   0.66487528
   1.33111205  0.25677848 -0.58451408  0.71015412]
 [ 0.12251147 -0.4041516   0.57764614  0.89962639 -0.35195022  0.77829011
  -0.01618803 -0.62209694 -1.28543176 -0.37554316]]
```

還可以在 Dense 後面增加一個損失函數，以比較損失函數關於 Dense 的模型參數的分析梯度和數值梯度，範例如下。

```
import util
x = np.random.randn(3,3,4, 4)
y = np.random.randn(3,10)

dense = Dense(3*4*4,10,('no',0.01))

f = dense.forward(x)
```

```
loss,do = mse_loss_grad(f,y)
dx = dense.backward(do)
def loss_f():
    f = dense.forward(x)
    loss = mse_loss(f,y)
    return loss

dW_num = util.numerical_gradient(loss_f,dense.params[0],1e-6)
print(diff_error(dense.grads[0],dW_num))
print(dense.grads[0][:2])
print(dW_num[:2])
```

```
2.0148860313259954e-07
[[ 0.47568681 -0.06324119 -0.29294422 -0.76304343 -0.09660146  0.62794569
   1.16087896  0.06261028 -0.6611078  -0.02940735]
 [-0.10777785 -1.47174583  0.63258553  1.22381944 -0.35702633  0.4409597
  -2.42444873 -0.28804741 -1.33377026  0.66775208]]
[array([ 0.47568681, -0.06324119, -0.29294422, -0.76304343, -0.09660146,
         0.62794569,  1.16087896,  0.06261028, -0.6611078 , -0.02940735]),
array([-0.10777785, -1.47174583,  0.63258553,  1.22381944, -0.35702633,
         0.4409597 , -2.42444873, -0.28804741, -1.33377026,  0.66775208])]
```

Dense 只計算加權和，不會根據不同的啟動函數計算啟動函數的值或求啟動函數的導數。對於不同的啟動函數，可以分別實現為一個啟動函數層類別。

以下程式定義了神經網路中經常使用的啟動函數所對應的啟動函數層。

```
class Relu(Layer):
    def __init__(self):
        super().__init__()
        pass
    def forward(self, x):
        self.x = x
        return np.maximum(0, x)
    def backward(self, grad_output):
        #如果x>0，則導數為1；否則為0
        x = self.x
        relu_grad = x > 0
```

```
            return grad_output * relu_grad

class Sigmoid(Layer):
    def __init__(self):
        super().__init__()
        pass
    def forward(self, x):
        self.x = x
        return 1.0/(1.0 + np.exp(-x))
    def backward(self, grad_output):
        x = self.x
        a  = 1.0/(1.0 + np.exp(-x))
        return grad_output * a*(1-a)


class Tanh(Layer):
    def __init__(self):
        super().__init__()
        pass
    def forward(self, x):
        self.x = x
        self.a = np.tanh(x)
        return self.a
    def backward(self, grad_output):
        d = (1-np.square(self.a))
        return grad_output * d


class Leaky_relu(Layer):
    def __init__(self,leaky_slope):
        super().__init__()
        self.leaky_slope = leaky_slope
    def forward(self, x):
        self.x = x
        return np.maximum(self.leaky_slope*x,x)
    def backward(self, grad_output):
        x = self.x
        d=np.zeros_like(x)
        d[x<=0]=self.leaky_slope
        d[x>0]=1
        return grad_output * d
```

啟動層沒有模型參數，只是將輸入 x 進行變換，產生一個輸出。輸入張量和輸出張量的形狀是一樣的。因此，也可以用數值梯度來檢查啟動層的分析梯度是否正確。

以下程式用模擬的損失函數關於啟動層的輸出的梯度 do，檢查其上面所有啟動層的分析梯度和數值梯度的誤差。

```python
import numpy as np
np.random.seed(1)
x = np.random.randn(3,3,4, 4)
do = np.random.randn(3,3,4, 4)

relu = Relu()
relu.forward(x)
dx = relu.backward(do)
dx_num = numerical_gradient_from_df(lambda :relu.forward(x),x,do)
print(diff_error(dx,dx_num))

leaky_relu = Leaky_relu(0.1)
leaky_relu.forward(x)
dx = leaky_relu.backward(do)
dx_num = numerical_gradient_from_df(lambda :leaky_relu.forward(x),x,do)
print(diff_error(dx,dx_num))

tanh = Tanh()
tanh.forward(x)
dx = tanh.backward(do)
dx_num = numerical_gradient_from_df(lambda :tanh.forward(x),x,do)
print(diff_error(dx,dx_num))

sigmoid = Sigmoid()
sigmoid.forward(x)
dx = sigmoid.backward(do)
dx_num = numerical_gradient_from_df(lambda :sigmoid.forward(x),x,do)
print(diff_error(dx,dx_num))
```

```
3.2756345281587516e-12
7.43892997215858e-12
```

```
5.170019175240593e-11
3.282573028416693e-11
```

這些啟動層的分梯度和數值梯度的誤差幾乎相等,因此,基本可以確定分析梯度的程式是正確的。

在 Dense 和各啟動層的基礎上,可以定義一個表示神經網路的類別 NeuralNetwork,範例如下。

```python
class NeuralNetwork:
    def __init__(self):
        self._layers = []
        self._params = []

    def add_layer(self, layer):
        self._layers.append(layer)
        if layer.params:
            # for  i in range(len(layer.params)):
            for i, _ in enumerate(layer.params):
                self._params.append([layer.params[i],layer.grads[i]])

    def forward(self, X):
        for layer in self._layers:
            X = layer.forward(X)
        return X

    def __call__(self, X):
        return self.forward(X)

    def predict(self, X):
        p = self.forward(X)
        # One row
        if p.ndim == 1:                    #單樣本
            return np.argmax(ff)

        return np.argmax(p, axis=1)        #多樣本


    def backward(self,loss_grad,reg = 0.):
```

```
        for i in reversed(range(len(self._layers))):
            layer = self._layers[i]
            loss_grad = layer.backward(loss_grad)
            layer.reg_grad(reg)
        return loss_grad

    def backpropagation(self, X, y,loss_function,reg=0):
        f = self.forward(X)
        #損失函數關於輸出 f 的梯度
        loss,loss_grad = loss_function(f,y)

        #從 loss_grad 反向求導
        self.zero_grad()
        self.backward(loss_grad)
        reg_loss = self.reg_loss_grad(reg)
        return loss+reg_loss
        #return np.mean(loss)

    def reg_loss(self,reg):
        reg_loss = 0
        for i in range(len(self._layers)):
            reg_loss+=self._layers[i].reg_loss(reg)
        return reg_loss

    def parameters(self):
        return self._params

    def zero_grad(self):
        for i,_ in enumerate(self._params):
            #self.params[i][1].fill(0.)
            self._params[i][1][:] = 0                    # [w,dw]

    def get_parameters(self):
        return self._params
```

該類別的 add_layer() 方法用於在神經網路中增加各種層，forward() 方法用於接收輸入並產生對應的輸出。 __call() 是函數呼叫方法，對於一個 NeuralNetwork 物件 nn 和輸入 X，nn(X) 相等於 nn.forward(X)。backward()

方法用於接收損失函數關於輸出的梯度，進行反向求導，計算損失函數關於模型參數和中間變數的梯度。

forward() 和 backward() 方法正確與否，可以透過數值梯度來檢驗。以下程式定義了一個簡單的神經網路，並用一組隨機生成的樣本 (x,y) 來計算和比較用 backward() 方法計算出來的分析梯度和用通用數值梯度函數計算出來的數值梯度。

```
import util

np.random.seed(1)
nn = NeuralNetwork()
nn.add_layer(Dense(2, 100,('no',0.01)))
nn.add_layer(Relu())
nn.add_layer(Dense(100, 3,('no',0.01)))

x = np.random.randn(5,2)
y = np.random.randint(3, size=5)

f = nn.forward(x)
dZ = cross_entropy_grad(f,y) #util.grad_softmax_cross_entropy(f,y)
nn.zero_grad()                          #梯度歸零
reg = 0.1
dx = nn.backward(dZ,reg)

#-----計算數值梯度-----------
params = nn.parameters()
nn_params=[]
for i in range(len(params) ):
    nn_params.append(params[i][0])

def loss_fn():
    f = nn.forward(x)
    loss = softmax_cross_entropy(f,y) #util.softmax_cross_entropy(f,y)
    return loss+nn.reg_loss(reg)

numerical_grads = util.numerical_gradient(loss_fn,nn_params,1e-6)
for i in range(len(numerical_grads)):
    print(diff_error(params[i][1],numerical_grads[i]))
```

```
1.892395698905401e-06
1.7651393552515298e-06
2.306498772862026e-06
2.3545204992835373e-10
```

數值梯度和分析梯度非常接近，可以初步確定模型的 forward() 和 backward() 方法沒有問題。

4.3.8 獨立的參數最佳化器

為了便於使用不同的梯度下降最佳化策略來更新模型參數，可以將它們編寫成單獨的類別，具體如下。

```
class SGD():
    def __init__(self,model_params,learning_rate=0.01, momentum=0.9):
        self.params,self.lr,self.momentum = model_params,learning_rate,momentum
        self.vs = []
        for p,grad in self.params:
            v = np.zeros_like(p)
            self.vs.append(v)

    def zero_grad(self):
        #for p,grad in params:
        for i,_ in enumerate(self.params):
            #self.params[i][1][:] = 0.
            self.params[i][1].fill(0)

    def step(self):

        for i,_ in enumerate(self.params):
            p,grad = self.params[i]
            self.vs[i] = self.momentum*self.vs[i]+self.lr* grad
            self.params[i][0] -= self.vs[i]
            #self.params[i][0][:] =  self.params[i][0] - self.vs[i]

    def scale_learning_rate(self,scale):
        self.lr *= scale
```

最佳化器類別 SGD 的建構函數的參數 model_params，是一個 Python 的串列物件，其中的所有元素都是一個模型參數及其梯度的串列物件。假設一個模型有兩個參數 W 和 b，它們所對應的梯度分別是 dW 和 db，則 model_params 參數的串列形式如下。

```
[[W,dW],[b,db]]
```

另外建構函數的兩個參數，分別是梯度下降法的學習率 learning_rate 和動量法最佳化策略的參數 momentum。如果 momentum 為 0，就相當於不帶動量的最基本的梯度更新策略。

SGD 的 zero_grad() 方法用於將所有參數所對應的梯度重置為 0，而 step() 方法用於根據梯度和最佳化策略更新模型參數。有時，梯度下降法需要在疊代過程中調整學習率。scale_learning_rate() 就是用於調整學習率的方法。

梯度下降法可以透過定義一個 SGD 類別的最佳化器物件 optimizer 來更新模型參數，程式如下。

```
learning_rate = 1e-1
momentum = 0.9
optimizer = SGD(nn.parameters(),learning_rate,momentum)
```

也可以定義其他最佳化器類別，如 Adam，程式如下。

```
class Adam():
    def __init__(self,model_params,learning_rate=0.01, beta_1 = 0.9,beta_2 =
                0.999,\epsilon =1e-8):
        self.params,self.lr = model_params,learning_rate
        self.beta_1,self.beta_2,self.epsilon = beta_1,beta_2,epsilon
        self.ms = []
        self.vs = []
        self.t = 0
        for p,grad in self.params:
            m = np.zeros_like(p)
            v = np.zeros_like(p)
            self.ms.append(m)
            self.vs.append(v)
```

```
    def zero_grad(self):
        #for p,grad in params:
        for i,_ in enumerate(self.params):
            #self.params[i][1][:] = 0.
            self.params[i][1].fill(0)

    def step(self):
        #for  i in range(len(self.params)):
        beta_1,beta_2,lr = self.beta_1,self.beta_2,self.lr
        self.t+=1
        t = self.t
        for i,_ in enumerate(self.params):
            p,grad = self.params[i]

            self.ms[i] = beta_1*self.ms[i]+(1-beta_1)*grad
            self.vs[i] = beta_2*self.vs[i]+(1-beta_2)*grad**2

            m_1 = self.ms[i]/(1-np.power(beta_1, t))
            v_1 = self.vs[i]/(1-np.power(beta_2, t))
            self.params[i][0]-= lr*m_1/(np.sqrt(v_1)+self.epsilon)

    def scale_learning_rate(self,scale):
        self.lr *= scale
```

訓練函數 train() 用於接收一個資料疊代器，且每次從中取出一批訓練樣本。對每批樣本，先進行 forwrd() 計算，輸出 output。然後，用損失函數計算其損失和損失函數關於輸出 output 的梯度 loss_grad，將這個梯度透過 backward() 函數回傳，求出模型參數和中間變數的梯度。最後，用 optimizer 的 step() 函數更新模型參數。相關程式如下。

```
def train_nn(nn,X,y,optimizer,loss_fn,epochs=100,batch_size = 50,reg = 1e-3,\
             print_n=10):
    iter = 0
    losses = []
    for epoch in range(epochs):
        for X_batch,y_bacth in data_iter(X,y,batch_size):
            optimizer.zero_grad()
```

```
                f = nn(X_batch) # nn.forward(X_batch)
                loss,loss_grad = loss_fn(f, y_bacth)
                nn.backward(loss_grad,reg)
                loss += nn.reg_loss(reg)

                optimizer.step()

                losses.append(loss)
                if iter%print_n==0:
                    print(iter,"iter:",loss)
                iter +=1

    return losses
```

現在，就可以用這個神經網路去訓練三分類問題模型了，程式如下，結果如圖 4-32 所示。

```
import data_set as ds
import util

np.random.seed(1)
nn = NeuralNetwork()
nn.add_layer(Dense(2, 100,('no',0.01)))
nn.add_layer(Relu())
nn.add_layer(Dense(100, 3,('no',0.01)))

X,y = ds.gen_spiral_dataset()
epochs=5000
batch_size = len(X)
reg = 0.5e-3
print_n=480

learning_rate = 1e-1
momentum = 0.5#
optimizer = SGD(nn.parameters(),learning_rate,momentum)

losses =
train_nn(nn,X,y,optimizer,cross_entropy_grad_loss,epochs,batch_size,\
                    reg,print_n)
```

```
import matplotlib.pylab as plt
%matplotlib inline
plt.plot(losses)
plt.show()
```

```
0 iter: 1.0985916677722303
480 iter: 0.7056240023920841
960 iter: 0.6422407772314334
1440 iter: 0.5246104670488081
1920 iter: 0.4186441561530432
2400 iter: 0.37118840941018727
2880 iter: 0.34583485668931857
3360 iter: 0.32954842747580104
3840 iter: 0.31961537369884196
4320 iter: 0.3124394704919282
4800 iter: 0.30620107113884415
```

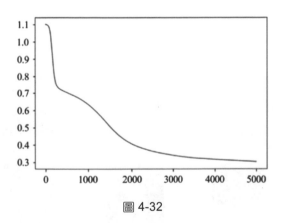

圖 4-32

4.3.9 fashion-mnist 的分類訓練

執行以下程式，用 fashion-mnist 訓練集訓練一個神經網路模型。

```
import mnist_reader
X_train, y_train = mnist_reader.load_mnist('data/fashion', kind='train')
X_test, y_test = mnist_reader.load_mnist('data/fashion', kind='t10k')
print(X_train.shape,y_train.shape)
```

```
print(X_train.dtype,y_train.dtype)
```

```
(60000, 784) (60000,)
uint8 uint8
```

```
import numpy as np
import matplotlib.pyplot as plt
%matplotlib inline
trainX = X_train.reshape(-1,28,28)
print(trainX.shape)
#lot first few images
for i in range(9):
    # define subplot
    plt.subplot(330 + 1 + i)
    # plot raw pixel data
    plt.imshow(trainX[i], cmap=plt.get_cmap('gray'))
# show the figure
plt.show()
```

```
(60000, 28, 28)
```

資料集中的圖型，如圖 4-33 所示。

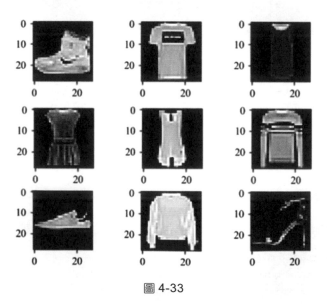

圖 4-33

觀察一下其中的數值。可以看出，原始值應該是 0～255 的整數，將其除以 255，就可以轉換成 0～1 的實數。相關程式如下。

```
train_X = trainX.astype('float32')/255.0
print(np.mean(trainX),np.mean(train_X))
```

```
72.94035223214286 0.2860402
```

定義待訓練的神經網路模型，程式如下。

```
import numpy as np
import util
np.random.seed(1)

nn = NeuralNetwork()
nn.add_layer(Dense(784, 500))
nn.add_layer(Relu())
nn.add_layer(Dense(500, 200))
nn.add_layer(Relu())
nn.add_layer(Dense(200, 100))
nn.add_layer(Relu())
nn.add_layer(Dense(100, 10))
```

定義最佳化器物件，程式如下。

```
learning_rate = 0.01
momentum = 0.9
optimizer = SGD(nn.parameters(),learning_rate,momentum)
```

開始訓練，程式如下。

```
epochs=8
batch_size = 64
reg = 0#1e-3
print_n=1000

losses =
train_nn(nn,train_X,y_train,optimizer,cross_entropy_grad_loss,epochs,\
                        batch_size,reg,print_n)

plt.plot(losses)
```

```
0 iter: 2.3016755298047347
1000 iter: 1.1510374540057933
2000 iter: 0.47471113470221005
3000 iter: 0.5333139450988945
4000 iter: 0.259167391843765
5000 iter: 0.3629363583454308
6000 iter: 0.3486191552507917
7000 iter: 0.4914253677369693
```

繪製損失曲線，程式如下，結果如圖 4-34 所示。

```
print(np.mean(nn.predict(train_X)==y_train))
test_X = X_test.reshape(-1,28,28).astype('float32')/255.0
print(np.mean(nn.predict(test_X)==y_test))
```

```
0.87965
0.8585
```

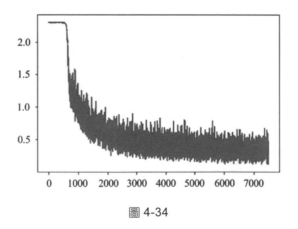

圖 4-34

4.3.10 讀寫模型參數

如果模型的訓練時間很長，可以暫停訓練，將當前的模型參數保存到檔案中，在下次訓練時從檔案中讀取模型參數，繼續訓練。為此，可以給神經網路類別 NeuralNetwork 增加模型參數的寫（save_parameters()）、讀（load_parameters()）功能，範例如下。

```python
class NeuralNetwork:
    def __init__(self):
        self._layers = []
        self._params = []

    def add_layer(self, layer):
        self._layers.append(layer)
        if layer.params:
            # for  i in range(len(layer.params)):
            for  i, _ in enumerate(layer.params):
                self._params.append([layer.params[i],layer.grads[i]])

    def forward(self, X):
        for layer in self._layers:
            X = layer.forward(X)
        return X

    def __call__(self, X):
        return self.forward(X)

    def predict(self, X):
        p = self.forward(X)
        if p.ndim == 1:                          #單樣本
            return np.argmax(ff)
        return np.argmax(p, axis=1)              #多樣本

    def backward(self,loss_grad,reg = 0.):
        for i in reversed(range(len(self._layers))):
            layer = self._layers[i]
            loss_grad = layer.backward(loss_grad)
            layer.reg_grad(reg)
        return loss_grad

    def reg_loss(self,reg):
        reg_loss = 0
        for i in range(len(self._layers)):
            reg_loss+=self._layers[i].reg_loss(reg)
        return reg_loss
```

```python
    def parameters(self):
        return self._params

    def zero_grad(self):
        for i,_ in enumerate(self._params):
            #self.params[i][1].fill(0.)
            self.params[i][1][:] = 0

    def get_parameters(self):
        return self._params

    def save_parameters(self,filename):
        params = {}
        for i in range(len(self._layers)):
            if self._layers[i].params:
                params[i] = self._layers[i].params
        np.save(filename, params)

    def load_parameters(self,filename):
        params = np.load(filename,allow_pickle = True)
        count = 0
        for i in range(len(self._layers)):
            if self._layers[i].params:
                layer_params = params.item().get(i)
                self._layers[i].params = layer_params
                for j in range(len(layer_params)):
                    self._params[count][0] = layer_params[j]
                    count+=1
```

執行以下程式,對模型的讀寫功能進行測試。

```python
from NeuralNetwork import *
nn = NeuralNetwork()
nn.add_layer(Dense(3, 2,('xavier',0.01)))
nn.add_layer(Relu())
nn.add_layer(Dense(2, 4,('xavier',0.01)))
nn.add_layer(Relu())
```

```
def print_nn_parameters(params,print_grad=False):
    for p,grad in params:
        print("p",p)
        if print_grad:
            print("grad",grad)
        print()
print_nn_parameters(nn.get_parameters())
nn.save_parameters('model_params.npy')
nn.load_parameters('model_params.npy')
print_nn_parameters(nn.get_parameters())
```

```
p [[ 0.0027318   0.00063939]
 [-0.00144845  0.00138133]
 [-0.01521812  0.0023785 ]]

p [[0. 0.]]

p [[-0.00825534 -0.01301992  0.00130655  0.00532404]
 [-0.01092436 -0.00243776  0.00889602  0.00531146]]

p [[0. 0. 0. 0.]]

p [[ 0.0027318   0.00063939]
 [-0.00144845  0.00138133]
 [-0.01521812  0.0023785 ]]

p [[0. 0.]]

p [[-0.00825534 -0.01301992  0.00130655  0.00532404]
 [-0.01092436 -0.00243776  0.00889602  0.00531146]]

p [[0. 0. 0. 0.]]
```

05

改進神經網路性能的
基本技巧

資料和演算法是機器學習的兩個要素。高品質的資料和好的演算法都可以提高機器學習的性能。然而,獲取高品質的資料是需要成本的。在已有資料的基礎上,透過資料處理提高資料的品質和數量,以及透過各種技巧提高機器學習模型及演算法的性能,是基於神經網路的深度學習實踐的基本技能。

5.1 資料處理

現代人工智慧實踐證明:資料是機器學習的關鍵。神經網路的原理簡單明了。為什麼神經網路能從許多複雜的機器學習方法中脫穎而出?其關鍵就是資料——資料越多,機器學習的效果就越好。儘管高性能的硬體可以提高演算法的效率,但演算法效果的好壞取決於是否有足夠的、多樣化的訓練資料。舉例來說,透過增加資料量可以有效改善過擬合問題。除了資料的「數量」,資料的品質也很重要。透過各種手段(如擷取、生成等)獲得更多的資料,以及資料增強、規範化、特徵工程等,是在現有條件下增加資料的「數量」和改善資料品質的常用方法。

5.1.1 資料增強

資料增強是指，基於現有資料，透過對資料進行變換、剪貼等來增加資料量。舉例來説，可以透過圖型操作，如映像檔、旋轉、剪貼、變形、濾波、改變顏色、增加雜訊、覆蓋等，將一幅圖型變換為多幅圖型，從而增加資料量。

執行以下程式，可透過 skimage 的 io 模組讀取一幅圖型。被讀取的圖型，如圖 5-1 所示。

```python
import numpy as np
import matplotlib.pyplot as plt
from skimage import io, transform


image = io.imread('cat.png')
print(image.shape)
plt.imshow(image)
plt.show()
```

```
(403, 544, 3)
```

圖型的高和寬分別是 403 像素和 544 像素。我們知道，彩色圖型是由包含紅（R）、綠（G）、藍（B）3 種顏色通道的圖型組成的，即圖型上的每個像素點都是由紅、綠、藍 3 種顏色的組合來表示的。

可以透過 NumPy 的陣列操作，對圖型進行各種變換。使用 image[:,::-1, :]，可對如圖 5-1 所示的圖型進行水平映像檔翻轉，範例如下，結果如圖 5-2 所示。

```python
img = image[:,::-1, :]
plt.imshow(img)
plt.show()
```

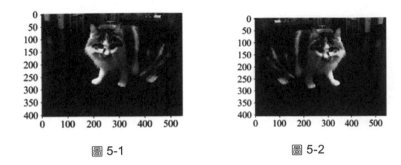

圖 5-1   圖 5-2

對如圖 5-1 所示的圖型進行剪貼，範例如下，結果如圖 5-3 所示。

```
img = image[50:300,90:400, :]
plt.imshow(img)
plt.show()
```

直接對如圖 5-1 所示圖型的所有像素點進行處理，範例如下，結果如圖
5-4 所示。

```
def convert(image):
    image = image.astype(np.float64)
    yuvimg = np.empty(image.shape)
    if False:
        yuvimg[:,:,0] = image[:,:,0]*0.5+image[:,:,1]*0.2+ image[:,:,2]*0.3
        yuvimg[:,:,1] = image[:,:,1]*0.5
        yuvimg[:,:,2] = image[:,:,1]*0.1+ image[:,:,2]*0.7
    else:
        for y in range(image.shape[0]):
            for x in range(image.shape[1]):
                rgb = image[y, x]
                yuvimg[y, x][0] = rgb[0]*0.5+rgb[1]*0.2+rgb[2]*0.3
                yuvimg[y, x][1] = rgb[1]*0.5
                yuvimg[y, x][2] = rgb[1]*0.1+rgb[2]*0.7

    return yuvimg.astype(np.uint8)
img = convert(image)
plt.imshow(img)
plt.show()
```

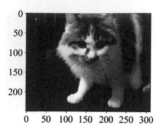

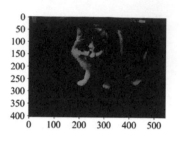

| 圖 5-3 | 圖 5-4 |

利用 NumPy 的 invet() 函數，對如圖 5-1 所示圖型的顏色進行轉換，範例如下，結果如圖 5-5 所示。

```
img = np.invert(image)
plt.imshow(img)
plt.show()
```

skimage 的不同模組，如 util、transform 等，提供了能夠對圖型進行變換的函數。使用 util 的 random_noise() 函數，給如圖 5-1 所示的圖型增加雜訊，範例如下，結果如圖 5-6 所示。

```
from skimage import util
img = util.random_noise(image)
plt.imshow(img)
plt.show()
```

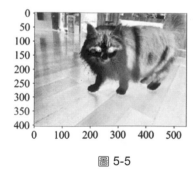
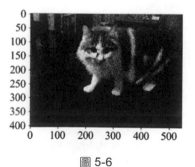

| 圖 5-5 | 圖 5-6 |

使用 transform 的 rotate() 函數，對如圖 5-1 所示的圖型進行旋轉，範例如下，結果如圖 5-7 所示。

```
from skimage import transform
img = transform.rotate(image, 30)
plt.imshow(img)
plt.show()
```

改變如圖 5-1 所示圖型的對比度，範例如下，結果如圖 5-8 所示。

```
from skimage import  exposure
v_min, v_max = np.percentile(image, (18, 89.8))
img = exposure.rescale_intensity(image, in_range=(v_min, v_max))
plt.imshow(img)
plt.show()
```

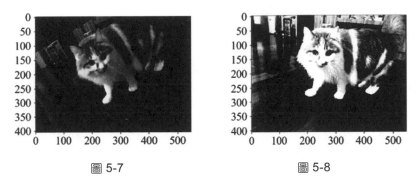

圖 5-7 圖 5-8

改變如圖 5-1 所示圖型的曝光度，範例如下，結果如圖 5-9 所示。

```
# gamma and gain parameters are between 0 and 1
img = exposure.adjust_gamma(image, gamma=0.4, gain=0.9)
plt.imshow(img)
plt.show()
```

對如圖 5-1 所示的圖型進行對數變換，範例如下，結果如圖 5-10 所示。

```
img = exposure.adjust_log(image)
plt.imshow(img)
plt.show()
```

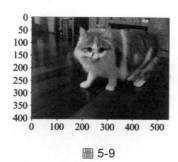
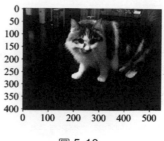

圖 5-9   圖 5-10

將如圖 5-1 所示的多通道彩色圖型轉為單通道的灰階圖型（黑白圖型），
範例如下，結果如圖 5-11 所示。

```
from skimage import  color
img = color.rgb2gray(image)
print(img.shape)
plt.imshow(img,cmap='gray')
plt.show()
```

```
(403, 544)
```

還可以使用其他 Python 套件對圖型等資料進行處理。舉例來説，使用
scipy 的影像處理套件 ndimage 對如圖 5-1 所示的圖型進行處理，使圖型變
得模糊，範例如下，結果如圖 5-12 所示。

```
from scipy import ndimage
img = ndimage.uniform_filter(image, size=(11, 11, 1))
plt.imshow(img)
plt.show()
```

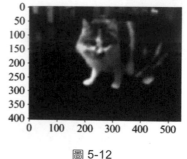

圖 5-11   圖 5-12

除了圖型，對於其他資料，如文字、語音等，也可以進行資料增強。使用各種公開的資料處理套件，可以提高資料處理效率。雖然增強的資料和原始資料具有相關性，但節省了獲取全新資料的成本。透過資料增強，可以使資料量增加，這有助減少過擬合。

5.1.2 規範化

絕對值過大的資料會使神經網路的數值計算溢位，導致梯度下降法的運算變得很慢。不同尺度的特徵對演算法的影響程度不同，從而造成「特徵偏見」。這些因素都會使演算法難以收斂。因此，在訓練神經網路前，應對規範化程度不足的資料進行規範化。

通常需要對每個特徵單獨進行規範化，即針對每個特徵 x_i，計算訓練集中該特徵的平均值 x_i_mean 和標準差 x_i_std，然後用平均值和標準差將所有樣本的這個特徵轉換到一個在 0 附近的、數值較小的範圍裡，如 [0,1]、[−0.5,0.5]、[−1,1]。一般用下式進行規範化。

$$\frac{x_i - x_i\_\text{mean}}{x_i\_\text{std}}$$

執行以下 Python 程式，即可實現以上規範化過程。

```
X -= np.mean(X, axis = 0)
X/=np.std(X,, axis = 0)
```

如果所有特徵的值都在一個相差不大的範圍內，那麼，也可以對所有特徵統一進行規範化，即用訓練集中所有資料的所有特徵統一計算平均值和標準差，然後用這組平均值和標準差對所有的資料特徵進行規範化。舉例來說，圖型用 1 位元組正整數表示像素的顏色值，因為顏色值都在 [0,255] 區間內，所以，可直接除以 255 將顏色值轉換到 [0,1] 區間內，而不需要專門計算平均值和方差。

需要注意的是：對驗證集和測試集中的樣本，不能單獨進行規範化；不然這些集合中的樣本和訓練集中的樣本使用的將是不同的規範化標準（使用正在訓練的模型對這些樣本進行預測,是沒有任何價值的)。也就是説,在對驗證集和訓練集中的樣本進行預測時,應使用與訓練集相同的規範化參數(平均值和標準差)對驗證樣本和測試樣本進行規範化。

5.1.3 特徵工程

對於一個原始資料樣本,我們可能認為其中的某些特徵和機器學習無關,且特徵之間往往不是相互獨立的(而是存在相關性的)。這些相互連結的原始資料特徵,在進行機器學習時會相互牽制,使模型難以收斂。

特徵工程是指從原始資料中發現和提取有助機器學習的好的特徵。特徵工程是傳統機器學習的關鍵問題,不同的領域往往有特定的人工特徵設計方法。特徵工程通常包括資料前置處理(如資料的規範化)、資料降維、特徵選擇、人工特徵設計、特徵學習等具體技術。

1. 資料降維與主成分分析法

資料降維是指將高維的資料轉為低維的形式。一個樣本的原始特徵數目可能比較多,如果能用較少的特徵來表示這個樣本,就可以提高機器學習演算法的效率。舉例來説,對資料進行壓縮,壓縮後的資料保留了原始資料的內在資訊,且電腦對壓縮後的資料的處理(如資料傳輸)效率比對原始資料的處理效率高。

主成分分析(Principal Component Analysis,PCA)法是機器學習的經典資料降維技術。PCA 法將資料表示成主元的線性組合,以消除資料特徵的連結性,並用少量的主元組合表示原始資料,從而造成降低資料維度(特徵數目)的作用。舉例來説,一幅 256 像素×256 像素的人臉彩色圖型,需要用 $256 \times 256 \times 3 = 196608$ 個數值來表示,也就是説,其維度是 196608。透過 PCA 法,可將一幅人臉圖型表示成 23 個主元的線性組合,以保留原始圖型 97% 的資訊。這樣,一幅人臉圖型只需要用 23 個數值就能表示了。

在以下程式中，二維平面上的所有資料點都是用兩個座標值表示的，在直線 $y = 2x + 1$ 附近隨機取樣，結果如圖 5-13 所示。

```
import numpy as np
import matplotlib.pyplot as plt
%matplotlib inline
#生成直線 y=2x+1 附近的隨機樣本點
np.random.seed(1)

pts = 25
x = np.random.randn(pts,1)            #隨機取樣一些 x 的座標
y = x+2
y = y+ np.random.randn(pts,1)*0.2     #給 y 增加一個隨機雜訊


plt.plot(x,y,'o')
plt.xlabel('$x$')
plt.ylabel('$y$')
plt.axis('equal')
plt.show()
```

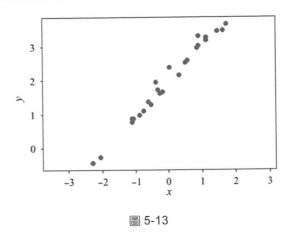

圖 5-13

將每個點的座標作為矩陣的一行，這樣，所有的點的座標就可以放在一個矩陣中。顯示前 3 個座標點，程式如下。

```
X = np.stack((x.flatten(), y.flatten()), axis=-1)
print(X.shape)
```

```
print(X[:3])
```

```
(25, 2)
[[ 1.62434536  3.48759979]
 [-0.61175641  1.36366554]
 [-0.52817175  1.28467436]]
```

可以看出，使用 PCA 法進行降維後，每個座標點只需要用 1 個數值來表示，而非 2 個。

PCA 法的第一步，是對各維（軸）的分量進行中心化操作，即用每個維度的分量減去該維度所有分量的平均值。相關程式如下。

```
X -= np.mean(X, axis = 0)
print(X[:3])
plt.plot(X[:,0],X[:,1],'o')
plt.axis('equal')
plt.show()
```

```
[[ 1.63707525  1.50798964]
 [-0.59902653 -0.61594461]
 [-0.51544186 -0.69493579]]
```

資料的中心化，使所有特徵都以 0 為中心點，如圖 5-14 所示。

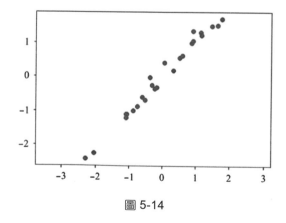

圖 5-14

有一個由三維座標點集組成的矩陣 A，其每一行表示一個座標點的 3 個座標，公式如下。

$$A = \begin{pmatrix} 1 & 3 & 2 \\ -4 & 2 & 6 \\ 2 & 6 & 4 \\ -3 & 0 & 1 \end{pmatrix}$$

矩陣 A 中有 4 個樣本，每個樣本有 3 個特徵（x、y、z 的座標）。這些樣本的特徵是否具有相關性？矩陣 A 的連結矩陣（協變矩陣，Covariance Matrix）A^TA 可用於表示同一資料集的不同特徵之間的相關性，公式如下。

$$A^T A = \begin{pmatrix} 1 & -4 & 2 & -3 \\ 3 & 2 & 6 & 0 \\ 2 & 6 & 4 & 1 \end{pmatrix} \begin{pmatrix} 1 & 3 & 2 \\ -4 & 2 & 6 \\ 2 & 6 & 4 \\ -3 & 0 & 1 \end{pmatrix} = \begin{pmatrix} 30 & 7 & -17 \\ 7 & 49 & 42 \\ -17 & 42 & 57 \end{pmatrix}$$

相關計算程式如下。

```
A = np.array([[1,3,2],[-4,2,6],[2,6,4],[-3,0,1]])
print(A)
print("A^TA:\n",np.dot(A.transpose(),A))
```

```
[[ 1   3   2]
 [-4   2   6]
 [ 2   6   4]
 [-3   0   1]]
A^TA:
 [[ 30   7 -17]
 [  7  49  42]
 [-17  42  57]]
```

透過協變矩陣中的元素值可知，x 和 y 的相關性的值為 7，y 和 z 的相關性的值為 42，說明 y 和 z 的相關性比較強，x 和 y 的相關性比較弱。

一般來說可以透過對協變矩陣除以樣本個數的方法來減少樣本數目對矩陣中的值的影響。對於以上矩陣，其協變矩陣的計算程式如下。

```
cov = np.dot(X.T, X) / X.shape[0]          #協變矩陣
```

執行以下程式，對協方差矩陣進行 SVD 分解，可得到主元（特徵向量）U 和奇異值（方差）S。奇異值相當於方差，用於表示特徵的發散程度。S[0]

和 S[1] 表示資料在主元方向上的比重。

```
U,S,V = np.linalg.svd(cov)
print(U)
print(S)
print(S[0]/(S[0]+S[1]))
```

```
[[-0.68302064 -0.73039907]
 [-0.73039907  0.68302064]]
[2.46815362 0.01168714]
0.995287139793862
```

U 的每一列表示一個主元，範例如下。

```
plt.plot(X[:,0],X[:,1],'o')
plt.plot([0,U[0,0]], [0,U[1,0]])
plt.plot([0,U[0,1]], [0,U[1,1]])
plt.axis('equal')
plt.show()
```

主元用於表示資料的主要變化方向（主軸方向），如圖 5-15 所示。

在本例中，資料在第 1 個主元上的變化佔比較大。將資料投影到用主元 U 定義的座標軸上，即可將資料表示為主元的分量。相關程式如下。

```
Xrot = np.dot(X, U)
print(Xrot[:5])
```

```
[[-2.21959042 -0.16573019]
 [ 0.85903285  0.01682553]
 [ 0.85963789 -0.09817723]
 [ 1.53210054  0.01886974]
 [-1.32424593  0.03607588]]
```

執行以下程式，可在主元軸上顯示由這些主元分量組成的座標點。

```
plt.plot(Xrot[:,0],Xrot[:,1],'o')
plt.axis('equal')
plt.show()
```

將資料旋轉到主元軸和座標軸對齊的位置，如圖 5-16 所示。

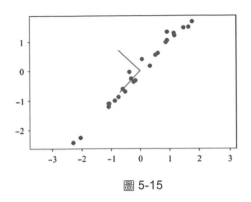

圖 5-15

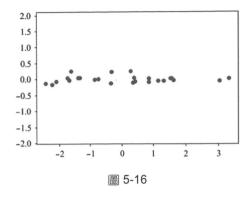

圖 5-16

將資料轉為主元的分量，可以消除新的特徵之間的相關性，範例如下。

```
print(np.dot(Xrot.transpose(),Xrot))
```

```
[[6.17038405e+01 9.38138456e-15]
 [9.38138456e-15 2.92178571e-01]]
```

如 果 用 第 1 個 主 元 的 座 標 表 示 這 些 樣 本 ， 則 資 料 損 失 為 $(1 - 0.995287139793862) \times 100\% = 0.472\%$ ── 幾乎可以忽略。這種將資料樣本表示為少數主元的線性組合的方法，稱為**資料降維**，如圖 5-17 所示。

對於本例，可將樣本資料的維度從 2 減少為 1，達到減少樣本特徵數目的目的，程式如下。

```
Xrot_reduced = np.dot(X, U[:,:1])
print(Xrot_reduced[:3])
plt.plot(Xrot_reduced[:],[0]*pts,'o')
plt.axis('equal')
plt.show()
```

```
[[-2.21959042]
 [ 0.85903285]
 [ 0.85963789]]
```

執行以下程式，將投影和降維後的資料反投影到原始資料的主軸上。如圖 5-18 所示，原始資料的主要特性被保留下來了。

```
X_temp = np.c_[Xrot_reduced, np.zeros(pts) ]
reProjX = np.dot(X_temp, U.transpose())
plt.plot(reProjX[:,0],reProjX[:,1],'o')
plt.axis('equal')
plt.show()
```

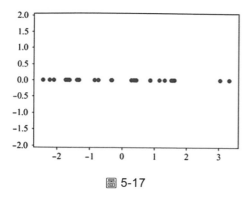

圖 5-17

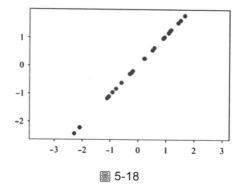

圖 5-18

2. 白化

因為一個資料樣本可能有多個特徵，而這些特徵的方差可能相差很大，也就是說，不同特徵的發散程度不同，所以，不同的特徵對機器學習演算法的影響不同。特徵之間往往具有相關性。具有相關性的不同特徵會相互牽制——就像一個人同時被幾隻手拉向不同的方向。

白化（Whitening）是指降低樣本特徵的相關性，並使這些特徵具有相同的方差。將特徵除以其標準差，可以使特徵的方差相同。PCA 投影可以消除不同特徵之間的相關性。白化操作通常會結合使用這兩種技術，先進行 PCA 特徵投影，以消除不同特徵之間的相關性，再對每個特徵除以其特徵方差。結合了 PCA 法的白化操作，稱為 PCA 白化（PCA Whitening）。

和規範化操作一樣，白化操作也可以提高機器學習演算法的性能。

在本節的「資料降維與主成分分析法」部分，我們已經對原始資料進行了投影，獲得了投影後的 Xrot，即 Xrot 的特徵是相互獨立的。在此基礎上，執行以下程式，可對特徵除以標準差，完成白化操作（原始資料只有 2 維，為了展示白化操作的效果，沒有對資料進行降維）。

```
Xwhite = Xrot / np.sqrt(S + 1e-5)                    #白化操作
plt.plot(Xwhite[:,0],Xwhite[:,1],'o')
plt.axis('equal')
plt.show()
```

白化操作的結果，如圖 5-19 所示。

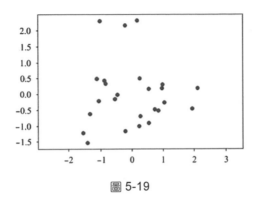

圖 5-19

經過白化操作，兩個主軸的分量已經具有相同的方差了。增加資料點，進一步觀察白化操作的效果，程式如下，結果如圖 5-20 所示。

```
pts = 1000
x = np.random.randn(pts,1)                           #隨機取樣一些 x 的座標
y = x+2+ np.random.randn(pts,1)*0.2
X = np.stack((x.flatten(), y.flatten()), axis=-1)

fig = plt.gcf()
fig.set_size_inches(12, 4, forward=True)
plt.subplot(1,2,1)
plt.plot(X[:,0],X[:,1],'o')
plt.axis('equal')
X -= np.mean(X, axis = 0)
cov = np.dot(X.T, X) / X.shape[0]
U,S,V = np.linalg.svd(cov)
Xrot = np.dot(X, U)
Xwhite = Xrot / np.sqrt(S + 1e-5)
reProjX = np.dot(Xwhite, U.transpose())
plt.subplot(1,2,2)
plt.plot(reProjX[:,0],reProjX[:,1],'o')
```

```
plt.axis('equal')
plt.show()
```

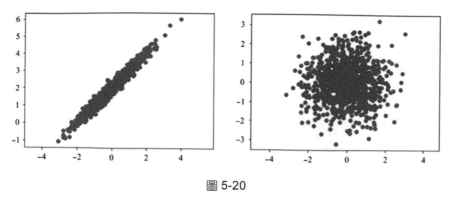

圖 5-20

白化操作可以使樣本的所有特徵具有相同的方差，使模型不會因方差的不同而「偏向」某個特徵，提高了機器學習演算法的性能。

▌ 5.2 參數偵錯

5.2.1 權重初始化

對於回歸問題，模型的權重通常被初始化為 0。對於神經網路，如果權重參數都被初始化為 0，就會導致一個層中的所有神經元學習的是同樣的參數，即一個層中的所有神經元都使用同樣的函數，使神經網路退化成每層只有一個神經元的線性序列，如圖 5-21 所示。

圖 5-21

以如圖 5-22 的 2 層神經網路為例，初始權值都是 0，隱含層和輸出層的所有神經元的權重都是 0。假設同一層的神經元的啟動函數都是相同的，公式如下。

$$a^{[2]} = g\big(a^{[1]}W^{[2]} + b^{[2]}\big)$$

反向求導，可得

$$\frac{\partial L}{\partial a^{[1]}} = \frac{\partial L}{\partial z^{[2]}} W^{[2]\mathrm{T}} = \frac{\partial L}{\partial a^{[2]}} g'\big(z^{[2]}\big) W^{[2]\mathrm{T}}$$

$$\frac{\partial L}{\partial W^{[2]}} = A^{[1]\mathrm{T}} \frac{\partial L}{\partial z^{[2]}} = A^{[1]\mathrm{T}} \frac{\partial L}{\partial a^{[2]}} g'\big(z^{[2]}\big)$$

因此，對於隱含層的所有神經元，其 $\frac{\partial L}{\partial a_i^{[1]}}$ 都是相同的。同理，$\frac{\partial L}{\partial w_i^{[w]}}$ 也都是相同的。依此類推，每一層都是如此。

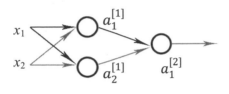

圖 5-22

因為同一層的所有神經元的模型參數的梯度是相同的，所以，在用 $W = W - lr \times \mathrm{d}W$ 更新模型參數時，所有的參數也是完全相同的。再次疊代時，同一層的所有神經元的輸出是相同的，將會使反向求導的梯度相同。不管疊代多少次，同一層的所有神經元的權重參數都是相同的，表示同一個函數，即它們是對稱的（Symmetry）。

顯然，這樣的神經網路，表示能力受到了很大的限制（每層包含多個神經元就失去了意義）。神經網路應該打破這種對稱性，使所有神經元都能從輸入中提取不同的特徵，解決方法就是對權重進行隨機初始化。透過前面的反向求導公式可以看出，偏置 b 對模型參數和輸入的梯度的計算沒有影響。因此，通常只需要對權重參數進行隨機初始化，將偏置設定為 0 就可以了。可以用以下程式來初始化上述簡單神經網路的模型參數。

```
W1 = np.random.randn(2,2)*0.01
b1 = np.zeros((1,2))
W2 = np.random.randn(2,1)*0.01
b2 = np.zeros((1,1))
```

將權重參數乘以一個比較小的值（相當於對資料進行規範化前置處理），可以使神經元的加權和不至於過大。如果神經元的加權和過大，那麼啟動函數將處於飽和狀態，即該點處的導數（梯度）接近 0。如果神經元的加權和過小，那麼啟動函數的梯度將使反向求導過程中模型參數的梯度變得很小，導致模型參數更新緩慢——這就是**梯度消失**。根據反向求導的原理，過大的值會使梯度變得很大——這就是**梯度爆炸**。

權重參數的初值是否越小越好？不是。因為神經元的輸入的梯度與權重成正比，而過小的權重參數會使關於輸入的梯度過小，所以，在反向求導過程中會出現梯度消失問題。如果權重參數的初值過小（如接近 0），也會在一定程度上造成神經元的對稱問題。因此，一般使用平均值為 0、標準差為 0.01 的高斯分佈對權重參數進行初始化。

以上初始化權重的神經元的輸出的方差，會隨輸入值數目的變化而變化。神經元的輸出的方差，不應依賴輸入值數目的常數值，不然隨著層數的增加，方差會越來越大。為此，可將權重參數除以輸入值數目的平方根，使神經元輸出的方差能被歸一化為 1。也就是說，可以執行 "w=np.random.randn(n) / sqrt(n)" 命令對權重參數進行初始化（n 是該神經元的輸入值的數目）。

假設 $x = (x_1, \cdots, x_i, \cdots, x_n)$ 是輸入的樣本，n 是其特徵值的數目，z 是神經元的輸出值。z 的方差和 x 的方差之間的關係如下。

$$
\begin{aligned}
\mathrm{Var}(z) \quad &= \mathrm{Var}\left(\sum_i^n w_i x_i\right) \\
&= \sum_i^n \mathrm{Var}(w_i x_i) \\
&= \sum_i^n [E(w_i)]^2 \mathrm{Var}(x_i) + E[(x_i)]^2 \mathrm{Var}(w_i) + \mathrm{Var}(x_i)\mathrm{Var}(w_i)
\end{aligned}
$$

上式的最後一行應用了方差的性質，即如果兩個隨機變數 X、Y 是獨立的，那麼

$$\text{Var}(XY) = [E(X)]^2\text{Var}(Y) + [E(Y)]^2\text{Var}(X) + \text{Var}(X)\text{Var}(Y)$$

假設輸入和權重的平均值都為 0，即 $E[x_i] = E[w_i] = 0$，則有

$$\begin{aligned}\text{Var}(\boldsymbol{z}) \quad &= \sum_i^n \text{Var}(x_i)\text{Var}(w_i) \\ &= (n\text{Var}(\boldsymbol{w}))\text{Var}(\boldsymbol{x})\end{aligned}$$

輸出值的方差 $\text{Var}(\boldsymbol{z})$ 不僅和輸入值的方差 $\text{Var}(\boldsymbol{x})$、權重的方差 $\text{Var}(\boldsymbol{w})$ 成正比，還和輸入值 x_i 的數目 n 成正比。

如果輸出值的方差和輸入值的方差相同，即 $\text{Var}(\boldsymbol{z}) = \text{Var}(\boldsymbol{x})$，那麼輸入 $\boldsymbol{x}$ 經過神經元後，輸出的方差不會變大或變小，神經元的輸入和輸出將保持穩定。

為了使 $\text{Var}(\boldsymbol{z}) = \text{Var}(\boldsymbol{x})$，$\text{Var}(\boldsymbol{w})$ 應為 $\frac{1}{n}$。根據 $\text{Var}(aX) = a^2\text{Var}(X)$，如果 $\boldsymbol{w}$ 取樣自標準正態分佈，那麼 $\text{Var}(\boldsymbol{w}) = 1$。將 $\boldsymbol{w}$ 乘以一個常數 $a = \frac{1}{\sqrt{n}}$，有 $\text{Var}(a\boldsymbol{w}) = a^2\text{Var}(\boldsymbol{w}) = 1$。因此，可以執行以下程式，對權重進行初始化。

```
w = np.random.randn(n) * sqrt(1.0/n)
```

一些學者提出了其他的參數初始化方式。舉例來說，Glorot 提出，將標準正態分佈的權重 w 都乘以 $\sqrt{\frac{2}{n_{\text{in}}+n_{\text{out}}}}$，使 $\text{Var}(w) = \frac{2}{n_{\text{in}}+n_{\text{out}}}$，其中 n_{in} 和 n_{out} 分別是網路層的輸入和輸出向量的大小，其目的是使反向求導過程中梯度的方差不變。當然，這兩項結合起來會相互影響，使正向求導和反向求導的方差都發生變化。

還可以透過均勻分佈 $w \sim U\left[-\frac{\sqrt{6}}{\sqrt{n_{\text{in}}+n_{\text{out}}}}, \frac{\sqrt{6}}{\sqrt{n_{out}+n_{out}}}\right]$ 來計算權重，如 Xavier 初始化，其程式實現如下。

```
import numpy as np
import math
def calculate_fan_in_and_fan_out(tensor):
    if len(tensor.shape) < 2:
        raise ValueError("tensor with fewer than 2 dimensions")
    if len(tensor.shape) ==2:
        fan_in,fan_out = tensor.shape
    else: #F,C,kH,kW
        num_input_fmaps = tensor.shape[1]  #size(1)  F,C,H,W
        num_output_fmaps = tensor.shape[0]  #size(0)
        receptive_field_size = tensor[0][0].size
        fan_in = num_input_fmaps * receptive_field_size
        fan_out = num_output_fmaps * receptive_field_size
    return fan_in, fan_out

def xavier_uniform(tensor, gain=1.):
    fan_in, fan_out = calculate_fan_in_and_fan_out(tensor)
    std = gain * math.sqrt(2.0 / float(fan_in + fan_out))
    bound = math.sqrt(3.0) * std
    tensor[:] = np.random.uniform(-bound,bound,(tensor.shape))

def xavier_normal(tensor, gain=1.):
    fan_in, fan_out = calculate_fan_in_and_fan_out(tensor)
    std = gain * math.sqrt(2.0 / float(fan_in + fan_out))
    tensor[:] = np.random.normal(0,std,(tensor.shape))
```

在以上程式中：calculate_fan_in_and_fan_out() 函數用於計算網路層（神經元）的輸入特徵和輸出特徵的數目；gain 是可選的權重縮放係數，預設值為 1。

對於採用 ReLU 函數作為啟動函數的神經元，目前使用比較多的是何凱明提出的權重初始化方法（也稱為「kaiming 方法」或「he 方法」），即將標準正態分佈取樣的權重都乘以 $\sqrt{\frac{2}{n}}$，程式實現如下。

```
w = np.random.randn(n) * sqrt(2.0/n)
```

建議將採用 ReLU 啟動函數的網路層的偏置設定為一個非 0 常數，如 0.01，以便在訓練開始時就使啟動函數對梯度產生影響。不過，將偏置設定為非 0 值是否能改進演算法的性能，目前尚無定論。

何凱明提出的權重初始化方法的實現程式，具體如下。

```python
def calculate_gain(nonlinearity, param=None):
    linear_fns = ['linear', 'conv1d', 'conv2d', 'conv3d', 'conv_transpose1d', \
                  'conv_transpose2d', 'conv_transpose3d']
    if nonlinearity in linear_fns or nonlinearity == 'sigmoid':
        return 1
    elif nonlinearity == 'tanh':
        return 5.0 / 3
    elif nonlinearity == 'relu':
        return math.sqrt(2.0)
    elif nonlinearity == 'leaky_relu':
        if param is None:
            negative_slope = 0.01
        elif not isinstance(param, bool) and isinstance(param, int) or \
                       isinstance(param, float):
            negative_slope = param
        else:
            raise ValueError("negative_slope {} not a valid
number".format(param))
        return math.sqrt(2.0 / (1 + negative_slope ** 2))
    else:
        raise ValueError("Unsupported nonlinearity {}".format(nonlinearity))

def kaiming_uniform(tensor,a=0,mode = 'fan_in', nonlinearity='leaky_relu'):
    fan_in,fan_out = calculate_fan_in_and_fan_out(tensor)
    if mode=='fan_in':        fan = fan_in
    else: fan = fan_out

    gain = calculate_gain(nonlinearity, a)
    std = gain / math.sqrt(fan)
    bound = math.sqrt(3.0) * std
    tensor[:] = np.random.uniform(-bound,bound,(tensor.shape))

def kaiming_normal(tensor,a=0,mode = 'fan_in', nonlinearity='leaky_relu'):
```

```
    fan_in,fan_out = calculate_fan_in_and_fan_out(tensor)
    if mode=='fan_in':     fan = fan_in
    else: fan = fan_out

    gain = calculate_gain(nonlinearity, a)
    std = gain / math.sqrt(fan)
    bound = math.sqrt(3.0) * std  # Calculate uniform bounds from standard
deviation
    tensor[:] = np.random.normal(0,std,(tensor.shape))
```

在以上程式中，calculate_gain() 函數用於使用某個係數。對於 ReLU 函數，係數是 $\sqrt{2}$；對於 tanh 函數，係數為 $\frac{5.0}{3}$。kaiming_uniform() 和 kaiming_normal() 分別代表採用平均值和高斯隨機值的 kaiming 方法。

在以下程式中，kaiming() 函數根據參數來選擇 kaiming_uniform() 或 kaiming_normal() 方法。

```
def kaiming(tensor,method_params=None):
    method_type,a,mode,nonlinearity='uniform',0,'fan_in','leaky_relu'
    if method_params:
        method_type = method_params.get('type', "uniform")
        a =  method_params.get('a', 0)
        mode = method_params.get('mode','fan_in' )
        nonlinearity = method_params.get('nonlinearity', 'leaky_relu')
    if method_params=="uniform":
        kaiming_uniform(tensor,a,mode,nonlinearity)
    else:
        kaiming_normal(tensor,a,mode,nonlinearity)
```

執行以下程式，對上述參數初始化方法進行測試。

```
w = np.empty((2, 3))
print(w)

xavier_uniform(w)
print("xavier_uniform:",w)
xavier_normal(w)
print("xavier_normal:",w)
```

```
kaiming_uniform(w)
print("kaiming_uniform:",w)
kaiming_normal(w)
print("kaiming_normal:",w)
```

```
[[17.2 17.2 17.2]
 [17.2 17.2 24.2]]
xavier_uniform: [[ 0.026289   -1.09114298 -0.48792212]
 [-0.3313437  -0.47333989 -0.90713322]]
xavier_normal: [[ 0.93298795  0.07044394 -0.00270454]
 [ 0.44167298 -1.01942638  0.45699115]]
kaiming_uniform: [[-1.21534711 -1.27523387  0.80492134]
 [ 0.81222595 -1.11076413 -0.29943563]]
kaiming_normal: [[-0.98492851  0.24745387  0.53676485]
 [ 1.27654978  1.52143405  0.87124828]]
```

此外，可以給 NeuralNetwork 類別增加一個能初始化其所有層的參數的輔助函數 apply(self,init_ params_fn)，從而對神經網路的多個層統一進行某種初始化操作。舉例來說，對所有層使用 kaiming_ normal() 方法進行參數的初始化，程式如下。

```
def apply(self,init_params_fn):
    for layer in self._layers:
        init_params_fn(layer)
```

5.2.2 最佳化參數

梯度下降法最主要的參數就是學習率（常用 α 或 η 表示）。在神經網路結構確定的前提下，過大和過小的學習率就是影響演算法是否能夠收斂的最重要的因素。可以嘗試使用不同數量級的參數（如 0.1、0.01、0.0001 等），並借助視覺化的損失曲線或學習曲線來選擇合適的學習率。

除了學習率，還可以嘗試使用不同的參數最佳化策略。在動量法、RMSprop、Adam 等著名的參數最佳化方法中，可能有一些類似於學習率的超參數。可以採用與以上選擇合適的學習率類似的方法來選擇合適的超參數。

對於批次梯度下降法,可以考慮採用不同大小的批,選擇時間效率和模型品質都比較合適的批大小進行模型訓練。此外,一些特殊的技術(如 5.4.2 節將要討論的 Dropout),可能也會使用一些需要我們調整的超參數。

最佳化參數(包括網路結構參數)的方法,需要長期實踐、探索、體會。我們可以借鏡他人的神經網路參數最佳化經驗和技巧,以避免盲目摸索。

5.3 批次規範化

資料的規範化,可以將資料的不同特徵規範到平均值為 0、方差相同的標準正態分佈,避免了大數值造成的資料溢位,以及不同尺度的特徵造成的「特徵偏見」,從而使演算法以更高的學習率更快地收斂。儘管如此,經過神經網路的變換,特別是隨著神經網路層數的增加,資料的分佈會逐漸偏離標準正態分佈。由於梯度的反向計算是一個梯度在不同的層不斷相乘的過程,所以,數值過大或過小容易造成梯度爆炸或梯度消失,使訓練變得越來越難。

5.3.1 什麼是批次規範化

為了解決以上列舉的問題,有人提出了對網路層的中間輸出進行規範化的方法,也就是批次規範化(Batch Normalization,BN)。對某個網路層的批次規範化操作,通常先對加權和進行規範化,再由啟動函數 ϕ 產生啟動值。也就是說,批次規範化操作是在加權和運算與啟動函數運算之間進行的。如果某個網路層的加權和操作是 $z = xW + b$,就可以先進性批次規範化操作,再執行啟動函數,以輸出啟動值,公式如下。

$$\phi(\mathrm{BN}(z)) = \phi(\mathrm{BN}(xW + b))$$

和前面提到的將加權和看成單獨的全連接層、將啟動函數看成單獨的啟動層一樣,可將批次規範化操作看成一個單獨出現在它們之間的批次規範化層。

如果僅簡單地將 z 規範化到 $\mathcal{N}(0,1)$ 的標準正態分佈，就會使模型的表示能力受限，原因在於：無論前面的網路層如何變換，經過這個層後的輸出都將服從標準正態分佈。批次規範化操作引入了表示平均值和均方差的可學習參數 β、γ，可將已被規範化到 $\mathcal{N}(0,1)$ 的標準正態分佈的特徵變換到 $\mathcal{N}(\beta,\gamma)$ 正態分佈。由於 β、γ 都是可學習的，所以避免了模型表示能力降低的問題。

批次規範化層接收全連接層的加權和的輸出 z 作為自己的輸入，計算 z 的所有特徵的平均值和方差，並根據這些平均值和方差將 z 的所有特徵規範化到 $\mathcal{N}(0,1)$ 標準正態分佈，然後，用可以學習的參數 β、γ 將它們變換到 $\mathcal{N}(\beta,\gamma)$ 正態分佈。

在不引起混淆的前提下，用 x 表示需要進行批次規範化的 z。對一批樣本 $\mathcal{B} = x_1, x_2, \cdots, x_m$ 進行批次規範化，應先計算這批樣本的平均值 μ_B 和方差 σ_B，再用參數 γ、β 對它們進行放縮和平移。相關公式如下。

$$
\begin{aligned}
\mu_B &= \frac{1}{m}\sum_{i=1}^{m} x_i \\
\sigma_B^2 &= \frac{1}{m}\sum_{i=1}^{m} (x_i - \mu_B)^2 \\
\widehat{x_i} &= \frac{x_i - \mu_B}{\sqrt{\sigma_B^2 + \epsilon}} \\
y_i &= \gamma \odot x_i + \beta
\end{aligned}
$$

假設矩陣 $\boldsymbol{X}$ 的每一行表示一個資料，可以執行以下程式，對資料的每個特徵求平均值（mean）和方差（var）。

```
mean = X.mean(axis=0)
var = ((X - mean) ** 2).mean(axis=0)
```

即沿著行的方向求平均值和方差。當然，也可以使用 NumPy 的 var() 函數來求方差，範例如下。

```
var = np.var(X, axis=0)
```

在這裡，假設每個資料 x_i 都是一個向量或一維陣列，即 X 是一個二維陣列或矩陣。此外，x_i 也可能是一個多維陣列（如一幅多通道的圖型）。不管 x_i 是一維的還是多維的，都可以將其每個元素看成一個特徵。對於多維陣列 x_i，可以用 NumPy 的 reshape() 函數將它攤平為一個一維陣列（向量），使 X 仍然是一個二維陣列（矩陣）。

執行以下程式，可將 x_i 攤平為一個一維向量。

```
n_X = X.shape[0]
X_flat = X.ravel().reshape(n_X,-1)  # X_flat = X.reshape(n_X,-1)
```

批次規範化的正向計算程式，範例如下。

```
n_X = X.shape[0]
X_flat = X.ravel().reshape(n_X,-1)
mu = np.mean(X_flat,axis=0)
var = np.var(X_flat, axis=0)
X_norm = (X_flat - mu)/np.sqrt(var + 1e-8)
out = gamma * X_norm + beta
return out.reshape(self.X_shape)
```

由於神經網路的訓練通常會採用批次梯度下降法，在每一次梯度下降過程中，都會用一小批樣本去更新模型的參數，所以，批次規範化不會對整個訓練集中的所有樣本計算平均值和均方差，而是用其中的一小批樣本去計算平均值和和均方差（因此被稱為批次規範化）。

在預測時，儘管資料的正向計算也需要經過批次規範化層的處理，但不需要也不應該重新進行批標準化操作。這時，應使用在訓練時已經確定的批次規範化層的平均值、方差和參數（如 β、γ）。但是，在疊代過程中，每一個疊代步驟的平均值和均方差都是不同的，在預測時使用的平均值和方差不應該僅依賴某一疊代步驟的平均值和均方差。所以，可將所有疊代步驟的平均值和均方差進行平均。通常用移動平均的方法來計算移動平均值和方差。

用 running_mu、running_var 表示訓練過程中的平均值和方差的移動平均，其計算程式如下。

```
running_mu = momentum * running_mu + (1 - momentum) * mu
running_var = momentum * running_var + (1 - momentum) * var
```

即將當前的平均值和方差的移動平均與當前樣本的平均值和方差進行簡單的加權平均。其中，動量參數 momentum 表示移動平均所佔的比重。

預測時進行的正向計算，可透過移動平均值和方差進行變換，範例如下。

```
X_flat = X.ravel().reshape(X.shape[0],-1)
#規範化
X_hat = (X_flat - running_mean) / np.sqrt(running_var + eps)
#放縮和平移
out = self.gamma * X_hat + self.beta
```

5.3.2 批次規範化的反向求導

如果知道某個外部函數 f 關於批次規範化層的輸出 z 的梯度，就可以根據連鎖律求出損失函數關於 x、β、γ 的梯度。

由 $z = \gamma \odot \hat{x} + \beta$ 可以得到

$$\frac{\partial f}{\partial \boldsymbol{\beta}} = \sum_{i=1}^{m} \frac{\partial f}{\partial z_i} \frac{\partial z_i}{\partial \boldsymbol{\beta}} = \sum_{i=1}^{m} \frac{\partial f}{\partial z_i}$$

$$\frac{\partial f}{\partial \boldsymbol{\gamma}} = \sum_{i=1}^{m} \frac{\partial f}{\partial z_i} \frac{\partial z_i}{\partial \boldsymbol{\gamma}} = \sum_{i=1}^{m} \frac{\partial f}{\partial z_i} \cdot \hat{x_i}$$

$$\frac{\partial f}{\partial \hat{x_i}} = \frac{\partial f}{\partial z_i} \cdot \frac{\partial z_i}{\partial \hat{x_i}} = \frac{\partial f}{\partial z_i} \cdot \boldsymbol{\gamma}$$

如何在已知 $\frac{\partial f}{\partial \hat{x_i}}$ 的基礎上求 $\frac{\partial f}{\partial x_i}$?

因為 $\hat{x_i} = \frac{(x_i - \mu)}{\sqrt{\sigma^2 + \epsilon}}$，其中 μ、σ^2 都是 x 的函數，所以，有

$$\frac{\partial f}{\partial x_i} = \frac{\partial f}{\partial \hat{x_i}} \cdot \frac{\partial \hat{x_i}}{\partial x_i} + \frac{\partial f}{\partial \mu} \cdot \frac{\partial \mu}{\partial x_i} + \frac{\partial f}{\partial \sigma^2} \cdot \frac{\partial \sigma^2}{\partial x_i}$$

根據

$$\widehat{x}_i = \frac{(x_i - \mu)}{\sqrt{\sigma^2 + \epsilon}}$$

$$\sigma^2 = \frac{1}{m} \sum_{i=1}^{m} (x_i - \mu)^2$$

$$\mu = \frac{1}{m} \sum_{i=1}^{m} x_i$$

可以得到

$$\frac{\partial \widehat{x}_i}{\partial x_i} = \frac{1}{\sqrt{\sigma^2 + \epsilon}}$$

$$\frac{\partial \mu}{\partial x_i} = \frac{1}{m}$$

$$\frac{\partial \sigma^2}{\partial x_i} = \frac{2(x_i - \mu)}{m}$$

因此，有

$$\frac{\partial f}{\partial x_i} = \left(\frac{\partial f}{\partial \widehat{x}_i} \frac{1}{\sqrt{\sigma^2 + \epsilon}} \right) + \left(\frac{\partial f}{\partial \mu} \frac{1}{m} \right) + \left(\frac{\partial f}{\partial \sigma^2} \frac{2(x_i - \mu)}{m} \right)$$

其中

$$\frac{\partial f}{\partial \sigma^2} = \frac{\partial f}{\partial \widehat{x}} \cdot \frac{\partial \widehat{x}}{\partial \sigma^2} = \frac{\partial f}{\partial \widehat{x}} \cdot (-0.5(x - \mu) \cdot (\sigma^2 + \epsilon)^{-1.5})$$

$$= - \left(0.5 \sum_{j=1}^{m} \frac{\partial f}{\partial \widehat{x}_j} (x_j - \mu)(\sigma^2 + \epsilon)^{-1.5} \right)$$

$$\frac{\partial f}{\partial \mu} = \left(\sum_{i=1}^{m} \frac{\partial f}{\partial \widehat{x}_i} \cdot \frac{-1}{\sqrt{\sigma^2 + \epsilon}} \right) + \left(\frac{\partial f}{\partial \sigma^2} \cdot \frac{1}{m} \sum_{i=1}^{m} -2(x_i - \mu) \right)$$

5.3.3　批次規範化的程式實現

以下程式用類別封裝了批次規範化層的正向計算和反向求導過程。

```
from NeuralNetwork import *

class BatchNorm_1d(Layer):
    def __init__(self,num_features,gamma_beta_method = None,eps = 1e-8, \
                  momentum = 0.9):
        # self.d_X, self.h_X, self.w_X = X_dim
        # self.gamma = np.ones((1, int(np.prod(X_dim)) ))
        # self.beta = np.zeros((1, int(np.prod(X_dim))))
        # self.params = [self.gamma,self.beta]
        super().__init__()
        self.eps= eps
        self.momentum = momentum
        if not gamma_beta_method:
            self.gamma = np.ones((1, num_features ))
            self.beta = np.zeros((1, num_features ))
        else:
            self.gamma = np.random.randn(1, num_features)
            self.beta = np.random.randn(1, num_features)  #np.zeros((1,
num_features ))

        self.running_mu = np.zeros((1, num_features ))
        self.running_var = np.zeros((1, num_features ))

        self.params = [self.gamma,self.beta]
        self.grads = [np.zeros_like(self.gamma),np.zeros_like(self.beta)]


    def forward(self,X,training = True):
        if training:
            self.n_X = X.shape[0]
            self.X_shape = X.shape

            self.X_flat = X.ravel().reshape(self.n_X,-1)
            self.mu = np.mean(self.X_flat,axis=0)
            self.var = np.var(self.X_flat, axis=0) # var = 1 / float(N) *
np.sum((x - mu) ** 2, axis=0)
            self.X_hat = (self.X_flat - self.mu)/np.sqrt(self.var +self.eps)
            out = self.gamma * self.X_hat + self.beta

            #計算 means 和 variances 的移動平均
```

```
                running_mu,running_var,momentum = self.running_mu,self.running_var, \
                                        self.momentum
                running_mu = momentum * running_mu + (1 - momentum) * self.mu
                running_var = momentum * running_var + (1 - momentum) * self.var
            else:
                X_flat = X.ravel().reshape(X.shape[0],-1)
                #規範化
                X_hat = (X_flat - running_mean) / np.sqrt(running_var + eps)
                #放縮和平移
                out = self.gamma * X_hat + self.beta
            return out.reshape(self.X_shape)


        def __call__(self,X):
            return self.forward(X)


        def backward(self,dout):
            eps = self.eps
            dout = dout.ravel().reshape(dout.shape[0],-1)
            X_mu = self.X_flat - self.mu
            var_inv = 1./np.sqrt(self.var + eps)

            dbeta = np.sum(dout,axis=0)
            dgamma = np.sum(dout * self.X_hat, axis=0) #dout * self.X_hat

            dX_hat = dout * self.gamma
            dvar = np.sum(dX_hat * X_mu,axis=0) * -0.5 * (self.var + eps)**(-3/2)
            dmu = np.sum(dX_hat * (-var_inv) ,axis=0) + \
                            dvar * 1/self.n_X * np.sum(-2.* X_mu, axis=0)
            dX = (dX_hat * var_inv) + (dmu / self.n_X) + (dvar * 2/self.n_X * X_mu)
            dX = dX.reshape(self.X_shape)

            self.grads[0] += dgamma
            self.grads[1] += dbeta
            return dX#, dgamma, dbeta
```

對 BatchNorm 類別，可執行以下程式，用數值梯度進行驗證。

```
# diff_error = lambda x, y: np.max(np.abs(x - y))
from util import *
```

```
import numpy as np

diff_error = lambda x, y: np.max(np.abs(x - y))

np.random.seed(231)
N, D = 100, 5
x = 3 * np.random.randn(N, D) + 5

bn = BatchNorm_1d(D,"no")
x_norm = bn(x)

do = np.random.randn(N, D)+0.5
dx = bn.backward(do)

dx_num = numerical_gradient_from_df(lambda :bn.forward(x),x,do)
print(diff_error(dx,dx_num))

if False:
    dx_gamma = numerical_gradient_from_df(lambda :bn.forward(x),bn.gamma,do)
    print(diff_error(dgamma,dx_gamma))

    dx_beta = numerical_gradient_from_df(lambda :bn.forward(x),bn.beta,do)
    print(diff_error(dbeta,dx_beta))
```

```
7.684454184087031e-10
```

在卷積神經網路中，如果輸入樣本是彩色圖型，就可以表示成三維張量 $C \times H \times W$，C、H、W 分別代表彩色圖型的通道數、高、寬。這樣，一批樣本就可以表示成一個四維張量 $N \times C \times H \times W$，$N$ 是樣本數目。我們可以改寫前面的程式來處理這種四維張量。執行以下程式，對所有通道——而非所有（像素）特徵——進行批次規範化操作。

```
class BatchNorm(Layer):
    def __init__(self,num_features,gamma_beta_method = None,eps = 1e-5, \
                        momentum = 0.9,std = 0.02):
        super().__init__()
        self.eps= eps
        self.momentum = momentum
        if not gamma_beta_method:
            self.gamma = np.ones((1, num_features ))
```

```
            self.beta = np.zeros((1, num_features ))
        else:
            self.gamma = np.random.normal(1,std,(1, num_features))
            self.beta =  np.zeros((1, num_features ))
        #self.gamma *=random_value
        self.params = [self.gamma,self.beta]
        self.grads = [np.zeros_like(self.gamma),np.zeros_like(self.beta)]

        self.running_mu = np.zeros((1, num_features ))
        self.running_var = np.zeros((1, num_features ))

    def forward(self,X,training = True):
        #N, C, H, W = X.shape
        self.X_shape = X.shape
        if len(self.X_shape)>2:
            N,C,H,W = self.X_shape

        if training:
            #X = np.swapaxes(X,0,1)  # C to fitst axis
            if len(self.X_shape)>2:
                X = np.moveaxis(X,1,3)   #move C to last axis: N,H,W,C
                X_flat = X.reshape(-1,X.shape[3])
            else:
                X_flat = X

            NHW = X_flat.shape[0]
            self.n_X = NHW
            mu = np.mean(X_flat,axis=0)
            var = 1 / float(NHW) * np.sum((X_flat- mu) ** 2, axis=0) #
self.var = np.var(self.X_flat, axis=0) #
            X_hat = (X_flat - mu)/np.sqrt(var +self.eps)
            out = self.gamma * X_hat + self.beta

            if len(self.X_shape)>2:
                out = out.reshape(N,H,W,C)
                out = np.moveaxis(out,3,1)

            self.mu,self.var,self.X_flat,self.X_hat = mu,var,X_flat,X_hat

            #計算 means 和 variances 的移動平均
            running_mu,running_var,momentum = self.running_mu,self.running_var, \
```

```
                          self.momentum
            running_mu = momentum * running_mu + (1 - momentum) * self.mu
            running_var = momentum * running_var + (1 - momentum) * self.var
        else:
            if len(self.X_shape)>2:
                X = np.moveaxis(X,1,3)
                self.X_flat = X.reshape(-1,X.shape[3])
            else:
                 self.X_flat = X

            #規範化
            X_hat = (X_flat - self.running_mu) / np.sqrt(self.running_var + eps)
            #放縮和平移
            out = self.gamma * X_hat + self.beta
            if len(self.X_shape)>2:
                out = out.reshape(N,H,W,C)
                out = np.moveaxis(out,3,1)
        return out


    def __call__(self,X):
        return self.forward(X)


    def backward(self,dout):
        if len(dout.shape)>2:    #len(self.X_shape)>2 and
            dout = np.moveaxis(dout,1,3)
            dout = dout.reshape(-1,dout.shape[3])

        eps = self.eps

        X_mu = self.X_flat - self.mu
        var_inv = 1./np.sqrt(self.var + eps)

        dbeta = np.sum(dout,axis=0)
        dgamma = np.sum(dout * self.X_hat, axis=0) #dout * self.X_hat

        dX_hat = dout * self.gamma
        dvar = np.sum(dX_hat * X_mu,axis=0) * -0.5 * (self.var + eps)**(-3/2)
        dmu = np.sum(dX_hat * (-var_inv) ,axis=0) + dvar * 1/self.n_X * \
                 np.sum(-2.* X_mu, axis=0)
        dX = (dX_hat * var_inv) + (dmu / self.n_X) + (dvar * 2/self.n_X * X_mu)
```

```
    if  len(self.X_shape)>2:
        N,C,H,W = self.X_shape
        dX = dX.reshape(N,H,W,C)
        dX = np.moveaxis(dX,3,1)
        #dX = dX.reshape(self.X_shape)

    self.grads[0] += dgamma
    self.grads[1] += dbeta
    return dX #, dgamma, dbeta
```

為了了解批次規範化對網路性能的影響，我們在 4.3.9 節使用 fashion-mnist
資料集訓練的網路模型的前兩個網路層的加權和與啟動函數之間增加一個
批次規範化層，結果如圖 5-23 所示。因為批次規範化可以避免模型的權重
參數變得很複雜（批次規範化也是一種正則化技術），所以，可將程式中
對權重衰減的正則化取消（reg = 0），範例如下。

```
import numpy as np
import util
from NeuralNetwork import *
from train import *
import mnist_reader
import matplotlib.pyplot as plt
%matplotlib inline
np.random.seed(1)

X_train, y_train = mnist_reader.load_mnist('data/fashion', kind='train')
X_test, y_test = mnist_reader.load_mnist('data/fashion', kind='t10k')
trainX = X_train.reshape(-1,28,28)
train_X = trainX.astype('float32')/255.0

nn = NeuralNetwork()

nn.add_layer(Dense(784, 500))
nn.add_layer(Relu())

nn.add_layer(Dense(500, 200))
nn.add_layer(BatchNorm_1d(200))
nn.add_layer(Relu())

nn.add_layer(Dense(200, 100))
```

```
nn.add_layer(BatchNorm_1d(100))
nn.add_layer(Relu())

nn.add_layer(Dense(100, 10))

learning_rate = 0.01
momentum = 0.9
optimizer = SGD(nn.parameters(),learning_rate,momentum)

epochs=8
batch_size = 64
reg = 0#1e-3
print_n=1000

losses =
train_nn(nn,train_X,y_train,optimizer,cross_entropy_grad_loss,epochs,batch_s
ize,reg,print_n)

plt.plot(losses)
```

```
[    1, 1] loss: 2.291
[ 1001, 2] loss: 0.416
[ 2001, 3] loss: 0.261
[ 3001, 4] loss: 0.342
[ 4001, 5] loss: 0.222
[ 5001, 6] loss: 0.196
[ 6001, 7] loss: 0.157
[ 7001, 8] loss: 0.295
```

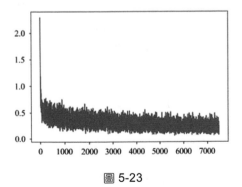

圖 5-23

執行以下程式，可以得到最終的模型預測準確度。

```
print(np.mean(nn.predict(train_X)==y_train))
test_X = X_test.reshape(-1,28,28).astype('float32')/255.0
print(np.mean(nn.predict(test_X)==y_test))
```

```
0.9066833333333333
0.8766
```

可以看出，在使用批次規範化後，模型的預測準確度有所提高。

5.4　正則化

當模型比較複雜（如模型參數比較多）時，可以透過正則化來防止模型出現過擬合。除了在回歸中對權重直接進行正則化，在深度學習中還經常使用一種叫作 **Dropout**（捨棄）的正則化技術來防止模型出現過擬合。

5.4.1　權重正則化

權重正則化透過在損失函數中增加對權重參數的懲罰項來防止權重參數的絕對值過大。總損失函數包含資料本身預測的損失 L_{data} 和正則項 R_W，即

$$L_{\text{data}} + R_W$$

對於一個權值 w，其 L_2 正則項為 $R_W = \lambda w^2$，λ 用於控制正則項相對於資料損失的比重。該值越大，正則項的作用就越大，防止過擬合的作用就越強；該值越小，正則項的作用就越小，防止過擬合的作用就越弱。L_2 正則項可以使參數一起趨向更小的、更接近 0 的值。

L_1 正則項為 $R_W = \lambda|w|$，其作用和 L_2 正則項類似，但稍有不同。L_2 正則項會使所有權值都減小；L_1 正則項會使權值變得稀疏，也就是使很多權值變得接近 0，只有少數非 0 值（即非 0 值很稀疏）。L_1 正則項使機器學習傾向於選擇少數好的特徵，而非採用所有特徵，即有助選擇好的特徵。稀疏是機器學習的一門重要「功課」，限於篇幅，本書不多作説明。

在實際應用中，可將 L_1 正則項和 L_2 正則項結合起來，形成所謂的彈性網

路正則項（Elastic Net Regularization），即 $R_W = \lambda_1|w| + \lambda_2 w^2$。彈性網路正則項的作用域介於 L_1 正則項和 L_2 正則項之間，或説，它彈性地組合了 L_1 正則項和 L_2 正則項。

3 種常見的權重正則化函數的示意圖，如圖 5-24 所示。

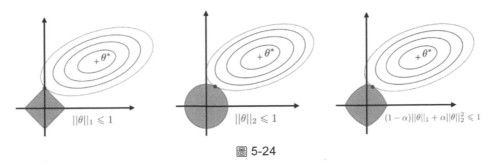

圖 5-24

下面重點介紹**最大範數約束**（Max Norm Constraints）。

在梯度下降法，特別是深度學習中，隨著網路層數的增加，由於反向求導對梯度計算乘積會導致梯度消失或梯度爆炸，而最大範數約束可以防止梯度爆炸，所以，可將更新的權值限制在某個範圍裡，透過裁剪權值向量的方式使其某種範數（如 L_2 範數）不超過某個值，即 $||w||_2 < c$。c 的典型值是 3 和 4。有研究發現，這種對權值的最大範數進行約束的方法，可以改進演算法的收斂性能。特別是在循環神經網路（參見第 7 章）中，一般都會採用這種方法來防止梯度爆炸。範例程式如下。

```python
import numpy as np
def max_norm_constraints(w,c,epsilon = 1e-8):
    norms = np.sqrt(np.sum(np.square(w),  keepdims=True))
    desired = np.clip(norms, 0, c)
    w *= (desired / (epsilon+ norms))
    return w

w = np.random.randn(2,5)*10
print(w)
w = max_norm_constraints(w,2)
print(w)
```

```
[[  3.42847604 -19.64442234  -4.80546287   5.65698305  -8.97334854]
```

```
[ -0.95122877  -0.04471285 -14.33147196  -0.63593975   9.30212848]]
[[ 0.23851103 -1.36661635 -0.33430477  0.39354303 -0.6242548 ]
 [-0.06617475 -0.00311057 -0.99700686 -0.04424084  0.64712724]]
```

假設 grads 中有多個權重參數的梯度，可以執行以下程式，將它們的梯度
限制在 $[-c, c]$ 內。

```
import math
def grad_clipping(grads,c):
    norm = math.sqrt(sum((grad ** 2).sum() for grad in grads))
    if norm > c:
        ratio = c / norm
        for i in range(len(grads)):
            grads[i]*=ratio
```

5.4.2 Dropout

Dropout 是 Srivastava 等人提出的一種正則化技術。在訓練過程中使用
Dropout 技術，可以以一定的機率使一些神經元處於啟動狀態（輸出啟動
值），使其他神經元處於非啟動狀態（不輸出啟動值）。對某一層中的神
經元，Dropout 用一個介於 0 和 1 的機率 drop_p 使一個神經元處於非啟動
狀態（也就是說，以機率 $1 - drop\_p$ 使該神經元處於啟動狀態）。drop_p
稱為捨棄率，表示一個神經元處於非啟動狀態的機率。$1 - drop\_p$ 稱為存
活率或保持率，表示一個神經元處於啟動狀態的機率。

如圖 5-25 所示：在左圖的神經網路中，所有的神經元都處於啟動狀態；右
圖的神經網路則採用 Dropout 的方式來啟動神經元。Dropout 透過使某些
神經元處於非啟動狀態，定義了一個神經網路函數。因為梯度下降訓練過
程的每一次疊代，都會隨機使某些神經元處於非啟動狀態，所以，不同的
疊代針對的是不同的函數，也就是說，神經網路不會過於依賴少數神經
元。這一現象可以類比為：團隊的決策不依賴少數人，團隊中的所有人都
有機會參與決策，避免了因過分依賴少數人而產生偏見。

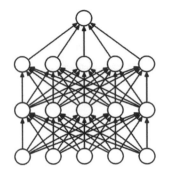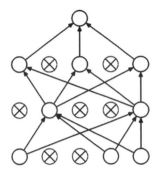

圖 5-25

Dropout 和資料規範化的思想類似：如果不對資料進行規範化，那麼某些數值較大的特徵會對演算法的學習產生較大的影響，而其他特徵的作用很小。

Dropout 還與權重正則化的思想類似：權重正則化透過懲罰項使所有權重的值都比較小，避免了少數權重的值過大的問題。

如果某個網路層以一定的機率進行 Dropout 操作，那麼其總輸出期望將變小。假設網路層本來的總輸出期望為 e，Dropout 遺失率為 drop_p，那麼期望值會變成 $e \times (1 - \text{drop\_p})$。為了避免對後續層產生影響，通常會對採用 Dropout 的輸出層的每個神經元的輸出除以 $1 - \text{drop\_p}$，即如果某個神經元的啟動函數的輸出值是 a，就輸出 $\frac{a}{1 - \text{drop\_p}}$。

因為在訓練過程中，每次疊代時 Dropout 捨棄的都是隨機的、不同的神經元，即每次疊代的神經網路函數是不同的，所以，損失函數的含義就變得不明確了。最終透過訓練得到的函數，可以看成對不同次疊代產生的不同函數的平均。透過對多個不同函數模型的平均，可以得到一個更好的模型，就像由很多人而非少數人投票，可以得到更能代表群眾想法的結果一樣。這是一種基於統計學習的機器學習思想——Dropout 透過多個函數的平均，可以有效地避免過擬合。

Dropout 技術只能用於訓練模型。因為訓練後的模型函數應該是明確的，且最終透過訓練得到的神經網路函數應該是所有神經元都處於啟動狀態的函數，所以，在對模型進行驗證和測試時，不應使用 Dropout 技術。

Dropout 可作用於任意一個隱含的網路層的輸出。假設網路層的輸出為 x，Dropout 操作可表示為

$$x = D \odot x$$

其中，D 和 x 是形狀相同的陣列。在陣列 D 中，所有元素的值都是 1 或 0，表示對應的神經元是否處於啟動狀態。陣列 D 是根據 Dropout 捨棄率或存活率計算得到的隱藏陣列。

執行以下程式，可以實現 Dropout 操作。

```
retain_p = 1-drop_p
mask = (np.random.rand(*x.shape) < retain_p) / retain_p
x *= mask
```

在以上程式中，drop_p 和 retain_p = 1-drop_p 分別表示捨棄率和存活率，mask 是處於啟動狀態的神經元的隱藏陣列。

在進行反向求導時，只需要將損失函數關於 Dropout 輸出的梯度 dx_output 乘以隱藏 mask，範例如下。

```
dx = dx_output* self._mask
```

在以上程式中，dx_output 是反向傳入的損失函數關於 x 的梯度。

可以將 Dropout 操作實現為一個單獨的 Dropout 層，程式如下。

```
from Layers import *
class Dropout(Layer):
    def __init__(self, drop_p):
        super().__init__()
        self.retain_p = 1- drop_p

    def forward(self, x, training=True):
        retain_p = self.retain_p
```

```
        if training:
            self._mask = (np.random.rand(*x.shape) < retain_p) / retain_p
            out = x * self._mask
        else:
            out = x
        return out

    def backward(self, dx_output,training=True):
        dx = None
        if training:
            dx = dx_output * self._mask
        else:
            dx = dx_output
        return dx
```

在以上程式中，x 表示 Dropout 層的前一層的輸出。

執行以下程式，可使用 dropout.forward(X) 函數對輸入 X 計算 Dropout 輸出。在反向求導時，可使用 dropout.backward(dx_output) 函數從一個反向傳入的關於 X 的梯度得到經過 Dropout 的反向梯度。

```
np.random.seed(1)
dropout = Dropout(0.5)
X = np.random.rand(2, 4)
print(X)
print(dropout.forward(X))
dx_output = np.random.rand(2, 4)
print(dx_output)
print(dropout.backward(dx_output))
```

```
[[4.17022005e-01 7.20324493e-01 1.14374817e-04 3.02332573e-01]
 [1.46755891e-01 9.23385948e-02 1.86260211e-01 3.45560727e-01]]
[[8.34044009e-01 0.00000000e+00 2.28749635e-04 0.00000000e+00]
 [2.93511782e-01 0.00000000e+00 3.72520423e-01 0.00000000e+00]]
[[0.4173048  0.55868983 0.14038694 0.19810149]
 [0.80074457 0.96826158 0.31342418 0.69232262]]
[[0.8346096  0.         0.28077388 0.         ]
 [1.60148914 0.         0.62684836 0.         ]]
```

Dropout 是一種用於降低函數複雜度的技術。Dropout 可以增加到任意一個隱含層中,模型參數較多的隱含層的捨棄率可以設定得大一些。對於模型參數少的網路層,可不設 Dropout 層。

使用 Dropout 技術的目的是防止過擬合。但是,Dropout 操作會導致每次疊代的不是同一個函數。這樣,損失函數就失去了意義,也就無法使用偵錯工具來偵錯和訓練參數了。常用的解決方法是:先停止 Dropout 操作(但可以增加正則項來防止過擬合),在將參數偵錯好後,再啟動 Dropout 操作,以進一步提高模型的品質。

Dropout 身為正則化技巧,當網路相對於資料集較小時,通常不需要正則化。這是因為,模型的複雜度已經比較低了,再增加正則化操作反而會降低模型的表示能力。此外,Dropout 顯然不能放在輸出層的前面或後面(因為在這些位置,網路無法「校正」由 Dropout 引起的錯誤)。

在以下程式中,對於使用 fashion-mnist 資料集訓練的網路模型,如果在第 1 個網路層後面增加一個 Dropout 層,就可以取消對權重衰減的正則化(reg = 0),結果如圖 5-26 所示。

```python
import numpy as np
import util
from NeuralNetwork import *
from train import *
import mnist_reader
import matplotlib.pyplot as plt
%matplotlib inline
np.random.seed(1)

X_train, y_train = mnist_reader.load_mnist('data/fashion', kind='train')
X_test, y_test = mnist_reader.load_mnist('data/fashion', kind='t10k')

trainX = X_train.reshape(-1,28,28)
train_X = trainX.astype('float32')/255.0

nn = NeuralNetwork()
```

```
nn.add_layer(Dense(784, 500))
nn.add_layer(Relu())
nn.add_layer(Dropout(0.25))
nn.add_layer(Dense(500, 200))
nn.add_layer(Relu())
nn.add_layer(Dropout(0.2))
nn.add_layer(Dense(200, 100))
nn.add_layer(Relu())
nn.add_layer(Dense(100, 10))

learning_rate = 0.01
momentum = 0.9
optimizer = SGD(nn.parameters(),learning_rate,momentum)

epochs=8
batch_size = 64
reg = 0#1e-3
print_n=1000

losses =
train_nn(nn,train_X,y_train,optimizer,cross_entropy_grad_loss,epochs,batch_s
ize,reg,print_n)
plt.plot(losses)
```

```
[    1, 1] loss: 2.307
[ 1001, 2] loss: 0.661
[ 2001, 3] loss: 0.322
[ 3001, 4] loss: 0.509
[ 4001, 5] loss: 0.316
[ 5001, 6] loss: 0.344
[ 6001, 7] loss: 0.355
[ 7001, 8] loss: 0.434
```

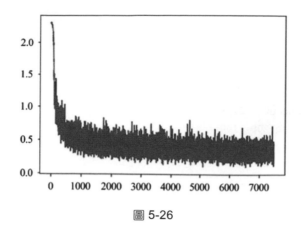

圖 5-26

執行以下程式，可以得到最終的模型預測準確度。

```
print(np.mean(nn.predict(train_X)==y_train))
test_X = X_test.reshape(-1,28,28).astype('float32')/255.0
print(np.mean(nn.predict(test_X)==y_test))
```

```
0.8872333333333333
0.8667
```

可以看出，Dropout 操作提高了模型的預測準確度。

當然，Dropout 的超參數也需要調整，以改進效果。在目前的實踐中，一般用批次規範化來代替 Dropout。

5.4.3　早停法

如圖 5-27 所示，在訓練過程中，借助驗證集，可以在驗證損失不再降低（甚至開始增加）時停止疊代，以防出現過擬合，進而降低模型的泛化能力。這種方法就是早停法（參見 3.3.2 節）。

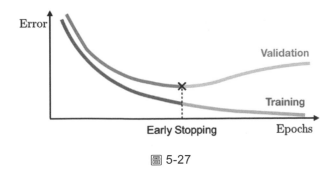

圖 5-27

▌ 5.5 梯度爆炸和梯度消失

非常深的神經網路，會因為存在梯度爆炸和梯度消失問題而難以訓練。其原因在於，梯度只能一層一層地從後向前反向傳遞。如果一個數不斷乘以絕對值小於 1 的數，那麼這個數會越來越接近 0；如果一個數不斷乘以絕對值大於 1 的數，那麼這個數會越來越接近無窮。

考慮一個簡化的 L 層神經網路，其中的神經元都是 $z = xw$，正向計算過程為

$$x \rightarrow z_1 = xw_1 \rightarrow z_2 = z_1w_2 = xw_1w_2 \rightarrow \cdots \rightarrow z_L = z_{L-1}w_L = xw_1w_2 \cdots w_L$$

假設已知損失函數最後的輸出 z_L 的梯度 dz_L，那麼，損失函數關於 z_{L-1} 的梯度為 $dz_{L-1} = w_L dz_L$，損失函數關於 z_i 的梯度為 $dz_i = w_{i+1} \cdots w_L dz_L$，損失函數關於 w_i 的梯度為 $dw_i = dz_i z_{i-1} = w_{i+1} \cdots w_L dz_L z_{i-1}$。

如果 $\| w_i \| < \rho < 1$，那麼 dz_i 將隨 $L-i$ 的增大呈指數級衰減，$L-i$ 越大，衰減速度越快，這可能會使 dw_i 的值變得很小。過小的梯度，會導致 w_i 的更新幾乎停滯，收斂速度極慢。如果 $\| w_i \| > \rho > 1$，那麼 dz_i 將隨 $L-i$ 的增大呈指數級增長，從而使 w_i 劇烈震盪，無法收斂。

神經網路的加深將使梯度爆炸和梯度衰減不可避免，從而使深度神經網路的訓練變得非常困難。為了防止出現梯度爆炸，可以採用梯度裁剪的技

巧，即將梯度的絕對值限制在一個範圍內。設 g 為梯度，θ 為裁剪閾值，按照下式對梯度進行裁剪。

$$\min\left(\frac{\theta}{\|\,g\,\|},1\right)g$$

即將梯度值限制在 $[-\theta,\theta]$。

在以下程式中，grads 包含多個權重參數的梯度，並將梯度值限制在區間 $[-c,c]$ 內。

```python
import math
def grad_clipping(grads,c):
    norm = math.sqrt(sum((grad ** 2).sum() for grad in grads))
    if norm > c:
        ratio = c / norm
        for i in range(len(grads)):
            grads[i]*=ratio
```

梯度裁剪可以在一定程度上解決梯度爆炸問題，但無法解決梯度消失問題。解決梯度消失問題的好的辦法是採用殘差網路（參見 6.5.4 節）。

卷積神經網路

在前面介紹的神經網路中，輸入的所有資料樣本都是一維張量，每一層的神經元都接收來自前一層的一維張量產生的輸出，這種神經網路稱為**全連接神經網路**。對於圖像資料這種二維或三維張量，透過將資料攤平為一維張量來輸入神經網路，攤平後的一維張量遺失了圖型內在的空間結構資訊（如像素的相鄰關係），交換攤平後的張量的元素順序，對網路函數的訓練沒有任何影響，也就是說，只要張量的所有元素相同，那麼，即使改變元素的順序，最終訓練出來的也是相同的網路函數。試想一下：對一幅圖型，如果將其所有像素隨意排列，最終辨識出來的是同一個物體，則顯然是不合理的。其原因在於：圖型的像素只有按照一定的空間結構排列，才是有意義的；不然圖型就是無意義的。

用全連接神經網路處理攤平的圖像資料，會導致模型參數隨著圖型的增大而急劇增大。一幅 28×28 的黑白圖型，攤平後一維張量的長度為 784，即一個神經元需要 784 個權重參數。一幅 $64 \times 64 \times 3$ 的彩色圖型，攤平後一維張量的長度為 12288，即一個神經元需要 12288 個權重參數。為了產生高品質的結果，可能需要處理高解析度的圖型。舉例來說，對一幅 $1280 \times 1280 \times 3$ 的彩色圖型，一個神經元需要 4915200 個權重參數。一般來說輸入的一維張量越長，神經網路第 1 層的神經元數目就越多，其輸出的一維張量的數目就會增加，使第 2 層的神經元數目對應增加，最終導致模型參數的數量隨輸入張量長度和網路深度的增加呈指數級增長。數量巨大的模型參數，將使網路函數非常複雜，從而使訓練非常困難且容易發生過擬合。即使採用防止過擬合的技術，數量巨大的模型參數也會消耗大量記憶體，使電腦無法完成工作。

卷積神經網路（Convolutional Neural Networks，CNN，簡稱卷積網路）利用圖型的平移不變性，用很少的權重參數對圖型進行處理，並保持了圖型的內在的空間結構。所謂圖型的平移不變性，是指圖型中的特徵不會因為其在圖型上的位置發生平移而改變。也就是說，即使一隻貓從圖型的左上角移動到右下角，它也還是那隻貓。

卷積神經網路是專門為圖像資料處理而設計的一種神經網路。卷積神經網路擅長使用圖形處理器（GPU）的平行加速功能。2012 年，神經網路巨頭 Hinton 的學生 Alex Krizhevsky 等人，正是以基於 CUDA GPU 實現的卷積神經網路 AlexNet 在 ImageNet 大賽中一舉奪冠，使人們重新燃起了對神經網路相關技術的研究熱情，並開啟了基於深度神經網路的深度學習。

卷積神經網路是深度學習的核心，它徹底改變了電腦視覺研究方法，是電腦視覺領域的不二選擇，並在許多電腦任務中攻城掠地。近年來，關於卷積神經網路的論文也爆炸式爆發。除了電腦視覺領域，卷積神經網路還被用於解決一維序列結構問題，如音訊、文字、基因序列等時間序列分析。此外，卷積神經網路在圖狀結構領域，發展出了圖神經網路等新的神經網路技術。

一些典型的卷積神經網路應用，列舉如下。

- 在一幅圖型中檢測、辨識、定位、標記物體。舉例來說，辨識一幅圖型中有哪些物體、物體的位置在哪裡。著名的應用有人臉辨識、目標檢測、自動駕駛。
- 語音辨識、聲音合成。舉例來說，將語音自動轉為文字、根據文字合成語音及合成音樂等。

- 用自然語言描述圖型和影片。
- 自動駕駛中的道路、障礙物辨識。
- 分析影片遊戲螢幕，以指導智慧體（Agent）自動玩遊戲。
- 生成能夠以假亂真的圖型。舉例來說，生成逼真的人臉、影片人臉替換（如 DeepFake）。

卷積神經網路在全連接神經網路中增加了一種叫作**卷積層**的網路層。卷積層的輸入和輸出都是圖型這種多維張量（不需要攤平成一維張量）。本章將從最簡單的一維張量的卷積開始，過渡到二維甚至多維張量的卷積、池化等，介紹卷積層及其程式實現，以及一些經典的現代卷積神經網路結構。

▊ 6.1　卷積入門

6.1.1　什麼是卷積

卷 積 是 加 權 和 的 一 種 推 廣 。 一 組 數 $x_1, x_2, x_3, \cdots, x_n$ 的 算 術 平 均 值 $\frac{(x_1+x_2+x_3++x_n)}{n}$，實際上是用同一個權值 $\frac{1}{n}$ 和每個數相乘再累加求得的。也可以用不同的權值 w_i 乘以每個 x_i，然後進行累加，公式如下。

$$w_1 \times x_1 + w_2 \times x_2 + w_3 \times x_4 + \cdots + w_n \times x_n$$

用不同權值乘以每個數再累加的計算，稱為**加權和**。舉例來說，回歸中的 xw 就是權重 w 對特徵 x 的加權和。

當權值之和為 1 時，即 w_i 滿足 $\sum_{i=1}^{n} w_i = 1$，這種特殊的加權和稱為**加權平均**。權值也可以是負數。舉例來說，公司的負債率、盈利率等，可以是正數，也可以是負數。

假設我們要統計一個學生某門課的成績，可以給平時成績、實驗成績、期末成績設定不同的權值，如權值分別為 0.2、0.3、0.5。這樣，就可以用「0.2 × 平時成績 + 0.3 × 實驗成績 + 0.5 × 期末成績」計算該學生的總成績了。對一組數的加權和，就是從這組數中提取某個特徵，如對成績的加權和就提取了「總成績」這個特徵。

用少於元素個數的權值對一組數進行加權和計算，就可以從這組數中提取多個特徵。舉例來説，用 3 個權值 1.2、0.3、0.5 對下面這組數進行加權和計算。

4 15 16 7 23 17 10 9 5 8

因為權值的個數少於數值的個數，所以，可以用這 3 個權值依次去和這組數中的每 3 個相鄰數進行加權和。首先，將權值向量 (1.2,0.3,0.5) 對準前 3 個數 (4,15,16)，得到加權和 $4 \times 1.2 + 15 \times 0.3 + 16 \times 0.5 = 17.3$，如圖 6-1 所示。

圖 6-1

接下來，將權值向量 (1.2,0.3,0.5) 對準從第 2 個數開始的 3 個數 (15,16,7)，得到加權和 $15 \times 1.2 + 16 \times 0.3 + 7 \times 0.5 = 26.3$，如圖 6-2 所示。

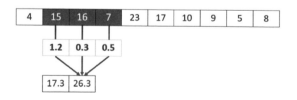

圖 6-2

依此類推，直到將權值向量 (1.2,0.3,0.5) 對準最後 3 個數 (9,5,8)，如圖 6-3 所示。最終，得到 8 個加權和。

圖 6-3

這種用少於資料個數的權值,透過滑動視窗去對準資料並求加權和,最終得到一組新資料的過程,稱為**卷積**。

對長度為 n 的一維陣列 $\boldsymbol{x} = (x_0, x_1, x_2, \cdots, x_{n-1})$ 和長度為 K 的權值向量(也稱作**卷積核心**)$\boldsymbol{w} = (w_0, w_1, w_2, \cdots, w_{K-1})$,用卷積核心的第 1 個元素 w_0 對準 $\boldsymbol{x}$ 中任意一個未知的 x_i,得到的加權和(卷積值)為

$$z_i = \sum_{k=0}^{K-1} w_k \, x_{i+k}$$

將權值向量 $\boldsymbol{w} = (w_0, w_1, w_2, \cdots, w_{K-1})$ 對準 $(x_i, x_{i+1}, x_{i+2}, \cdots, x_{i+K})$,得到加權和 z_i,如圖 6-4 所示。

當卷積核心從 x_0 到 x_{n-K},沿著向量 $\boldsymbol{x}$ 的每個元素滑動時,會產生一系列卷積值。這些卷積值組成了一個結果向量 $\boldsymbol{z} = (z_0, z_1, z_2, \cdots, z_{n-K})$,長度為 $n - K + 1$。舉例來說,當輸入資料長度為 5、卷積核心寬度為 3 時,產生的結果向量的長度為 $5 - 3 + 1 = 3$,如圖 6-5 所示。

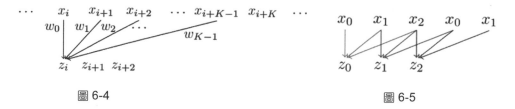

圖 6-4   圖 6-5

這種卷積方式稱為 **valid 卷積**。上述求和過程,可用 Python 程式表示如下。

```
K = w.size
z[i] = np.sum(x[i:i+K]*w)
```

以下程式實現了 valid 卷積操作。

```
import numpy as np
np.random.seed(5)
x = np.random.randint(low=1, high=30, size=10,dtype='l')
print(x)

w = np.array([1.2,0.3,0.5])
n = x.size
K = w.size
z = np.zeros(n-K+1)
for i in range(n-K+1):
    z[i] = np.sum(x[i:i+K]*w)
print(w)
print(z)
```

```
[ 4 15 16  7 23 17 10  9  5  8]
[1.2 0.3 0.5]
[17.3 26.3 32.8 23.8 37.7 27.9 17.2 16.3]
```

為了產生和原始資料長度相同的結果資料，可在原始資料的前後填充 0，然後進行卷積。如圖 6-6 所示，對寬度為 3 的卷積核心，在原始資料前後分別填充一個 0，即可產生兩個新值 $1.2 \times 0 + 0.3 \times 4 + 0.5 \times 15 = 8.7$、$1.2 \times 5 + 0.3 \times 8 + 0.5 \times 0 = 8.4$。

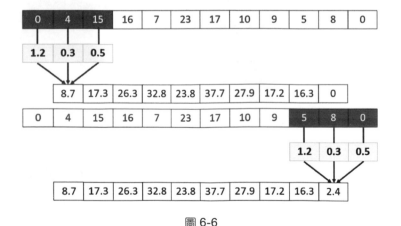

圖 6-6

假設卷積核心的寬度為 K，在長度為 n 的原始資料的前後分別填充 $\frac{K-1}{2}$ 個 0，使其長度變為 $\frac{n+2(K-1)}{2} = n + K - 1$，卷積結果向量的長度就是 $n + K - 1 - K + 1 = n = 10$，即產生了和原始資料長度相同的卷積結果。這種卷積方式稱為 **same 卷積**。當然，對於 K 不是奇數的情況，卷積結果向量的長度為 $n - 1$。

還有一種卷積方式叫作 **full 卷積**。full 卷積在資料的前後分別填充 $K - 1$ 個 0。假設卷積核心的寬度為 K，在長度為 n 的原始資料的前後分別填充 $K - 1$ 個 0，卷積結果向量的長度就是 $n + K - 1$。如圖 6-7 所示，在當前資料（如圖 6-6 所示）前後分別填充一個 0，即可產生兩個新值 $1.2 \times 0 + 0.3 \times 0 + 0.5 \times 4 = 2.0$、$1.2 \times 8 + 0.3 \times 0 + 0.5 \times 0 = 9.6$，卷積結果的長度就是 $n + 2 \times (K - 1) - K + 1 = n + K - 1 = 10 + 3 - 1 = 12$。

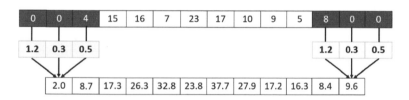

圖 6-7

一般地，假設原始資料的長度為 n，卷積核心的寬度為 K，填充資料的長度之和為 P，則卷積結果向量的長度為 $n + P - K + 1$。舉例來說，假設 $P = 0$，即無填充，原始資料的長度是 3，卷積核心的寬度也是 3，則卷積結果的長度是 $3 - 3 + 1 = 1$。

在以下程式中，函數 conv1d() 採用對稱填充的方式，在原陣列的兩邊各填充了個數（pad）相同的 0 值，實現了一維資料的卷積操作。

```
def conv1d(x,w,pad):
    n = x.size
    K = w.size
    P = 2*pad
    n_o = n+P-K+1
    y = np.zeros(n_o)
```

```
    if P>0:
        x_pad = np.zeros(n+P)
        x_pad[pad:-pad] = x
    else:
        x_pad = x

    for i in range(n_o):
        y[i] = np.sum(x_pad[i:i+K]*w)
    return y
```

用 conv1d() 函數對一維陣列進行 same 卷積和 full 卷積操作，範例如下。

```
y1 = conv1d(x,w,1)                            #same 卷積
print(x.size,w.size,y1.size)
print("same: ", y1)

y2 = conv1d(x,w,2)                            #full 卷積
print(x.size,w.size,y2.size)
print("full: ", y2)
```

```
10 3 10
same:  [ 8.7 17.3 26.3 32.8 23.8 37.7 27.9 17.2 16.3  8.4]
10 3 12
full:  [ 2.    8.7 17.3 26.3 32.8 23.8 37.7 27.9 17.2 16.3  8.4  9.6]
```

注意：深度學習中定義的卷積運算與一般的卷積不同。一般的卷積運算，
實際上是先對資料或卷積核心進行翻轉，再執行卷積運算的，公式如下，
如圖 6-8 所示（如果翻轉的是卷積核心，結果是相同的）。

$$y_i = \sum_{k=0}^{K-1} w_{K-k}\, x_{i+k}$$

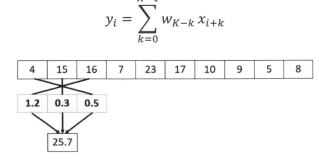

圖 6-8

深度學習中的這種卷積運算，在其他學科中通常稱為**互相關**（Correlate）。
numpy 的 correlate() 函數對一維向量執行的就是互相關運算，範例如下。

```
numpy.correlate(a, v, mode='valid')
```

numpy 的 convolve() 函數對一維向量執行的是一般的卷積運算，範例如下。

```
numpy.convolve(a, v, mode='full')
```

這兩個函數的第一個參數表示被卷積的資料，第二個參數表示權值，第三個參數表示卷積方式（full、same、valid）。

透過 numpy.correlate() 進行的互相關運算是深度學習中的卷積運算，而透過 numpy.convolve() 進行的是一般的卷積運算。如果要用 numpy.convolve() 獲得和 numpy.correlate() 相同的結果，就要先將權值向量或資料翻轉，如將 (1.2,0.3,0.5) 變成 (0.5,0.3,1.2)，再進行一般的卷積運算（相當於直接用原來的權值向量和資料進行一般的卷積運算）。相關程式如下。

```
import numpy as np
np.random.seed(5)
x = np.random.randint(low=1, high=30, size=10,dtype='l')
print(x)

w0 = np.array([1.2,0.3,0.5])
x_valid = np.correlate(x, w0,'valid') #互相關函數 np.correlate()是深度學習中的
                                        卷積運算
x_same = np.correlate(x, w0,'same')
x_full = np.correlate(x, w0,'full')
print(x_valid)
print(x_same)
print(x_full)

w = np.array([0.5,0.3,1.2])
#卷積函數 np.convolve()，先進行資料翻轉，再進行深度學習中的卷積運算
x_valid = np.convolve(x, w,'valid')
x_same = np.convolve(x, w,'same')
x_full = np.convolve(x, w,'full')
```

```
print(x_valid)
print(x_same)
print(x_full)
```

```
[ 4 15 16  7 23 17 10  9  5  8]
[17.3 26.3 32.8 23.8 37.7 27.9 17.2 16.3]
[ 8.7 17.3 26.3 32.8 23.8 37.7 27.9 17.2 16.3  8.4]
[ 2.   8.7 17.3 26.3 32.8 23.8 37.7 27.9 17.2 16.3  8.4  9.6]
[17.3 26.3 32.8 23.8 37.7 27.9 17.2 16.3]
[ 8.7 17.3 26.3 32.8 23.8 37.7 27.9 17.2 16.3  8.4]
[ 2.   8.7 17.3 26.3 32.8 23.8 37.7 27.9 17.2 16.3  8.4  9.6]
```

一般來說卷積運算是讓卷積核心沿被卷積資料逐元素滑動的。因此,一個長度為 n 的資料和一個寬度為 K 的卷積核心進行 valid 卷積,結果資料的長度為 $n - K + 1$。這種每次只滑動一個元素的卷積操作,使結果資料和原始資料在長度上相差無幾。卷積核心每次沿原始資料滑動的元素個數,稱為**跨度**(Stride)或**步幅**。有時,為了產生較小的卷積結果資料,會使用大於 1 的跨度進行滑動。跨度為 1 和 2 的卷積,如圖 6-9 所示。

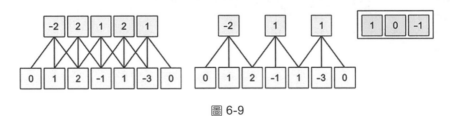

圖 6-9

卷積核心的跨度通常記為 S。寬度為 K 的卷積核心在長度為 n 的資料上可以滑動 $\frac{n-K}{S}$ 次。除第一次卷積外,每滑動一次,都能進行一次卷積運算。因此,一共可以進行 $\frac{n-K}{S} + 1$ 次卷積運算。舉例來說,當 $n = 10$、$K = 3$、$S = 2$ 時,可以進行的卷積運算的次數為 4 次($\frac{10-3}{2} + 1$)。

如果原始資料的長度為 n,填充資料的長度之和為 P,那麼填充後資料的長度為 $n + P$。此時,可以進行的卷積運算的次數為 $\frac{n+P-K}{S} + 1$,即結果資料的長度為 $\frac{n+P-K}{S} + 1$。

因此，可以改寫卷積函數 conv1d()，使它能夠處理帶有跨度的卷積運算，範例如下。

```python
def conv1d(x,w,pad=0,s=1):
    n = x.size
    K = w.size
    n_o = (n+2*pad-K)//s+1
    y = np.zeros(n_o)                   #卷積結果

    if not pad==0:
        #x_pad = np.zeros(n+2*pad)
        #x_pad[pad:-pad] = x
        x_pad = np.pad(x,[(pad,pad)], mode='constant')
    else:
        x_pad = x

    for i in range(n_o):
        y[i] = np.sum(x_pad[i*s:i*s+K]*w)
    return y
```

使用不同的填充寬度和跨度，執行卷積函數 conv1d()，範例如下。

```python
y1 = conv1d(x,w,0,s=2)
y2 = conv1d(x,w,1,s=2)
print(y1)
print(y2)
```

```
[17.3 32.8 37.7 17.2]
[ 8.7 26.3 23.8 27.9 16.3]
```

6.1.2　一維卷積

卷積用於對資料（一維訊號、二維圖型等）進行處理，從而去除資料中的雜訊或得到資料蘊含的某種特徵。

執行以下程式，生成兩個組數 x 和 y，x 是 [0,2π] 上均勻分佈的一組數（100 個），y 是對應的正弦曲線 sin(x) 附近的數（即 y 是對正弦曲線的雜訊取樣），結果如圖 6-10 所示。

```
import numpy as np
import matplotlib.pyplot as plt
%matplotlib inline

x = np.linspace(0,2*np.pi,100)
y = np.sin(x) + np.random.random(100) * 0.2

plt.plot(x,y)
plt.show()
```

執行以下程式，根據正態分佈生成一組權值向量（卷積核心）w，結果如圖 6-11 所示。

```
sigma=1.6986436005760381
x_for_w = np.arange(-6, 6)
w = np.exp(-(x_for_w) ** 2 / (2 * sigma ** 2))
w/= sum(w)
print(x_for_w)
print(["%0.2f" % x for x in w])
plt.bar(x_for_w, w)
```

```
[-6 -5 -4 -3 -2 -1  0  1  2  3  4  5]
['0.00', '0.00', '0.01', '0.05', '0.12', '0.20', '0.23', '0.20', '0.12',
'0.05', '0.01', '0.00']
```

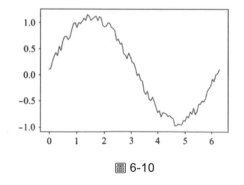

圖 6-10

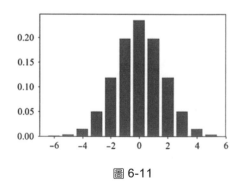

圖 6-11

權值向量 w 的中間值大、兩邊值小，且所有權值之和為 1。執行以下程式，用權值向量 w 對陣列 y 進行卷積操作。

```
#w = np.array([0.1,0.2, 0.5, 0.2, 0.1])
yhat = np.correlate(y, w,"same")
plt.plot(x,yhat, color='red')
```

用符合高斯分佈的權值向量對原正弦取樣資料計算加權和，可造成平滑
（光滑）資料的作用，如圖 6-12 所示。

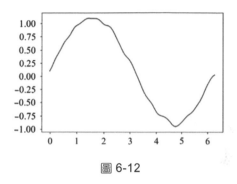

圖 6-12

在本節的範例程式中，權值向量 w 對陣列 y 中的數值求加權平均，當 w 沿
y 的方向滑動時，計算得到的值 yhat 表示滑動視窗的中心點及其周圍點的
加權平均，且中心點對應的權值最大（距離中心點越遠的點對應的權值越
小）。產生的結果向量相當於對原始資料進行了平滑處理。我們從圖 6-12
中可以看出，卷積後的資料點所對應的曲線變得平滑了，即在一定程度上
減少了原始資料中的雜訊。

6.1.3　二維卷積

各種電子裝置的螢幕，之所以能夠顯示色彩豐富的文字、圖型等內容，是
因為螢幕本身是由一些像素組成的，這些像素按行列排列成一個矩形。在
電腦中，圖型都是用像素矩陣來表示的，圖型中像素的個數稱為圖型的解
析度，用像素矩陣表示的圖型稱為**數字圖型**。舉例來説，圖型解析度
「1024 像素×768 像素」表示在圖型矩形的寬度和高度的方向上，像素的
個數分別是 1024 個和 768 個。如圖 6-13 所示，是一幅解析度為 170 像素
×225 像素的圖型。

在數位圖型中，每個位置的像素都包含表示顏色資訊的資料。彩色圖型可能包含多個值，如紅（R）、綠（G）、藍（B）、透明度（A）；黑白圖型則包含一個表示亮度的值。這些值通常用字節數（8 位元二進位數字）來表示，即值的範圍是 [0,255]。黑白圖型可以用一個整數矩陣來表示。彩色圖型可以看成每種顏色所對應的矩陣的疊加，每種顏色的矩陣稱為一個**通道**。一幅彩色圖型由紅（R）、綠（G）、藍（B）3 個通道的圖型疊加在一起，如圖 6-14 所示。

圖 6-13

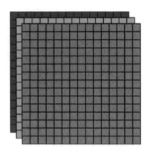

圖 6-14

當然，也可以用 [0,1] 區間內的實數來表示數位圖型像素的值。以下程式先用 skimage 套件的 io 模型將一幅彩色圖型讀取到一個 numpy 多維陣列 img 中，再用 skimage.color 模組的 rgb2gray 模組將彩色圖型轉為黑白（灰階）圖型，然後顯示這兩幅圖型，並列印中間部分一個大小為 5×5 的視窗的像素值。

```python
from skimage import io, transform
from skimage.color import rgb2gray
import numpy as np
import matplotlib.pyplot as plt
%matplotlib inline

img = io.imread('image.jpg')
gray_img = rgb2gray(img) #  io.imread('./imgs/image.jpg', as_grey=True)

fig, axes = plt.subplots(1, 2, figsize=(8, 4))
ax = axes.ravel()
```

```
plt.subplot(1, 2, 1)
plt.imshow(img)

plt.subplot(1, 2, 2)
plt.imshow(gray_img,cmap='gray')
#img = io.imread('./imgs/lenna.png', as_grey=True) # load the image as grayscale
#plt.imshow(img, cmap='gray')
print('image matrix size: ', img.shape)       # print the size of image
print('image matrix size: ', gray_img.shape) # print the size of image
print('\n First 5 columns and rows of the color image matrix: \n',
img[150:155,110:  115])
print('\n First 5 columns and rows of the gray image matrix: \n',
gray_img[150:155,  110:115])
```

```
image matrix size:  (233, 328, 3)
image matrix size:  (233, 328)

 First 5 columns and rows of the color image matrix:
 [[[143 106  88]
  [141 104  86]
  [150 108  94]
  [144 102  88]
  [137  95  81]]

 [[108  78  68]
  [106  76  66]
  [107  77  67]
  [101  71  61]
  [ 92  62  52]]

 [[159 138 133]
  [160 139 134]
  [167 149 145]
  [167 149 145]
  [167 149 145]]

 [[225 213 215]
  [227 215 217]
  [220 216 217]
  [220 216 217]
  [220 216 217]]
```

```
[[206 203 210]
 [207 204 211]
 [204 209 215]
 [204 209 215]
 [204 209 215]]

First 5 columns and rows of the gray image matrix:
[[0.4414302  0.43358706 0.45457098 0.43104157 0.40359059]
 [0.3280549  0.32021176 0.32413333 0.30060392 0.2653098 ]
 [0.55726275 0.56118431 0.59818275 0.59818275 0.59818275]
 [0.84585961 0.85370275 0.8506749  0.8506749  0.8506749 ]
 [0.80055765 0.80447922 0.81713765 0.81713765 0.81713765]]
```

將彩色圖型轉為黑白（灰階）圖型，如圖 6-15 所示。

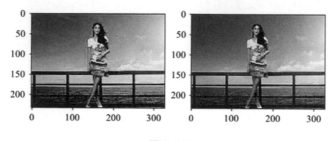

圖 6-15

可以看出，彩色圖型被讀取到一個三維 numpy 陣列中，該陣列的第 3 維度
資料表示彩色圖型的 3 個顏色通道，每個通道都是一個二維陣列（矩
陣）。因此，可以將彩色圖型看成 3 個矩陣。rgb2gray() 函數將 3 通道的
彩色圖型轉換成單通道的灰階圖型，灰階像素的像素值是根據對應的彩色
像素的紅（R）、綠（G）、藍（B）像素值的加權和計算出來的，範例如
下。

```
Y = 0.2125 R + 0.7154 G + 0.0721 B
```

從輸出結果看，將顏色值從 [0,255] 區間內的整數值轉換成了 [0,1] 區間內
的實數值。

也可以將顏色值從 [0,1] 區間內的實數值轉換成 [0,255] 區間內的整數值，

範例程式如下。

```
gray_img2 = gray_img*255
gray_imgs= gray_img2.astype(np.uint8)
print('灰階矩陣的前 5 行 5 列的數值: \n', gray_imgs[150:155,110:115])
```

```
灰階矩陣的前 5 行 5 列的數值:
 [[112 110 115 109 102]
 [ 83  81  82  76  67]
 [142 143 152 152 152]
 [215 217 216 216 216]
 [204 205 208 208 208]]
```

和一維陣列一樣，對於二維圖型矩陣，也可以用一組權值對其中的資料進行處理。用一個小於圖型的矩陣（通常稱為核心，Kernel）對原圖型進行卷積（即加權和），如圖 6-16 所示。對一個 6×6 的圖型（矩陣），用 3×3 的卷積核心（矩陣）按照「從上到下、從左到右」的方式滑動。對遇到的每個圖型視窗，都用這個卷積核心進行加權求和，從而產生一個值。用 3×3 的卷積核心與圖型左上角視窗中的元素進行加權求和，得到的值是

$$2 \times (-1) + 3 \times 0 + 0 \times 1 + 6 \times (-2) + 0 \times 0 + 4 \times 2 + 8 \times (-1) + 1 \times 0 + 0 \times 1 = -14$$

將卷積核心逐像素向右移動，依次產生新的值，具體如下。

$$3 \times (-1) + 0 \times 0 + 7 \times 1 + 0 \times (-2) + 4 \times 0 + 7 \times 2 + 1 \times (-1) + 0 \times 0 + 3 \times 1 = 20$$

$$0 \times (-1) + 7 \times 0 + 9 \times 1 + 4 \times (-2) + 7 \times 0 + 2 \times 2 + 0 \times (-1) + 3 \times 0 + 2 \times 1 = 7$$

可見，用 3×3 的卷積核心對 6×6 的二維矩陣進行 valid 卷積，產生了 4×4 的矩陣。

用 $x_{i,j}$ 表示二維矩陣中第 i 行第 j 列的元素，用 $w_{m,n}$ 表示卷積核心的第 m 行第 n 列的權重，用 $a_{i,j}$ 表示結果矩陣中第 i 行第 j 列的元素。二維矩陣的卷積操作公式如下。

$$a_{i,j} = \sum_{m=0}^{F_h} \sum_{n=0}^{F_w} w_{m,n} \, x_{i+m,j+n}$$

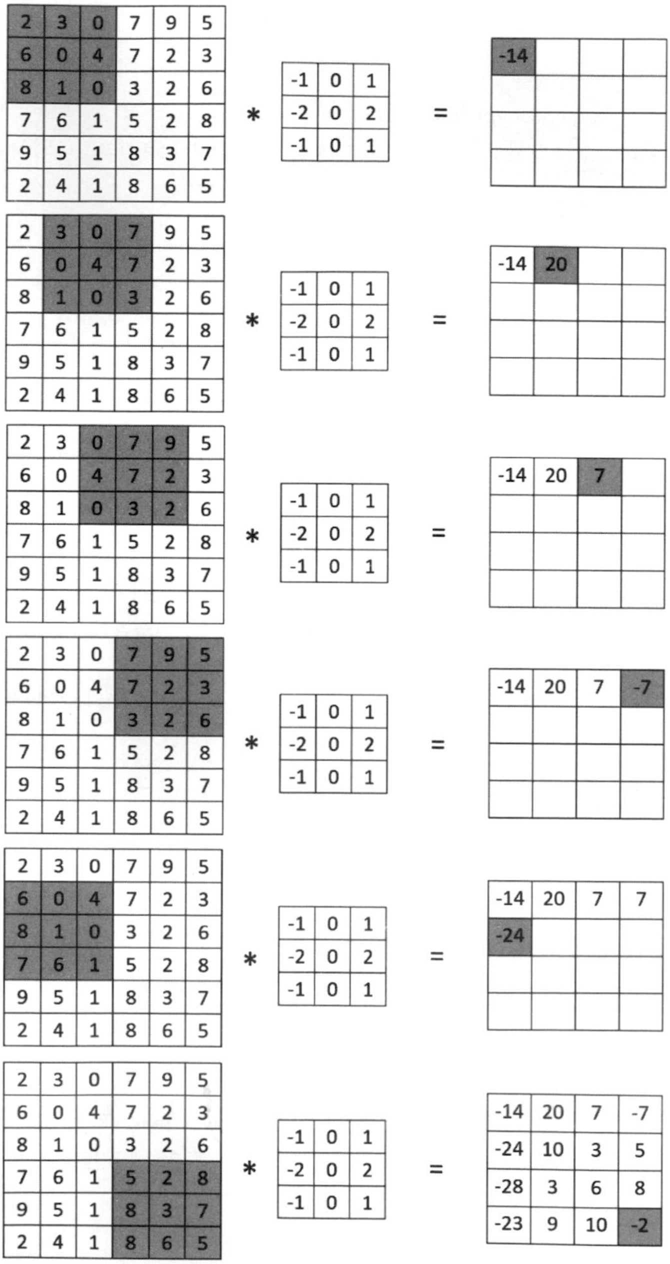

圖 6-16

即將卷積核心視窗對準資料矩陣的 (i, j) 位置，然後和資料視窗中對應的資料進行加權和計算。舉例來説，上例中的 $a_{1,1}$ 的計算公式如下。

$$
\begin{aligned}
a_{1,1} &= \sum_{m=0}^{F_h} \sum_{n=0}^{F_w} w_{m,n} \, x_{1+m,1+n} \\
&= w_{0,0} x_{1,1} + w_{0,1} x_{1,1+1} + w_{0,2} x_{1,1+2} \\
&\quad w_{1,0} x_{1+1,1} + w_{1,1} x_{1+1,1+1} + w_{1,2} x_{1+1,1+2} \\
&\quad w_{2,0} x_{1+2,1} + w_{2,1} x_{1+2,1+1} + w_{2,2} x_{1+2,1+2} \\
&= w_{0,0} x_{1,1} + w_{0,1} x_{1,2} + w_{0,2} x_{1,3} \\
&\quad w_{1,0} x_{2,1} + w_{1,1} x_{2,2} + w_{1,2} x_{2,3} \\
&\quad w_{2,0} x_{3,1} + w_{2,1} x_{3,2} + w_{2,2} x_{3,3}
\end{aligned}
$$

設資料矩陣 X 的行數和列數分別為 h 和 w，卷積核心 K 的行數和列數分別為 F_h 和 F_w，則 valid 卷積產生的結果矩陣的行數和列數分別為 $h - F_h + 1$ 和 $w - F_w + 1$。對二維矩陣進行 valid 卷積的程式實現如下。

```
def convolve2d(X, K):
    h, w = K.shape
    Y = np.zeros((X.shape[0] - h + 1, X.shape[1] - w + 1))
    for i in range(Y.shape[0]):
        for j in range(Y.shape[1]):
            Y[i, j] = (X[i: i + h, j: j + w] * K).sum()
    return Y
```

在以上程式中，X 表示輸入的二維矩陣，K 表示卷積核心矩陣，Y 表示結果矩陣。用從 (i, j) 開始的圖型視窗 "X[i: i + h, j: j + w]" 和卷積核心逐元素相乘 "X[i: i + h, j: j + w] * K"，並將結果累加到 "X[i: i + h, j: j + w] * K.sum()" 中。(i, j) 沿著圖型滑動，就會得到結果矩陣的一系列元素值。

執行以下程式，進行測試。

```
X= np.array([[2,3,0,7,9,5], [6,0,4,7,2,3], [8,1,0,3,2,6],
             [7,6,1,5,2,8], [9,5,1,8,3,7], [2,4,1,8,6,5]])
K = np.array([[-1,0,1],[-2,0,2],[-1,0,1]])
print("X: ",X)
print("K: ",K)
convolve2d(X,K)
```

```
X:  [[2 3 0 7 9 5]
 [6 0 4 7 2 3]
 [8 1 0 3 2 6]
 [7 6 1 5 2 8]
 [9 5 1 8 3 7]
 [2 4 1 8 6 5]]
K:  [[-1  0  1]
 [-2  0  2]
 [-1  0  1]]
array([[-14.,  20.,   7.,  -7.],
       [-24.,  10.,   3.,   5.],
       [-28.,   3.,   6.,   8.],
       [-23.,   9.,  10.,  -2.]])
```

用這個卷積核心對圖型進行卷積操作,程式如下。

```
image = gray_img
kernel = np.array([[-1,0,1],[-2,0,2],[-1,0,1]])
image_sharpen = convolve2d(image,kernel)
plt.imshow(image_sharpen, cmap=plt.cm.gray)
print("原圖型大小:",image.shape)
print("結果圖型大小:",image_sharpen.shape)
```

```
原圖型大小: (233, 328)
結果圖型大小: (231, 326)
```

可以看出,結果圖型的垂直特徵被放大了,說明這是一個具有垂直邊緣提取作用的卷積核心,如圖 6-17 所示。

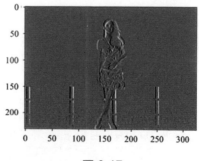

圖 6-17

要想生成和原圖型大小相同的圖型，也可以使用 same 卷積，即在圖型四周填充一些 0 值。假設權值矩陣的大小是 $F_w * F_h$，在原圖型的左右分別填充的 0 值的個數 P_w 為 $\frac{F_w-1}{2}$、上下分別填充的 0 值的個數 P_h 為 $\frac{F_h-1}{2}$。權值矩陣通常是一個長和寬相等的方陣。如圖 6-18 所示，在 6×6 的矩陣的上、下、左、右各填充 $\frac{3-1}{2}$ 個 0 值，用 3×3 的卷積核心進行 same 卷積，得到一個 6×6 的矩陣。

執行以下程式，可在圖型的上、下各填充 P_h 個 0 值，在圖型的左、右各填充 P_w 個 0 值。

```
H,W = X.shape
P_h,P_w = 1,2
X_padded = np.zeros((H + 2*P_h, W +2*P_w))
X_padded[P_h:-P_h, P_w:-P_w] = X
```

執行以下程式，列印填充後的 X_padded。

```
print(X_padded)
```

```
[[0. 0. 0. 0. 0. 0. 0. 0. 0. 0.]
 [0. 0. 2. 3. 0. 7. 9. 5. 0. 0.]
 [0. 0. 6. 0. 4. 7. 2. 3. 0. 0.]
 [0. 0. 8. 1. 0. 3. 2. 6. 0. 0.]
 [0. 0. 7. 6. 1. 5. 2. 8. 0. 0.]
 [0. 0. 9. 5. 1. 8. 3. 7. 0. 0.]
 [0. 0. 2. 4. 1. 8. 6. 5. 0. 0.]
 [0. 0. 0. 0. 0. 0. 0. 0. 0. 0.]]
```

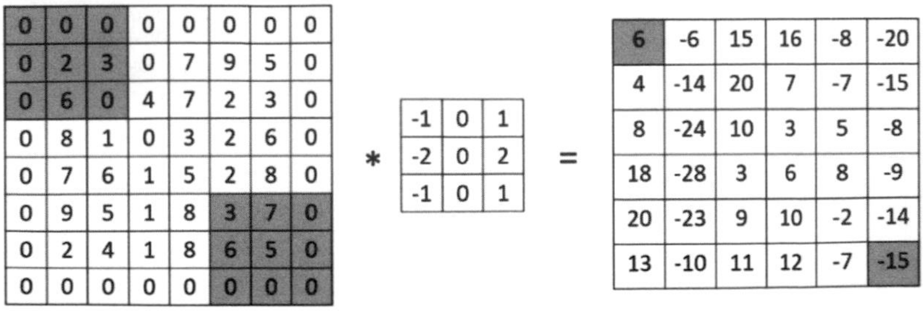

圖 6-18

上述程式是筆者根據填充的情況編寫的。實際上，numpy 提供了能在多維
陣列每個軸的前後進行填充的函數 pad()，範例如下。

```
np.pad(x, [(1, 0), (1, 2)], mode='constant', constant_values=0)
```

pad() 函數的第 2 個參數 [(1, 0), (1, 2)] 表示在 numpy 陣列 x 的每個軸的前
後分別填充的像素的個數。其中，第 1 個元組 (1,0) 表示在第 1 軸
（axis=0）前後分別填充 1 個和不填充（0 個）像素，第 2 個元組 (1, 2) 表
示在第 2 軸（axis=1）前後分別填充 1 像素和 2 像素。"mode='constant'" 表
示填充的是常數，"constant_values=0" 表示填充的常數值是 0，這兩個參
數可以省略。

執行以下程式，在陣列 a 的第 1 行前面填充一行 0，在陣列 a 的第 1 列前
面填充 1 列 0、最後一列後面填充 2 列 0。

```
import numpy as np
a = np.array([[ 1.,  1.,  1.],
              [ 1.,  1.,  1.]])
b = np.pad(a, [(1, 0), (1, 2)], mode='constant')
print(a)
print(b)
```

```
[[1. 1. 1.]
 [1. 1. 1.]]
[[0. 0. 0. 0. 0. 0.]
 [0. 1. 1. 1. 0. 0.]
 [0. 1. 1. 1. 0. 0.]]
```

執行以下程式，根據卷積核心的高 K_h 和寬 K_w，在圖型的上下、左右
各填充 (K_h-1)//2 像素和 (K_w-1)//2 像素，並對填充後圖型進行卷積操
作。

```
def convolve2d_same(X, K):
    H,W = X.shape
    K_h,K_w = K.shape

    P_h = (K_h)//2              #在圖型左右填充的圖元個數
```

```
    P_w = (K_w)//2                      #在圖型上下填充的圖元個數
    #Y = np.zeros_like(X)               #為什麼這裡會出錯？
    Y = np.zeros((H,W))

    X_padded = np.pad(X, [(P_h, P_h), (P_w, P_w)], mode='constant')
    #   X_padded = np.zeros((H + 2*P_h, W + 2*P_w))
    #   X_padded[P_h:-P_h, P_w:-P_w] = X

    for i in range(Y.shape[0]):
        for j in range(Y.shape[1]):
            Y[i,j]=(X_padded[i:i+K_h,j:j+K_w]*K).sum()
    return Y
```

執行以下程式，將生成一個和原矩陣形狀相同的結果矩陣。

```
convolve2d_same(X,K)
```

```
array([[  6.,   -6.,   15.,   16.,   -8.,  -20.],
       [  4.,  -14.,   20.,    7.,   -7.,  -15.],
       [  8.,  -24.,   10.,    3.,    5.,   -8.],
       [ 18.,  -28.,    3.,    6.,    8.,   -9.],
       [ 20.,  -23.,    9.,   10.,   -2.,  -14.],
       [ 13.,  -10.,   11.,   12.,   -7.,  -15.]])
```

在以下程式中，透過 same 卷積對原圖型進行卷積操作，將生成和原圖型大小相同的結果圖型，如圖 6-19 所示。

```
image = gray_img
kernel = np.array([[-1,0,1],[-2,0,2],[-1,0,1]])
image_sharpen = convolve2d_same(image,kernel)
plt.imshow(image_sharpen, cmap=plt.cm.gray)
print("原圖型大小：",image.shape)
print("結果圖型大小：",image_sharpen.shape)
```

```
原圖型大小： (233, 328)
結果圖型大小： (233, 328)
```

使用不同的卷積核心對圖型進行卷積，將得到不同的結果。舉例來說，用一個可以提取邊緣的卷積核心對圖型進行卷積，程式如下。如圖 6-20 所示，結果圖型提取了原圖型邊緣的特徵。

```
kernel = np.array([[-1,-1,-1],[-1,8,-1],[-1,-1,-1]])
edges = convolve2d_same(image,kernel)
plt.imshow(edges, cmap=plt.cm.gray)
```

scipy 函數庫的 scipy.signal 模組中有一個 convolve2d() 函數，可以對圖型進行二維卷積。和我們自己實現的卷積不同的是，該函數會先對卷積圖型進行左右和上下翻轉，再用卷積核心對元素的值進行累加，即該卷積操作就是一般的卷積操作。

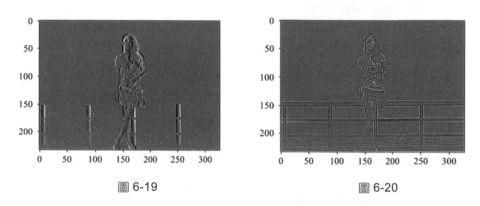

圖 6-19   圖 6-20

執行以下程式，先對上例中的卷積核心進行水平翻轉，再使用 convolve2d() 函數進行卷積操作，生成的結果圖型如圖 6-21 所示（與圖 6-20 相同）。

```
import scipy.signal
kernel = np.flipud(np.fliplr(kernel))        #翻轉卷積核心
edges =scipy.signal.convolve2d(image, kernel, 'same')
plt.imshow(edges, cmap=plt.cm.gray)
```

用一個具有平滑作用的卷積核心對圖型進行平滑處理。這個卷積核心用周圍 25 個像素點的平均值作為該像素的值，範例如下。經過平滑處理，圖型變得模糊了，如圖 6-22 所示。

```
kernel = 1./9*np.ones((5,5))
print(kernel)
edges = convolve2d_same(image,kernel)
plt.imshow(edges, cmap=plt.cm.gray)
```

```
[[0.11111111 0.11111111 0.11111111 0.11111111 0.11111111]
 [0.11111111 0.11111111 0.11111111 0.11111111 0.11111111]
 [0.11111111 0.11111111 0.11111111 0.11111111 0.11111111]
 [0.11111111 0.11111111 0.11111111 0.11111111 0.11111111]
 [0.11111111 0.11111111 0.11111111 0.11111111 0.11111111]]
```

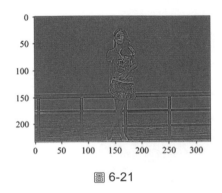

圖 6-21

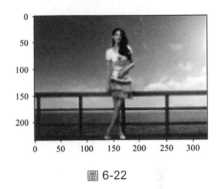

圖 6-22

因此，和一維卷積操作一樣，二維卷積操作也可以對圖型進行光滑、銳化，以及提取圖型的某種特徵。

上述卷積操作的跨度為 1，即卷積核心總是以「從上到下、從左到右」的方式逐像素滑動，生成的結果圖型和原圖型的尺寸接近。為了生成小尺寸（如為原圖型大小一半）的卷積圖型，可在沿水平和垂直方向滑動時，每次滑動 2 像素，即卷積核心以跨度 2 滑動。

和一維訊號的卷積類似，對高為 H、寬為 W 的二維訊號（例如圖型），設卷積核心的高為 F_h、寬為 F_w，上下、左右填充的元素個數分別為 P_h、P_w，上下、左右的跨度分別為 S_h、S_w。輸出的二維訊號高度、寬分別為

$$\frac{H - F_h + P_h}{S_h} + 1$$

$$\frac{W - F_w + P_w}{S_w} + 1$$

如圖 6-23 所示，對於 7×7 的輸入圖型，卷積核心大小為 3×3，跨度為 2，上下、左右各填充 1 個 0 值，將生成 3×3（$(\frac{6+2-3}{2} + 1) \times (\frac{6+2-3}{2} + 1)$）的圖型。

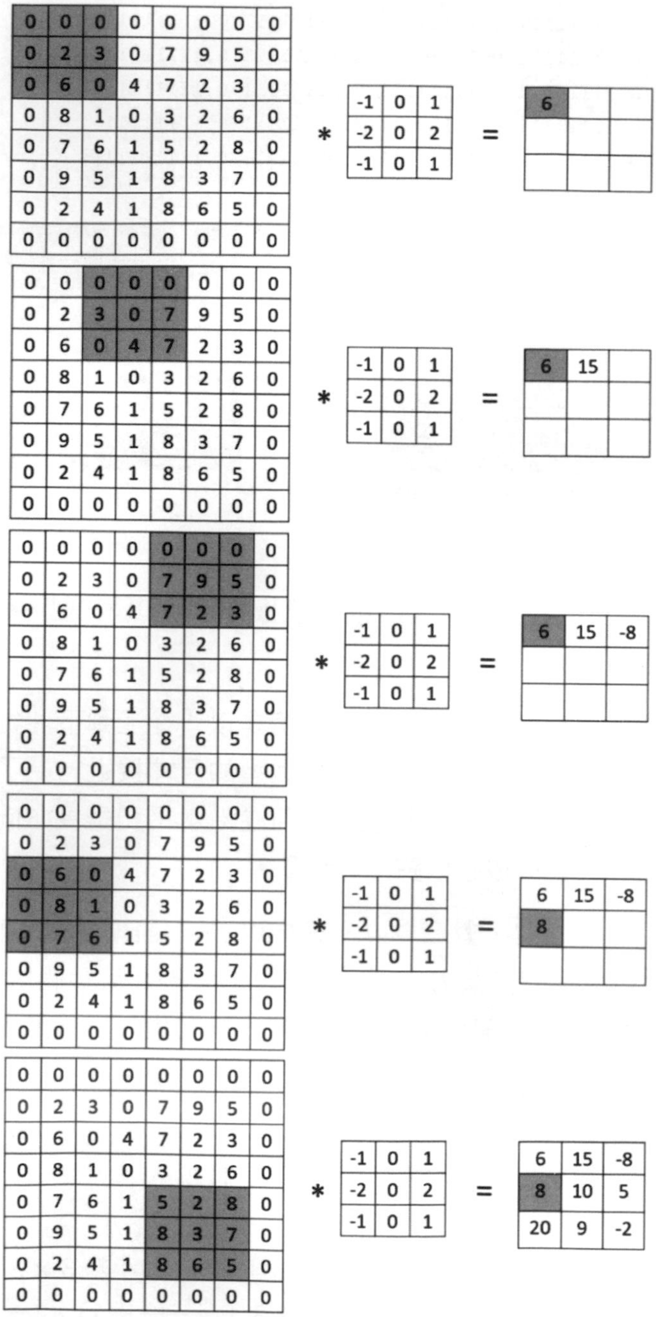

圖 6-23

包含填充和跨度的二維卷積操作的 Python 程式,具體如下。

```python
def convolve2d(X, K,pad=(0,0),stride = (1,1)):
    H,W = X.shape
    K_h,K_w = K.shape

    P_h,P_w = pad
    S_h,S_w = stride

    h = (H-K_h+2*P_h)//S_h+1
    w = (W-K_w+2*P_w)//S_w+1
    Y = np.zeros((h,w))

    if P_h!=0 or  P_w !=0:
        X_padded = np.pad(X, [(P_h, P_h), (P_w, P_w)], mode='constant')
    else:
        X_padded = X
    for i in range(Y.shape[0]):
        hs = i*S_h
        for j in range(Y.shape[1]):
            ws = j*S_w
            Y[i,j]=(X_padded[hs:hs+K_h,ws:ws+K_w]*K).sum()
    return Y
```

對前面的二維矩陣和卷積核心,執行以下卷積操作。

```python
X= np.array([[2,3,0,7,9,5], [6,0,4,7,2,3], [8,1,0,3,2,6],
            [7,6,1,5,2,8], [9,5,1,8,3,7], [2,4,1,8,6,5]])
convolve2d(X,K,(1,1),(2,2))
```

```
array([[ 6., 15.,  -8.],
       [ 8., 10.,   5.],
       [20.,  9.,  -2.]])
```

對圖型執行以下卷積操作,卷積核心用像素自身數值的 5 倍減去其四周鄰近像素的值,上下、左右的跨度均為 2,生成的結果圖型的高和寬幾乎是原圖型的一半,如圖 6-24 所示。

```python
image = gray_img
kernel = np.array([[0,-1,0],[-1,5,-1],[0,-1,0]])
```

```
image_filtered = convolve2d(image,kernel,(1,1),(2,2))
plt.imshow(image_filtered, cmap=plt.cm.gray)
print("原圖型大小：",image.shape)
print("結果圖型大小：",image_filtered.shape)
```

```
原圖型大小： (233, 328)
結果圖型大小： (116, 164)
```

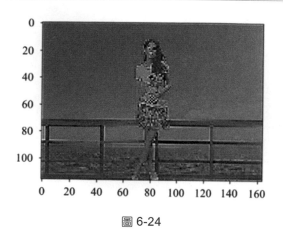

圖 6-24

6.1.4　多通道輸入和多通道輸出

彩色圖型通常至少包含 3 個通道（R、G、B），且每個通道都是一個二維矩陣（也稱為 2D 訊號），因此，3 通道的彩色圖型可以看成 3 個二維矩陣疊加在一起，或説，看成一個三維陣列（張量，也稱為 3D 訊號）。對彩色圖型進行卷積操作，需要給每個通道設定一個卷積核心，而每個通道的圖型都是一個 2D 訊號，對應於一個 2D 卷積核心，這樣，所有通道的卷積核心組合在一起，組成了一個 3D 卷積核心。

如圖 6-25 所示，對於一幅 2 通道的彩色圖型，用一個 2 通道的 3D 卷積核心進行卷積操作，產生了一幅單通道的輸出圖型。

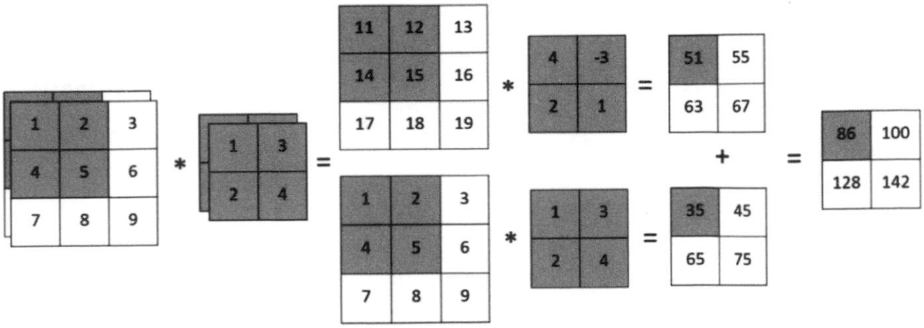

圖 6-25

用一個 3D 卷積核心 w 對一個 3D 張量 X 進行卷積操作,將產生一個 2D 張量 a,其卷積計算公式如下。

$$a_{i,j} = \sum_{d=0}^{F_d-1} \sum_{m=0}^{F_h-1} \sum_{n=0}^{F_w-1} w_{d,m,n} \, x_{d,i+m,j+n}$$

3D 卷積操作的程式實現,具體如下。

```python
def convolve3d(X, K,P=(0,0),S=(1,1)):
    C,H,W = X.shape
    C,F_h,F_w = K.shape
    P_h,P_w = P[0],P[1]
    S_h,S_w = S[0],S[1]

    h = (H+2*P_h-F_h)//S_h+1
    w = (W+2*P_w-F_w)//S_w+1
    Y = np.zeros((h,w))        # convolution output

    if P_h!=0 or  P_w != 0:
        #X_padded = np.zeros((C,H + 2*P_h, W +2*P_w))
        #X_padded[:,P_h:-P_h, P_w:-P_w] = X
        X_padded = np.pad(X,[(0,0),(P_h,P_h),(P_w,P_w)], mode='constant')
    else:
        X_padded = X

    for i in range(h):         # Loop over every pixel of the image
        hs = i*S_h
```

```
        for j in range(w):
            ws = j*S_w
            # element-wise multiplication of the kernel and the image
            Y[i,j]=(K*X_padded[:,hs:hs+F_h, ws:ws+F_w]).sum()
    return Y
```

```
X= np.array([[[1, 2, 3], [4, 5, 6], [7, 8, 9]],
[[11, 12, 13], [14, 15, 16], [17, 18, 19]]])
K = np.array([[[1, 3], [2, 4]], [[4, -3], [2, 1]]])
convolve3d(X,K)
```

```
array([[ 86., 100.],
       [128., 142.]])
```

執行以下程式，讀取如圖 6-26 所示的彩色圖型。

```
from skimage import io, transform
import numpy as np
import matplotlib.pyplot as plt
%matplotlib inline

lenna_img = io.imread('lenna.png', as_gray=False)    # load the image as
grayscale
plt.imshow(lenna_img) #, cmap='gray')
print('image matrix size: ', lenna_img.shape)    # print the size of image
```

```
image matrix size:  (330, 330, 3)
```

對這幅 3 通道的彩色圖型執行 3D 卷積操作，生成一幅單通道的黑白圖型，程式如下，結果如圖 6-27 所示。

```
X = np.moveaxis(lenna_img, -1, 0)  #np.rollaxis(lenna_img, 2, 0)
kernel = np.array([[[-1,-1,-1],[-1,8,-1],[-1,-1,-1]],[[-1,-1,-1],[-1,8,-
1],[-1,-1, -1]],[[-1,-1,-1],[-1,8,-1],[-1,-1,-1]]] )
edges = convolve3d(X,kernel,(1,1))
print(X.shape)
print(edges.shape)
plt.imshow(edges,cmap=plt.cm.gray)
```

```
(3, 330, 330)
(330, 330)
```

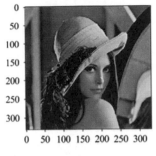

圖 6-26

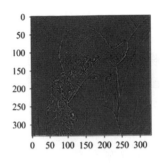

圖 6-27

使用多個不同的 3D 卷積核心，可以產生多幅不同的 2D 圖型。如圖 6-28 所示，用兩個 3 通道的 3D 卷積核心對一幅 3 通道的彩色圖型進行卷積操作，每個 3 通道的 3D 卷積核心都會生成一幅單通道的圖型，一共可以生成兩幅單通道的圖型（或說，生成了一幅 2 通道的圖型）。

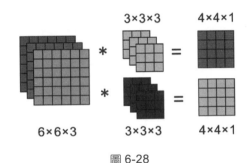

圖 6-28

使用多個 3D 卷積核心執行 3D 卷積操作，可以生成多通道的輸出圖型，其計算公式如下。

$$a_{i\prime,j\prime,k\prime} = \sum_{k=0}^{F_k-1} \sum_{i=0}^{F_h-1} \sum_{j=0}^{F_w-1} w_{i,j,k,k\prime} \, x_{i+i\prime,j+j\prime,k}$$

其中，$k\prime$ 表示不同的卷積核心。

卷積操作實際上就是提取原始資料中的某種特徵資訊，因此，每個卷積核心產生的輸出通道或卷積圖型也稱作**特徵圖**（Feature Map）。多個卷積核心可以生成多個特徵圖。

6.1.5 池化

和卷積一樣，**池化**（Pooling）也是用一個固定形狀的視窗（稱為**池化視窗**）對準資料並計算資料視窗的輸出值的。不同於卷積的輸入資料和核心的加權和，池化直接計算資料的池化視窗中元素的最大值或平均值。如圖 6-29 所示，用一個 3×3 的視窗從輸入的二維（圖型）矩陣的左上角按「從上到下、從左到右」的方式滑動。滑動到每個位置，都會輸出當前池化視窗所對應的資料視窗中的元素的最大值，並產生最終的結果矩陣。這個過程稱為**最大池化**（Max Pooling）。

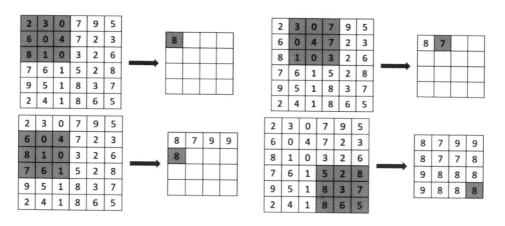

圖 6-29

當然，也可以計算池化視窗中的平均值，並將其作為輸出值，這種池化操作稱為**平均池化**（Average Pooling）。平均池化的原理與最大池化類似，二者的區別在於，平均池化是求資料視窗中元素的平均值，而非最大值。

和卷積操作一樣，池化操作的視窗通常也是正方形。如圖 6-29 所示，池化操作的跨度為 1，即每次移動 1 像素。池化操作的跨度通常與池化視窗的長或寬相同。

如圖 6-30 所示，池化操作的視窗長度和跨度都是 3，因此，生成了大小為 2×2 的結果圖型（原圖型的大小為 6×6）。

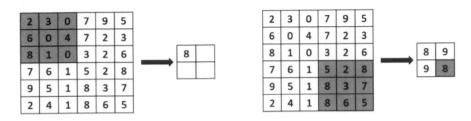

圖 6-30

池化的主要目標是緩解卷積操作對位置過度敏感的問題。在池化層中,可以保留原圖型的主要特徵。跨度大於 1 的池化操作會使圖型大小成倍減少,生成較小的特徵圖,從而降低後續層的計算量,提高計算效率。

和卷積操作用卷積核心對輸入資料的所有通道進行卷積不同,池化操作通常對每個通道單獨進行池化。因此,輸入資料有多少個通道,輸出資料就有多少個通道。如圖 6-31 所示,輸入的資料有 64 個通道,輸出的資料也有 64 個通道,即每個輸入通道都會產生一個輸出通道。

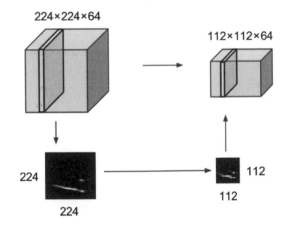

圖 6-31

和卷積操作一樣,也可以對原圖型先填充、再池化。類似於卷積操作,執行以下程式,可對單通道的輸入資料進行池化操作。

```
def pool2d(X, pool, stride=(1,1),padding=(0,0), mode='max'):
    pool_h, pool_w = pool
```

```
    S_h,S_w = stride
    P_h,P_w = padding

    #填充
    if P_h or P_w:
        X_padded = np.pad(X,[(P_h,P_h),(P_w,P_w)], mode='constant')
    else:
        X_padded = X

    #進行池化操作
    Y_h,Y_w =  (X.shape[0]-pool_h+2*P_h)//S_h+1,(X.shape[1]-pool_w+2*P_w)//S_w+1
    Y = np.zeros((Y_h,Y_w ),dtype = X.dtype)
    for i in range(Y.shape[0]):
        hs = i*S_h
        for j in range(Y.shape[1]):
            ws = j*S_h
            if mode == 'max':          #最大池化
                Y[i, j] = X[hs: hs + pool_h, ws: ws + pool_w].max()
            elif mode == 'avg':
                Y[i, j] = X[hs: hs + pool_h, ws: ws + pool_w].mean()
    return Y
```

對如圖 6-30 所示的二維矩陣進行跨度為 3、視窗大小為 3×3 的最大池化，程式如下。

```
X= np.array([[2,3,0,7,9,5], [6,0,4,7,2,3], [8,1,0,3,2,6],
             [7,6,1,5,2,8], [9,5,1,8,3,7], [2,4,1,8,6,5]])
pool2d(X,(3,3),(3,3),(0,0),mode ='max')
```

```
array([[8, 9],
       [9, 8]])
```

進行平均池化，程式如下。

```
pool2d(X,(3,3),(3,3),(0,0),mode ='avg')
```

```
array([[2, 4],
       [4, 5]])
```

對於多通道的輸入，只要在其每個通道上進行單通道池化操作即可。執行以下程式，對多通道的輸入資料進行池化操作。可以看出，在原來的池化操作循環的外面增加了多通道遍歷循環，即 "for c in range(Y.shape[0])"。

```python
def pool(X, pool, stride=(1,1),padding=(0,0), mode='max'):
    pool_h, pool_w = pool
    S_h,S_w = stride
    P_h,P_w = padding

    if P_h or P_w:
        X_padded = np.pad(X,[(0,0),(P_h,P_h),(P_w,P_w)], mode='constant')
    else:
        X_padded = X

    Y_h,Y_w =  (X.shape[1]-pool_h+2*P_h)//S_h+1,(X.shape[1]-pool_w+2*P_w)//S_w+1

    Y = np.zeros((X.shape[0],Y_h,Y_w ),dtype = X.dtype)
    print(X.shape)
    print(Y.shape)

    for c in range(Y.shape[0]):
        for i in range(Y.shape[1]):
            hs = i*S_h
            for j in range(Y.shape[2]):
                ws = j*S_w
                if mode == 'max':
                    Y[c,i, j] = X[c,hs: hs + pool_h, ws: ws + pool_w].max()
                elif mode == 'avg':
                    Y[c,i, j] = X[c,hs: hs + pool_h, ws: ws + pool_w].mean()
    return Y
```

對以上程式中的多通道輸入池化操作函數 pool() 進行測試，程式如下。

```python
X3= np.array([[[0, 1, 2], [3, 4, 5], [6, 7, 8]],
[[11, 2, 3], [4, 1, 16], [71, 8, 9]]])
pool(X3,(2,2),(1,1),(0,0),mode ='max')
```

```
(2, 3, 3)
(2, 2, 2)

array([[[ 4,  5],
```

```
          [ 7,  8]],

     [[11, 16],
      [71, 16]]])
```

執行以下程式，用 pool() 函數和 5 × 5 的視窗，以跨度 (2,2) 對圖型進行池化，生成的結果圖型的大小只有原圖型的一半，如圖 6-32 所示。

```
img = np.moveaxis(lenna_img, -1, 0)  #np.rollaxis(lenna_img, 2, 0)
pooled_img = pool(img,[5,5],(2,2))
pooled_img = np.moveaxis(pooled_img, 0, -1)   #將 axis=0 移到 axis=-1 的位置
plt.imshow(pooled_img, cmap=plt.cm.gray)
print("原圖型大小：",img.shape)
print("結果圖型大小：",pooled_img.shape)
```

```
(3, 330, 330)
(3, 163, 163)
原圖型大小： (3, 330, 330)
結果圖型大小： (163, 163, 3)
```

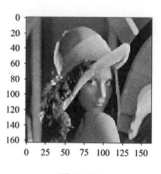

圖 6-32

6.2　卷積神經網路概述

本書前面介紹的神經網路的神經元，都是所謂的**全連接**（Fully-Connected）神經元，即每個神經元會直接對所有的輸入特徵求加權和。對於全連接神經網路，一個輸入樣本必須用一個一維向量來表示，因此它不適合處理圖型這種多維資料。儘管可以將多維資料攤平為一維向量，但這

樣做存在效率低、無法捕捉多維資料的內在結構等缺點。將卷積操作作為神經元的卷積神經網路，是處理多維資料的最佳選擇。

2012 年，AlexNet 獲得了 ImageNet 比賽的冠軍，標誌著神經網路從傳統的低層神經網路走向基於深度神經網路的深度學習，使一直處於低谷的神經網路重新煥發青春。近年來，作為深度學習核心的卷積神經網路獲得了很多新的研究進展，湧現出了多種改進的卷積神經網路結構，如 GoogLeNet、ResNet 等。

6.2.1 全連接神經元和卷積神經元

全連接網路的每個全連接神經元，都會對所有輸入特徵直接計算加權和，因此，每個神經元中的權值數目（偏置除外）和輸入特徵的數目相同。大量的權值參數，不僅會消耗大量的記憶體，還會使模型函數變得複雜，容易出現過擬合。如果輸入樣本是多維張量，那麼，在將其輸入全連接神經元時，需要將其攤平為一維張量，而這樣做破壞了資料本身的結構，不利於提取樣本的內在結構特徵。

和全連接神經元不同，**卷積神經元**用一個卷積核心對輸入樣本進行卷積操作。卷積核心的參數目通常遠小於樣本的特徵數目。舉例來說，對一幅 $3 \times 64 \times 64$ 的彩色圖型，卷積神經元是 $3 \times 4 \times 4$ 大小的卷積核心，該卷積神經元只有 48 個參數。相對於全連接神經元，卷積神經元的權值參數目很少，這有助防止過擬合。另外，全連接神經元只產生一個輸出值，因此，全連接網路層需要很多全連接神經元才能提取足夠多的特徵，而卷積神經元產生的是包含多個輸出值的特徵圖，由卷積神經元組成的卷積網路層需要的卷積神經元的數目很少。

如圖 6-33 所示，與一個全連接神經元只輸出一個值不同，卷積核心沿著輸入資料，以「從上到下、從左到右」的方式移動。每次移動，卷積核心視窗都會對準一個資料視窗，並產生一個輸出值。卷積核心沿輸入資料移動，將產生和原資料排列規則相同的多個輸出值。這些規律排列的輸出值稱為**特徵圖**。卷積運算能保存和捕捉原始資料中相鄰資料之間的空間結構關係，也就是說，卷積運算可以更進一步地捕捉資料內在的特徵，從而提高神經網路的效果。

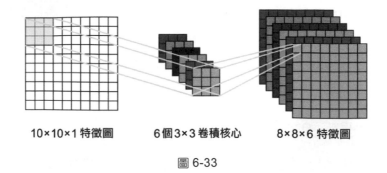

10×10×1 特徵圖　　　6個3×3卷積核心　　　8×8×6 特徵圖

圖 6-33

對於一個多通道的輸入張量，卷積神經元的運算可以用以下公式表示。

$$a_{i',j'} = g\left(\sum_{k=0}^{F_k-1} \sum_{i=0}^{F_h-1} \sum_{j=0}^{F_w-1} w_{i,j,k}\, x_{i+i',j+j',k} + b \right)$$

可以看出，每個卷積神經元都有一個偏置 b 和啟動函數 g，卷積操作的結果也要經過啟動函數的變換才能輸出。卷積神經元雖然具有和輸入圖型相同的通道數，但其解析度通常遠小於輸入圖型的解析度。

6.2.2　卷積層和卷積神經網路

在神經網路中，如果某一層中的神經元都是卷積神經元，那麼該層就稱為**卷積層**。假設某一層中有 k' 個神經元，每個神經元的啟動函數和偏置分別為 $g_{k'}$ 和 $b_{k'}$。如果輸入是多通道的三維張量 $x_{u,v,c}$，那麼權值矩陣就是一個四維張量，可記為 $w_{i,j,k,k'}$。這樣，輸出的第 k' 個特徵圖上的點 (i',j') 的像素值的計算公式如下。

$$a_{i',j',k'} = g_{k'}\left(\sum_{k=0}^{F_k-1} \sum_{i=0}^{F_h-1} \sum_{j=0}^{F_w-1} w_{i,j,k,k'}\, x_{i+i',j+j',k} + b_{k'} \right)$$

對於一個多通道的輸入，每個具有相同通道數的卷積神經元都會輸出一個特徵圖。如果卷積層中有 k' 個神經元，則將產生 k' 個特徵圖（或說，k' 個輸出通道），即卷積層中的多個卷積神經元將產生多個（與卷積神經元的數目相同）特徵圖。

如圖 6-34 所示，每個卷積神經元都是 $3 \times 3 \times 3$ 的卷積核心，對於輸入的 3 通道資料的 $3 \times 3 \times 3$ 的視窗，2 個卷積神經元將產生 2 個輸出值。也就是說，對於 3 通道的輸入資料，每個卷積神經元都會輸出一個單通道的特徵圖，2 個卷積神經元會輸出 2 個單通道的特徵圖。如同全連接層的輸出可作為下一個全連接層的輸入一樣，卷積層輸出的多通道特徵圖可作為下一個卷積層的多通道輸入。

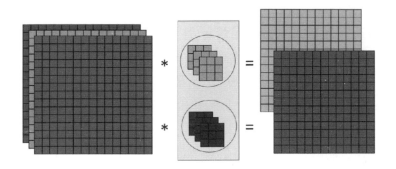

圖 6-34

卷積層後面通常會跟著一個池化層。池化層負責進行簡單的池化操作（最大池化或平均池化）。對一個特徵圖進行池化操作，將產生一個新的特徵圖。池化操作不會改變特徵圖的數目，輸入 3 個特徵圖，將輸出 3 個新的特徵圖，即輸出的通道數和輸入的通道數相同。

池化層的作用是減小特徵圖的尺寸，對卷積層輸出的特徵圖進行降維，從而提高訓練效率。池化層沒有模型參數。如圖 6-35 所示，輸入的是 10×10 的單通道特徵圖（例如矩陣、圖型），經過包含 6 個 3×3 的卷積神經元、跨度為 1 的卷積層，生成了 6 個 8×8 的特徵圖，然後，經過池化視窗為 2×2、跨度為 2 的池化層，生成了 6 個 4×4 的特徵圖。

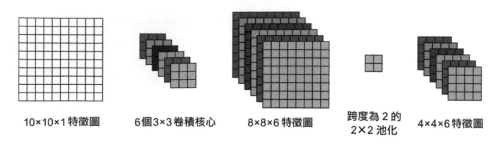

10×10×1 特徵圖   6個3×3卷積核心   8×8×6 特徵圖   跨度為 2 的 2×2 池化   4×4×6 特徵圖

圖 6-35

包含卷積層的神經網路，就是卷積神經網路。卷積神經網路的網路層，既有卷積層，也有全連接層，通常前面的網路層是卷積層，後面接近輸出位置的網路層是全連接層。

如圖 6-36 所示，是一個典型的卷積神經網路結構圖，其計算流程為：輸入 $1 \times 28 \times 28$ 的單通道圖型，經過包含 8 個 5×5 的卷積神經元、跨度為 1 的卷積層，輸出 8 個 24×24 的特徵圖（輸出通道數為 8）；經過池化視窗為 2×2、跨度為 2 的池化層，輸出 8 個 12×12 的特徵圖；經過包含 16 個 5×5 的卷積神經元、跨度為 1 的卷積層，輸出 16 個 8×8 的特徵圖；經過池化視窗為 2×2、跨度為 2 的池化層，輸出 16 個 4×4 的特徵圖；執行攤平操作，將這 16 個 4×4 的特徵圖轉為一個長度為 256 的向量；經過一個全連接層，輸出一個長度為 64 的向量；經過一個全連接層，輸出一個長度為 10 的向量。

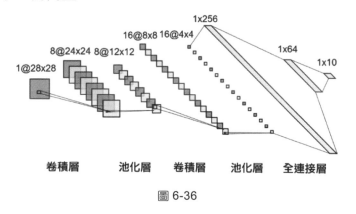

卷積層   池化層   卷積層   池化層   全連接層

圖 6-36

當卷積層（或池化層）生成的特徵圖輸出到全連接層時，會將特徵圖攤平，即將特徵圖轉換成一維向量，再用全連接層的神經元進行處理並輸出。

注意：圖 6-36 中沒有列出卷積層，而是列出了卷積層的輸入和輸出特徵圖。

卷積神經網路在設計之初，主要用於解決電腦視覺和影像處理方面的問題，如分辨輸入圖型的類別。對於圖像資料，卷積神經網路會透過多次「卷積+池化」，不斷提取從低級到進階的圖型特徵，並利用池化操作減小圖型的尺寸。在神經網路的最後某一層，會將尺寸較小的多通道特徵圖展開為一維向量，即先執行所謂的特徵圖攤平（Flatten）操作，再對這個一維特徵向量使用由全連接神經元組成的全連接層進行進一步的變換。

卷積神經網路最常用的 3 種網路層是卷積層、全連接層、池化層（通常採用最大池化），在程式設計時通常分別簡寫為 CONV、FC、POOL。舉例來說，以下程式描述了一個神經網路的結構。

```
INPUT -> [[CONV -> Relu]*N -> POOL?]*M -> [FC -> Relu]*K -> FC
```

其中：*N 表示該卷積層中有 N 個卷積核心，產生 N 個特徵圖；*M 表示卷積層和池化層的組合 [[CONV -> RELU]*N -> POOL?] 重複了 M 次；*K 表示全連接層 [FC -> RELU] 重複了 K 次，也就是說，有 K 個全連接層；Relu 表示啟動函數是 ReLU。

卷積層的啟動函數一般採用 ReLU 函數。這是因為，當 x 的絕對值變大時，sigmoid 等函數的導數會變得很小，而這會使反在求導過程中的梯度（導數）無法有效傳遞，也就是說，會產生梯度消失問題（見 6.2.3 節）。特別是在網路深度增加時，梯度消失問題會更嚴重。ReLU 函數則沒有這個問題。

權值不同的卷積核心，可以提取不同的資料特徵。如圖 6-37 所示，在一個卷積層中，使用多個卷積核心，提取了多個不同的特徵圖。

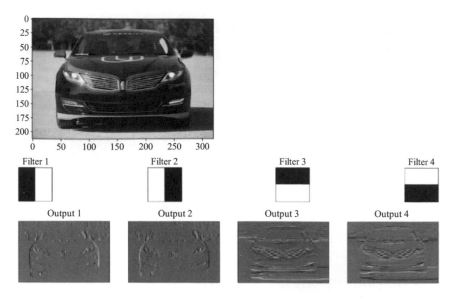

圖 6-37

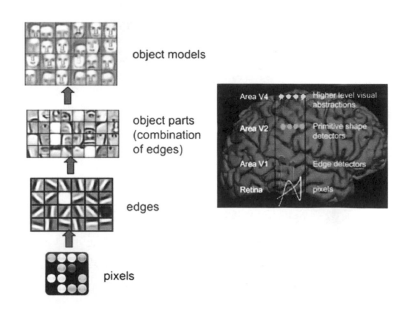

圖 6-38

多次進行卷積操作，可以生成多種層次的卷積結果圖型，從而提取從低層到高層的不同粒度的特徵。如圖 6-38 所示，透過多個卷積層，可以提取從低層到高層的多個特徵，接近輸入層的卷積層提取的是圖型邊緣或顏色，其後的卷積層可以提取邊緣的交換點或顏色的陰影，再往後的卷積層可以提取有意義的結構或物件。位置越靠後的卷積層，所提取的特徵的層次越高。這種從低層的邊緣特徵到高層的形狀特徵的提取過程，與人類觀察世界的過程類似。

6.2.3 卷積層和池化層的反向求導及程式實現

卷積神經網路和全連接神經網路的區別是，卷積神經網路增加了卷積層（包括池化層）。也就是說，在前面已經實現的全連接神經網路的基礎上，增加卷積層和池化層，即可實現卷積神經網路。在本節中，我們將討論如何實現卷積層和池化層的反向求導。

1. 卷積層的反向求導

下面以一維卷積來說明如何實現卷積層的反向求導。

設 $x = (x_0, x_1, \cdots, x_{n-1})$，$w = (w_0, w_1, \cdots, w_{K-1})$，$b$ 為偏置，卷積結果為 $z = x \cdot w + b = (z_0, \cdots, z_{n-K})$。如果已知某個損失函數關於 z 的梯度 $dz = \frac{\partial L}{\partial z} = (dz_0, \cdots, dz_{n-K})$，那麼，根據連鎖律，可以求解該損失函數關於 w 的梯度，公式如下。

$$
\begin{aligned}
\mathrm{d}w = \frac{\partial L}{\partial w} &= \left(\frac{\partial L}{\partial w_0}, \frac{\partial L}{\partial w_1}, \frac{\partial L}{\partial w_2}, \cdots, \frac{\partial L}{\partial w_{K-1}} \right) = \left(\sum_i \frac{\partial L}{\partial z_i} \frac{\partial z_i}{\partial w_0}, \cdots, \sum_i \frac{\partial L}{\partial z_i} \frac{\partial z_i}{\partial w_j}, \cdots, \sum_i \frac{\partial L}{\partial z_i} \frac{\partial z_i}{\partial w_{K-1}} \right) \\
&= \sum_i \frac{\partial L}{\partial z_i} \left(\frac{\partial z_i}{\partial w_0}, \cdots, \frac{\partial z_i}{\partial w_j}, \cdots, \frac{\partial z_i}{\partial w_{K-1}} \right) = \sum_i \frac{\partial L}{\partial z_i} \frac{\partial z_i}{\partial w}
\end{aligned}
$$

因為

$$
z_i = x_i w_0 + x_{i+1} w_1 + \cdots + x_{i+K-1} w_{K-1}
$$

所以

$$
\frac{\partial z_i}{\partial w} = (x_i, x_{i+1}, \cdots, x_{i+K-1})
$$

因此，有

$$\mathrm{d}\boldsymbol{w} = \frac{\partial L}{\partial \boldsymbol{w}} = \sum_i \frac{\partial L}{\partial z_i} \frac{\partial z_i}{\partial \boldsymbol{w}} = \sum_i \frac{\partial L}{\partial z_i} (x_i, x_{i+1}, \cdots, x_{i+K-1})$$

舉例來說，設 $\boldsymbol{x} = (x_0, x_1, \cdots, x_9)$，$\boldsymbol{w} = (w_0, w_1, w_2)$，$b$ 為偏置，卷積結果為

$$z_0 = x_0 w_0 + x_1 w_1 + x_2 w_2 + b$$
$$z_1 = x_1 w_0 + x_2 w_1 + x_3 w_2 + b$$
$$\cdots$$

則有

$$\frac{\partial L}{\partial z_0} \frac{\partial z_0}{\partial \boldsymbol{w}} = \left(\frac{\partial L}{\partial z_0} x_0, \frac{\partial L}{\partial z_0} x_1, \frac{\partial L}{\partial z_0} x_2 \right)$$
$$\frac{\partial L}{\partial z_1} \frac{\partial z_1}{\partial \boldsymbol{w}} = \left(\frac{\partial L}{\partial z_1} x_1, \frac{\partial L}{\partial z_1} x_2, \frac{\partial L}{\partial z_1} x_3 \right)$$
$$\cdots$$

因此，有

$$\frac{\partial L}{\partial \boldsymbol{w}} = \left(\frac{\partial L}{\partial w_0}, \frac{\partial L}{\partial w_1}, \frac{\partial L}{\partial w_2} \right) = \sum_i \frac{\partial L}{\partial z_i} \frac{\partial z_i}{\partial \boldsymbol{w}}$$
$$= \frac{\partial L}{\partial z_0} (x_0, x_1, x_2) + \frac{\partial L}{\partial z_1} (x_1, x_2, x_3) + \cdots + \frac{\partial L}{\partial z_7} (x_7, x_8, x_9)$$

將 $\frac{\partial L}{\partial z_0}(x_0, x_1, x_2), \frac{\partial L}{\partial z_1}(x_1, x_2, x_3), \cdots$ 累加到 $\left(\frac{\partial L}{\partial w_0}, \frac{\partial L}{\partial w_1}, \frac{\partial L}{\partial w_2} \right)$ 上，如圖 6-39 所示。

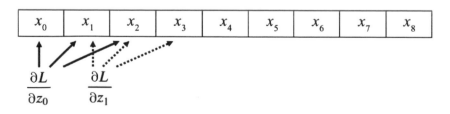

圖 6-39

一般地，有

$$\frac{\partial L}{\partial \boldsymbol{w}} = \sum_{i=0}^{n-K} \frac{\partial L}{\partial z_i} x[i:i+K]$$

而 $\frac{\partial L}{\partial b} = \sum_i \frac{\partial L}{\partial z_i} \frac{\partial z_i}{\partial b} = \sum_i \frac{\partial L}{\partial z_i}$，即累加所有的 $\frac{\partial L}{\partial z_i}$。

在以下程式中，dw、dz、db 分別表示 $\frac{\partial L}{\partial w}$、$\frac{\partial L}{\partial z}$、$\frac{\partial L}{\partial b}$。

```
for i in range(z.size):
    dw += x[i:i+K]*dz[i]
db = dz.sum()
```

如何求 L 關於輸出 $\boldsymbol{x}$ 的梯度 $\mathrm{d}\boldsymbol{x} = \frac{\partial L}{\partial \boldsymbol{x}}$？

因為 z_i 只和 $x_i, x_{i+1}, \cdots, x_{i+K-1}$ 有關，所以，當 $j \neq i, \cdots, i+K-1$ 時，z_i 關於 x_j 的偏導數 $\frac{\partial z_i}{\partial x_j} = 0$，即

$$\begin{aligned}\frac{\partial z_i}{\partial \boldsymbol{x}} &= \left(\frac{\partial z_i}{\partial \boldsymbol{x}_0}, \cdots, \frac{\partial z_i}{\partial \boldsymbol{x}_{i-1}}, , \frac{\partial z_i}{\partial \boldsymbol{x}_i} \cdots, \frac{\partial z_i}{\partial \boldsymbol{x}_{i+K-1}}, \frac{\partial z_i}{\partial \boldsymbol{x}_{i+K}}, \cdots\right)\\ &= \left(0, \cdots, 0, \frac{\partial z_i}{\partial \boldsymbol{x}_i}, \cdots, \frac{\partial z_i}{\partial \boldsymbol{x}_{i+K-1}}, 0, \cdots\right)\\ &= (0, \cdots, 0, w_0, \cdots, w_{K-1}, 0, \cdots)\end{aligned}$$

根據連鎖律，有

$$\frac{\partial L}{\partial \boldsymbol{x}} = \sum_{i=1}^{n-K+1} \frac{\partial L}{\partial z_i} \frac{\partial z_i}{\partial \boldsymbol{x}} = \sum_{i=1}^{n-K+1} \frac{\partial L}{\partial z_i} (0, \cdots, w_0, w_1, \cdots, w_{K-1}, \cdots, 0)$$

因此，損失函數 L 透過 z_i 只對該損失函數關於 $x_i, x_{i+1}, \cdots, x_{i+K-1}$ 的偏導數有貢獻，即

$$\frac{\partial L}{\partial \boldsymbol{x}}[i:i+K] += \frac{\partial L}{\partial z_i} \boldsymbol{w}$$

舉例來說，對於上例，z_0 只和 (x_0, x_1, x_2) 有關，因此，可以將損失函數 L 透過 z_0 的關於 (x_0, x_1, x_2) 的偏導數累加到最終的 $\left(\frac{\partial L}{\partial x_0}, \frac{\partial L}{\partial x_1}, \frac{\partial L}{\partial x_2}\right)$ 上，即

$$\left(\frac{\partial L}{\partial x_0}, \frac{\partial L}{\partial x_1}, \frac{\partial L}{\partial x_2}\right) += \left(\frac{\partial L}{\partial z_0}\frac{\partial z_0}{\partial x_0}, \frac{\partial L}{\partial z_0}\frac{\partial z_0}{\partial x_1}, \frac{\partial L}{\partial z_0}\frac{\partial z_0}{\partial x_2}\right)$$

$$\left(\frac{\partial L}{\partial x_0}, \frac{\partial L}{\partial x_1}, \frac{\partial L}{\partial x_2}\right) += \left(\frac{\partial L}{\partial z_0}w_0, \frac{\partial L}{\partial z_0}w_1, \frac{\partial L}{\partial z_0}w_2\right)$$

$$\left(\frac{\partial L}{\partial x_0}, \frac{\partial L}{\partial x_1}, \frac{\partial L}{\partial x_2}\right) += \frac{\partial L}{\partial z_0}\boldsymbol{w}$$

以上計算過程，可以用以下 Python 程式來實現。

```python
for i in range(z.size):
    dx[i:i+K] += w*dz[i]
```

對於跨度為 S 的卷積，因為每個 z_i 都是透過資料視窗 $x[i*S:i*S+K]$ 的加權和求得的，所以，推廣到包含填充和跨度的卷積，公式如下。

$$\frac{\partial L}{\partial \boldsymbol{w}} = \sum_{i=0}^{(n-K)//S} \frac{\partial L}{\partial z_i} x[i*S:i*S+K]$$

$$\frac{\partial L}{\partial \boldsymbol{x}}[i*S:i*S+K] += \frac{\partial L}{\partial z_i}\boldsymbol{w}$$

對需要進行上下、左右填充的卷積，應在卷積前進行填充，在反向求導時也是如此。執行以下程式，即可實現帶跨度和填充的卷積的反向求導。

```python
x_pad = np.pad(x, [(pad,pad)], 'constant')
dx_pad = np.zeros_like(x_pad)
#省略部分程式
start = i*S
dw += x_pad[start:start+K]*dz[i]
dx_pad[start:start+K] += w*dz[i]
```

對於一維資料，完整的反向求導程式如下。

```python
def conv_backward(dz,x,w,p=0,s=1):
    n, K = len(x),len(w)
    o_n = 1 + (n + 2 * p - K) // s
    assert(o_n==len(dz))

    dx = np.zeros_like(x)
```

```
    dw = np.zeros_like(w)
    db = dz[:].sum()

    x_pad = np.pad(x, [(pad,pad)], 'constant')
    dx_pad = np.zeros_like(x_pad)

    for i in range(o_n):
        start = i * s
        dw += x_pad[start:start+K]*dz[i]
        dx_pad[start:start+K] += w*dz[i]
    dx = dx_pad[pad:-pad]
    return dx, dw, db
```

執行以下程式，對 conv_backward() 函數進行測試。

```
import numpy as np
np.random.seed(231)
x = np.random.randn(5)
w = np.random.randn(3)
stride = 2
pad = 1
dz = np.random.randn(5)

print(dz)

dx, dw, db = conv_backward(dz,x,w,1)
print(dx)
print(dw)
print(db)
```

```
[-1.4255293  -0.3763567  -0.34227539  0.29490764 -0.83732373]
[ 0.50522405 -2.33230266 -0.87796042 -0.03246064  0.67446745]
[-0.56864738 -0.65679696 -1.09889311]
-2.6865774833459617
```

可將對一維資料的卷積推廣到對多通道輸入、多通道輸出的二維資料的卷積的反向求導。

單通道輸入、單通道輸出的梯度求解過程，如圖 6-40 所示。其中，$z_{00} = x_{00}w_{00} + x_{01}w_{01} + x_{10}w_{10} + x_{11}w_1$，其關於 w_{00}、w_{01}、w_{10}、w_{11} 的

梯度分別是 x_{00}、x_{01}、x_{10}、x_{11}，其關於 x_{00}、x_{01}、x_{10}、x_{11} 的梯度分別是 w_{00}、w_{01}、w_{10}、w_{11}。

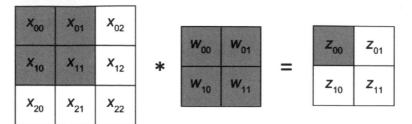

圖 6-40

單通道輸入、單通道輸出的反向求導公式如下。

$$\frac{\partial L}{\partial \boldsymbol{w}} = \sum_{ij} \frac{\partial L}{\partial z_{ij}} \frac{\partial z_{ij}}{\partial \boldsymbol{w}}$$

其中，z_{ij} 是以 x_{ij} 開頭的視窗 $\boldsymbol{x}[i:i+K_h, j:j+K_w]$ 和卷積核心 $\boldsymbol{w}$ 的加權和，即

$$z_{ij} = \boldsymbol{x}[i:i+K_h, j:j+K_w] \cdot \boldsymbol{w}$$

且

$$\frac{\partial z_{ij}}{\partial w_{u,v}} = x_{i+u,j+v}$$

因此，可將 $\frac{\partial z_{ij}}{\partial \boldsymbol{w}}$ 寫成和 $\boldsymbol{w}$ 形狀相同的矩陣，公式如下。

$$\frac{\partial z_{ij}}{\partial \boldsymbol{w}} = \boldsymbol{x}[i:i+K_h, j:j+K_w]$$

舉例來說，對於圖 6-40 中的 $\frac{\partial z_{00}}{\partial \boldsymbol{w}}$，有

$$\frac{\partial z_{00}}{\partial \boldsymbol{w}} = \boldsymbol{x}[0:0+2, 0:j+2] = \begin{bmatrix} x_{00} & x_{01} \\ x_{10} & x_{11} \end{bmatrix}$$

所以

$$\frac{\partial L}{\partial \boldsymbol{w}} = \sum_{ij} \frac{\partial L}{\partial z_{ij}} \boldsymbol{x}[i:i+K_h, j:j+K_w]$$

同樣，因為 $\frac{\partial z_{ij}}{\partial b} = 1$，所以

$$\frac{\partial L}{\partial b} = \sum_{ij} \frac{\partial L}{\partial z_{ij}} \frac{\partial z_{ij}}{\partial b} = \sum_{ij} \frac{\partial L}{\partial z_{ij}}$$

又因為

$$\frac{\partial L}{\partial \boldsymbol{x}} = \sum_{ij} \frac{\partial L}{\partial z_{ij}} \frac{\partial z_{ij}}{\partial \boldsymbol{x}}$$

$z_{ij} = \boldsymbol{x}[i:i+K_h, j:j+K_w] \cdot \boldsymbol{w}$ 只依賴於以 x_{ij} 開頭的資料視窗 $\boldsymbol{x}[i:i+K_h, j:j+K_w]$，且

$$\frac{\partial z_{ij}}{\partial x_{i+u,j+v}} = w_{u,v}$$

所以

$$\frac{\partial z_{ij}}{\partial \boldsymbol{x}}[i:i+K_h, j:j+K+_w] = \boldsymbol{w}$$

舉例來說，對於圖 6-40 中的 $\frac{\partial z_{ij}}{\partial \boldsymbol{x}}$ 的視窗 $[i:i+2, j:j+2]$，有

$$\frac{\partial z_{ij}}{\partial \boldsymbol{x}}[i:i+2, j:j+2] = \boldsymbol{w} = \begin{bmatrix} w_{00} & w_{01} \\ w_{10} & w_{11} \end{bmatrix}$$

因此，只要將 $\frac{\partial L}{\partial z_{ij}} \frac{\partial z_{ij}}{\partial \boldsymbol{x}} = \frac{\partial L}{\partial z_{ij}} w$ 累加到 $\frac{\partial L}{\partial \boldsymbol{x}}$ 所對應的視窗 $[i:i+K_h, j:j+K+_w]$ 中即可，公式如下。

$$\frac{\partial L}{\partial \boldsymbol{x}}[i:i+K_h, j:j+K+_w] += \frac{\partial L}{\partial z_{ij}} \boldsymbol{w}$$

對於包含填充和跨度的卷積，在進行反向求導前，也需要進行填充，然後，再根據跨度尋找 z_{ij} 所對應的資料視窗，即按照以下公式計算損失函數 L 關於 $\boldsymbol{w}$ 和 $\boldsymbol{x}$ 的梯度（偏導數）。

$$\frac{\partial L}{\partial \boldsymbol{w}} = \sum_{ij} \frac{\partial L}{\partial z_{ij}} \boldsymbol{x}[i*S:i*S+K_h, j*S:j*S+K_w]$$

$$\frac{\partial L}{\partial b} = \sum_{ij} \frac{\partial L}{\partial z_{ij}}$$

$$\frac{\partial L}{\partial \boldsymbol{x}}[i*S:i*S+K_h, j*S:j*S+K_w] += \frac{\partial L}{\partial z_{ij}} \boldsymbol{w}$$

以上介紹了單通道輸入、單通道輸出的反向求導計算公式。對於多通道的輸入 $\boldsymbol{x}$，此時卷積核心的權值張量 $\boldsymbol{w}$ 對應的也是 3D 卷積核心（多了一個顏色通道），公式如下。

$$\frac{\partial L}{\partial \boldsymbol{w}} = \sum_{ij} \frac{\partial L}{\partial z_{ij}} \boldsymbol{x}[:,i*S:i*S+K_h, j*S:j*S+K_w]$$

$$\frac{\partial L}{\partial \boldsymbol{x}}[:,i*S:i*S+K_h, j*S:j*S+K_w] += \frac{\partial L}{\partial z_{ij}} \boldsymbol{w}$$

如果是多通道輸出，則將上述公式中的 $\boldsymbol{w}$ 換成每個輸出通道 f 所對應的權值張量 $\boldsymbol{w}^f$。但因為 $\boldsymbol{x}$ 對每個輸出通道特徵圖 $\boldsymbol{z}^f$ 都有貢獻，所以，應該將所有 $\boldsymbol{z}^f$ 關於 $\boldsymbol{x}$ 的梯度累加起來，公式如下。

$$\frac{\partial L}{\partial \boldsymbol{x}}[:,i*S:i*S+K_h, j*S:j*S+K_w] += \mathrm{sum}_f\left(\frac{\partial L}{\partial z_{ij}^f} \boldsymbol{w}^f\right)$$

$$\frac{\partial L}{\partial \boldsymbol{w}^f} = \sum_{ij} \frac{\partial L}{\partial z_{ij}^f} \boldsymbol{x}[:,i*S:i*S+K_h, j*S:j*S+K_w]$$

$$\frac{\partial L}{\partial b^f} = \sum_{ij} \frac{\partial L}{\partial z_{ij}^f}$$

如果是多個樣本，則只要將每個樣本的上述梯度 $(\frac{\partial L}{\partial \boldsymbol{w}^f}, \frac{\partial L}{\partial b^f})$ 累加起來就可以了。不過，每個樣本的 $\boldsymbol{x}$ 都是獨立的，因此 $\frac{\partial L}{\partial \boldsymbol{x}}$ 不能累加。

在 Layer 類別的基礎上，定義一個表示卷積層的類別 Conv，用於多樣本及多通道輸入、多通道輸出的卷積的正向計算和反向求導。Conv 類別的建構函數接收表示卷積運算的輸入通道數、輸出通道數、卷積核心等參數，forward() 方法接收一個多通道的輸入，產生卷積後的多通道輸出，

backward() 方法接收來自損失函數關於卷積層的輸出的梯度，計算損失函數關於卷積的參數和輸入的梯度。相關程式如下。

```python
import numpy as np
from init_weights import *

class Layer:
    def __init__(self):
        self.params = None
        pass
    def forward(self, x):
        raise NotImplementedError
    def backward(self, x, grad):
        raise NotImplementedError
    def reg_grad(self,reg):
        pass
    def reg_loss(self,reg):
        return 0.
    def reg_loss_grad(self,reg):
        return 0


class Conv(Layer):
    def __init__(self, in_channels, out_channels, kernel_size,
stride=1,padding=0):
            super().__init__()
            self.C = in_channels
            self.F = out_channels
            self.K = kernel_size
            self.S = stride
            self.P = padding
            # filters is a 3d array with dimensions (num_filters, self.K, self.K)
            # you can also use Xavier Initialization.
            self.W = np.random.randn(self.F, self.C, self.K, self.K)
#/(self.K*self.K)
            self.b = np.random.randn(out_channels,)
            self.params = [self.W,self.b]
            self.grads = [np.zeros_like(self.W),np.zeros_like(self.b)]
            self.X = None
            self.reset_parameters()
```

```python
    def reset_parameters(self):
        kaiming_uniform(self.W, a=math.sqrt(5))
        if self.b is not None:
            #fan_in, _ = calculate_fan_in_and_fan_out(self.K)
            fan_in = self.C
            bound = 1 / math.sqrt(fan_in)
            self.b[:] = np.random.uniform(-bound,bound,(self.b.shape))

    def forward(self, X):
        self.X = X
        N, C, X_h, X_w = self.X.shape
        F, _, F_h, F_w = self.W.shape
        # print(self.X.shape,self.W.shape )


        X_pad = np.pad(self.X, ((0,0), (0, 0), (self.P, self.P),(self.P, self.P)), \
                            mode='constant', constant_values=0)

        O_h = 1 + int((X_h + 2 * self.P - F_h) / self.S)
        O_w = 1 + int((X_w + 2 * self.P - F_w) / self.S)
        O = np.zeros((N, F, O_h, O_w))

        for n in range(N):
            for f in range(F):
                for i in range(O_h):
                    hs = i * self.S
                    for j in range(O_w):
                        ws = j * self.S
                        O[n, f, i, j] = (X_pad[n, :, hs:hs+F_h, \
                                    ws:ws+F_w]*self.W[f]).sum() + self.b[f]
        return O

    def __call__(self,X):
        return self.forward(X)

    def backward(self,dZ):
        """ A naive implementation of the backward pass for a convolutional layer.
        Inputs: - dout: Upstream derivatives.
        - cache: A tuple of (x, w, b, conv_param) as in conv_forward_naive
```

```
Returns a    tuple of:
        - dx: Gradient with respect to x - dw: Gradient with respect to w -
          db: Gradient with respect to b """
        N, F, Z_h, Z_w = dZ.shape
        N, C, X_h, X_w = self.X.shape
        F, _, F_h, F_w = self.W.shape


        pad  = self.P

        H_  = 1 + (X_h + 2 * pad - F_h) // self.S
        W_  = 1 + (X_w + 2 * pad - F_w) // self.S


        dX = np.zeros_like(self.X)
        dW = np.zeros_like(self.W)
        db = np.zeros_like(self.b)

        X_pad = np.pad(self.X, [(0,0), (0,0), (pad,pad), (pad,pad)], 'constant')
        dX_pad = np.pad(dX, [(0,0), (0,0), (pad,pad), (pad,pad)], 'constant')

        for n in range(N):
            for f in range(F):
                db[f]  += dZ[n, f].sum()
                for i in range(H_):
                    hs = i * self.S
                    for j in range(W_):
                        ws = j * self.S
                        # w [f,c,i,j]  X[n,c,i,j]
                        dW[f] += X_pad[n, :, hs:hs+F_h, ws:ws+F_w]*dZ[n, f, i, j]
                        dX_pad[n, :, hs:hs+F_h, ws:ws+F_w] += self.W[f] *
dZ[n, f, i, j]

        # "Unpad"
        dX = dX_pad[:, :, pad:pad+X_h, pad:pad+X_h]


        self.grads[0]  += dW
        self.grads[1]  += db
        return dX
```

```
        # return dX, dW, db

    #--------增加正則項的梯度-----
    def reg_grad(self,reg):
        self.grads[0]+= 2*reg * self.W

    def reg_loss(self,reg):
        return  reg*np.sum(self.W**2)

    def reg_loss_grad(self,reg):
        self.grads[0]+= 2*reg * self.W
        return  reg*np.sum(self.W**2)
```

其中，N 表示樣本數目，C 表示輸入通道數，F 表示輸出通道數。反向求導是對每個樣本執行 "for n in range(N)"，對每個輸出通道執行"for f in range(F)"，從而計算 $db_f = \frac{\partial L}{\partial b_f}$、$dw_f = \frac{\partial L}{\partial w_f}$、$dx[n] = \frac{\partial L}{\partial x}$。

用隨機生成的輸入資料測試 Conv 類別的正向計算方法 forward()，並輸出其第一個樣本的第一個通道的值，程式如下。

```
np.random.seed(1)
x = np.random.randn(4, 3, 5, 5)

conv = Conv(3,2,3,1,1)
f = conv.forward(x)
print(f.shape)
print(f[0,0],"\n")
```

```
(4, 2, 5, 5)
[[ 0.46362714 -0.83578144  0.40298519 -0.32152652  0.56616046]
 [-0.47878018  1.02346756  0.20004975  0.59663092  0.25253169]
 [-0.39733747 -0.08368194  0.52454712  0.54133918 -0.32698456]
 [ 0.47703053 -0.01967369  1.13655418  0.22321357  0.77693417]
 [-0.23944267  0.62971182 -0.38411731  0.42818679 -0.07566246]]
```

反向求導方法 backward()，需要使用來自損失函數關於輸出的梯度 $\frac{\partial L}{\partial f}$，才能計算損失函數關於卷積的參數和輸入的梯度。為測試該方法，可執行以下程式，輸入一個模擬的梯度（記為 $df = \frac{\partial L}{\partial f}$）。

```
df = np.random.randn(4, 2, 5, 5)
dx= conv.backward(df)
print(df[0,0],"\n")
print(dx[0,0],"\n")
print(conv.grads[0][0,0],"\n")
print(conv.grads[1],"\n")
```

```
[[-1.30653407  0.07638048  0.36723181  1.23289919 -0.42285696]
 [ 0.08646441 -2.14246673 -0.83016886  0.45161595  1.10417433]
 [-0.28173627  2.05635552  1.76024923 -0.06065249 -2.413503  ]
 [-1.77756638 -0.77785883  1.11584111  0.31027229 -2.09424782]
 [-0.22876583  1.61336137 -0.37480469 -0.74996962  2.0546241 ]]

[[-1.28063939e-02 -3.66152720e-01  8.60100186e-02 -1.22187599e-01
  -9.82733000e-02]
 [ 1.56875134e-01 -1.50855186e-01 -9.11041554e-04 -3.84484585e-01
   7.94984888e-02]
 [-5.68530426e-01  4.20951048e-01  5.41634150e-01  7.61553975e-01
  -5.97223756e-01]
 [ 1.85998058e-01 -3.13055184e-01 -1.49268149e-01 -7.67989087e-01
   3.10833619e-01]
 [ 3.84377541e-02  6.33352468e-01 -3.20074728e-01 -9.61297590e-01
   9.84565706e-01]]

[[-12.64870544   7.33773197  -3.47470049]
 [  4.76851832 -18.31687439   3.59104687]
 [ -3.28925017   0.94823861  -5.66853535]]

[11.528173    7.46555585]
```

卷積層的反向求導比較複雜。可使用 util.py 中的數值梯度函數 numericalg_ radient_from_df() 計算數值梯度和反向求導的分析梯度並對二者進行比較，以檢查反向求導是否正確，程式如下。

```
import util

def f():
    return conv.forward(x)
```

```
dw_num = util.numerical_gradient_from_df(f,conv.W,df)
diff_error = lambda x, y: np.max(np.abs(x - y))
print(diff_error(conv.grads[0],dw_num))

db_num = util.numerical_gradient_from_df(lambda :conv.forward(x),conv.b,df)
print(diff_error(conv.grads[1],db_num))

dx_num = util.numerical_gradient_from_df(lambda :conv.forward(x),x,df)
print(diff_error(dx,dx_num))
```

```
6.533440455314121e-11
3.7474023883987684e-11
3.998808228988793e-11
```

可以看出，損失函數關於模型參數和輸入的數值梯度和分析梯度是相同的。

2. 池化層的反向求導

池化層沒有模型參數。池化層只會對輸入資料進行最大池化或平均池化，輸出每個池化視窗的最大值或平均值。通常採用的最大池化，假設 x 經過最大池化，輸出 z，因此有

$$z_{ij} = \max(x[i\colon i + K_h, j\colon j + K_w])$$

如圖 6-41 所示，$z_{00} = \max(x[0\colon 2, 0\colon 2])$，如果 $z_{00} = x_{11}$，那麼損失函數 L 透過 z_{00} 關於 x 的偏導數只有 $\frac{\partial L}{\partial x_{11}} = \frac{\partial L}{\partial z_{00}}$ 和 $\frac{\partial z_{00}}{\partial x_{11}} = \frac{\partial L}{\partial z_{00}}$ 不為 0，其他 $\frac{\partial L}{\partial x_{ij}} = 0$（$ij \neq 11$）。

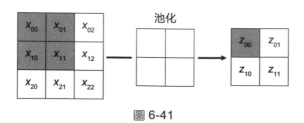

圖 6-41

最大池化的梯度計算很簡單，只要將每個 $\frac{\partial L}{\partial z_{ij}}$ 累加到 $z_{ij} = \max(x[i\colon i +$

$K_h, j:j + K_w]$）所對應的資料視窗（值等於 z_{ij} 的 $x_{i+u,j+v}$ 所對應的資料視窗）的偏導數 $\dfrac{\partial L}{\partial x_{i+u,j+v}}$ 上即可。池化層的程式實現如下。

```python
class Pool(Layer):
    def __init__(self, pool_param = (2,2,2)):
        super().__init__()
        self.pool_h,self.pool_w,self.stride = pool_param
    def forward(self, x):
        self.x = x
        N, C, H, W = x.shape

        pool_h,pool_w,stride= self.pool_h,self.pool_w,self.stride

        h_out = 1 + (H - pool_h) // stride
        w_out = 1 + (W - pool_w) // stride
        out = np.zeros((N, C, h_out, w_out))

        for n in range(N):
            for c in range(C):
                for i in range(h_out):
                    si = stride*i
                    for j in range(w_out):
                        sj = stride*j
                        x_win = x[n, c, si:si+pool_h, sj:sj+pool_w]
                        out[n,c,i,j] = np.max(x_win)
        return out

    def backward(self,dout):
        out = None
        x = self.x
        N, C, H, W = x.shape
        kH,kW,stride = self.pool_h,self.pool_w,self.stride
        oH = 1 + (H - kH) // stride
        oW = 1 + (W - kW) // stride

        dx = np.zeros_like(x)

        for k in range(N):
            for l in range(C):
```

```
            for i in range(oH):
                si = stride * i
                for j in range(oW):
                    sj = stride * j
                    slice = x[k,l,si:si+kH,sj:sj+kW]
                    slice_max = np.max(slice)
                    dx[k,l,si:si+kH,sj:sj+kW] +=
(slice_max==slice)*dout[k,l,i,j]
        return dx
```

同樣，可以用數值梯度來驗證 Pool 類別的分析梯度的正確性，程式如下。

```
x = np.random.randn(3, 2, 8, 8)
df = np.random.randn(3, 2, 4, 4)

pool = Pool((2,2,2))
f = pool.forward(x)
dx = pool.backward(df)

dx_num = util.numerical_gradient_from_df(lambda :pool.forward(x),x,df)
print(diff_error(dx,dx_num))
```

```
1.680655614677562e-11
```

在以上卷積層的實現程式中，省略了神經元啟動函數。可以像在全連接神經元中那樣，將啟動函數增加到卷積層的實現類別 Conv 中，也可以對卷積層和全連接層中的加權和透過啟動函數輸出啟動值，用單獨的類別來定義（參見第 4 章）。相關公式如下。

$$a = g(z)$$

$$\frac{\partial L}{\partial z} = \frac{\partial L}{\partial a} g'(z)$$

6.2.4　卷積神經網路的程式實現

執行以下程式，在已經實現的卷積層、池化層和全連接層的基礎上，實現一個表示卷積神經網路的類別的 ConvNetwork。

```python
class NeuralNetwork:
    def __init__(self):
        self._layers = []
        self._params = []

    def add_layer(self, layer):
        self._layers.append(layer)
        if layer.params:
            for i, _ in enumerate(layer.params):
                self._params.append([layer.params[i],layer.grads[i]])

    def forward(self, X):
        for layer in self._layers:
            X = layer.forward(X)
        return X

    def __call__(self, X):
        return self.forward(X)

    def predict(self, X):
        p = self.forward(X)
        if p.ndim == 1:                          #單樣本
            return np.argmax(ff)
        return np.argmax(p, axis=1)

    def backward(self,loss_grad,reg = 0.):
        for i in reversed(range(len(self._layers))):
            layer = self._layers[i]
            loss_grad = layer.backward(loss_grad)
            layer.reg_grad(reg)
        return loss_grad

    def reg_loss(self,reg):
        reg_loss = 0
        for i in range(len(self._layers)):
            reg_loss+=self._layers[i].reg_loss(reg)
```

```
        return reg_loss

    def parameters(self):
        return self._params

    def zero_grad(self):
        for i,_ in enumerate(self._params):
            self._params[i][1] *= 0.
```

讀取 MNIST 手寫數字集，對卷積層進行測試，程式如下。

```
import pickle, gzip, urllib.request, json
import numpy as np
import os.path

if not os.path.isfile("mnist.pkl.gz"):
    # Load the dataset

urllib.request.urlretrieve("http://deeplearning.net/data/mnist/mnist.pkl.gz"
,  "mnist.pkl.gz")

with gzip.open('mnist.pkl.gz', 'rb') as f:
    train_set, valid_set, test_set = pickle.load(f, encoding='latin1')

train_X, train_y = train_set
print(train_X.shape)
train_X = train_X.reshape((train_X.shape[0],1,28,28))
print(train_X.shape)
```

```
(50000, 784)
(50000, 1, 28, 28)
```

定義以下卷積神經網路，對 MNIST 手寫數字集進行分類訓練，損失曲線如圖 6-42 所示。

```
import train
#from NeuralNetwork import *
import time

np.random.seed(1)
```

```
#nn = ConvNetwork()
nn = NeuralNetwork()
nn.add_layer(Conv(1,2,5,1,0))     # 1*2828-> 2*24*24    # 1*2828-> 8*24*24
nn.add_layer(Pool((2,2,2)))       #         ->2*12*12    #         ->8*12*12
nn.add_layer(Conv(2,4,5,1,0))     #         ->4*8*8      ->16*8*8
nn.add_layer(Pool((2,2,2)))       #         ->4*4*4      # ->16*4*4
nn.add_layer(Dense(64, 100))
nn.add_layer(Relu())
nn.add_layer(Dense(100, 10))

learning_rate = 1e-3 #1e-1
momentum = 0.9
optimizer = train.SGD(nn.parameters(),learning_rate,momentum)

epochs=1
batch_size = 64
reg = 1e-3
print_n=100

start = time.time()

X,y  =train_X,train_y

losses =
train.train_nn(nn,X,y,optimizer,util.loss_gradient_softmax_crossentropy,
epochs,batch_size,reg,print_n)

done = time.time()
elapsed = done - start
print(elapsed)

print(np.mean(nn.predict(X)==y))
```

```
[   1, 1] loss: 2.303
[ 101, 1] loss: 2.293
[ 201, 1] loss: 2.302
[ 301, 1] loss: 2.251
[ 401, 1] loss: 2.149
[ 501, 1] loss: 1.684
```

```
[  601, 1] loss: 0.749
[  701, 1] loss: 0.711
2535.1755859851837
0.84184
```

```
import matplotlib.pyplot as plt
%matplotlib inline
plt.plot(losses)
```

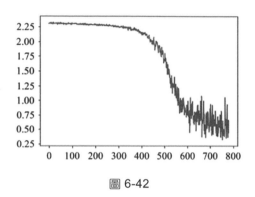

圖 6-42

6.3 卷積的矩陣乘法

矩陣乘法可以很容易地實現全連接層的運算。對於一個權值向量為 $w = (w_1, w_2, \cdots, w_n)^T$ 的全連接神經元,如果輸入的是一個樣本 $x = (x_1, x_2, \cdots, x_n)$,那麼這個神經元的輸出就是簡單的向量的點積 xw。假設全連接層有 K 個神經元,每個神經元的列向量可以組合成一個矩陣 $W = (w_1, w_2, \cdots, w_K)$。對於一個輸入 x,每個神經元都會產生一個輸出,即一共會產生 K 個輸出,公式如下。

$$xW = (xw_1, xw_2, \cdots, xw_K)$$

如果有 m 個輸入樣本,每個輸入樣本作為矩陣的一行,就可以組成一個 m 行的矩陣 $X = (x_1, x_2, \cdots, x_m)^T$。這 m 個輸入經過 K 個神經元,將產生 $m \times K$ 個輸出。這些輸出可表示為矩陣 X 和 W 的乘積 $Z = XW$。

卷積神經元的卷積操作,雖然也可以看成卷積核心和對應資料視窗的張量的點積，但無法直接表示為向量的點積或矩陣的乘積。對於多個神經元、多通道輸入，就更無法直接用簡單的矩陣乘積或向量乘積來表示了。6.2 節列出的程式，大都是透過多層循環來實現卷積層的卷積運算的。這種多層循環的程式無法直接利用向量的平行化特點，導致卷積運算的效率很低。

為了提高卷積層的計算效率，可以將卷積運算轉為類似於全連接層神經元的向量點積或矩陣乘法運算。

6.3.1 一維卷積的矩陣乘法

假設有一個一維張量 $x = (1,2,3,4,5)$ 和一個卷積核心 $k = (-1,2,1)$，進行跨度為 1、填充為 0 的卷積運算，公式如下。

$$(1,2,3) \cdot (-1,2,1) = 6$$
$$(2,3,4) \cdot (-1,2,1) = 8$$
$$(3,4,5) \cdot (-1,2,1) = 10$$

如果將每次計算累加和的資料視窗中的資料作為矩陣的一行，就能得到一個矩陣，記為 X_{row}。將卷積核心轉為一個列向量，記為 K_{col}。這樣，卷積結果張量可以表示為這兩個矩陣的乘積，公式如下。

$$Z_{\text{row}} = X_{\text{row}}K_{\text{col}} = \begin{bmatrix} 1 & 2 & 3 \\ 2 & 3 & 4 \\ 3 & 4 & 5 \end{bmatrix} \begin{bmatrix} -1 \\ 2 \\ 1 \end{bmatrix} = \begin{bmatrix} 6 \\ 8 \\ 10 \end{bmatrix}$$

假設輸入張量的長度為 n，則經過跨度為 s、前後填充均為 p 的卷積運算，產生的結果張量的長度為 $o = \frac{n-k+2 \times p}{s} + 1$。對於上例，結果張量的長度為 $o = \frac{5-3+0}{1} + 1 = 3$。

如果有 2 個樣本，則對每個樣本執行上述攤平操作。假設 x 是以下 2 個樣本。

$$x = \begin{bmatrix} 1 & 2 & 3 & 4 & 5 \\ 6 & 7 & 8 & 9 & 10 \end{bmatrix}$$

X_{row} 就是一個 6 行的矩陣。其卷積運算可表示為

$$Z_{\text{row}} = X_{\text{row}} K_{\text{col}} = \begin{bmatrix} 1 & 2 & 3 \\ 2 & 3 & 4 \\ 3 & 4 & 5 \\ 6 & 7 & 8 \\ 7 & 8 & 9 \\ 8 & 9 & 10 \end{bmatrix} \begin{bmatrix} -1 \\ 2 \\ 1 \end{bmatrix} = \begin{bmatrix} 6 \\ 8 \\ 10 \\ 16 \\ 18 \\ 20 \end{bmatrix}$$

將 Z_{row} 還原為 2 個樣本的形式,得到的 z 具體如下。

$$z = \begin{bmatrix} 6 & 8 & 10 \\ 16 & 18 & 20 \end{bmatrix}$$

6.3.2 二維卷積的矩陣乘法

假設輸入資料只有一個樣本且該樣本只有一個通道,即輸入資料是形狀為 $(1,1,H,W)$ 的張量,其中 H、W 用於表示這個 2D 樣本的解析度。$(1,1,3,3)$ 的樣本 X,具體如下。

$$X = \begin{bmatrix} 1 & 2 & 3 \\ 4 & 5 & 6 \\ 7 & 8 & 9 \end{bmatrix}_{3\times3}$$

卷積核心是形狀為 $(1,1,2,2)$ 的張量,具體如下。

$$K = \begin{bmatrix} 1 & 2 \\ 3 & 4 \end{bmatrix}_{2\times2}$$

如果執行的是跨度為 1、四周填充均為 1 的卷積操作,則需要先對原資料進行填充。填充後的資料 X_{pad},具體如下。

$$X_{\text{pad}} = \begin{bmatrix} 0 & 0 & 0 & 0 & 0 \\ 0 & 1 & 2 & 3 & 0 \\ 0 & 4 & 5 & 6 & 0 \\ 0 & 7 & 8 & 9 & 0 \\ 0 & 0 & 0 & 0 & 0 \end{bmatrix}_{5\times5}$$

用 $(1,1,2,2)$ 的卷積核心沿著 X_{pad} 滑動,對每次對準的資料視窗和該卷積核心所對應的元素求加權和,當卷積核心以「從上到下、從左到右」的方式滑動時,將產生一個 4×4 的特徵圖。與卷積核心計算加權和的資料視

窗,具體如下。

$$X_0 = \begin{bmatrix} 0 & 0 \\ 0 & 0 \end{bmatrix}_{2\times2}, X_1 = \begin{bmatrix} 0 & 0 \\ 0 & 1 \end{bmatrix}_{2\times2}, X_2 = \begin{bmatrix} 0 & 0 \\ 1 & 2 \end{bmatrix}_{2\times2}, X_3 = \begin{bmatrix} 0 & 0 \\ 3 & 0 \end{bmatrix}_{2\times2},$$

$$X_4 = \begin{bmatrix} 0 & 1 \\ 0 & 4 \end{bmatrix}_{2\times2}, X_5 = \begin{bmatrix} 1 & 2 \\ 4 & 5 \end{bmatrix}_{2\times2}, X_6 = \begin{bmatrix} 2 & 3 \\ 5 & 6 \end{bmatrix}_{2\times2}, X_7 = \begin{bmatrix} 3 & 0 \\ 6 & 0 \end{bmatrix}_{2\times2},$$

$$X_8 = \begin{bmatrix} 0 & 4 \\ 0 & 7 \end{bmatrix}_{2\times2}, X_9 = \begin{bmatrix} 4 & 5 \\ 7 & 8 \end{bmatrix}_{2\times2}, X_{10} = \begin{bmatrix} 5 & 6 \\ 8 & 9 \end{bmatrix}_{2\times2}, X_{11} = \begin{bmatrix} 6 & 0 \\ 9 & 0 \end{bmatrix}_{2\times2},$$

$$X_{12} = \begin{bmatrix} 0 & 7 \\ 0 & 0 \end{bmatrix}_{2\times2}, X_{13} = \begin{bmatrix} 7 & 8 \\ 0 & 0 \end{bmatrix}_{2\times2}, X_{14} = \begin{bmatrix} 8 & 9 \\ 0 & 0 \end{bmatrix}_{2\times2}, X_{15} = \begin{bmatrix} 9 & 0 \\ 0 & 0 \end{bmatrix}_{2\times2}$$

如果將每個視窗中的資料區塊都作為矩陣的一行,那麼所有資料區塊的行就可以組成一個矩陣,記為 X_{row}。將卷積核心轉換成一個列向量,記為 K_{col}。相關公式如下。

$$X_{\text{row}} = \begin{bmatrix} 0 & 0 & 0 & 0 \\ 0 & 0 & 0 & 1 \\ 0 & 0 & 1 & 2 \\ 0 & 0 & 3 & 0 \\ 0 & 0 & 0 & 4 \\ \vdots & \vdots & \vdots & \vdots \end{bmatrix}_{16\times4}, \qquad K_{\text{col}} = \begin{bmatrix} 1 \\ 2 \\ 3 \\ 4 \end{bmatrix}_{4\times1}$$

卷積運算可以表示成這兩個矩陣的乘積,即 $X_{\text{row}}K_{\text{col}}$,將產生一個 16×1 的結果矩陣,記為 Z_{row}。可以將 Z_{row} 轉為形狀為 4×4 的特徵圖,即 $(1,1,4,4)$ 的張量。

如果輸入的是單樣本、多通道的張量,如 $(1,2,3,3)$ 的張量 X,則其兩個通道 X_0、X_1 分別為

$$X_0 = \begin{bmatrix} 1 & 2 & 3 \\ 4 & 5 & 6 \\ 7 & 8 & 9 \end{bmatrix}_{3\times3}, \qquad X_1 = \begin{bmatrix} 11 & 12 & 13 \\ 14 & 15 & 16 \\ 17 & 18 & 19 \end{bmatrix}_{3\times3}$$

卷積核心也應該是通道數相同的張量,如 $(1,2,2,2)$ 的張量 K,其兩個通道分別記為 K_0、K_1,具體如下。

$$K_0 = \begin{bmatrix} 1 & 2 \\ 3 & 4 \end{bmatrix}_{2\times2}, \qquad K_1 = \begin{bmatrix} 5 & 6 \\ 7 & 8 \end{bmatrix}_{2\times2}$$

假設進行的是跨度為 1、填充為 0 的卷積，卷積核心每次滑動時與 2 通道的資料區塊 $2 \times 2 \times 2$ 進行加權和運算，即將卷積核心所對應的 2 通道的資料區塊 $2 \times 2 \times 2$ 攤平為一行。這時，所有滑動視窗所對應的資料區塊的對應行就組成了一個矩陣 X_{row}，卷積核心被攤平為一個大小為 8 的列向量，具體如下。

$$X_{\text{row}} = \begin{bmatrix} 1 & 2 & 4 & 5 & 11 & 12 & 14 & 15 \\ 2 & 3 & 5 & 6 & 12 & 13 & 15 & 16 \\ 4 & 5 & 7 & 8 & 14 & 15 & 17 & 18 \\ 5 & 6 & 8 & 9 & 15 & 16 & 18 & 19 \end{bmatrix}_{4 \times 8}, \quad K_{\text{col}} = \begin{bmatrix} 1 \\ 2 \\ 3 \\ 4 \\ 5 \\ 6 \\ 7 \\ 8 \end{bmatrix}_{8 \times 1}$$

將這兩個矩陣相乘，得到一個 4×1 的卷積結果矩陣。將這個卷積矩陣轉換成一個 $(1,1,2,2)$ 的卷積結果張量，即一個單樣本、單通道的特徵圖。

如果有多個卷積核心（舉例來說，有 3 個卷積核心），每個卷積核心被攤平為一個列向量，那麼這 3 個卷積核心的列向量可以組成一個 8×3 的矩陣 K_{col}。矩陣相乘會產生一個 4×3 的矩陣，其中每一列對應於一個單通道的特徵圖，因此產生了一個 3 通道的特徵圖。可以將這個 4×3 的矩陣轉置為一個 3×4 的矩陣，再將其轉換成一個 $(1,3,2,2)$ 的卷積結果張量。

假設：X 是一個形狀為 (N, C, H, W) 的四維張量，N、C、H、W 分別表示樣本數目、通道數、高度、寬度；卷積核心 K 是形狀為 (F, C, kH, kW) 的四維張量，F、C、kH、kW 分別表示卷積核心數目、通道數、高度、寬度；在卷積層中有 F 個卷積核心，卷積核心的形狀均為 (C, kH, kW)。

如果每個樣本都是形狀為 (C, H, W) 的張量，那麼一個樣本和一個卷積核心進行卷積運算，將產生一個特徵圖。該特徵圖的形狀記為 (oH, oW)，其中 oH、oW 是特徵圖的高和寬，滿足

$$oH = (H + P - kH + 1)//S + 1, \quad oW = (W + P - kW + 1)//S + 1$$

對一個樣本，卷積層的每個卷積核心都會產生一個形狀為 (oH, oW) 的特徵

圖，F 個卷積核心共產生 F 個特徵圖，即生成形狀為 $(1, F, oH, oW)$ 的張量。因此，N 個樣本生成的就是形狀為 (N, F, oH, oW) 的張量。

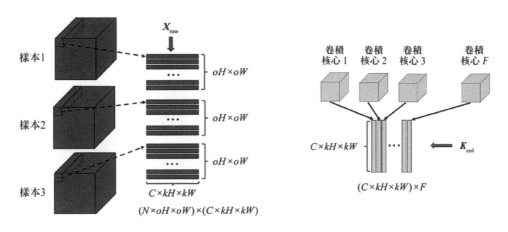

圖 6-43

如圖 6-43 所示，所有卷積核心都被攤平為一個大小為 $C \times kH \times kW$ 的列向量。F 個卷積核心組成了一個列數為 F 的矩陣，記為 $\boldsymbol{K}_{\mathrm{col}}$，具體如下。

$$\boldsymbol{K}_{\mathrm{col}} = \begin{bmatrix} K_{\mathrm{col}}^{(1)} \\ K_{\mathrm{col}}^{(2)} \\ \vdots \\ K_{\mathrm{col}}^{(F)} \end{bmatrix}$$

這是一個 $C \times kH \times kW$ 行、F 列的矩陣。

如果樣本和卷積核心都是由形狀為 (C, kH, kW) 的資料區塊攤平而得到的行向量，那麼樣本將被攤平成 $oH \times oW$ 個行向量。由 N 個樣本攤平後的行組成的矩陣，共有 $N \times oH \times oW$ 行，記為 $\boldsymbol{X}_{\mathrm{row}}$，具體如下。

$$\boldsymbol{X}_{\mathrm{row}} = \begin{bmatrix} X_{\mathrm{row}}^{(1)} \\ X_{\mathrm{row}}^{(2)} \\ \vdots \\ X_{\mathrm{row}}^{(N \times oH \times oW)} \end{bmatrix}$$

這是一個 $N \times oH \times oW$ 行、$C \times kH \times kW$ 列的矩陣。

兩個矩陣相乘的結果矩陣 $\boldsymbol{Z_{row}} = \boldsymbol{X}_{\text{row}}\boldsymbol{K}_{\text{col}}$，行數為 $N \times oH \times oW$、列數為 F。可以透過 numpy 的 reshape() 函數將其轉換成形狀為 (N, oH, oW, F) 或 (N, F, oH, oW) 的四維張量，即樣本數為 N、通道數為 F、特徵圖形狀為 $oH \times oW$ 的張量。

執行以下程式，即可使用 numpy 的 reshape() 函數，將由卷積層中多個卷積核心組成的形狀為 (F, C, kH, kW) 的四維張量攤平為由二維張量組成的矩陣。其中，每一列都對應於一個卷積核心。

```
K.reshape(K.shape[0],-1).transpose()
```

假設對一個樣本資料，需要將它以「從上到下、從左到右」的方式分割成 $oH \times oW$ 個三維資料區塊，將每個資料區塊轉換成一個行向量。(h, w) 所代表的資料區塊，可以透過以下程式提取。

```
patch = x[:,h*S: h*S+kH, w*S: w*S+kW]
```

資料區塊被轉換成一個行向量。在只有一個樣本的情況下，這個行向量將被放入結果矩陣的第 h*oW+w 行，程式如下。

```
X_row[h*oW+w,:] = np.reshape(patch,-1)
```

如果有 N 個樣本，可依次對每個樣本執行上述攤平操作，結果矩陣共有 $oH \times oW \times N$ 行。在攤平的矩陣裡，N 個樣本所對應的資料區塊的行向量的間隔為 $oH \times oW$。因此，可以寫出針對 N 個樣本的程式，具體如下。

```
patch = x[:,:,h*S: h*S+kH, w*S: w*S+kW]    #同時提取 N 個樣本的對應資料區塊
oSize = oH*oW                               #oSize 表示一個樣本的資料區塊總數
X_row[h*oW+w::oSize,:] = np.reshape(patch,(N,-1))
```

執行以上程式，對於來自 N 個樣本的資料區塊，先將其轉換成 $(N, -1)$ 的形狀，再按步進值 $oH \times oW$ 放入對應的行。

將一個填充後的四維張量轉為二維矩陣的完整程式，具體如下。

```python
def im2row(x, kH,kW, S=1):
    N, C,H, W = x.shape
    oH = (H - kH) // S + 1
    oW = (W - kW) // S + 1
    row = np.empty((N * oH * oW, kH * kW * C))
    oSize =   oH*oW

    for h in range(oH):
        hS = h * S
        hS_kH = hS + kH
        h_start = h*oW
        for w in range(oW):
            wS = w*S
            patch = x[:,:,hS:hS_kH,wS:wS+kW]
            row[h_start+w::oSize,:] = np.reshape(patch,(N,-1))
    return row
```

用單樣本、多通道的四維張量進行測試，程式如下。

```python
x = np.arange(18).reshape(1,2,3,3)
print(x)
x_row = im2row(x,2,2)
print(x_row)
```

```
[[[[ 0  1  2]
   [ 3  4  5]
   [ 6  7  8]]

  [[ 9 10 11]
   [12 13 14]
   [15 16 17]]]]
[[ 0.  1.  3.  4.  9. 10. 12. 13.]
 [ 1.  2.  4.  5. 10. 11. 13. 14.]
 [ 3.  4.  6.  7. 12. 13. 15. 16.]
 [ 4.  5.  7.  8. 13. 14. 16. 17.]]
```

用多樣本、多通道的四維張量進行測試，程式如下。

```python
x = np.arange(36).reshape(2,2,3,3)
print(x)
x_row = im2row(x,2,2)
```

```
print(x_row)
```

```
[[[[ 0  1  2]
   [ 3  4  5]
   [ 6  7  8]]

  [[ 9 10 11]
   [12 13 14]
   [15 16 17]]]


 [[[18 19 20]
  [21 22 23]
  [24 25 26]]

  [[27 28 29]
  [30 31 32]
  [33 34 35]]]]
[[ 0. 1. 3. 4. 9. 10. 12. 13.]
 [ 1. 2. 4. 5. 10. 11. 13. 14.]
 [ 3. 4. 6. 7. 12. 13. 15. 16.]
 [ 4. 5. 7. 8. 13. 14. 16. 17.]
 [18. 19. 21. 22. 27. 28. 30. 31.]
 [19. 20. 22. 23. 28. 29. 31. 32.]
 [21. 22. 24. 25. 30. 31. 33. 34.]
 [22. 23. 25. 26. 31. 32. 34. 35.]]
```

現在，卷積層的卷積操作可以表示為資料矩陣 X_{row} 和卷積層矩陣 K_{col} 相乘，其運算結果為卷積結果矩陣 $Z = np.\,dot(X_{row}, K_{col})$。$Z$ 是行數為 $N \times oH \times oW$、列數為 F 的矩陣。可以將該矩陣的形狀轉為 (N, oH, oW, F)，然後將 F 所在的第 4 軸（axis=3）與目前的第 2 軸進行交換，即將該矩陣轉為 (N, F, oH, oW) 形狀的張量。相關程式如下。

```
Z = Z.reshape(N,oH,oW,-1)
Z = Z.transpose(0,3,1,2)
```

綜上所述，用矩陣乘法實現卷積層的卷積運算，程式如下。

```
def conv_forward(X, K, S=1, P=0):
    N,C, H, W  = X.shape
    F,C, kH,kW = K.shape
```

```
    if P==0:
        X_pad = X
    else:
        X_pad = np.pad(X, ((0, 0), (0, 0),(P, P), (P, P)), 'constant')

    X_row = im2row(X_pad, kH,kW, S)

    K_col = K.reshape(K.shape[0],-1).transpose()
    Z_row = np.dot(X_row, K_col)

    oH = (X_pad.shape[2] - kH) // S + 1
    oW = (X_pad.shape[3] - kW) // S + 1

    Z = Z_row.reshape(N,oH,oW,-1)
    Z = Z.transpose(0,3,1,2)
    return Z
```

執行以下程式，進行測試。

```
x = np.arange(9).reshape(1,1,3,3)+1
k = np.arange(4).reshape(1,1,2,2)+1
print(x)
print(k)
z = conv_forward(x,k)
print(z.shape)
print(z)
```

```
[[[[1 2 3]
   [4 5 6]
   [7 8 9]]]]
[[[[1 2]
   [3 4]]]]
(1, 1, 2, 2)
[[[[37. 47.]
   [67. 77.]]]]
```

對多樣本、多通道的資料進行測試，程式如下。

```
x = np.arange(36).reshape(2,2,3,3)
k = np.arange(16).reshape(2,2,2,2)
z = conv_forward(x,k)
```

```
print(z.shape)
print(z)
```

```
(2, 2, 2, 2)
[[[[ 268.  296.]
   [ 352.  380.]]

  [[ 684.  776.]
   [ 960. 1052.]]]


 [[[ 772.  800.]
   [ 856.  884.]]

  [[2340. 2432.]
   [2616. 2708.]]]]
```

6.3.3　一維卷積反向求導的矩陣乘法

設 $x = (x_0, x_1, x_2, x_3, x_4)$，$K = (w_0, w_1, w_2)$，$\boldsymbol{X}_{\text{row}}$、$\boldsymbol{K}_{\text{col}}$ 分別是 x 和 K 的攤平矩陣，卷積結果矩陣為 $\boldsymbol{Z}_{\text{row}}$，公式如下。

$$\boldsymbol{Z}_{\text{row}} = \begin{bmatrix} z_0 \\ z_1 \\ z_2 \end{bmatrix} = \boldsymbol{X}_{\text{row}}\boldsymbol{K}_{\text{col}} = \begin{bmatrix} x_0 & x_1 & x_2 \\ x_1 & x_2 & x_3 \\ x_2 & x_3 & x_4 \end{bmatrix}\begin{bmatrix} w_0 \\ w_1 \\ w_2 \end{bmatrix}$$

舉例來說，長度為 5 的一維向量和長度為 3 的卷積核心進行 valid 卷積，產生長度為 3 的卷積結果向量，如圖 6-44 所示。

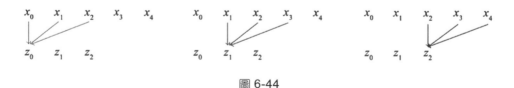

圖 6-44

假設已知損失函數關於 $\boldsymbol{Z}$ 的梯度 $\mathrm{d}\boldsymbol{Z}$，其對應的矩陣為 $\mathrm{d}\boldsymbol{Z}_{\text{row}}$，則可以透過 $\mathrm{d}\boldsymbol{Z}$ 得到關於 $\boldsymbol{X}_{\text{row}}$ 和 $\boldsymbol{K}_{\text{col}}$ 的梯度，公式如下。

$$\mathrm{d}\boldsymbol{X}_{\text{row}} = \mathrm{d}\boldsymbol{Z}_{\text{row}}\boldsymbol{K}_{\text{col}}^{\text{T}}$$

$$\mathrm{d}\boldsymbol{K}_{\text{col}} = \boldsymbol{X}_{\text{row}}^{\text{T}}\mathrm{d}\boldsymbol{Z}_{\text{row}}$$

舉例來說，對於 $\mathrm{d}\boldsymbol{X}_{\mathrm{row}}$，公式如下。

$$\mathrm{d}\boldsymbol{X}_{\mathrm{row}} = \mathrm{d}\boldsymbol{Z}_{\mathrm{row}}\boldsymbol{K}_{\mathrm{col}}^{\mathrm{T}} = \begin{bmatrix} \mathrm{d}z_0 \\ \mathrm{d}z_1 \\ \mathrm{d}z_2 \end{bmatrix} [w_0 \quad w_1 \quad w_2] = \begin{bmatrix} \mathrm{d}z_0 w_0 & \mathrm{d}z_0 w_1 & \mathrm{d}z_0 w_2 \\ \mathrm{d}z_1 w_0 & \mathrm{d}z_1 w_1 & \mathrm{d}z_1 w_2 \\ \mathrm{d}z_2 w_0 & \mathrm{d}z_2 w_1 & \mathrm{d}z_2 w_2 \end{bmatrix}$$

$\mathrm{d}\boldsymbol{X}_{\mathrm{row}}$ 是 $\mathrm{d}\boldsymbol{X}$ 的攤平形式，其中的每一行都是輸出 $\boldsymbol{Z}$ 的某個元素 z_i 關於其所依賴的資料區塊的梯度（這個資料區塊和卷積核心的形狀相同）。

如圖 6-45 所示，$\mathrm{d}\boldsymbol{X}_{\mathrm{row}}$ 的第 1 行就是輸出分量 z_0 關於其所依賴的 $\boldsymbol{x}$ 的資料區塊 (x_0, x_1, x_2) 的梯度，即 $\mathrm{d}z_0$ 對 $\mathrm{d}x_0$、$\mathrm{d}x_1$、$\mathrm{d}x_2$ 都有貢獻，或說，$\mathrm{d}x_0$、$\mathrm{d}x_1$、$\mathrm{d}x_2$ 都依賴於 $\mathrm{d}z_0$（$\mathrm{d}x_0 = \mathrm{d}z_0 w_0$，$\mathrm{d}x_1 = \mathrm{d}z_0 w_1$，$\mathrm{d}x_2 = \mathrm{d}z_0 w_2$）。

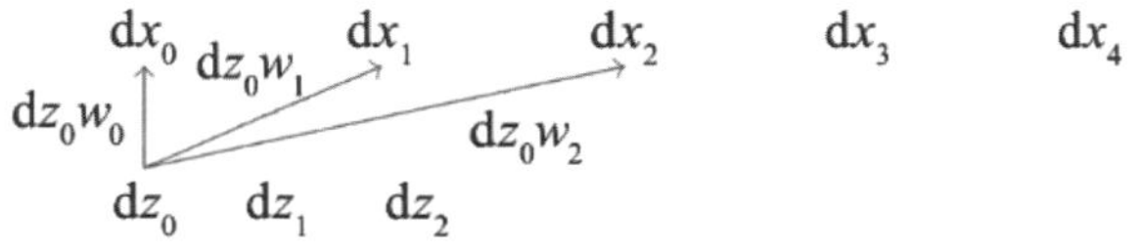

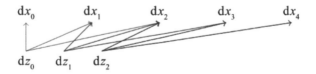

圖 6-45

在這個例子中，輸出分量 z_0 將為其所依賴的資料區塊的 3 個輸入分量的梯度貢獻梯度，其他各行也分別對輸入的不同資料區塊的梯度有貢獻，即每個 $\mathrm{d}z_i$ 都對 z_i 所依賴的資料區塊中的元素 x_j 的梯度有貢獻，如圖 6-46 所示。

圖 6-46

可見，卷積的正向計算過程是計算資料區塊的加權和，得到一個輸出值 z_i，反向求導則是將每個 z_i 的梯度分配到其所依賴的資料區塊的每個元素的梯度上——反向求導的分配過程是正向計算的累加過程的逆過程。

因此，為了得到損失函數關於輸入 $\boldsymbol{x}$ 的梯度 $\mathrm{d}\boldsymbol{x}$，需要將 $\mathrm{d}\boldsymbol{X}_{\mathrm{row}}$ 按照 $\boldsymbol{x}$ 攤平為 $\boldsymbol{X}_{\mathrm{row}}$ 過程的逆過程，並將這些梯度分配到 $\mathrm{d}\boldsymbol{x}$ 所對應的資料區塊上。也就是說，將每一行轉為對一個資料區塊的梯度，因為不同的資料區塊是重

疊的,所以這些梯度也是重疊的,在逆向攤平的過程中,應該將這些重疊的梯度進行累加。如圖 6-47 所示,dz_i 對 z_i 所依賴的資料的梯度的貢獻,都被累加到這個資料的梯度上了。

$$x = (x_0, \qquad x_1, \qquad x_2, \qquad x_3, \qquad x_4)$$

$$
\begin{array}{ccccc}
dz_0w_0 & dz_0w_1 & dz_0w_2 & & \\
+ & dz_1w_0 & dz_1w_1 & dz_1w_2 & \\
+ & & dz_2w_0 & dz_2w_1 & dz_2w_2
\end{array}
$$

圖 6-47

按照攤平過程的逆過程,將每一行的梯度累加到其所對應的原始資料區塊的位置,得到的 $d\boldsymbol{x}$ 為

$$d\boldsymbol{x} = (dz_0w_0, dz_0w_1 + dz_1w_0, dz_0w_2 + dz_1w_1 + dz_2w_0, dz_1w_2 \\ + dz_2w_1, dz_2w_2)$$

即

$$d\boldsymbol{x}[i:i+K] \mathrel{+}= d\boldsymbol{X}_{\text{row}}[i]$$

或

$$d\boldsymbol{x}[i:i+K] \mathrel{+}= dz_i * \boldsymbol{w}$$

6.3.4 二維卷積反向求導的矩陣乘法

和一維卷積反向求導的矩陣乘法一樣,二維卷積反向求導的矩陣乘法也是從損失函數關於卷積層輸出的梯度得到最終關於卷積層輸入和卷積層權重參數的梯度的。

設輸入為 $\boldsymbol{X}$,$\boldsymbol{K}$、b 是一個卷積層的權重和偏置,輸出張量 $\boldsymbol{Z}$ 可以表示為

$$\boldsymbol{Z} = \text{conv}(\boldsymbol{X}, \boldsymbol{K}) + b$$

其中,$\text{conv}(\boldsymbol{X}, \boldsymbol{K})$ 表示用卷積核心的權重 $\boldsymbol{K}$ 對輸入 $\boldsymbol{X}$ 進行的卷積運算。

卷積運算 $\text{conv}(\boldsymbol{X}, \boldsymbol{K})$ 可以表示為矩陣乘積,即

$$\boldsymbol{Z}_{\text{row}} = \boldsymbol{X}_{\text{row}}\boldsymbol{K}_{\text{col}}$$

其中，X_{row}、K_{col}、Z_{row} 分別表示攤平為矩陣形式的輸入、權重、輸出。

假設已知損失函數關於輸出向量 Z 的梯度 dZ，根據公式 $Z = \mathrm{conv}(X, K) + b$，損失函數關於 b 的梯度 db 的計算過程，和前面介紹的全連接層的求導過程相同，即 $\mathrm{d}b = \mathrm{np.sum}(\mathrm{d}Z, \mathrm{axis} = (0,2,3))$。也就是説，每個通道所對應的偏置 b_k 的梯度，是所有樣本的所有像素值的梯度 $\mathrm{d}z_{i,k,h,w}$ 的累加。

根據公式 $Z_{\mathrm{row}} = X_{\mathrm{row}}K_{\mathrm{col}}$，和全連接層的反向求導一樣，從梯度 d$Z_{\mathrm{row}}$ 可以得到損失函數關於攤平的 X_{row}、K_{col} 的梯度，公式如下。

$$\mathrm{d}X_{\mathrm{row}} = \mathrm{d}Z_{\mathrm{row}}K_{\mathrm{col}}^{\mathrm{T}}$$
$$\mathrm{d}K_{\mathrm{col}} = X_{\mathrm{row}}^{\mathrm{T}}\mathrm{d}Z_{\mathrm{row}}$$

以上計算過程，可以透過以下 Python 程式實現。

```
dK_col = np.dot(X_row.T,dZ_row) #X_row.T@dZ_row
dX_row = np.dot(dZ_row,K_col.T)
```

因為 K_{col} 是將 K 按通道攤平為列向量的，所以，只要將 dK_{col} 的每一列重新轉換成和 K 相同的形狀即可。相關程式如下。

```
    dK_col = dK_col.transpose(1,0)      #將通道軸 F 轉置為第 1 軸
    dK = dK_col.reshape(K.shape)        #轉為和 K 相同的形狀，即 (F,C,kH,kW)
```

dX_{row} 是和 X 的攤平矩陣 X_{row} 形狀相同的矩陣。該矩陣的每一行，都表示一個和卷積核心 (C, oH, kW) 形狀相同的資料區塊。然而，X_{row} 的不同行表示的資料區塊在 X 中可能是重疊的。因此，dX_{row} 的不同行表示的是可能重疊的資料區塊的梯度。在按照攤平過程的逆過程將 dX_{row} 恢復成 dX 時，需要將這些重疊的梯度累加起來。這個過程和一維卷積反向求導完全相同。

從 dX_{row} 按照攤平過程的逆過程得到 dX，可以透過函數 row2im() 實現，程式如下。

```
def row2im(dx_row,oH,oW,kH,kW,S):
    nRow,K2C = dx_row.shape[0],dx_row.shape[1]
```

```
    C = K2C//(kH*kW)
    N = nRow//(oH*oW)                    #樣本個數
    oSize = oH*oW
    H = (oH - 1) * S + kH
    W = (oW - 1) * S + kW
    dx = np.zeros([N,C,H,W])
    for i in range(oSize):
        row = dx_row[i::oSize,:]         #N 個行向量
        h_start = (i // oW) * S
        w_start = (i % oW) * S
        dx[:,:,h_start:h_start+kH,w_start:w_start+kW] +=
row.reshape((N,C,kH,kW))  #np.reshape(row,(C,kH,kW))
    return dx
```

在以上程式中：oSize = oH*oW 表示 **Z** 的特徵圖的大小，也表示一個輸入
樣本被分成的資料區塊的數目；oH、oW 分別表示資料區塊矩陣的高、
寬；i 表示以「從上到下、從左到右」的方式滑動卷積核心時所對應的資
料區塊的編號，根據 i 可以計算出該資料區塊在資料區塊矩陣中的行索引
(i // oW) 和列索引 (i % oW)。根據資料區塊的索引和跨度，可以計算出資
料區塊在原始資料矩陣的高、寬的索引 h_start、h_start，從而將 dx_row
的第 i 行累加到這個位置。因為有多個樣本，相鄰樣本的同樣位置的資料
區塊在攤平矩陣中的行的位置相差 oSize，所以，透過 dx_row[i::oSize,:]
可以得到所有樣本的同樣位置的資料區塊的梯度。原始資料梯度張量對應
的位置為 dx[:,:,h_start:h_start+kH, w_start:w_start+kW]。

row2im() 函數也可以寫成以下形式。

```
def row2im(dx_row,oH,oW,kH,kW,S):
    nRow,K2C = dx_row.shape[0],dx_row.shape[1]
    C = K2C//(kH*kW)
    N = nRow//(oH*oW)                    #樣本個數
    oSize = oH*oW

    H = (oH - 1) * S + kH
    W = (oW - 1) * S + kW
    dx = np.zeros([N,C,H,W])
```

```
    for h in range(oH):
        hS = h * S
        hS_kH = hS + kH
        h_start = h*oW
        for w in range(oW):
            wS = w*S
            row =dx_row[h_start+w::oSize,:]
            dx[:,:,hS:hS_kH,wS:wS+kW] += row.reshape(N,C,kH,kW)
    return dx
```

執行以下程式，對 row2im() 函數進行測試。

```
kH,kW = 2,2
oH,oW = 3,3
N,C,S,P  = 1,2,1,0
nRow = oH*oW*N
K2C = C*kH*kW

a = np.arange(nRow*K2C).reshape(nRow,K2C)
#dx_row = np.arange(nRow*K2C).reshape(nRow,K2C)
dx_row = np.vstack((a,a))
print("dx_row",dx_row)

print(dx_row.shape)
dx = row2im(dx_row,oH,oW,kH,kW,S)
print(dx.shape)
print("dx[0,0,:,:]:",dx[0,0,:,:])
```

```
dx_row [[ 0  1  2  3  4  5  6  7]
 [ 8  9 10 11 12 13 14 15]
 [16 17 18 19 20 21 22 23]
 [24 25 26 27 28 29 30 31]
 [32 33 34 35 36 37 38 39]
 [40 41 42 43 44 45 46 47]
 [48 49 50 51 52 53 54 55]
 [56 57 58 59 60 61 62 63]
 [64 65 66 67 68 69 70 71]
 [ 0  1  2  3  4  5  6  7]
 [ 8  9 10 11 12 13 14 15]
 [16 17 18 19 20 21 22 23]
```

```
 [24 25 26 27 28 29 30 31]
 [32 33 34 35 36 37 38 39]
 [40 41 42 43 44 45 46 47]
 [48 49 50 51 52 53 54 55]
 [56 57 58 59 60 61 62 63]
 [64 65 66 67 68 69 70 71]]
(18, 8)
(2, 2, 4, 4)
dx[0,0,:,:]: [[  0.   9.  25.  17.]
 [ 26.  70. 102.  60.]
 [ 74. 166. 198. 108.]
 [ 50. 109. 125.  67.]]
```

基於上面的討論，卷積層的反向求導程式如下。

```
def conv_backward(dZ,K,oH,oW,kH,kW,S=1,P=0):
    #將 dZ 攤平為和 Z_row 形狀相同的矩陣
    F = dZ.shape[1]                        #將(N,F,oH,oW)轉為(N,oH,oW,F)
    dZ_row = dZ.transpose(0,2,3,1).reshape(-1,F)

    #計算損失函數關於卷積核心參數的梯度
    dK_col = np.dot(X_row.T,dZ_row) #X_row.T@dZ_row
    dK_col = dK_col.transpose(1,0)
    dK = dK_col.reshape(K.shape)
    db = np.sum(dZ,axis=(0,2,3))
    db = db.reshape(-1,F)

    K_col = K.reshape(K.shape[0],-1).transpose()
    dX_row = np.dot(dZ_row,K_col.T)

    dX_pad = row2im(dX_row,oH,oW,kH,kW,S)
    if P == 0:
        return dX_pad,dK,db
    return dX_pad[:, :, P:-P, P:-P],dK,db
```

執行以下程式，對以上述卷積反向求導函數 conv_backward() 進行測試。

```
H,W  = 4,4
kH,kW = 2,2
```

```
oH,oW = 3,3
N,C,S,P,F  = 1,3,1,0,4
dZ = np.arange(N*F*oH*oW).reshape(N,F,oH,oW)
X =  np.arange(N*C*H*W).reshape(N,C,H,W)
if P==0:
    X_pad = X
else:
    X_pad = np.pad(X, ((0, 0), (0, 0),(P, P), (P, P)), 'constant')
K = np.arange(F*C*kH*kW).reshape(F,C,kH,kW)

X_row = im2row(X_pad, kH,kW, S)
dX,dW,db = conv_backward(dZ,K,oH,oW,kH,kW,S,P)
print(dX.shape)
print("dX[0,0,:,:]:",dX[0,0,:,:])
print(dW.shape)
print("dW[0,0,:,:]:",dW[0,0,:,:])
print(db.shape)
print("db:",db)
```

```
(1, 3, 4, 4)
dX[0,0,:,:]: [[1512. 3150. 3298. 1718.]
 [3348. 6968. 7280. 3788.]
 [3804. 7904. 8216. 4268.]
 [2100. 4358. 4522. 2346.]]
(4, 3, 2, 2)
dW[0,0,:,:]: [[258. 294.]
 [402. 438.]]
(1, 4)
db: [[ 36 117 198 279]]
```

▌ 6.4 基於座標索引的快速卷積

用矩陣運算代替多重循環，提高了卷積運算的速度。但是，在對資料進行攤平和反攤平操作時，仍然需要多次進行資料的複製。本節將介紹基於索引的快速卷積方法，即先快速建構索引陣列，再建構攤平或反攤平的張量，從而進一步提高卷積運算的效率。

卷積運算就是按照「從上到下、從左到右」的方式、以步進值為跨度來移動卷積核心，在每個位置用卷積核心和對應的資料張量的視窗的資料區塊（多通道資料區塊）進行對應元素的加權和計算，得到輸出特徵圖各位置的元素。

本章前面介紹的將原資料張量攤平為矩陣，是根據「從上到下、從左到右」的卷積加權和的次序將原張量的多通道資料區塊攤平為一個行向量的。如果跨度和卷積核心的尺寸（高和寬）不同，那麼這些與卷積核心依次計算加權和的資料區塊就可能是重疊的。按照計算順序將這些資料區塊排列起來，可以得到一個資料區塊不重疊的新張量。舉例來說，對於以下單樣本、單通道的 4 × 4 的張量

$$\begin{bmatrix} x_{00} & x_{01} & x_{02} & x_{03} \\ x_{10} & x_{11} & x_{12} & x_{13} \\ x_{20} & x_{21} & x_{22} & x_{23} \\ x_{30} & x_{31} & x_{32} & x_{33} \end{bmatrix}$$

如果卷積核心的尺寸是 2 × 2，那麼，卷積操作實際上是透過以下方式排列的資料區塊和卷積核心進行加權和運算實現的。

$$\begin{bmatrix} \begin{bmatrix} x_{00} & x_{01} \\ x_{10} & x_{11} \end{bmatrix} & \begin{bmatrix} x_{01} & x_{02} \\ x_{11} & x_{12} \end{bmatrix} & \begin{bmatrix} x_{02} & x_{03} \\ x_{13} & x_{13} \end{bmatrix} \\[3ex] \begin{bmatrix} x_{10} & x_{11} \\ x_{20} & x_{21} \end{bmatrix} & \begin{bmatrix} x_{11} & x_{12} \\ x_{21} & x_{22} \end{bmatrix} & \begin{bmatrix} x_{12} & x_{13} \\ x_{23} & x_{23} \end{bmatrix} \\[3ex] \begin{bmatrix} x_{20} & x_{21} \\ x_{30} & x_{31} \end{bmatrix} & \begin{bmatrix} x_{21} & x_{22} \\ x_{31} & x_{32} \end{bmatrix} & \begin{bmatrix} x_{22} & x_{23} \\ x_{33} & x_{33} \end{bmatrix} \end{bmatrix}$$

將所有和卷積核心大小相同的資料區塊攤平為一個行向量，可以得到以下行向量。

$$\begin{bmatrix} x_{00} & x_{01} & x_{10} & x_{11} \\ x_{01} & x_{02} & x_{11} & x_{12} \\ x_{02} & x_{03} & x_{13} & x_{13} \\ \\ x_{10} & x_{11} & x_{20} & x_{21} \\ x_{11} & x_{12} & x_{21} & x_{22} \\ x_{12} & x_{13} & x_{23} & x_{23} \\ \\ x_{20} & x_{21} & x_{30} & x_{31} \\ x_{21} & x_{22} & x_{31} & x_{32} \\ x_{22} & x_{23} & x_{33} & x_{33} \end{bmatrix}$$

對多通道輸入，每個資料區塊都是一個三維張量（長方體），卷積過程與單通道輸入類似。舉例來説，對 2 通道的張量

$$\begin{bmatrix} x_{000} & x_{001} & x_{002} & x_{003} \\ x_{010} & x_{011} & x_{012} & x_{013} \\ x_{020} & x_{021} & x_{022} & x_{023} \\ x_{030} & x_{031} & x_{032} & x_{033} \end{bmatrix}, \begin{bmatrix} x_{100} & x_{101} & x_{102} & x_{103} \\ x_{110} & x_{111} & x_{112} & x_{113} \\ x_{120} & x_{121} & x_{122} & x_{123} \\ x_{130} & x_{131} & x_{132} & x_{133} \end{bmatrix}$$

按照卷積計算過程，這些資料區塊如圖 6-48 所示。可以看出，卷積計算的每個資料區塊都是由 2 通道矩陣組成的形狀為 $2 \times 2 \times 2$ 的資料區塊。

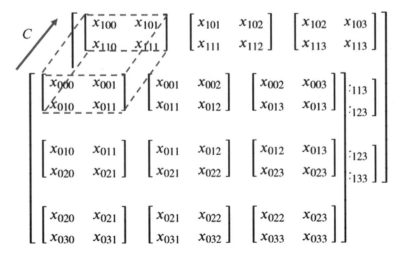

圖 6-48

也就説是，以下兩個矩陣的對應位置的矩陣塊組成了一個資料區塊。

$$\begin{bmatrix} x_{000} & x_{001} \\ x_{010} & x_{011} \end{bmatrix} \begin{bmatrix} x_{001} & x_{002} \\ x_{011} & x_{012} \end{bmatrix} \begin{bmatrix} x_{002} & x_{003} \\ x_{013} & x_{013} \end{bmatrix}$$
$$\begin{bmatrix} x_{010} & x_{011} \\ x_{020} & x_{021} \end{bmatrix} \begin{bmatrix} x_{011} & x_{012} \\ x_{021} & x_{022} \end{bmatrix} \begin{bmatrix} x_{012} & x_{013} \\ x_{023} & x_{023} \end{bmatrix} ,$$
$$\begin{bmatrix} x_{020} & x_{021} \\ x_{030} & x_{031} \end{bmatrix} \begin{bmatrix} x_{021} & x_{022} \\ x_{031} & x_{032} \end{bmatrix} \begin{bmatrix} x_{022} & x_{023} \\ x_{033} & x_{033} \end{bmatrix}$$

$$\begin{bmatrix} x_{100} & x_{101} \\ x_{110} & x_{111} \end{bmatrix} \begin{bmatrix} x_{101} & x_{102} \\ x_{111} & x_{112} \end{bmatrix} \begin{bmatrix} x_{102} & x_{103} \\ x_{113} & x_{113} \end{bmatrix}$$
$$\begin{bmatrix} x_{110} & x_{111} \\ x_{120} & x_{121} \end{bmatrix} \begin{bmatrix} x_{111} & x_{112} \\ x_{121} & x_{122} \end{bmatrix} \begin{bmatrix} x_{112} & x_{113} \\ x_{123} & x_{123} \end{bmatrix}$$
$$\begin{bmatrix} x_{120} & x_{121} \\ x_{130} & x_{131} \end{bmatrix} \begin{bmatrix} x_{121} & x_{122} \\ x_{131} & x_{132} \end{bmatrix} \begin{bmatrix} x_{122} & x_{123} \\ x_{133} & x_{133} \end{bmatrix}$$

將每個資料區塊都攤平為一個行向量，得到

$$\begin{bmatrix} x_{000} & x_{001} & x_{010} & x_{011} & x_{100} & x_{101} & x_{110} & x_{111} \\ x_{001} & x_{002} & x_{011} & x_{012} & x_{101} & x_{102} & x_{111} & x_{112} \\ x_{002} & x_{003} & x_{013} & x_{013} & x_{102} & x_{103} & x_{113} & x_{113} \\ x_{010} & x_{011} & x_{020} & x_{021} & x_{110} & x_{111} & x_{120} & x_{121} \\ x_{011} & x_{012} & x_{021} & x_{022} & x_{111} & x_{112} & x_{121} & x_{122} \\ x_{012} & x_{013} & x_{023} & x_{023} & x_{112} & x_{113} & x_{123} & x_{123} \\ x_{020} & x_{021} & x_{030} & x_{031} & x_{120} & x_{121} & x_{130} & x_{131} \\ x_{021} & x_{022} & x_{031} & x_{032} & x_{121} & x_{122} & x_{131} & x_{132} \\ x_{022} & x_{023} & x_{033} & x_{033} & x_{122} & x_{123} & x_{133} & x_{133} \end{bmatrix}$$

將這些和卷積核心大小相同的資料區塊按「從上到下、從左到右」的計算次序排列，組成的擴充張量的資料都來自原資料張量（從如圖 6-48 所示的擴充張量的資料索引可以看出它們來自原張量的哪些索引）。也就是説，只要知道擴充張量的每個資料元素在原資料張量中的索引，就可以根據原資料張量生成這些資料。

先看單通道的情況。去掉 x_0，就可以得到擴充張量的元素在原張量中的索引，範例如下。

$$\begin{bmatrix} \begin{bmatrix} 00 & 01 \\ 10 & 11 \end{bmatrix} & \begin{bmatrix} 01 & 02 \\ 11 & 12 \end{bmatrix} & \begin{bmatrix} 02 & 03 \\ 13 & 13 \end{bmatrix} \\ \\ \begin{bmatrix} 10 & 11 \\ 20 & 21 \end{bmatrix} & \begin{bmatrix} 11 & 12 \\ 21 & 22 \end{bmatrix} & \begin{bmatrix} 12 & 13 \\ 23 & 23 \end{bmatrix} \\ \\ \begin{bmatrix} 20 & 21 \\ 30 & 31 \end{bmatrix} & \begin{bmatrix} 21 & 22 \\ 31 & 32 \end{bmatrix} & \begin{bmatrix} 22 & 23 \\ 33 & 33 \end{bmatrix} \end{bmatrix}$$

根據這些索引索引原資料張量,就可得到這些資料區塊組成的張量。

觀察這些索引可以發現,所有索引都可以從初始索引開始,按照「從上向下、從左向右」的方式,以步進值為跨度進行移動得到。舉例來說,初始索引是

$$\begin{bmatrix} 00 & 01 \\ 10 & 11 \end{bmatrix}$$

以「從左在右」的方式移動一個跨度,即列索引增加 1,可以得到第 1 行的 3 個資料區塊的索引,具體如下。

$$\begin{bmatrix} \begin{bmatrix} 00 & 01 \\ 10 & 11 \end{bmatrix} & \begin{bmatrix} 01 & 02 \\ 11 & 12 \end{bmatrix} & \begin{bmatrix} 02 & 03 \\ 13 & 13 \end{bmatrix} \end{bmatrix}$$

以「從上在下」的方式按照跨度移動這一行,即行索引增加 1,就可以依次得到下面兩行的所有資料區塊的索引。

對於初始資料區塊的行列索引

$$\begin{bmatrix} 00 & 01 \\ 10 & 11 \end{bmatrix}$$

其行、列索引分別為 $i = (0,1)$、$j = (0,1)$,如圖 6-49 所示。

$$\begin{array}{c} i = 0 \rightarrow \\ i = 1 \rightarrow \end{array} \begin{bmatrix} 0 & 0 \\ 1 & 1 \end{bmatrix} \qquad \begin{array}{c} j = 0 \; j = 1 \\ \downarrow \quad \downarrow \\ \begin{bmatrix} 0 & 1 \\ 0 & 1 \end{bmatrix} \end{array}$$

圖 6-49

因此,可以透過資料區塊的 4 個元素的行索引向量 [0,0,1,1] 和列索引向量 [0,1,0,1] 得到初始資料區塊的 4 個元素的行列索引組合 [(0,0),(0,1),(1,0),(1,1)]。

同理，對於任意 $kH \times kW$ 的卷積核心，其對應於原張量初始資料區塊元素的行、列索引，可透過以下 Python 程式得到。

```python
import numpy as np
kH,kW = 2,2
i0 = np.repeat(np.arange(kH), kW)      #行索引[0,1]沿著列的方向重複，[0,0,1,1]
print(i0)
j0 = np.tile(np.arange(kW), kH)        #列索引[0,1]沿著行的方向拼接，[0,1,0,1]
print(j0)
```

```
[0 0 1 1]
[0 1 0 1]
```

可以用 i0、j0 的組合索引得到初始資料區塊中的資料元素，程式如下。

```python
def idx_matrix(H,W):
    a = np.empty((H,W), dtype='object')
    for i in range(H):
        for j in range(W):
            a[i,j] = str(i)+str(j)
    return a
```

定義一個矩陣，程式如下。

```python
x = idx_matrix(4,4)
print(x)
print(x[i0,j0])
```

```
[['00' '01' '02' '03']
 ['10' '11' '12' '13']
 ['20' '21' '22' '23']
 ['30' '31' '32' '33']]
['00' '01' '10' '11']
```

對於多通道的資料區塊，其每個通道的資料區塊的對應元素的行、列索引是相同的。2 通道資料的初始資料區塊的行、列索引，如圖 6-50 所示。

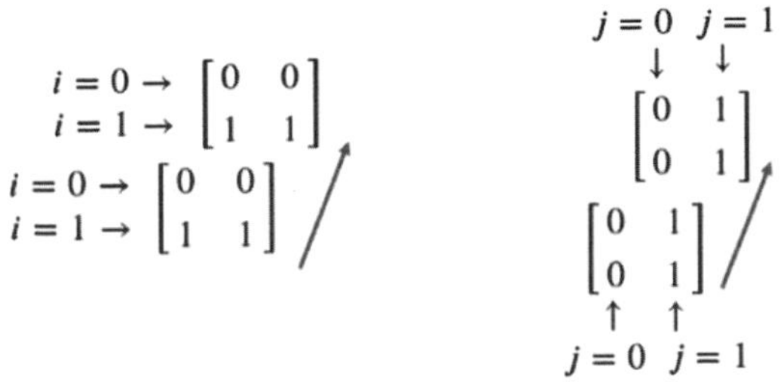

圖 6-50

一般地，對通道數為 C 的初始資料區塊，其元素的行、列索引可以透過以下程式生成。

```
i0 = np.repeat(np.arange(kH), kW)
i0 = np.tile(i0, C)
j0 = np.tile(np.arange(kW), kH * C)
```

執行以下程式，生成 C = 2 時的行、列索引。

```
C = 2
i0 = np.repeat(np.arange(kH), kW)
i0 = np.tile(i0, C)
j0 = np.tile(np.arange(kW), kH * C)
print(i0)
print(j0)
```

```
[0 0 1 1 0 0 1 1]        #行索引
[0 1 0 1 0 1 0 1]        #列索引
```

要想生成所有資料區塊中的元素在原資料張量中的座標，不僅要知道每個資料區塊相對 (0,0) 的行索引和列索引，還要加上根據跨度產生的偏移，從而得到正確的座標。如果一個特徵圖被分割成多個資料區塊，那麼這些資料區塊相對於初始資料區塊的偏移量稱為**跨度座標**。舉例來說，一個特徵圖被分割成 3 × 3 = 9 個資料區塊，當跨度為 1 時，這 9 個資料區塊的行（高度）、列（寬度）座標，如圖 6-51 所示。

$$\begin{matrix} i=0\rightarrow \\ i=1\rightarrow \\ i=2\rightarrow \end{matrix}\begin{bmatrix}0&0&0\\1&1&1\\2&2&2\end{bmatrix} \qquad \begin{matrix} j=0 & j=1 & j=2 \\ \downarrow & \downarrow & \downarrow \end{matrix} \begin{bmatrix}0&1&2\\0&1&2\\0&1&2\end{bmatrix}$$

圖 6-51

執行以下程式，透過生成一個資料區塊內元素行、列座標的方式生成跨度座標。

```
oH,oW=3,3
i1 = S * np.repeat(np.arange(oH), oW)
j1 = S * np.tile(np.arange(oW), oH)
print(i1)
print(j1)
```

```
[0 0 0 1 1 1 2 2 2]
[0 1 2 0 1 2 0 1 2]
```

用初始資料區塊的行、列座標，分別加上這些資料區塊的跨度座標，就獲得了所有資料區塊元素在原資料張量中的行、列座標，程式如下。

```
i = i0.reshape(-1, 1) + i1.reshape(1, -1)
j = j0.reshape(-1, 1) + j1.reshape(1, -1)
```

執行以下程式，輸出這 9 個資料區塊的行索引。

```
print("i0:",i0)
print("i1:",i1)
print(i)
```

```
i0: [0 0 1 1 0 0 1 1]
i1: [0 0 0 1 1 1 2 2 2]
[[0 0 0 1 1 1 2 2 2]
 [0 0 0 1 1 1 2 2 2]
 [1 1 1 2 2 2 3 3 3]
 [1 1 1 2 2 2 3 3 3]
 [0 0 0 1 1 1 2 2 2]
 [0 0 0 1 1 1 2 2 2]
 [1 1 1 2 2 2 3 3 3]
 [1 1 1 2 2 2 3 3 3]]
```

其中，每一列都表示一個資料區塊的行索引，前 3 列表示當跨度的行座標為 0 時 3 個資料區塊的行索引。

結合跨度座標和資料區塊內元素的索引，得到所有資料區塊在原輸入（單通道）張量中的行、列索引，程式如下。

```
C,S = 1,1,
oH,oW = 3,3
kH,kW = 2,2

i0 = np.repeat(np.arange(kH), kW)
i0 = np.tile(i0, C)
j0 = np.tile(np.arange(kW), kH * C)

i1 = S * np.repeat(np.arange(oH), oW)
j1 = S * np.tile(np.arange(oW), oH)

i = i0.reshape(-1, 1) + i1.reshape(1, -1)
j = j0.reshape(-1, 1) + j1.reshape(1, -1)
print(i)
print(j)
```

```
[[0 0 0 1 1 1 2 2 2]
 [0 0 0 1 1 1 2 2 2]
 [1 1 1 2 2 2 3 3 3]
 [1 1 1 2 2 2 3 3 3]]
[[0 1 2 0 1 2 0 1 2]
 [1 2 3 1 2 3 1 2 3]
 [0 1 2 0 1 2 0 1 2]
 [1 2 3 1 2 3 1 2 3]]
```

所有資料區塊的左上角元素的行索引，如圖 6-52 所示。

$$
\begin{bmatrix} 0 & 0 & 0 & 1 & 1 & 1 & 2 & 2 & 2 \\ 0 & 0 & 0 & 1 & 1 & 1 & 2 & 2 & 2 \\ 1 & 1 & 1 & 2 & 2 & 2 & 3 & 3 & 3 \\ 1 & 1 & 1 & 2 & 2 & 2 & 3 & 3 & 3 \end{bmatrix}
$$

```
[[0 0 0 1 1 1 2 2 2]
 [0 0 0 1 1 1 2 2 2]
 [1 1 1 2 2 2 3 3 3]
 [1 1 1 2 2 2 3 3 3]]
[[0 1 2 0 1 2 0 1 2]
 [1 2 3 1 2 3 1 2 3]
 [0 1 2 0 1 2 0 1 2]
 [1 2 3 1 2 3 1 2 3]]
```

$$
\begin{bmatrix} x_{00} & x_{01} \\ x_{10} & x_{11} \end{bmatrix} \quad \begin{bmatrix} x_{01} & x_{02} \\ x_{11} & x_{12} \end{bmatrix} \quad \begin{bmatrix} x_{02} & x_{03} \\ x_{13} & x_{13} \end{bmatrix}
$$

$$
\begin{bmatrix} x_{10} & x_{11} \\ x_{20} & x_{21} \end{bmatrix} \quad \begin{bmatrix} x_{11} & x_{12} \\ x_{21} & x_{22} \end{bmatrix} \quad \begin{bmatrix} x_{12} & x_{13} \\ x_{23} & x_{23} \end{bmatrix}
$$

$$
\begin{bmatrix} x_{20} & x_{21} \\ x_{30} & x_{31} \end{bmatrix} \quad \begin{bmatrix} x_{21} & x_{22} \\ x_{31} & x_{32} \end{bmatrix} \quad \begin{bmatrix} x_{22} & x_{23} \\ x_{33} & x_{33} \end{bmatrix}
$$

圖 6-52

所有資料區塊的右下角元素的行索引,如圖 6-53 所示。可以看出,這個索引矩陣的每一列都對應於一個資料區塊。

```
[[0 0 0 1 1 1 2 2 2]
 [0 0 0 1 1 1 2 2 2]
 [1 1 1 2 2 2 3 3 3]
 [1 1 1 2 2 2 3 3 3]]
[[0 1 2 0 1 2 0 1 2]
 [1 2 3 1 2 3 1 2 3]
 [0 1 2 0 1 2 0 1 2]
 [1 2 3 1 2 3 1 2 3]]
```

$$
\begin{bmatrix} x_{00} & x_{01} \\ x_{10} & x_{11} \end{bmatrix} \quad \begin{bmatrix} x_{01} & x_{02} \\ x_{11} & x_{12} \end{bmatrix} \quad \begin{bmatrix} x_{02} & x_{03} \\ x_{13} & x_{13} \end{bmatrix}
$$

$$
\begin{bmatrix} x_{10} & x_{11} \\ x_{20} & x_{21} \end{bmatrix} \quad \begin{bmatrix} x_{11} & x_{12} \\ x_{21} & x_{22} \end{bmatrix} \quad \begin{bmatrix} x_{12} & x_{13} \\ x_{23} & x_{23} \end{bmatrix}
$$

$$
\begin{bmatrix} x_{20} & x_{21} \\ x_{30} & x_{31} \end{bmatrix} \quad \begin{bmatrix} x_{21} & x_{22} \\ x_{31} & x_{32} \end{bmatrix} \quad \begin{bmatrix} x_{22} & x_{23} \\ x_{33} & x_{33} \end{bmatrix}
$$

圖 6-53

如果想用所有資料區塊的索引組成矩陣的一行,則可以修改資料區塊索引和跨度索引的排列方式(按行或按列排列),程式如下。

```
C,S = 1,1
oH,oW=3,3
kH,kW = 2,2

i0 = np.repeat(np.arange(kH), kW)
i0 = np.tile(i0, C)
j0 = np.tile(np.arange(kW), kH * C)

i1 = S * np.repeat(np.arange(oH), oW)
j1 = S * np.tile(np.arange(oW), oH)
```

```
i = i0.reshape(1,-1) + i1.reshape(-1,1)
j = j0.reshape(1,-1) + j1.reshape(-1,1)
print(i)
print(j)
```

```
[[0 0 1 1]
 [0 0 1 1]
 [0 0 1 1]
 [1 1 2 2]
 [1 1 2 2]
 [1 1 2 2]
 [2 2 3 3]
 [2 2 3 3]
 [2 2 3 3]]
[[0 1 0 1]
 [1 2 1 2]
 [2 3 2 3]
 [0 1 0 1]
 [1 2 1 2]
 [2 3 2 3]
 [0 1 0 1]
 [1 2 1 2]
 [2 3 2 3]]
```

以上討論了資料區塊的每個元素相對於其所在通道的圖型的行、列座標。在索引每個資料元素時,還應該考慮通道座標。

假設有 C 個通道,一個元素在這 C 個通道裡的座標值為 $(0,1,2,\cdots,C-1)$,如圖 6-54 所示。但是,每個資料區塊在一個通道上有 $kH \times kW$ 個元素。結合通道座標和圖型(特徵圖)座標,一個形狀為 $kH \times kW \times C$ 的資料區塊共有 $kH \times kW \times C$ 個座標。

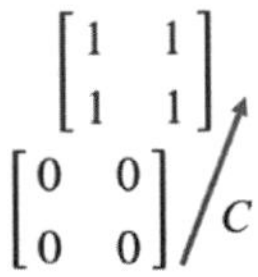

$$\begin{bmatrix} 1 & 1 \\ 1 & 1 \end{bmatrix}$$
$$\begin{bmatrix} 0 & 0 \\ 0 & 0 \end{bmatrix} \Big/ C$$

圖 6-54

執行以下程式，計算一個資料區塊的通道座標。

```
C=2
k = np.repeat(np.arange(C), kH * kW).reshape(1,-1) #(-1, 1)
print(k)
```

```
[[0 0 0 0 1 1 1 1]]
```

假設卷積層輸入的原資料張量的形狀為 (N, C, H, W)，卷積層中有 F 個形狀為 (C, H, W) 的卷積核心，即卷積層的形狀為 (F, C, H, W)，執行跨度為 S、邊緣填充為 P 的卷積操作。根據本章的分析，執行以下程式，透過 get_im2row_indices() 函數可以求出參與卷積運算的資料區塊組成的擴充張量中的所有元素在原資料張量中的通道座標 k、行索引 i 和列索引 j。

```
import numpy as np
def get_im2row_indices(x_shape, kH, kW, S=1,P=0):
  N, C, H, W = x_shape
  assert (H + 2 * P - kH) % S == 0
  assert (W + 2 * P - kH) % S == 0
  oH = (H + 2 * P - kH) // S + 1
  oW = (W + 2 * P - kW) // S + 1

  i0 = np.repeat(np.arange(kH), kW)
  i0 = np.tile(i0, C)
  i1 = S * np.repeat(np.arange(oH), oW)
  j0 = np.tile(np.arange(kW), kH * C)
  j1 = S * np.tile(np.arange(oW), oH)
  #i = i0.reshape(-1, 1) + i1.reshape(1, -1)
  #j = j0.reshape(-1, 1) + j1.reshape(1, -1)
  i = i0.reshape(1,-1) + i1.reshape(-1,1)
  j = j0.reshape(1,-1) + j1.reshape(-1,1)

  k = np.repeat(np.arange(C), kH * kW).reshape(1,-1)

  return (k, i, j)
```

執行以下程式，對 get_im2row_indices() 函數進行測試。

```
H,W   = 4,4
kH,kW = 2,2
oH,oW = 3,3
N,C,S,P,F  = 2,2,1,0,4

k, i, j = get_im2row_indices((N,C,H,W),kH,kW,S,P)
print(k.shape)
print(i.shape)
print(j.shape)
```

```
(1, 8)
(9, 8)
(9, 8)
```

有了 get_im2row_indices() 函數，就可以輕鬆地從原資料張量生成資料區塊按行攤平的張量了，程式如下。

```
def im2row_indices(x, kH, kW, S=1,P=0):
  x_padded = np.pad(x, ((0, 0), (0, 0), (P, P), (P, P)), mode='constant')
  k, i, j = get_im2row_indices(x.shape, kH, kW, S,P)
  rows = x_padded[:, k, i, j]         #每個樣本的所有資料區塊
  C = x.shape[1]
  rows = rows.reshape(-1,kH * kW * C) #第 1 個樣本的所有資料區塊，第 2 個樣本的所有
                                       資料區塊
  return rows
```

執行以下程式，從原資料張量生成資料區塊按行攤平的張量。

```
X =  np.arange(N*C*H*W).reshape(N,C,H,W)
X_row = im2row_indices(X,kH,kW,S,P)
print(X)
print(X_row)
```

```
[[[[ 0  1  2  3]
   [ 4  5  6  7]
   [ 8  9 10 11]
   [12 13 14 15]]

  [[16 17 18 19]
   [20 21 22 23]
   [24 25 26 27]
```

```
  [28 29 30 31]]]

[[[32 33 34 35]
[36 37 38 39]
[40 41 42 43]
[44 45 46 47]]


[[48 49 50 51]
[52 53 54 55]
[56 57 58 59]
[60 61 62 63]]]]
[[ 0  1  4  5 16 17 20 21]
[ 1  2  5  6 17 18 21 22]
[ 2  3  6  7 18 19 22 23]
[ 4  5  8  9 20 21 24 25]
[ 5  6  9 10 21 22 25 26]
[ 6  7 10 11 22 23 26 27]
[ 8  9 12 13 24 25 28 29]
[ 9 10 13 14 25 26 29 30]
[10 11 14 15 26 27 30 31]
[32 33 36 37 48 49 52 53]
[33 34 37 38 49 50 53 54]
[34 35 38 39 50 51 54 55]
[36 37 40 41 52 53 56 57]
[37 38 41 42 53 54 57 58]
[38 39 42 43 54 55 58 59]
[40 41 44 45 56 57 60 61]
[41 42 45 46 57 58 61 62]
[42 43 46 47 58 59 62 63]]
```

執行以下程式，將資料區塊按行攤平的張量轉為原資料張量。

```python
def row2im_indices(rows, x_shape, kH, kW, S=1,P=0):
  N, C, H, W = x_shape
  H_pad, W_pad = H + 2 * P, W + 2 * P
  x_pad = np.zeros((N, C,H_pad, W_pad), dtype=rows.dtype)
  k, i, j = get_im2row_indices(x_shape, kH, kW, S,P)

  rows_reshaped = rows.reshape(N,-1,C * kH * kW)
```

```
np.add.at(x_pad, (slice(None), k, i, j), rows_reshaped)
if P == 0:
  return x_pad
return x_pad[:, :, P:-P, P:-P]
```

測試 get_im2row_indices() 函數和 6.3.4 節介紹的 row2im() 函數的計算結果
是否一致，程式如下。

```
import numpy as np

H,W  = 4,4
kH,kW = 2,2
oH,oW = 3,3
N,C,S,P  = 2,2,1,0
#F = 4


nRow = oH*oW*N
K2C = C*kH*kW


dx_row = X_row.copy()  #np.arange(nRow*K2C).reshape(nRow,K2C)
print("dx_row.shape",dx_row.shape)
#print("dx_row",dx_row)


dx = row2im(dx_row,oH,oW,kH,kW,S)
print("dx.shape",dx.shape)
print("dx[0,0,:,:]",dx[0,0,:,:])


#dx_row = dx_row.transpose()
dX = row2im_indices(dx_row,(N,C,H,W),kH,kW,S,P)
print("dX.shape",dX.shape)
print("dX[0,0,:,:]",dX[0,0,:,:])
print(dX)
```

```
dx_row.shape (18, 8)
dx.shape (2, 2, 4, 4)
dx[0,0,:,:] [[ 0.  2.  4.  3.]
 [ 8. 20. 24. 14.]
 [16. 36. 40. 22.]
 [12. 26. 28. 15.]]
dX.shape (2, 2, 4, 4)
```

```
dX[0,0,:,:] [[ 0  2  4  3]
 [ 8 20 24 14]
 [16 36 40 22]
 [12 26 28 15]]
[[[[ 0    2    4    3]
   [ 8   20   24   14]
   [ 16   36   40   22]
   [ 12   26   28   15]]

  [[ 16   34   36   19]
   [ 40   84   88   46]
   [ 48  100  104   54]
   [ 28   58   60   31]]]


 [[[ 32 66 68 35]
   [ 72 148 152 78]
   [ 80 164 168 86]
   [ 44 90 92 47]]

  [[ 48 98 100 51]
   [104 212 216 110]
   [112 228 232 118]
   [ 60 122 124 63]]]]
```

有了能直接將多維張量攤平為矩陣的函數 get_im2row_indices()，我們可以
編寫基於資料區塊的卷積操作的卷積層程式，具體如下。

```python
from Layers import *
from im2row import *

class Conv_fast():
    def __init__(self, in_channels, out_channels, kernel_size,
stride=1,padding=0):
            super().__init__()
            self.C = in_channels
            self.F = out_channels
            self.kH = kernel_size
            self.kW = kernel_size
            self.S = stride
```

```
        self.P = padding
        # filters is a 3d array with dimensions (num_filters, self.K, self.K)
        # you can also use Xavier Initialization.
        #self.K = np.random.randn(self.F, self.C, self.kH, self.kW)
        #/(self.K*self.K)
        self.K = np.random.normal(0,1,(self.F, self.C, self.kH, self.kW))
        self.b = np.zeros((1,self.F)) #,1))
        self.params = [self.K,self.b]
        self.grads = [np.zeros_like(self.K),np.zeros_like(self.b)]
        self.X = None
        self.reset_parameters()

    def reset_parameters(self):
        kaiming_uniform(self.K, a=math.sqrt(5))
        if self.b is not None:
            #fan_in, _ = calculate_fan_in_and_fan_out(self.K)
            fan_in = self.C
            bound = 1 / math.sqrt(fan_in)
            self.b[:] = np.random.uniform(-bound,bound,(self.b.shape))

    def forward(self,X):
        #轉為多通道
        self.X = X
        if len(X.shape)==1:
            X = X.reshape(X.shape[0],1,1,1)
        elif len(X.shape)==2:
            X = X.reshape(X.shape[0],X.shape[1],1,1)

        self.N,self.H,self.W = X.shape[0], X.shape[2], X.shape[3]
        S,P,kH,kW = self.S, self.P,self.kH,self.kW
        self.oH = (self.H - kH + 2*P)// S + 1
        self.oW = (self.W - kW + 2*P)// S + 1

        X_shape = (self.N,self.C,self.H,self.W)

        self.X_row = im2row_indices(X,self.kH,self.kW,S=self.S,P=self.P)

        K_col = self.K.reshape(self.F,-1).transpose()
        Z_row =  self.X_row @ K_col    + self.b #W_row @ self.X_row + self.b
```

```
        Z = Z_row.reshape(self.N,self.oH,self.oW,-1)
        Z = Z.transpose(0,3,1,2)
        return Z


    def __call__(self,x):
        return self.forward(x)


    def backward(self,dZ):

        if len(dZ.shape)<=2:
            dZ = dZ.reshape(dZ.shape[0],-1,self.oH,self.oW)
        K = self.K
        #將 dZ 攤平為和 Z_row 形狀相同的矩陣
        F = dZ.shape[1]                          #將(N,F,oH,oW)轉為(N,oH,oW,F)
        assert(F==self.F)
        dZ_row = dZ.transpose(0,2,3,1).reshape(-1,F)

        #計算損失函數關於卷積核心參數的梯度
        dK_col = np.dot(self.X_row.T,dZ_row) #X_row.T@dZ_row
        dK_col = dK_col.transpose(1,0)          #將 F 通道的軸從 axis=1 變為 axis=0
        dK = dK_col.reshape(self.K.shape)
        db = np.sum(dZ,axis=(0,2,3))
        db = db.reshape(-1,F)

        #計算損失函數關於卷積層輸入的梯度
        K_col = K.reshape(K.shape[0],-1).transpose() #攤平
        dX_row = np.dot(dZ_row,K_col.T)

        X_shape = (self.N,self.C,self.H,self.W)
        dX = row2im_indices(dX_row,X_shape,self.kH,self.kW,S =self.S,P = self.P)

        dX = dX.reshape(self.X.shape)
        self.grads[0] += dK
        self.grads[1] += db

        return dX

    #--------增加正則項的梯度-----
```

```
    def reg_grad(self,reg):
        self.grads[0]+= 2*reg * self.K

    def reg_loss(self,reg):
        return  reg*np.sum(self.K**2)

    def reg_loss_grad(self,reg):
        self.grads[0]+= 2*reg * self.K
        return  reg*np.sum(self.K**2)
```

用梯度檢驗這個卷積層的程式是否正確，範例如下。

```
import util

np.random.seed(1)

N,C,H,W = 4,3,5,5
F,kH,kW = 6,3,3
oH,oW = 3,3
x = np.random.randn(N,C,H,W)
y = np.random.randn(N,F,oH,oW)

conv = Conv_fast(C,F,kH,1,0)
f = conv.forward(x)

loss,do = util.mse_loss_grad(f,y)
dx = conv.backward(do)

def loss_f():
    f = conv.forward(x)
    loss,do = util.mse_loss_grad(f,y)
    return loss

dW_num = util.numerical_gradient(loss_f,conv.params[0],1e-6)

diff_error = lambda x, y: np.max(np.abs(x - y)/(np.maximum(1e-8, np.abs(x) + \
                                              np.abs(y) )) )
print(diff_error(conv.grads[0],dW_num))
#print("dW",conv.grads[0][:2])
#print("dW_num",dW_num[:2])
```

```
4.198542114313848e-07
```

為了比較快速卷積與一般卷積在時間效率上的差異，使用與 6.2.5 節相同的卷積神經網路對 MNIST 手寫數字集進行分類訓練，程式如下。

```
from Layers import *
import time
np.random.seed(0)

#N,C,H,W = 64,256,64,64
#F,kH= 128,5
N,C,H,W = 128,16,64,64
F,kH= 32,5
x = np.random.randn(N,C,H,W)
oH = H-kH+1
do = np.random.randn(N,F,oH,oH)

start = time.time()
conv = Conv(C,F,kH)
f = conv(x)
conv.backward(do)
done = time.time()
elapsed = done - start
print(elapsed)

start = time.time()
conv = Conv_fast(C,F,kH)
f = conv(x)
conv.backward(do)
done = time.time()
elapsed = done - start
print(elapsed)
```

```
476.4419822692871
29.02124047279358
```

可以看出，一般卷積需要 476 秒，快速卷積只要 29 秒。

將 6.2.5 節對 MNIST 手寫數字集進行分類訓練的卷積神經網路的卷積換成快速卷積，程式如下。

```
import pickle, gzip, urllib.request, json
import numpy as np
import os.path

if not os.path.isfile("mnist.pkl.gz"):
    # Load the dataset

urllib.request.urlretrieve("http://deeplearning.net/data/mnist/mnist.pkl.gz"
, "mnist.pkl.gz")

with gzip.open('mnist.pkl.gz', 'rb') as f:
    train_set, valid_set, test_set = pickle.load(f, encoding='latin1')

train_X, train_y = train_set
print(train_X.shape)
train_X = train_X.reshape((train_X.shape[0],1,28,28))
print(train_X.shape)
```

```
(50000, 784)
(50000, 1, 28, 28)
```

執行以下程式，對 MNIST 手寫數字集進行分類訓練，並繪製卷積神經網路的損失曲線，結果如圖 6-55 所示。

```
import train
from NeuralNetwork import *
import time

np.random.seed(1)

nn = NeuralNetwork()
nn.add_layer(Conv_fast(1,2,5,1,0))     # 1*2828-> 2*24*24    # 1*2828->
8*24*24
nn.add_layer(Pool((2,2,2)))            #           ->2*12*12    #        ->8*12*12
nn.add_layer(Conv_fast(2,4,5,1,0))     #       ->4*8*8    ->16*8*8
nn.add_layer(Pool((2,2,2)))            #       ->4*4*4      # ->16*4*4
nn.add_layer(Dense(64, 100))
nn.add_layer(Relu())
nn.add_layer(Dense(100, 10))
```

```
learning_rate = 1e-3 #1e-1
momentum = 0.9
optimizer = train.SGD(nn.parameters(),learning_rate,momentum)

epochs=1
batch_size = 64
reg = 1e-3
print_n=100

start = time.time()
X,y  =train_X,train_y
losses =
train.train_nn(nn,X,y,optimizer,util.cross_entropy_grad_loss,epochs,batch_si
ze,reg,print_n)
done = time.time()
elapsed = done - start
print(elapsed)

print(np.mean(nn.predict(X)==y))
```

```
[    1,  1] loss: 2.383
[  101,  1] loss: 2.316
[  201,  1] loss: 2.283
[  301,  1] loss: 2.160
[  401,  1] loss: 1.675
[  501,  1] loss: 1.091
[  601,  1] loss: 0.514
[  701,  1] loss: 0.659
690.5078177452087
0.83894
```

```
import matplotlib.pyplot as plt
%matplotlib inline
plt.plot(losses)
```

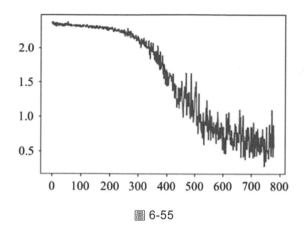

圖 6-55

6.5 典型卷積神經網路結構

1989 年，卷積神經網路結構的提出者 Yann LeCun 用反向傳播演算法訓練多層神經網路，以辨識手寫郵遞區號，其中的神經網路就是 LeNet（於 1994 年被提出）。儘管 Yann LeCun 並未在論文中提及卷積或卷積神經網路，只是說把 5 × 5 的相鄰區域作為感受野，但他在 1998 年提出了著名的 LeNet-5，標誌著卷積神經網路的真正誕生。由於當時硬體的運算能力有限，卷積神經網路的訓練會消耗大量的機器資源和時間，所以，卷積神經網路模型並沒有得到廣泛應用。

直到 2012 年，Alex Krizhevsky 用 GPU 實現了 AlexNet，並獲得了 ImageNet 圖型辨識競賽的冠軍，以深度卷積神經網路為代表的深度學習才開始迅速發展。隨後，研究人員提出了多種的神經網路結構，如 VGG、Inception 等。

6.5.1 LeNet-5

LeNet-5 是一個經典的卷積神經網路結構，採用「先卷積、再池化」的模式，從多通道輸入產生多通道輸出並縮小圖型的尺寸，如圖 6-56 所示。

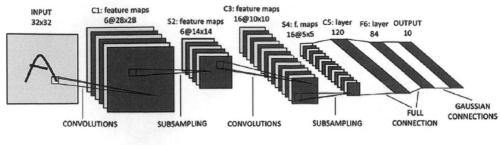

圖 6-56

在卷積層，一幅 $32 \times 32 \times 1$ 的圖型，透過 6 個跨度為 1、填充為 0 的 5×5 的卷積核心，產生 6 個 28×28 的特徵圖。然後，透過跨度為 2、大小為 2 的平均池化操作，產生 6 個 14×14 的特徵圖，即圖型的長和寬都是原來的一半。接下來，透過 16 個跨度為 1、填充為 0 的 5×5 的卷積核心，產生 16 個 10×10 的特徵圖。最後，透過跨度為 2、大小為 2 的平均池化操作，產生 16 個 5×5 的特徵圖。

全連接層有 120 個神經元，每個神經元接收前一層輸出的 16 個 5×5 的特徵圖的 400 個特徵值。每個神經元都會產生一個輸出。這 120 個神經元，將產生一個由 120 個輸出組成的一維向量，並傳送到下一個有 84 個神經元的全連接層。有 84 個神經元的全連接層，將其 84 個輸出傳送到最後的輸出層。如果需要進行 10 分類，那麼輸出層應包含 10 個神經元，每個神經元都會輸出一個樣本屬於對應類別的得分。這 10 個類別的得分，可以透過 softmax 函數與真正的目標值計算多分類交叉熵損失，從而對神經網路模型進行訓練。

6.5.2　AlexNet

AlexNet 是 Alex Krizhevsky 等人提出的卷積神經網路結構，在 2012 年的 ImageNet 圖型分類大賽中奪得了第一名，將 top-5 錯誤率提升了 10 多個百分點。AlexNet 的作者用 CUDA GPU 實現了平行的神經網路訓練演算法，使在合理的時間內訓練深度神經網路成為可能。

AlexNet 的結構，如圖 6-57 所示。

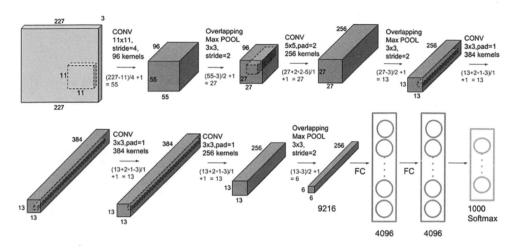

圖 6-57

假設輸入的是一幅 227 × 227 × 3 的彩色圖型，網路的計算過程為：經過 96 個跨度為 4 的 11 × 11 的卷積核心，產生 96 個 55 × 55 的特徵圖（因為跨度是 4，所以圖型縮小了 4 倍）；經過跨度為 2 的 3 × 3 的最大池化層，產生 96 個 27 × 27 的特徵圖；用 256 個跨度為 1、填充為 2 的 5 × 5 的卷積核心執行 same 卷積操作，產生 256 個 27 × 27 的特徵圖；經過跨度為 2 的 3 × 3 最大池化層，產生 256 個 13 × 13 的特徵圖；用 384 個跨度為 1、填充為 1 的 3 × 3 的卷積核心執行 same 卷積操作，產生 384 個 13 × 13 的特徵圖；執行與上一步相同的 same 卷積操作；用 256 個跨度為 1、填充為 1 的 3 × 3 卷積核心執行 same 卷積操作，產生 256 個 13 × 13 的特徵圖；經過跨度為 2 的 3 × 3 最大池化層，產生 256 個 6 × 6 的特徵圖；將這 256 個特徵圖展開為一個 6 × 6 × 256 = 9216 維的向量，然後將其輸出到一個有 4096 個神經元的全連接層；再經過一個有 4096 個神經元的全連接層；最後，透過一個有 1000 個神經元的全連接層，使用 softmax 函數輸出樣本屬於這 1000 個類別的機率。

AlexNet 與 LeNet 非常相似，但深度和規模比 LeNet 大得多——LeNet 有約
6 萬個參數，而 AlexNet 有約 6000 萬個參數。AlexNet 對 LeNet 的最重要
的改進是採用 ReLU 啟動函數，避免了深度神經網路的梯度消失問題。此
外，AlexNet 提出了 Dropout 的概念，即在某個隱藏層以一定的機率使一
些神經元的輸出為 0（不參與網路傳播），相當於在每次疊代時使用不同
的函數。這種正則化技術，實際上就是用多個簡單的網路函數組合表示被
訓練的模型函數。AlexNet 還提出了局部回應歸一化層，在某一層對特徵
圖某個位置上的所有通道的值進行歸一化（但後來人們發現它的作用不
大）。

AlexNet 的成功，使電腦視覺和人工智慧社區重新關注沉寂多年的神經網
路，尤其是深度卷積網路。研究人員開始確信，借助具有平行計算能力的
圖形處理器和巨量資料，神經網路的深度可以變得更深，原理簡單的深度
神經網路可以超越數學模型複雜的人工智慧技術，深度學習將成為機器學
習最重要的分支。實際上，現代人工智慧主要就是指深度學習。

6.5.3 VGG

VGG 是由牛津大學提出一種簡化的卷積網路結構，其主要貢獻是證明了
「增加網路的深度能夠在一定程度上提高網路最終的性能」。一般卷積網
路的不同卷積層的卷積核心大小是不一樣的，而 VGG 網路的所有卷積核
心的大小都是一樣的，因此，VGG 簡化了卷積神經網路的結構。VGG-16
是指 VGG 網路中的卷積層和全連接層一共有 16 個。只要網路夠深，就能
取得與複雜神經網路相同甚至更好的性能。VGG-16 網路的結構，如圖
6-58 所示。

其中，卷積核心的尺寸都是 3×3、跨度都為 1，池化視窗的尺寸都是
2×2、跨度都為 2。第一個卷積層的輸出通道數是 64，之後的卷積層的輸
出通道數是 128、256、512。當輸出通道數到達 512 後就不再增加了，原
因是 VGG-16 網路的作者認為通道數 512 已經夠大了。VGG 網路結構規

整,但需要的資料量很大。後來,有人提出了 VGG-19,但其與 VGG-16 的性能差別不大。

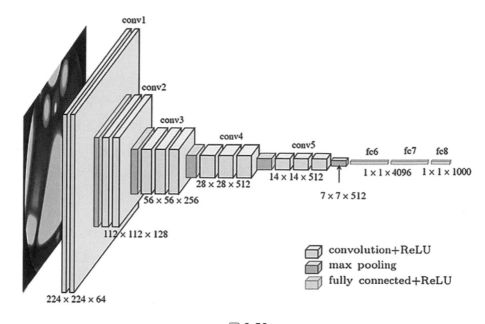

圖 6-58

6.5.4 殘差網路

殘差網路(Residual Networks)透過一種類似於「跳線」的技巧,在原本距離很遠的兩個網路層之間建立一個短路連接,打破了神經網路逐層傳遞的結構,從而避免了梯度爆炸和梯度消失問題。

如圖 6-59 左圖所示,是一個普通的神經網路結構,其計算過程如下。

$$x = a^{[0]} \to a^{[1]} \to a^{[2]} \to \cdots \to a^{[i-1]} \to a^{[i]} \to a^{[i+1]} \to \cdots \to a^{[L]}$$

殘差網路的「跳線」通常是有規律的,其結構如圖 6-59 右圖所示。

因為存在短路連接,所以,反向求導的梯度可以透過「跳線」從底層直接回饋到頂層,從而不會因為經過多個中間層的傳遞而導致梯度的衰減或爆炸。殘差網路是何凱明等人發明的,作者發現只要在不同層之間建立這些跳線連接，就能訓練更深的神經網路，借助於殘差網路結構，人們甚至可輕鬆地訓練 1000 層以上的神經網路。

由於殘差網路具有週期性的規律，因此，殘差網路可以看成是由同樣結構**殘差塊**組成的。

一個殘差塊的結構，如圖 6-60 所示。該殘差塊由兩個卷積塊組成，每個卷積塊先進行加權和計算，再計算啟動函數的輸出。該殘差塊在第二個卷積塊的啟動函數前，將第一個卷積塊的輸入和第二個卷積塊的加權和的輸出進行累加，然後透過啟動函數輸出。第一個卷積塊的輸入 x 經過這個卷積塊的加權和與啟動函數，輸入第二個卷積塊。第二個卷積塊的加權和 $F(x)$ 和第一個卷積塊的輸入 x 相加，得到 $F(x) + x$，然後輸入第二個卷積塊的啟動函數。

該殘差塊表示的函數 $x \to F(x) + x$ 在原來的函數 $x \to F(x)$ 的基礎上增加了一個恒等函數 $x \to x$，從而使 $x \to F(x)$ 盡可能接近 0，即將函數 $x \to F(x)$ 限制在一個很小的子空間內，這一點類似於透過對權值的正則化限制函數的範圍。另外，在反向求導時，對第二個卷積塊的輸出的梯度將透過恒等函數 $x \to x$ 直接傳給第一個卷積塊的輸入，從而避免了梯度消失問題。

從結構的角度看，如果將殘差塊看成和卷積塊一樣的整體模組，則殘差神經網路和普通神經網路的結構是一樣的，即殘差網路是由一系列首尾相接的殘差塊的串聯結構，具體如下。

$$F_1(x) + x = \text{ResBlock}_1 \to F_2(x) + x = \text{ResBlock}_2 \to \cdots \to F_n(x) + x = \text{ResBlock}_n$$

其中，ResBlock_i 表示一個殘差塊。普通神經網路可表示為

$$F_1(x) = \text{convBlock}_1 \to F_2(x) = \text{convBlock}_2 \to \cdots \to F_n(x) = \text{convBlock}_n$$

當然，一個殘差塊也可能是由多個卷積塊組成的，每個卷積塊都可能包含批次規範化層、池化層、Dropout 層等，即一個殘差塊可能包含幾個甚至十幾個不同類型的網路層。

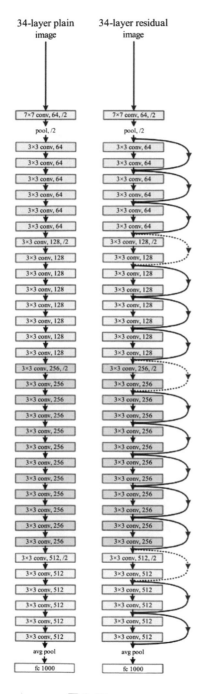

34-layer plain
image

34-layer residual
image

7×7 conv, 64, /2

pool, /2

3×3 conv, 64

3×3 conv, 64

3×3 conv, 64

3×3 conv, 64

3×3 conv, 64

3×3 conv, 64

3×3 conv, 128, /2

3×3 conv, 128

3×3 conv, 128

3×3 conv, 128

3×3 conv, 128

3×3 conv, 128

3×3 conv, 128

3×3 conv, 128

3×3 conv, 256, /2

3×3 conv, 256

3×3 conv, 256

3×3 conv, 256

3×3 conv, 256

3×3 conv, 256

3×3 conv, 256

3×3 conv, 256

3×3 conv, 256

3×3 conv, 256

3×3 conv, 256

3×3 conv, 256

3×3 conv, 512, /2

3×3 conv, 512

3×3 conv, 512

3×3 conv, 512

3×3 conv, 512

3×3 conv, 512

avg pool

fc 1000

圖 6-59

x

weight layer

ReLU

weight layer

$F(x)$

x
identity

$F(x)+x$ ⊕

ReLU

圖 6-60

6.5.5　Inception 網路

特徵在特徵圖上表現出來的巨大差異和可能發生的變化，使卷積運算正確選擇卷積核心的大小變得困難。針對不同的問題，卷積核心到底是用 3×3 的還是用 5×5 的呢？較大的卷積核心適合用來捕捉全域分佈的資訊，較小的卷積核心適合用來捕捉局部分佈的資訊。類似的問題在池化層中也存在。Google 提出的 Inception 網路的思想，就是讓網路自動選擇大小合適的卷積核心或池化視窗。為了達到這個目的，Inception 網路用 Inception 模組代替普通的卷積層。將多個不同尺寸的卷積核心（包括池化視窗）組合在一起組成的 Inception 模組，如圖 6-61 所示。

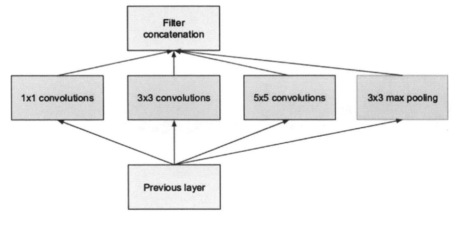

圖 6-61

Inception 模組的每種卷積核心都接收同樣的輸入，它們各自採用 same 卷積產生輸出通道數不同的特徵圖，這些特徵圖將被拼接成一個最終的特徵圖，如圖 6-62 所示。當然，Inception 模組中還可以包含池化層。池化層會使特徵圖變小。為了產生和原特徵圖尺寸相同的池化輸出特徵圖，需要使用帶有填充的 same 池化操作。

用 Inception 模組代替普通的卷積層和池化層，可以透過訓練自動學習合適的模型參數，從而自動選擇大小合適的卷積核心（池化視窗）。

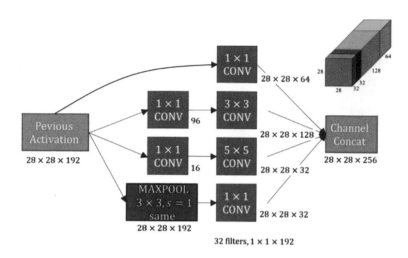

圖 6-62

不過，Inception 模組會導致模型參數量很大。舉例來說，對一個 $28 \times 28 \times 192$ 的輸入張量使用 32 個 $5 \times 5 \times 192$ 的卷積核心，將輸出一個 $28 \times 28 \times 32$ 的張量，輸出張量的每個元素都是透過一次 $5 \times 5 \times 192$ 的加權和計算得到的，因此，需要進行 $5 \times 5 \times 192 \times 28 \times 28 \times 32 = 120422400$ 次乘法計算。為了降低計算量，可在如 3×3、5×5、7×7 等尺寸大於 1 的卷積核心前面增加一個輸出通道數較少的 1×1 的卷積核心，如圖 6-63 所示。

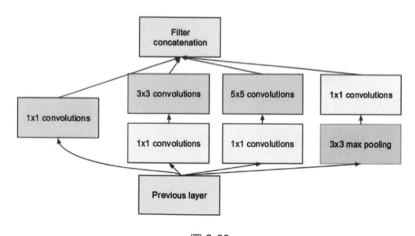

圖 6-63

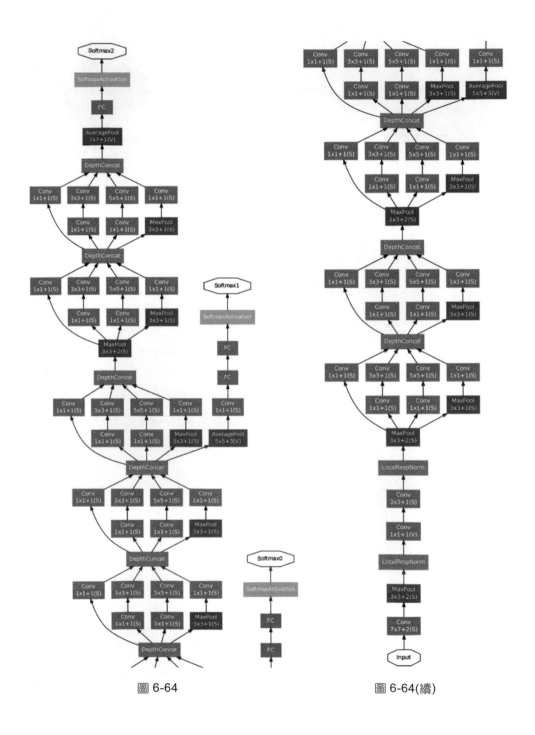

圖 6-64　　　　　　　　圖 6-64(續)

假設 1 × 1 的卷積核心的輸出通道數是 16，即 $1 \times 1 \times 16$，儘管增加了一個卷積核心，但計算量明顯減少了。對前面那個「對一個 $28 \times 28 \times 192$ 的輸入張量使用 32 個 $5 \times 5 \times 192$ 的卷積核心」的例子，增加一個 1 × 1 的卷積核心，計算量為 $1 \times 1 \times 192 \times 28 \times 28 \times 16 + 5 \times 5 \times 16 \times 28 \times 28 \times 32 = 12443648$ —— 大約僅為原來計算量的 10%（原來的計算量為 120422400）。因為池化層的輸出通道數總是和輸入相同，所以，為了減少使池化層的輸出通道數，應將這個 1 × 1 的卷積核心放在池化層的最後。

著名的 GoogLeNet（即 Inception V1）網路的結構，如圖 6-64 所示。在 Inception V1 的基礎上，人們提出了一些改進，產生了如 Inception V2、Inception V3、Inception V4 等版本。

6.5.6　NiN

通常在卷積層進行的是輸入的線性卷積運算，即對輸入進行線性加權和計算，再經過非線性啟動函數產生輸出，如圖 6-65 左圖所示。NiN（Network in Network，網路中的網路）則用一個小的網路代替線性卷積層，如圖 6-65 右圖所示。在這個小的網路上，NiN 的作者增加了 2 個全連接層。NiN 的作者認為，這樣做可以提高網路卷積層的非線性能力。

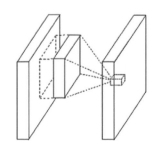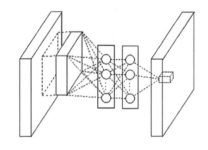

圖 6-65

NiN 的作者還用**全域平均值池化**代替了傳統的全連接層，對每個特徵圖進行全域平均值池化，使每個特徵圖只產生一個輸出值。這樣做不僅有效緩解了傳統全連接層由於要攤平特徵圖而產生大量參數的問題,還可以避免過擬合。由於每個特徵圖只產生一個輸出值,所以,全域池化層的輸入特徵圖的數目必須和類別的數目一致。舉例來説,對於 10 分類問題,特徵圖的數目必須是 10。

NiN 的網路結構,如圖 6-66 所示。

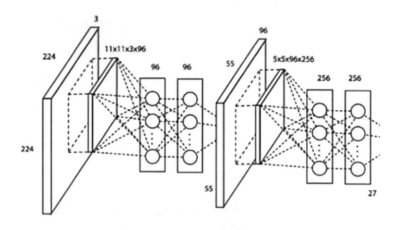

圖 6-66(前半部)

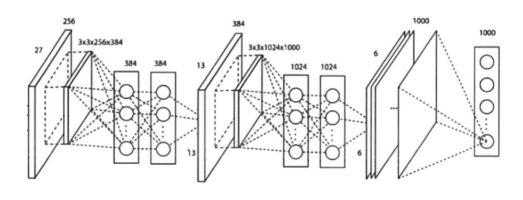

圖 6-66(後半部)

循環神經網路

本書前面介紹的神經網路，都假設樣本之間相互獨立，也就是說，不同資料的輸入和輸出是無關的。對一個樣本 $(x^{(i)}, y^{(i)})$，$y^{(i)}$ 的值只依賴其輸入 $x^{(i)}$，而與其他樣本（如 $(x^{(j)}, y^{(j)})$，$j \neq i$）的輸入和輸出無關。這種神經網路稱為一對一神經網路。

但是，有一些問題，其資料之間存在序列關係。舉例來說，一段影片是由根據時間順序產生的圖型組成的，一段文字或一個句子是由一系列有序單字排列而成的，一段音樂是由一系列有序音符組成的，一個蛋白質序列是一系列氨基酸的排列，一支股票的曲線包含每一時刻股票的價格。孤立地對一個序列中的單一資料進行判斷或預測是不可靠的。舉例來說，孤立地了解一篇文章或一段話中的某個詞是沒有意義的，孤立地透過影片的某一幀判斷影片中物體的運動情況（如圖型中的汽車是靜止、前進還是後退）是不可行的。再如，在機器翻譯中，對一個句子中的每個詞單獨進行處理，如將 "how do you do" 逐字翻譯成「怎麼做你做」，顯然是不行的。

循環神經網路（Recurrent Neural Network，RNN）是一種針對具有時序（次序）關係的**序列資料**的一種神經網路結構。循環神經網路是具有狀態記憶的網路，它可以記憶時間維度上的歷史資訊，具體表現在：對某個時刻 t，除了當前時刻的輸入資料（元素）x_t，還有一個記憶 t 時刻之前的資

訊的隱狀態 h_{t-1}。因此，t 時刻的輸入包含當前時刻的輸入 x_t 和歷史記憶狀態 h_{t-1}，t 時刻的輸出包含當前時刻的預測值 y_t 和新的歷史記憶狀態 h_t。隱狀態 h_t 沿著序列傳播，理論上可以包含之前所有時刻的歷史資訊。循環神經網路透過內部隱狀態（包含之前序列中的歷史資訊），對當前序列中的元素進行預測，從而對當前時刻做出更好的預測。

循環神經網路可用於解決資料之間具有序列依賴關係的問題，如自然語言處理（機器翻譯、文字生成、詞性標注、文字情感分析）、語音處理（辨識、合成）、音樂生成、蛋白質序列分析、影片理解與分析、股票預測等。

■ 7.1　序列問題和模型

資料之間具有序列關係的預測問題，就是根據當前時刻之前的所有序列資料，對當前時刻的目標值進行預測。舉例來說，根據一支股票的所有歷史資料預測當前時刻的股票價格。用 x_t 表示時刻 t 的資料特徵，用 y_t 表示希望預測的 t 時刻的目標值。和任何監督式機器學習一樣，序列資料的預測就是要學習一個映射或函數 $f:(x_1, x_2, \cdots, x_t) \to y_t$，即根據 t 時刻之前的所有時刻的資料特徵 $(x_1, x_2, \cdots, x_t)$ 去預測 t 時刻的目標值 y_t。

如果 x_t 和 y_t 是同一類型的資料，如 x_t 表示 t 時刻的股票價格，y_t 表示 t 時刻預測的目標價格，即 $t+1$ 時刻的股票價格 $y_t = x_{t+1}$，那麼這樣的序列資料預測問題稱為自回歸問題。

7.1.1　股票價格預測問題

根據一隻股票的歷史價格資料對其價格進行預測，就是一個典型的序列資料預測問題。執行以下程式，用 pandas 套件讀取 CSV 格式檔案 sp500.csv 中的股票資料。

```
import pandas as pd
data = pd.read_csv('sp500.csv')
data.head()
```

```
   Date       Open         High         Low          Close        Volume
0  03-01-00   1469.250000  1478.000000  1438.359985  1455.219971  931800000
1  04-01-00   1455.219971  1455.219971  1397.430054  1399.420044  1009000000
2  05-01-00   1399.420044  1413.270020  1377.680054  1402.109985  1085500000
3  06-01-00   1402.109985  1411.900024  1392.099976  1403.449951  1092300000
4  07-01-00   1403.449951  1441.469971  1400.729980  1441.469971  1225200000
```

在以上資料中，各列分別表示日期、開盤價、最高價、最低價、收盤價、成交量。為了便於機器學習演算法的訓練，需要對資料進行規範化。執行以下程式，可將除日期外的資料規範化。

```
data = data.iloc[:,1:6]
data = data.values.astype(float)
data = pd.DataFrame(data)
data = data.apply(lambda x: (x - np.mean(x)) / (np.max(x) - np.min(x)))
print(data[:3])
```

以上用於讀取股票資料的程式，可用一個函數來表示，具體如下。

```
import pandas as pd

def read_stock(filename,normalize = True):
    data = pd.read_csv(filename)
    data = data.iloc[:,1:6]
    data = data.values.astype(float)
    data = pd.DataFrame(data)
    if normalize:
        data = data.apply(lambda x: (x - np.mean(x)) / (np.max(x) - np.min(x)))
        return data

data = read_stock('sp500.csv')
print(data[:3])
```

```
          0         1         2         3         4
0 -0.005973 -0.005916 -0.015676 -0.012310 -0.191184
1 -0.012266 -0.016172 -0.034017 -0.037249 -0.184230
2 -0.037292 -0.035058 -0.042867 -0.036047 -0.177338
```

股票價格預測就是根據之前每一天的股票資料預測接下來一天的股票資料。對這個序列資料預測問題,每個時刻的資料 x_t 都包含開盤價、最高價、最低價、收盤價、成交量等資料特徵,預測的目標值 y_t 就是接下來一天的股票收盤價。

如果每個時刻的資料 x_t 只包含收盤價這一個特徵,需要預測的 y_t 也是收盤價,即它們是同一類型的資料,那麼,這樣的股票價格預測問題就是自回歸問題。執行以下程式,繪製收盤價的曲線,結果如圖 7-1 所示。

```
import numpy as np
import matplotlib.pyplot as plt
%matplotlib inline

x = np.array(data.iloc[:,-2])
print(x.shape)
plt.plot(x)
```

```
(4697,)
```

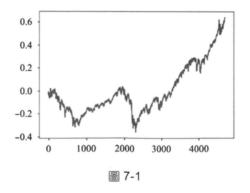

圖 7-1

7.1.2 機率序列模型和語言模型

1. 機率序列模型

序列資料的預測問題,有時並不需要直接對序列資料及其目標值的函數關係建模,而是根據序列資料來預測目標值的設定值機率,即確定以下條件機率。

$$y_t \sim p(y_t | x_1, \cdots, x_t)$$

也就是說，根據 t 時刻之前的所有序列資料 $(x_1, x_2, \cdots, x_t)$ 預測目標值 y_t 的設定值機率。目標值的數量通常很多甚至有無窮個，而這個預測問題就是確定每個可能的 y_t 值作為目標值的機率。這種根據序列資料預測目標值設定值機率的模型稱為**機率序列模型**。對於自回歸問題，機率序列模型表示為

$$x_t \sim p(x_t | x_1, \cdots, x_{t-1})$$

2. 語言模型

自然語言處理的基礎是建構一個語言模型。所謂語言模型，就是對敘述（句子）進行機率建模，以確定一個句子出現的機率。舉例來說，「我是華人」出現的機率顯然高於「華人是我」。一個句子通常是由一系列詞（Word）組成的，即句子是由片語成的有序序列。舉例來說，「我是華人」是由「我」、「是」、「華」、「人」4 個片語成的有序序列。假設一個句子由詞 $(w_1, w_2, w_3, \cdots, w_n)$ 組成，句子的機率可用 $P(w_1, w_2, w_3, \cdots, w_n)$ 表示。根據機率論，這個機率可以表示為

$$
\begin{aligned}
P(w_1, &w_2, w_3, \cdots, w_n) \\
&= P(w_1) * P(w_2 | w_1) * P(w_3 | w_1, w_2) * \cdots \\
&\quad * P(w_n | w_1, w_2, \cdots, w_{n-1})
\end{aligned}
$$

上式表示一系列條件機率的乘積。在本例中，w_1 首先出現的機率為 $P(w_1)$，在 w_1 出現的情況下 w_2 出現的機率為 $P(w_2 | w_1)$，在 (w_1, w_2) 出現的情況下 w_3 出現的機率為 $P(w_3 | w_1, w_2)$……在 $(w_1, w_2, \cdots, w_{n-1})$ 出現的情況下 w_n 出現的機率為 $P(w_n | w_1, w_2, \cdots, w_{n-1})$。根據上式，若能知道這些條件機率，即知道在 $(w_1, w_2, \cdots, w_{i-1})$ 出現的情況下 w_i 出現的機率 $P(w_i | w_1, w_2, \cdots, w_{i-1})$，就能知道由一系列詞語組成的句子的出現機率。可見，語言模型就是根據已有的詞序列來預測下一個詞，或說，預測詞表中每個詞出現的機率。

7.1.3 自回歸模型

對當前時刻預測的目標就是下一時刻資料的自回歸問題,建立的預測模型稱為**自回歸模型**(Auto Regressive Model,AR 模型)。自回歸模型可以是一個機率序列模型或一個函數模型。舉例來說,x_t 依賴於 $(x_1, \cdots, x_{t-1})$,自回歸模型可以是函數模型 $f : (x_1, \cdots, x_{t-1}) \to y_t$ 或機率序列模型 $P(x_t | x_1, \cdots, x_{t-1})$。

如果真實資料 x_t 只依賴之前長度為 τ 的資料 $(x_{t-\tau}, \cdots, x_{t-1})$,則稱這種序列資料滿足**馬可夫**(Markov)性質,這樣的自回歸模型稱為**馬可夫模型**。

最簡單的自回歸模型,假設 $(x_{t-\tau}, \cdots, x_{t-1})$ 和 x_t 之間滿足線性關係

$$x_t = a_0 + a_1 x_{t-1} + \cdots + a_\tau x_{t-\tau} + \epsilon$$

其中,ϵ 是取樣的隨機雜訊(也稱為白色雜訊)。

7.1.4 生成自回歸資料

在研究序列模型時,既可以使用實際的序列資料(如股票價格、自然語言文字),也可以透過模擬方法生成一些模擬的序列資料。舉例來說,執行以下程式,可將正弦函數和餘弦函數組合成一個函數,然後取樣該函數曲線的 y 座標值,以組成一個序列資料。根據函數值生成的自回歸資料,結果如圖 7-2 所示。

```python
import numpy as np
import matplotlib.pyplot as plt
%matplotlib inline

def gen_seq_data_from_function(f,ts):
    return f(ts)

T =5000
x = gen_seq_data_from_function(lambda ts:np.sin(ts*0.1)+np.cos(ts*0.2),\
                                            np.arange(0, T))
plt.plot(x[:500])
plt.show()
```

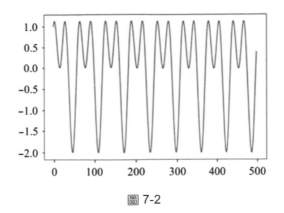

圖 7-2

透過上述方法生成的資料具有明顯的週期性,但實際的序列資料(如股票價格資料)不具有這種週期性。可以用 7.1.3 節介紹的最簡單的自回歸模型,從一些初始資料生成沒有週期性的序列資料,其步驟如下。

- 選擇合適的係數 $(a_0, a_1, \cdots, a_\tau)$。
- 生成最初的 τ 個隨機資料。
- 多次使用最簡單的自回歸模型公式(參見 7.1.3 節),生成下一個資料。

對自回歸模型的研究表明:只有在由係數組成的方程式 $x^\tau - a_0 x^{\tau-1} - a_1 x^{\tau-2} - \cdots - a_\tau$ 的根的絕對值不超過 1 時,自回歸模型才是穩定的;不然生成的資料是不穩定的。

init_coefficients() 函數用於生成穩定的自回歸模型的係數,程式如下。

```
np.random.seed(5)
def init_coefficients(n):
    while True:
        a = np.random.random(n) - 0.5
        coefficients = np.append(1, -a)
        if np.max(np.abs(np.roots(coefficients))) < 1:
            return a
init_coefficients(3)
```

```
array([-0.27800683,  0.37073231, -0.29328084])
```

generate_data() 函數可按照前面介紹的步驟生成自回歸資料。因為最初生成的資料，其分佈的差異很大，且會影響後面生成的資料（經過一段時間後，生成的資料才能達到穩定），所以，需要捨棄最初生成的一部分資料。以下程式透過最初生成的資料，根據自回歸模型生成自回歸資料，結果如圖 7-3 所示。

```
def generate_data(n,data_n,noise_value = 1,k=3):
    a = init_coefficients(n+1)
    x = np.zeros(data_n + n*(k+1))
    x_noise = np.zeros(data_n + n*(k+1))
    x_noise[:n]= np.random.randn(n)

    n_all = data_n + n*k
    for i in range(n_all):
        x[n+i] = np.dot(x_noise[i:n+i][::-1], a[1:]) +a[0]
        x_noise[n+i] = x[n+i] + noise_value * np.random.randn()

    x_noise = x_noise[k*n:]              #捨棄前面的 kxn 個實數
    x = x[k*n:]
    return x_noise,x

x,_ = generate_data(5,100)
plt.plot(x[:80])
plt.show()
```

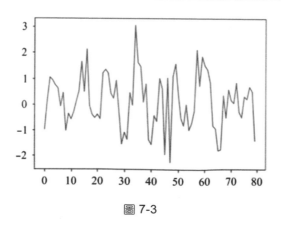

圖 7-3

7.1.5 時間窗方法

在一對一神經網路中，每個樣本的長度必須相同，即每個樣本的特徵數目必須相同。這種網路能否用於處理序列資料呢？實際上也是可以的，即從序列資料中總是截取長度相同的子序列作為一個整體，組成一個樣本的資料特徵。對一個序列資料 $x^{(i)}$，如果總是用 $x^{(i)}$ 之前的 T 個（包含 $x^{(i)}$）序列元素 $(x^{(i-T+1)}, \cdots, x^{(i-1)}, x^{(i)})$ 作為一個樣本的資料特徵去預測 $y^{(i)}$，就在一定程度考慮了不同 $x^{(i)}$ 之間的序列相關性。

舉例來說，在一個乒乓球遊戲中，透過球在某一時刻的位置是無法判斷球的運動情況的，即無法根據球在某一時刻的位置 $x^{(t)}$ 預測其運動速度 $v^{(t)}$。但如果將當前時刻和前面幾個時刻的球的位置組合起來，如將當前時刻和前面兩個時刻的球的位置組合成一個輸入資料特徵 $\hat{x}^{(t)} = (x^{(t-2)}, x^{(t-1)}, x^{(t)})$，就可以根據該資料特徵預測球的運動速度 $v^{(t)}$ 了。

這種將當前位置周圍長度固定的子序列作為當前位置的樣本資料特徵的方法，稱為**時間窗**方法。時間窗可直接透過一對一神經網路對序列資料進行處理。時間窗是一種處理時間序列的傳統方法，如在股票價格預測問題中根據某一天之前連續 60 天的股票資料預測這一天的股票價格、在語言模型中根據已知的 k 個詞預測下一個詞出現的機率。

時間窗方法將序列模型的預測問題轉為非序列資料的監督式學習問題，從而用非序列資料的監督式學習方法對序列資料的預測問題建模。下面將透過自回歸序列資料的預測問題來說明時間窗方法的應用。

7.1.6 時間窗取樣

對一個自回歸的序列資料 $\{x_t\}$，可以用一個長度固定為 T 的時間窗的資料 $(x_{t-T+1}, \cdots x_t)$ 預測下一個資料 x_{t+1}。可以將固定長度的序列 $(x_{t-T+1}, \cdots, x_t)$ 作為監督式學習的輸入，將 x_{t+1} 作為目標值，從而將問題轉為非序列資料的監督式學習問題。這樣，就可以用監督式學習的方法對問題進行建模和訓練了（如用非循環神經網路建模）。為此，我們需要準備模型訓練資料。

對於一個序列資料，可以從任意位置 i 截取長度為 $T+1$ 的序列 $x[i:i+T+1]$，組成監督式學習的樣本。$x[i:i+T]$ 組成樣本的資料特徵 x_i，$x[T+1]$ 就是目標值 y_i。對於長度為 n 的序列資料，i 的設定值範圍是 $[0, n-(T+1)-1]$。

在以下程式中，由這些樣本組成的集合 data_set 按比例分成了訓練集（x_train、y_train）和測試集（x_test、y_test），並從序列資料中按時間窗寬度 T 取樣訓練樣本。

```python
def gen_data_set(x,T,percentage = 0.9):
    L = T + 1
    data_set = []
    for i in range(len(x) - (T+1)):
        data_set.append(x[i: i + T+1])
    data_set = np.array(data_set)
    row = round(percentage * data_set.shape[0])
    train = data_set[:int(row), :]
    np.random.shuffle(train)
    x_train = train[:, :-1]
    y_train = train[:, -1]
    x_test = data_set[int(row):, :-1]
    y_test = data_set[int(row):, -1]
    return [x_train, y_train, x_test, y_test]

x = gen_seq_data_from_function(lambda ts:np.sin(ts*0.1)+np.cos(ts*0.2),\
                                np.arange(0, 5000))
x_train, y_train, x_test, y_test = gen_data_set(x, 50)

y_train = y_train.reshape(-1,1)
print(x_train.shape,y_train.shape)
```

```
(4454, 50) (4454, 1)
```

7.1.7 時間窗方法的建模和訓練

我們知道,對於從自回歸序列資料中按照固定時間窗取樣得到的訓練樣本,可使用監督式學習模型進行建模與訓練。執行以下程式,可用一個 2 層全連接神經網路對從函數值取樣的自回歸資料進行建模與訓練,訓練損失曲線如圖 7-4 所示。

```python
from NeuralNetwork import *
import util

hidden_dim = 50
n = x_train.shape[1]
print("n",n)
nn = NeuralNetwork()
nn.add_layer(Dense(n, hidden_dim)) #('xavier',0.01)))
nn.add_layer(Relu())
nn.add_layer(Dense(hidden_dim, 1)) #('xavier',0.01)))

learning_rate = 1e-2
momentum = 0.8 #0.9
optimizer = SGD(nn.parameters(),learning_rate,momentum)

epochs=20
batch_size = 200 # len(train_x) #200
reg = 1e-1
print_n=100

losses = train_nn(nn,x_train,y_train,optimizer, \
                  util.mse_loss_grad,epochs,batch_size,reg,print_n)
#print(losses[::len(losses)//50])
plt.plot(losses)
```

```
n 50
0 iter: 3.144681992803935
100 iter: 0.3332809082102651
200 iter: 0.13722749233747686
300 iter: 0.10941419118718776
400 iter: 0.10108511745662195
```

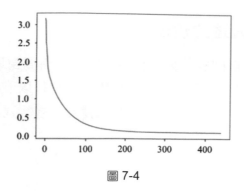

圖 7-4

7.1.8 長期預測和短期預測

對於自回歸序列資料,可以先從一個由初始的真實資料序列 $(x_0, x_1, \cdots, x_{T-1})$ 組成的樣本特徵來預測下一時刻 T 的輸出 x_T,然後,從 $(x_1, x_2, \cdots, x_T)$ 預測 x_{T+1},從 $(x_2, x_3, \cdots, x_{T+1})$ 預測 x_{T+2}……一直預測下去,即可從初始序列 $(x_0, x_1, \cdots, x_{T-1})$ 對其後多個時刻進行預測。這種預測稱為**遠期預測**或**長期預測**。由於預測結果不一定準確,所以,將預測值當成真實值去預測下一個值,結果會更不準確。也就是說,隨著時間的演進,預測值和真實值之間的誤差會越來越大。

另一種預測是**短期預測**,其極端情形是每個時刻總是用所對應的時間窗(如當前時刻 T 及其前面的 $T-1$ 時刻)的真實資料對下一時刻進行預測。因為短期預測的輸入資料樣本都是真實資料且只預測下一時刻的資料,所以預測效果較好。但需要注意的是,在短期預測中,每個時刻用於預測的資料都必須是真實資料,不能是之前時刻的預測資料。

執行以下程式,可採用長期預測的方法,從初始時刻的真實資料樣本預測後續一系列時刻的資料,並將這些預測值與測試集中對應的目標值進行視覺化比較,從而了解模型的性能。

```
x = x_test[0].copy()
x = x.reshape(1,-1)
ys =[]
for i in range(400):
```

```
    y = nn.forward(x)
    ys.append(y[0][0])
    x = np.delete(x,0,1)
    x = np.append(x, y.reshape(1,-1), axis=1)
ys  = ys[:]
plt.plot(ys[:400])
plt.plot(y_test[:400])
plt.xlabel("time")
plt.ylabel("value")
plt.legend(['y','y_real'])
```

用時間窗長度 $T = 50$ 的訓練模型進行長期預測，結果如圖 7-5 所示。可以看出，預測的結果和真實目標值接近。這是因為，曲線具有週期性，而 $T = 50$ 基本接近曲線的週期（$50 \times 0.1 = 5$，接近 $2\pi \approx 6.28$）。

如果時間窗的長度較短，如 $T = 10$，則預測結果如圖 7-6 所示。此時，預測結果很差，且越往後預測的準確性越低。這是因為，在將預測值作為真實值去預測後續時刻的值時，由於誤差是不斷累加的，所以誤差將越來越大。

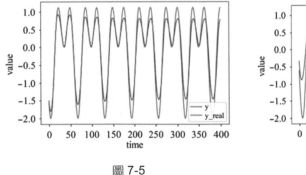

圖 7-5

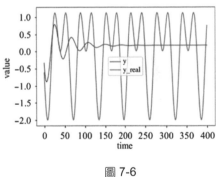

圖 7-6

執行以下程式，用訓練得到的神經網路進行短期預測，即每次都用真實值預測下一時刻的資料值。

```
ys =[]
for i in range(400):
    x = x_test[i].copy()
```

```
    x = x.reshape(1,-1)
    y = nn.forward(x)
    ys.append(y[0][0])
ys  = ys[:]
plt.plot(ys[:400])
plt.plot(y_test[:400])
plt.xlabel("time")
plt.ylabel("value")
plt.legend(['y','y_real'])
```

用時間窗長度 $T = 50$ 的訓練模型進行短期預測，結果如圖 7-7 所示。顯然，短期預測的結果比長期預測準確。

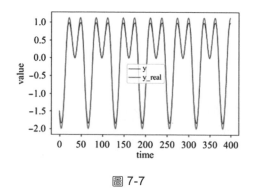

圖 7-7

7.1.9　股票價格預測的程式實現

將 sp500.csv 檔案中的股票收盤價作為序列資料，也可以用時間窗方法進行取樣訓練或樣本測試。執行以下程式，用長度為 100 的時間窗生成訓練集和測試集，即用前面 100 天的價格去預測接下來一天的價格。

```
x = np.array(data.iloc[:,-1])
print(x.shape)
x = x.reshape(-1,1)
print(x.shape)

x_train, y_train, x_test, y_test = gen_data_set(x, 100)
y_train = y_train.reshape(-1,1)
print(x_train.shape,y_train.shape)
```

```
(4697,)
(4697, 1)
(4136, 100, 1) (4136, 1)
```

執行以下程式，用訓練集的資料訓練一個神經網路模型。

```
hidden_dim = 500
n = x_train.shape[1]
print("n",n)
nn = NeuralNetwork()
nn.add_layer(Dense(n, hidden_dim))
nn.add_layer(Relu())
nn.add_layer(Dense(hidden_dim, 1))

learning_rate = 0.1
momentum = 0.8 #0.9
optimizer = SGD(nn.parameters(),learning_rate,momentum)

epochs=60
batch_size = 500 # len(train_x) #200
reg = 1e-6
print_n=50

losses = train_nn(nn,x_train,y_train,optimizer,util.mse_loss_grad,epochs, \
                  batch_size,reg,print_n)
plt.plot(losses)
```

```
n 100
0 iter: 0.04027576839624083
50 iter: 0.0005585708338086856
100 iter: 0.0004103264701123903
150 iter: 0.0003765723130633676
200 iter: 0.0003516184170804334
250 iter: 0.00035039658640954825
300 iter: 0.00030599817269094394
350 iter: 0.00031335621767437775
400 iter: 0.000308409636035205
450 iter: 0.0003134471927653575
```

時間窗長度 $T = 100$ 的股票資料的網路模型，其訓練損失曲線如圖 7-8 所示。

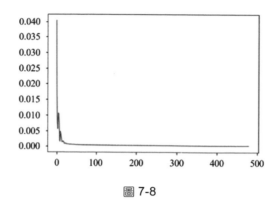

圖 7-8

執行以下程式，從測試集的第一個樣本開始進行長期預測，即不斷用預測值建構新的資料特徵去預測接下來一天的股票價格。

```
x = x_test[0].copy()
x = x.reshape(1,-1)
ys =[]
num = 400
for i in range(num):
    y = nn.forward(x)
    ys.append(y[0][0])
    x = np.delete(x,0,1)
    x = np.append(x, y.reshape(1,-1), axis=1)
ys  = ys[:]
plt.plot(ys[:num])
plt.plot(y_test[:num])
plt.xlabel("time")
plt.ylabel("value")
plt.legend(['y','y_real'])
```

用時間窗長度 $T = 400$ 的訓練模型進行長期預測，結果如圖 7-9 所示。可以看出，對於股票這種規律性較弱的序列資料，即使時間窗長度較長（$T = 400$），預測結果也不理想。

執行以下程式，採用短期預測方法進行預測。

```
ys =[]
num = 400
for i in range(num):
    x = x_test[i].copy()
    x = x.reshape(1,-1)
    y = nn.forward(x)
    ys.append(y[0][0])
    x = np.delete(x,0,1)
    x = np.append(x, y.reshape(1,-1), axis=1)
ys  = ys[:]
plt.plot(ys[:num])
plt.plot(y_test[:num])
plt.xlabel("time")
plt.ylabel("value")
plt.legend(['y','y_real'])
```

用時間窗長度 $T = 400$ 的訓練模型進行短期預測，結果如圖 7-10 所示。

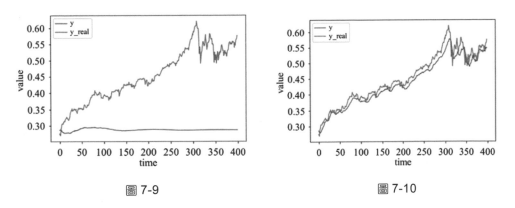

圖 7-9　　　　　　　　　　　　　圖 7-10

7.1.10　*k*-gram 語言模型

語言模型用於計算 $(w_1, w_2, \cdots, w_{n-1})$ 出現的情況下 w_n 出現的機率 $P(w_n|w_1, w_2, \cdots, w_{n-1})$。

根據 $P(A|B) = \frac{P(A \cap B)}{P(B)}$，條件機率 $P(w_i|w_1, w_2, \cdots, w_{i-1})$ 可表示為

$$P(w_i|w_1, w_2, \cdots, w_{i-1}) = \frac{P(w_1, w_2, w_3, \cdots, w_{i-1}, w_i)}{\sum_w P(w_1, w_2, w_3, \cdots, w_{i-1}, w)}$$
$$= \frac{P(w_1, w_2, w_3, \cdots, w_{i-1}, w_i)}{P(w_1, w_2, w_3, \cdots, w_{i-1})}$$

上式表示，用 $(w_1, w_2, w_3, \cdots, w_{i-1}, w_i)$ 同時出現的聯合機率 $P(w_1, w_2, w_3, \cdots, w_{i-1}, w_i)$，除以 $(w_1, w_2, w_3, \cdots, w_{i-1})$ 確定而 $w = w_i$ 可以隨機改變的邊緣機率 $\sum_w P(w_1, w_2, w_3, \cdots, w_{i-1}, w)$，即 $P(w_1, w_2, w_3, \cdots, w_{i-1})$。後者也被認為是只有隨機變數 $(w_1, w_2, w_3, \cdots, w_{i-1})$ 的聯合機率。

要想計算條件機率，就要求出聯合機率 $P(w_1, w_2, w_3, \cdots, w_{i-1})$、$P(w_1, w_2, w_3, \cdots, w_{i-1}, w_i)$。這些機率可以透過頻率逼近機率的統計方法進行計算。舉例來説，要統計 $w_1 = $ "華" 和 $w_2 = $ "人" 同時出現的聯合機率 $P($"華"$,$"人"$)$，可以在語料庫（如一篇文章）中統計「華人」出現的次數 n，並統計所有 w_1 和 w_2 是其他任意詞的組合（如「你好」、「打球」、「華語歌」）出現的次數 m，然後用頻率 $\frac{n}{m}$ 逼近機率 $P($"華"$,$"人"$)$。

但是，如果 i 的值比較大，那麼這種計算顯然不容易實現，即存在以下兩個問題。

- 因為 w_j 的數目很多，$(w_1, w_2, w_3, \cdots, w_{i-1}, w_i)$ 的組合的數目將是巨大的，所以，統計和計算 $P(w_1, w_2, w_3, \cdots, w_{i-1}, w_i)$ 是很困難的。
- 語料庫中很可能沒有序列 $(w_1, w_2, w_3, \cdots, w_{i-1}, w_i)$，而這會導致 $P(w_1, w_2, w_3, \cdots, w_{i-1}, w_i)$ 的值為 0。

為了解決上述計算條件機率依賴參數過多的問題，通常需要引入**馬可夫假設**，即假設一個詞出現的機率只與它前面出現的有限個詞有關。一種極端的情況是，一個詞的出現獨立於其周圍的詞，即它出現的機率不依賴其他詞，這種語言模型稱為 1 元語言模型（Unigram）。此時，句子 $S = w_1, w_2, w_3, \cdots, w_n$ 的機率計算變得非常簡單，公式如下。

$$P(w_1, w_2, w_3, \cdots, w_n) = P(w_1) * P(w_2) * P(w_3) * \cdots * P(w_n)$$

但是，這種語言模型顯然是不合理的，因為文字中詞的出現不都是相互獨立的，而是有依賴關係的。如果一個語言模型假設一個詞出現的機率僅依賴於它前面的那個詞，那麼這種語言模型稱為 2 元語言模型（Bigram），公式如下。

$$P(w_1, w_2, w_3, \cdots, w_n) = P(w_1) * P(w_2|w_1) * P(w_3|w_2) * \cdots * P(w_n|w_{n-1})$$

依此類推，如果一個語言模型假設一個詞出現的機率僅依賴於它前面的 $k-1$ 個詞，那麼這種語言模型稱為 **k 元語言模型**（k-gram）。k 元語言模型是時間窗方法在語言模型上的具體應用，即用前 $k-1$ 個詞預測下一個詞出現的機率。

顯然，k 的值越大，預測的準確率越高。例如：對於 2 元語言模型，如果當前詞是「華」，下一個詞可能有很多個，那麼預測下一個詞就很困難；對於 4 元語言模型，如果已經依次出現的詞是「我」、「是」、「華」，那麼下一個詞是「人」的機率（可能性）就會很高。但是，k 的值越大，上述兩個問題就會越嚴重。為了避免上述兩個問題，傳統的語言模型一般採用 3 元語言模型或 4 元語言模型（3-gram 或 4-gram）。如果建構了 k 元語言模型，那麼，根據已出現的 $k-1$ 個詞就能預測出詞表中的每個詞作為下一個詞出現的機率，也就能預測出整個敘述出現的機率。

語言模型是各種自然語言處理問題的基礎。舉例來說，可以用語言模型從最初的一些單字進行長期預測，即根據語言模型的機率取樣下一個詞，並不斷重複這樣的過程，生成後續的一系列詞，從而自動生成一個文字（如文章、小説、詩歌、散文、評論等）。

不過，k 元語言模型這種用固定長度的時間窗資料進行預測的方法，存在明顯的侷限，主要包括以下兩個方面。

■ 時間窗的長度很難確定。時間窗過短，會造成「短視」問題。舉例來說，在機器翻譯中經常需要根據很長的上下文才能準確了解當前詞的含義。再如，在文字生成中會根據前面很長的文字才能正確預測下一個詞，如「老張的兒子去學校的路上，看到了一個跌倒的老太太，趕緊停下車……老師聽説了這件事，在課堂上表揚了」這句話的最後一個詞是「他」還是「她」，需要根據前面的「兒子」這個詞才能確定。由於演算法的計算量和樣本資料長度成正比，時間窗越長，消耗的時間就越長，所以，對於語言模型，時間窗過長將使機率的估算變得非常困難。另外，對短序列樣本（如短句），需要填充很多空白元素，而這會造成空間浪費。綜上所述，對於許多序列資料問題，不同時刻的資料，依賴的序列長度經常是不同的、變化的，所以很難確定一個合適的時間窗長度。

- 用通常的神經網路對序列資料預測問題建模，模型參數的規模會隨著時間窗長度的增加而增大。相對於單獨處理每個原始資料樣本，如果採用長度為 3 的時間窗，那麼輸入資料樣本的長度將增加 3 倍。而為了更進一步地捕捉資料的特徵，每一層的神經元的數目也會對應地增加，這會使模型的參數量呈指數級增長，不僅會消耗更多的運算資源，也會使模型函數的複雜性增加，造成過擬合。

7.2　循環神經網路基礎

時間窗只是一種短期記憶行為，而人類在了解事物時，不但會利用短期記憶，還會利用過去的所有記憶。為了處理長度不固定的序列資料，研究人員模擬人類的長期記憶行為，發明了循環神經網路。

循環神經網路在傳統神經網路的神經元裡增加了**儲存/記憶單元**，使神經元可以保存歷史計算資訊。換句話説，神經元具有了記憶功能，每個時刻的計算不僅依賴當前的輸入，還依賴神經元儲存的歷史資訊，使資料及計算結果可以在時間維度上傳遞，從而使循環神經網路在理論上可以記憶任意長度序列的資訊。如同卷積神經網路可以提取空間維度的特徵，循環神經網路可以在時間維度上傳遞資訊，是非循環神經網路在時間維度上的擴充。

7.2.1 無記憶功能的非循環神經網路

前面介紹的神經網路都是無記憶功能的神經網路,表示的是一個沒有記憶功能的函數,不同樣本之間的輸入和輸出是相互獨立、沒有任何相關性的。將這樣的神經網路記為 $y = f(x)$,對於兩個不同的輸入 x_i、x_j,它們的輸出 $f(x_i)$、$f(x_j)$ 是相互獨立的。

非循環神經網路表示的函數,類似於程式語言中無記憶功能的函數。一個 Python 語言中的函數範例,具體如下。

```
def f(x):
    y = 0
    y += x*x
    return y

print(f(2),'\t',f(3))
print(f(3),'\t',f(2))
```

```
4    9
9    4
```

在以上程式中,不管是先計算 f(2)、再計算 f(3),還是先計算 f(2)、再計算 f(3),f(2) 和 f(3) 的結果都只依賴它們各自的輸入 2 和 3,與它們的執行順序無關。

用非循環神經網路從當前詞預測下一個詞的機率,這種預測也與詞的處理順序無關。假設語言模型中只有 3 個詞「好」、「喝」、「酒」,對於輸入的詞序列「好 喝 酒」中的每一個詞,神經網路都輸出了每一個詞作為下一個詞的機率,如圖 7-11 所示。非循換神經網路從詞「好」預測「好」、「喝」、「酒」作為下一個詞的機率和從詞「喝」預測「好」、「喝」、「酒」作為下一個詞的機率,是相互獨立的事件。

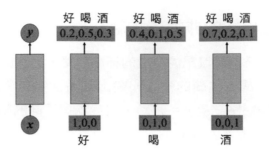

圖 7-11

也就是説，不管輸入序列是「好喝酒」、「酒好喝」還是「喝好酒」，從詞「好」預測「好」、「喝」、「酒」作為下一個詞的機率，結果都是一樣的。用這種神經網路表示語言模型，每個詞的輸出值依賴於其自身，和其他詞無關──這顯然是不合理的。

不失一般性，假設神經網路中只有一個（或一層）神經元，即

$$y = f(\boldsymbol{x}) = g(\boldsymbol{x}\boldsymbol{W} + b)$$

並假設使用的非線性啟動函數為 sigmoid，可用以下 Python 程式表示這種神經網路。

```python
class FNN(x):
    #省略部分程式
    def forward(self,x):
        y = sigmoid(np.dot(x,self.W)+self.b)
        return y
```

對於一組資料，可用 FNN() 函數計算這些資料的輸出，程式如下。

```python
nn = FNN()
y1 = nn.forward(x1)
y2 = nn.forward(x2)
y3 = nn.forward(x3)
```

其中，3 個預測敍述的順序對預測結果是沒有任何影響的。

如圖 7-11 所示，為了將一個詞作為樣本輸入神經網路，需要對每個詞進行量化，即轉為長度固定的向量。因為該語言模型中只有 3 個詞，所以，可

以用長度為 3 的 one-hot 向量區分這 3 個詞，即每個詞都對應於一個不同的 one-hot 向量，如「好 (1,0,0)」、「喝 (0,1,0)」、「酒 (0,0,1)」。

7.2.2　具有記憶功能的循環神經網路

和非循環神經網路不同，循環神經網路是一種具有記憶功能的神經網路，可以表示為 $y = f(x, h)$，即除輸入 x 外，還有一個隱狀態（Hidden State）變數 h 用於記錄計算過程。循環神經網路的函數，類似於程式語言中具有記憶功能的函數或類別，如 C 語言中包含靜態區域變數的函數，以及 C++、Java、Python 等語言中的類別物件。在以下程式中，rf 類別用一個資料屬性 h 記錄了計算的中間結果（狀態）。

```python
class rf( ):
    def __init__(self):
        self.h = 0

    def forward(self,x):
        self.h += 2*x
        return self.h+x*x

    def __call__(self,x):
        return self.forward(x)

f = rf()
print(f(2),'\t',f(3))
print(f(3),'\t',f(2))
```

```
8    19
25    24
```

對於一個輸入值，rf 類別的 forward() 方法在計算輸出時，不僅依賴輸入值，還依賴之前計算過程保存的資訊，因此，f(2) 和 f(3) 的輸出與它們的執行順序有關。rf 類別中記錄的之前計算的中間結果的變數，稱為狀態。

在循環神經網路內部，也有一個用於記錄/記憶計算過程資訊的變數 h。這個變數在循環神經網路中稱為**隱狀態（隱變數）**。在任意時刻 t，循環神經網路根據當前的輸入 $x^{\langle t \rangle}$ 和上一時刻（$t-1$ 時刻）的狀態變數 $h^{\langle t-1 \rangle}$，計算當前時刻的輸出 $f^{\langle t \rangle}$ 和狀態 $h^{\langle t \rangle}$，即循環神經網路的函數是有兩個輸入和兩個輸出的函數 $y, h = f(x, h)$ 或 $y^{\langle t \rangle}, h^{\langle t \rangle} = f(x^{\langle t \rangle}, h^{\langle t-1 \rangle})$。$t$ 時刻的狀態 $h^{\langle t \rangle}$，又會作為 $t+1$ 時刻的輸入，參與 $t+1$ 時刻的計算，即 $y^{\langle t+1 \rangle}, h^{\langle t+1 \rangle} = f(x^{\langle t+1 \rangle}, h^{\langle t \rangle})$。

隨時間變化的狀態變數 $h^{\langle t \rangle}$，儲存/記憶了歷史資訊。根據這個狀態變數表示的歷史資訊和當前時刻的資料，可以更進一步地進行預測。

循環神經網路通常用如圖 7-12 所示的圖示來表示，它和普通神經網路的區別是：當前時刻計算出來的隱狀態會作為下一時刻的輸入（所以，畫成了一個指向自身的箭頭）。此時，隱狀態變數既作為當前時刻計算的輸出，也作為下一時刻計算的輸入。

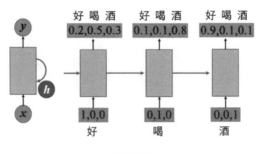

圖 7-12

在最初的時刻 $t = 0$，狀態變數 $h^{\langle -1 \rangle}$ 是初值為 0 的向量。對於 7.2.1 節中包含 3 個詞的語言模型，輸入為詞「好」所對應的特徵向量 $x^{\langle 0 \rangle} = (1,0,0)$，神經網路會根據這兩個輸入，計算當前時刻的輸出 $y^{\langle 0 \rangle}$ 和狀態變數 $h^{\langle 0 \rangle}$，公式如下。

$$y^{\langle 0 \rangle}, h^{\langle 0 \rangle} = f(x^{\langle 0 \rangle}, h^{\langle -1 \rangle})$$

在 $t = 1$ 時刻，輸入為 $x^{\langle 1 \rangle} = (0,1,0)$ 和上一時刻的狀態 $h^{\langle 0 \rangle}$，神經網路會計算新的輸出 $y^{\langle 1 \rangle}$ 和狀態 $h^{\langle 1 \rangle}$，公式如下。

$$y^{\langle 1 \rangle}, h^{\langle 1 \rangle} = f(x^{\langle 1 \rangle}, h^{\langle 0 \rangle})$$

在 $t = 2$ 時刻，輸入為 $x^{\langle 2 \rangle} = (0,0,1)$ 和上一時刻的狀態 $h^{\langle 1 \rangle}$，神經網路會計算新的輸出 $y^{\langle 2 \rangle}$ 和狀態 $h^{\langle 2 \rangle}$，公式如下。

$$y^{\langle 2 \rangle}, h^{\langle 2 \rangle} = f(x^{\langle 2 \rangle}, h^{\langle 1 \rangle})$$

考慮只有一個（或一層）神經元的最簡單的循環神經網路，用 $x^{\langle t \rangle}$、$h^{\langle t \rangle}$、$f^{\langle t \rangle}$ 分別表示輸入資料、狀態變數、輸出，循環神經網路的計算過程與只含一個（或一層）神經元的普通神經網路幾乎一樣，公式如下。

$$h^{\langle t \rangle} = g_h(h^{\langle t-1 \rangle}W_h + x^{\langle t \rangle}W_x + b_h)$$

$$f^{\langle t \rangle} = g_f(h^{\langle t \rangle}W_f + b_y)$$

其中，g_h 和 g_f 分別是計算當前時刻的狀態和輸出的啟動函數。

假設 g_h 是 tanh 函數，g_y 是 sigmoid 函數，以上計算過程可用以下程式表示。

```
class RNN:
  #省略部分程式
  def step(self, x):
    #更新隱狀態
    self.h = np.tanh(np.dot(self.h,self.W_hh) + np.dot(x,self.W_hx) )+self.b
    #計算輸出向量
    y = sigmoid(np.dot(self.h,self.W_hy)+self.b2)
    return y
```

對於一個時序資料 $(x^{\langle 1 \rangle}, x^{\langle 2 \rangle}, x^{\langle 3 \rangle})$，循環神經網路計算其輸出的範例程式如下。

```
rnn = RNN()
y1 = rnn.step(x1)       #同時計算了隱含的 h1
y2 = rnn.step(x2)       #同時計算了隱含的 h2
y3 = rnn.step(x3)       #同時計算了隱含的 h3
```

可見，循環神經網路結構與普通神經網路結構類似，唯一不同的是，循環神經網路在計算過程中會利用保存的隱狀態計算當前時刻的隱狀態和輸出，而非多個神經網路在時間維度上的複製，即在神經網路（神經元）中增加了一個保存上一時刻計算結果的狀態變數 $h^{\langle t \rangle}$。因此，循環神經網路的模型參數目不會隨時間的演進而增加，並且可以不斷呼叫 rnn.step() 方法在時間維度上展開，處理任意長度的序列。

採用時間窗方法的神經網路只能處理固定長度的序列，且模型參數的數目會隨時間窗長度的增加而增加，循環神經網路則完美地解決了時間窗方法存在的這兩個問題。

和一對一神經網路一樣，可以引入兩個輔助變數 $z_h^{\langle t \rangle}$、$z_f^{\langle t \rangle}$，將上述循環神經網路的計算過程表示成以下 4 個公式。

$$z_h^{\langle t \rangle} = x^{\langle t \rangle} W_x + h^{\langle t-1 \rangle} W_h + b^{\langle t \rangle}$$

$$h^{\langle t \rangle} = g_h \left(z_h^{\langle t \rangle} \right)$$

$$z_f^{\langle t \rangle} = h^{\langle t \rangle} W_f + b_f^{\langle t \rangle}$$

$$f^{\langle t \rangle} = g_o \left(z_f^{\langle t \rangle} \right)$$

只包含一個神經元或單一網路層的循環神經網路的正向計算過程，如圖 7-13 所示。引入了加權和中間變數 $z_h^{\langle t \rangle}$、$z_f^{\langle t \rangle}$ 的循環神經網路的正向計算過程，先根據輸入和前一時刻的隱狀態計算 $z_h^{\langle t \rangle}$，再根據啟動函數計算 $h^{\langle t \rangle}$，最後計算 $z_f^{\langle t \rangle}$ 和 $f^{\langle t \rangle}$。

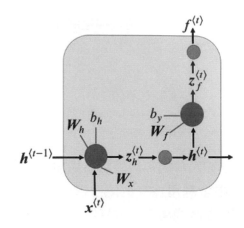

圖 7-13

另外，和普通的一對一神經網路一樣，循環神經網路也可以有多個層，前一層的輸出可以作為後一層的輸入，同時，每一層的神經元都有自己的狀態變數。如圖 7-14 所示，是一個 3 層循環神經網路。

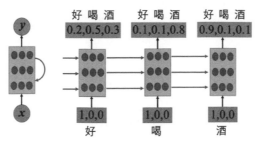

圖 7-14

如圖 7-14 所示的神經網路，是一個同步的多對多循環神經網路，即每個時刻的輸入都對應於一個輸出。還有非同步的多對多循環神經網路，如機器翻譯，只有遍歷句子中所有的詞，才能列出最終的翻譯結果。這種處理完輸入序列才產生輸出序列的循環神經網路結構，稱為**序列到序列**結構（參見 7.11 節），如圖 7-15 所示。

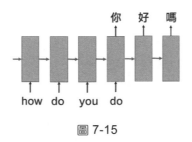

圖 7-15

當然，還有多對一循環神經網路，如對一個詞序列的文字進行分類（從對商品的評論中分析其所表現的好惡）。多對一循環神經網路，如圖 7-16 所示。

還有一對多循環神經網路，如圖 7-17 所示，指定一個輸入，就產生一個輸出序列。舉例來說，指定一個詞，自動生成由一系列詞組成的文字。再如，從一個音符自動生成一首樂曲。

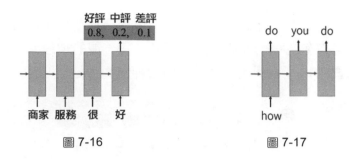

圖 7-16   圖 7-17

7.3 穿過時間的反向傳播

和非循環神經網路一樣,可以基於連鎖律用反向傳播演算法求損失函數關於循環神經網路的模型參數、隱狀態、輸入和輸出等變數的梯度。因為循環神經網路是基於時間計算每個時刻的隱狀態和輸出的,且每個時刻的隱狀態和輸出不僅依賴當前時刻的輸入,還依賴其前面時刻的隱狀態,而前面時刻的隱狀態又依賴更前面時刻的輸入資料和隱狀態,所以,循環神經網路的損失函數依賴每個時刻的隱狀態和輸出。

$$\mathcal{L}(f,y) = \mathcal{L}(f^{<1>},y^{<1>}) + \mathcal{L}(f^{<1>},y^{<1>}) + \cdots + \mathcal{L}(f^{<T>},y^{<T>})$$

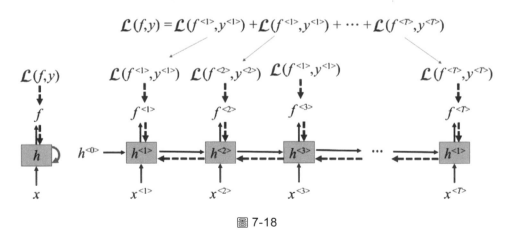

圖 7-18

我們知道,正向計算是按照時間順序展開計算的,反向傳播則是按照時間順序反向求解損失函數關於每一時刻的變數(隱狀態、模型參數等)的梯度的。以同步的多對多循環神經網路為例,假設網路中只有一層神經元

（多層神經網路也是一樣的），每個時刻都有預測值 $f^{\langle t \rangle}$、目標值 $y^{\langle t \rangle}$、損失值 $\mathcal{L}^{\langle t \rangle}$，如圖 7-18 所示。

整體損失是所有時刻的預測值和目標值的損失之和，即

$$\mathcal{L} = \sum_{t=1}^{T} \mathcal{L}^{(t)}$$

如果這是一個單向循環神經網路，即每個時刻的預測值只依賴其前面時刻的狀態，那麼圖 7-18 中的實線箭頭表示按照時間順序展開的正向計算，虛線箭頭表示按照時間順序的反向求導。每個時刻的損失函數都是前面時刻的變數（隱狀態、輸入）和模型參數的函數。在反向求導時，需要求這個損失函數關於其前面時刻的變數和模型參數的梯度。

對任意時刻 t，循環神經網路的反向求導過程中模型參數的梯度都包含當前時刻的損失和後續時刻的損失關於模型參數的梯度。其正向計算和反向求導過程，如圖 7-19 所示。也就是說，在任意時刻，既要計算當前時刻的損失關於模型參數的梯度，也要計算來自後一時刻的隱狀態梯度所貢獻的當前時刻模型參數的梯度（當前時刻模型參數的梯度，包含當前時刻的損失和後續時刻的損失關於模型參數的梯度）。

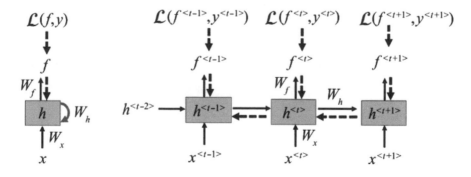

圖 7-19

引入中間變數（如 $\mathbf{z}_f^{\langle t \rangle}$、$\mathbf{z}_h^{\langle t \rangle}$），可以簡化模型參數梯度的計算過程。包含中間變數的正向計算和反向求導過程，如圖 7-20 所示。

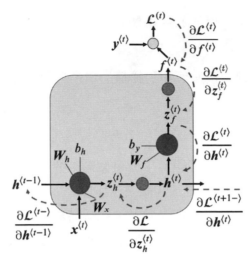

圖 7-20

根據連鎖律，假設已經透過反向求導求出了當前時刻的損失函數關於 $f^{\langle t \rangle}$ 的梯度 $\frac{\partial \mathcal{L}}{\partial f^{\langle t \rangle}}$ 和後續時刻的損失函數關於 $h^{\langle t \rangle}$ 的梯度 $\frac{\partial \mathcal{L}}{\partial h^{\langle t \rangle}}$。在此基礎上，就可以求出 t 時刻損失函數關於模型參數 W_f、W_h、W_x 和前一時刻的隱含變數 $h^{\langle t-1 \rangle}$ 的梯度（計算過程如圖 7-20 所示）了。

因為 t 時刻的輸出 $f^{\langle t \rangle}$ 只對 t 時刻的損失 $\mathcal{L}^{\langle t \rangle}$ 有貢獻，即只有 $\mathcal{L}^{\langle t \rangle}$ 依賴 $f^{\langle t \rangle}$，所以，整體損失函數 $\mathcal{L}$ 關於 $f^{\langle t \rangle}$ 的梯度 $\frac{\partial \mathcal{L}}{\partial f^{\langle t \rangle}}$ 的梯度就是 $\frac{\partial \mathcal{L}^{\langle t \rangle}}{\partial f^{\langle t \rangle}}$。可以根據具體的損失函數類型，透過 t 時刻的輸出 $f^{\langle t \rangle}$ 和目標值 $y^{\langle t \rangle}$ 求出該梯度。

注意：模型參數 W_f、W_h、W_x 在所有時刻都共用的。舉例來說，對於模型參數 W_f，整體損失函數關於它的梯度就是所有時刻的損失函數關於它的梯度之和，公式如下。

$$\frac{\partial \mathcal{L}}{\partial W_f} = \sum_{t=1}^{n} \frac{\partial \mathcal{L}^{\langle t \rangle}}{\partial W_f}$$

$\mathcal{L}^{\langle t \rangle}$ 是 t 時刻的預測值 $f^{\langle t \rangle}$ 和真實值 $y^{\langle t \rangle}$ 的誤差，即 $\mathcal{L}^{\langle t \rangle}$ 依賴於 $f^{\langle t \rangle}$，$f^{\langle t \rangle}$ 依賴於 $z_f^{\langle t \rangle}$，$z_f^{\langle t \rangle}$ 依賴於 W_f。因此，t 時刻的損失 $\mathcal{L}^{\langle t \rangle}$ 關於模型參數 W_f 的梯度為

$$\frac{\partial \mathcal{L}^{\langle t \rangle}}{\partial \boldsymbol{W}_f} = \frac{\partial \mathcal{L}^{\langle t \rangle}}{\partial \boldsymbol{z}_f^{\langle t \rangle}} \cdot \frac{\partial \boldsymbol{z}_f^{\langle t \rangle}}{\partial \boldsymbol{W}_f} = \boldsymbol{h}^{\langle t \rangle \mathrm{T}} \frac{\partial \mathcal{L}^{\langle t \rangle}}{\partial \boldsymbol{z}_f^{\langle t \rangle}} = \boldsymbol{h}^{\langle t \rangle \mathrm{T}} \frac{\partial \mathcal{L}^{\langle t \rangle}}{\partial f^{\langle t \rangle}} g_o{}'(\boldsymbol{z}_f^{\langle t \rangle})$$

將所有時刻的損失函數關於模型參數 $\boldsymbol{W}_f$ 的梯度累加，就獲得了總損失函數關於 $\boldsymbol{W}_f$ 的梯度，公式如下。

$$\frac{\partial \mathcal{L}}{\partial \boldsymbol{W}_f} = \sum_{t=1}^{n} \frac{\partial \mathcal{L}^{\langle t \rangle}}{\partial \boldsymbol{z}_f^{\langle t \rangle}} \cdot \frac{\partial \boldsymbol{z}_f^{\langle t \rangle}}{\partial \boldsymbol{W}_f} = \sum_{t=1}^{n} \boldsymbol{h}^{\langle t \rangle \mathrm{T}} \frac{\partial \mathcal{L}^{\langle t \rangle}}{\partial f^{\langle t \rangle}} g_o{}'(\boldsymbol{z}_f^{\langle t \rangle})$$

那麼，如何求 $\frac{\partial \mathcal{L}}{\partial \boldsymbol{h}^{\langle t \rangle}}$ 呢？t 時刻輸出的隱狀態 $\boldsymbol{h}^{\langle t \rangle}$，一方面輸出到 $f^{\langle t \rangle}$，另一方面作為 $t+1$ 時刻的輸入，也就是說，隱狀態 $\boldsymbol{h}^{\langle t \rangle}$ 既透過 $f^{\langle t \rangle}$ 影響當前時刻 t 的損失 $\mathcal{L}^{\langle t \rangle}$，又作為下一時刻的隱狀態的輸入，影響後續所有時刻的損失 $\mathcal{L}^{\langle t' \rangle}$（$t' > t$）。因此，損失函數關於 $\boldsymbol{h}^{\langle t \rangle}$ 的梯度可以分成兩部分來求，公式如下。

$$\frac{\partial \mathcal{L}}{\partial \boldsymbol{h}^{\langle t \rangle}} = \frac{\partial \mathcal{L}^{\langle t- \rangle}}{\partial \boldsymbol{h}^{\langle t \rangle}} = \frac{\partial \mathcal{L}^{\langle t \rangle}}{\partial \boldsymbol{h}^{\langle t \rangle}} + \frac{\partial \mathcal{L}^{\langle t+1- \rangle}}{\partial \boldsymbol{h}^{\langle t \rangle}} = \frac{\partial \mathcal{L}^{\langle t \rangle}}{\partial \boldsymbol{z}^{\langle t \rangle}} \cdot \frac{\partial \boldsymbol{z}^{\langle t \rangle}}{\partial \boldsymbol{h}^{\langle t \rangle}} + \frac{\partial \mathcal{L}^{\langle t+1- \rangle}}{\partial \boldsymbol{h}^{\langle t \rangle}}$$
$$= \frac{\partial \mathcal{L}^{\langle t \rangle}}{\partial \boldsymbol{z}^{\langle t \rangle}} \cdot \boldsymbol{W}_f^{\mathrm{T}} + \frac{\partial \mathcal{L}^{\langle t+1- \rangle}}{\partial \boldsymbol{h}^{\langle t \rangle}}$$

$\mathcal{L}^{\langle t- \rangle}$ 表示 t 及後續所有時刻的損失之和，即 $\mathcal{L}^{\langle t- \rangle} = \sum_{t'=t}^{n} L^{\langle t \rangle}$。$\mathcal{L}^{\langle t+1- \rangle}$ 表示 t 的後續所有時刻的損失之和，即 $\mathcal{L}^{\langle t+1- \rangle} = \sum_{t'=t+1}^{n} L^{\langle t \rangle}$。因為 $\boldsymbol{h}^{\langle t \rangle}$ 對 t 時刻之前的損失沒有影響，所以 $\frac{\partial \mathcal{L}}{\partial \boldsymbol{h}^{\langle t \rangle}} = \frac{\partial \mathcal{L}^{\langle t- \rangle}}{\partial \boldsymbol{h}^{\langle t \rangle}}$。

$\frac{\partial \mathcal{L}^{\langle t+1- \rangle}}{\partial \boldsymbol{h}^{\langle t \rangle}}$ 是 $t+1$ 時刻之後的損失關於 t 時刻的輸出的隱狀態 $\boldsymbol{h}^{\langle t \rangle}$ 的梯度，它來自反向求導過程中的 $t+1$ 時刻。當然，對於最後時刻，$\frac{\partial \mathcal{L}^{\langle T- \rangle}}{\partial \boldsymbol{h}^{\langle T \rangle}} = \frac{\partial \mathcal{L}^{\langle T \rangle}}{\partial \boldsymbol{h}^{\langle T \rangle}}$，即最後時刻的損失關於該時刻的隱狀態 $\boldsymbol{h}^{\langle T \rangle}$ 的梯度，公式如下。

$$\frac{\partial \mathcal{L}^{\langle T \rangle}}{\partial \boldsymbol{h}^{\langle T \rangle}} = \frac{\partial \mathcal{L}^{\langle T \rangle}}{\partial \boldsymbol{z}_f^{\langle T \rangle}} \cdot \boldsymbol{W}_f^{\mathrm{T}}$$

因為 $\boldsymbol{h}^{\langle t \rangle} = g_h(\boldsymbol{z}_h^{\langle t \rangle})$，所以，知道了 $\frac{\partial \mathcal{L}}{\partial \boldsymbol{h}^{\langle t \rangle}}$，就可以得到損失函數關於 $\boldsymbol{z}_h^{\langle t \rangle}$ 的梯度了，公式如下。

$$\frac{\partial \mathcal{L}^{\langle t- \rangle}}{\partial z_h^{\langle t \rangle}} = \frac{\partial \mathcal{L}}{\partial z_h^{\langle t \rangle}} = \frac{\partial \mathcal{L}}{\partial h^{\langle t \rangle}} \cdot g_h{'}(z_h^{\langle t \rangle})$$

進一步，可以得到損失函數關於模型參數 W_h、W_x 及前一時刻輸出的隱狀態 $h^{\langle t-1 \rangle}$ 的梯度，公式如下。

$$\frac{\partial \mathcal{L}^{\langle t- \rangle}}{\partial h^{\langle t-1 \rangle}} = \frac{\partial \mathcal{L}}{\partial z_h^{\langle t \rangle}} \cdot \frac{\partial z_h^{\langle t \rangle}}{\partial h^{\langle t-1 \rangle}} = \frac{\partial \mathcal{L}^{\langle t \rangle}}{\partial z_h^{\langle t \rangle}} \cdot W_h^{\mathrm{T}}$$

$$\frac{\partial \mathcal{L}}{\partial W_h} = \sum_{t=1}^{n} \frac{\partial \mathcal{L}^{\langle t- \rangle}}{\partial z_h^{\langle t \rangle}} \cdot \frac{\partial z_h^{\langle t \rangle}}{\partial W_h} = \sum_{t=1}^{n} h^{\langle t-1 \rangle \mathrm{T}} \frac{\partial \mathcal{L}^{\langle t- \rangle}}{\partial z_h^{\langle t \rangle}}$$

$$\frac{\partial \mathcal{L}}{\partial W_x} = \sum_{t=1}^{n} \frac{\partial \mathcal{L}^{\langle t- \rangle}}{\partial z_h^{\langle t \rangle}} \cdot \frac{\partial z_h^{\langle t \rangle}}{\partial W_x} = \sum_{t=1}^{n} x^{\langle t \rangle \mathrm{T}} \frac{\partial \mathcal{L}^{\langle t- \rangle}}{\partial z_h^{\langle t \rangle}}$$

假設循環神經網路中只有一個隱含層，$f^{\langle t \rangle}$ 是 t 時刻的輸出，$y^{\langle t \rangle}$ 是 t 時刻的真實值（對於多分類問題，$y^{\langle t \rangle}$ 可以是真實類別所對應的整數），那麼 t 時刻的多分類交叉熵損失 $L^{\langle t \rangle}$ 關於其輸出值 $z^{\langle t \rangle}$ 的梯度 dz，可以用程式表示如下。

```
dzf = np.copy(f[t])
dzf[y[t]] -= 1
```

關於 t 時刻的隱狀態 $h^{\langle t \rangle}$ 的梯度 dh，可以用程式表示如下。

```
dh = np.dot(dzf,Wf.T) + dh_next
```

知道了這兩個梯度，根據上述公式，就可以求出損失函數關於其他變數的梯度了。t 時刻的反向求導程式，範例如下。

```
dzf = np.copy(f[t])
dzf[y[t]] -= 1

dWf += np.dot(h[t].T,dzf)
dbf += dzf
dh = np.dot(dzf, Wf.T) + dh_next
dzh = (1 - h[t] * h[t]) * dh
dbh += dzh
```

```
    dWx += np.dot(x[t].T,dzh)
    dWh += np.dot(h[t-1].T,dzh)
    dh_pre = np.dot(dzh,Wh.T)
```

其中，dWf、dWx、dWh、dbh、dbf 表示損失函數關於模型參數的梯度，dh_next 表示損失函數關於 $t+1$ 時刻的隱狀態的梯度，dh 表示損失函數關於當前時刻的隱狀態的梯度，dh_pre 表示損失函數關於前一時刻的輸出隱狀態的梯度 $\frac{\partial L^{\langle t-\rangle}}{\partial \boldsymbol{h}^{\langle t-1\rangle}}$。

▌7.4 單層循環神經網路的實現

7.4.1 初始化模型參數

循環神經網路沿著時間維度對序列資料進行計算。假設在任意時刻 t，輸入是長度為 input_dim 的向量，單層神經網路的神經元數目為 hidden_dim，輸出是長度為 output_dim 的向量。可以用 init_rnn_parameters() 函數對模型參數進行初始化，程式如下。

```
import numpy as np
np.random.seed(1)
def rnn_params_init(input_dim, hidden_dim,output_dim,scale = 0.01):
    Wx = np.random.randn(input_dim, hidden_dim)*scale # input to hidden
    Wh = np.random.randn(hidden_dim, hidden_dim)*scale # hidden to hidden
    bh = np.zeros((1,hidden_dim)) # hidden bias

    Wf = np.random.randn(hidden_dim, output_dim)*scale # hidden to output
    bf = np.zeros((1,output_dim)) # output bias

    return [Wx,Wh,bh,Wf,bf]
```

除了需要初始化模型參數，還需要初始化循環神經網路的隱狀態向量。一個輸入樣本對應於一個隱狀態向量。在訓練模型時，如果輸入一批樣本 $\boldsymbol{X} = (\boldsymbol{x}^{(1)}, \boldsymbol{x}^{(2)}, \cdots, \boldsymbol{x}^{(m)})^{\mathrm{T}}$，就有一批對應的隱狀態向量 $\boldsymbol{H} = (\boldsymbol{h}^{(1)}, \boldsymbol{h}^{(2)}, \cdots, \boldsymbol{h}^{(m)})^{\mathrm{T}}$。以下函數用於初始化一批樣本的隱狀態向量。

```
def rnn_hidden_state_init(batch_dim, hidden_dim):
    return np.zeros((batch_dim,hidden_dim))
```

7.4.2 正向計算

在訓練循環神經網路時，通常要用序列資料進行訓練。如果採用批次梯度下降法，訓練模型的序列資料長度為 T，那麼，在 $t = 0,1,\cdots,T-1$ 的每個時刻都有一批樣本。在以下程式中，Xs 表示序列資料，其每個時刻的資料用 Xs[t] 表示。執行以下程式，可順序計算每個時刻（從 $t = 0$ 時刻到最後時刻）的隱狀態和輸出值。

```
def rnn_forward(params,Xs, H_):
    Wx, Wh, bh, Wf, bf = params
    H = H_ #np.copy(H_)

    Fs = []
    Hs = {}
    Hs[-1] = np.copy(H)

    for t in range(len(Xs)):
        X = Xs[t]
        H = np.tanh(np.dot(X, Wx) + np.dot(H, Wh) + bh)
        F = np.dot(H, Wf) + bf

        Fs.append(F)
        Hs[t] = H
    return Fs, Hs
```

其中，params 是模型參數，H_ 表示 $t = 0$ 時刻的隱狀態輸入（通常可初始化值為 0）。假設每個序列元素都是一個一維向量，則 Xs 是一個三維張量，即有 3 個軸，分別表示序列長度、批大小 batch_dim 和輸入資料長度 input_dim，如圖 7-21 所示。

Hs 可用一個字典表示。Hs[-1] 表示 $t = 0$ 時刻的輸入狀態，Hs[t] 表示 t 時刻的輸出狀態。因為 len(Hs) = len(Xs)+1，所以 Hs[len(Hs)-2] 就是最後時刻 len(Xs)-1 的狀態。每個 Hs[t] 都是一個二維張量，第 1 軸表示批大小，第 2 軸表示狀態向量的長度 hidden_dim。同理，Fs 表示所有時刻的輸出值，它既可以表示成一個三維張量，也可以用串列來表示。每個 Fs[t] 都是一個二維張量，第 1 軸表示批大小，第 2 軸表示輸出向量的大小 output_dim。

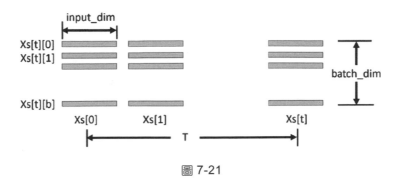

圖 7-21

可以將每個時刻的正向計算過程寫成一個單獨的函數 rnn_forward_step()，程式如下。

```
def rnn_forward_step(params,X, preH):
    Wx, Wh, bh, Wf, bf = params
    H = np.tanh(np.dot(X, Wx) + np.dot(preH, Wh) + bh)
    F = np.dot(H, Wf) + bf
    return F, H
```

其中，X 是某個時刻的輸入，preH 是前一時刻的隱狀態，它們都是二維張量。可以將所有時刻的正向計算過程寫成一個函數 rnn_forward_()，程式如下。

```
def rnn_forward_(params,Xs, H_):
    Wx, Wh, bh, Wf, bf = params
    H = H_

    Fs = []
    Hs = {}
    Hs[-1] = np.copy(H)

    for t in range(len(Xs)):
```

```
        X = Xs[t]
        F,H = rnn_forward_step(params,X,H)
        Fs.append(F)
        Hs[t] = H
    return Fs, Hs
```

7.4.3   損失函數

根據輸出值和目標值,可以計算模型的損失。假設有一個同步的多對多循環神經網路,需要計算每個時刻 t 的損失 $\mathcal{L}_t$。所有時刻的損失累加就是總損失 $\mathcal{L} = \sum_{t=1}^{T} \mathcal{L}_t$。

根據問題的不同,$\mathcal{L}_t$ 可以是回歸問題中的均方差損失,也可以是分類問題中的交叉熵損失。在以下程式中,rnn_lossg_rad() 函數使用傳入的函數物件參數 loss_fn() 計算每個時刻的損失 loss_t 和該損失關於輸出 Fs[i] 的梯度 dF_t,並將所有時刻的梯度放在一個字典變數 dFs 裡。

```
import util
def rnn_loss_grad(Fs,Ys,loss_fn =
util.loss_gradient_softmax_crossentropy,flatten = True):
    loss = 0
    dFs = {}

    for t in range(len(Fs)):
        F = Fs[t]
        Y = Ys[t]
        if flatten and Y.ndim>=2:
            Y = Y.flatten()
        loss_t,dF_t = loss_fn(F,Y)
        loss += loss_t
        dFs[t] = dF_t

    return loss,dFs
```

其中:loss_fn 預設為多分類交叉熵函數;在多分類問題中,Y 通常代表用整數表示的類別,即如果 Y 是一個二維張量,就需要將它攤平為一維張

量，才能正確計算交叉熵損失；參數 flatten 的預設值是 True，表示將 Y
攤平為一維張量。

7.4.4 反向求導

有了某一時刻損失函數關於該時刻的輸出的梯度，就可以透過反向求導得
到損失函數關於該時刻的中間變數（如隱狀態）和模型參數的梯度。在以
下程式中，backward() 函數用於計算梯度（該函數接收模型參數 params、
輸入資料序列 Xs、隱狀態 Hs、損失函數關於輸出的梯度 dZs）。

```python
import math
def grad_clipping(grads,alpha):
    norm = math.sqrt(sum((grad ** 2).sum() for grad in grads))
    if norm > alpha:
        ratio = alpha / norm
        for i in range(len(grads)):
            grads[i]*=ratio


def rnn_backward(params,Xs,Hs,dZs,clip_value = 5.): # Ys,loss_function):
    Wx, Wh,bh, Wf,bf = params
    dWx, dWh, dWf = np.zeros_like(Wx), np.zeros_like(Wh), np.zeros_like(Wf)
    dbh, dbf = np.zeros_like(bh), np.zeros_like(bf)

    dh_next = np.zeros_like(Hs[0])
    h = Hs
    x = Xs

    T = len(Xs)                 #序列長度（時刻長度）
    for t in reversed(range(T)):
        dZ = dZs[t]

        dWf += np.dot(h[t].T,dZ)

        dbf += np.sum(dZ, axis=0, keepdims=True)
        dh = np.dot(dZ, Wf.T) + dh_next
        dZh = (1 - h[t] * h[t]) * dh
```

```
        dbh += np.sum(dZh, axis=0, keepdims=True)
        dWx += np.dot(x[t].T,dZh)
        dWh += np.dot(h[t-1].T,dZh)
        dh_next = np.dot(dZh,Wh.T)

    grads =  [dWx, dWh, dbh,dWf, dbf]
    if clip_value is not None:
    grad_clipping(grads,clip_value)
    return grads
```

循環神經網路是按時間順序展開的，和深度神經網路一樣會出現梯度爆炸
和梯度消失問題。為了解決梯度爆炸問題，可採用梯度裁剪的方法，如上
述程式中在 backward() 函數的最後對梯度進行了裁剪（grad_clipping
(grads,5.)）。

同樣，可將每一時刻的反向求導編寫為一個單獨的函數 rnn_backward_
step()，程式如下。

```
def rnn_backward_step(params,dZ,X,H,H_,dh_next):
    Wx, Wh,bh, Wf,bf = params
    dWf = np.dot(H.T,dZ)

    dbf = np.sum(dZ, axis=0, keepdims=True)
    dh = np.dot(dZ, Wf.T) + dh_next
    dZh = (1 - H * H) * dh

    dbh = np.sum(dZh, axis=0, keepdims=True)
    dWx = np.dot(X.T,dZh)
    dWh = np.dot(H_.T,dZh)
    dh_next = np.dot(dZh,Wh.T)
    return dWx, dWh,dbh, dWf,dbf,dh_next
```

對序列資料進行反向求導的函數，可以呼叫以上反向求導函數，程式如
下。

```
def rnn_backward_(params,Xs,Hs,dZs,clip_value = 5.):
    Wx, Wh,bh, Wf,bf = params
    dWx, dWh, dWf = np.zeros_like(Wx), np.zeros_like(Wh), np.zeros_like(Wf)
```

```
    dbh, dbf = np.zeros_like(bh), np.zeros_like(bf)
    dh_next = np.zeros_like(Hs[0])


    T = len(Xs)                    #序列長度（時刻長度）
    for t in reversed(range(T)):
        dZ = dZs[t]
        H= Hs[t]
        H_ = Hs[t-1]
        X = Xs[t]

        dWx_,dWh_,dbh_,dWf_,dbf_,dh_next = rnn_backward_step(params,dZ,X,H,H_, \
                                        dh_next)
        for grad,grad_t in zip([dWx, dWh,dbh,
dWf,dbf],[dWx_,dWh_,dbh_,dWf_,dbf_]):
            grad+=grad_t

    grads =  [dWx, dWh, dbh,dWf, dbf]
    if clip_value is not None:
    grad_clipping(grads,clip_value)
    return grads
```

7.4.5　梯度驗證

為了驗證反向求導是否正確，可定義一個簡單的循環神經網路模型，並用
一組測試樣本來比較分析梯度和數值梯度。以下程式針對一個輸入、隱含
層、輸出層的大小分別是 4、10、4 的循環神經網路模型，生成了一組測
試樣本。

```
import numpy as np
np.random.seed(1)

#生成 4 個時刻、每批有 2 個樣本的一批樣本 Xs 及目標值
#定義一個輸入、隱含層、輸出層的大小分別是 4、10、4 的循環神經網路模型
if True:
    T = 5
    input_dim, hidden_dim,output_dim = 4,10,4
    batch_size = 1
    seq_len = 5
```

```
    Xs = np.random.rand(seq_len,batch_size,input_dim)
    #Ys = np.random.randint(input_dim,size = (seq_len,batch_size,output_dim))
    Ys = np.random.randint(input_dim,size = (seq_len,batch_size))
    #Ys = Ys.reshape(Ys.shape[0],Ys.shape[1])
else:
    input_size,hidden_size,output_size = 4,3,4
    batch_size = 1
    vocab_size = 4
    inputs = [0,1,2,2]    #hello
    targets = [1,2,2,3]
    Xs=[]
    Ys=[]
    for t in range(len(inputs)):
        X = np.zeros((1,vocab_size)) # encode in 1-of-k representation
        X[0,inputs[t]] = 1
        Xs.append(X)
        Ys.append(targets[t])

print(Xs)
print(Ys)
```

```
[[[4.17022005e-01 7.20324493e-01 1.14374817e-04 3.02332573e-01]]

 [[1.46755891e-01 9.23385948e-02 1.86260211e-01 3.45560727e-01]]

 [[3.96767474e-01 5.38816734e-01 4.19194514e-01 6.85219500e-01]]

 [[2.04452250e-01 8.78117436e-01 2.73875932e-02 6.70467510e-01]]

 [[4.17304802e-01 5.58689828e-01 1.40386939e-01 1.98101489e-01]]]
[[1]
 [1]
 [1]
 [3]
 [3]]
```

計算上述樣本的分析梯度，程式如下。

```
# --------cheack gradient-------------
params = rnn_params_init(input_dim, hidden_dim,output_dim)
H_0 = rnn_hidden_state_init(batch_size,hidden_dim)

Fs,Hs = rnn_forward(params,Xs,H_0)
loss_function = rnn_loss_grad
print(Fs[0].shape,Ys[0].shape)
loss,dFs = loss_function(Fs,Ys)
grads = rnn_backward(params,Xs,Hs,dFs)
```

```
(1, 4) (1,)
```

執行以下程式，定義用於計算循環神經網路模型的損失的輔助函數 rnn_loss()，然後呼叫 util 中的通用數值梯度函數 numerical_gradient() 計算循環神經網路模型參數的數值梯度，並和前面計算出來的分析梯度進行比較，同時，輸出第一個模型參數的梯度。

```
def rnn_loss():
    H_0 = np.zeros((1,hidden_dim))
    H = np.copy(H_0)
    Fs,Hs = rnn_forward(params,Xs,H)
    loss_function = rnn_loss_grad
    loss,dFs = loss_function(Fs,Ys)
    return loss

numerical_grads = util.numerical_gradient(rnn_loss,params,1e-6)
#rnn_numerical_gradient(rnn_loss,params,1e-10)
#diff_error = lambda x, y: np.max(np.abs(x - y))
diff_error = lambda x, y: np.max( np.abs(x - y)/(np.maximum(1e-8, np.abs(x) + \
                                  np.abs(y))))

print("loss",loss)
print("[dWx, dWh, dbh,dWf, dbf]")
for i in range(len(grads)):
    print(diff_error(grads[i],numerical_grads[i]))

print("grads",grads[1][:2])
print("numerical_grads",numerical_grads[1][:2])
```

```
loss 6.931604253116049
[dWx, dWh, dbh,dWf, dbf]
4.30868739852771e-06
0.00014321848390554473
8.225164888798296e-08
2.030282934604882e-07
1.155121982079175e-10
grads [[-2.39049602e-04   8.14220495e-05   1.57776751e-04   5.67414815e-05
  -2.52527076e-04   7.67751376e-05   8.81253550e-05   2.07270381e-04
  -6.92579913e-05   5.33532921e-05]
 [-1.59775181e-04   8.33693576e-05   7.68434971e-05   4.16925859e-05
  -1.31768112e-04   1.87065893e-05   3.02967764e-05   1.17071893e-04
  -3.32692578e-05   2.22690120e-05]]
numerical_grads [[-2.39049225e-04   8.14224244e-05   1.57776459e-04
5.67408343e-05
  -2.52526444e-04   7.67759190e-05   8.81255069e-05   2.07270645e-04
  -6.92583768e-05   5.33533218e-05]
 [-1.59774860e-04   8.33693115e-05   7.68434205e-05   4.16924273e-05
  -1.31767930e-04   1.87068139e-05   3.02966541e-05   1.17071686e-04
  -3.32689432e-05   2.22684093e-05]]
```

透過比較，可以判斷分析梯度的計算基本正確。

7.4.6　梯度下降訓練

在正向計算、反向求導的基礎上，可使用訓練樣本對循環神經網路模型進
行訓練。首先，定義最基本的更新參數的梯度最佳化器 SGD，程式如下。

```
class SGD():
    def __init__(self,model_params,learning_rate=0.01, momentum=0.9):
        self.params,self.lr,self.momentum = model_params,learning_rate,momentum
        self.vs = []
        for p in self.params:
            v = np.zeros_like(p)
            self.vs.append(v)

    def step(self,grads):
        for i in range(len(self.params)):
            grad = grads[i]
```

```
        self.vs[i] = self.momentum*self.vs[i]+self.lr* grad
        self.params[i] -= self.vs[i]

    def scale_learning_rate(self,scale):
        self.lr *= scale
```

當然，也可以使用其他參數最佳化器，如 AdaGrad 最佳化器，程式如下。

```
class AdaGrad():
    def __init__(self,model_params,learning_rate=0.01):
        self.params,self.lr= model_params,learning_rate
        self.vs = []
        self.delta = 1e-7
        for p in self.params:
            v = np.zeros_like(p)
            self.vs.append(v)

    def step(self,grads):
        for i in range(len(self.params)):
            grad = grads[i]
            self.vs[i] += grad**2
            self.params[i] -= self.lr* grad /(self.delta + np.sqrt(self.vs[i]))

    def scale_learning_rate(self,scale):
        self.lr *= scale
```

在以下程式中，訓練函數 rnn_train_epoch() 用資料疊代器 data_iter 遍歷訓
練集，完成一次訓練。該函數每次從資料疊代器 data_iter 中得到一批序列
訓練樣本，每個樣本序列 (Xs,Ys) 都是由多個時刻的樣本組成的，start 用
於表示該樣本序列是否和上一個樣本序列首尾相接。對每個樣本序列，先
用 rnn_forward(params,Xs,H) 函數計算每個時刻的輸出 Zs 和狀態 Hs，然後
用損失函數 loss_function(Zs,Ys) 根據輸出 Zs 和目標值 Ys 計算模型的損失
loss 及損失關於輸出的梯度 dzs，再透過反向求導函數 rnn_backward
(params,Xs,Hs,dzs) 計算損失關於模型參數的梯度，最後更新模型參數。
Iterations 表示最大疊代次數，用於防止疊代器無限循環。print_n 表示列印
資訊間隔的疊代次數。

```
def
rnn_train_epoch(params,data_iter,optimizer,iterations,loss_function,print_n=
100):
    Wx, Wh,bh, Wf,bf = params
    losses = []
    iter = 0

    hidden_size = Wh.shape[0]

    for Xs,Ys,start in data_iter:

        batch_size = Xs[0].shape[0]
        if start:
            H = rnn_hidden_state_init(batch_size,hidden_size)

        Zs,Hs = rnn_forward(params,Xs,H)
        loss,dzs = loss_function(Zs,Ys)

        if False:
            print("Z.shape",Zs[0].shape)
            print("Y.shape",Ys[0].shape)
            print("H",H.shape)

        dWx, dWh, dbh,dWf, dbf = rnn_backward(params,Xs,Hs,dzs)

        H = Hs[len(Hs)-2]                    #最後時刻的隱狀態向量

        grads = [dWx, dWh, dbh,dWf, dbf]
        optimizer.step(grads)
        losses.append(loss)

        if iter % print_n == 0:
            print ('iter %d, loss: %f' % (iter, loss))
        iter+=1

        if iter>iterations:break
    return losses,H
```

7.4.7 序列資料的取樣

循環神經網路可以用任意長度的序列資料進行訓練。舉例來説,要訓練一個由循環神經網路表示的語言模型,可以使用不同長度的句子(或説,詞序列)。這些用於訓練循環神經網路的序列資料,稱為**序列樣本**。

用於訓練循環神經網路的序列樣本,通常需要從一個更長的原始序列中選取(取樣)。舉例來説,在訓練語言模型時,原始資料可能是一個或多個包含很多句子的文字(稱為**語料庫**)。這時,需要從原始的長序列資料中取樣用於訓練的短小的序列樣本。再如,將由一支股票的歷史價格組成的序列資料作為原始資料,從中取出一個很小的價格序列作為序列樣本。

對於自回歸序列 $\{x_t\}$,其 t 時刻的目標值 y_t 就是該序列的下一個元素 x_{t+1}。對於 y_t 就是 x_{t+1} 的這種特殊序列,如果要透過程式取樣長度為 seq_len=T 的序列樣本,那麼可以從某個 τ 開始,取出長度為 T 的子序列 $(x_\tau, x_{\tau+1}, \cdots, x_{\tau+T-1})$ 作為序列樣本的輸入,$(x_{\tau+1}, x_{\tau+2}, \cdots, x_{\tau+T})$ 則作為序列樣本的目標值。這相當於:τ 時刻的輸入 x_τ 所對應的輸出是 $x_{\tau+1}$,$\tau+1$ 時刻的輸入 $x_{\tau+1}$ 所對應的輸出是 $x_{\tau+2}$……依此類推,$\tau+T-1$ 時刻的輸入 $x_{\tau+T-1}$ 所對應的輸出是 $x_{\tau+T}$,如圖 7-22 所示。

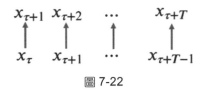

圖 7-22

為了訓練循環神經網路模型,可從原序列中取樣很多序列樣本作為訓練集。如果這些序列樣本的相鄰兩個序列樣本是首尾相接的,那麼這樣的取樣方式稱為**順序取樣**,否則稱為**隨機取樣**。舉例來説,對於以下序列

```
[0, 1, 2, 3, 4, 5, 6, 7, 8, 9, 10, 11, 12, 13, 14, 15, 16, 17, 18, 19]
```

順序取樣的序列樣本依次是

```
([0,1,2],[1,2,3])、([3,4,5],[4,5,6])、([6,7,8],[7,8,9])、
([9,10,11],[10,11,12])...
```

如果採用隨機取樣，那麼取樣的樣本序列可能是下面這樣的。

```
([0,1,2],[1,2,3])、([2,3,4],[3,4,5])、([12,13,14],[13,14,15])、
([7,8,9],[8,9,10])...
```

以上取樣的所有序列樣本的長度相同（都為 3）。實際上，序列樣本的長度可以不同（在這裡只是為了講解簡單，取樣長度相同的序列樣本）。

在用每個序列樣本訓練循環神經網路模型時，初始時刻的輸入的隱狀態通常被初始化為 0，表示沒有歷史計算資訊。但對於順序取樣，一個序列樣本的結束時刻正好是其後面那個序列樣本的開始時刻，因此，在處理一個序列時，可直接將前一個序列樣本的最後一個隱狀態作為後一個序列樣本的輸入的隱狀態，而非將隱狀態初始化為 0，從而利用前面的序列樣本更進一步地處理當前序列樣本，即在理論上使後面的序列樣本可以利用之前序列樣本中的歷史計算資訊。

在以下程式中，data 是原始序列資料，取樣的所有序列樣本的長度都是 T，疊代器函數採用順序取樣的方式產生序列樣本，即依次產生的序列樣本是首尾相接的。

```python
import numpy as np
def seg_data_iter_consecutive_one(data,T,start_range=0,repeat = False):
    n = len(data)
    if start_range>0:
        start = np.random.randint(0, start_range)
    else:
        start = 0
    end = n-T
    while True:
        for p in range(start,end,T):
            #選取一個訓練樣本
            X = data[p:p+T]
```

```
            Y = data[p+1:p+T+1] #[:,-1]
            #inputs = np.expand_dims(inputs, axis=1)
            #targets  = targets.reshape(-1,1)
            if p==start:
                yield X,Y,True
            else:
                yield X,Y,False
        if not repeat:
            return
```

在以上程式中：start_range 用於確定取樣的初始位置 start（預設值為 0，
表示總是從原始序列的開始進行取樣），使每次取樣都是從一個隨機位置
開始的（增強了取樣的隨機性）；repeat 表示是否重複取樣原始序列（預
設值為 False，表示對原始序列進行 1 次取樣）；返回值中的第 3 個表示這
個序列樣本是否為第 1 個樣本。

執行以下程式，對 seg_data_iter_consecutive_one() 函數進行測試。可以看
出，這裡採用的是順序取樣。

```
data = [0, 1, 2, 3, 4, 5, 6, 7, 8, 9, 10, 11, 12, 13, 14, 15, 16, 17, 18, 19]
data_it = seg_data_iter_consecutive_one(data,3,5)
for X,Y,_ in data_it:
    print(X,Y)
```

```
[4, 5, 6] [5, 6, 7]
[7, 8, 9] [8, 9, 10]
[10, 11, 12] [11, 12, 13]
[13, 14, 15] [14, 15, 16]
[16, 17, 18] [17, 18, 19]
```

隨機取樣不需要保證依次取樣的兩個序列樣本是首尾相接的，其程式實現
比順序取樣簡單。一個隨機取樣疊代器函數，程式如下。

```
import numpy as np
import random
def seg_data_iter_random_one(data,T,repeat = False):
    while True:
        end = len(data)-T
        indices = list(range(0, end))
```

```
        random.shuffle(indices)
        for i in range(end):
            p = indices[i]
            X = data[p:p+T]
            Y = data[p+1:p+T+1]
            yield X,Y
        if not repeat:
            return
```

呼叫隨機取樣函數 seg_data_iter_random_one()，程式如下。

```
data_it = seg_data_iter_random_one(data,3)
i=0
for X,Y in data_it:
    print(X,Y)
    i+=1
    if i==3: break
```

```
[13, 14, 15] [14, 15, 16]
[16, 17, 18] [17, 18, 19]
[11, 12, 13] [12, 13, 14]
```

在訓練神經網路時，每次疊代可能不是使用一個序列樣本，而是使用一批序列樣本。對於批樣本的取樣，同樣分為順序取樣和隨機取樣。假設一批樣本有 batch_size 個，可重複呼叫 seg_data_ iter_consecutive_one() 函數 batch_size 次，得到 batch_size 個序列樣本。但是，這種簡單的批取樣方式存在一個問題，就是同一批樣本可能相關度很高甚至是同一個序列樣本。我們知道，如果一批序列樣本是同一個序列樣本，其效果就等於一個序列樣本，失去了一批樣本訓練的意義。

對於隨機取樣，只要保證每批序列樣本的開始位置不同就可以了。將上述函數稍做修改，在索引陣列 indices 中從頭開始，每次依次取出連續的 batch_size 個索引作為每個序列樣本的開始位置。因為在 for 循環前面已經對索引陣列 indices 進行了亂數處理（random.shuffle(indices)），所以一批樣本中的每個序列樣本在位置上也是隨機分散的，從而得到隨機取一批序列樣本的函數 seg_ data_iter_random()。相關程式如下。

```
import numpy as np
import random
def seg_data_iter_random(data,T,batch_size,repeat = False):
    while True:
        end = len(data)-T
        indices = list(range(0, end))
        random.shuffle(indices)
        for i in range(0,end,batch_size):
            batch_indices = indices[i:(i+batch_size)]
            X = [data[p:p+T] for p in batch_indices]
            Y = [data[p+1:p+T+1] for p in batch_indices]
            yield X,Y
        if not repeat:
            return
```

對 seg_data_iter_random() 函數進行測試，程式如下。

```
data_it = seg_data_iter_random(data,3,2)
i=0
for X,Y in data_it:
    print("X:",X)
    print("Y:",Y)
    i+=1
    if i==3: break
```

```
X: [[10, 11, 12], [6, 7, 8]]
Y: [[11, 12, 13], [7, 8, 9]]
X: [[13, 14, 15], [11, 12, 13]]
Y: [[14, 15, 16], [12, 13, 14]]
X: [[16, 17, 18], [9, 10, 11]]
Y: [[17, 18, 19], [10, 11, 12]]
```

循環神經網路對於每個輸入的樣本，都有一個單獨的隱狀態與之對應，同一批的不同序列樣本對應的是不同的隱狀態。如果希望兩批樣本是首尾相接的，後面的批訓練序列可以直接利用前一批訓練序列的隱狀態，而不需要每次都初始化隱狀態，從而利用更多的歷史資訊，那麼，順序取樣需要保證每一批的對應樣本之間是首尾相接的。

如圖 7-23 所示：假設每一批有兩個資料，則第二批的第 1 個資料和第一批的第 1 個資料應該是首尾相接的；同樣，第二批的第 2 個資料和第一批的第 2 個資料應該是首尾相接的。所有批中的第 1 個資料組成了第 1 個序列樣本，所有批中的第 2 個資料組成了第 2 個序列樣本。批樣本的第 1 個序列樣本（上行）的資料是首尾相接的，第 2 個序列樣本（下行）的資料是首尾相接的。

圖 7-23

如何保證所有批都是首尾相接的？一種簡單的解決方式是將原始資料劃分成 batch_size 個子部分，在每個子部分用順序取樣的方法取樣一個序列樣本。這樣就自然保證了 batch_size 個序列樣本是首尾相接的，且每批樣本來自不同的部分。

執行以下程式，可以將資料序列劃分成 batch_size 個子部分。

```
batch_size  = 2
data= np.array(data)
data = data.reshape(batch_size,-1)
print(data)
```

```
[[ 0  1  2  3  4  5  6  7  8  9]
 [10 11 12 13 14 15 16 17 18 19]]
```

從第一部分中取出序列樣本 [0,1,2]，從第二部分中取出序列樣本 [10,11,12]，可組成一個批序列樣本。從第一部分取出序列樣本 [3,4,5]，從第二部分取出序列樣本 [13,14,15]，可組成一個批序列樣本。從第一部分取出序列樣本 [6,7,8]，從第二部分取出序列樣本 [16,17,18]，可組成一個批序列樣本。

每個序列樣本除輸入外，還應包含作為目標的序列，而目標序列正好比輸入序列往後一個位置，因此，可以用下列程式產生 2×batch_size 個子區塊。

```
data = np.array(range(20))
```

```
print(data)
batch_size = 2
block_len = (len(data)-1)//2
print(block_len)
data_x = data[0:block_len*batch_size]
data_x = data_x.reshape(batch_size,-1)
print(data_x)

data_y = data[1:1+block_len*batch_size]
data_y = data_y.reshape(batch_size,-1)
print(data_y)
```

執行以上程式，data_x 有 batch_size 個子區塊，用於產生輸入序列樣本，data_y 是和 data_x 錯開一個位置的 batch_size 個子區塊，用於組成目標序列樣本，具體如下。

```
[ 0  1  2  3  4  5  6  7  8  9 10 11 12 13 14 15 16 17 18 19]
9
[[ 0  1  2  3  4  5  6  7  8]
 [ 9 10 11 12 13 14 15 16 17]]
[[ 1  2  3  4  5  6  7  8  9]
 [10 11 12 13 14 15 16 17 18]]
```

現在，可以從 data_x 和 data_y 的第 1 行中各取出一個序列，分別作為輸入序列和目標序列，即 x1 = [0,1,2]、y1 = [1,2,3]，然後，分別從它們的第 2 行中取出序列樣本 x2 = [10,11,12]、y2 = [11,12,13]，組成第 1 批序列樣本，具體如下。

```
x1 = [0,1,2],y1 = [1,2,3],
x2 = [10,11,12],y2 = [11,12,13]]
```

使用同樣的方法，可以取出第 2 批序列樣本，具體如下。

```
x1 = [3,4,5],y1 = [4,5,6]
x2 = [13,14,15],y2 = [14,15,16]
```

取出第 3 批序列樣本，具體如下。

```
x1=[6,7,8],y1=[7,8,9]
```

```
x2 = [16,17,18],x2 = [17,18,19]
```

根據上述方法，可以編寫批順序取樣函數 rnn_data_iter_consecutive() 的程式，具體如下。

```
def rnn_data_iter_consecutive(data, batch_size, seq_len,start_range=10):
    #每次在 data[start:] 裡取樣，使每個 epoch 的訓練樣本不同
    start = np.random.randint(0, start_range)
    block_len = (len(data)-start-1) // batch_size    #每個區塊的長度為 block_len

    Xs = data[start:start+block_len*batch_size]
    Xs = Xs.reshape(batch_size,-1)
    Ys = data[start+1:start+block_len*batch_size+1]
    Ys = Ys.reshape(batch_size,-1)

    #在每個區塊裡取樣長度為 seq_len 的序列樣本
    num_batches = Xs.shape[1] // seq_len             #多少批樣本
    end_pos = num_batches * seq_len
    for i in range(0, end_pos, seq_len):             #取樣一批樣本
        X = Xs[:,i:(i+seq_len)]
        Y = Ys[:,i:(i+seq_len)]
        yield X, Y
```

執行以下程式，對上述函數進行測試。

```
data = list(range(20))
print(data[:20])
data_it = rnn_data_iter_consecutive(np.array(data[:20]),2,3,1)

for X,Y in data_it:
    print("X:",X)
    print("Y:",Y)
```

```
[0, 1, 2, 3, 4, 5, 6, 7, 8, 9, 10, 11, 12, 13, 14, 15, 16, 17, 18, 19]
X: [[ 0  1  2]
 [ 9 10 11]]
Y: [[ 1  2  3]
 [10 11 12]]
X: [[ 3  4  5]
 [12 13 14]]
```

```
Y: [[ 4  5  6]
 [13 14 15]]
X: [[ 6  7  8]
 [15 16 17]]
Y: [[ 7  8  9]
 [16 17 18]]
```

上面取樣的批序列樣本都是二維張量，第 1 軸是批大小，第 2 軸是序列長度。而前面的循環神經網路假設序列樣本的第 1 軸是序列長度，不是批大小。因此，需要交換序列長度和批大小所對應的軸，程式如下。

```
X = np.swapaxes(X,0,1)
```

上述程式中的 X 表示每個資料元素是長度為 1 的純量。但在實際應用中，資料可能是包含多個特徵的向量甚至是多維張量（如圖型）。如果資料元素是包含多個特徵的向量，那麼 X 就是三維張量。因此，可將上述二維張量的序列樣本轉換成三維張量，程式如下。

```
X = X.reshape(X.shape[0],X.shape[1],-1)
```

將上述兩行程式碼合在一起，具體如下。

```
x1 = np.swapaxes(X,0,1)
x1 = x1.reshape(x1.shape[0],x1.shape[1],-1)
print(x1)
```

```
[[[ 6]
  [15]]

 [[ 7]
  [16]]

 [[ 8]
  [17]]]
```

改寫上述函數，增加一個 to_3D 參數，以決定是否要將序列樣本轉為三維張量，程式如下。

```
import numpy as np
```

```
def
rnn_data_iter_consecutive(data,batch_size,seq_len,start_range=10,to_3D=True):
    #每次在 data[offset:] 裡取樣，使每個 epoch 的訓練樣本不同
    start = np.random.randint(0, start_range)
    block_len = (len(data)-start-1) // batch_size

    Xs = data[start:start+block_len*batch_size]
    Ys = data[start+1:start+block_len*batch_size+1]
    Xs = Xs.reshape(batch_size,-1)
    Ys = Ys.reshape(batch_size,-1)

    #在每個區塊裡可以取樣多少個長度為 seq_len 的樣本序列
    reset = True
    num_batches = Xs.shape[1] // seq_len
    for i in range(0, num_batches * seq_len, seq_len):
        X = Xs[:,i:(i+seq_len)]
        Y = Ys[:,i:(i+seq_len)]
        if to_3D:
            X = np.swapaxes(X,0,1)
            X = X.reshape(X.shape[0],X.shape[1],-1)
            #X = np.expand_dims(X, axis=2)
            Y = np.swapaxes(Y,0,1)
            Y = Y.reshape(Y.shape[0],Y.shape[1],-1)
        else:
            X = np.swapaxes(X,0,1)
            Y = np.swapaxes(Y,0,1)
        if reset:
            reset = False
            yield X, Y,True
        else: yield X, Y,False
```

其中，資料疊代器生成樣本 (Xs,Ys) 並返回一個表示是否要重置循環神經
網路隱狀態的標示。如果該標示為 True，則重置循環神經網路的隱狀態。
相關程式如下。

```
data = np.array(list(range(20))).reshape(-1,1)
data_it = rnn_data_iter_consecutive(data,2,3,2)
i = 0
for X,Y,_ in data_it:
```

```
    print("X:",X)
    print("Y:",Y)
    i+=1
    if i==2 :break
```

```
X: [[[ 0]
  [ 9]]

 [[ 1]
  [10]]

 [[ 2]
  [11]]]
Y: [[[ 1]
  [10]]

 [[ 2]
  [11]]

 [[ 3]
  [12]]]
X: [[[ 3]
  [12]]

 [[ 4]
  [13]]

 [[ 5]
  [14]]]
Y: [[[ 4]
  [13]]

 [[ 5]
  [14]]

 [[ 6]
  [15]]]
```

7.4.8　序列資料的循環神經網路訓練和預測

1. 序列資料的訓練

用 7.4.7 節取樣自曲線的實數值訓練循環神經網路模型，程式如下。

```
T = 5000   # Generate a total s
time = np.arange(0, T)
data = np.sin(time*0.1)+np.cos(time*0.2)
print(data.shape)


batch_size = 3
input_dim = 1
output_dim= 1
hidden_size=100
seq_length = 50
params = rnn_params_init(input_dim, hidden_size,output_dim)
H = rnn_hidden_state_init(batch_size,hidden_size)

data_it = rnn_data_iter_consecutive(data,batch_size,seq_length,2)
x,y,_ = next(data_it)
print("X:",x.shape,"Y:",y.shape,"H:",H.shape)


loss_function = lambda F,Y:rnn_loss_grad(F,Y,util.mse_loss_grad,False)


Zs,Hs = rnn_forward(params,x,H)
print("Z:",Zs[0].shape,"H:",Hs[0].shape)
loss,dzs = loss_function(Zs,y)
print(dzs[0].shape)


epoches = 10
learning_rate = 5e-4


iterations   =200
losses = []


#optimizer = AdaGrad(params,learning_rate)
momentum = 0.9
optimizer = SGD(params,learning_rate,momentum)
```

```
for epoch in range(epoches):
    data_it = rnn_data_iter_consecutive(data,batch_size,seq_length,100)
    #epoch_losses,param,H =
rnn_train(params,data_it,learning_rate,iterations,loss_function,print_n=100)
    epoch_losses,H = rnn_train_epoch(params,data_it,optimizer,iterations, \
                                     loss_function,print_n=50)
    #losses.extend(epoch_losses)
    epoch_losses = np.array(epoch_losses).mean()
    losses.append(epoch_losses)
```

```
(5000,)
X: (50, 3, 1) Y: (50, 3, 1) H: (3, 100)
Z: (3, 1) H: (3, 100)
(3, 1)
iter 0, loss: 52.575362
iter 0, loss: 41.488531
iter 0, loss: 2.666009
iter 0, loss: 1.424797
iter 0, loss: 0.849381
iter 0, loss: 0.723504
iter 0, loss: 0.581355
iter 0, loss: 0.938593
iter 0, loss: 1.019344
iter 0, loss: 0.297335
```

執行以下程式，繪製訓練損失曲線，結果如圖 7-24 所示。

```
import matplotlib.pyplot as plt
plt.plot(losses)
plt.show()
```

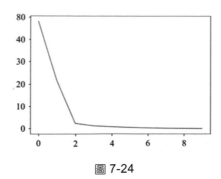

圖 7-24

2. 序列資料的預測

執行以下程式，用訓練好的循環神經網路模型，用某個時刻的資料預測後面 500 個時刻的輸出。長期預測資料和真實資料的比較，如圖 7-25 所示。

```
H = rnn_hidden_state_init(1,hidden_size)

start = 3
x = data[start:start+1].copy()
x =x.reshape(x.shape[0],1,-1)
print(x.shape)
x = x.reshape(1,-1)
ys =[]
print(x.flatten())
for i in range(500):
    F,H= rnn_forward_step(params,x,H)
    x=F
    ys.append(F[0,0])

print(len(ys))
ys  = ys[:]
plt.plot(ys[:500])
plt.plot(data[start+1:start+1+500])
plt.xlabel("time")
plt.ylabel("value")
plt.legend(['y','y_real'])
plt.show()
```

```
(1, 1, 1)
[1.12085582]
500
```

可以看出，預測結果不是很準確。

如果只從當前時刻預測下一時刻的資料，即用 data[t] 預測 data[t+1]，那麼，可以執行以下程式，採用短期預測方式，用 data[start,start+500] 中的每個時刻的資料預測下一時刻的資料，即預測 data[start+1,start+1+500]。

```
H = rnn_hidden_state_init(1,hidden_size)
```

```
start = 3
ys =[]
for i in range(500):
    x= data[start+i:start+i+1].copy()
    x = x.reshape(1,-1)
    F,H= rnn_forward_step(params,x,H)
    ys.append(F[0,0])


ys  = ys[:]
plt.plot(ys[:500])
plt.plot(data[start+1:start+501])
plt.xlabel("time")
plt.ylabel("value")
plt.legend(['y','y_real'])
plt.show()
```

短期預測資料和真實資料的比較，如圖 7-26 所示。

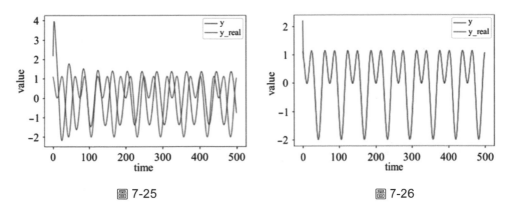

圖 7-25　　　　　　　　　　　　圖 7-26

短期預測得到的下一時刻的結果和真實資料完全重合，說明短期預測的效
果很好。

3. 股票資料的訓練和預測

對於股票資料，可以只用股票的收盤價作為序列資料進行預測。將股票的
收盤價資料作為自回歸序列資料，程式如下。

```
data = read_stock('sp500.csv')
data = np.array(data.iloc[:,-2]).reshape(-1,1)
```

對於自回歸序列資料，可直接使用以上程式進行訓練和預測。當學習率為 0.0001（1e-4）、批次梯度下降法的疊代次數為 40 時，模型訓練的損失曲線，如圖 7-27 所示。

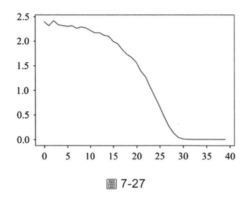

圖 7-27

股票收盤價的自回歸模型的長期預測結果如圖 7-28 所示，短期預測結果如圖 7-29 所示。

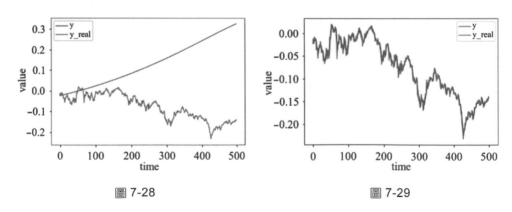

圖 7-28   圖 7-29

前面我們只用股票收盤價的歷史資料對未來的股票收盤價進行了預測。執行以下程式，可用股票的所有相關資料（開盤價、最高價、最低價、收盤價、交易量）對收盤價進行預測。首先，仍然要訓練循環神經網路模型。模型的訓練損失曲線，如圖 7-30 所示。

```python
import pandas as pd
import numpy as np

data = read_stock('sp500.csv')

stock_data = np.array(data)
print("stock_data.shape",stock_data.shape)
print("stock_data[:3]\n",stock_data[:3])

def stock_data_iter(data,seq_length):
    feature_n = data.shape[1]
    num = (len(data)-1)//seq_length
    while True:
        for i in range(num):
            #選取一個訓練樣本
            p = i*seq_length
            inputs = data[p:p+seq_length]
            targets = data[p+1:p+seq_length+1][:,-2]
            inputs = np.expand_dims(inputs, axis=1)
            targets  = targets.reshape(-1,1)
            if i==0:
                yield inputs,targets,True
            else:
                yield inputs,targets,False

batch_size = 1
input_dim= stock_data.shape[1]
hidden_dim = 100
output_dim=1
params = rnn_params_init(input_dim, hidden_dim,output_dim)
H = rnn_hidden_state_init(batch_size,hidden_dim)

seq_length = 100 # number of steps to unroll the RNN for

data_it = stock_data_iter(stock_data, seq_length)
X,Y,_ = next(data_it)
print(X.shape,Y.shape)

loss_function = lambda F,Y:rnn_loss_grad(F,Y,util.mse_loss_grad,False)
```

```
# hyperparameters
epoches = 2
learning_rate = 1e-4
iterations  =2000
losses = []

#optimizer = AdaGrad(params,learning_rate)
momentum = 0.9
optimizer = SGD(params,learning_rate,momentum)

for epoch in range(epoches):
    data_it =  stock_data_iter(stock_data, seq_length)
  # epoch_losses,param,H =
rnn_train(params,data_it,learning_rate,iterations,loss_function,print_n=100)
    epoch_losses,H =
rnn_train_epoch(params,data_it,optimizer,iterations,loss_function,print_n=200)
    losses.extend(epoch_losses)
    #epoch_losses = np.array(epoch_losses).mean()
    #losses.append(epoch_losses)
plt.plot(losses)
```

```
stock_data.shape (4697, 5)
stock_data[:3]
 [[-0.00597324 -0.00591629 -0.01567558 -0.01231037 -0.19118446]
 [-0.01226569 -0.01617188 -0.03401657 -0.03724877 -0.1842296 ]
 [-0.0372919  -0.03505779 -0.04286668 -0.03604657 -0.17733781]]
(100, 1, 5) (100, 1)
iter 0, loss: 0.105906
iter 200, loss: 0.092861
iter 400, loss: 0.561419
iter 600, loss: 0.061234
iter 800, loss: 0.447817
iter 1000, loss: 2.762900
iter 1200, loss: 0.713906
iter 1400, loss: 0.022479
iter 1600, loss: 0.004160
iter 1800, loss: 0.011423
iter 2000, loss: 0.033837
```

上述序列資料不是自回歸資料,每個時刻的股票資料是由多個特徵組成的
向量,而需要預測的下一時刻的股票價格是一個數值,即輸入是由多個值
組成的向量,輸出是一個值。因此,根據該模型無法進行長期預測。

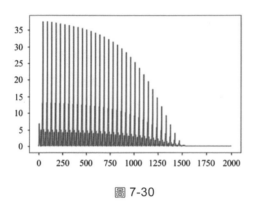

圖 7-30

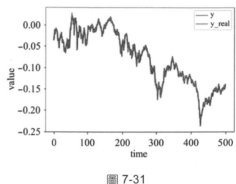

圖 7-31

執行以下程式,可透過循環神經網路模型進行短期預測,結果如圖 7-31 所
示。

```
H = rnn_hidden_state_init(1,hidden_dim)

start = 3
data = stock_data[start:,:]

ys =[]
for i in range(len(data)):
    x= data[i,:].copy()
    x = x.reshape(1,-1)
    f,H = rnn_forward_step(params,x,H)
    ys.append(f[0,0])

ys  = ys[:]
plt.plot(ys[:500])
plt.plot(data[:500,-2])
plt.xlabel("time")
plt.ylabel("value")
plt.legend(['y','y_real'])
```

▌ 7.5 循環神經網路語言模型和文字的生成

在 k-gram 語言模型中,每個詞只依賴於其前面的 $k-1$ 個詞,原因在於: 無法利用更多的上下文資訊,模型的準確性受到了限制。而循環神經網路 模型可以接收任意長度的輸入序列,用循環神經網路表示的語言模型,可 以從任意長度的輸入詞序列預測詞表中每個詞作為下一個詞的機率,即在 $t=i$ 時刻,可根據前面所有時刻的詞預測 $t=i+1$ 時刻的詞出現的機率, 公式如下。

$$P(w_{i+1}|w_1, w_2, \cdots, w_i)$$

根據這個機率,取樣一個詞作為下一個詞,並不斷重複這個過程,就可以 從初始的詞源源不斷地產生新的詞,即產生一系列詞或文字。這種根據某 種語言模型自動從初始的或少量詞產生大段文字的過程,稱為**本文生成**。 文字生成依賴一個已經訓練好的語言模型。要想訓練語言模型,需要從已 有的文字(如一部或多部小說)中取樣以詞為單位的序列資料。這些用於 取樣詞序列樣本的原始文字,稱為**語料庫**。通常先將語料庫分割成以詞為 單位的詞序列,然後採用序列資料取樣的方法,取樣用於訓練循環神經網 路模型的序列樣本。

對英文文字,可以以空格和標點符號為間隔,將原始文字分割成詞序列; 對於中文文字,則需要使用一些專門的詞提取技術,對文字進行詞的分割 和提取。不管是什麼語言,詞的數量都是巨大的。簡單起見,可將每個字 元看成一個詞,這樣的語言模型稱為**字元語言模型**。字元語言模型不需要 專門提取文字中的詞,且無論哪種語言,字元的數量都遠小於詞的數量。 舉例來說,英文只有 26 個字母和少量標點符號,而英文單字的數量是很 多的。

不管是字元語言模型,還是通常的詞語言模型,其原理都是一樣的。舉例 來說,在用循環神經網路訓練語言模型之前,都需要將語言模型的基本單 位 —— 詞或字元 —— 量化,即將詞或字元轉為數值向量。為了對詞(字 元)進行量化,第一步需要建立詞表(字元表)。

7.5.1　字元表

字元表（詞表）建構過程通常是：掃描語料庫中的所有文字，找到所有的詞或字元，將它們放在一個線性串列中，使得每個詞或字元在表中都有一個確定的位置（索引）。舉例來説，對於字元語言模型，只要掃描語料庫文字中的所有字元，將它們放入一個字元表即可。

假設一個語料庫只包含一個文字檔 input.txt，該檔案的內容是莎士比亞的劇本。執行以下程式，將文字內容讀取 data。set(data) 負責建構所有不同字元的集合，然後將該集合中的不同字元放入一個 list 物件 chars（chars = list(set(data))。這個 list 物件就是包含語料庫中所有字元的字元表。

```
filename = 'input.txt'
data = open(filename, 'r').read()
chars = list(set(data))
```

執行以下程式，輸出文字中所有字元的數目、字元表的長度，以及字元表的前 10 個字元、文字的前 148 個字元。

```
data_size, vocab_size = len(data), len(chars)
print ('總字元個數 %d,字元表的長度 %d unique.' % (data_size, vocab_size))
print('字元表的前 10 個字元：\n',chars[:10])
print('前 148 個字元：\n',data[:148])
```

```
總字元個數 1115394,字元表的長度 65 unique.
字元表的前 10 個字元：
 ['t', 'z', 'A', 'Y', 'm', ' ', 'B', 'g', 'r', '.']
前 148 個字元：
 First Citizen:
Before we proceed any further, hear me speak.

All:
Speak, speak.

First Citizen:
You are all resolved rather to die than to famish?
```

字元表中的每個字元都對應於一個索引。可以用兩個字典表示字元到索引、索引到字元的映射關係，程式如下。

```
char_to_idx = { ch:i for i,ch in enumerate(chars) }
idx_to_char = { i:ch for i,ch in enumerate(chars) }
```

有了字元表，就可以對字元進行量化了。最簡單的方法是根據一個字元在字元表中的索引，用一個 one-hot 向量表示這個字元。這個 one-hot 向量的長度就是字元表的長度。在這個 one-hot 向量中，除該字元對應索引的值為 1 外，其餘值都為 0。

假設字元表只有 4 個字元，如圖 7-32 所示，字元 e 的索引為 1，其 one-hot 向量為 (0,1,0,0)。

圖 7-32

透過 one_hot_idx() 函數，可根據字元表的大小 vocab_size 和一個字元在字元表中的索引 idx，將該字元轉換成一個 one-hot 向量，程式如下。

```
def one_hot_idx(idx,vocab_size):
    x = np.zeros((1,vocab_size))
    x[0,idx] = 1
    return x
```

7.5.2　字元序列樣本的取樣

為了訓練字元語言模型，需要一些訓練樣本。和序列資料的取樣過程類似，可以從原始文字中取樣字元序列樣本。使用順序取樣的方式，取樣字元序列樣本，程式如下。

```
import numpy as np
def character_seq_data_iter_consecutive(data, batch_size,
seq_len,start_range=10):
    #每次在 data[offset:] 裡取樣，使每個 epoch 的訓練樣本不同
```

```python
    start = np.random.randint(0, start_range)
    block_len = (len(data)-start-1) // batch_size
    num_batches = block_len // seq_len        #在每個區塊裡連續取樣的最大批數
    bs = np.array(range(0,block_len*batch_size,block_len)) #每個區塊的起始位置

    i_end = num_batches * seq_len
    for i in range(0, i_end, seq_len):                #一個區塊的序列開始位置
        s = start+i                                   #在一個區塊裡的位置
        X = np.empty((seq_len,batch_size),dtype=object)#,dtype = np.int32)
        Y = np.empty((seq_len,batch_size),dtype=object)#,dtype = np.int32)
        for b in range(batch_size):                   #b 表示一個批樣本中的第 b 個樣本
            s_b = s+bs[b]
            for t in range(seq_len):
                X[t,b] = data[s_b]
                Y[t,b] = data[s_b+1]
                s_b +=1
        if i==0:
            yield X,Y,True
        else:
            yield X,Y,False
```

對以上函數進行測試，程式如下。

```python
x = 'Li,where are you from'
batch_size = 2
seq_length  = 3
data_it = character_seq_data_iter_consecutive(x,batch_size,seq_length,1)

i = 0
for x,y,_ in data_it:
    print("x:",x)
    print("y",y)
    i+=1
    if i==2:break
```

```
x: [['L' 'r']
 ['i' 'e']
 [',' ' ']]
y [['i' 'e']
 [',' ' ']
```

```
  ['w' 'y']]
x: [['w' 'y']
  ['h' 'o']
  ['e' 'u']]
y [['h' 'o']
  ['e' 'u']
  ['r' ' ']]
```

對函數返回的字元，需要進一步量化，如將每個字元轉為 one-hot 向量。為此，需要修改上述函數，程式如下。

```
def character_seq_data_iter_consecutive(data, batch_size,
seq_len,vocab_size,start_range=10):
    #每次在 data[offset:] 裡取樣，使每個 epoch 的訓練樣本不同
    start = np.random.randint(0, start_range)
    block_len = (len(data)-start-1) // batch_size
    num_batches = block_len // seq_len       #在每個區塊裡連續取樣的最大批數
    bs = np.array(range(0,block_len*batch_size,block_len) )

    i_end = num_batches * seq_len
    for i in range(0, i_end, seq_len):
        s = start+i
        X = np.empty((seq_len,batch_size,vocab_size),dtype = np.int32)
        Y = np.empty((seq_len,batch_size,1),dtype = np.int32)
        for b in range(batch_size):
            s_b = s+bs[b]
            for t in range(seq_len):
                X[t,b,:] = one_hot_idx(char_to_idx[data[s_b]],vocab_size)
                Y[t,b,:] = char_to_idx[data[s_b+1]]
                s_b +=1
        if i==0:
            yield X,Y,True
        else:
            yield X,Y,False
```

對以上函數進行測試，程式如下。

```
x = 'Li,where are you from'
batch_size = 2
seq_length  = 3
```

```
data_it =
character_seq_data_iter_consecutive(x,batch_size,seq_length,vocab_size,1)
i = 0
for x,y,_ in data_it:
    print("x:",x)
    print("y",y)
    i+=1
    if i==2:break
```

```
x: [[[0 0 0 0 1 0 0 0 0 0 0 0 0 0 0 0 0 0 0 0 0 0 0 0 0 0 0 0 0 0 0 0
   0 0 0 0 0 0 0 0 0 0 0 0 0 0 0 0 0 0 0 0 0 0 0 0 0 0 0 0 0 0 0 0]
  [0 0 0 0 0 0 0 0 0 0 0 0 0 0 0 0 0 0 0 0 0 0 0 0 0 0 0 0 0 0 0 0
   0 0 0 0 0 0 0 0 0 0 0 0 0 0 0 0 1 0 0 0 0 0 0 0 0 0]]

 [[0 0 0 0 0 0 0 0 0 0 0 0 0 0 0 0 0 0 0 0 0 0 0 0 0 0 0 0 0 0 0 0
   0 0 0 0 0 0 0 0 0 0 0 0 0 0 0 0 0 0 0 0 1 0 0]
  [0 0 0 0 0 0 0 0 0 0 0 0 0 0 0 0 0 0 0 0 0 0 0 0 0 0 0 0 0 0 0 0
   0 0 0 0 0 0 0 0 0 0 1 0 0 0 0 0 0 0 0 0]]

 [[0 0 0 0 0 0 0 0 0 0 0 0 0 0 0 0 0 0 0 0 0 0 0 0 0 0 0 0 0 0 0 0
   0 0 0 0 0 0 0 0 0 0 0 0 0 1 0 0 0 0 0 0 0 0 0 0 0]
  [0 0 0 0 0 0 0 0 0 1 0 0 0 0 0 0 0 0 0 0 0 0 0 0 0 0 0 0 0 0 0 0
   0 0 0 0 0 0 0 0 0 0 0 0 0 0 0 0 0 0 0 0 0]]]
y [[[62]
  [54]]

 [[51]
  [10]]

 [[49]
  [12]]]
x: [[[0 0 0 0 0 0 0 0 0 0 0 0 0 0 0 0 0 0 0 0 0 0 0 0 0 0 0 0 0 0 0 0
   0 0 0 0 0 0 0 0 0 0 1 0 0 0 0 0 0 0 0 0 0 0 0 0 0]
  [0 0 0 0 0 0 0 0 0 0 0 1 0 0 0 0 0 0 0 0 0 0 0 0 0 0 0 0 0 0 0 0
   0 0 0 0 0 0 0 0 0 0 0 0 0 0 0 0 0 0 0]]

 [[0 0 0 0 0 0 1 0 0 0 0 0 0 0 0 0 0 0 0 0 0 0 0 0 0 0 0 0 0 0 0 0
   0 0 0 0 0 0 0 0 0 0 0 0 0 0 0 0 0 0 0]
  [0 0 0 0 1 0 0 0 0 0 0 0 0 0 0 0 0 0 0 0 0 0 0 0 0 0 0 0 0 0 0 0
   0 0 0 0 0 0 0 0 0 0 0 0 0 0 0 0 0 0]]
```

```
[[0 0 0 0 0 0 0 0 0 0 0 0 0 0 0 0 0 0 0 0 0 0 0 0 0 0 0 0 0 0 0
  0 0 0 0 0 0 0 0 0 0 0 0 0 0 0 0 1 0 0 0 0 0 0 0 0 0 0]]
 [0 0 0 0 0 0 0 0 0 0 0 0 0 0 0 0 0 1 0 0 0 0 0 0 0 0 0 0 0 0 0
  0 0 0 0 0 0 0 0 0 0 0 0 0 0 0 0 0 0 0 0 0 0 0 0 0 0]]]
y [[[ 6]
   [ 4]]

  [[54]
   [20]]

  [[56]
   [10]]]
```

7.5.3　模型的訓練和預測

假設字元表的長度為 vocab_size，那麼每個字元的 one-hot 向量的長度就是 vocab_size，即每個時刻的輸入資料的長度 input_dim 就是 vocab_size。由於每個時刻的預測結果是字元表中所有的詞作為下一個詞的機率，因此，輸出向量的大小 output_dim 也是 vocab_size。如果再加上循環神經網路隱狀態向量的長度 hidden_size，以及每個訓練樣本的大小 batch_size，就可以初始化一個循環神經網路模型了。相關程式如下。

```
batch_size = 1
input_dim = vocab_size
output_dim= vocab_size
hidden_size=100
params = rnn_params_init(input_dim, hidden_size,output_dim)
H = rnn_hidden_state_init(batch_size,hidden_size)
```

對於上述字元語言循環神經網路模型，只要輸入一個初始字元（或字元序列），就可以不斷預測下一個字元，從而生成由很多字元組成的文字了。

在以下程式中，predict_rnn() 函數接收循環神經網路模型的參數 params 和一個初始字串 prefix（這個初始字串中可能只有一個字元），然後生成 prefix 後面的一系列字元。該函數先將 prefix 的每個字元依次作為每一時刻的輸入，產生一個輸出 z。如果 prefix 遍歷完成，就根據上一時刻的輸出 z 計算每個字元出現的機率 p，再根據機率 p 進行取樣，並將取樣結果作為下一時刻的輸入。輔助函數 one_hot_idx() 根據字元索引得到該字元所對應的 one-hot 向量。串列 output 裡記錄了每個時刻的目標字元，開始部分是 prefix 中的字元，然後是根據預測機率取樣的字元。

```python
def predict_rnn(params,prefix,n):
    Wx, Wh,bh, Wf,bf =  params
    #Wxh, Whh,Why, bh, by = params["Wxh"],params["Whh"],params["Why"],
params["bh"],params["by"]
    vocab_size,hidden_size = Wx.shape[0],Wh.shape[1]
    h = rnn_hidden_state_init(1,hidden_size)

    output = [char_to_idx[prefix[0]]]

    for t in range(len(prefix) +n - 1):
        #將上一時刻的輸出作為當前時刻的輸入
        x = one_hot_idx(output[-1], vocab_size)
        z,h = rnn_forward_step(params,x,h)

        if t < len(prefix) - 1:
            output.append(char_to_idx[prefix[t + 1]])
        else:
            p = np.exp(z) / np.sum(np.exp(z))
            # idx = int(p.argmax(axis=1))
            idx = np.random.choice(range(vocab_size), p=p.ravel())
            output.append(idx)

    return ''.join([idx_to_char[i] for i in output])
```

執行以下程式，對以上預測函數進行測試。

```python
str = predict_rnn(params,"he",200)
print(str)
```

```
heokIX..ytE:JhMjGN:AXpNH;MZZZ&prP?I;,N;!
U,zu-&veMgvasx;!VBx3BYSYVljxozYjgiQcMbIHYISWpGTlkZcFjclR-
n??T&mRhnHe;ewTNZLyLOkNizPuWliTtTX&&dGHtBm$VFWVgT
```

```
KBF!aOiHM-!TzrhwXW
gEiG?f,kEqipDQJ3yQIKwXkcptNhJ&CTmke
```

由於初始的循環神經網路模型的參數是隨機的，預測也是隨機的，因此，生成的文字是雜亂無章的。可以用一個從文字語料庫取樣的序列樣本去訓練循環神經網路模型，程式如下，訓練損失曲線如圖 7-33 所示。

```
import matplotlib.pyplot as plt

batch_size = 3
input_dim = vocab_size
output_dim= vocab_size
hidden_size=100
params = rnn_params_init(input_dim, hidden_size,output_dim)
H = rnn_hidden_state_init(batch_size,hidden_size)
seq_length = 25

loss_function = lambda F,Y:rnn_loss_grad(F,Y) #,util.mse_loss_grad)


epoches = 3
learning_rate = 1e-2
iterations  =10000
losses = []

optimizer = AdaGrad(params,learning_rate)
momentum = 0.9
optimizer = SGD(params,learning_rate,momentum)

for epoch in range(epoches):
    data_it =
character_seq_data_iter_consecutive(data,batch_size,seq_length, \
                                    vocab_size,100)
    #epoch_losses,param,H =
rnn_train(params,data_it,learning_rate,iterations,loss_function,print_n=100)
    epoch_losses,H = rnn_train_epoch(params,data_it,optimizer,iterations, \
                                    loss_function,print_n=10)
    losses.extend(epoch_losses)
    #epoch_losses = np.array(epoch_losses).mean()
```

```
    #losses.append(epoch_losses)
plt.plot(losses[:])
```

```
iter 0, loss: 104.362862
iter 1000, loss: 55.074135
iter 2000, loss: 56.620070
iter 3000, loss: 51.073415
...
iter 9000, loss: 44.980323
iter 10000, loss: 46.659329
```

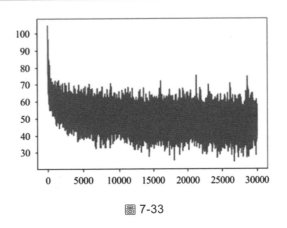

圖 7-33

用訓練後的循環神經網路模型進行預測，程式如下。

```
str = predict_rnn(params,"he",200)
print(str)
```

```
her creatuep I wikes spiines corvantle coulling go, your fear him hole.
No,ay no linged siffate too,
come, my wirse altes in by is beays friond, and we withain; beems
You jores fad lealene,
ine holl I w
```

可以看出，輸出的文字已經與正常文字類似了。

字元語言模型不僅可以用於生成文字，還可以用於生成樂譜等。

▌ 7.6 循環神經網路中的梯度爆炸和梯度消失

儘管循環神經網路網路理論上可以捕捉長時間序列的資訊，但其在時間上展開進行正向計算和反向求導的過程，仍與深度神經網路從輸入層到輸出層的逐層正向計算和反向求導類似，很容易出現梯度爆炸和梯度消失問題，導致訓練無法收斂。

為了便於討論，假設有以下簡化的循環神經網路模型。

$$h_t = \sigma(w h_{t-1})$$

其中，忽略了偏置和輸入，只考慮隱狀態向量 h_t，即 t 時刻的隱狀態 h_t 和 $t-1$ 時刻的隱狀態 h_{t-1} 具有如上式所示的關係。

根據連鎖律，有

$$\frac{\partial h_t}{\partial h_{t-1}} = w\sigma'(w h_{t-1})$$

因此，有

$$\frac{\partial h_{t-1}}{\partial h_{t-2}} = w\sigma'(w h_{t-2})$$

假設從 t 時刻開始，經過一系列時刻 $(t+1, t+2, \cdots, t')$ 到達 t' 時刻。在反向求導時，t' 時刻的 $h_{t'}$ 關於 t 時刻的 h_t 的偏導數為

$$
\begin{aligned}
\frac{\partial h_{t'}}{\partial h_t} &= \frac{\partial h_{t'}}{\partial h_{t'-1}}\frac{\partial h_{t'-1}}{\partial h_{t'-2}}\cdots\frac{\partial h_{t+1}}{\partial h_t} \\
&= (w\sigma'(w h_{t'-1}))(w\sigma'(w h_{t'-2}))\cdots(w\sigma'(w h_t)) \\
&= \prod_{k=1}^{t'-t} w\,\sigma'(w h_{t'-k}) \\
&= \underbrace{w^{t'-t}}_{!!!}\prod_{k=1}^{t'-t} \sigma'(w h_{t'-k})
\end{aligned}
$$

如果權值 w 不等於 0，那麼：當 $0 < |w| < 1$ 時，上式將以 $t'-t$ 的速度指數衰減到 0；當 $|w| > 1$ 時，上式將增長到無限大。也就是說，梯度 $\frac{\partial h_{t'}}{\partial h_t}$

將衰減為 0 或爆炸到無限大。而參數的更新公式為

$$w = w - \alpha \frac{\partial \mathcal{L}}{\partial w}$$

根據 $\frac{\partial \mathcal{L}}{\partial w} = \sum_{t=1}^{n} \frac{\partial \mathcal{L}}{\partial h_t^T} \frac{\partial h_t^T}{\partial h_t} h_t$，$\frac{\partial \mathcal{L}}{\partial w}$ 將隨著 $\frac{\partial h_{t'}}{\partial h_t}$ 衰減為 0 或爆炸到無限大，從而導致訓練過程中模型參數 w 來回震盪或幾乎不動，即訓練無法收斂。樣本序列越長，出現這些情況的可能性越大。

裁剪梯度可以處理梯度爆炸問題，但無法解決梯度消失問題。

█ 7.7 長短期記憶網路

由於存在梯度爆炸和梯度消失問題，前面介紹的循環神經網路模型在時間維度上不可能展開得過長，而短時間序列表示當前時刻的預測只依賴於前面很短的時間內的資訊（如同時間窗，不具有長時間記憶功能），所以，循環神經網路在實際使用中較難捕捉時間步較大的依賴關係。為了解決這些問題，以及使循環神經網路具有長期記憶功能，Sepp Hochreiter 和 Jürgen Schmidhuber 於 1997 年提出了**長短期記憶網路**（Long Short-Term Memory，LSTM）這一改進的循環神經網路模型。

LSTM 引入了和隱狀態 h_t 不同的元胞狀態（Cell State）C_t，前後時刻的元胞狀態 C_{t-1} 和 C_t 之間為加法關係，而非乘法關係，公式如下。

$$C_t = i \odot \tilde{C}_t + f \odot C_{t-1}$$

梯度 $\frac{\partial L}{\partial C_t}$ 也是一種加法關係，公式如下。

$$\frac{\partial L}{\partial C_{t-1}} = \cdots + f \odot \frac{\partial L}{\partial C_t}$$

而 f 是一個接近 1 的值，因此，可以保證 $\frac{\partial L}{\partial C_t}$ 穩定，既不至於出現梯度消失，也緩解了梯度爆炸問題（但仍然會產生梯度爆炸）。

7.7.1 LSTM 的神經元

LSTM 的神經元稱為**元胞**（Cell）。元胞在傳統循環神經網路的隱狀態 h_t 的基礎上，增加了一個專門用於記憶歷史資訊的元胞狀態 C_t。C_t 記錄了所有歷史資訊，可以從一個元胞流入下一個元胞，如圖 7-34 所示。原來的隱狀態 h_t 則用於決定 C_t 在多大程度上被用於下一時刻元胞資訊的更新計算。如果將 C_t 看成浩浩蕩蕩的歷史長河，那麼 h_t 就是歷史長河中影響當代社會活動的那部分資訊。

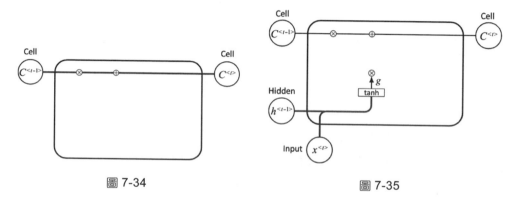

圖 7-34   圖 7-35

元胞中有一個**當前記憶單元**（也稱**候選記憶單元**），用於計算當前輸入對整體歷史資訊 C_t 的貢獻值 $\widetilde{C}_t$（也稱為**啟動值**）。我們可以將啟動值看成當代的社會活動對歷史的貢獻。如圖 7-35 所示，當前記憶單元根據資料登錄 x_t 和隱狀態輸入 h_{t-1} 計算當前時刻的啟動值 $\widetilde{C}_t$，公式如下。

$$\widetilde{C}_t = \tanh(x_t W_{xc} + h_{t-1} W_{hc} + b_c)$$

其中，$W_{xc} \in \mathbb{R}^{d \times h}$、$W_{hc} \in \mathbb{R}^{h \times h}$ 為權值參數，$b_c \in \mathbb{R}^{1 \times h}$ 為偏置參數，h 表示元組狀態 h_t 和隱狀態 C_t 的向量長度，d 表示輸入樣本的特徵數目。可見，當前時刻的啟動值 $\widetilde{C}_t$，不僅取決於當前時刻的輸入，還取決於上一時刻傳遞過來的隱狀態 h_{t-1}。

對於一批樣本，有

$$\widetilde{C}_t = \tanh(x_t W_{xc} + h_{t-1} W_{hc} + b_c)$$

其中，$X_t \in \mathbb{R}^{n \times d}$ 為當前時刻的輸入，$H_{t-1} \in \mathbb{R}^{n \times h}$ 為前一時刻的隱狀態，n 為樣本個數。

在元胞中，除當前記憶單元外，還包含 3 種門（Gate），分別是輸入門（Input Gate）、輸出門（Output Gate）和遺忘門（Forget Gate）。門是一種決定資訊能否流通和流通程度的機制，它用 sigmoid 函數的輸出和輸入逐元素相乘的結果，決定輸入有多少會有輸出（即透過這個門）。如圖 7-36 所示，sigmoid 函數 σ 的輸出 f 和輸入 in 逐元素相乘，決定了 in 透過這個門的輸出 out = $f *$ in。設 σ 函數的輸入為 x，其值 $\sigma(x)$ 在 0 和 1 之間。如果 $\sigma(x) = 0$，用它乘以輸入 c，就表示輸入 c 不會產生任何輸出。如果 $\sigma(x) = 1$，用它乘以輸入 c，就表示輸入 c 完全被輸出。

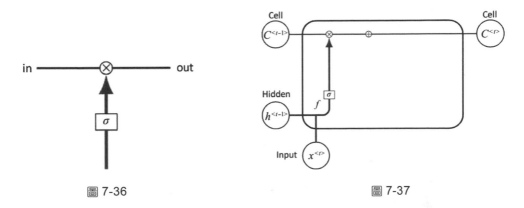

圖 7-36   圖 7-37

如圖 7-37 所示，遺忘門用於控制前一時刻的總資訊 C_{t-1} 有多少被遺忘（反過來了解，就是有多少資訊被記憶），它接收輸入的資料 x_t 和前一時刻的狀態 h_{t-1}，並透過 σ 函數輸出 0 到 1 之間的值 f_t。此外，它和前一時刻元胞的狀態 C_{t-1} 逐元素相乘，即 $f_t C_{t-1}$，表示 C_{t-1} 中的元素被記憶的程度。遺忘門的公式如下。

$$F_t = \sigma(X_t W_{xf} + H_{t-1} W_{hf} + b_f)$$

如圖 7-38 所示，輸入門接收輸入的資料 x_t 和前一時刻的狀態 h_{t-1}，並透過 σ 函數輸出 0 到 1 之間的值 i_t。i_t 和 $\tilde{C}_t$ 逐元素相乘，即 $i_t \tilde{C}_t$，決定了 $\tilde{C}_t$ 參與輸出計算的程度。輸入門的公式如下。

$$I_t = \sigma(X_t W_{xi} + H_{t-1} W_{hi} + b_i)$$

如圖 7-39 所示，將透過遺忘門的前一時刻的歷史資訊 $f_t C_{t-1}$ 和透過輸入門的當前時刻的啟動資訊 $i_t \widetilde{C}_t$ 相加，得到當前狀態的新的歷史資訊 C_t，公式如下。

$$C_t = f_t C_{t-1} + i_t \widetilde{C}_t$$

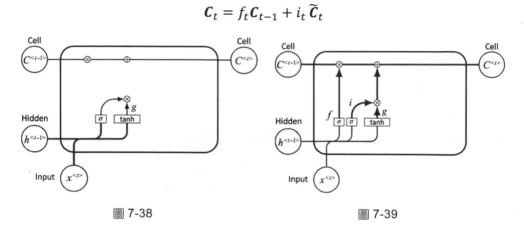

圖 7-38　　　　　　　　　　　　　　　　圖 7-39

如圖 7-40 所示，輸出門決定了當前時刻的新的歷史資訊 C_t 對下一時刻的元胞計算的參與程度，即確定輸出到下一時刻的狀態 h_t。它接收輸入的資料 x_t 和前一時刻的狀態 h_{t-1}，並透過 σ 函數輸出 0 到 1 之間的值 o_t。輸出門的公式如下。

$$O_t = \sigma(X_t W_{xo} + H_{t-1} W_{ho} + b_o)$$

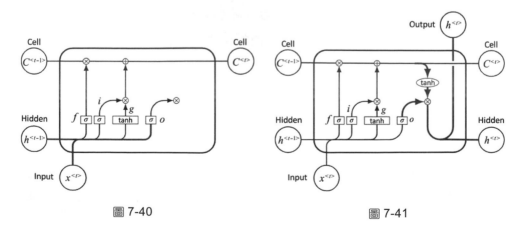

圖 7-40　　　　　　　　　　　　　　　　圖 7-41

如圖 7-41 所示，輸出門的輸出值 O_t 和當前狀態的資訊 C_t 逐元素相乘，即 $O_t C_t$，就可以得到元胞的輸出值 h_t，即下一時刻元胞的輸入的隱狀態 H_t，公式如下。

$$H_t = O_t \times \tanh(C_t)$$

如圖 7-42 所示，元胞由當前記憶單元、遺忘門、輸入門、輸出門組成。當前計算單元計算當前時刻的啟動值 $\widetilde{C}_t$，這個值由輸入資料和前一時刻的隱狀態決定。遺忘門決定了 C_t 有多少被保留下來。輸入門決定了當前啟動值 $\widetilde{C}_t$ 有多少被記錄到整體歷史資訊 C_t 中。輸出門決定了當前時刻的歷史記憶 C_t 有多少參與下一時刻的計算。

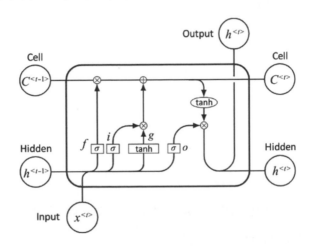

圖 7-42

最後，元胞使用 H_t 計算當前時刻的輸出值 Z_t，公式如下。

$$Z_t = \left(H_t W_y + b_y \right)$$

本節列出的 7 個公式，就是一個 LSTM 元胞的計算過程。

7.7.2　LSTM 的反向求導

根據反向求導公式，如果已知當前時刻的損失函數 $\mathcal{L}_t$ 關於 Z_t 的梯度 $\mathrm{d}Z = \frac{\partial \mathcal{L}_t}{\partial Z_t}$，就可以求出損失函數關於 H_t、W_y、b_y 的梯度。相關公式如下。

$$\frac{\partial \mathcal{L}_t}{\partial W_y} = H_t{}^{\mathrm{T}} \frac{\partial \mathcal{L}_t}{\partial Z_t}$$

$$\frac{\partial \mathcal{L}_t}{\partial b_y} = \mathrm{np.\,sum}\left(\frac{\partial \mathcal{L}_t}{\partial Z_t}, \mathrm{axis} = 0, \mathrm{keepdims} = \mathrm{True}\right)$$

$$\frac{\partial \mathcal{L}_t}{\partial H_t} = \frac{\partial \mathcal{L}_t}{\partial Z_t} W_y{}^{\mathrm{T}}$$

然而，損失函數關於 H_t 的梯度還包含來自下一時刻的梯度，因此，有

$$\frac{\partial \mathcal{L}}{\partial H_t} = \frac{\partial \mathcal{L}_t}{\partial Z_t} W_y{}^{\mathrm{T}} + \frac{\partial \mathcal{L}^{t-}}{\partial H_t}$$

同樣，損失函數關於 C_t 的梯度也分成兩部分，一部分是來自 H_t 的梯度，另一部分是 C_t 本身輸出到下一時刻的梯度，公式如下。

$$\frac{\partial \mathcal{L}}{\partial C_t} = O_t \odot \tanh'(C_t) \frac{\partial \mathcal{L}_t}{\partial H_t} + \frac{\partial \mathcal{L}^{t-}}{\partial C_t}$$

根據 $\frac{\partial \mathcal{L}}{\partial H_t}$ 和 $H_t = O_t * \tanh(C_t)$，可以求出損失函數關於 O_t 的梯度，公式如下。

$$\frac{\partial \mathcal{L}}{\partial O_t} = \frac{\partial \mathcal{L}}{\partial H_t} \odot \tanh(C_t)$$

根據 $\frac{\partial \mathcal{L}}{\partial C_t}$ 和 $\widetilde{C}_t = \tanh(x_t W_{xc} + h_{t-1} W_{hc} + b_c)$，可以求出損失函數關於 i_t、f_t、C_{t-1}、$\widetilde{C}_t$ 的梯度，公式如下。

$$\frac{\partial \mathcal{L}}{\partial I_t} = \frac{\partial \mathcal{L}}{\partial C_t} \odot \widetilde{C}_t$$

$$\frac{\partial \mathcal{L}}{\partial F_t} = \frac{\partial \mathcal{L}}{\partial C_t} \odot C_{t-1}$$

$$\frac{\partial \mathcal{L}}{\partial \widetilde{C}_t} = \frac{\partial \mathcal{L}}{\partial C_t} \odot I_t$$

$$\frac{\partial \mathcal{L}}{\partial C_{t-1}} = \frac{\partial \mathcal{L}}{\partial C_t} \odot F_t$$

令 $ZI_t = (X_t, H_{t-1})W_i + b_i$，$ZF_t = (X_t, H_{t-1})W_f + b_f$，$ZI_o = (X_t, H_{t-1})$，

$\boldsymbol{W}_o + \boldsymbol{b}_o$ 可以得到

$$\frac{\partial \mathcal{L}}{\partial \boldsymbol{ZI}_t} = \sigma'(ZI_t)\frac{\partial \mathcal{L}}{\partial \boldsymbol{I}_t} = I_t(1 - I_t)\frac{\partial \mathcal{L}}{\partial \boldsymbol{I}_t}$$

$$\frac{\partial \mathcal{L}}{\partial \boldsymbol{ZF}_t} = \sigma'(ZF_t)\frac{\partial \mathcal{L}}{\partial \boldsymbol{F}_t} = F_t(1 - F_t)\frac{\partial \mathcal{L}}{\partial \boldsymbol{F}_t}$$

$$\frac{\partial \mathcal{L}}{\partial \boldsymbol{ZO}_t} = \sigma'(ZO_t)\frac{\partial \mathcal{L}}{\partial \boldsymbol{O}_t} = O(1 - O)\frac{\partial \mathcal{L}}{\partial \boldsymbol{O}_t}$$

知道了 $\frac{\partial \mathcal{L}}{\partial \boldsymbol{ZI}_t}$、$\frac{\partial \mathcal{L}}{\partial \boldsymbol{ZF}_t}$、$\frac{\partial \mathcal{L}}{\partial \boldsymbol{ZO}_t}$，就可以求出損失函數關於 $\boldsymbol{W}_i$、$\boldsymbol{W}_f$、$\boldsymbol{W}_o$、$\boldsymbol{X}_t$、$\boldsymbol{H}_{t-1}$ 的梯度了（參見 4.2 節）。

7.7.3　LSTM 的程式實現

假設 LSTM 的元胞中一共有 4 個單元，每個單元類似於非循環神經網路的神經元，即先求加權和，再經過啟動函數產生一個非線性輸出，最後更新整體歷史資訊 $\boldsymbol{C}_t$ 和狀態 $\boldsymbol{H}_t$。元胞根據 $\boldsymbol{H}_t$ 計算當前時刻的輸出值 $\boldsymbol{y}_t$。模型參數包括 4 個單元中需要學習的模型參數，即 $(\boldsymbol{W}_i, \boldsymbol{b}_i)$、$(\boldsymbol{W}_f, \boldsymbol{b}_f)$、$(\boldsymbol{W}_o, \boldsymbol{b}_o)$、$(\boldsymbol{W}_c, \boldsymbol{b}_c)$，以及計算輸出 $\boldsymbol{y}_t$ 的模型參數 $(\boldsymbol{W}_y, \boldsymbol{b}_y)$。

使用以下函數，對模型參數進行初始化。

```
import numpy as np
def lstm_params_init(input_dim,hidden_dim,output_dim,scale=0.01):
    normal = lambda m,n : np.random.randn(m, n)*scale
    two = lambda : (normal(input_dim+hidden_dim, hidden_dim),np.zeros((1, \
                                                            hidden_dim)))

    Wi, bi = two()   # Input gate parameters
    Wf, bf = two()   # Forget gate parameters
    Wo, bo = two()   # Output gate parameters
    Wc, bc = two()   # Candidate cell parameters

    Wy = normal(hidden_dim, output_dim)
    by = np.zeros((1,output_dim))
```

```
    params = [Wi, bi,Wf, bf, Wo,bo, Wc,bc,Wy,by]
    return params
```

執行以下程式，對元胞狀態 C_t 和隱狀態 h_t 進行初始化。

```
def lstm_state_init(batch_size, hidden_size):
    return (np.zeros((batch_size, hidden_size)),
            np.zeros((batch_size, hidden_size)))
```

正向計算（前向傳播），程式如下。

```
def sigmoid(x):
    return 1 / (1 + np.exp(-x))

def lstm_forward(params,Xs, state):
    [Wi, bi,Wf, bf, Wo,bo,Wc,bc,Wy,by] = params

    (H, C) = state                           #初始狀態
    Hs = {}
    Cs = {}
    Zs = []

    Hs[-1] = np.copy(H)
    Cs[-1] = np.copy(C)

    Is = []
    Fs = []
    Os = []
    C_tildas = []

    for t in range(len(Xs)):
        X = Xs[t]
        XH = np.column_stack((X, H))
        if False:
            print("XH.shape",XH.shape)
            print("Wi.shape",Wi.shape)
            break
        I = sigmoid(np.dot(XH, Wi)+bi)
        F = sigmoid(np.dot(XH, Wf)+bf)
        O = sigmoid(np.dot(XH, Wo)+bo)
```

```
            C_tilda = np.tanh(np.dot(XH, Wc)+bc)

            C = F * C + I * C_tilda
            H = O*np.tanh(C)          #O * C.tanh()          #輸出狀態

            Y = np.dot(H, Wy) + by                           #輸出

            Zs.append(Y)
            Hs[t] = H
            Cs[t] = C

            Is.append(I)
            Fs.append(F)
            Os.append(O)
            C_tildas.append(C_tilda)
    return Zs,Hs,Cs,(Is,Fs,Os,C_tildas)
```

也可以將某個時刻的正向計算單獨定義成一個函數，程式如下。

```
def lstm_forward_step(params,X,H,C):
    [Wi, bi,Wf, bf, Wo,bo,Wc,bc,Wy,by] = params

    XH = np.column_stack((X, H))
    I = sigmoid(np.dot(XH, Wi)+bi)
    F = sigmoid(np.dot(XH, Wf)+bf)
    O = sigmoid(np.dot(XH, Wo)+bo)
    C_tilda = np.tanh(np.dot(XH, Wc)+bc)

    C = F * C + I * C_tilda
    H = O*np.tanh(C)          #O * tanh(C)          #輸出狀態
    Y = np.dot(H, Wy) + by                          #輸出

    return Y,H,C,(I,F,O,C_tilda)
```

反向求導，程式如下。

```
import math

def dsigmoid(x):
    return sigmoid(x) * (1 - sigmoid(x))
```

```
def dtanh(x):
    return 1 - np.tanh(x) * np.tanh(x)

def grad_clipping(grads,alpha):
    norm = math.sqrt(sum((grad ** 2).sum() for grad in grads))
    if norm > alpha:
        ratio = alpha / norm
        for i in range(len(grads)):
            grads[i]*=ratio

def lstm_backward(params,Xs,Hs,Cs,dZs,cache,clip_value = 5.):
# Ys,loss_function):
    [Wi, bi,Wf, bf, Wo,bo,Wc, bc,Wy,by] = params

    Is,Fs,Os,C_tildas = cache

    dWi,dWf,dWo,dWc,dWy  = np.zeros_like(Wi), np.zeros_like(Wf), \
                    np.zeros_like(Wo), np.zeros_like(Wc), np.zeros_like(Wy)
    dbi,dbf,dbo,dbc,dby = np.zeros_like(bi), np.zeros_like(bf), \
                    np.zeros_like(bo), np.zeros_like(bc), np.zeros_like(by)

    dH_next = np.zeros_like(Hs[0])
    dC_next = np.zeros_like(Cs[0])

    input_dim = Xs[0].shape[1]

    h = Hs
    x = Xs

    T = len(Xs)
    for t in reversed(range(T)):
        I = Is[t]
        F = Fs[t]
        O = Os[t]
        C_tilda = C_tildas[t]
        H = Hs[t]
        X = Xs[t]
        C = Cs[t]
```

```
        H_pre =  Hs[t-1]
        C_prev = Cs[t-1]
        XH_pre = np.column_stack((X, H_pre))
        XH_ = XH_pre

        dZ = dZs[t]

        #輸出 f 的模型參數的 idu
        dWy += np.dot(H.T,dZ)
        dby += np.sum(dZ, axis=0, keepdims=True)

        #隱狀態 h 的梯度
        dH = np.dot(dZ, Wy.T) + dH_next

        dC = dH*O*dtanh(C) +dC_next  # H_t= O_t*tanh(C_t)

        dO = np.tanh(C) *dH
        dOZ = O * (1-O)*dO           #O = sigma(Z_o)
        dWo += np.dot(XH_.T,dOZ)     # Z_o = (X,H_)W_o+b_o
        dbo += np.sum(dOZ, axis=0, keepdims=True)

        #di
        di =  C_tilda*dC
        diZ = I*(1-I) * di
        dWi += np.dot(XH_.T,diZ)
        dbi += np.sum(diZ, axis=0, keepdims=True)

        #df
        df = C_prev*dC
        dfZ = F*(1-F) * df
        dWf += np.dot(XH_.T,dfZ)
        dbf += np.sum(dfZ, axis=0, keepdims=True)

        # dC_bar
        dC_tilda = I*dC      #C = F * C + I * C_tilda
        dC_tilda_Z =(1-np.square(C_tilda))*dC_tilda # C_tilda =
sigmoid(C_tilda_Z)
        dWc += np.dot(XH_.T,dC_tilda_Z)      # C_tilda_Z = (X,H_)W_c+b_c
        dbc += np.sum(dC_tilda_Z, axis=0, keepdims=True)
```

```
        dXH_ = (np.dot(dfZ, Wf.T)
             + np.dot(diZ, Wi.T)
             + np.dot(dC_tilda_Z, Wc.T)
             + np.dot(dOZ, Wo.T))

        dX_prev = dXH_[:, :input_dim]
        dH_prev = dXH_[:, input_dim:]
        dC_prev = F * dC

        dC_next = dC_prev
        dH_next = dH_prev

    grads = [dWi, dbi,dWf, dbf, dWo,dbo,dWc, dbc,dWy,dby]
    grad_clipping(grads,clip_value)
    #for dparam in [dWi, dbi,dWf, dbf, dWo,dbo,dWc, dbc,dWy,dby]:
    #    np.clip(dparam, -5, 5, out=dparam) # clip to mitigate exploding
gradients
    return grads
```

1. 梯度檢驗

梯度檢驗，程式如下。

```
T   = 3
input_dim, hidden_dim,output_dim = 4,3,4
batch_size = 2
Xs = np.random.randn(T,batch_size,input_dim)
Ys = np.random.randint(output_dim, size=(T,batch_size))

print("Xs",Xs)
print("Ys",Ys)

# cheack gradient
params = lstm_params_init(input_dim, hidden_dim,output_dim)
HC = lstm_state_init(batch_size,hidden_dim)

Zs,Hs,Cs,cache = lstm_forward(params,Xs,HC)
loss_function = rnn_loss_grad
loss,dZs = loss_function(Zs,Ys)
```

```
grads = lstm_backward(params,Xs,Hs,Cs,dZs,cache)
def rnn_loss():
    HC = lstm_state_init(batch_size,hidden_dim)
    Zs,Hs,Cs,cache= lstm_forward(params,Xs,HC)
    loss_function = rnn_loss_grad
    loss,dZs = loss_function(Zs,Ys)
    return loss

numerical_grads = util.numerical_gradient(rnn_loss,params,1e-6)
#rnn_numerical_gradient(rnn_loss,params,1e-10)
#diff_error = lambda x, y: np.max( np.abs(x - y)/(np.maximum(1e-8, np.abs(x)
+ np.abs(y))))
diff_error = lambda x, y: np.max( np.abs(x - y))

def rel_error(x, y):
  """ returns relative error """
  return np.max(np.abs(x - y) / (np.maximum(1e-8, np.abs(x) + np.abs(y))))

print("loss",loss)
print("[Wi, bi,Wf, bf, Wo,bo,Wc, bc,Wy,by] ")
for i in range(len(grads)):
    print(diff_error(grads[i],numerical_grads[i]))

print("grads",grads[0])
print("numerical_grads",numerical_grads[0])
```

```
Xs [[[ 1.07411384  0.6391398  -0.2931798   2.17849217]]

 [[-1.20811047  0.57628232 -1.76050121 -0.10946053]]

 [[ 0.63967167 -1.31792179 -0.44309305  0.02581717]]]
Ys [[1]
 [2]
 [2]]
loss 4.158946966364267
[Wi, bi,Wf, bf, Wo,bo,Wc, bc,Wy,by]
6.058123808717051e-10
6.072598550329748e-10
5.219924365667437e-10
```

```
3.349195083594825e-10
3.6378380831964666e-10
2.0005488732545667e-10
6.416346913759086e-10
4.1295304328836657e-10
5.883587193833417e-10
3.573135121115456e-10
grads [[-1.70859751e-05  2.89937470e-05 -6.60073310e-05]
 [ 5.93110956e-06  3.66997064e-06  7.01129322e-05]
 [-3.36578036e-05  1.80418123e-05 -5.54601958e-05]
 [ 1.81485935e-06  3.18453505e-05  2.24917114e-06]
 [-6.18222182e-08  3.47025809e-08  9.16314700e-08]
 [ 4.30458841e-08 -3.56817450e-08  2.73817019e-07]
 [ 3.71678370e-08 -1.95199444e-08 -9.44652486e-08]]
numerical_grads [[-1.70858883e-05  2.89936963e-05 -6.60071997e-05]
 [ 5.93125549e-06  3.66995323e-06  7.01128045e-05]
 [-3.36584094e-05  1.80420123e-05 -5.54596369e-05]
 [ 1.81499260e-06  3.18451931e-05  2.24886776e-06]
 [-6.21724894e-08  3.46389584e-08  9.14823772e-08]
 [ 4.30766534e-08 -3.55271368e-08  2.73558953e-07]
 [ 3.73034936e-08 -1.95399252e-08 -9.45910017e-08]]
```

也可以定義梯度下降法的單次疊代過程，程式如下。

```
def
lstm_train_epoch(params,data_iter,optimizer,iterations,loss_function,print_n
= 100):
    Wi, bi,Wf, bf, Wo,bo,Wc, bc,Wy,by = params
    #Wxh, Whh,Why, bh, by =params["Wxh"],params["Whh"],params["Why"],
params["bh"],params["by"]
    losses = []
    iter = 0

    batch_size = None
    hidden_size = Wy.shape[0]

    for Xs,Ys,start in data_iter:
        if not batch_size:
            batch_size = Xs[0].shape[0]
        if start:
```

```
          HC = lstm_state_init(batch_size,hidden_size)

      Zs,Hs,Cs,cache = lstm_forward(params,Xs,HC)
      loss,dZs = loss_function(Zs,Ys)
      grads = lstm_backward(params,Xs,Hs,Cs,dZs,cache)

      optimizer.step(grads)
      losses.append(loss)

      if iter % print_n == 0:
          print ('iter %d, loss: %f' % (iter, loss))
      iter+=1

      if iter>iterations:break
  return losses,H
```

2. 文字生成

用 LSTM 代替普通的循環神經網路，訓練字元語言模型，程式如下。

```
filename = 'input.txt'
data = open(filename, 'r').read()
chars = list(set(data))
data_size, vocab_size = len(data), len(chars)
print ('總字元個數 %d,字元表的長度 %d unique.' % (data_size, vocab_size))


char_to_idx = { ch:i for i,ch in enumerate(chars) }
idx_to_char = { i:ch for i,ch in enumerate(chars) }

input_dim, hidden_dim,output_dim = vocab_size,100,vocab_size
batch_size = 2

params = lstm_params_init(input_dim, hidden_dim,output_dim)
H = lstm_state_init(batch_size,hidden_dim)
seq_length = 25

loss_function = lambda F,Y:rnn_loss_grad(F,Y) #,util.loss_grad_least)

epoches = 3
learning_rate = 1e-2
```

```
iterations  =10000
losses = []

optimizer = AdaGrad(params,learning_rate)
momentum = 0.9
optimizer = SGD(params,learning_rate,momentum)

for epoch in range(epoches):
    data_it =
character_seq_data_iter_consecutive(data,batch_size,seq_length, \
                                            vocab_size,100)
    #epoch_losses,param,H =
rnn_train(params,data_it,learning_rate,iterations,loss_function,print_n=100)
    epoch_losses,H = lstm_train_epoch(params,data_it,optimizer,iterations, \
                                    loss_function,print_n=10)
    losses.extend(epoch_losses)
    #epoch_losses = np.array(epoch_losses).mean()
    #losses.append(epoch_losses)
```

3. 預測

和循環神經網路類似，可以定義以下預測函數。

```
def predict_lstm(params,prefix,n):
    Wi, bi,Wf, bf, Wo,bo,Wc, bc,Wy,by = params
    vocab_size,hidden_dim = Wi.shape[0]-Wy.shape[0],Wy.shape[0]
    h,c = lstm_state_init(1,hidden_dim)

    output = [char_to_idx[prefix[0]]]

    for t in range(len(prefix) +n - 1):
        #將上一時刻的輸出作為當前時刻的輸入
        x = one_hot_idx(output[-1], vocab_size)

        z,h,c,_ = lstm_forward_step(params,x,h,c)

        if t < len(prefix) - 1:
            output.append(char_to_idx[prefix[t + 1]])
        else:
            p = np.exp(z) / np.sum(np.exp(z))
```

```
            # idx = int(p.argmax(axis=1))
            idx = np.random.choice(range(vocab_size), p=p.ravel())
            output.append(idx)

    return ''.join([idx_to_char[i] for i in output])
str = predict_lstm(params,"he",200)
print(str)
```

```
he done!

GLOUCESTER:
Why was I being your houghcessing in lord?

CARILLO:
How, or your his dessent;
Come his false, what comon:

HASTINGS:
Put she with your howiring act a both,
But long and you have
T
```

7.7.4 LSTM 的變種

本節前面介紹的是經典 LSTM。在實際應用中，通常會對 LSTM 模型進行一些改動。舉例來説，Gers 和 Schmidhuber 引入了窺視孔連接（Peephole Connection），使各種門可以觀察元胞的狀態，如圖 7-43 所示。

在圖 7-43 中，所有的門都被增加了窺視孔，即 f_t、i_t、o_t 都可以看到對應的元胞狀態 C_{t-1}、C_t。在另外一些論文中，只給一部分門增加了窺視孔。

考慮到 LSTM 的元胞過於複雜，2014 年，Kyunghyun Cho 等人提出了**門控循環單元**（Gated Recurrent Unit，GRU），本書將在 7.8 節詳細討論。還有一些模型，如 Depth Gated RNNs、Clockwork RNNs 等，感興趣的讀者可以自行閱讀相關論文，本書不再討論。

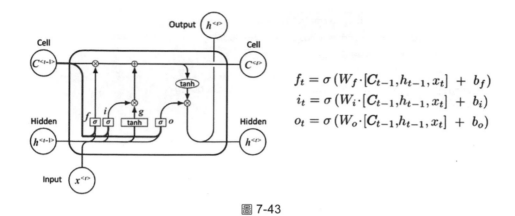

$$f_t = \sigma\left(W_f \cdot [C_{t-1}, h_{t-1}, x_t] \,+\, b_f\right)$$
$$i_t = \sigma\left(W_i \cdot [C_{t-1}, h_{t-1}, x_t] \,+\, b_i\right)$$
$$o_t = \sigma\left(W_o \cdot [C_{t-1}, h_{t-1}, x_t] \,+\, b_o\right)$$

圖 7-43

在不同的模型中，使用哪個 LSTM 變種才是最好的？2015 年，Greff 等人對流行的 LSTM 變種進行了比較，發現它們的效果大致相同。同年，Jozefowicz 等人對 10000 多種循環神經網路結構進行了測試，發現其中的一些在特定任務上的效果比 LSTM 要好。

7.8 門控循環單元

門控循環單元將遺忘門和輸入門合併成更新門（Update Gate），將元胞狀態和隱狀態合併，並引入了其他變化。由於 GRU 模型比標準的 LSTM 模型更簡單、效果更好，所以，它逐漸流行起來。

7.8.1 門控循環單元的工作原理

與 LSTM 分別用 C_t 和 H_t 表示整體歷史資訊和參與下一時刻計算的歷史資訊不同，GRU 和簡單的循環神經網路一樣，只用一個隱狀態 H_t 表示所有的歷史資訊。和 LSTM 一樣，GRU 也有一個遺忘門（也稱為重置門），用於表示記憶資訊對當前時刻的計算的作用。還有一個更新門，用於根據當前啟動值 $\tilde{H}_t$ 和歷史資訊 H_{t-1} 更新當前時刻的歷史資訊 H_t。如圖 7-44 所示，是 GRU 中的兩個門，即重置門 R 和更新門 U。

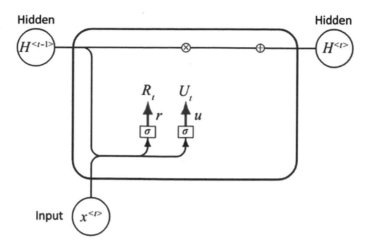

圖 7-44

和 LSTM 的門一樣，重置門和更新門輸出的都是 [0,1] 之間的值，公式如下。

$$R_t = \sigma(X_t W_{xr} + H_{t-1} W_{hr} + b_r)$$
$$U_t = \sigma(X_t W_{xu} + H_{t-1} W_{hu} + b_u)$$

普通的循環神經網路神經元，用歷史資訊 H_{t-1} 和當前輸入資料 X_t 計算當前時刻的資訊，即隱狀態 H_t，公式如下。

$$H_t = \tanh(X_t W_{xh} + H_{t-1} W_{hh} + b_h)$$

重置門表示在計算中歷史記憶被遺忘多少（或説，有多少歷史記憶被保留下來），即將重置門的輸出值 R_t 乘以歷史記憶 H_{t-1}，參與當前資訊的計算，公式如下。

$$\widetilde{H}_t = \tanh(X_t W_{xh} + (R_t \odot H_{t-1}) W_{hh} + b_h)$$

其中，$\widetilde{H}_t$ 表示當前時刻的啟動值，也稱為當前候選記憶。GRU 的當前工作單元，輸出當前時刻的啟動值，如圖 7-45 所示。

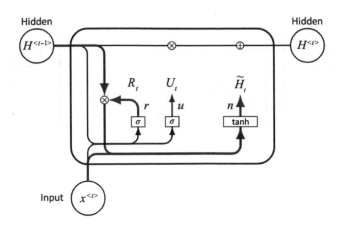

圖 7-45

將當前候選記憶 $\widetilde{H}_t$ 和歷史記憶 H_{t-1} 透過一個更新門進行加權平均,將計算結果作為當前時刻的隱狀態,公式如下。

$$H_t = U_t \odot H_{t-1} + (1 - U_t) \odot \widetilde{H}_t f$$

如圖 7-46 所示,更新門的輸出值 U_t 用於對歷史記憶和當前候選記憶進行加權平均。

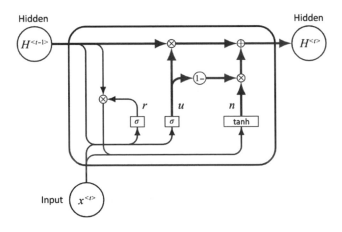

圖 7-46

GRU 的反向求導和 LSTM 類似,在知道損失函數關於 GRU 輸出的梯度後,透過反向求導計算損失函數關於模型參數和中間變數的梯度。讀者可以自行模仿 LSTM 的反向求導公式，推導 GRU 的反向求導公式，本書不再贅述。

和 LSTM 一樣，GRU 可以保持長期記憶，並能防止梯度爆炸和梯度消失，性能也和 LSTM 相當，在某些問題上的表現甚至比 LSTM 好。此外，GRU 的實現比 LSTM 簡單，且比 LSTM 的計算效率更高。因此，在實際使用中通常用 GRU 代替傳統的 LSTM。

7.8.2　門控循環單元的程式實現

GRU 的程式實現和 LSTM 類似，範例如下。

```python
import numpy as np

def sigmoid(x):
    return 1 / (1 + np.exp(-x))

def gru_init_params(input_dim,hidden_dim,output_dim,scale=0.01):
    normal = lambda m,n : np.random.randn(m, n)*scale
    three = lambda : (normal(input_dim,hidden_dim), normal(hidden_dim,hidden_dim), \
                        np.zeros((1,hidden_dim)))

    Wxu, Whu, bu = three()  # Update gate parameter
    Wxr, Whr, br = three()  # Reset gate parameter
    Wxh, Whh, bh = three()  # Candidate hidden state parameter

    Wy = normal(hidden_dim, output_dim)
    by = np.zeros((1,output_dim))

    params = [Wxu, Whu, bu, Wxr, Whr, br, Wxh, Whh, bh, Wy,by]
    return params

def gru_state_init(batch_size, hidden_size):
    return np.zeros((batch_size, hidden_size))

def gru_forward(params,Xs, H_0):
    Wxu, Whu, bu, Wxr, Whr, br, Wxh, Whh, bh, Wy,by = params
    M = II_0
```

```
    Hs = {}
    Ys = []
    Hs[-1] = np.copy(H)
    Rs = []
    Us = []
    H_tildas = []

    for t in range(len(Xs)):
        X = Xs[t]
        U = sigmoid(np.dot(X, Wxu) + np.dot(H, Whu) + bu)
        R = sigmoid(np.dot(X, Wxr) + np.dot(H, Whr) + br)
        H_tilda = np.tanh(np.dot(X, Wxh) + np.dot(R * H, Whh) + bh)
        H = U * H + (1 - U) * H_tilda
        Y = np.dot(H, Wy) + by

        Hs[t] = H
        Ys.append(Y)
        Rs.append(R)
        Us.append(U)
        H_tildas.append(H_tilda)

    return Ys,Hs,(Rs,Us,H_tildas)

def gru_backward(params,Xs,Hs,dZs,cache): # Ys,loss_function):
    Wxu, Whu, bu, Wxr, Whr, br, Wxh, Whh, bh, Wy,by = params
    Rs,Us,H_tildas = cache

    dWxu,dWhu,dWxr,dWhr,dWxh,dWhh,dWy  = np.zeros_like(Wxu), \
                    np.zeros_like(Whu), np.zeros_like(Wxr), \
                    np.zeros_like(Whr), np.zeros_like(Wxh), \
                    np.zeros_like(Whh), np.zeros_like(Wy)
    dbu,dbr,dbh,dby = np.zeros_like(bu), np.zeros_like(br), np.zeros_like(bh), \
                    np.zeros_like(by)

    dH_next = np.zeros_like(Hs[0])

    input_dim = Xs[0].shape[1]

    T = len(Xs)
```

```
for t in reversed(range(T)):
    R = Rs[t]
    U = Us[t]
    H = Hs[t]
    X = Xs[t]
    H_tilda = H_tildas[t]
    H_pre =  Hs[t-1]

    dZ = dZs[t]
    #輸出 f 的模型參數的梯度
    dWy += np.dot(H.T,dZ)
    dby += np.sum(dZ, axis=0, keepdims=True)

    #隱狀態 h 的梯度
    dH = np.dot(dZ, Wy.T) + dH_next

    #  H =  U H_pre+(1-U)H_tildas
    dH_tilda = dH*(1-U)
    dH_pre = dH*U
    dU = H_pre*dH -H_tilda*dH

    # H_tilda = tanh(X Wxh+(R*H_)Whh+bh)
    dH_tildaZ = (1-np.square(H_tilda))*dH_tilda
    dWxh+= np.dot(X.T,dH_tildaZ)
    dWhh+= np.dot((R*H_pre).T,dH_tildaZ)
    dbh += np.sum(dH_tildaZ, axis=0, keepdims=True)

    dR = np.dot(dH_tildaZ, Whh.T)*H_pre
    dH_pre += np.dot(dH_tildaZ, Whh.T)*R

    # U = \sigma(UZ)    R = \sigma(RZ)
    dUZ = U*(1-U)*dU
    dRZ = R*(1-R)*dR

    dH_pre += np.dot(dUZ, Whu.T)
    dH_pre += np.dot(dRZ, Whr.T)

    # R = \sigma(X Wxr+H_ Whr + br)
    dWxr+= np.dot(X.T,dRZ)
```

```
        dWhr+= np.dot(H_pre.T,dRZ)
        dbr += np.sum(dRZ, axis=0, keepdims=True)

        dWxu+= np.dot(X.T,dUZ)
        dWhu+= np.dot(H_pre.T,dUZ)
        dbu += np.sum(dUZ, axis=0, keepdims=True)

        if True:
            dX_RZ = np.dot(dRZ,Wxr.T)
            dX_UZ = np.dot(dUZ,Wxu.T)
            dX_H_tildaZ = np.dot(dH_tildaZ,Wxh.T)
            dX = dX_RZ+dX_UZ+dX_H_tildaZ

        dH_next = dH_pre

    return [dWxu, dWhu, dbu, dWxr, dWhr, dbr, dWxh, dWhh, dbh, dWy,dby]
```

執行以下程式，檢查分析梯度和數值梯度是否一致。測試結果略。

```
T   = 3
input_dim, hidden_dim,output_dim = 4,3,4
batch_size = 1
Xs = np.random.randn(T,batch_size,input_dim)
Ys = np.random.randint(output_dim, size=(T,batch_size))


print("Xs",Xs)
print("Ys",Ys)

# cheack gradient
params = gru_init_params(input_dim, hidden_dim,output_dim)
HC = gru_state_init(batch_size,hidden_dim)

Zs,Hs,cache = gru_forward(params,Xs,HC)
loss_function = rnn_loss_grad
loss,dZs = loss_function(Zs,Ys)
grads = gru_backward(params,Xs,Hs,dZs,cache)

def rnn_loss():
    HC = gru_state_init(batch_size,hidden_dim)
```

```
    Zs,Hs,cache= gru_forward(params,Xs,HC)
    loss_function = rnn_loss_grad
    loss,dZs = loss_function(Zs,Ys)
    return loss

numerical_grads = util.numerical_gradient(rnn_loss,params,1e-6)
#rnn_numerical_gradient(rnn_loss,params,1e-10)
#diff_error = lambda x, y: np.max( np.abs(x - y)/(np.maximum(1e-8, np.abs(x)
+ np.abs(y))))
diff_error = lambda x, y: np.max( np.abs(x - y))

def rel_error(x, y):
  """ returns relative error """
  return np.max(np.abs(x - y) / (np.maximum(1e-8, np.abs(x) + np.abs(y))))

print("loss",loss)
print("[Wi, bi,Wf, bf, Wo,bo,Wc, bc,Wy,by] ")
for i in range(len(grads)):
    print(diff_error(grads[i],numerical_grads[i]))

print("grads",grads[0])
print("numerical_grads",numerical_grads[0])
```

▌ 7.9　循環神經網路的類別及其實現

7.9.1　用類別實現循環神經網路

在本章前面幾節中，我們已經用函數實現了簡單循環神經網路、LSTM、GRU 這 3 種典型的循環神經網路模型。當然，也可以用類別來實現這些循環神經網路模型。

用一個 LSTM 類別來表示 LSTM 的相關函數，程式如下。

```
import numpy as np

def grad_clipping(grads,alpha):
```

```python
        norm = math.sqrt(sum((grad ** 2).sum() for grad in grads))
    if norm > alpha:
        ratio = alpha / norm
        for i in range(len(grads)):
            grads[i]*=ratio


class LSTM(object):
    def __init__(self,input_dim,hidden_dim,output_dim,scale=0.01):
        #super(LSTM_cell, self).__init__()
        self.input_dim,self.hidden_dim,self.output_dim = input_dim,hidden_dim, \
                                                        output_dim
        normal = lambda m,n : np.random.randn(m, n)*scale
        two = lambda : (normal(input_dim+hidden_dim, hidden_dim),np.zeros((1, \
                    hidden_dim)))

        Wi, bi = two()  # Input gate parameters
        Wf, bf = two()  # Forget gate parameters
        Wo, bo = two()  # Output gate parameters
        Wc, bc = two()  # Candidate cell parameters

        Wy = normal(hidden_dim, output_dim)
        by = np.zeros((1,output_dim))
        self.params = [Wi, bi,Wf, bf, Wo,bo, Wc,bc,Wy,by]
        self.grads = [np.zeros_like(param) for param in self.params]
        self.H,self.C = None,None

    def reset_state(self,batch_size):
        self.H,self.C = (np.zeros((batch_size, self.hidden_dim)), \
                        np.zeros((batch_size, self.hidden_dim)))

    def forward(self,Xs):
        [Wi, bi,Wf, bf, Wo,bo,Wc,bc,Wy,by] = self.params
        if self.H is None or self.C is None:
            self.reset_state(Xs[0].shape[0])

        H, C =  self.H,self.C
        Hs = {}
        Cs = {}
        Zs = []
```

```
        Hs[-1] = np.copy(H)
        Cs[-1] = np.copy(C)
        Is = []
        Fs = []
        Os = []
        C_tildas = []
        for t in range(len(Xs)):
            X = Xs[t]
            XH = np.column_stack((X, H))

            I = sigmoid(np.dot(XH, Wi)+bi)
            F = sigmoid(np.dot(XH, Wf)+bf)
            O = sigmoid(np.dot(XH, Wo)+bo)
            C_tilda = np.tanh(np.dot(XH, Wc)+bc)

            C = F * C + I * C_tilda
            H = O*np.tanh(C)        #O * C.tanh()      #輸出狀態

            Y = np.dot(H, Wy) + by                      #輸出

            Zs.append(Y)
            Hs[t] = H
            Cs[t] = C

            Is.append(I)
            Fs.append(F)
            Os.append(O)
            C_tildas.append(C_tilda)
        self.Zs,self.Hs,self.Cs,self.Is,self.Fs,self.Os,self.C_tildas = \
                                    Zs,Hs,Cs,Is,Fs,Os,C_tildas
        self.Xs  =Xs
        return Zs,Hs

    def backward(self,dZs): # Ys,loss_function):
        [Wi, bi,Wf, bf, Wo,bo,Wc, bc,Wy,by] = self.params
        Hs,Cs,Is,Fs,Os,C_tildas = self.Hs,self.Cs,self.Is,self.Fs,self.Os, \
                            self.C_tildas
        Xs = self.Xs
        dWi,dWf,dWo,dWc,dWy  = np.zeros_like(Wi), np.zeros_like(Wf), \
                    np.zeros_like(Wo), np.zeros_like(Wc), np.zeros_like(Wy)
```

```
        dbi,dbf,dbo,dbc,dby = np.zeros_like(bi), np.zeros_like(bf), \
                    np.zeros_like(bo), np.zeros_like(bc), np.zeros_like(by)

    dH_next = np.zeros_like(Hs[0])
    dC_next = np.zeros_like(Cs[0])

    input_dim = Xs[0].shape[1]
    h = Hs
    x = Xs
    T = len(Xs)
    for t in reversed(range(T)):
        I = Is[t]
        F = Fs[t]
        O = Os[t]
        C_tilda = C_tildas[t]
        H = Hs[t]
        X = Xs[t]
        C = Cs[t]
        H_pre =  Hs[t-1]
        C_prev = Cs[t-1]
        XH_pre = np.column_stack((X, H_pre))
        XH_ = XH_pre

        dZ = dZs[t]

        #輸出 f 的模型參數的 idu
        dWy += np.dot(H.T,dZ)
        dby += np.sum(dZ, axis=0, keepdims=True)

        #隱狀態 h 的梯度
        dH = np.dot(dZ, Wy.T) + dH_next
  #     dC = dH_next*O*dtanh(C) +dC_next       #* H = O*np.tanh(C)
  #     dC = dH_next*O*(1-np.square(np.tanh(C))) +dC_next
        dC = dH*O*dtanh(C) +dC_next

        dO = np.tanh(C) *dH
        dOZ = O * (1-O)*dO
        dWo += np.dot(XH_.T,dOZ)
        dbo += np.sum(dOZ, axis=0, keepdims=True)
```

```python
            #di
            di =  C_tilda*dC
            diZ = I*(1-I) * di
            dWi += np.dot(XH_.T,diZ)
            dbi += np.sum(diZ, axis=0, keepdims=True)


            #df
            df = C_prev*dC
            dfZ = F*(1-F) * df
            dWf += np.dot(XH_.T,dfZ)
            dbf += np.sum(dfZ, axis=0, keepdims=True)


            # dC_bar
            dC_tilda = I*dC        #C = F * C + I * C_tilda
            dC_tilda_Z =(1-np.square(C_tilda))*dC_tilda  # C_tilda =
sigmoid(np.dot(XH, Wc)+bc)
            dWc += np.dot(XH_.T,dC_tilda_Z)
            dbc += np.sum(dC_tilda_Z, axis=0, keepdims=True)


            dXH_ = (np.dot(dfZ, Wf.T)
                 + np.dot(diZ, Wi.T)
                 + np.dot(dC_tilda_Z, Wc.T)
                 + np.dot(dOZ, Wo.T))
            dX_prev = dXH_[:, :input_dim]
            dH_prev = dXH_[:, input_dim:]
            dC_prev = F * dC

            dC_next = dC_prev
            dH_next = dH_prev

        grads = [dWi, dbi,dWf, dbf, dWo,dbo,dWc, dbc,dWy,dby]
        grad_clipping(grads,5.)
        for i,_ in enumerate(self.grads):
            self.grads[i]+=grads[i]

        return [dWi, dbi,dWf, dbf, dWo,dbo,dWc, dbc,dWy,dby]

    def parameters(self):
        return self.params
```

執行以下程式，對這個 LSTM 類別進行測試。

```
T  = 3
input_dim, hidden_dim,output_dim = 4,3,4
batch_size = 2
Xs = np.random.randn(T,batch_size,input_dim)
Ys = np.random.randint(output_dim, size=(T,batch_size))
#print("Xs",Xs)
#print("Ys",Ys)

lstm = LSTM(input_dim, hidden_dim,output_dim)
Zs,Hs = lstm.forward(Xs)

loss_function = rnn_loss_grad
loss,dZs = loss_function(Zs,Ys)
grads = lstm.backward(dZs)

def rnn_loss():
    lstm.reset_state(batch_size)
    Zs,Hs = lstm.forward(Xs)
    loss_function = rnn_loss_grad
    loss,dZs = loss_function(Zs,Ys)
    return loss

params = lstm.parameters()
numerical_grads = util.numerical_gradient(rnn_loss,params,1e-6)
diff_error = lambda x, y: np.max( np.abs(x - y))

print("loss",loss)
print("[Wi, bi,Wf, bf, Wo,bo,Wc, bc,Wy,by] ")
for i in range(len(grads)):
    print(diff_error(grads[i],numerical_grads[i]))

print("grads",grads[0])
print("numerical_grads",numerical_grads[0])
```

```
loss 4.15897570534243
[Wi, bi,Wf, bf, Wo,bo,Wc, bc,Wy,by]
4.0983714987404213e-10
4.804842887035274e-10
```

```
5.574688488332363e-10
5.962706955096197e-10
4.786088983281455e-10
3.3010982580892407e-10
5.250774498359589e-10
7.762481196021964e-10
5.116074152863859e-10
4.973363854077206e-08
grads [[-1.40953185e-06  1.39633673e-05  3.77862529e-05]
 [-2.05605688e-06 -6.94901972e-06 -9.72150550e-06]
 [-1.97703294e-06  2.14765528e-05 -6.23417436e-07]
 [ 2.38579566e-06  3.03502478e-05  5.32372144e-06]
 [-2.43351424e-10 -1.73915908e-09 -1.49094729e-08]
 [ 1.89104848e-08  1.69377027e-07  1.08468341e-07]
 [-6.11087686e-09 -6.70921838e-08 -7.03528265e-09]]
numerical_grads [[-1.40953915e-06  1.39630529e-05  3.77866627e-05]
 [-2.05613304e-06 -6.94910796e-06 -9.72155689e-06]
 [-1.97708516e-06  2.14761542e-05 -6.23501251e-07]
 [ 2.38564724e-06  3.03503889e-05  5.32374145e-06]
 [-4.44089210e-10 -1.77635684e-09 -1.46549439e-08]
 [ 1.86517468e-08  1.69197989e-07  1.08357767e-07]
 [-5.77315973e-09 -6.70574707e-08 -7.10542736e-09]]
```

以下程式實現了一個 GRU 結構的循環神經網路。

```python
class GRU(object):
    def __init__(self, input_dim,hidden_dim,output_dim,scale=0.01):
        super(GRU, self).__init__()
        self.input_dim,self.hidden_dim,self.output_dim,self.scale = input_dim, \
                                    hidden_dim,output_dim,scale

        normal = lambda m,n : np.random.randn(m, n)*scale
        three = lambda : (normal(input_dim,hidden_dim), normal(hidden_dim, \
                        hidden_dim),np.zeros((1,hidden_dim)))

        Wxu, Whu, bu = three()  # Update gate parameter
        Wxr, Whr, br = three()  # Reset gate parameter
        Wxh, Whh, bh = three()  # Candidate hidden state parameter
        Wy = normal(hidden_dim, output_dim)
        by = np.zeros((1,output_dim))
```

```
        self.Wxu, self.Whu, self.bu, self.Wxr, self.Whr, self.br, self.Wxh, \
        self.Whh, self.bh, self.Wy,self.by = Wxu, Whu, bu, Wxr, Whr, br, Wxh, \
        Whh, bh, Wy,by

        self.params = [Wxu, Whu, bu, Wxr, Whr, br, Wxh, Whh, bh, Wy,by]
        self.grads = [np.zeros_like(param) for param in self.params]
        self.H = None

    def reset_state(self,batch_size):
        self.H = np.zeros((batch_size, self.hidden_dim))

    def forward_step(self,X):
        Wxu, Whu, bu, Wxr, Whr, br, Wxh, Whh, bh, Wy,by = self.params
        H = self.H # previous state
        X = Xs[t]
        U = sigmoid(np.dot(X, Wxu) + np.dot(H, Whu) + bu)
        R = sigmoid(np.dot(X, Wxr) + np.dot(H, Whr) + br)
        H_tilda = np.tanh(np.dot(X, Wxh) + np.dot(R * H, Whh) + bh)
        H = U * H + (1 - U) * H_tilda
        Y = np.dot(H, Wy) + by

        Hs[t] = H
        Ys.append(Y)
        Rs.append(R)
        Us.append(U)
        H_tildas.append(H_tilda)

    def forward(self,Xs):
        Wxu, Whu, bu, Wxr, Whr, br, Wxh, Whh, bh, Wy,by = self.params
        if self.H is None:
            self.reset_state(Xs[0].shape[0])
        H = self.H
        Hs = {}
        Ys = []
        Hs[-1] = np.copy(H)
        Rs = []
        Us = []
        H_tildas = []
```

```
    for t in range(len(Xs)):
        X = Xs[t]
        U = sigmoid(np.dot(X, Wxu) + np.dot(H, Whu) + bu)
        R = sigmoid(np.dot(X, Wxr) + np.dot(H, Whr) + br)
        H_tilda = np.tanh(np.dot(X, Wxh) + np.dot(R * H, Whh) + bh)
        H = U * H + (1 - U) * H_tilda
        Y = np.dot(H, Wy) + by

        Hs[t] = H
        Ys.append(Y)
        Rs.append(R)
        Us.append(U)
        H_tildas.append(H_tilda)

    self.Ys,self.Hs,self.Rs,self.Us,self.H_tildas = Ys,Hs,Rs,Us,H_tildas
    return Ys,Hs            #return Ys,Hs,(Rs,Us,H_tildas)

def backward(self,dZs): # Ys,loss_function):
    Wxu, Whu, bu, Wxr, Whr, br, Wxh, Whh, bh, Wy,by = self.params
    Ys,Hs,Rs,Us,H_tildas = self.Ys,self.Hs,self.Rs,self.Us,self.H_tildas
    dWxu,dWhu,dWxr,dWhr,dWxh,dWhh,dWy = np.zeros_like(Wxu),
                    np.zeros_like(Whu), np.zeros_like(Wxr), \
                    np.zeros_like(Whr), np.zeros_like(Wxh), \
                    np.zeros_like(Whh), np.zeros_like(Wy)
    dbu,dbr,dbh,dby = np.zeros_like(bu), np.zeros_like(br), \
                    np.zeros_like(bh), np.zeros_like(by)

    dH_next = np.zeros_like(Hs[0])
    input_dim = Xs[0].shape[1]
    T = len(Xs)
    for t in reversed(range(T)):
        R = Rs[t]
        U = Us[t]
        H = Hs[t]
        X = Xs[t]
        H_tilda = H_tildas[t]
        H_pre =  Hs[t-1]
```

```
        dZ = dZs[t]
        #輸出 f 的模型參數的 idu
        dWy += np.dot(H.T,dZ)
        dby += np.sum(dZ, axis=0, keepdims=True)

        #隱狀態 h 的梯度
        dH = np.dot(dZ, Wy.T) + dH_next

        #  H =  U H_pre+(1-U)H_tildas
        dH_tilda = dH*(1-U)
        dH_pre = dH*U
        dU = H_pre*dH -H_tilda*dH

        # H_tilda = tanh(X Wxh+(R*H_)Whh+bh)
        dH_tildaZ = (1-np.square(H_tilda))*dH_tilda
        dWxh+= np.dot(X.T,dH_tildaZ)
        dWhh+= np.dot((R*H_pre).T,dH_tildaZ)
        dbh += np.sum(dH_tildaZ, axis=0, keepdims=True)

        dR = np.dot(dH_tildaZ, Whh.T)*H_pre
        dH_pre += np.dot(dH_tildaZ, Whh.T)*R

        # U = \sigma(UZ)    R = \sigma(RZ)
        dUZ = U*(1-U)*dU
        dRZ = R*(1-R)*dR

        dH_pre += np.dot(dUZ, Whu.T)
        dH_pre += np.dot(dRZ, Whr.T)

        # R = \sigma(X Wxr+H_ Whr + br)
        dWxr+= np.dot(X.T,dRZ)
        dWhr+= np.dot(H_pre.T,dRZ)
        dbr += np.sum(dRZ, axis=0, keepdims=True)

        dWxu+= np.dot(X.T,dUZ)
        dWhu+= np.dot(H_pre.T,dUZ)
        dbu += np.sum(dUZ, axis=0, keepdims=True)

        if True:
```

```
            dX_RZ = np.dot(dRZ,Wxr.T)
            dX_UZ = np.dot(dUZ,Wxu.T)
            dX_H_tildaZ = np.dot(dH_tildaZ,Wxh.T)
            dX = dX_RZ+dX_UZ+dX_H_tildaZ
        dH_next = dH_pre

    grads = [dWxu, dWhu, dbu, dWxr, dWhr, dbr, dWxh, dWhh, dbh, dWy,dby]
    for i,_ in enumerate(self.grads):
        self.grads[i]+=grads[i]
    return self.grads

def get_states(self):
    return self.Hs

def get_outputs(self):
    return self.Ys

def parameters(self):
    return self.params
```

7.9.2 循環神經網路單元的類別實現

循環神經網路最基本的計算，就是神經網路單元在某個時刻的正向計算和
反向求導。在某個時刻，神經網路單元接收資料登錄 x 和上一個時間步的
狀態輸入 h。對簡單循環神經網路和 GRU，輸出的是當前時間步的狀態
h'；對於 LSTM，輸出的當前記憶 c' 和傳入下一個時間步的 h'。舉例來
說，對簡單循環神經網路，其正向計算公式如下。

$$h' = \tanh(W_{ih}x + b_{ih} + W_{hh}h + b_{hh})$$

在這裡，將原來的偏置 b_h 拆分成兩項，即 b_{ih} 和 b_{hh}，它們分別表示資料
登錄加權和的偏置和隱狀態加權和的偏置。對於 LSTM，也可以將原來的
每個加權和的偏置拆分成兩個偏置，公式如下。

$$i = \sigma(W_{ii}x + b_{ii} + W_{hi}h + b_{hi})$$
$$f = \sigma(W_{if}x + b_{if} + W_{hf}h + b_{hf})$$
$$g = tanh(W_{ig}x + b_{ig} + W_{hg}h + b_{hg})$$
$$o = \sigma(W_{io}x + b_{io} + W_{ho}h + b_{ho})$$
$$c' = f * c + i * g$$
$$h' = o * tanh(c')$$

同理，GRU 的計算公式如下。

$$r = \sigma(W_{ir}x + b_{ir} + W_{hr}h + b_{hr})$$
$$z = \sigma(W_{iz}x + b_{iz} + W_{hz}h + b_{hz})$$
$$n = \tanh(W_{in}x + b_{in} + r * (W_{hn}h + b_{hn}))$$
$$h' = (1 - z) * n + z * h$$

可以用一個公共的基礎類別表示簡單循環神經網路、LSTM、GRU 這 3 種神經網路單元的公共屬性，程式如下。

```python
import numpy as np
import math
class RNNCellBase(object):
    __constants__ = ['input_size', 'hidden_size']
    def __init__(self, input_size, hidden_size,bias, num_chunks):
        super(RNNCellBase, self).__init__()
        self.input_size, self.hidden_size = input_size, hidden_size
        self.bias = bias
        self.W_ih= np.empty((input_size, num_chunks*hidden_size))
# input to hidden
        self.W_hh = np.empty((hidden_size, num_chunks*hidden_size))
# hidden to hidden
        if bias:
            self.b_ih = np.zeros((1,num_chunks*hidden_size))
            self.b_hh = np.zeros((1,num_chunks*hidden_size))
            self.params = [self.W_ih,self.W_hh,self.b_ih,self.b_hh]
        else:
            self.b_ih = None
            self.b_hh = None
            self.params = [self.W_ih,self.W_hh]

        self.grads = [np.zeros_like (param) for param in self.params]
        self.param_grads = self.params.copy()
```

```
            self.param_grads.extend(self.grads)

            self.reset_parameters()

    def parameters(self,no_grad = True):
        if no_grad:    return self.params;
        return self.param_grads;

    def reset_parameters(self):
        stdv = 1.0 / math.sqrt(self.hidden_size)
        for param in self.params:
            w = param
            w[:] = np.random.uniform(-stdv, stdv,(w.shape))

    def check_forward_input(self, input):
        if input.shape[1] != self.input_size:
            raise RuntimeError(
                "input has inconsistent input_size: got {}, expected {}".format(
                    input.shape[1], self.input_size))

    def check_forward_hidden(self, input, h, hidden_label=''):
        if input.shape[0] != h.shape[0]:
            raise RuntimeError(
                "Input batch size {} doesn't match hidden{} batch size
                {}".format(input.shape[0], hidden_label, h.shape[0]))

        if h.shape[1] != self.hidden_size:
            raise RuntimeError(
                "hidden{} has inconsistent hidden_size: got {}, expected
                {}".format( hidden_label, h.shape[1], self.hidden_size))
```

建構函數的參數 input_size 和 hidden_size 分別表示輸入資料和狀態的大
小。num_chunks 表示每個神經網路單元的計算門的個數。
check_forward_input 和 check_forward_hidden 是檢查輸入的資料和隱狀態
大小是否與神經網路單元的模型參數匹配的輔助方法。num_chunks 表示
循環神經網路計算單元的個數（對於簡單循環神經網路，其值為 1；對於
LSTM 和 GRU，其值分別為 4 和 3）。

在神經網路單元的基礎類別 RNNCellBase 的基礎上，可以定義具體的神經網路單元。以下程式定義了表示簡單的 RNN 單元的類別 RNNCell。

```python
def relu(x):
    return x * (x > 0)

def rnn_tanh_cell(x, h,W_ih, W_hh,b_ih, b_hh):
    #h' = \tanh(W_{ih} x + b_{ih}  +  W_{hh} h + b_{hh})
    if b_ih is None:
        return np.tanh(np.dot(x,W_ih) +  np.dot(h,W_hh))
    else:
        return np.tanh(np.dot(x,W_ih) + b_ih  +  np.dot(h,W_hh) + b_hh)

def rnn_relu_cell(x, h,W_ih,W_hh,b_ih, b_hh):
    #h' = \relu(W_{ih} x + b_{ih}  +  W_{hh} h + b_{hh})
    if b_ih is None:
        return relu(np.dot(x,W_ih) +  np.dot(h,W_hh) )
    else:
        return relu(np.dot(x,W_ih) + b_ih  +  np.dot(h,W_hh) + b_hh)

class RNNCell(RNNCellBase):
    """          h' = \tanh(W_{ih} x + b_{ih}  +  W_{hh} h + b_{hh})"""
    __constants__ = ['input_size', 'hidden_size',  'nonlinearity']

    def __init__(self, input_size, hidden_size,bias=True,
nonlinearity="tanh"):
        super(RNNCell, self).__init__(input_size,
hidden_size,bias,num_chunks=1)
        self.nonlinearity = nonlinearity

    def forward(self, input, h=None):
        self.check_forward_input(input)
        if h is None:
            h = np.zeros(input.shape[0], self.hidden_size, dtype=input.dtype)
        self.check_forward_hidden(input, h, '')
        if self.nonlinearity == "tanh":
            ret = rnn_tanh_cell( input, h,
                self.W_ih, self.W_hh,
                self.b_ih, self.b_hh,)
```

```
        elif self.nonlinearity == "relu":
            ret = rnn_relu_cell( input, h,
                self.W_ih, self.W_hh,
                self.b_ih, self.b_hh,)
        else:
            ret = input
            raise RuntimeError(
                "Unknown nonlinearity: {}".format(self.nonlinearity))
        return ret
    def __call__(self, input, h=None):
        return self.forward(input,h)


    def backward(self,dh,H,X,H_pre):
        if self.nonlinearity == "tanh":
            dZh = (1 - H * H) * dh # backprop through tanh nonlinearity
        else:
            dZh = H*(1-H)* dh
        db_hh = np.sum(dZh, axis=0, keepdims=True)
        db_ih = np.sum(dZh, axis=0, keepdims=True)
        dW_ih = np.dot(X.T,dZh)
        dW_hh = np.dot(H_pre.T,dZh)
        dh_pre = np.dot(dZh,self.W_hh.T)
        dx =  np.dot(dZh,self.W_ih.T)
        grads = (dW_ih,dW_hh,db_ih,db_hh)
        for a, b in zip(self.grads,grads):
            a+=b
        return dx,dh_pre,grads
```

執行以下程式，可進行 RNNCell 類別的時間步的正向計算和反向求導。其中，x 是批大小為 3 的輸入資料，h 是對應的批大小為 3 的狀態。測試結果略。

```
import numpy as np
np.random.seed(1)
x = np.random.randn(3, 10)   #(batch_size,input_dim)
h = np.random.randn(3, 20)   #(batch_size,hidden_dim)
rnn = RNNCell(10, 20)        #(input_dim,hidden_dim)

h_ = rnn(x, h)
```

```
print("h_:",h_)
dh_ = np.random.randn(*h.shape)
dx,dh,_ = rnn.backward(dh_,h_,x,h)
print("dh:",dh)
```

用序列資料 x 執行步進值為 6 的 RNNCell 類別的計算，程式如下。測試結果略。

```
import numpy as np
x = np.random.randn(6, 3, 10)
h = np.random.randn(3, 20)
rnn = RNNCell(10, 20)

h_0 = h.copy()
hs = []
for i in range(6):
    h = rnn(x[i], h)
    hs.append(h)
print("h:",hs[0])

dh = np.random.randn(*h.shape)
for i in reversed(range(6)):
    if i==0:
        dx,dh,_ = rnn.backward(dh,hs[i],x[i],h_0)
    else:
        dx,dh,_ = rnn.backward(dh,hs[i],x[i],hs[i-1])
print("dh:",dh)
```

也可以定義 LSTM 和 GRU 類型的循環神經網路單元 LSTMCell 和 GRUCell。

LSTMCell 類別的程式如下。

```
def sigmoid(x):
    return (1 / (1 + np.exp(-x)))
def lstm_cell(x, hc,w_ih, w_hh,b_ih, b_hh):
    h,c = hc[0],hc[1]
    hidden_size = w_ih.shape[1]//4
    ifgo_Z = np.dot(x,w_ih) + b_ih  + np.dot(h,w_hh) + b_hh
    i = sigmoid(ifgo_Z[:,:hidden_size])
```

```
    f = sigmoid(ifgo_Z[:,hidden_size:2*hidden_size])
    g = np.tanh(ifgo_Z[:,2*hidden_size:3*hidden_size])
    o = sigmoid(ifgo_Z[:,3*hidden_size:])
    c_ = f*c+i*g
    h_ = o*np.tanh(c_)
    return (h_,c_),np.column_stack((i,f,g,o))

def lstm_cell_back(dhc,ifgo,x,hc_pre,w_ih, w_hh,b_ih, b_hh):
    hidden_size = w_ih.shape[1]//4
    if isinstance(dhc, tuple):
        dh_,dc_next = dhc
    else:
        dh_ = dhc
        dc_next = np.zeros_like(dh_)
    h_pre,c = hc_pre
    i,f,g,o = ifgo[:,:hidden_size],ifgo[:,hidden_size:2*hidden_size], \
            ifgo[:,2*hidden_size:3*hidden_size],ifgo[:,3*hidden_size:]
    c_ = f*c+i*g
    dc_ = dc_next+dh_*o*(1-np.square(np.tanh(c_)))
    do = dh_*np.tanh(c_)
    di = dc_*g
    dg = dc_*i
    df = dc_*c

    diz = i*(1-i)*di
    dfz = f*(1-f)*df
    dgz = (1-np.square(g))*dg
    doz = o*(1-o)*do

    dZ = np.column_stack((diz,dfz,dgz,doz))

    dW_ih = np.dot(x.T,dZ)
    dW_hh = np.dot(h_pre.T,dZ)
    db_hh = np.sum(dZ, axis=0, keepdims=True)
    db_ih = np.sum(dZ, axis=0, keepdims=True)
    dx =  np.dot(dZ,w_ih.T)
    dh_pre = np.dot(dZ,w_hh.T)
    #return dx,dh_pre,(dW_ih,dW_hh,db_ih,db_hh)
    dc = dc_*f
```

```
    return dx,(dh_pre,dc),(dW_ih,dW_hh,db_ih,db_hh)

class LSTMCell(RNNCellBase):
    """   \begin{array}{ll}
        i = \sigma(W_{ii} x + b_{ii} + W_{hi} h + b_{hi}) \\
        f = \sigma(W_{if} x + b_{if} + W_{hf} h + b_{hf}) \\
        g = \tanh(W_{ig} x + b_{ig} + W_{hg} h + b_{hg}) \\
        o = \sigma(W_{io} x + b_{io} + W_{ho} h + b_{ho}) \\
        c' = f * c + i * g \\
        h' = o * \tanh(c') \\
        \end{array}
    """
    def __init__(self, input_size, hidden_size, bias=True):
        super(LSTMCell, self).__init__(input_size, hidden_size,bias, num_chunks=4)

    def init_hidden(batch_size):
        zeros= np.zeros(input.shape[0], self.hidden_size, dtype=input.dtype)
        return (zeros, zeros)#np.array([zeros, zeros])

    def forward(self, input, h=None):
        self.check_forward_input(input)
        if h is None:
            h = init_hidden(input.shape[0])
        self.check_forward_hidden(input, h[0], '[0]')
        self.check_forward_hidden(input, h[1], '[1]')
        return lstm_cell(
                input, h,
                self.W_ih, self.W_hh,
                self.b_ih, self.b_hh,
            )
    def __call__(self, input, h=None):
        return self.forward(input,h)

    def backward(self, dhc,ifgo,input,hc_pre):
        if hc_pre is None:
            hc_pre = init_hidden(input.shape[0])
        dx,dh_pre,grads = lstm_cell_back(
                            dhc,ifgo,
                            input, hc_pre,
```

```
                          self.W_ih, self.W_hh,
                          self.b_ih, self.b_hh)

        #grads = (dW_ih,dW_hh,db_ih,db_hh)
        for a, b in zip(self.grads,grads):
            a+=b
        return dx,dh_pre,grads
```

GRUCell 類別的程式如下。

```
def gru_cell(x, h,w_ih, w_hh,b_ih, b_hh):
    Z_ih,Z_hh = np.dot(x,w_ih) + b_ih, np.dot(h,w_hh) + b_hh
    hidden_size = w_ih.shape[1]//3
    r = sigmoid(Z_ih[:,:hidden_size]+Z_hh[:,:hidden_size])
    u = sigmoid(Z_ih[:,hidden_size:2*hidden_size]+Z_hh[:,hidden_size:2*
hidden_size])
    n = np.tanh(Z_ih[:,2*hidden_size:]+r*Z_hh[:,2*hidden_size:])
    h_next= u*h+(1-u)*n
    run = np.column_stack((r,u,n))
    #return h_next,(r,u,n)
    return h_next,run


def gru_cell_back(dh,run,x,h_pre,w_ih, w_hh,b_ih, b_hh):
    hidden_size = w_ih.shape[1]//3
    #r,u,n = run
    r,u,n = run[:,:hidden_size],run[:,hidden_size:2*hidden_size], \
            run[:,2*hidden_size:]

    #  H =   U H_pre+(1-U)H_tildas
    dn = dh*(1-u)
    dh_pre = dh*u
    du = h_pre*dh -n*dh

    #n = \tanh(W_{in} x + b_{in} + r * (W_{hn} h + b_{hn}))
    dnz = (1-np.square(n))*dn

    Z_hn = np.dot(h_pre,w_hh[:,2*hidden_size:])+b_hh[:,2*hidden_size:]
    dr = dnz*Z_hn
    dZ_ih_n = dnz
    dZ_hh_n = dnz*r
```

```
        duz = u*(1-u)*du
        dZ_ih_u = duz
        dZ_hh_u = duz

        drz = r*(1-r)*dr
        dZ_ih_r = drz
        dZ_hh_r = drz

        dZ_ih = np.column_stack((dZ_ih_r,dZ_ih_u,dZ_ih_n))
        dZ_hh = np.column_stack((dZ_hh_r,dZ_hh_u,dZ_hh_n))

        dW_ih = np.dot(x.T,dZ_ih)
        dW_hh = np.dot(h_pre.T,dZ_hh)
        db_ih = np.sum(dZ_ih, axis=0, keepdims=True)
        db_hh = np.sum(dZ_hh, axis=0, keepdims=True)

        dh_pre+=np.dot(dZ_hh,w_hh.T)
        dx =  np.dot(dZ_ih,w_ih.T)
        return dx,dh_pre,(dW_ih,dW_hh,db_ih,db_hh)

class GRUCell(RNNCellBase):
    """  \begin{array}{ll}
        r = \sigma(W_{ir} x + b_{ir} + W_{hr} h + b_{hr}) \\
        z = \sigma(W_{iz} x + b_{iz} + W_{hz} h + b_{hz}) \\
        n = \tanh(W_{in} x + b_{in} + r * (W_{hn} h + b_{hn})) \\
        h' = (1 - z) * n + z * h
        \end{array}
        """
    def __init__(self, input_size, hidden_size, bias=True):
        super(GRUCell, self).__init__(input_size, hidden_size,bias, num_chunks=3)

    def forward(self, input, h=None):
        self.check_forward_input(input)
        if h is None:
            h= np.zeros(input.shape[0], self.hidden_size, dtype=input.dtype)
        self.check_forward_hidden(input, h, '')
        return gru_cell(
                input, h,
```

```
              self.W_ih, self.W_hh,
              self.b_ih, self.b_hh,
          )
   def __call__(self, input, h=None):
       return self.forward(input,h)


   def backward(self, dh,run,input,h_pre):
       if h_pre is None:
          h_pre = np.zeros(input.shape[0], self.hidden_size, dtype=input.dtype)
       dx,dh_pre,grads = gru_cell_back(
                            dh,run,
                            input, h_pre,
                            self.W_ih, self.W_hh,
                            self.b_ih, self.b_hh )
       #grads = (dW_ih,dW_hh,db_ih,db_hh)
       for a, b in zip(self.grads,grads):
           a+=b
       return dx,dh_pre,grads
```

▎ 7.10　多層循環神經網路和雙向循環神經網路

7.10.1　多層循環神經網路

前面討論的都是單層的循環神經網路。和全連接神經網路和卷積神經網路一樣，可以定義多層的循環神經網路。如圖 7-47 所示，第 1 個隱含層接收資料登錄，產生隱狀態 $H^{(1)}$，這個隱狀態又作為第 2 個隱含層的輸入⋯⋯最後一個循環神經網路層，既可作為整個網路的輸出層，也可以在後面連接一個或多個非循環神經網路層。

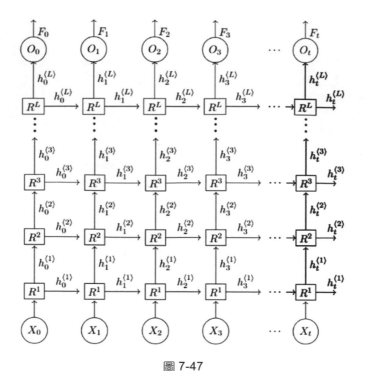

圖 7-47

在時刻 t，第 1 層神經元的輸入包括資料登錄 $\boldsymbol{X}_t$ 和神經元前一時刻的狀態輸入 $\boldsymbol{H}_{t-1}^{(1)}$。計算第 1 層的隱狀態 $\boldsymbol{H}_t^{(1)}$，公式如下。

$$\boldsymbol{H}_t^{(1)} = f_1\left(\boldsymbol{X}_t, \boldsymbol{H}_{t-1}^{(1)}\right)$$

第 1 層 RNN 單元（神經元）的狀態 $\boldsymbol{H}_t^{(1)}$ 作為第 2 層 RNN 單元的資料登錄，和第 2 層神經元自身前一時刻的狀態 $\boldsymbol{H}_{t-1}^{(2)}$ 一起，用於計算該神經元的狀態 $\boldsymbol{H}_t^{(2)}$。這個狀態作為第 3 層 RNN 單元的資料登錄，用於計算第 3 層的隱狀態 $\boldsymbol{H}_t^{(3)}$。一般地，第 l 個隱含層在時刻 t 接收該層前一時刻的隱狀態 $\boldsymbol{H}_{t-1}^{(1)}$ 和其前一層（即第 $l-1$ 個隱含層）的輸入（通常也是隱狀態 $\boldsymbol{H}_t^{(l-1)}$），輸出 t 時刻的隱狀態 $\boldsymbol{H}_t^{(l)}$。其計算過程可以用下面的公式表示。

$$\boldsymbol{H}_t^{(l)} = f_l\left(\boldsymbol{H}_t^{(l-1)}, \boldsymbol{H}_{t-1}^{(l)}\right)$$

除第 1 層的資料登錄是初始的資料登錄 $\boldsymbol{X}_t$ 外，其他循環神經網路層的資料登錄都是其前一個循環神經網路層的隱狀態輸出 $\boldsymbol{H}_t^{(l-1)}$。

多層循環神經網路的最後一層的狀態變數，可直接作為模型的輸出 $F_t = H_t^{(L)}$，或透過啟動函數輸出，公式如下。

$$F_t = g\left(H_t^{(L)}\right)$$

如果最後一個循環神經網路層是整個網路的輸出層，那麼 F_t 就是整個網路的輸出。如果這個循環神經網路層後面還有一些非循環神經網路層，那麼 F_t 會繼續作為後面的網路層的輸入。和多層的全連接或卷積神經網路一樣，多層循環神經網路可以捕捉從低到高的層次性特徵。

在多層循環神經網路中，初始輸入資料和隱狀態的大小通常並不相等，而各個循環神經網路層的隱狀態的大小都是一樣的，所以，第 1 層和其他循環神經網路層的資料登錄的大小通常是不同的。因此，除第 1 層外，其他循環神經網路層的權重參數的形狀都是一樣的。當然，也可以使不同的循環神經網路層有大小不同的隱狀態，但在實踐中通常不會這樣做。

可以用 RNN 單元建構多層循環神經網路。執行以下程式，可在 RNN 單元的基礎上建構一個表示多層循環神經網路的基礎類別 RNNBase。

```python
from Layers import *
class RNNBase(Layer):
    def __init__(self,mode,input_size, hidden_size, n_layers,bias = True):
        super(RNNBase, self).__init__()
        self.mode = mode
        if mode == 'RNN_TANH':
            self.cells = [RNNCell(input_size, hidden_size,bias,nonlinearity=
"tanh")]
            self.cells += [RNNCell(hidden_size, hidden_size,bias, \
                        nonlinearity="tanh") for i in range(n_layers-1)]
        elif mode == 'RNN_RELU':
            self.cells = [RNNCell(input_size, hidden_size,bias,nonlinearity=
"relu")]
            self.cells += [RNNCell(hidden_size, hidden_size,bias, \
                        nonlinearity="relu") for i in range(n_layers-1)]
        elif mode == 'LSTM':
            self.cells = [LSTMCell(input_size, hidden_size,bias)]
```

```
            self.cells += [LSTMCell(hidden_size, hidden_size, bias) for i in \
                    range(n_layers-1)]
        elif mode == 'GRU':
            self.cells = [GRUCell(input_size, hidden_size,bias)]
            self.cells += [GRUCell(hidden_size, hidden_size, bias) for i in \
                    range(n_layers-1)]

        self.input_size, self.hidden_size = input_size,hidden_size
        self.n_layers = n_layers
        self.flatten_parameters()
        self._params = None

    def flatten_parameters(self):
        self.params = []
        self.grads = []
        for i in range(self.n_layers):
            rnn = self.cells[i]
            for j,p in enumerate(rnn.params):
                self.params.append(p)
                self.grads.append(rnn.grads[j])

    def forward(self, x,h=None):
        seq_len,batch_size = x.shape[0], x.shape[1]
        n_layers = self.n_layers
        mode = self.mode

        hs = [[] for i in range(n_layers)]
        zs = [[] for i in range(n_layers)]
        if h is None:
            h = self.init_hidden(batch_size)
        if False:
            if mode == 'LSTM':#isinstance(h, tuple):
                self.h = (h[0].copy(),h[1].copy())
            else:
                self.h = h.copy()
        else:
            self.h = h

        for i in range(n_layers):
```

```
            cell = self.cells[i]
            if i!=0:
                x = hs[i-1]   # out h of pre layer
                if mode == 'LSTM':
                    x = np.array([h for h,c in x])

            hi = h[i]
            if mode == 'LSTM':
                hi = (h[0][i],h[1][i])
            for t in range(seq_len):
                hi =  cell(x[t],hi)
                if isinstance(hi, tuple):
                    hi,z = hi[0],hi[1]
                    zs[i].append(z)

                hs[i].append(hi)
            #  if mode == 'LSTM' or mode == 'GRU':
            #      zs[i].append(z)

        self.hs = np.array(hs)
#(layer_size,seq_size,batch_size,hidden_size)
        if len(zs[0])>0:
            self.zs = np.array(zs)
        else:self.zs = None

        output = hs[-1] # containing the output features (`h_t`)
                        # from the last layer of the RNN,
        if mode == 'LSTM':
            output = [h for h,c in output]
        hn = self.hs[:,-1,:,:]  # containing the hidden state for `t = seq_len`
        return np.array(output),hn

    def __call__(self, x,h=None):
        return self.forward(x,h)

    def init_hidden(self, batch_size):
        zeros = np.zeros((self.n_layers, batch_size, self.hidden_size))
        if self.mode=='LSTM':
            self.h = (zeros,zeros)
```

```
        else:
            self.h = zeros
        return self.h

    def backward(self,dhs,input):#,hs):
        if self.hs is None:
            self.hs,_ = self.forward(input)
        hs = self.hs
        zs = self.zs if self.zs is not None else hs
        seq_len,batch_size = input.shape[0], input.shape[1]
        dinput = [None for t in range(seq_len)]

        if len(dhs.shape)==2:  # dh at last time(batch,hidden)
            dhs_ = [np.zeros_like(dhs) for i in range(seq_len)]
            dhs_[-1] = dhs
            dhs = np.array(dhs_)
        elif dhs.shape[0]!=seq_len:
            raise RuntimeError(
                "dhs has inconsistent seq_len: got {}, expected {}".format(
                    dhs.shape[0], seq_len))
        else:
            pass

         #----dhidden--------
        dhidden = [None for i in range(self.n_layers)]
        for layer in reversed(range(self.n_layers)):
            layer_hs = hs[layer]
            layer_zs = zs[layer]
            cell = self.cells[layer]
            if layer==0:
                layer_input = input
            else:
                if self.mode =='LSTM':
                    layer_input  = self.hs[layer-1]
                    layer_input = [h for h,c in layer_input]
                else:
                    layer_input = self.hs[layer-1]

            h_0 = self.h[layer]
```

```
            dh = np.zeros_like(dhs[0])        #來自後一時刻的梯度
            if self.mode =='LSTM':
                h_0 = (self.h[0][layer],self.h[1][layer])
                dc = np.zeros_like(dhs[0])
            for t in reversed(range(seq_len)):
                dh += dhs[t]                   #後一時刻的梯度+當前時刻的梯度
                h_pre = h_0 if t==0 else layer_hs[t-1]
                if self.mode=='LSTM':
                    dhc = (dh,dc)
                    dx,dhc,_ =
cell.backward(dhc,layer_zs[t],layer_input[t],h_pre)
                    dh,dc = dhc
                else:
                    dx,dh,_ =
cell.backward(dh,layer_zs[t],layer_input[t],h_pre)
                if layer>0:
                    dhs[t] = dx
                else :
                    dinput[t] = dx
                #----dhidden--------
                if t==0:
                    if self.mode=='LSTM':
                        dhidden[layer] = dhc
                    else:
                        dhidden[layer] = dh
        return np.array(dinput),np.array(dhidden)

    def parameters(self):
        if self._params is None:
            self._params = []
            for i, _ in enumerate(self.params):
                self._params.append([self.params[i],self.grads[i]])
        return self._params
```

在這個基礎類別的基礎上,可以實現不同類型的多層循環神經網路。舉例來說,以下程式實現了多層的簡單循環神經網路、LSTM 和 GRU。測試結果略。

```
class RNN(RNNBase):
    def __init__(self,*args, **kwargs):
        if 'nonlinearity' in kwargs:
            if kwargs['nonlinearity'] == 'tanh':
                mode = 'RNN_TANH'
            elif kwargs['nonlinearity'] == 'relu':
                mode = 'RNN_RELU'
            else:
                raise ValueError("Unknown nonlinearity '{}'".format(
                    kwargs['nonlinearity']))
            del kwargs['nonlinearity']
        else:
            mode = 'RNN_TANH'
        super(RNN, self).__init__(mode, *args, **kwargs)

class LSTM(RNNBase):
    def __init__(self,*args, **kwargs):
        super(LSTM, self).__init__('LSTM', *args, **kwargs)

class GRU(RNNBase):
    def __init__(self,*args, **kwargs):
        super(GRU, self).__init__('GRU', *args, **kwargs)
```

執行以下程式，對上述多層循環神經網路進行測試。

```
import numpy as np
from rnn import *
np.random.seed(1)

num_layers= 2
batch_size,input_size,hidden_size= 3,5,8
seg_len = 6

test_RNN = "LSTM"

if test_RNN == "rnnTANH":
    rnn = RNN(input_size,hidden_size,num_layers )
elif test_RNN == "rnnRELU":
    rnn = RNN(input_size,hidden_size, num_layers,nonlinearity= 'relu')
elif test_RNN == "GRU":
```

```
    rnn = GRU(input_size,hidden_size, num_layers)
elif test_RNN == "LSTM":
    rnn = LSTM(input_size,hidden_size, num_layers)
    c_0 = np.random.randn(num_layers, batch_size, hidden_size)

input = np.random.randn(seg_len, batch_size, input_size)
h_0 = np.random.randn(num_layers, batch_size, hidden_size)

print("input.shape",input.shape)
print("h_0.shape",h_0.shape)
print("c_0.shape",c_0.shape)

if test_RNN == "LSTM":
    output, hn = rnn(input, (h_0,c_0))
else:
    output, hn = rnn(input, h_0)

print("output.shape",output.shape)
print("output",output)
print("hn",hn)

#------test backward---
do = np.random.randn(*output.shape)
dinput,dhidden = rnn.backward(do,input)#,rnn.hs)#output)
print("dinput.shape:",dinput.shape)
print("dinput:",dinput)
print("dhidden:",dhidden)
```

7.10.2 多層循環神經網路的訓練和預測

多層 LSTM 的每個隱含層的隱狀態的大小都是一樣的。為了使這個多層神經網路適應大小不同的輸出值，可在多層 LSTM 單元的基礎上增加一個全連接輸出層，以輸出大小不同的向量。

以下程式中的 LSTM_RNN 就是這樣一個多層循環神經網路，其中 input_size、hidden_size、output_size 分別為輸入資料大小、隱狀態大小、輸出值大小，num_layers 為循環神經網路的層數。

```
from Layers import *
class  LSTM_RNN(object):
    def __init__(self, input_size, hidden_size, output_size,num_layers):
        super(LSTM_RNN, self).__init__()
        self.input_size = input_size
        self.hidden_size = hidden_size
        self.num_layers = num_layers

        # Define the LSTM layer
        self.lstm = LSTM(input_size,hidden_size,num_layers)

        # Define the output layer
        self.linear = Dense(hidden_size, output_size)
        self.layers = [self.lstm,self.linear]
        self._params = None

    def init_hidden(self,batch_size):
        # This is what we'll initialise our hidden state as
        self.h_0 = (np.zeros((self.num_layers, batch_size, self.hidden_size)), \
                np.zeros((self.num_layers, batch_size, self.hidden_size)))

    def forward(self, input):
        # input:(seq_len, batch, input_size)
        # shape of hs_out: [input_size, batch_size, hidden_dim]
        # shape of self.h_0: (a, b), where a and b both
        # have shape (num_layers, batch_size, hidden_dim).

        hs_out, self.h_0 = self.lstm(input,self.h_0)

        batch_size = input.shape[1]
        y_pred = self.linear(hs_out[-1].reshape(batch_size, -1))
        return y_pred#.reshape(batch_size, -1)#.flatten() #view(-1)

    def __call__(self, input):
        return self.forward(input)

    def backward(self,dZs,input):
        dhs = self.linear.backward(dZs)
        dinput = self.lstm.backward(dhs,input)
```

```
    def parameters(self):
        if self._params is None:
            self._params = []
            for layer in self.layers:
                for i, _ in enumerate(layer.params):
                    self._params.append([layer.params[i],layer.grads[i]])
        return self._params
```

執行以下程式，用上述多層循環神經網路對一個自回歸資料建模。其中，
ARData 類別來自網路，用於生成自回歸訓練資料。自回歸資料的 2 層
LSTM 訓練模型的預測資料和真實資料，如圖 7-48 所示。自回歸資料的 2
層 LSTM 訓練模型的訓練損失曲線，如圖 7-49 所示。

```
import util
from train import *
from generate_data import *
import matplotlib.pyplot as plt
%matplotlib inline


input_size = 20

# Data params
noise_var = 0
num_datapoints = 100
test_size = 0.2
num_train = int((1-test_size) * num_datapoints)

data = ARData(num_datapoints, num_prev=input_size, test_size=test_size, \
            noise_var=noise_var, coeffs=fixed_ar_coefficients[input_size])
X_train =data.X_train
y_train =data.y_train


hidden_size = 32
lstm_input_size = input_size
output_dim = 1
num_layers = 2
batch_size =num_train #80
```

```
X_train = X_train.reshape(input_size, -1, 1)
print(X_train.shape)
X_train = X_train.reshape(len(X_train), batch_size, 1)
print(X_train.shape)
X_train = X_train.swapaxes(0,2)
y_train = y_train.reshape(-1,1)

model = LSTM_RNN(lstm_input_size, hidden_size, output_size=output_dim, \
                num_layers=num_layers)

loss_fn = util.mse_loss_grad#(f,y)#torch.nn.MSELoss(size_average=False)

learning_rate = 1e-3
momentum = 0.9
#optimizer = SGD(model.parameters(),learning_rate,momentum)
optimizer = Adam(model.parameters(),learning_rate)
num_epochs = 500

print(X_train.shape)
hist = np.zeros(num_epochs)
for t in range(num_epochs):
    model.hidden = model.init_hidden(batch_size)
    y_pred = model(X_train) # Forward pass

    loss,grad = loss_fn(y_pred, y_train)
    if t % 100 == 0:
        print("Epoch ", t, "MSE: ", loss)
    hist[t] = loss

    optimizer.zero_grad()      # Zero out gradient, else they will
accumulate between epochs
    model.backward(grad,X_train)# Backward pass
    optimizer.step() # Update parameters

plt.plot(y_pred, label="Preds")
plt.plot(y_train, label="Data")
plt.legend()
plt.show()
```

```
plt.plot(hist, label="Training loss")
plt.legend()
plt.show()
```

```
(20, 80, 1)
(20, 80, 1)
(1, 80, 20)
Epoch   0 MSE:  0.030292062696899477
Epoch 100 MSE:  0.013801384758457096
Epoch 200 MSE:  0.013244797126843889
Epoch 300 MSE:  0.013052903618001023
Epoch 400 MSE:  0.012934439762440214
```

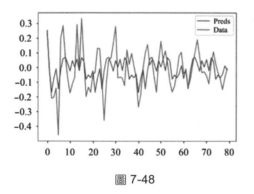

圖 7-48

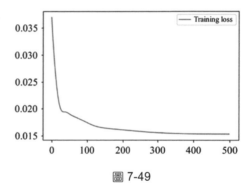

圖 7-49

7.10.3　雙向循環神經網路

前面介紹的循環神經網路都是單向的，即對時刻 t 的預測只依賴其前面 $(0,1,2,\cdots,t-1)$ 序列的資料。但是，有些問題，如自然語言的了解，對文字中某個詞的理解會依賴其上下文資訊，即時刻 t 的預測不僅依賴之前，也依賴之後的序列資料。對這類問題，就可以用雙向的循環神經網路來建模，即神經網路的神經元中有用於記錄上下文資訊的狀態變數。單層雙向循環神經網路的結構示意圖，如圖 7-50 所示。

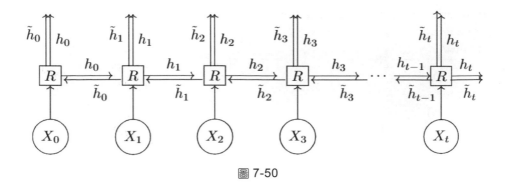

圖 7-50

單層雙向循環神經網路的計算過程可以表示如下。

$$\overrightarrow{\boldsymbol{H}}_t \quad = \phi(\boldsymbol{X}_t \boldsymbol{W}_{xh}^{(f)} + \overrightarrow{\boldsymbol{H}}_{t-1} \boldsymbol{W}_{hh}^{(f)} + b_h^{(f)})$$
$$\overleftarrow{\boldsymbol{H}}_t \quad = \phi(\boldsymbol{X}_t \boldsymbol{W}_{xh}^{(b)} + \overleftarrow{\boldsymbol{H}}_{t+1} \boldsymbol{W}_{hh}^{(b)} + b_h^{(b)})$$

$\overrightarrow{\boldsymbol{H}}_t$ 和 $\overleftarrow{\boldsymbol{H}}_t$ 分別表示前向和後向的狀態變數。$\boldsymbol{W}_{xh}^{(f)} \in \mathbb{R}^{d \times h}$、$\boldsymbol{W}_{hh}^{(f)} \in \mathbb{R}^{h \times h}$、$\boldsymbol{W}_{xh}^{(b)} \in \mathbb{R}^{d \times h}$、$\boldsymbol{W}_{hh}^{(b)} \in \mathbb{R}^{h \times h}$是模型的權值參數。$b_h^{(f)} \in \mathbb{R}^{1 \times h}$、$b_h^{(b)} \in \mathbb{R}^{1 \times h}$是偏置參數。$(f)$、$(b)$用於標記模型參數是前向的還是後向的。多層雙向循環神經網路的最後一層的狀態變數，可直接作為模型的輸出 $\boldsymbol{F}_t = \boldsymbol{H}_t^{(L)}$（可透過啟動函數輸出，也可連接其他非循環神經網路層後再輸出），公式如下。

$$\boldsymbol{F}_t = \boldsymbol{H}_t^{(L)} \boldsymbol{W}_{hf} + b_f$$

其中，$\boldsymbol{H}_t^{(L)}$ 是 $\overrightarrow{\boldsymbol{H}}_t$ 和 $\overleftarrow{\boldsymbol{H}}_t$ 拼接組成的向量。

我們可以像在 7.10.2 節中一樣，直接用神經網路單元建構雙向循環神經網路，也可以用一個類別單獨封裝一個雙向循環神經網路層，然後用這些單層的雙向循環神經網路層建構（多層）雙向循環神經網路。

在以下程式中，RNNLayer 表示一個雙向循環神經網路層，其建構函數的參數 mode 表示不同類型的循環神經網路單元，參數 reverse 表示這個神經網路層是正向的還是反向的。

```
from Layers import *
#from rnn import *
```

```python
class RNNLayer(Layer):
    def __init__(self,mode,input_size, hidden_size,bias=True, batch_first=False, \
                    reverse=False):
        super(RNNLayer, self).__init__()
        self.mode = mode
        if mode == 'RNN_TANH':
            self.cell = RNNCell(input_size, hidden_size,bias,nonlinearity="tanh")
        elif mode == 'RNN_RELU':
            self.cell = RNNCell(input_size, hidden_size,bias,nonlinearity="relu")
        elif mode == 'LSTM':
            self.cell = LSTMCell(input_size, hidden_size,bias)
        elif mode == 'GRU':
            self.cell = GRUCell(input_size, hidden_size,bias)
        self.reverse = reverse
        self.batch_first = batch_first
        self.zs = None

    def init_hidden(self, batch_size):
        #self.h = np.random.zeros(batch_size, self.hidden_dim)
        self.h = self.cell.init_hidden(batch_size)
        return self.h

    def forward(self,input,h=None,batch_sizes = None):
        mode = self.mode
        if self.batch_first and batch_sizes is None:
            input = input.transpose(0, 1)
        seq_len,batch_size = input.shape[0], input.shape[1]
        if h is None:
            h = self.init_hidden(batch_size)
        self.h = h #h.copy()

        output = []
        zs=[]
        hs = []
        steps = range(seq_len - 1, -1, -1) if self.reverse else range(seq_len)
        for t in steps:
            h = self.cell(input[t], h)
            #h,z = self.cell(input[t], h)
            #output.append(h)
```

```python
            if isinstance(h, tuple):
                h,z = h[0],h[1]
                if mode == 'LSTM' or mode == 'GRU':
                    zs.append(z)
            hs.append(h)

        self.hs = np.array(hs)
        output = [h[0] if isinstance(h, tuple) else h for h in self.hs]
        if mode == 'LSTM' or mode == 'GRU':
            self.zs = np.array(zs)
        return np.array(output),h

    def __call__(self,input,h=None,batch_sizes = None):
        return self.forward(input,h,batch_sizes)


    def backward(self, dhs,input):#,hs):
        if False:
            if hs is None:
                hs,_ = self.forward(input)
        else:
            if self.hs is None:
                self.hs,_ = self.forward(input)
            hs = self.hs

        if False:
            if self.zs is None:
                zs = hs
            else:
                zs = self.zs
        zs = self.zs if self.zs is not None else hs

        seq_len,batch_size = input.shape[0], input.shape[1]
        cell = self.cell

        if len(dhs)==len(hs):#.shape==hs.shape: #(seq,batch,hidden)
            dinput = [None for i in range(seq_len)]
            steps = range(seq_len)   if self.reverse else range(seq_len - 1,
-1, -1)
            t0 = seq_len - 1 if self.reverse else 0
            dh = np.zeros_like(dhs[0])              #來自後一時刻的梯度
```

```
            for t in steps:
                dh += dhs[t]                    #後一時刻的梯度+當前時刻的梯度
                h_pre = self.h if t==t0 else hs[t-1]
                dx,dh,_ = cell.backward(dh,zs[t],input[t],h_pre)
                dinput[t] = dx
        return dinput
```

執行以下程式，對上述程式進行測試。測試結果略。

```
#test_LSTM="LSTM"
test_LSTM="GRU"
reverse = True
np.random.seed(1)

seq_len,batch_size,input_size,hidden_size = 5,3,4,6

if  test_LSTM=="RNN_TANH":
    rnn_ = RNNLayer("RNN_TANH",input_size, hidden_size,reverse = reverse)
elif test_LSTM=="GRU":
    rnn_ = RNNLayer('GRU',input_size, hidden_size,reverse = reverse)
else:
    rnn_ = RNNLayer('LSTM',input_size, hidden_size,reverse = reverse)

input  = np.random.randn(seq_len,batch_size,input_size)
if reverse:
    input = input[::-1]

h0 = np.random.randn(batch_size, hidden_size)
c0 = np.random.randn(batch_size, hidden_size)

if  test_LSTM=="LSTM":
    output,hn= rnn_(input, (h0,c0))
else:
    output,hn= rnn_(input, h0)
print("output",output)
print("hn",hn)

#------test backward---
do = np.random.randn(*output.shape)
dinput = rnn_.backward(do,input)#,rnn_.hs)#output)
```

```
print("dinput:",dinput)
```

在上述循環神經網路層的基礎上，可以方便地實現多層雙向循環神經網路。在以下程式中，RNNBase_ 類別就是一個雙向多層循環神經網路。

```python
from Layers  import *
class RNNBase_(Layer):
    __constants__ = ['mode', 'input_size', 'hidden_size', 'num_layers', 'bias', \
                   'batch_first', 'dropout', 'bidirectional']

    def __init__(self, mode, input_size, hidden_size,
                 num_layers=1, bias=True, batch_first=False,
                 dropout=0., bidirectional=False):
        super(RNNBase_, self).__init__()
        self.mode = mode
        self.input_size = input_size
        self.hidden_size = hidden_size
        self.num_layers = num_layers
        self.bias = bias
        self.batch_first = batch_first
        self.dropout = float(dropout)
        self.bidirectional = bidirectional
        num_directions = 2 if bidirectional else 1
        self.num_directions = num_directions

        if not isinstance(dropout, float) or not 0 <= dropout <= 1 or \
                isinstance(dropout, bool):
            raise ValueError("dropout should be a number in range [0, 1] " \
                        "representing the probability of an element being " \
                        "zeroed")
        if dropout > 0 and num_layers == 1:
            warnings.warn("dropout option adds dropout after all but last " \
                        "recurrent layer, so non-zero dropout expects " \
                        "num_layers greater than 1, but got dropout={} and " \
                        "num_layers={}".format(dropout, num_layers))

        if False:
            if mode == 'LSTM':
                gate_size = 4 * hidden_size
```

```
        elif mode == 'GRU':
            gate_size = 3 * hidden_size
        elif mode == 'RNN_TANH':
            gate_size = hidden_size
        elif mode == 'RNN_RELU':
            gate_size = hidden_size
        else:
            raise ValueError("Unrecognized RNN mode: " + mode)

    self.layers = []
    self.params = []
    self.grads = []
    self._all_weights = []
    for layer in range(num_layers):
        layer_input_size = input_size if layer == 0 else hidden_size
        for direction in range(num_directions):
            if direction==0:
                rnnlayer = RNNLayer(mode,layer_input_size, hidden_size, \
                                reverse = False)
            else:
                rnnlayer = RNNLayer(mode,layer_input_size, hidden_size, \
                                reverse = True)
            self.layers.append(rnnlayer)

            self.params+=   rnnlayer.cell.params
            self.grads+=   rnnlayer.cell.grads
def init_hidden(self, batch_size):
    num_layers,num_directions = self.num_layers,self.num_directions
    selh.h0 = []
    for layer in self.layers:
        h0 = layer.init_hidden(batch_size)
        selh.h0.append(h0)
    return self.h0

def forward(self,input,h=None,batch_sizes = None):
    num_layers,num_directions = self.num_layers,self.num_directions
    mode = self.mode
    seq_len,batch_size = input.shape[0], input.shape[1]
    if h is None:
```

```
                h = self.init_hidden(batch_size)
        self.h = h #h.copy()
        hs = []
        hns = []
        for i in range(num_layers):
            for j in range(num_directions):
                l= i*num_directions+j
                x = input if i == 0 else hs[l-num_directions]
                layer = self.layers[l]
                #print(i,j,x.shape,h[l].shape)
                output,hn = layer(x,h[l])
                hs.append(output)
                hns.append(hn)
        self.hs = np.array(hs)
        #return output,hns
        output = self.hs[-1] if num_directions==1 else self.hs[-num_directions:]
        return output,np.array(hns)
        #return self.hs[-num_directions:],np.array(hns)

    def __call__(self,input,h=None,batch_sizes = None):
        return self.forward(input,h,batch_sizes)

    def backward(self, dhs,input):#,hs):
        num_layers,num_directions = self.num_layers,self.num_directions
        if False:
            if hs is None:
                hs,_ = self.forward(input)
        else:
            if self.hs is None:
                self.hs,_ = self.forward(input)
            hs = self.hs

        dhs = [dhs[j] for j in range(num_directions)] if num_directions==2
else [dhs]
        for i in reversed(range(num_layers)):
            for j in (range(num_directions)):
                l= i*num_directions+j
                layer = self.layers[l]
                if i==0:
```

```
                        x = input
                else:
                        x = self.layers[l-num_directions].hs
                dhs[j] = layer.backward(dhs[j],x)

        return dhs
```

執行以下程式，對 RNNBase_ 類別進行測試。測試結果略。

```
import numpy  as np
np.random.seed(1)
reverse = False
num_layers = 2

seq_len,batch_size,input_size,hidden_size = 5,3,4,6

input = np.random.randn(seq_len,batch_size,input_size)
test_LSTM = 'GRU'
if  test_LSTM=="RNN_TANH":
    rnn = RNNBase_("RNN_TANH",input_size,hidden_size,num_layers)
elif test_LSTM=="GRU":
    rnn = RNNBase_('GRU',input_size,hidden_size,num_layers)
else:
    rnn = RNNBase_('LSTM',input_size,hidden_size,num_layers)

h_0 = np.random.randn(num_layers, batch_size, hidden_size)
output, hn = rnn(input, h_0)
print("output.shape",output.shape)   #(seq_len,batch_size,hidden_size)
print("output",output)

do = np.random.randn(*output.shape)
dinput = rnn.backward(do,input)
print("dinput:",dinput)
```

7.11 Seq2Seq 模型

序列到序列（Seq2Seq）是 Google 提出的用於機器翻譯的深度學習模型。
它採用編碼器——解碼器結構，如圖 7-51 所示。輸入序列透過編碼器循環
神經網路產生一個上下文向量。這個上下文可以看成輸入序列的資訊壓縮
或特徵，作為解碼器初始時刻的隱狀態輸入。解碼器初始時刻的輸入通常
是一個表示序列開始的常數，解碼器在每個時刻根據輸入狀態和資料產生
一個預測值和當前時刻的狀態向量，這個預測值將作為下一時刻的輸入資
料。解碼器不斷產生預測值，直到遇到表示結束的預測值或達到一定的時
間步進值。

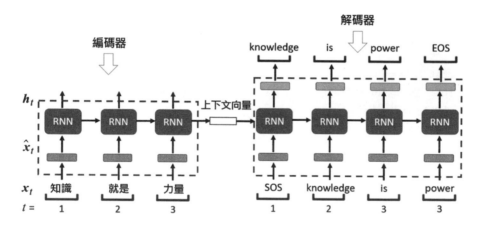

圖 7-51

編碼器和解碼器都使用遞迴神經網路（RNN）來處理具有不同長度的輸入
序列和輸出序列。輸入序列輸入編碼器後，會產生一個狀態變數，也稱上
下文變數（Content Vector）。解碼器將這個上下文變數作為其初始時刻的
輸入狀態變數，透過時間維度上的展開計算產生一個輸出序列。舉例來
說，在機器翻譯中，編碼器接收某種語言的輸入句子（詞序列），解碼器
輸出其他語言的句子（詞序列）。基於 Seq2Seq 模型的特性，它很快被用
於解決和機器翻譯類似的其他問題，如對話、圖型標題、文字摘要、對聯
等的生成。

7.11.1 機器翻譯概述

機器翻譯是指將一種語言的句子（詞序列）轉為（翻譯為）另一種語言的句子（詞序列）。這種序列到序列的轉換問題，可以用一個由編碼器和解碼器組成的 Seq2Seq 模型建模。

編碼器接收任意長度的詞序列，依次處理這個詞序列中的每個詞，直到遇到結束詞。然後，編碼器輸出一個對輸入句子編碼後的上下文向量。這個上下文向量，既可以是最後一個時刻的輸出，也可以是每個時刻的輸出。

解碼器接收編碼後的上下文和一個特殊的開始詞，依次產生一系列詞，直到遇到一個特殊的結束詞。開始詞和結束詞是人為設定的，如分別將 "SOS" 和 "EOS" 作為開始詞和結束詞。在機器翻譯中，通常在輸入句子和翻譯結果句子後面，都會人為增加開始詞和結束詞。

在訓練階段，根據預測的詞序列和目標詞序列的誤差損失，對編碼器和解碼器進行訓練。在推理階段，解碼器每次從當前詞預測並取樣下一個詞，直到生成最終的輸出詞序列。

7.11.2 Seq2Seq 模型的實現

Seq2Seq 模型由編碼器和解碼器兩個循環神經網路組成。編碼器除 RNN 單元自身的隱狀態外，不輸出任何資訊，因此，編碼器主要就是 RNN 單元本身。

最簡單的編碼器是一個循環神經網路，它接收一個資料序列，計算出一個表示序列內容的上下文資訊。對最簡單的編碼器而言，這個上下文資訊就是最後時刻的隱狀態，其每個時刻都會接收輸入資料和前一時刻的隱狀態，計算當前時刻的隱狀態（作為當前時刻的輸出）。如圖 7-52 左圖所示：編碼器接收當前時刻輸入詞的 one-hot 向量和前一時刻的隱狀態，計算當前時刻的隱狀態，並將其作為當前時刻的輸出；解碼器接收當前時刻輸入詞的 one-hot 向量和前一時刻的隱狀態，計算當前時刻的隱狀態，這

個隱狀態透過一個線性層輸出一個向量，表示詞表中的每一個詞作為下一
個詞的得分。

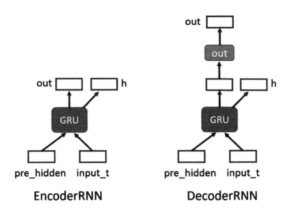

圖 7-52

在以下程式中，編碼器類別 EncoderRNN 就是一個 GRU 神經網路，因此
其建構函數的參數和 GRU 的參數是一樣的，input_size 和 hidden_size 分別
表示輸入資料的長度和隱狀態在量的長度。這個編碼器和前面介紹的 GRU
類別的唯一不同，就是增加了一個輔助函數 word2vec()，從而將詞索引序
列 word_indices_input 轉為 one-hot 向量。

```python
from rnn import *

def one_hot(size,indices,expend = False):
    x =  np.eye(size)[indices.reshape(-1)]
    if expend:
        x = np.expand_dims(x, axis=1)
    return x

class EncoderRNN(object):
    def __init__(self, input_size, hidden_size,num_layers = 1):
        super(EncoderRNN, self).__init__()
        self.input_size,self.hidden_size = input_size,hidden_size
        self.num_layers = num_layers
        self.gru = GRU(input_size, hidden_size,num_layers)
```

```
    def word2vec(self,word_indices_input):
        return one_hot(self.input_size,word_indices_input,True)

    def forward(self, word_indices_input, hidden):
        #self.encode_input = one_hot(self.input_size,word_indices_input,True)
        self.encode_input =self.word2vec(word_indices_input)
        output, hidden = self.gru(self.encode_input, hidden)
        return output, hidden

    def __call__(self,word_indices_input, hidden):
        return self.forward(word_indices_input, hidden)

    def initHidden(self,batch_size=1):
        return   np.zeros((self.num_layers, batch_size, self.hidden_size))

    def parameters(self):
        return self.gru.parameters()

    def backward(self,dhs):
        dinput,dhidden = self.gru.backward(dhs,self.encode_input)
```

前面提到過，最簡單的解碼器就是一個循環神經網路加上一個輸出層。解碼器接收當前時刻輸入詞的 one-hot 向量和前一時刻的隱狀態，計算當前時刻的隱狀態。這個隱狀態透過一個線性層輸出一個向量，表示詞表中每個詞的得分。其計算過程，如圖 7-52 右圖所示。

解碼器類別 DecoderRNN 的程式如下。

```
class  DecoderRNN(object):
    def __init__(self,input_size,hidden_size, output_size,num_layers=1, \
                 teacher_forcing_ratio = 0.5):
        # super(DecoderRNN, self).__init__()
        super().__init__()
        self.input_size = input_size
        self.hidden_size = hidden_size
        self.num_layers = num_layers
        self.teacher_forcing_ratio = teacher_forcing_ratio

        self.gru = GRU(input_size,hidden_size,num_layers)
```

```
        self.out = Dense(hidden_size, output_size)

        self.layers = [self.gru,self.out]
        self._params = None

    def initHidden(self,batch_size=1):
        self.h_0 = np.zeros((self.num_layers, batch_size, self.hidden_size))

    def word2vec(self,input_t):
        return one_hot(self.input_size,input_t,True)

    def forward_step(self, input_t, hidden):
        gru_input = self.word2vec(input_t)
        self.input.append(gru_input)
        output_hs, hidden = self.gru(gru_input,hidden)
        output = self.out(output_hs[0])
        return output,hidden,output_hs[0]

    def forward(self,input_tensor,hidden):
        teacher_forcing_ratio = self.teacher_forcing_ratio
        use_teacher_forcing = True if random.random() < teacher_forcing_ratio \
                        else False
        #use_teacher_forcing = True
        self.input = []

        output_hs = []
        output = []
        hidden_t = hidden
        h_0 = hidden.copy()

        input_t = np.array([SOS_token])
        #input_seq = []
        hs = []
        zs = []

        target_length = input_tensor.shape[0]
        for t in range(target_length):
            output_t, hidden_t,output_hs_t = self.forward_step(
                input_t, hidden_t)
```

```python
            #保存每一時刻的計算結果
            hs.append(self.gru.hs)                      #隱狀態
            zs.append(self.gru.zs)                      #中間變數
            output_hs.append(output_hs_t)
            output.append(output_t)

            if use_teacher_forcing:
                input_t = input_tensor[t]               #教師強制
            else:
                input_t = np.argmax(output_t)           #最大機率
                if input_t== EOS_token:
                    break
                input_t = np.array([input_t])

        output = np.array(output)
        self.output_hs = np.array(output_hs)
        self.h_0 = h_0
        self.hs = np.concatenate(hs, axis=1)
        self.zs = np.concatenate(zs, axis=1)

        #self.input_seq = input_seq
        #return  output,input_seq
        return  output

    def __call__(self, input, hidden):
        return self.forward(input, hidden)

    def evaluate(self, hidden,max_length):
        # input:(1, batch_size=1, input_size)
        input = np.array([SOS_token])
        decoded_word_indices = []
        for t in range(max_length):
            output,hidden,_ = self.forward_step(input, hidden)
            output = np.argmax(output)
            if output==EOS_token:
                break;
            else:
                decoded_word_indices.append(output)
                input = np.array([output])
```

```
        return decoded_word_indices
        #return  indexToSentence(output_lang,decoded_words)
        #return  indexToSentence(output_verb,decoded_words)

    def backward(self,dZs):
        dhs = []
        output_hs = self.output_hs
        input = np.concatenate(self.input,axis=0)

        for i in range(len(input)):
            self.out.x = output_hs[i]
            dh = self.out.backward(dZs[i])
            dhs.append(dh)
        dhs = np.array(dhs)

        self.gru.hs = self.hs
        self.gru.zs = self.zs
        self.gru.h = self.h_0

        dinput,dhidden = self.gru.backward(dhs,input)
        return dinput,dhidden

#   def backward_dh(self,dZ):
#       dh = self.out.backward(dZ)
#       return dh

    def parameters(self):
        if self._params is None:
            self._params = []
            for layer in self.layers:
                for  i, _ in enumerate(layer.params):
                    self._params.append([layer.params[i],layer.grads[i]])
        return self._params
```

DecoderRNN 類別包含一個 GRU 循環神經網路 self.gru，它透過線性加權和的輸出層 self.out，輸出詞表中的每一個詞作為下一個詞的得分。由於某個時刻的詞是以 one-hot 向量的形式被輸入 self.gru 的，而 self.out 輸出的也是一個和詞表長度相同的向量（以表示每個詞的得分），因此，self.gru 的輸入向量和 self.gru 的輸出向量的長度都和詞表的長度相同。

forward_step() 表示某個時刻的處理過程，它接收該時刻的輸入詞的詞表索引 input_t 和前一時刻的隱狀態 hidden，先透過 word2vec() 轉為 one-hot 向量 gru_input，然後將 gru_input 輸入 gru。產生的隱狀態 output_hs[0] 經過輸出層 out，生成最終的輸出 output。因為在反向求導過程中需要使用每個時刻的中間向量（如 gru_input、output_hs[0]）等進行計算，所以，這些資料都會被保存下來（如 gru_input 被保存為 self.input、output_hs[0] 透過 forward() 方法被保存到 self.output_ hs 中）。

forward() 方法接收輸入的詞序列 input_tensor，從特殊的開始詞的索引 SOS_token 起，依次處理每一個輸入詞 input_t，並將 gru 計算的中間狀態（如 self.gru.hs、self.gru.zs）保存下來。其原因在於，每一時刻的反向求導都依賴當前時刻的中間變數。

對每一時刻的輸入詞 input_t，可以輸出一個預測向量 output_t。下一時刻的 input_t，可以是 output_t 所對應的得分最大的那個詞，也可以是訓練樣本的輸出句子所對應的那個詞。如果標示 use_teacher_forcing 為 True，那麼 input_t 就使用訓練樣本中輸出句子所對應的那個詞，否則就使用預測得分最高的那個詞。

採用訓練樣本輸出句子中的詞作為下一個詞，稱為**教師強制**（Teacher Forcing）。舉例來說，解碼器的目標序列是 "hello"，初始時刻的輸入是特殊字元 "SOS"，其目標輸出應該是字元 "h"，但在初始時刻的輸出向量中，出現字元 "h" 的機率可能不是最大的。假設 "o" 是機率最大的那個預測字元：如果不採用教師強制，那麼 "o" 將作為下一時刻的輸入；如果採用教師強制，那麼將不使用這個預測機率最大的 "o"，而使用實際的目標輸出 "h" 作為下一時刻的輸入。

儘管使用教師強制會使收斂速度提高，但訓練網路可能會過度學習訓練樣本中的資訊，從而導致其實際泛化能力降低，即實際預測效果不穩定。因此，可以隨機啟用教師強制，如有 50% 的機率採用教師強制進行訓練。

evaluate() 方法用訓練後的解碼器進行預測，它接收編碼器輸出的上下文向量 hidden 和輸出詞的最大數目 max_length，工作過程和 forward() 方法相似。因為在進行預測時只有一個初始時刻的資料登錄 "SOS"，所以採用的是非教師強制的方法，即每次都將預測得分最高的那個詞（如果要產生多樣性，也可以根據得分所對應的機率進行取樣）作為下一時刻的輸入詞。從最初編碼器輸出的上下文向量和初始時刻的開始詞 "SOS"，不斷根據預測得分進行取樣，將取樣得到的詞作為下一時刻的輸入詞，直到遇到結束字元 "EOS" 或詞（字元）達到最大數目 max_length。最終，輸出的是由所有詞的詞表索引建構的向量。

backward() 方法接收損失函數關於輸出層的輸出的梯度 dZs，先計算每一時刻輸出層關於對應的隱狀態的梯度 dhs，然後用所有時刻的隱狀態的梯度 dhs 和 gru 的輸入 input，對 GRU 循環神經網路進行反向求導。

編碼器和解碼器的 parameters() 函數用於返回它們的所有模型參數，以便建構最佳化器物件。train() 函數負責接收輸入的一對輸入\輸出序列 input_tensor\target_tensor，編碼器、解碼器及其最佳化器（encoder、decoder、encoder_optimizer、decoder_optimizer），以及用於計算模型損失的函數 loss_fn 和正則項係數 reg。

train_step() 函數用於進行一次模型參數的訓練和更新。首先，根據 input_tensor 計算編碼器的輸出 encoder_output、encoder_hidden，根據 last_hidden 標示將最後時刻的隱狀態 encoder_hidden 或 encoder_output 作為解碼器的輸入，和 target_tensor 一起計算解碼器最終預測的輸出 output。然後，根據這個預測的輸出 output 和 target，計算交叉熵損失及該損失關於 output 的梯度 grad。接下來，用 decoder.backward(grad) 對解碼器進行反向求導，輸出關於編碼器的輸出 encoder_hidden 的梯度 dhidden，並根據這個梯度繼續對編碼器進行反向求導。最後，更新模型參數。在更新模型參數前，可使用 clip_grad_norm_nn 對梯度進行裁剪，以防止梯度爆炸。相關程式如下。

```python
def train_step(input_tensor, target_tensor, encoder, decoder,
               encoder_optimizer, decoder_optimizer, loss_fn, \
               reg,last_hidden = True,max_length=0):
    clip = 5.
    encoder_optimizer.zero_grad()
    decoder_optimizer.zero_grad()

    input_length = input_tensor.shape[0] #input_tensor.size(0)

    loss = 0
    encode_input = input_tensor
    encoder_output, encoder_hidden = encoder(encode_input, None)
    if last_hidden:
        output = decoder(target_tensor, encoder_hidden)
    else:
        output = decoder(target_tensor, encoder_output)

    target = target_tensor.reshape(-1,1)
    if output.shape[0]!= target.shape[0]:
        target = target[:output.shape[0],:]
    loss,grad = loss_fn(output, target)
    loss /=(output.shape[0])

    if last_hidden:
        dinput,dhidden = decoder.backward(grad)
        encoder.backward(dhidden[0]) #,encode_input)
    else:
        dinput,d_encoder_outputs = decoder.backward(grad)
        encoder.backward(d_encoder_outputs)

    if reg is not None:
        loss+=encoder_optimizer.regularization(reg)
        loss+=decoder_optimizer.regularization(reg)

    util.clip_grad_norm_nn(encoder_optimizer.parameters(),clip,None)
    util.clip_grad_norm_nn(decoder_optimizer.parameters(),clip,None)
```

```
    encoder_optimizer.step()
    decoder_optimizer.step()

    return loss
    #return loss.item() / target_length
```

trainIters() 函數疊代呼叫 train_step() 函數，以更新模型參數，並在疊代過
程中輸出中間訓練結果模型，如訓練誤差和驗證誤差，程式如下。

```python
import numpy as np
import time
import math
import matplotlib.pyplot as plt
%matplotlib inline

def timeSince(start):
    now = time.time()
    s = now - start
    m = math.floor(s / 60)
    s -= m * 60
    return '%dm %ds' % (m, s)

def trainIters_(encoder, decoder, encoder_optimizer,decoder_optimizer, \
                train_pairs,valid_pairs, encoder_output_all = False, \
                print_every=1000, plot_every=100, reg =None):
    start = time.time()
    valid_losses = []
    plot_losses = []
    print_loss_total = 0   # Reset every print_every
    plot_loss_total = 0   # Reset every plot_every

    training_pairs = train_pairs
    loss_fn =  util.rnn_loss_grad

    for iter in range(1, n_iters + 1):
        pair = training_pairs[iter - 1]
        input_tensor,target_tensor = pair[0],pair[1]

        loss = train_step_(input_tensor, target_tensor, encoder, decoder, \
```

```
                        encoder_optimizer, decoder_optimizer, loss_fn,reg, \
                        encoder_output_all)

        if loss is None: continue
        print_loss_total += loss
        plot_loss_total += loss
        if iter % print_every == 0:
            print_loss_avg = print_loss_total / print_every
            print_loss_total = 0
            print('%s (%d %d%%) %.4f' % (timeSince(start), \
                                iter, iter / n_iters * 100, print_loss_avg))

        if iter % plot_every == 0:
            plot_loss_avg = plot_loss_total / plot_every
            plot_losses.append(plot_loss_avg)
            plot_loss_total = 0
            plt.plot(plot_losses)
            valid_losses.append(validation_loss(encoder, decoder, \
                                valid_pairs,encoder_output_all,20,reg))
            plt.plot(valid_losses)
            plt.legend(["train_losses","valid_losses"])
            plt.show()

def validation_loss(encoder, decoder, valid_pairs,last_hidden = True, \
                    validation_size = None,reg =None):
    if validation_size is not None:
        valid_pairs = [random.choice(valid_pairs) for i in
range(validation_size)]
    total_loss = 0
    loss_fn =  util.rnn_loss_grad
    teacher_forcing_ratio = decoder.teacher_forcing_ratio
    decoder.teacher_forcing_ratio = 1.1
    for pair in valid_pairs:
        encode_input = pair[0]
        target_tensor = pair[1]

        encoder_output, encoder_hidden = encoder(encode_input, None)
        if last_hidden:
            output = decoder(target_tensor, encoder_hidden)
```

```
        else:
            output = decoder(target_tensor, encoder_output)

    target = target_tensor.reshape(-1,1)
    if output.shape[0] != target.shape[0]:
        target = target[:output.shape[0],:]
    loss,grad = loss_fn(output, target)
    loss /=(output.shape[0])

    if reg is not None:
        params = encoder.parameters()+decoder.parameters()
        reg_loss =0
        for p,grad in params:
            reg_loss+= np.sum(p**2)
        loss += reg*reg_loss

    total_loss += loss
decoder.teacher_forcing_ratio = teacher_forcing_ratio
return total_loss/len(valid_pairs)
```

其中，validation_loss() 函數用訓練得到的模型計算驗證誤差，隨機從驗證
集中取少量樣本，經過編碼器和解碼器產生輸出，然後計算解碼器的預測
輸出，並和訓練過程一樣計算損失。

7.11.3　字元級的 Seq2Seq 模型

和用循環神經網路生成文字一樣，機器翻譯的輸入\輸出句子，既可以看成
詞序列，也可以看成字元序列。只要對一種語言中的所有字元建立一個字
元表，就可以將句子中的每個字元都轉換成一個 one-hot 向量。

機器翻譯的字元級 Seq2seq 模型，每個時刻的輸入都是一個字元，如圖
7-53 所示。

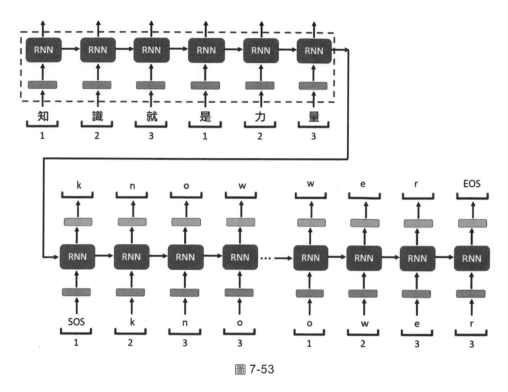

圖 7-53

因此,需要為每種語言建立一個字元單詞表。

1. 字元單詞表

在以下程式中,ChVerb 類別用於表示一種語言的字元單詞表,其中包含
字元、每個字元及其在字元單詞表索引中的對應關係。其中,\t 和 \n 分別
表示特殊的開始字元和結束字元,它們所對應的字元單詞表索引分別為 0
和 1。

```
SOS_token = 0
EOS_token = 1


class ChVerb:
    def __init__(self, name):
        self.name = name

        self.char2index = {'\t':0, '\n':1}
```

```
            self.index2char = {0: '\t', 1: '\n'}
            self.n_chars = 2   # Count SOS and EOS

    def addChars(self, chars):
        for char in chars:
            self.addChar(char)


    def addChar(self, char):
        if char not in self.char2index:
            self.char2index[char] = self.n_chars
            self.index2char[self.n_chars] = char
            self.n_chars += 1
```

2. 讀取訓練樣本並建構字元單詞表

首先，讀取預料庫中的原始句子和對應的翻譯結果句子，程式如下。

```
import numpy as np
import random
import re
import unicodedata
random.seed(1)

def unicodeToAscii(sentence):
    return ''.join(
        c for c in unicodedata.normalize('NFD', sentence)
        if unicodedata.category(c) != 'Mn'
    )

def normalize_sentence(sentence):
    sentence = unicodeToAscii(sentence.lower().strip())
    sentence = re.sub(r"([.!?])", r" \1", sentence)
    sentence = re.sub(r"[^a-zA-Z.!?]+", r" ", sentence)
    return sentence

def readLangs(lang2lang_file, reverse=False):
    print("Reading lines...")
    lines = open(lang2lang_file, encoding='utf-
8').read().strip().split('\n')
```

```
    # Split every line into pairs and normalize
    pairs = [[normalize_sentence(s) for s in l.split('\t')][:2] for l in lines]

    if reverse:  # Reverse pairs
        pairs = [list(reversed(p)) for p in pairs]
    return pairs
```

normalize_sentence() 負責對句子中的字元進行前置處理,如將 Unicode 碼字元轉為 ASCII 碼字元、將大寫字元轉為小寫字元、刪除非字母字元。

對讀取的句子對進行過濾,如限制句子的長度,程式如下。

```
MAX_LENGTH = 20
def filterPair(p):
    return len(p[0]) < MAX_LENGTH and \
        len(p[1]) < MAX_LENGTH

def filterPairs(pairs):
    return [pair for pair in pairs if filterPair(pair)]
```

將讀取並過濾後的句子對作為訓練樣本,建構兩種語言的字元單詞表,程式如下。

```
def prepareCharPairs(lang2lang_file,reverse=False):
    pairs = readLangs(lang2lang_file,reverse)
    print("Read %s sentence pairs" % len(pairs))
    pairs = filterPairs(pairs)
    print("Trimmed to %s sentence pairs" % len(pairs))
    for pair in pairs:
        in_verb.addChars(pair[0])
        out_verb.addChars(pair[1])
    return in_verb, out_verb, pairs

lang2lang_file = './data/eng-fra.txt'
in_verb = ChVerb("fra")
out_verb = ChVerb("eng")
in_verb, out_verb, pairs = prepareCharPairs(lang2lang_file,True)

print("Read %s sentence pairs" % len(pairs))
print("Counted chars:")
```

```
print(in_verb.name, in_verb.n_chars)
print(out_verb.name, out_verb.n_chars)
for i in range(5):
    print(random.choice(pairs))
print(pairs[3])
```

```
Reading lines...
Read 170651 sentence pairs
Trimmed to 9194 sentence pairs
Read 9194 sentence pairs
Counted chars:
fra 32
eng 32
['tom a dit bonjour .', 'tom said hi .']
['je suis creve .', 'i am tired .']
['prends une douche !', 'take a shower .']
['je suis detendu .', 'i m relaxed .']
['tu es endurant .', 'you re resilient .']
['cours !', 'run !']
```

執行以下程式，將訓練樣本的字元和字元單詞表的索引互換。

```
def indexToSentence(verb, indexes):
    sentense = [verb.index2char[idx] for idx in indexes]
    return ''.join(sentense)

def indexesFromSentence(verb, sentence):
    return [verb.char2index[char] for char in sentence]

def tensorFromSentence(verb, sentence):
    indexes = indexesFromSentence(verb, sentence)
    indexes.append(EOS_token)
    return np.array(indexes).reshape(-1,1)
#    return np.array(indexes,dtype = np.int64).reshape(-1,1)

def tensorsFromPair(pair):
    input_tensor = tensorFromSentence(in_verb, pair[0])
    target_tensor = tensorFromSentence(out_verb, pair[1])
    return (input_tensor, target_tensor)
```

```
print(pairs[3])
en_input, de_target = tensorsFromPair(pairs[3]) #random.choice(pairs))

print(en_input.shape)
print(de_target.shape)
print(en_input)
print(de_target)
```

```
['cours !', 'run !']
(8, 1)
(6, 1)
[[11]
 [12]
 [ 8]
 [13]
 [ 6]
 [ 4]
 [ 5]
 [ 1]]
[[ 8]
 [ 9]
 [10]
 [ 4]
 [11]
 [ 1]]
```

3. 訓練字元級的 Seq2Seq 模型

使用處理後的訓練樣本集合 pair 和 Seq2Seq 模型的訓練程式,對字元級的 Seq2Seq 模型進行訓練。在以下程式中,定義了編碼器和解碼器物件 encoder、decoder,以及對應的最佳化器 encoder_ optimizer、decoder_ optimizer,並將 pairs 分成訓練集 train_pairs 和驗證集 valid_pairs,然後, 呼叫 Seq2Seq 模型的訓練函數 trainIters() 進行訓練,損失曲線如圖 7-54 所 示。

```
from train import *
from Layers import *
from rnn import *
import util
```

```
hidden_size = 50 #256
num_layers = 1

clip = 5.#50.
learning_rate = 0.1
decoder_learning_ratio = 1.0
teacher_forcing_ratio =0.5

encoder = EncoderRNN(in_verb.n_chars, hidden_size)
decoder =
DecoderRNN(out_verb.n_chars,hidden_size,out_verb.n_chars,num_layers, \
        teacher_forcing_ratio)

momentum = 0.5
decay_every  =1000
encoder_optimizer = SGD(encoder.parameters(), learning_rate,
momentum,decay_every)
decoder_optimizer = SGD(decoder.parameters(), \
                learning_rate*decoder_learning_ratio, momentum,decay_every)

reg= None#1e-2

if True:
    pairs = pairs[:80000]

np.random.shuffle(pairs)
train_n = (int)(len(pairs)*0.98)
train_pairs = pairs[:train_n]
valid_pairs = pairs[train_n:]

n_iters = 50000
print_every, plot_every = 100,100  #10,10
idx_train_pairs = [tensorsFromPair(random.choice(train_pairs))  for i in \
                range(n_iters)]
idx_valid_pairs  = [tensorsFromPair(pair)  for pair in valid_pairs]
trainIters(encoder, decoder,encoder_optimizer,decoder_optimizer,idx_train_pairs, \
        idx_valid_pairs,True,print_every, plot_every,reg)
```

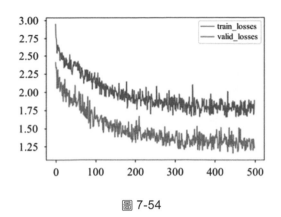

圖 7-54

從訓練損失曲線和驗證損失曲線分開可以看出：訓練結果不穩定；在疊代
40000 次後，損失曲線趨於平坦並略有上升。

使用訓練後的模型進行翻譯。將待翻譯語言的詞序列（句子）輸入編碼
器，輸出一個上下文資訊。將該資訊輸入解碼器，解碼器透過初始時刻的
輸入 "SOS" 和這個上下文資訊產生新的翻譯結果詞序列（句子）。相關程
式如下，其中 last_Hidden 用於表示解碼器的輸入是編碼器最後時刻的輸出
（隱向量）還是所有時刻的輸出。

```
def evaluate(encoder,decoder,in_vocab,out_vocab,sentence,\
            max_length=MAX_LENGTH,last_Hidden = True):
    encode_input = tensorFromSentence(in_vocab,sentence)
    encoder_output, encoder_hidden = encoder(encode_input, None)
    if last_Hidden:
        output_sentence =  decoder.evaluate(encoder_hidden,max_length)
    else:
        output_sentence =  decoder.evaluate(encoder_output,max_length)
    output_sentence = indexToSentence(out_vocab,output_sentence)
    return output_sentence
```

隨機選擇幾個輸入句子，用 evaluate() 函數進行預測（翻譯），程式如下。

```
indices = np.random.randint(len(pairs), size=3)
for i in indices:
    pair = pairs[i]
    print(pair)
```

```
    sentence = pair[0]
    sentence = evaluate(encoder, decoder,in_verb,out_verb, sentence,MAX_LENGTH)
    print(sentence)
```

```
['es tu jalouse ?', 'are you jealous ?']
are you a see  ??
['continue a courir .', 'keep running .']
come a          .
['lis ton livre !', 'read your book .']
be care it .
```

從結果看，預測效果並不理想。編碼器最後時刻的輸出作為上下文向量，在編碼器和解碼器之間傳遞資訊。該向量承擔了對整個句子進行編碼的任務，可能無法包含全部資訊。如果用所有時刻的輸出作為上下文變數，那麼資訊就會比較完整。但是，我們無法直接將長度可變的編碼器的所有時刻的輸出，直接作為解碼器的每個對應時刻的輸入。

7.11.6 節將要介紹的**注意力機制**，可以使解碼器網路針對解碼器自身輸出的每一步，「專注」於編碼器輸出的不同部分，從而適應長度可變的解碼器輸出，並避免解碼器的隱狀態向量增大。

7.11.4 基於 Word2Vec 的 Seq2Seq 模型

一個句子，既可以看成一個字元序列，也可以看成一個詞序列。字元序列的句子要比詞序列的句子長得多。序列越長，循環神經網路的梯度傳遞就越困難，也就越容易發生梯度爆炸或梯度消失。因此，在機器翻譯中，都會將句子看成詞序列。但是，一種語言中的詞，數目往往很大，對每個詞進行 one-hot 向量化，得到的 one-hot 向量就會很大。直接對詞進行 one-hot 向量化，存在以下兩個明顯的問題。

■ 空間浪費。舉例來説，一個詞所對應的向量很大，但其中只有一個值為 1，其他值都為 0。

■ 無法表示詞之間的內在聯繫，如近義詞、相關性等。而一種語言中的詞不是相互獨立的，往往存在一定的連結性。

在自然語言處理中，通常會採用比 one-hot 更好的詞向量化方法，這些方法統稱為 **Word2Vec**（單字量化）。Word2Vec 被認為是詞從其詞表所在的空間（one-hot 向量空間）到一個低維空間的映射，類似於自編碼器將一個高維向量映射到低維向量。Word2Vec 也是一種透過監督式學習方法用語料庫進行訓練的量化模型，但因為不需要對詞做任何標記，只需要模型自身取樣監督式學習的訓練樣本，所以，有人也稱其為非監督式學習。

Word2Vec 主要有兩種方法，分別是 Continuous Bag-Of-Words（CBOW）和 skip-gram，它們都透過類似自編碼器的 2 層神經網路學習一個詞的詞向量，即將一個高維的 one-hot 向量映射到一個低維的隱向量。如圖 7-55 所示，詞表長度為 V（有 V 個不同的詞），一個詞的 one-hot 向量 x 就是一個長度為 V 的向量，編碼器的權重矩陣為 $W_{V \times N}$。因為 N 通常是比 V 小得多的整數，所以，用 $W_{V \times N}$ 對 x 進行加權和運算，將產生一個低維隱向量 $h_N = xW_{V \times N}$。h_N 就是索引為 k 的單字的向量化表示。

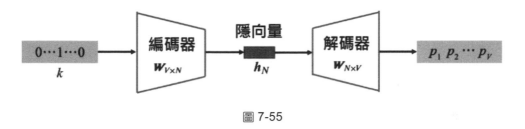

圖 7-55

因為 x 是一個只有第 k 個分量為 1、其他分量都為 0 的行向量，$xW_{V \times N}$ 的計算結果是該矩陣的第 k 行，所以，在實際應用中不需要進行乘法運算，只需要取出矩陣的第 k 行就可以了。相關程式如下。

```
h = self.W[k,:]
```

為了得到詞的合適的隱向量表示，以反映不同詞之間的連結性（如近義詞），需要用自編碼器來訓練權重矩陣。和自編碼器一樣，將隱向量透過 $W_{N \times V}$ 轉為和詞表長度相同的輸出向量，這個輸出向量的每個分量 p_i 都表示第 i 個詞的得分，透過 softmax 函數可將這個得分轉為機率。

為了訓練這個神經網路模型，CBOW 和 skip-gram 採用了不同的方法，從由多個句子組成的語料庫中生成訓練樣本。由於編碼器和解碼器都是沒有偏置和啟動函數的全連接層，即只有一個權重矩陣，所以，這個 2 層神經網路有兩個權重矩陣。

如圖 7-56 所示為簡化的 Word2Vec 神經網路，編碼器和解碼器都只有一個權重矩陣。

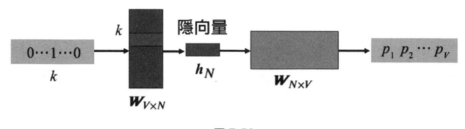

圖 7-56

簡化的 Word2Vec 神經網路的工作過程類似於自動編碼器。其第一個全連接線性層是一個不帶偏置的權重矩陣 W_1，可將一個輸入詞的 one-hot 向量 x 轉為低維的嵌入表示 $h = xW_1$，h 就是輸入詞的向量化表示。為了訓練權重矩陣 W_1，需要讓 h 透過另一個不帶偏置和啟動函數的全連接線性層（即權重矩陣 W_2），輸出一個包含所有詞的得分的向量 $f = hW_2$。在訓練中，將 f 和其目標詞進行比較，得到損失誤差，並透過損失誤差的反向求導更新模型參數。

假設句子中的詞為 w_t（也稱為中心詞或目標詞），CBOW 用其上下文或周圍的詞作為輸入。舉例來說，將上下文視窗設定為 $C = 5$，則輸入是 $(w_{t-2}, w_{t-1}, w_{t+1})$ 和 w_{t+2} 處的詞，即中心詞 w_t 之前和之後的兩個詞。將中心詞 w_t 的上下文 $(w_{t-2}, w_{t-1}, w_{t+1}, w_{t+2})$ 輸入網路，CBOW 希望輸出的預測詞 w_p 就是目標詞 w_t。用預測詞 w_p 和目標詞 w_t 計算交叉熵損失，對網路進行訓練。

如圖 7-57 所示，CBOW 將一個詞的上下文（周圍的詞）作為編碼器的輸入，經過解碼器輸出對應的得分，得分最高的詞就是目標詞。

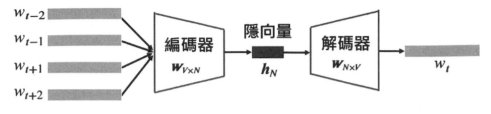

圖 7-57

和 CBOW 用一個詞在句子的上下文中進行預測完全相反，skip-gram 用詞 w_t 預測其上下文 $(w_{t-2}, w_{t-1}, w_{t+1}, w_{t+2})$，如圖 7-58 所示。也就是説，輸入詞 w_t 的 one-hot 向量，先經過編碼器得到隱向量 h_N，再經過解碼器輸出一個和詞表長度相同的向量，以表示詞表中每個詞的得分。該得分可以透過 softmax 函數轉為機率。將上下文作為目標詞，可以計算交叉熵損失，從而對編碼器和解碼器進行訓練。

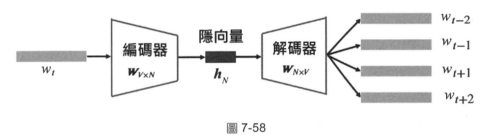

圖 7-58

CBOW 和 skip-gram 都是用語料庫中的句子生成訓練樣本的。skip-gram 將一個句子中的每一個詞作為中心詞。將每一個上下文作為目標詞，可以組成一個訓練樣本。如圖 7-59 所示，對於句子 "Seq2Seq is a general purpose encoder decoder framework"：第 1 個單字"Seq2Seq"的上下文是"is"、"a"，因此可以形成 2 個訓練樣本 (Seq2Seq, is)、(Seq2Seq, a)；第 2 個單字"is"的上下文是"seq2seq"、"a"、"general"，因此可以生成 3 個訓練樣本 (is, Seq2Seq,)、(is, a)、(is, general)。依此類推，對於最後一個單字 "framework"，可得到訓練樣本(framework,encoder)、(framework,decoder)。

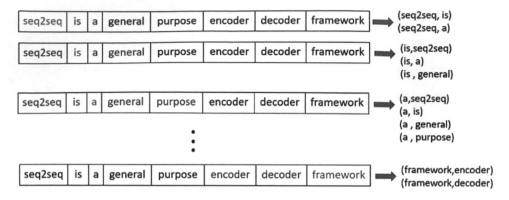

圖 7-59

CBOW 和 skip-gram 各有優缺點：CBOW 適用於詞的數量較少的語言模型，可以極佳地表示缺乏詞；skip-gram 適用於詞的數量較多的語言模型，可以極佳地表示出現頻率較高的詞。

以下程式以 skip-gram 為例，說明如何實現模型的訓練過程。對於 skip-gram，其輸入是當前的中心詞，目標是上下文，但因為上下文中可能有多個詞，即有多個目標，所以，每個目標詞都要和 $f = hW_2$ 計算一個交叉熵損失。此外，需要定義一個表示某種語言中所有詞的詞表（可以用語料庫中的句子來定義詞表）。

```python
class Vocab:
    def __init__(self,corpus):
        wordset = set()
        for sentence in corpus:
            if isinstance(sentence,str):
                for word in sentence.split(' '):
                    wordset.add(word)
            else:
                for word in sentence:
                    wordset.add(word)

        wordlist = list(wordset)
        self.word2index = dict([[(word, i) for i, word in enumerate(wordset)])
        self.index2word = dict([[(i, word) for i, word in enumerate(wordset)])
```

```
        self.n_words = len(wordset)

    def index2onehot(self, idx):
        x = np.zeros((1,self.n_words))
        x[0,idx] = 1
        return x

corpus = ["i am from china",]
vocab = Vocab(corpus)
print(vocab.word2index)
print(vocab.word2index["am"])
print(vocab.index2word)
print(vocab.index2word[3])
```

```
{'china': 0, 'am': 1, 'i': 2, 'from': 3}
1
{0: 'china', 1: 'am', 2: 'i', 3: 'from'}
from
```

接下來，讀取語料庫中的所有句子以建構詞表，並根據詞表和語料庫中的句子生成用於訓練 Word2Vec 模型的訓練樣本。在以下程式中，generate_training_data() 函數根據由詞表 vocab 和句子組成的語料庫 corpus 及樣本取樣的視窗大小 window，取樣用於訓練 Word2Vec 模型的樣本。

```
def generate_training_data(vocab,corpus,window = 2):
    training_data = []
    for sentence in corpus:  # for each sentense
        sent_len = len(sentence)
        for i, word in enumerate(sentence): # for each word in the sentense
            w_target =vocab.word2index[sentence[i]]
            w_context = []
            for j in range(i-window, i+window+1):
                if j!=i and j<=sent_len-1 and j>=0:
                    w_context.append(vocab.word2index[sentence[j]])
            training_data.append([w_target, w_context])
    return np.array(training_data)

corpus = [["i","am","from","china"]]
generate_training_data(vocab,corpus)
```

```
array([[2, list([1, 3])],
       [1, list([2, 3, 0])],
       [3, list([2, 1, 0])],
       [0, list([1, 3])]], dtype=object)
```

在詞表和語料庫的基礎上，可以訓練一個 Word2Vec 模型，程式如下。

```python
class Word2Vec():
    def __init__ (self,corpus,hidden_n,window,learning_rate=0.01,epochs=5000):
        self.hidden_n = hidden_n
        self.window = window
        self.lr = learning_rate
        self.epochs = epochs
        self.vocab = Vocab(corpus)

        print("訓練 Word2Vec 模型....")
        train_data = generate_training_data(self.vocab,corpus,self.window)
        self.train(train_data,self.vocab.n_words, self.hidden_n)
        self.epsilon  =1e-8
        print("完成 Word2Vec 模型的訓練！")

    def train(self, train_data,word_count, hidden_n):
        bound= 0.01
        self.w1 = np.random.uniform(-bound, bound, (word_count, hidden_n))
        self.w2 = np.random.uniform(-bound, bound, (hidden_n, word_count))
        for i in range(0, self.epochs):
            loss = 0
            for w_t, w_c in train_data:
                f, h, z = self.forward_pass(w_t)
                w_y = [self.vocab.index2onehot(c) for c in w_c]

                dz = np.sum([np.subtract(f,y) for y in w_y], axis=0)
                self.backprop(dz, h)#, w_t)

                loss+=  np.sum( [-np.sum(y*np.log(f)) for y in w_y] )
            print('epoch:',i, 'loss:', loss)

    def forward_pass(self, idx):
        self.x =  self.vocab.index2onehot(idx)
        #h = np.dot(self.x,self.w1)
```

```
        h = self.w1[idx,:]
        z = np.dot(h,self.w2)
        f = self.softmax(z)
        return f, h, z

    def backprop(self, dz, h):
        x = self.x
        dw2 = np.outer(h.T, dz)
        dh = np.dot( dz, self.w2.T)
        dw1 = np.outer(np.array(x).T, dh)

        self.w1 = self.w1 - (self.lr * dw1)
        self.w2 = self.w2 - (self.lr * dw2)

    def softmax(self, x):
        e_x = np.exp(x - np.max(x))
        return e_x / e_x.sum(axis=0)

    def word_vec(self, word):
        w_index = self.vocab.word2index[word]
        embeded_w = self.w1[w_index]
        return embeded_w

    def __call__(self, word):
        return self.word_vec(word)


#-------------- 測試例子 ------------------

hidden_n = 5
window_size = 2
min_count = 0               # minimum word count
epochs = 5000               # number of training epochs
learning_rate = 0.01        # learning rate
np.random.seed(0)           # set the seed for reproducibility

corpus = ["Neural Machine Translation using word level seq2seq model".split(' ')]

# INITIALIZE W2V MODEL
```

```
w2v = Word2Vec(corpus,hidden_n,window_size,learning_rate,epochs)
print(w2v("Machine"))
```

```
訓練 Word2Vec 模型....
epoch: 0 loss: 54.065347305478255
epoch: 1 loss: 54.06530596613177
epoch: 2 loss: 54.06526433976022
......
epoch: 4998 loss: 31.565571058450484
epoch: 4999 loss: 31.565565641922532
完成 Word2Vec 模型的訓練！
[-0.83213006 -2.9516065   0.14489502  0.27716055  0.85657948]
```

讀取語料庫，程式如下。

```
MAX_LENGTH = 10

eng_prefixes = (
    "i am ", "i m ",
    "he is", "he s ",
    "she is", "she s ",
    "you are", "you re ",
    "we are", "we re ",
    "they are", "they re "
)
def filterPair(p):
    return len(p[0].split(' ')) < MAX_LENGTH and \
        len(p[1].split(' ')) < MAX_LENGTH and \
        p[1].startswith(eng_prefixes)

def filterPairs(pairs):
    return [pair for pair in pairs if filterPair(pair)]

def read_pairs(lang2lang_file, reverse=False):
    pairs = readLangs(lang2lang_file,reverse)
    print("Read %s sentence pairs" % len(pairs))
    pairs = filterPairs(pairs)
    print("Trimmed to %s sentence pairs" % len(pairs))
    return pairs
```

```
lang2lang_file = './data/eng-fra.txt'
pairs = read_pairs(lang2lang_file,True)
print(random.choice(pairs))
```

```
Reading lines...
Read 170651 sentence pairs
Trimmed to 12761 sentence pairs
['je ne le vendrai pas .', 'i m not going to sell it .']
```

根據已經讀取的語料庫（即成對的句子 pairs），建構用於訓練輸入語言和輸出語言的句子語料庫，程式如下。

```
if True:
    pairs = pairs[:80000]

in_corpus = []
out_corpus = []
for pair in pairs:
    in_corpus.append(pair[0].split(' '))
    out_corpus.append(pair[1].split(' '))
print(in_corpus[:2])
print(out_corpus[:2])
```

```
[['j', 'ai', 'ans', '.'], ['je', 'vais', 'bien', '.']]
[['i', 'm', '.'], ['i', 'm', 'ok', '.']]
```

執行以下程式，訓練 Word2Vec 模型。

```
hidden_n = 150
window_size = 2
min_count = 0                           # minimum word count
epochs = 1                              # number of training epochs
learning_rate = 0.01                    # learning rate
np.random.seed(0)                       # set the seed for reproducibility

# INITIALIZE W2V MODEL
in_word2vec = Word2Vec(in_corpus,hidden_n,window_size,learning_rate,epochs)
out_word2vec =  Word2Vec(out_corpus,hidden_n,window_size,learning_rate,epochs)
print(in_word2vec("peur"))
print(in_word2vec("trouble"))
```

```
訓練 Word2Vec 模型....
```

訓練時間會很長。可以考慮使用現成的 Word2Vec 訓練函數庫，如多執行緒的 Word2Vec 函數庫 gensim。它利用底層由 FORTRAN 或 C 語言建構的線性代數庫，使訓練速度獲得了數百倍的提升。gensim 函數庫的安裝命令如下。

```
pip install --upgrade gensim
```

舉例來說，在以下程式中，in_corpus 是由兩個句子組成的語料庫，gensim.models.Word2Vec() 用語料庫 in_corpus 建構了一個 Word2Vec 模型 model，根據這個模型，可以得到一個詞的向量化表示 model.wv['am']。

```
import gensim

sentence = "i am from China"
sentence2 ="how old are you ?"
test_corpus = [sentence.split(" "),sentence2.split(' ')]
print(test_corpus)

hidden_n = 8
model  = gensim.models.Word2Vec(test_corpus, size=hidden_n, window=2, \
                                min_count=1, workers=10, iter=10)
print('am:',model.wv['am'])
```

```
 [['i', 'am', 'from', 'China'], ['how', 'old', 'are', 'you', '?']]
am: [-0.00522377  0.03762834 -0.05772045  0.02232596  0.00224983 -0.05164414
 -0.02401852 -0.01468942]
```

執行以下程式，用 gensim 函數庫訓練輸入和輸出語言的 Word2Vec 模型 in_vocab 和 out_vocab。

```
import gensim

hidden_n = 150
window_size  = 2
in_vocab  = gensim.models.Word2Vec(in_corpus, size=hidden_n, \
                                window=window_size, min_count=1, \
                                workers=10, iter=10)
out_vocab  = gensim.models.Word2Vec(out_corpus, size=hidden_n, \
```

```
                              window=window_size, min_count=1, \
                              workers=10, iter=10)
```

由於上述 Word2Vec 模型不包含特殊字元 "SOS"、"EOS"、"UNK"，所以，需要將這 3 個字元增加到詞表中，得到擴充詞表（詞表長度變為 hidden_n+3）。對這 3 個特殊字元，可直接用隨機向量進行量化。相關程式如下。

```
import numpy as np
SEU_count = 3

in_SEU = np.random.rand(3,hidden_n+SEU_count)
out_SEU = np.random.rand(3,hidden_n+SEU_count)
```

以下程式定義了一些輔助函數，用於從一個句子獲得其索引句子和詞的在量化表示。其中，indexesFromSentence() 函數用於將一個句子中的詞轉為詞表索引。因為 gensim 函數庫的模型詞表不包含上述 3 個特殊字元，所以，詞 word 在 gensim 函數庫的模型的索引 vocab.wv.vocab[word].index 是針對普通字元的，需要增加偏移 SEU_count=3 才能得到其在擴充詞表中的索引。vocab_word2vec 根據 gensim 函數庫的 Word2Vec 模型 vocab 中的詞的索引（包含特殊字元的單詞表索引）序列，得到每個詞的索引 idx 的向量化表示。對於普通的詞，索引也要偏移至 gensim 函數庫的詞表的索引 vocab.wv.index2word[idx-SEU_count]。對於特殊字元，則直接用 SEU[idx] 獲得其向量化表示。

```
def indexesFromSentence(vocab, sentence):
    return [ vocab.wv.vocab[word].index +SEU_count  for word in sentence.split('
')]

def vocab_word2vec(vocab,word_indices_input,SEU,expend = False):
    x = []
    SEU_vec = np.zeros(SEU_count)
    word_indices_input = word_indices_input.reshape(-1)
    for idx in word_indices_input:
            if idx<=2:
                x.append(SEU[idx])
```

```
            else:
                word = vocab.wv.index2word[idx-SEU_count]
                vec = vocab.wv[word]
                vec = np.append(vec,SEU_vec)
                x.append( vec )
    x = np.array(x)
    if expend:
        x = np.expand_dims(x, axis=1)
    return x

SOS_token  =0
EOS_token  =1
UNK_token  =2
def tensorFromSentence(vocab, sentence):
    indexes = indexesFromSentence(vocab, sentence)
    indexes.append(EOS_token)
    return np.array(indexes).reshape(-1,1)


def tensorsFromPair(pair):
    input_tensor = tensorFromSentence(in_vocab, pair[0])
    target_tensor = tensorFromSentence(out_vocab, pair[1])
    return (input_tensor, target_tensor)


def indexToSentence(vocab, indexes):
    sentense = [vocab.wv.index2word[idx-SEU_count] for idx in indexes]
    return ' '.join(sentense)
```

tensorFromSentence() 函數和 tensorsFromPair() 函數分別用於將一個句子和一對句子從字串轉換成索引序列。tensorsFromPair() 函數用於在每個句子後面增加結束字元。indexToSentence() 函數用於將一個句子從單字索引序列轉為字串序列。

為了用 Word2Vec 代替 one-hot 向量，需要修改編碼器和解碼器的程式。可定義以下衍生類別。

```
class EncoderRNN_w2v(EncoderRNN):
    def __init__(self, input_size, hidden_size,vocab,num_layers = 1):
        super(EncoderRNN_w2v,self).__init__(input_size, hidden_size,num_layers)
```

```
            self.vocab = vocab

    def word2vec(self,word_indices_input):
        return vocab_word2vec(self.vocab,word_indices_input,in_SEU,True)

class DecoderRNN_w2v( DecoderRNN):
    def __init__(self,input_size, hidden_size, output_size,vocab,num_layers=1, \
              teacher_forcing_ratio = 0.5):
        super().__init__(input_size, hidden_size, output_size,num_layers, \
                    teacher_forcing_ratio)
        self.vocab = vocab

    def word2vec(self,word_indices_input):
        return vocab_word2vec(self.vocab,word_indices_input,out_SEU,True)
```

執行以下程式，進行訓練，損失曲線如圖 7-60 所示。

```
from train import *
from Layers import *
from rnn import *
import util

hidden_size = 256
num_layers = 1

clip = 5.#50.
learning_rate = 0.1
decoder_learning_ratio = 1.0
teacher_forcing_ratio =0.5

n_iters = 70000
print_every, plot_every = 100,100   #10,10

input_size = hidden_n+SEU_count              # length of a Vec
output_size =len(out_vocab.wv.vocab)+SEU_count   # num of words

encoder = EncoderRNN_w2v(input_size, hidden_size,in_vocab)
decoder =
DecoderRNN_w2v(input_size,hidden_size,output_size,out_vocab,num_layers, \
            teacher_forcing_ratio)
```

```
momentum = 0.3
decay_every  =1000
encoder_optimizer = SGD(encoder.parameters(), learning_rate,
momentum,decay_every)
decoder_optimizer = SGD(decoder.parameters(), \
                 learning_rate*decoder_learning_ratio, momentum,decay_every)

reg= None#1e-2

np.random.shuffle(pairs)
train_n = (int)(len(pairs)*0.98)
train_pairs = pairs[:train_n]
valid_pairs = pairs[train_n:]

print_every, plot_every = 100,100  #10,10

n_iters = 40000
idx_train_pairs = [tensorsFromPair(random.choice(train_pairs))  for i in \
                 range(n_iters)]
idx_valid_pairs  =  [tensorsFromPair(pair)  for pair in valid_pairs]

trainIters(encoder, decoder,encoder_optimizer,decoder_optimizer,idx_train_pairs, \
        idx_valid_pairs,True,print_every, plot_every,reg
```

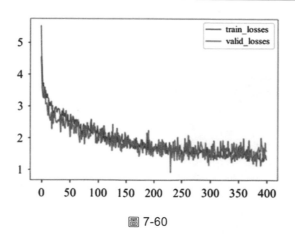

圖 7-60

用訓練得到的模型進行預測，程式如下。

```
indices = np.random.randint(len(pairs), size=3)
```

```
for i in indices:
    pair = pairs[i]
    print(pair)
    sentence = pair[0]
    sentence = evaluate(encoder, decoder,in_verb,out_verb,
sentence,MAX_LENGTH)
    print(sentence)
```

```
['nous sommes sauvees .', 'we re saved .']
we re unlucky .
['je requiers votre aide .', 'i m asking you for your help .']
i m on on your . .
['je suis enchante d etre ici .', 'i am delighted to be here .']
i m delighted to be here .
```

可見，與字元級的 Seq2Seq 模型相比，單字級的 Seq2Seq 模型可以更進一步地進行預測（翻譯）。讀者可以增加訓練次數、調整參數，以獲得更滿意的結果。

7.11.5 基於詞嵌入層的 Seq2Seq 模型

1. 詞嵌入層

Word2Vec 透過一個單獨的訓練過程，學習如何將一個詞表中的詞映射到一個比詞表短的低維向量，即根據 Word2Vec 學習到的權重矩陣，用詞的索引得到這個矩陣中對應的行。

詞嵌入（Embedding）是指將詞的在量化與特定問題的模型結合起來，即在特定問題的模型前增加一個嵌入層。這個嵌入層的參數就是詞向量化矩陣，用於將詞的索引映射到詞的向量。但這個矩陣的參數的初值是隨機的，也需要在模型訓練過程中學習，即需要將詞向量化和針對特定問題的模型結合在一起訓練。

嵌入層是一個沒有啟動函數和偏置的全連接線性層，也是一個簡化的線性層，其程式如下。

```
def one_hot(size,indices,expend = False):
```

```python
        x =  np.eye(size)[indices.reshape(-1)]
    if expend:
        x = np.expand_dims(x, axis=1)
    return x

class Embedding():
    def __init__(self, num_embeddings, embedding_dim,_weight = None):
        super().__init__()
        if _weight is None:
            self.W = np.empty((num_embeddings, embedding_dim))
            self.reset_parameters()
            self.preTrained = False
        else:
            self.W = _weight
            self.preTrained = True
        self.params = [self.W]
        self.grads = [np.zeros_like(self.W)]

    def reset_parameters(self):
        self.W[:] = np.random.randn(*self.W.shape)

    def forward(self, indices):
        num_embeddings = self.W.shape[0]
        x = one_hot(num_embeddings,indices).astype(float)
        self.x = x
        #Z = np.matmul(x, self.W)
        Z = self.W[indices,:]
        return Z

    def __call__(self,indices):
        return self.forward(indices)

    def backward(self, dZ):                    #反向傳播
        x = self.x
        dW = np.dot(x.T, dZ)
        dx = np.dot(dZ, np.transpose(self.W))
        self.grads[0] += dW
        return dx
```

2. 採用詞嵌入層的 Seq2Seq 模型

編碼器和解碼器透過一個詞嵌入層將一個詞轉為一個向量。編碼器的計算過程，如圖 7-61 所示。

在以下程式中，輸入的詞（索引對應的 one-hot 向量）經過嵌入層 embedding 轉為一個低維數值向量 embedded，然後和隱狀態一起作為 RNN 單元的輸入，用於計算輸出及隱向量。對於簡單的編碼器，output 和 hidden 可以是同一個向量。

```python
from rnn import *
from Layers import *
from train import *


class EncoderRNN_Embed(object):
    def __init__(self, input_size, hidden_size):
        super().__init__()
        self.input_size,self.hidden_size = input_size,hidden_size
        self.embedding = Embedding(input_size, hidden_size)
        self.gru = GRU(hidden_size, hidden_size,1)

    def forward(self, input, hidden):
        self.embedded_x = []
        self.embedded_out = []
        embed_out = []
        for x in input:
            embedded = self.embedding(x).reshape(1,1,-1)
            self.embedded_x.append(self.embedding.x)
            self.embedded_out.append( embedded)

        self.embedded_out = np.concatenate(self.embedded_out,axis=0)
        output, hidden = self.gru(self.embedded_out, hidden)
        return output, hidden

    def __call__(self,input, hidden):
        return self.forward(input, hidden)

    def initHidden(self):
        return np.zeros((1, 1, self.hidden_size))
```

```
    def parameters(self):
        return self.gru.parameters()

    def backward(self,dhs):
        dinput,dhidden = self.gru.backward(dhs,self.embedded_out)
        T = dinput.shape[0]
        for t in range(T):
            dinput_t = dinput[t]
            self.embedding.x = self.embedded_x[t]  # recover the original x
            self.embedding.backward(dinput_t)

        #return
```

因為嵌入層的權重參數也是需要學習的模型參數，所以，在進行反向求導時，也需要計算損失函數關於這個嵌入層的權重參數的梯度 self.embedding.backward(dinput_t)。在這裡，反向求導就是對每個時刻 t 求導，需要知道每個時刻 t 的輸入 self.embedding.x。因此，在正向計算過程中，需要保存嵌入層每個時刻的輸出 self.embedded_x.append (self.embedding.x)。

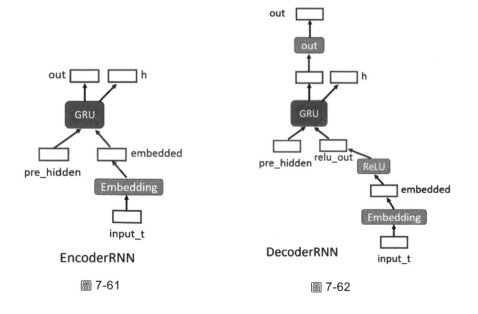

圖 7-61   圖 7-62

如圖 7-62 所示，解碼器也將詞嵌入層的輸出向量作為 RNN 單元的輸入。
輸入的詞（索引對應的 one-hot 向量）經過嵌入層 embedding 轉為一個低
維數值向量 embedded，再經過 ReLU 啟動函數的輸出，和隱狀態一起，作
為 RNN 單元的輸入，用於計算輸出及隱向量。

對嵌入層進行正向計算和反向求導，程式如下。

```python
class DecoderRNN_Embed(object):
    def __init__(self, hidden_size, output_size,num_layers=1, \
                 teacher_forcing_ratio = 0.5):
        super().__init__()
        self.hidden_size = hidden_size
        self.num_layers = 1
        self.teacher_forcing_ratio = teacher_forcing_ratio

        self.embedding = Embedding(output_size, hidden_size)
        self.relu = Relu()
        self.gru = GRU(hidden_size, hidden_size,1)
        self.linear = Dense(hidden_size, output_size)
        self.layers = [self.embedding,self.gru,self.linear]
        self._params = None

    def initHidden(self,batch_size):
        self.h_0 =  np.zeros((self.num_layers, batch_size,
self.hidden_size))

    def forward_step(self, input_t, hidden,train = True):
        embedded = self.embedding(input_t)#.reshape(1,1,-1)
        self.embedded_x.append(self.embedding.x)
        output = self.relu(embedded)
        self.relu_x = self.relu.x

        relu_output = output.reshape(1,output.shape[0],-1)
        self.input.append(relu_output)  #output)  # input of gru

        output_hs, hidden = self.gru(relu_output,hidden)
        output = self.linear(output_hs[0]) #seq_len = 1
        return output,hidden,output_hs[0]
```

```python
def forward(self,input_tensor,hidden):
    self.input = []
    target_length = input_tensor.shape[0]  #nput_tensor.size(0)
    teacher_forcing_ratio = self.teacher_forcing_ratio
    use_teacher_forcing = True if random.random() < teacher_forcing_ratio \
                    else False
    output_hs = []
    output = []
    hidden_t = hidden
    h_0 = hidden.copy()
    input_t = np.array([SOS_token])

    hs = []
    zs = []
    self.embedded_x = []
    self.relu_x = []

    for t in range(target_length):
        output_t, hidden_t,output_hs_t = self.forward_step(
            input_t, hidden_t)

        hs.append(self.gru.hs)             #保留中間層的隱狀態
        zs.append(self.gru.zs)             #保留中間層的計算結果
        output_hs.append(output_hs_t)
        output.append(output_t)

        if use_teacher_forcing:
            input_t = input_tensor[t]           #教師強制
        else:
            input_t = np.argmax(output_t)       #最大機率
            if input_t== EOS_token:
                break
            input_t = np.array([input_t])

    output = np.array(output)
    self.output_hs = np.array(output_hs)
    self.h_0 = h_0
    self.hs = np.concatenate(hs, axis=1)
```

```python
        self.zs = np.concatenate(zs, axis=1)
        #self.gru.hs =  self.hs
        #self.gru.zs =  self.zs
        return  output

    def __call__(self, input, hidden):
        return self.forward(input, hidden)

    def evaluate(self, hidden, max_length):
        # input:(1, batch_size=1, input_size)
        input = np.array([SOS_token])
        decoded_words = []
        for t in range(max_length):
            output,hidden,_ = self.forward_step(input, hidden,False)
            output = np.argmax(output)
            if output==EOS_token:
                break;
            else:
                decoded_words.append(output)
                input = np.array([output])
        return decoded_words

    def backward(self,dZs):
        dhs = []
        output_hs = self.output_hs
        input = np.concatenate(self.input,axis=0)

        for i in range(len(input)):
            self.linear.x = output_hs[i]
            dh = self.linear.backward(dZs[i])
            dhs.append(dh)
        dhs = np.array(dhs)

        self.gru.hs = self.hs
        self.gru.zs = self.zs
        self.gru.h = self.h_0

        dinput,dhidden = self.gru.backward(dhs,input)
        for i in range(len(input)):
```

```
            dinput_t = dinput[i]
            d_embeded = self.relu.backward(dinput_t)
            self.embedding.x = self.embedded_x[i]    # recover the original x
            self.embedding.backward(d_embeded)
        return dinput,dhidden

    def backward_dh(self,dZ):
        dh = self.linear.backward(dZ)
        return dh

    def parameters(self):
        if self._params is None:
            self._params = []
            for layer in self.layers:
                for i, _ in enumerate(layer.params):
                    self._params.append([layer.params[i],layer.grads[i]])
        return self._params
```

建立輸入詞表和輸出詞表，以及一些用於在句子的字串形式和索引形式之間進行轉換的輔助函數。重新定義類 Vocab，使其包含特殊的開始字元和結束字元 "SOS" 和 "EOS"。如果一個詞的出現次數小於 min_count，那麼它將被當成未知詞。相關程式如下。

```
import numpy as np
from collections import defaultdict
SOS_token = 0
EOS_token = 1
UNK_token = 2


class Vocab:
    def __init__(self,min_count=1,corpus = None):
        self.min_count = 1
        self.word2count = {}
        self.word2index = {"SOS":0,"EOS":1, "UNK":2}
        self.index2word = {0: "SOS", 1: "EOS",2: "UNK"}
        self.n_words = 3  # Count SOS and EOS
        if corpus is not None:
            for sentence in corpus:
                self.addSentence(sentence)
```

```
            self.build()

    def addSentence(self, sentence):
        if isinstance(sentence,str):
            for word in sentence.split(' '):
                self.addWord(word)
        else:
            for word in sentence:
                self.addWord(word)

    def addWord(self, word):
        if word not in self.word2count:
            self.word2count[word] = 1
        else:
            self.word2count[word] += 1

    def build(self):
        for word in self.word2count:
            if self.word2count[word]<self.min_count:
                self.word2index[word] = UNK_token
            else:
                self.word2index[word] = self.n_words
                self.index2word[self.n_words] = word
                self.n_words += 1

vocab = Vocab()
vocab.addSentence("i am from china")
vocab.build()

print(vocab.word2index["i"])
print(vocab.index2word[4])
```

```
3
am
```

分別建立輸入語言和輸出語言的詞表物件 in_vocab 和 out_vocab，程式如下。

```
in_vocab = Vocab()
out_vocab = Vocab()
```

```
lang2lang_file = './data/eng-fra.txt'
pairs = read_pairs(lang2lang_file,True)
for pair in pairs:
    in_vocab.addSentence(pair[0])
    out_vocab.addSentence(pair[1])

in_vocab.build()
out_vocab.build()

def indexesFromSentence(vocab, sentence):
    return [vocab.word2index[word] for word in sentence.split(' ')]

def tensorFromSentence(vocab, sentence):
    indexes = indexesFromSentence(vocab, sentence)
    indexes.append(EOS_token)
    return np.array(indexes).reshape(-1, 1)

def tensorsFromPair(pair):
    input_tensor = tensorFromSentence(in_vocab, pair[0])
    target_tensor = tensorFromSentence(out_vocab, pair[1])
    return (input_tensor, target_tensor)

def indexToSentence(vocab, indexes):
    sentense = [vocab.index2word[idx] for idx in indexes]
    return ' '.join(sentense)

#input_tensor, target_tensor = tensorsFromPair(random.choice(pairs))
#print(input_tensor.shape)
#print(input_tensor)
#print(target_tensor)
```

基於詞嵌入層的 Seq2Seq 模型的訓練過程，程式如下，損失曲線如圖 7-63 所示。

```
from train import *
from Layers import *
from rnn import *
import util

hidden_size = 256
```

```
num_layers = 1

clip = 5.#50.
learning_rate = 0.03
decoder_learning_ratio = 1.0
teacher_forcing_ratio =0.5

output_size = out_vocab.n_words   #num of words
encoder = EncoderRNN_Embed(in_vocab.n_words, hidden_size)
decoder = DecoderRNN_Embed(hidden_size,out_vocab.n_words,num_layers, \
                        teacher_forcing_ratio)

momentum = 0.3
decay_every  =1000
encoder_optimizer = SGD(encoder.parameters(), learning_rate,
momentum,decay_every)
decoder_optimizer = SGD(decoder.parameters(), \
                learning_rate*decoder_learning_ratio, momentum,decay_every)

reg= None#1e-2

np.random.shuffle(pairs)
train_n = (int)(len(pairs)*0.98)
train_pairs = pairs[:train_n]
valid_pairs = pairs[train_n:]

print_every, plot_every = 100,100   #10,10

n_iters = 40000
idx_train_pairs = [tensorsFromPair(random.choice(train_pairs)) \
                for i in range(n_iters)]
idx_valid_pairs = [tensorsFromPair(pair)   for pair in valid_pairs]

trainIters(encoder,decoder,encoder_optimizer,decoder_optimizer,idx_train_pairs, \
        idx_valid_pairs,True,print_every, plot_every,reg)
```

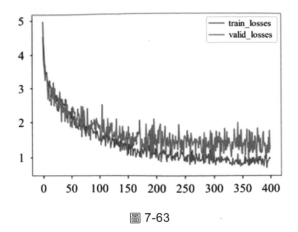

圖 7-63

執行以下程式，進行預測（翻譯）。

```
indices = np.random.randint(len(train_pairs), size=3)
for i in indices:
    pair = pairs[i]
    print(pair)
    sentence = pair[0]
    sentence = evaluate(encoder, decoder,in_vocab,out_vocab,
sentence,MAX_LENGTH)
    print(sentence)
```

```
['c est une vraie commere .', 'she is a confirmed gossip .']
she is a total . .
['nous sommes meilleures qu elles .', 'we re better than they are .']
we re better than they are .
['tu es curieux hein ?', 'you are curious aren t you ?']
you are curious right ?
```

7.11.6　注意力機制

Seq2Seq 模型的編碼器輸出的內容向量，通常就是編碼器最後時刻的隱狀態或輸出（包含整個輸入序列資訊的編碼）。將這個內容向量作為解碼器的初始隱狀態，沿著時間維度傳遞到解碼器的每個時刻，也就是說，解碼器每個時刻接收的都是同一個編碼器輸入序列的內容編碼。

然而，用最後時刻的隱狀態或輸出作為內容向量，可能無法包含完整的輸入序列資訊，尤其是對長輸入序列，從 Seq2Seq 模型的效果就可以看出，序列越長，預測效果越差。如果將所有時刻的隱狀態拼接成一個內容向量，就可以包含完整的輸入序列資訊。但是，由於輸入序列的長度是可變的，所以，這個內容向量顯然不能直接作為編碼器的隱狀態。因此，需要進行某種變換，將這個內容向量處理成長度固定的向量。另外，輸入序列的不同部分對解碼器的每個時刻的作用是不同的，解碼器的每個時刻對輸入序列的不同部分應該具有不同的關注程度。如圖 7-64 所示，輸入序列是句子（詞序列）「知識就是力量」，輸出的目標序列是句子 "knowledge is power"。解碼器在處理單字 "knowledge" 時，輸入序列中的詞「知識」的影響要比詞「就是」、「力量」大，而在處理單字 "is" 時，輸入序列中的詞「就是」更重要。可見，解碼器在進行預測時，輸入序列中不同的詞對輸出序列中不同的詞的作用是不同的。

圖 7-64

注意力（Attention）**機制**是指解碼器在每個時刻動態選擇輸入序列中與當前預測最相關的那部分。透過比較解碼器當前時刻的輸入（前一時刻的隱狀態和當前時刻的資料登錄）與編碼器所有時刻的輸出（或隱狀態）的相關程度，可以計算出一個權重向量。用這個權重向量對編碼器所有時刻的輸出內容進行加權和運算，可以得到一個當前時刻特有的內容上下文向量，即解碼器在不同時刻具有不同的編碼器上下文向量。這個上下文向量和該時刻的隱狀態、資料登錄一起，用於解碼器的當前時刻的計算。

在 Seq2Seq 解碼器的循環神經網路中，每個時刻 i 的計算公式如下。

$$\boldsymbol{h}_i = \text{RNN}(\boldsymbol{h}_{i-1}, \boldsymbol{x}_i)$$

採用注意力機制的 Seq2Seq 解碼器的每個時刻 i 的計算公式如下。

$$h_i = \text{RNN}(h_{i-1}, x_i, c_i)$$

即在每個時刻都多了一個該時刻特有的內容向量 c_i。c_i 不僅依賴 h_{i-1} 和 x_i，還依賴編碼器所有時刻的輸出（或隱狀態）。

假設編碼器的所有時刻的輸出都是隱狀態 $\bar{h}_t$，即 c_i 依賴所有的 $\bar{h}_t$（$t = 1,2,,\cdots,T$，T 為編碼器的最後時刻），那麼，解碼器在每個時刻，都會根據編碼器的輸出 $\bar{h} = (h_1, h_2, \cdots, h_T)$ 和解碼器在 i 時刻的資訊（如輸入隱狀態 h_{i-1}），計算一個權重向量 $\alpha_i = (\alpha_{i1}, \alpha_{i2}, \cdots, \alpha_{iT})$，並用這個權重向量對編碼器的輸出 $\bar{h}$ 進行加權求和運算，得到當前時刻的內容向量 c_i，公式如下。

$$c_i = \alpha_i \cdot \bar{h} = \alpha_{i1}\bar{h}_1 + \alpha_{i2}\bar{h}_2 + \cdots + \alpha_{iT}\bar{h}_T$$

且

$$\sum_{j=1}^{T} \alpha_{ij} = 1, \quad \alpha_{ij} > 0$$

即解碼器在 i 時刻的輸入上下文向量 c_i 是編碼器所有時刻的輸出（或隱狀態）$\bar{h}_j$ 的加權平均。

α_{ij} 表示編碼器的第 j 個輸出（或隱狀態）$\bar{h}_j$ 在輸入上下文向量 c_i 中的權重。

α_{ij} 是透過同一組所謂「得分」（也稱為能量）的數值 e_{ij} 計算出來的，公式如下。

$$\alpha_{ij} = \frac{exp^{e_{ij}}}{\sum_{k=1}^{T} exp^{e_{ik}}}$$

每個 e_{ij} 都可以用解碼器 i 時刻的輸入隱狀態 h_{i-1} 和編碼器 j 時刻的輸出 $\bar{h}_j$ 透過一個函數 a 計算得到，公式如下。

$$e_{ij} = a(h_{i-1}, \bar{h}_j)$$

當然，e_{ij} 還可以依賴當前時刻的資料登錄 x_i。函數 a 不同，得分的計算方式就會不同。如圖 7-65 所示，讓 h_{i-1} 和 $\bar{h}_j$ 透過只有一個神經元、啟動函數為 tanh 的神經網路層（作為得分的計算函數），公式如下。

$$a(\boldsymbol{h}_{i-1}; \bar{\boldsymbol{h}}_j) = \tanh([\boldsymbol{h}_{i-1}; \bar{\boldsymbol{h}}_j]\boldsymbol{W}_a)$$

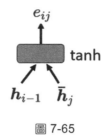

圖 7-65

其中，參數 $\boldsymbol{W}_a$ 也是需要學習的。

一些常見的得分計算方式，列舉如下。

- 基於內容的：$\text{score}(\boldsymbol{h}_t, \bar{\boldsymbol{h}}_s,) = \text{cosine}[\boldsymbol{h}_t, \bar{\boldsymbol{h}}_t]$。
- 可加的：$\text{score}(\boldsymbol{h}_t, \bar{\boldsymbol{h}}_s,) = \boldsymbol{v}_a^{\mathrm{T}}\tanh(\boldsymbol{W}_a[\boldsymbol{h}_t; \bar{\boldsymbol{h}}_s])$。
- 基於位置的：$\alpha_{t,i} = \text{softmax}(\boldsymbol{W}_a\boldsymbol{h}_t)$。
- 一般的：$\text{score}(\boldsymbol{h}_t, \bar{\boldsymbol{h}}_s,) = \boldsymbol{h}_t^{\mathrm{T}}\boldsymbol{W}_a\bar{\boldsymbol{h}}_s$。
- 點積：$\text{score}(\boldsymbol{h}_t, \bar{\boldsymbol{h}}_s,) = \boldsymbol{h}_t^{\mathrm{T}}\bar{\boldsymbol{h}}_t$。
- 放縮點積：$\text{score}(\boldsymbol{h}_t, \bar{\boldsymbol{h}}_s,) = \frac{\boldsymbol{h}_t^{\mathrm{T}}\bar{\boldsymbol{h}}_s}{\sqrt{n}}$。

$\bar{\boldsymbol{h}}_s$ 和 $\boldsymbol{h}_t$ 分別表示輸入序列在 s 時刻和輸出序列在 t 時刻的隱狀態，$\boldsymbol{V}_a$ 和 $\boldsymbol{W}_a$ 都是可學習的權重參數矩陣。

注意：解碼器的隱狀態雖然統一用 $\boldsymbol{h}_t$ 來表示，但在不同的論文中含義稍有不同，有的是指當前時刻 t 的隱狀態 $\boldsymbol{h}_t$，有的是指前一時刻 $t-1$ 的隱狀態 $\boldsymbol{h}_{t-1}$。舉例來說，在 *Bahdanau Attention* 論文中表示的是 $\boldsymbol{h}_{t-1}$，在 *Luong attention* 論文中表示的是 $\boldsymbol{h}_t$。

如圖 7-66 所示，解碼器在每個時刻用這個動態計算的上下文和輸入資料及前一時刻的隱狀態一起進行計算。解碼器每個時刻計算一個動態權重，用這些權重對編碼器所有時刻的輸出（或隱向量）求加權平均，得到一個上下文向量，用於解碼器當前時刻的計算。

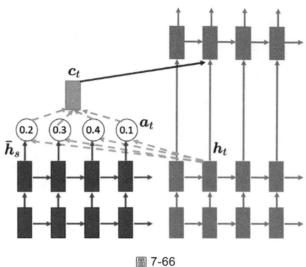

圖 7-66

Luong 等人還提出了**局部注意力**（Local Attention）**模型**。局部注意力模型與通常的**全域注意力**（Global Attention）**模型**的區別在於：局部注意力模型首先預測當前目標詞在輸入序列中的某個對齊位置，然後用以該位置為中心的視窗計算上下文向量。

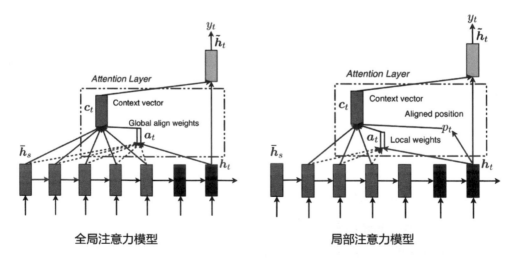

圖 7-67

如圖 7-67 所示：全域注意力模型用編碼器的所有輸出（隱狀態）計算上下文向量；局部注意力模型先尋找和目標位置對應的輸入序列位置，再用以該位置為中心的視窗區域的編碼器的所有輸出（隱狀態）計算上下文向量。

如圖 7-68 所示，注意力機制的計算過程為：先用輸入和隱狀態計算一個注意力權重，然後和編碼器的輸出進行加權求和，再將這個加權和和輸入組合成新的輸入資料，並輸入循環神經網路層，產生最終的輸出。

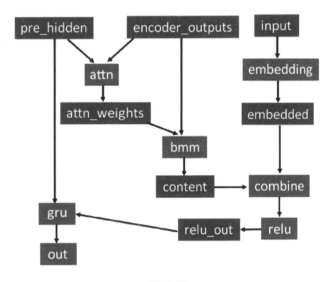

圖 7-68

解碼器根據前一時刻的隱狀態 prev_hidden 和編碼器所有時刻的輸出 encoder_outputs 計算一個注意力權值向量 attn_weights，然後用這個權值向量對編碼器的輸出 encoder_outputs 求加權和，得到一個注意力內容向量 content。接著，讓注意力內容向量 content 和資料登錄 input 的嵌入向量 embedded 經過一個全連接層 combine 組合輸出，再經過 ReLU 啟動函數，和 pre_hidden 一起輸入循環神經網路單元 gru。最後，gru 的輸出經過一個全連接層 out，得到最終的輸出。

根據當前的資料登錄 input 和前一時刻的隱狀態 prev_hidden，計算一個注意力權值向量 attn，再和編碼器的隱狀態輸出 encoder_outputs 計算加權和，得到 attn_applied。然後，和資料登錄 input 的嵌入向量 embedded 組合成 attn_combine，並經過啟動函數的變換，作為 RNN 單元 gru 當前時刻的資料登錄。

隱狀態 prev_hidden 和編碼器輸出內容 encoder_outputs 的加權向量的正向計算和反向求導，程式如下。

```python
def attn_forward(hidden,encoder_outputs):
    #hidden (B,D)    encoder_outputs (T,B,D)
    energies = np.sum(hidden * encoder_outputs, axis=2) #(T,B)
    energies =energies.T     #(B,T)
    alphas = util.softmax(energies)
    return alphas,energies

def attn_backward(d_alpha,energies,hidden,encoder_outputs):
    #hidden (B,D)    encoder_outputs (T,B,D)
    #d_alpha   energies:(B,T)
    d_energies = softmax_backward_2(energies,d_alpha,False)
#d_alpha,energies)
    d_energies = d_energies.T #(T,B)
    d_energies = np.expand_dims(d_energies,axis=2)
    d_encoder_outputs = d_energies*hidden # (T,B) (B,D)
    d_hidden = np.sum(d_energies*encoder_outputs,axis=0) #(T,B) (T,B,D)
    return d_encoder_outputs,d_hidden
```

attn_weights 對 encoder_outputs 求加權和的正向計算和反向求導，程式如下。

```python
def bmm(alphas,encoder_outputs):
    # (B,T),  [T,B,D]
    encoder_outputs = np.transpose(encoder_outputs, (1, 0, 2))  # [T,B,D] ->
[B,T,D]
    #weights = np.expand_dims(weights,axis=1)        #(B,T) -> (B,1,T)
    context = np.einsum("bj, bjk -> bk", alphas, encoder_outputs)
  # [B,T]*[B,T,D] -> [B,D]
    return context
```

```
def bmm_backward(d_context,alphas,encoder_outputs):
    encoder_outputs = np.transpose(encoder_outputs, (1,0,2)) # [T,B,D] ->
[B,T,D]
    d_alphas = np.einsum("bjk, bk -> bj", encoder_outputs,d_context)
  #dx = Wdz^T (B,T,D) (B,D)  ->(B,T)
    d_encoder_outputs = np.einsum("bi, bj -> bij", alphas,d_context)
  # dW = x^Tdz  #(B,T) (B,D) ->(B,T,D)
    d_encoder_outputs = np.transpose(d_encoder_outputs, (1,0,2))
  # [B,T,D] -> [T,B,D]
    return d_alphas,d_encoder_outputs
```

以上程式實現了多序列樣本的加權和運算 bmm，T、B、D 分別表示序列長度、樣本數目、每個時刻的資料長度。bmm() 接收形狀為 (B,T) 的權重矩陣，其每一行都是一個樣本的權重向量。encoder_outputs 是編碼器輸出的內容向量，形狀為 (T,B,D)，需要先將其轉換成形狀為 (B,T,D) 的張量，再透過 np.einsum() 對每個樣本用其權重向量對輸出內容求加權和，得到長度為 D 的向量。einsum() 用字串指令控制靈活的點積（矩陣乘）運算，如 "bj, bjk -> bk"，左邊兩個張量 bj 和 bjk 相乘，產生右邊的二維張量 bk，用字母（而非數字 0、1、2）表示張量的軸。這個乘法計算可以用以下程式來模擬。

```
#循環計算結果張量的每個元素（索引為 bk）
for b in range(...)
    for k in range(...)
        C[b,k] = 0
        for j in range(...)
            C[b,k]+= A[b,j]*B[b,j,k]
```

將求權重向量及對編碼器的輸出內容求加權和的過程合併到一個注意力層 Atten 中，程式如下，訓練損失曲線如圖 7-69 所示。

```
#Attention layer at a time t
class Atten(Layer):
    def __init__(self, hidden_size):
        super().__init__()
        self.hidden_size = hidden_size
```

```
def forward(self,hidden,encoder_outputs):
    self.hidden = hidden
    self.encoder_outputs = encoder_outputs
    alphas,energies = attn_forward(hidden,encoder_outputs)
    context = bmm(alphas,encoder_outputs)
    self.alphas,self.energies = alphas,energies
    return context,alphas,energies

def __call__(self,hidden,encoder_outputs):
    return self.forward(hidden,encoder_outputs)

def backward(self,d_context): #(B,D)
    alphas,energies,hidden,encoder_outputs = self.alphas,self.energies, \
                                self.hidden,self.encoder_outputs
    d_alphas,d_encoder_outputs_2 = bmm_backward(d_context,alphas, \
                            encoder_outputs)
    d_encoder_outputs,d_hidden = attn_backward(d_alphas,energies,hidden, \
                            encoder_outputs)
    d_encoder_outputs+=d_encoder_outputs_2
    return d_hidden,d_encoder_outputs
```

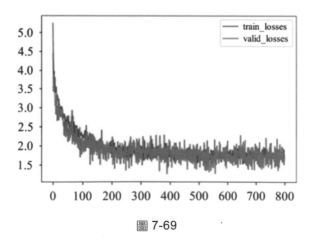

圖 7-69

以下程式實現了上述簡單的注意力機制的解碼器。

```
from Layers import *
from rnn import *
import util

class  DecoderRNN_Atten(object):
    def __init__(self, hidden_size, output_size,num_layers=1, \
            teacher_forcing_ratio = 0.5,dropout_p=0.1,
max_length=MAX_LENGTH):
        super(DecoderRNN_Atten, self).__init__()

        self.hidden_size = hidden_size
        self.num_layers = 1
        self.teacher_forcing_ratio = teacher_forcing_ratio
        self.dropout_p = dropout_p
        self.max_length = max_length

        self.embedding = Embedding(output_size, hidden_size)
        self.dropout = Dropout(self.dropout_p)

        #self.attn = Dense(self.hidden_size * 2, self.max_length)
        self.attn = Atten(hidden_size)
        self.attn_combine = Dense(self.hidden_size * 2, self.hidden_size)
        self.relu = Relu()

        self.gru = GRU(hidden_size, hidden_size,1)
        self.out = Dense(hidden_size, output_size)

       #self.layers = [self.embedding,self.attn,self.attn_combine,self.gru,
self.out]
        self.layers = [self.embedding,self.attn_combine,self.gru,self.out]
        self._params = None
        self.use_dropout = False

    def initHidden(self,batch_size):
        self.h_0 =  np.zeros((self.num_layers, batch_size,
self.hidden_size))

    def forward_step_(self, input,
prev_hidden,encoder_outputs,training=True):
```

```
            embedded = self.embedding(input)  #(B,D))
            if self.use_dropout and training:
                embedded = self.dropout(embedded,training)
            context,alphas,energies = self.attn(prev_hidden[0],encoder_outputs)
            attn_combine_out = self.attn_combine(np.concatenate((embedded, context), \
                                        axis=1))
            relu_out = self.relu(attn_combine_out)
            self.relu_x.append(self.relu.x)
            relu_out = np.expand_dims(relu_out, axis=0)
            output_hs, hidden = self.gru(relu_out,prev_hidden)
            output_hs_t = output_hs[0]#seq_len = 1
            output = self.out(output_hs_t)

            if training:
                self.embedded_x.append(self.embedding.x)
                if self.use_dropout:
                    self.dropout_mask.append(self.dropout._mask)
                self.attn_x.append(( self.attn.alphas,self.attn.energies, \
                                self.attn.hidden,self.attn.encoder_outputs))
                self.attn_combine_x.append(self.attn_combine.x)
                self.relu_x.append(self.relu.x)

                self.gru_x.append((relu_out,self.gru.h))
                self.gru_hs.append(self.gru.hs)            #保持中間層的隱狀態
                self.gru_zs.append(self.gru.zs)            #保持中間層的計算結果
                self.out_x.append(self.out.x)
            return output,hidden,output_hs_t

    def forward(self,input_tensor,encoder_outputs):
#hidden,encoder_outputs):
        self.encoder_outputs = encoder_outputs  #(T,B,D)
        self.attn_weights_seq = []
        target_length = input_tensor.shape[0] #nput_tensor.size(0)

        teacher_forcing_ratio = self.teacher_forcing_ratio
        use_teacher_forcing = True if random.random() < teacher_forcing_ratio \
                        else False

        hidden_t = encoder_outputs[-1].reshape(1,encoder_outputs[-1].shape[0], \
```

```
                                          encoder_outputs[-1].shape[1])
        h_0 = hidden_t.copy()
        input_t = np.array([SOS_token])

        output = []
        output_hs = []
        self.gru_x = [] #gru input
        self.gru_hs = []
        self.gru_zs = []
        self.dropout_mask = []
        self.embedded_x = []
        self.relu_x = []
        self.attn_x = []
        self.attn_combine_x = []
        self.attn_weights_seq = []
        self.out_x = []

    # encoder_outputs = np.pad(self.encoder_outputs,((0,self.max_length-
self.encoder_outputs.shape[0]),(0,0),(0,0)), 'constant')
        for t in range(target_length):
            output_t, hidden_t,output_hs_t = self.forward_step(input_t, \
                                      hidden_t,encoder_outputs)
            output_hs.append(output_hs_t)
            output.append(output_t)

            if use_teacher_forcing:
                input_t = input_tensor[t]          #教師強制
            else:
                input_t = np.argmax(output_t)      #最大機率
                if input_t== EOS_token:
                    break
                input_t = np.array([input_t])

        output = np.array(output)
        self.output_hs = np.array(output_hs)
        self.h_0 = h_0
        return  output

    def __call__(self, input, hidden):
```

```
            return self.forward(input, hidden)

    def evaluate(self, encoder_outputs,max_length):
        hidden = encoder_outputs[-1]
        hidden = hidden.reshape(1,hidden.shape[0],hidden.shape[1])
        input_T = self.encoder_outputs.shape[0]
        #encoder_outputs = np.pad( self.encoder_outputs,((0,self.max_length-
input_T),(0,0),(0,0)), 'constant')

        # input:(1, batch_size=1, input_size)
        input = np.array([SOS_token])
        decoded_words = []
        for t in range(max_length):
            output,hidden,_ =
self.forward_step(input,hidden,encoder_outputs,False)
            output = np.argmax(output)
            if output==EOS_token:
                break;
            else:
                decoded_words.append(output)
                input = np.array([output])
        return    decoded_words

    def backward(self,dZs):
        input_T = self.encoder_outputs.shape[0]
        d_encoder_outputs  = np.zeros_like(self.encoder_outputs)
        T = len(dZs)
        dprev_hidden = np.zeros_like(self.h_0)
        for i in reversed(range(T)):
            self.out.x = self.out_x[i]
            dh = self.out.backward(dZs[i])
            dh += dprev_hidden[-1]

            dhs = np.expand_dims(dh, axis=0)
            self.gru.hs = self.gru_hs[i]
            self.gru.zs = self.gru_zs[i]
            relu_out,self.gru.h = self.gru_x[i]
            drelu_out,dprev_hidden = self.gru.backward(dhs,relu_out)
            drelu_out = drelu_out.reshape(drelu_out.shape[1],drelu_out.shape[2])
```

```
            self.relu.x = self.relu_x[i]
            d_relu_x = self.relu.backward(drelu_out)
            d_attn_combine_out = d_relu_x

            self.attn_combine.x = self.attn_combine_x[i]
            d_attn_combine_x = 
self.attn_combine.backward(d_attn_combine_out)
            d_embedded, d_attn_out = d_attn_combine_x[:,:self.hidden_size], \
                            d_attn_combine_x[:,self.hidden_size:]
            self.attn.alphas,self.attn.energies,self.attn.hidden, \
            self.attn.encoder_outputs = self.attn_x[i]
            dprev_hidden_2,d_encoder_outputs_2 = self.attn.backward(d_attn_out)

            if self.use_dropout:
                self.dropout._mask = self.dropout_mask[i]
                d_embedding = self.dropout.backward(d_embedded)
            else:
                d_embedding = d_embedded

            self.embedding.x = self.embedded_x[i]  ## recover the original x
when do forward
            self.embedding.backward(d_embedding)

            dprev_hidden+= dprev_hidden_2
            d_encoder_outputs +=d_encoder_outputs_2
#[:input_T]#所有時刻都要累加

        #d_encoder_outputs[input_T-1]+=dprev_hidden[0]
        d_encoder_outputs[-1]+=dprev_hidden[0]
        return dprev_hidden,d_encoder_outputs #dhidden

    def parameters(self):
        if self._params is None:
            self._params = []
            for layer in self.layers:
                for i, _ in enumerate(layer.params):
                    self._params.append([layer.params[i],layer.grads[i]])
        return self._params
```

```
....
600m 28s (80000 100%) 1.6529
```

用訓練得到的模型進行預測，程式如下。

```
indices = np.random.randint(len(train_pairs), size=3)
for i in indices:
    pair = pairs[i]
    print(pair)
    sentence = pair[0]
    sentence = evaluate(encoder, decoder,in_vocab,out_vocab, \
                        sentence,MAX_LENGTH,False)
    print(sentence)
```

```
['tu n ecoutes pas !', 'you re not listening !']
you re not a .
['nous irons .', 'we re going .']
we re going . .
['nous y sommes pretes .', 'we re ready for this .']
we re ready for it .
```

從預測結果看，效果似乎沒有提升多少。感興趣的讀者可以嘗試增加疊代次數、調整學習參數，特別是採用不同的注意力機制，以求得到更好的結果。

生成模型

資料是機器學習和現代人工智慧的基礎，資料量越大，機器學習演算法的性能就越好。大公司正是擁有了大量的資料，才能開發出高性能的人工智慧產品，如搜尋引擎、推薦系統、智慧遊戲等。人們常說，「誰擁有了資料，誰就擁有了未來」，巨量資料也是神經網路能重新興起並發展成深度學習的關鍵因素之一。

對很多問題，人工獲取資料（如醫學影像資料）通常是很困難的，且代價很大。舉例來說，要想提高人臉辨識的性能，就需要大量人臉圖像資料，而擷取這些資料不僅需要獲得使用者的授權，還需要付出一定的成本，如果能自動生成難以和真實人臉區分的人臉圖型，就可以在節省成本的基礎上促進相關研究與應用的發展。再如，電子遊戲、影視作品中有大量的二維和三維場景，設計和製作這些場景需要耗費大量的人力、物力、財力，從而使製作一款遊戲、拍攝一部電影的成本非常高，如果能自動生成高品質的場景，就可以使設計人員更專注於創造性的工作。

機器學習中的**生成模型**（Generative Model）專門研究如何用電腦自動生成類似真實資料的資料，即生成模型可以自動生成難以和真實資料區分的偽造資料。我們在第 7 章中討論的語言模型就是一個生成模型。好的語言模型可以生成通順的句子，用於機器翻譯、聊天對話、文章生成等方面。一般來說只要把循環神經網路訓練好，就可以用它產生源源不斷的序列資料。

因此，自動生成的資料可以解決許多研究領域的資料缺乏問題，不僅可以提升相關問題的機器學習演算法的性能，還有助各種應用產品的研發。舉例來說，自動人臉生成技術被用於影片人臉替換（如 DeepFake）等各種人臉應用問題，自動圖型生成技術可以生成各種風格的圖型，自動語音合成技術可以自動合成各種類似於真人聲音的語音，還有自動譜曲，等等。

本章主要討論目前最熱門的兩種基於深度神經網路（深度學習）的生成模型技術，即**變分自動編碼器**和**生成對抗網路**。

▌ 8.1　生成模型概述

以生成人臉圖型為例，如何自動生成和真實人臉一樣的人臉圖型？如果塗鴉式地給一幅圖型中的像素任意著色，顯然不可能產生看起來像真實圖型、更不用說是人臉的圖型。

世界上每個人的臉都是不同的。但不管不同的人臉的差別有多大，人們都能一眼看出圖型中的是人臉，而非貓、狗或植物。如果將所有人臉圖型用同樣形狀的張量（如三維張量，即紅、綠、藍三種顏色的圖型）來表示，例如用 $3 \times 1024 \times 768$ 的張量表示一幅人臉圖型，其中包含 1024×768 個像素，每個像素都由紅、綠、藍三種顏色的值表示，即一幅人臉圖型包含 $3 \times 1024 \times 768$ 個變數值，那麼，用 x 表示這個張量，x 就是一個 $3 \times 1024 \times 768$ 維的線性空間資料點，或說，每個 x 都對應於這個線性空間中的座標點。所有的人臉圖型所對應的 x，在這個空間中不是雜亂無章的，而是通常位於某個很小的子空間內，如同二維平面上的直線上的點都分佈在這條直線上一樣。x 是一個變化的隨機變數。所有人臉圖型所對應的 x 座標點，在這個很大的線性空間內的分佈情況，具有特定的機率分佈規律，或說，具有確定的機率分佈，只不過，這個機率分佈無法用可解析的數學式表示出來。

如果透過某種模型能自動生成難以和真實人臉圖型區分的人臉圖型，那麼這些自動生成的圖型一定服從真實人臉圖型的潛在的機率分佈。

生成模型就是要生成和真實資料具有相同（或盡可能相似）機率分佈的人造資料。舉例來說，真實資料是平面上一個圓的所有資料點，如果生成的資料點也在這個圓上，就說生成的資料點滿足圓的分佈。再如，真實資料是滿足某種機率分佈的、在數軸上的一些實數，如在 [0,1] 區間均勻分佈的實數，如果生成模型生成的實數也是在 [0,1] 區間均勻分佈的，即生成的實數和真實的實數具有相同的機率分佈，那麼，這兩組實數就是難以區分的。然而，我們通常只知道這些實數，不知道這些實數的潛在的機率分佈。如何生成和這些真實的實數具有同樣機率分佈的實數呢？這就是生成模型要解決的問題。

生成模型通常是某種參數化模型，如同參數化的神經網路函數，為了得到一個能夠生成和真實資料服從相同分佈的偽造資料的生成模型，需要根據真實資料來學習參數化生成模型的參數，這和用真實資料學習回歸模型的參數是一樣的。只要確定了參數化生成模型的參數，就能根據這個確定的生成模型自動生成服從真實資料分佈的偽造資料，也就是說，這些偽造資料和真實資料是難以區分的。

當然，由生成模型生成的資料，其分佈和真實資料的分佈不可能完全一樣——兩個分佈越接近，就越難區分生成資料和真實資料。

如果有一組位於一個實數軸上的實數（真實資料就是一個實數），它們在實數軸上的分佈情況未知，那麼，如何生成偽造的、和這些真實的實數難以區分的實數（或說，偽造的實數服從真實的實數的分佈規律）呢？舉例來說，這些實數是海南省居民的身高資料，如果生成了一個不服從這些身高資料分佈的實數，就很容易被辨識出來。

對一組實數這種低維資料，可以透過簡單的統計計算，用頻率來逼近資料的機率分佈。舉例來說，執行以下程式，用來自檔案 real_values.npy 的一組實數組成真實的資料。

```
import numpy as np
x =  np.load('real_values.npy')
print(x.shape)
print(x[:5])
```

```
(10000,)
[4.88202617 4.2000786  4.48936899 5.1204466  4.933779  ]
```

這組實數在實數空間中是如何分佈的？或說，它們服從什麼樣的機率分佈？可以將實數軸分成很多小區間，統計實數落在每個小區間的頻率。只要資料夠多，這個頻率就能足夠逼近機率，從而幫助我們了解這些實數在實數空間內的機率分佈情況。執行以下程式，以長條圖和曲線的形式展示這組資料逼近機率的頻率分佈，如圖 8-1 所示。

```
import numpy as np
from matplotlib import pyplot as plt
%matplotlib inline

def draw_hist(plt,x,bin_num = 10):
    xmin, xmax = np.min(x),np.max(x)
    bins = np.linspace(xmin, xmax, bin_num)
    plt.hist(x, bins=bins,density = True,alpha = 0.7)

    x2 = np.sort(x)                            #對實數進行排序
    p, _ = np.histogram(x2, bins, density=True)    #計算 bins 中每個區間的頻率 p
    p_x = np.linspace(xmin, xmax, len(p))
    plt.plot(p_x, p, 'b-', linewidth=2, label='real data')


draw_hist(plt,x,26)
plt.show()
```

透過如圖 8-1 所示的長條圖可以看出，這些實數服從的分佈接近高斯分佈，高斯分佈的中心點（平均值）約為 4.0。同時，很容易計算出這組實數的標準差，大約為 0.5。

對這組實數，也可以用 seaborn 函數庫的 kdeplot() 函數繪製機率分佈圖，且程式更加簡單，具體如下。得到的機率分佈圖，如圖 8-2 所示。

```
import seaborn as sns
sns.set(color_codes=True)
sns.kdeplot(x.flatten(), shade=True, label='Probability Density')
```

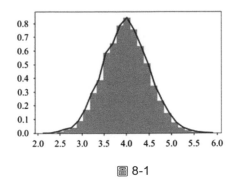

圖 8-1

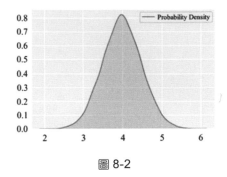

圖 8-2

實際上,這些實數確實取樣自平均值為 4、方差為 0.5 的正態分佈。它們是用下列程式生成的。

```
import numpy as np

np.random.seed(0)
mu = 4
sigma = 0.5
M = 10000
x = np.random.normal(mu, sigma, M)
print(x[:5])
np.save('real_values.npy', x)
```

```
[4.88202617 4.2000786  4.48936899 5.1204466  4.933779  ]
```

即這組實數服從平均值為 4、標準差為 0.5 的高斯分佈,程式如下,如圖 8-3 所示。

```
def gaussian(x, mu, sig):
    return np.exp(-np.power(x - mu, 2.) / (2 * np.power(sig, 2.)))

xmin, xmax = np.min(x),np.max(x)
x_values = np.linspace(xmin, xmax, 100)
plt.plot(x_values, gaussian(x_values, mu, sigma))
y = [0]*len(x)
```

```
#plt.scatter(x, y, c='b', s=3)
plt.show()
```

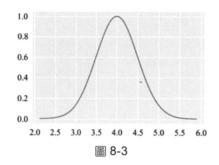

圖 8-3

可以看出，在平均值 4 附近的實數被取樣的機率大，距離 4 越遠的實數被取樣的機率越小。因此，這組實數是一維實數空間中的資料，它們滿足平均值為 4、標準差為 0.5 的高斯分佈。只要找到了分佈規律，就可以直接生成符合這個分佈規律的實數。

對高維資料，採用上述計算頻率的方法去發現真實資料在高維資料空間中的分佈，不僅計算量很大，也是不現實的。舉例來說，真實人臉資料集是一些人臉圖型的集合，如果每個人臉圖型都包含 256×256 個像素，每個像素用紅、綠、藍三種顏色表示，那麼每個圖型有 $256 \times 256 \times 3 = 196608$ 個數值，圖型的維度是 196608，即所有人臉圖型都在一個 196608 維的空間中，每個人臉圖型都是這個高維空間中的資料點。這些人臉圖型在這個高維空間中是如何分佈的？直接估計 196608 個隨機變數 $(x_1, x_2, \cdots, x_{196608})$ 的機率（密度）分佈 $p(x_1, x_2, \cdots, x_{196608})$，是一項不可能完成的任務（既沒有足夠的人臉圖型，計算量也是巨大的）。

對於高維資料，需要根據真實資料學習某個參數化的生成模型，以便根據這個生成模型去生成類似於真實資料的資料。有的生成模型可以直接表示機率分佈，或說，允許直接計算機率分佈；有的生成模型本身並不表示機率分佈，但根據這個模型生成的資料的分佈與真實資料的分佈很接近，即這個生成模型可以直接用來生成資料，而非計算真實資料的機率分佈。本章後續討論的都是能直接生成資料的生成模型（VAE 和 GAN）。

從數學的角度，生成模型根據一組真實資料（如一組實數或一組人臉圖型），學習一個參數化的生成模型函數 $G(z|\theta)$。只要參數 θ 確定了，這個函數就確定了。該函數將一個隱變數 z 映射為一個真實資料，隱變數 z 所在的空間通常是一個比真實資料維度低很多的低維線性空間（舉例來說，z 是一個長度很短的向量，真實資料是一幅包含數百萬個像素點的圖型）。不同的 z 會產生不同的 $G(z)$，如果 $G(z)$ 滿足的機率分佈 p_{fake} 接近真實資料的分佈 p_{real}，那麼這樣的生成模型函數就可以產生以假亂真的資料。

綜上所述，生成模型就是尋找一個生成模型函數 $G(z)$，使得從一個隨機變數（向量）z 可以生成和真實資料類似的資料 $G(z)$。不同的隨機變數 z 產生不同的生成資料 $G(z)$，這些 $G(z)$ 的分佈規律應該和真實資料 x 的分佈規律接近。

如圖 8-4 所示，透過很多真實的人臉圖型學習一個人臉圖型的生成模型函數，然後用這個函數在隱空間取樣（如一個向量），生成一個能以假亂真的人臉圖型。

採用神經網路（深度學習）作為生成模型函數的生成模型主要有 3 種，即生成對抗網路、變分自動編解碼、自回歸模型（Autoregressive Models，如 PixelRNN）。舉例來說，採用生成對抗網路生成的人臉圖型（ThisPersonDoesNotExist.com）和真實人臉圖型是難以區分的，如圖 8-5 所示。

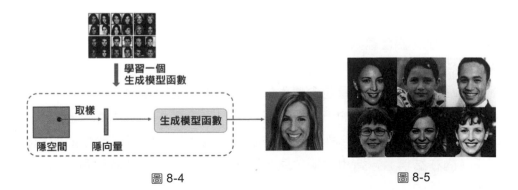

圖 8-4　　　　　　　　　　　　　　　圖 8-5

▍8.2 自動編碼器

在介紹變分自動編碼器之前，我們來認識一種和它相關的自動編碼器。了解自動編碼器，有助我們了解變分自動編碼器。

8.2.1 什麼是自動編碼器

用於分類和回歸問題的神經網路，可以將一個輸入 x 映射到一個輸出 y，即神經網路是一個從 x 到 y 的映射 $y = f(x)$。x 是資料特徵，y 是和 x 不一樣的目標值。如果 y 和 x 是同一個，即這是一個恒等的映射 $x = f(x)$──會產生什麼結果？如果每一層的神經元數目和 x 的特徵數目一樣，那麼每個神經元可以將其中一個特徵分量恒等映射輸出，如圖 8-6 所示。

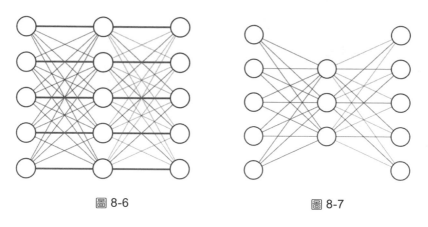

圖 8-6   圖 8-7

如果隱含層的神經元數目與特徵數目不一樣，如其數目小於特徵數目，如圖 8-7 所示，那麼輸入的多個特徵就需要經過這個「**瓶頸**」後輸出。如果神經網路能重構原來的輸入（即網路的輸出和輸入是一樣的），就說明這個瓶頸層的啟動輸出向量包含輸入的所有資訊，也就是說，瓶頸層的啟動輸出實際上是輸入資料的一種壓縮表示，如同壓縮後的檔案實際上包含原始檔案的所有資訊一樣，即瓶頸層的表示捕捉了輸入資料特徵之間的內在關係（內在結構）。這也說明，原始資料的特徵之間不是相互獨立的，是具有相關性的。舉例來說，一幅圖型的相鄰像素具有相近的顏色，正是因為一幅圖型中的像素具有相關性，因此，圖型壓縮演算法才能將圖型壓縮成更小的資料，並透過解壓恢復原始圖型。

如果一個資料的特徵之間是相互獨立的，那麼瓶頸層壓縮表示就無法完整地表示這些特徵，必然會遺失很多輸入的特徵，也就無法重構輸入了。

神經網路的隱含層可以進行資料特徵的變換。神經元數目小於原始資料特徵數目的隱含層的輸出是原始資料的一種壓縮表示。這種將輸入透過隱含層再重構自身的神經網路，可以自動學習資料的內在特徵，因此也稱為**特徵學習**。

在實際應用中，我們需要處理的資料（如圖型）經常是高維的，而其本質特徵一般都是低維的。用低維的資料特徵表示原始資料，可以提高機器學習演算法的效率和性能，如降低記憶體消耗和運算量、提高演算法的收斂速度等。舉例來說，人臉圖型可能包含數百萬個像素，但機器學習經常用低維特徵來表示人臉圖型，如用 PCA 降維技術將人臉表示成一個只包含數十個數值的向量。

資料可以有不同的特徵表示，如一個圓可以用圓上的很多個像素（點）來表示，這種用於表示圓的像素圖稱為點陣圖，也可以用多個線段逼近一個圓來表示一個圓。這兩種標記法都需要很多數值才能高品質地表示一個圓。此外，可以用三個數值來表示圓，即圓的半徑和圓心的座標。圓的半徑和座標是圓的內在特徵。這三種表示圓的方法，從不同的角度表示了圓的特徵。同樣，對於其他任何類型的資料，都可以有多種方法來表示。資料的不同表示方法，就是從不同的角度表示資料的不同特徵。

選擇合適的資料特徵表示，是決定機器學習成敗的關鍵。在過去幾十年裡，機器學習努力的主要目標之一就是：如何從資料原始形式的高維特徵表示，尋找低維的、更本質的特徵表示。從高維資料尋找其低維特徵表示的過程，稱為**特徵工程**。設計各種人工特徵是過去幾十年人工智慧領域研究人員的主要研究目標，針對不同的資料，人們提出了多種特徵降維技術、設計了多種人工特徵。隨著深度學習的興起，用神經網路自動學習特徵，將研究人員從耗時費力的人工特徵工程中解放出來，從而專注於更具創新性的工作。

自動編碼器（Autoencoder，AE）就是用帶有瓶頸層的神經網路來自動學習資料特徵的技術。在訓練這個神經網路時，這個神經網路的樣本的目標就是資料自身。當網路的輸出能夠重構輸入時，這個神經網路的瓶頸層就是資料的低維特徵（或說，低維度資料表示）。如圖 8-8 所示，這個神經網路函數可以被看成兩個函數：從資料登錄層到瓶頸層是一個函數，即編碼器，它負責接收輸入資料，產生一個比輸入資料維度低的向量（稱為隱向量）；從瓶頸層到重構輸出層是另一個函數，即解碼器，它負責接收隱向量的輸入，輸出和輸入資料形狀相同的輸出值（這個輸出值應儘量重構輸入資料）。解碼器的輸出值和編碼器的輸入資料之間的誤差，組成了自動編碼器的損失，稱為**重構損失**。透過最小化這個損失，可以使解碼器的輸出和編碼器的輸入資料盡可能相等，即使解碼器的輸出可以重構輸入。對於一個輸入資料，編碼器輸出的隱向量就是這個資料的低維壓縮表示，它表示了資料自身的某種內在本質特徵。

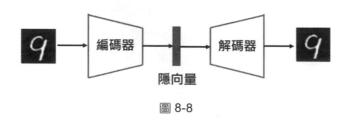

圖 8-8

因此，編碼器可以將一個高維的資料 x 編碼成一個低維的向量 z，解碼器可將這個低維的向量 z 映射回原來的資料空間，得到一個和 x 非常接近的資料 x'。x 經過編碼器輸出的 z 稱為**隱向量**，所有可能的隱向量組成的線性空間稱為**隱空間**。

設：編碼器函數是 $z = q_\theta(x)$，它將一個輸入 x 映射為隱向量 z；解碼器函數是 $x' = p_\alpha(z)$，它將一個隱向量 z 映射成一個和編碼器的輸入 x 形狀相同的資料 x'，x' 應盡可能和 x 相同（當然，x 和 x' 不可能完全相同，會存在一些誤差）。θ 和 α 分別是編碼器和解碼器的模型參數，它們一旦確定，編碼器和解碼器函數就確定了。

對一個已經訓練好的自動編碼器，其解碼器就是一個生成器函數，可以從一個隱向量生成（產生）一個類似於真實資料的資料。舉例來說，訓練一個針對 MNIST 手寫數字集的自動編碼器，將 28×28 的手寫數字圖型直接輸入編碼器（或轉換成大小為 784 的輸入向量輸入編碼器），編碼器將輸出某個長度（比如為 10）的隱向量 z。將這個隱向量輸入解碼器，就會輸出一個長度為 784 的向量（或 28×28 的圖型）。

自動編碼器的主要作用是將資料進行壓縮。隱向量是一個比輸入資料維度低的向量。資料樣本經過編碼函數映射到隱向量，再經過解碼函數映射回自身，這個過程稱為**重構**。自動編碼器的編碼和解碼過程類似於資料壓縮，壓縮軟體將一個檔案（資料夾）壓縮成小檔案，然後透過解壓還原原始的檔案（資料夾）。解壓檔案和原始檔案之間的誤差，就是壓縮誤差。如果被壓縮的檔案和解壓後的檔案完全相同，就是無失真壓縮；不然就是失真壓縮。

自動編碼器的編碼和解碼屬於失真壓縮，也就是說，將 x 編碼為隱向量 z，從隱向量 z 解碼得到的 x' 和 x 不完全相同，但非常接近。

為了學習轉碼器函數的參數 θ 和 α，可以用所有真實資料 x 組成監督式學習的訓練樣本 $(x, \hat{x})$（即樣本的目標值就是輸入資料）來訓練轉碼器模型。自動編碼器的損失函數為

$$\mathcal{L}(x, \hat{x}) + \mathcal{L}_{\text{regularizer}}$$

上式包含重構誤差和防止過擬合的正則項 $\mathcal{L}_{\text{regularizer}}$。

自動編碼器可對資料去噪，只要在訓練自動編碼器時，將資料的雜訊版本和去噪版本分別作為訓練樣本的資料特徵和目標值即可，即樣本 $(x_{\text{noise}}, x_{\text{denoise}})$ 中的 x_{noise} 和 x_{denoise} 分別表示有雜訊的資料和無雜訊的資料。用於去除雜訊的自動編碼器稱為**去噪自動編碼器**。如圖 8-9 所示，去

噪自動編碼器的輸入是有雜訊的圖型,解碼器的輸出目標是去噪後的圖型。

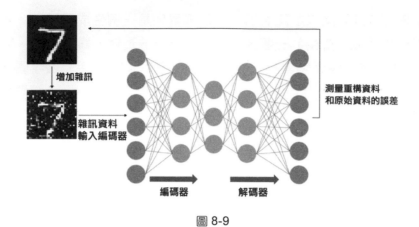

圖 8-9

8.2.2 稀疏編碼器

為了得到低維的特徵表示,在大部分的情況下,隱含層的神經元數目遠少於資料特徵的數目。但是,隱含層的神經元數目到底設定為多大才合適呢?這是很難確定的。如果隱向量長度不夠,就可能會缺少足夠的特徵,使解碼器很難重構資料。有時,需要讓自動編碼器的隱含層的數目大一點,甚至和資料特徵的數目不相上下。透過稀疏約束正則項,可以使隱向量的非 0 值數目變得很少(儘管隱向量元素的數目很多,但因為非 0 值很少,也能達到對資料進行低維壓縮的目的)。定義以下損失函數。

$$\mathcal{L}(\boldsymbol{x}, \hat{\boldsymbol{x}}) + \lambda \sum_{i} \left| a_i^{(h)} \right|$$

其中,$a_i^{(h)}$ 是隱含層的啟動輸出。這個懲罰項迫使這些值盡可能接近 0,即「使非 0 值儘量少」(稀疏性)。稀疏約束有著和瓶頸層相似的作用。採用稀疏約束的自動編碼器稱為稀疏編碼器。

另一種常用的稀疏約束是 KL 散度(參見 8.6.2 節)約束。如果用 $\hat{\rho}_j = \frac{1}{m}\sum_i \left[a_i^{(h)}(x) \right]$ 表示隱含層的平均啟動值,那麼,可以將這個值看成一個

Bernoulli 隨機變數，從而用 KL 散度表示理想的分佈和待觀察的分佈之間
的差異，公式如下。

$$\mathcal{L}(\boldsymbol{x}, \widehat{\boldsymbol{x}}) + \sum_i \mathrm{KL}\big(\rho \| \widehat{\rho}_j\big)$$

兩個分佈的 KL 散度為

$$\sum_{j=1}^{l^{(h)}} \rho \log \frac{\rho}{\widehat{\rho}_j} + (1 - \rho) \log \frac{1 - \rho}{1 - \widehat{\rho}_j}$$

8.2.3 自動編碼器的程式實現

下面我們用 MNIST 手寫數字集說明如何實現一個自動編碼器。首先，讀
取 MNIST 手寫數字集，程式如下，如圖 8-10 所示。

```
#讀取資料
import matplotlib.pyplot as plt
%matplotlib inline
import pickle, gzip, urllib.request, json
import numpy as np
import os.path

def read_mnist():
    if not os.path.isfile("mnist.pkl.gz"):
        # Load the dataset
        urllib.request.urlretrieve("http://deeplearning.net/data/mnist/
mnist.pkl.gz","mnist.pkl.gz")

    with gzip.open('mnist.pkl.gz', 'rb') as f:
        train_set, valid_set, test_set = pickle.load(f, encoding='latin1')
    return train_set, valid_set, test_set

def draw_mnists(plt,X,indices):
    for i,index in enumerate(indices):
        plt.subplot(1, 10, i+1)
        plt.imshow(X[index].reshape(28,28),  cmap='Greys')
        plt.axis('off')
```

```
train_set, valid_set, test_set = read_mnist()

train_X, train_y = train_set
valid_X, valid_y = valid_set
test_X, test_y = valid_set

print(train_X.dtype)
print(train_X.shape)
print(valid_X.shape)
print(np.mean(train_X[0]))

draw_mnists(plt,train_X,range(10))
plt.show()
```

```
float32
(50000, 784)
(10000, 784)
0.13714226
```

圖 8-10

然後，定義一個自動編碼器神經網路，並用訓練集 train_X 中的樣本作為
資料登錄和目標值來訓練這個神經網路，程式如下。

```
import util
import train
np.random.seed(100)

nn = NeuralNetwork()
nn.add_layer(Dense(784, 32))
nn.add_layer(Relu()) # Leaky_relu(0.01)) #Sigmoid()) #Leaky_relu(0.01))
#Relu()) # #

nn.add_layer(Dense(32, 784))
nn.add_layer(Sigmoid())

learning_rate = 1e-2 #0.01
```

```
momentum = 0.9 #0.8 # 0.9
#optimizer = SGD(nn.parameters(),learning_rate,momentum)
optimizer = train.Adam(nn.parameters(),learning_rate,0.5)

reg   = 1e-3 #1e-3
loss_fn = util.util.mse_loss_grad# loss_grad_least
batch_size = 128

X= train_X
epochs= 5 # 10000//(len(X)//batch_size)
print_n = 150
losses = train_nn(nn,X,X,optimizer,loss_fn,epochs,batch_size,reg,print_n)
```

```
0 iter: 181.4754917881575
195 iter: 37.86314183909435
390 iter: 26.37453076661517
585 iter: 23.174562871581397
780 iter: 18.48867272781079
975 iter: 17.106892623912394
1170 iter: 14.298662482564286
1365 iter: 13.615108972766208
1560 iter: 12.110143611597861
1755 iter: 11.548596796674369
```

執行以下程式，繪製損失曲線，如圖 8-11 所示。

```
import matplotlib.pylab as plt
%matplotlib inline
plt.plot(losses)
```

執行以下程式，查看重構結果。如圖 8-12 所示，是當學習率為 0.001、epochs 為 100 時，透過訓練得到的自動編碼器的目標圖像（上）和重建圖型（下）。

```
def draw_predict_mnists(plt,X,indices):
    for i,index in enumerate(indices):
        aimg = train_X[index]
        aimg = aimg.reshape(1,-1)
        aimg_out = nn(aimg)
        plt.subplot(2, 10, i+1)
```

```
            plt.imshow(aimg.reshape(28,28),cmap='gray')
            plt.axis('off')
            plt.subplot(2, 10, i+11)
            plt.imshow(aimg_out.reshape(28,28),cmap='gray')#cmap='gray')
            plt.axis('off')

draw_predict_mnists(plt,train_X,range(10))
plt.show()
```

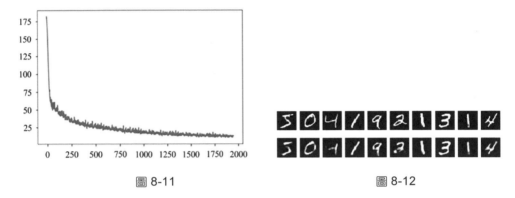

図 8-11　　　　　　　　　　　　　　　　　　　図 8-12

可以看出，輸出的圖型幾乎重構了輸入的圖型。當然，還可以對網路參數和訓練過程進行最佳化，以得到更好的結果。

作為練習，讀者可以對訓練樣本的輸入增加雜訊（訓練程式不需要修改，就可以使該網路具有圖型去噪功能）。另外，讀者也可以用卷積神經網路替代這裡的全連接神經網路。採用卷積神經網路的自動編碼器，稱為**卷積自動編碼器**。

8.3　變分自動編碼器

8.3.1　什麼是變分自動編碼器

變分自動編碼器（Variational Autoencoders，VAE）是由 Kingma 和 Welling 等人（2013 年），以及 Rezende、Mohamed、Wierstra 等人（2014 年）提出的一種生成模型方法。

VAE 是對傳統 AE 的增強。VAE 的工作過程，如圖 8-13 所示。VAE 的編碼器輸出的是機率分佈的參數，將該機率分佈取樣的隱向量作為解碼器的輸入；解碼器的輸出和編碼器的輸入形狀相同，二者之間的誤差作為損失函數值。

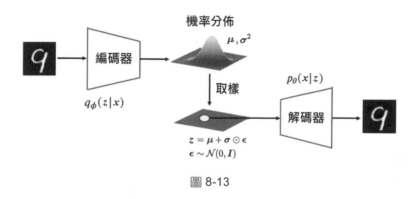

圖 8-13

和 AE 將一個資料（如圖型）映射為一個隱空間的固定長度的向量不同，VAE 將資料映射為某個機率分佈（實際上，映射到機率分佈參數）。舉例來說，VAE 將一幅影像對應為一個服從高斯分佈的參數，比如輸出高斯分佈的平均值 μ 和方差 σ^2。

如果從這個機率分佈隨機取樣一個隱向量資料點，那麼根據高斯分佈的特點，這個資料點應該集中在 μ 附近，如取樣的資料點 $z = \mu + \sigma^2 \times \epsilon$，其中 ϵ 是一個很小的數。每個取樣點 z 都會被解碼器映射到一個圖型 x' 上。因為這些 z 都圍繞在 μ 附近，所以解碼後的 x' 都是和 x 相近的圖型，即連續的隱向量 z 產生連續變化的資料 x'，使資料在隱空間內更加結構化，從而可以對隱向量進行有意義的編輯，並根據需求對資料進行修改和控制。

編碼器和解碼器函數是由神經網路的參數 ϕ、θ 決定的。編碼器神經網路的輸出是隱向量 z 的機率密度的參數（假設是符合高斯分佈的參數 μ、σ^2），即對每個輸入 x，編碼器輸出的 $q_\phi(z|x)$ 都是一個機率分佈的參數，表示 x 映射到不同的 z 的可能性（機率）。解碼器函數 $p_\theta(x|z)$ 表示將 z 映射到一個和 x 形狀相同的輸出，該輸出也可以是一個機率，如 x 是

28×28 的手寫數字圖型，其中每個像素的值是 1 或 0，則解碼器的輸出 $p_\theta(x'|z)$ 也是一個 28×28 的張量，表示每個位置是輸入 x 的對應值（如 1 或 0）的機率。

8.3.2 變分自動編碼器的損失函數

VAE 的損失包括重構損失和正則項兩部分。重構損失描述了輸出和輸入的逼近程度，可以用邏輯回歸的對數損失或平方差損失來表示。正則項能使隱變數的分佈和標準正態分佈儘量接近。

將 x 輸入 VAE 的編解碼管道，完美的重構輸出應該是 x，而實際輸出的是儘可能接近 x 的 x'。為了儘可能重構輸入 x，輸出為 x 的機率應該最大，即 $p_\theta(x|z)$ 應該最大。如果 VAE 中解碼器輸出的不是資料本身，而是不同資料 x 出現的機率 $p_\theta(x|z)$，則最大化這個機率所對應的重構損失，就是最小化其負的極大似然性的對數 $-\log(p_\theta(x|z))$。加上正則項，對於一個樣本 $x^{(i)}$，其損失 $\mathcal{L}_i(\theta, \phi)$ 可表示為

$$\mathcal{L}_i(\theta, \phi) = -\mathbb{E}_{z \sim q_\phi(z|x^{(i)})} \big[\log p_\theta(x^{(i)}|z) \big] + \mathbb{KL}\big(q_\phi(z|x^{(i)}) \parallel p(z) \big)$$

一個固定的 $x^{(i)}$，可以映射到一個服從編碼器表示的機率分佈 $q_\phi(z|x^{(i)})$ 的隨機變數 z。而對於每一個 z，其輸出為 $x^{(i)}$ 的機率是 $p_\theta(x^{(i)}|z)$。也就是說，所有不同的 z 的期望對數機率 $\mathbb{E}_{z \sim q_\phi(z|x^{(i)})} \big[\log p_\theta(x^{(i)}|z) \big]$，就是重構輸出為 $x^{(i)}$ 的期望對數機率。使重構 $x^{(i)}$ 的機率最大，就是最大化這個期望對數機率，也就是最小化負的期望對數機率 $-\mathbb{E}_{z \sim q_\phi(z|x^{(i)})} \big[\log p_\theta(x^{(i)}|z) \big]$。

損失函數的第二項是正則項。通常用 Kullback-Leibler 散度表示 z 的分佈 $q_\phi(z|x_i)$ 和標準正態分佈 $p(z) = N(0,1)$ 的距離，即刻畫它們的相似程度。將該項作為正則項（懲罰項），促使 z 的機率分佈儘量接近標準正態分佈，就如同將神經網路的權值參數限制為儘量接近 0。一方面，任何機率分佈總是能用多變數正態分佈逼近；另一方面，任何正態分佈也都能透過變換轉為標準正態分佈。因此，可將 z 看成標準正態分佈。

對於 m 個樣本 $\boldsymbol{x}^{(i)}$，整體損失函數就是每個樣本損失的和，即 $\sum_{i=1}^{m} \mathcal{L}_i$。

從高斯分佈 $\mathcal{N}_0(\boldsymbol{\mu}_0, \boldsymbol{\Sigma}_0)$ 到高斯分佈 $\mathcal{N}_1(\boldsymbol{\mu}_1, \boldsymbol{\Sigma}_1)$（它們的協方差矩陣 $\boldsymbol{\Sigma}_0$ 和 $\boldsymbol{\Sigma}_1$ 是非奇異矩陣）的 Kullback-Leibler 散度是

$$D_{\mathrm{KL}}(\mathcal{N}_0 \parallel \mathcal{N}_1) = \frac{1}{2}\left\{ \mathrm{tr}(\boldsymbol{\Sigma}_1^{-1}\boldsymbol{\Sigma}_0) + (\boldsymbol{\mu}_1 - \boldsymbol{\mu}_0)^{\mathrm{T}}\boldsymbol{\Sigma}_1^{-1}(\boldsymbol{\mu}_1 - \boldsymbol{\mu}_0) - k + \ln\frac{|\boldsymbol{\Sigma}_1|}{|\boldsymbol{\Sigma}_0|} \right\}$$

其中，k 是向量空間的維數。KL 散度描述了兩個分佈的相似程度。

設變分自動編碼器的隱變數 $\boldsymbol{z}$ 的高斯分佈的平均值向量和協方差矩陣是 $\boldsymbol{\mu}(\boldsymbol{z})$ 和 $\boldsymbol{\Sigma}(\boldsymbol{z})$，則這個分佈和標準正態分佈的 KL 散度可表示為

$$\begin{aligned} D_{\mathrm{KL}}&[N(\boldsymbol{\mu}(\boldsymbol{z}), \boldsymbol{\Sigma}(\boldsymbol{z})) \parallel N(0,1)] \\ &= \frac{1}{2}\big(\mathrm{tr}(\boldsymbol{\Sigma}(\boldsymbol{z})) + \boldsymbol{\mu}(\boldsymbol{z})^{\mathrm{T}}\boldsymbol{\mu}(\boldsymbol{z}) - k - \log\det(\boldsymbol{\Sigma}(\boldsymbol{z})) \big) \end{aligned}$$

k 為高斯分佈的維度。$\mathrm{tr}(\boldsymbol{\Sigma}(\boldsymbol{z}))$ 為協方差矩陣 $\boldsymbol{\Sigma}(\boldsymbol{z})$ 的跡，即 $\boldsymbol{\Sigma}(\boldsymbol{z})$ 的對角元素之和。$\det(\boldsymbol{\Sigma}(\boldsymbol{z}))$ 是其行列式的值。任何多變數高斯分佈總是可以透過一個變數的線性變換轉為一個協方差矩陣是對角矩陣的高斯分佈，即 $\boldsymbol{\Sigma}(\boldsymbol{z})$ 可被認為是一個對角矩陣。因此，上式可以簡化為

$$\begin{aligned} D_{\mathrm{KL}}[N(\boldsymbol{\mu}(\boldsymbol{z}), \boldsymbol{\Sigma}(\boldsymbol{z}))]N(0,1) \;&= \frac{1}{2}\left(\sum_j \sigma_j^2 + \sum_j \mu_j^2 - \sum_j 1 - \log\prod_j \sigma_j^2 \right) \\ &= \frac{1}{2}\left(\sum_j \sigma_j^2 + \sum_j \mu_j^2 - \sum_j 1 - \sum_j \log\sigma_j^2 \right) \\ &= \frac{1}{2}\sum_j \big(\sigma_j^2 + \mu_j^2 - 1 - \log\sigma_j^2 \big) \\ &= -\frac{1}{2}\sum_{j=1}^{k} \big(1 + \log(\sigma_j^2) - (\mu_j)^2 - (\sigma_j)^2 \big) \end{aligned}$$

其中，σ_j^2 是對角矩陣 $\boldsymbol{\Sigma}(\boldsymbol{z})$ 的第 j 個對角元素。在實踐中，用 $\log\sigma_j^2$ 代替 σ_j^2，在數值計算上更穩定（因為對數比指數穩定，不容易發生溢位）。因此，編碼器輸出的實際上並不是方差本身 σ_j^2，而是方差的對數 $\log\sigma_j^2$。

8.3.3 變分自動編碼器的參數重取樣

一個樣本 $x^{(i)}$ 經過編碼器產生一個機率分佈，實際上輸出的是這個機率分佈的平均值 μ 和 $\log\sigma^2$。那麼，如何從這個多變數高斯分佈得到一個隱變數 z？因為只有將隱變數 z 輸入解碼器，才能得到一個解碼器的輸出，所以，需要對這個高斯分佈進行取樣，得到一個取樣的 z，然後將其送入解碼器。但是，對機率分佈的取樣操作是不可以微分（求導數）的，為此，有論文提出了一個**重參數化技巧**（Reparameterization Trick），將對一般的高斯分佈 $z \sim N(\mu, \Sigma)$ 的取樣轉為對標準正態分佈 $u \sim N(0,1)$ 的取樣，因為 z 和 u 之間有一個簡單的線性變換：

$$z = \mu + \Sigma^{\frac{1}{2}}u$$

根據這個變換，只要對標準正態分佈 $u \sim N(0,1)$ 進行取樣，得到一個取樣值 ϵ，就能得到對一般正態分佈 $z \sim N(\mu, \Sigma)$ 的取樣

$$z = \mu + \Sigma^{\frac{1}{2}}\epsilon = \mu + \sigma\epsilon = \mu + (e^{\frac{1}{2}\log\sigma^2})\epsilon$$

對標準正態分佈 $N(0,1)$ 隨機取樣，可以使隨機取樣操作不再依賴 μ 和 $\log\sigma^2$，從而不需要對它們求導，即 ϵ 不依賴 μ 和 $\log\sigma^2$，不需要求 ϵ 關於它們的梯度。

8.3.4 變分自動編碼器的反向求導

反向求導包含重構損失關於模型參數的求導和正則項關於編碼器參數的求導。

重構損失（如二分類交叉熵損失）關於解碼器的求導，與一般的神經網路求導過程一樣，最終可以得到重構損失關於取樣 z 的梯度，設為 dz。根據取樣過程，關於 μ 的梯度 du 與 dz 是一樣的。用 E 表示 $\log\sigma^2$，重構損失關於 $\log\sigma^2$ 的梯度 $dE = dz \times \epsilon \times (e^{\frac{1}{2}E})\frac{1}{2}$。知道了 du、dE，就可以反向對編碼器的模型參數進行求導。該過程也和一般常的神經網路反向求導過程一樣。

正則項（即 KL 損失）可表示為向量形式，公式如下。

$$-\frac{1}{2}\,np.\,sum(1 + E - (\mu)^2 - e^E)$$

其關於 μ、E 的梯度 du、dE 是

$$du = \mu$$

$$dE = -\frac{1}{2}(1 - e^E)$$

8.3.5　變分自動編碼器的程式實現

我們仍然以 MNIST 手寫數字的辨識為例，説明如何實現一個變分自動編碼器。首先，讀取資料，程式如下。

```
from util import *
from read_data import *
import time

train_set, valid_set, test_set = read_mnist()
train_X, train_y = train_set
#valid_X, valid_y = valid_set
test_X, test_y = valid_set
print(train_X.dtype)
print(train_X.shape)
print(np.mean(train_X[0]))
```

```
float32
(50000, 784)
0.13714226
```

為避免訓練時間過長，在這裡只選取幾種手寫數字圖型（如數字 1、2、7）進行訓練。輔助函數 choose_numbers() 用於從訓練集 (X,Y) 的 X 中提取標籤 Y 的值是 numbers 中指定的數字的那些數字圖型，如 choose_numbers (train_X, train_y,[1,2,7]) 表示從 train_X 中提取標籤 Y 是數字 1、2、7 的數字圖型。相關程式如下。

```
def choose_numbers(X,Y,numbers):
    X_ = []
    for i in range(len(X)):
        if Y[i] in numbers:
            X_.append(X[i])

    return np.array(X_)

#X = choose_numbers(train_X, train_y,[1,2,7])
X = train_X
```

VAE 的編碼器（encoder）和解碼器（decoder）就是兩個神經網路，程式如下。

```
from NeuralNetwork import *
from util import *
np.random.seed(100)

input_dim = 784
hidden = 256 #400
nz = 2  #2 #20

encoder = NeuralNetwork()
encoder.add_layer(Dense(input_dim, hidden))
encoder.add_layer(Relu()) #Leaky_relu(0.01)) #
encoder.add_layer(Dense(hidden, hidden))
encoder.add_layer(Relu()) #Leaky_relu(0.01)) #
encoder.add_layer(Dense(hidden, 2*nz))

decoder = NeuralNetwork()
decoder.add_layer(Dense(nz, hidden))
decoder.add_layer(Relu())
decoder.add_layer(Dense(hidden, hidden))
decoder.add_layer(Relu())
decoder.add_layer(Dense(hidden, input_dim))
decoder.add_layer(Sigmoid())                #已經包含在損失函數中
```

其中，nz 表示高斯分佈的空間維度，如 nz=2 表示一個二維的多變數高斯分佈。

VAE 模型是由編碼器和解碼器組成的。以下 VAE 類別包含編碼器 encoder 和解碼器 decoder，其 forward() 方法表示輸入 x 經過編碼器產生了輸出 μ（mu）和 $\log\sigma^2$（logvar），然後經過參數重取樣，得到取樣的 z（sample_z），再經過解碼器得到輸出 out。backward() 方法用參數指定的損失函數，先計算輸入和輸出之間的重構損失（loss_fn(out, x)），根據這個損失關於 out 的梯度 loss_grad 呼叫 decoder 的 backward() 方法，計算重構損失關於解碼器模型參數的梯度和關於重取樣的梯度 dz，再根據 dz 計算關於編碼器輸出的梯度 du 和 dE，得到重構損失關於編碼器輸出的梯度向量 duE，最後加上 KL 損失關於 u 和 E 的梯度，呼叫解碼器 encoder 的 backward() 方法，計算重構損失和 KL 損失關於解碼器參數的梯度。用 train_VAE_epoch() 方法遍歷資料集 dataset，進行一趟訓練，程式如下。

```
class  VAE:
    def __init__(self, encoder,decoder,e_optimizer,d_optimizer):
        self.encoder,self.decoder = encoder,decoder
        self.e_optimizer,self.d_optimizer = e_optimizer,d_optimizer

    def encode(self,x):
        e_out = self.encoder(x)
        #print("x,e_out", x,e_out)
        mu,logvar = np.split(e_out,2,axis=1)
        return mu,logvar

    def decode(self,z):
        return self.decoder(z)

    def forward(self,x):
        mu, logvar = self.encode(x)

        #use reparameterization trick to sample from gaussian
        self.rand_sample = np.random.standard_normal(size=(mu.shape[0],
mu.shape[1]))
        #self.sample_z = mu + np.exp(logvar * .5) *
np.random.standard_normal (size=(mu.shape[0], mu.shape[1]))
        self.sample_z = mu + np.exp(logvar * .5) * self.rand_sample
        d_out = self.decode(self.sample_z)
```

```
            return d_out,mu, logvar

    def __call__(self,X):
        return self.forward(X)

    #反向求導
    def backward(self,x,loss_fn = BCE_loss_grad):
        out,mu, logvar = self.forward(x)
        ##print(" out,mu, logvar", out,mu, logvar)

        # reconstruction loss
        loss,loss_grad = loss_fn(out, x)
        dz = decoder.backward(loss_grad)

        du = dz
        dE = dz * np.exp(logvar * .5) * .5 * self.rand_sample
        duE = np.hstack([du,dE])
        #encoder.backward(duE)

        # KL_loss
        kl_loss = -0.5*np.sum(1+logvar-mu**2-np.exp(logvar))# np.power(mu, 2)
        loss += kl_loss/(len(out))
        #loss += kl_loss
        #loss /= (len(out))

        kl_du = mu
        kl_dE = -0.5*(1-np.exp(logvar))
        kl_duE = np.hstack([kl_du,kl_dE])
        kl_duE /=len(out)
        #encoder.backward(kl_duE)
        encoder.backward(duE+kl_duE)
        return loss

    def train_VAE_epoch(self,dataset,loss_fn = BCE_loss_grad,print_fn =
None):
        iter = 0
        losses = []
        for x in dataset:
            self.e_optimizer.zero_grad()
```

```
            self.d_optimizer.zero_grad()

            loss = self.backward(x,loss_fn)
            #loss += nn.reg_loss_grad(reg)

            self.e_optimizer.step()
            self.d_optimizer.step()

            losses.append(loss)
            if print_fn:
                print_fn(losses)
            iter += 1
        return losses

    def save_parameters(self,en_filename,de_filename):
        self.encoder.save_parameters(en_filename)
        self.decoder.save_parameters(de_filename)

    def load_parameters(self,en_filename,de_filename):
        self.encoder.load_parameters(en_filename)
        self.decoder.load_parameters(de_filename)
```

執行以下程式，創建一個 VAE 物件 vae，並多次呼叫其一趟訓練方法 train_VAE_epoch()，用疊代器 data_it 的資料集進行訓練。

```
lr = 0.001
beta_1,beta_2 = 0.9,0.999
e_optimizer = Adam(encoder.parameters(),lr,beta_1,beta_2)
d_optimizer = Adam(decoder.parameters(),lr,beta_1,beta_2)

#reg   = 1e-3
loss_fn = mse_loss_grad #BCE_loss_grad
iterations  = 10000
batch_size = 64



vae = VAE(encoder,decoder,e_optimizer,d_optimizer)

start = time.time()
```

```
epochs = 30
print_n = 1 #epochs // 10
epoch_losses = []
for epoch in range(epochs):
    data_it = data_iterator_X(X,batch_size)

    epoch_loss = vae.train_VAE_epoch(data_it,loss_fn)
    #epoch_loss = vae.train_VAE_epoch(data_it,loss_fn,lambda
loss:print_loss(loss,  100))
    epoch_loss  =np.array(epoch_loss).mean()

    #epoch_loss = vae.train_VAE_epoch(data_it,loss_fn).mean()
    if epoch % print_n == 0:
        print('Epoch{}, Training loss {:.2f}:'.format(epoch, epoch_loss))#,
epoch_val_loss))
    epoch_losses.append(epoch_loss)
end = time.time()
print('Time elapsed: {:.2f}s'.format(end - start))
#vae.save_parameters("vae_en.npy","vae_de.npy")
```

```
Epoch0, Training loss 46.80:
Epoch1, Training loss 40.55:
Epoch2, Training loss 39.07:
Epoch3, Training loss 38.11:
Epoch4, Training loss 37.40:
Epoch5, Training loss 36.86:
...
Epoch28, Training loss 34.04:
Epoch29, Training loss 33.98:
Time elapsed: 995.09s
```

執行以下程式，繪製誤差曲線，如圖 8-14 所示

```
import matplotlib.pylab as plt
%matplotlib inline
plt.plot(epoch_losses)
```

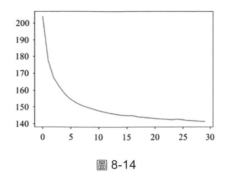

圖 8-14

執行以下程式，用訓練好的 VAE 對一幅手寫數字圖型進行處理，希望能
重構這幅數字圖型，結果如圖 8-15 所示。

```python
def draw_predict_mnists(plt,vae,X,n_samples = 10):
    np.random.seed(1)
    idx = np.random.choice(len(X), n_samples)
    _, axarr = plt.subplots(2, n_samples, figsize=(16,4))
    for i,j in enumerate(idx):
        axarr[0,i].imshow(X[j].reshape((28,28)), cmap='Greys')
        if i==0:
            axarr[0,i].set_title('original')
        out,_,_ = vae(X[j].reshape(1,-1))

        axarr[1,i].imshow(out.reshape((28,28)), cmap='Greys')
        if i==0:
            axarr[1,i].set_title('reconstruction')

draw_predict_mnists(plt,vae,test_X,10)
plt.show()
```

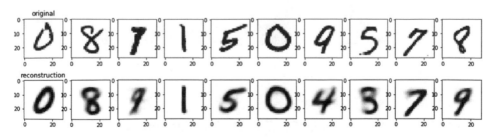

圖 8-15

變分自動編碼器的編解碼結果，有些能正確重構，有些則不能正確重構，
需要進一步改進網路模型結構和偵錯參數。

8.4 生成對抗網路

生成對抗網路（Generative Adversarial Net，GAN）是 Ian Goodfellow 在
2014 年提出的一種生成模型，其中包含兩個分別被稱作**鑑別器**和**生成器**的
神經網路函數。鑑別器用於鑑別一個資料是真實資料還是偽造資料，生成
器則用於生成偽造資料。採用極大極小的對抗遊戲的方式，鑑別器和生成
器透過不斷對抗的過程，提升各自的性能，如同遊戲雙方的對抗過程，一
方總是希望獲得最高的得分，而另一方總是希望讓對方的得分最低。GAN
是深度學習興起以來最激動人心的、最具創造性的技術。「深度學習三巨
頭」之一、圖靈獎得主 Yann LeCun 對 GAN 給予了高度評價："Generative
Adversarial Networks is the most interesting idea in the last ten years in machine
learning."（生成對抗網路是過去十年中機器學習領域最有趣的想法。）

身為資料生成技術，GAN 可以生成以假亂真的圖型、文字、語音等資料。
如圖 8-16 所示的兩幅人臉圖型，一幅是真實的人臉圖型，另一幅是用
GAN 生成的圖型，是不是很難區分？左圖為用 GAN 生成的人臉，右圖為
真實人臉。

圖 8-16

圖 8-17

生成圖型是 GAN 設計之初最主要的目標。如圖 8-17 所示，是用 BigGAN
生成的圖型（來自論文 Large Scale GAN Training for High Fidelity Natural
Image Synthesis）。

GAN 不但可以用於圖型生成，還可以用於圖型增強、圖型超解析度、圖型修復、圖型轉換、風格遷移等方面。如圖 8-18 所示，基於 GAN 的 Image Inpainting 技術（來自論文 *Image Inpainting for Irregular Holes Using Partial Convolutions*），可以從一幅破損的圖型或「馬賽克」圖型恢復原始圖型（掩蓋圖型和對應的修復結果）。

圖 8-18

如圖 8-19 所示，風格遷移（來自論文 Image-to-Image Translation with Conditional Adversarial Nets）可將一幅圖型的風格轉移到另一幅圖型上。

圖 8-19

除合成圖型外，GAN 還可以用來合成音樂（如 GANSynth）、語音、文字。

如圖 8-20 所示,是用不同的 GAN 技術生成的文字。IWGAN 和 TextKD-GAN 生成的英文文字,分別來自論文 Distillation and Generative Adversarial Networks 和 TextKD-GAN: Text Generation using Knowledge。

IWGAN	TextKD-GAN
The people are laying in angold	Two people are standing on the s
A man is walting on the beach	A woman is standing on a bench .
A man is looking af tre walk aud	People have a ride with the comp
A man standing on the beach	A woman is sleeping at the brick
The man is standing is standing	Four people eating food .
A man is looking af tre walk aud	The dog is in the main near the
The man is in a party .	A black man is going to down the
Two members are walking in a hal	These people are looking at the
A boy is playing sitting .	the people are running at some l

圖 8-20

圖 8-21

基於 GAN 的資料合成和重建技術,催生了各種各樣的創新應用。舉例來說,著名的基於 GAN 技術的換臉應用 DeepFake,可對一段影片中的人臉進行替換,如圖 8-21 所示。

虛擬換衣就是給一個虛擬中的人換上不同的衣服。如圖 8-22 所示,指定一個人的一張照片,就可以給這個人換上不同的衣服,且可以改變姿勢(來自論文 Down to the Last Detail: Virtual Try-on with Detail Carving)。

圖 8-22

更多的 GAN 技術及應用，讀者可以透過閱讀相關論文來了解。

8.4.1　生成對抗網路的原理

「生成對抗網路」從字面上就包含了 GAN 的三個方面。生成（Generative）是指它是用於生成（製造）資料的，如輸入一個實數或由幾個實數組成的向量，GAN 就可以生成一幅圖型、一段樂譜、一段語音或一段文字。對抗（Adversarial）是指 GAN 是透過一種對抗的方式來提高生成資料的能力的。對抗是人們熟悉的一種提升某種能力的學習手段，如運動員透過在比賽或訓練中與另一方對抗，不斷改進、提高自己的能力。對抗通常是一個疊代過程，透過反覆和對方對抗，不斷改進、調整自身，希望能最終能戰勝對方。網路（Networks）是指 GAN 用來生成資料的生成器函數和鑑別資料真偽的鑑別器函數，都是神經網路函數。

GAN 的工作原理類似於贗品的製造過程：造假者希望能製造（生成）以假亂真的作品，鑑定人員作為對抗者，力求鑑別作品的真假（如文物專家鑑定文物）；造假者開始製作的贗品很容易被鑑定人員辨識出來，當贗品被辨識出來後，造假者會改進其偽造技術，由鑑定人員繼續進行鑑別……隨著造假者技術的不斷改進，其製造的贗品越來越難被鑑別出來；造假者和鑑別者不斷對抗；最終，當造假者製造的贗品無法被鑑別者辨識時，雙方的對抗就達到了一種平衡，造假者製作的贗品就可以騙過鑑別者了。

上述造假者和鑑別者對抗的過程，是一種所謂**極大極小遊戲**。鑑別者希望自己的辨識能力達到最強，而造假者希望使鑑別者的辨識能力降至最弱。當這個遊戲達到一種平衡狀態時，稱為**納什均衡**。

1. 鑑別器和生成器

GAN 透過真實資料訓練一個生成模型。GAN 包含以下兩個函數（或説神經網路）。

- 一個生成器（Generator）函數（網路），用於從隨機雜訊（稱為隱變數）輸入生成（產生）合成的資料。
- 一個鑑別器（Discriminator）函數（網路），是用於鑑別資料是否真實資料的二分類函數。

如圖 8-23 所示，是一個生成人臉圖型的 GAN。其中，生成器和鑑別器都是用深度神經網路表示的。生成器可以從一個帶有雜訊的隨機向量生成一幅人臉圖型。鑑別器是一個簡單的二分類神經網路，接收一幅人臉圖型，輸出該圖型是真實人臉的機率。鑑別器既接收真實人臉圖型，也接收生成器生成的偽造人臉圖型，以訓練其鑑別能力。

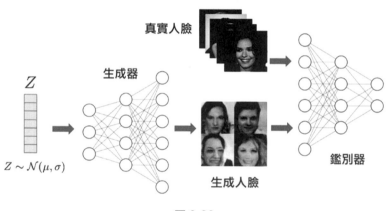

圖 8-23

在 GAN 中，鑑別器和生成器可分別用 $D(x|\theta_D)$ 和 $G(z|\theta_G)$ 表示，其中 θ_D、θ_G 分別是這兩個神經網路的模型參數。生成器 $G(z|\theta_G)$ 函數將一個雜訊隱變數 z 映射到一個資料 $G(z|\theta_G)$，鑑別器 $D(x|\theta_D)$ 用於判斷 x 是真實資料的機率。

GAN 需要訓練鑑別器和生成器這兩個神經網路函數，使鑑別器 D 盡可能正確地辨識出真假資料，即使真實資料 x 被判斷為真實資料的機率 $D(x)$ 盡可能大、使生成資料被判斷為真實資料的機率 $D(G(z))$ 盡可能小。另外，要訓練生成器 G，使生成器生成的資料盡可能欺騙鑑別器，即使生成器生成的資料被鑑別器 D 判斷為真實資料的機率 $D(G(z))$ 盡可能大。在 GAN

的訓練過程中，生成器和鑑別器透過相互對抗提升各自的能力，最終使鑑別器無法區分真實資料和由生成器生成的偽造資料。

在開始時，生成器 G 生成的資料 $G(z|\theta_G)$ 服從的分佈與真實資料的潛在的分佈不一致，而鑑別器 $D(x|\theta_D)$ 也未學習足夠的鑑別真假資料的能力。GAN 採用交替訓練鑑別器和生成器的對抗過程來訓練它們，即重複進行以下對抗訓練。

- 鑑別器的訓練：鑑別器 D 接收一組真實資料 x_{real} 和來自生成器的偽造資料 $x_{\text{fake}} = G(z)$ 作為樣本，鑑別器函數應使真實資料的輸出值 $D(x_{\text{real}}|\theta_D)$ 盡可能大（機率盡可能接近 1），使生成資料的輸出值 $D(x_{\text{fake}}|\theta_D) = D(G(z)|\theta_D)$ 盡可能小（機率接近 0）。因此，真實資料和偽造資料的樣本標籤分別為 1 和 0，訓練過程和普通的神經網路訓練過程完全一樣。

- 生成器的訓練：生成器 G 接收一組隨機雜訊 z，將其生成的資料（輸出值 $G(z)$）輸入鑑別器 D，希望盡可能騙過鑑別器，即使鑑別器的輸出值 $D(G(z))$ 盡可能大（機率接近 1）。

重複進行上述過程，直到鑑別器無法區分真實資料和偽造資料為止。用數學術語說，就是生成器生成的資料服從的分佈和真實資料的分佈已經非常接近了。

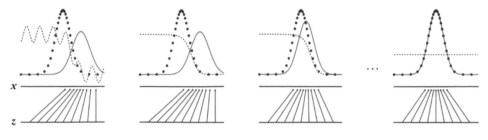

圖 8-24

假設真實資料就是一些實數，這些實數服從某種分佈，如服從正態分佈，如圖 8-24 所示，黑色的點表示這些實數對應的機率密度（分佈）。假設只知道這些實數,不知道其真實分佈。生成器透過將雜訊(隱變數)z 映射到實數空間的實數,可以生成一些實數 x,實線表示這些生成的實數服從的分佈。生成的實數的分佈在一開始和真實實數的分佈並不一致,但隨著訓練過程的不斷疊代,生成資料 $G(z)$ 的分佈逐漸接近真實資料 x 的分佈,鑑別器將生成的資料辨識為真實資料的機率不斷提高。最後,生成資料的分佈和真實資料的分佈幾乎完全一致,此時,鑑別器已經無法區分真實資料和生成的資料了,即不管是真實資料還是生成的資料,最終被判斷為真實資料的機率都接近 0.5。

2. 損失函數

鑑別器和生成器的目標是不一樣的。對於鑑別器,希望 $D(x)$ 盡可能大、$D(G(z))$ 盡可能小;對於生成器,則希望 $D(G(z))$ 盡可能大。和邏輯回歸、多分類問題一樣,為了提高計算的穩定性,通常用 $\log(D(z))$ 和 $\log(D(G(z)))$ 代替 $D(z)$ 和 $D(G(z))$,並用一批(多個)樣本的平均損失(期望損失)來計算損失函數值。

如果分別用 p_z、p_r、p_g 表示隱變數 z、真實資料 x 和生成資料 $G(z)$ 服從的分佈,則鑑別器 D 希望真實資料 x 的 $D(x)$ 的對數期望(平均值)$\mathbb{E}_{x \sim p_r(x)}[\log D(x)]$ 盡可能大,同時希望從隨機雜訊變數 z 生成資料 $G(z)$ 的 $\log D(G(z))$ 的期望(平均值)$\mathbb{E}_{z \sim p_z(z)}[\log(D(G(z)))]$ 盡可能小,或者説 $\mathbb{E}_{z \sim p_z(z)}\left[\log\left(1 - D(G(z))\right)\right]$ 盡可能大。

因此,鑑別器希望 $\mathbb{E}_{x \sim p_r(x)}[\log D(x)] + \mathbb{E}_{z \sim p_z(z)}[\log(1 - D(G(z)))]$ 盡可能大,即

$$
\begin{aligned}
\max_D L_D(D, G) \quad &= \mathbb{E}_{x \sim p_r(x)}[\log D(x)] + \mathbb{E}_{z \sim p_z(z)}[\log(1 - D(G(z)))] \\
&= \mathbb{E}_{x \sim p_r(x)}[\log D(x)] + \mathbb{E}_{x \sim p_g(x)}[\log(1 - D(x)]
\end{aligned}
$$

生成器 G 希望能夠欺騙鑑別器 D,即希望 $\mathbb{E}_{z \sim p_z(z)}[\log(D(G(z)))]$ 盡可能大,或説 $\mathbb{E}_{z \sim p_z(z)}[\log(1 - D(G(z)))]$ 盡可能小,即

$$\min_G L_G(D, G) \quad = \mathbb{E}_{z \sim p_z(z)}[\log(1 - D(G(z)))]$$
$$= \mathbb{E}_{x \sim p_g(x)}[\log(1 - D(\boldsymbol{x})]$$

由於生成器的最小化和真實資料的 $\mathbb{E}_{x \sim p_r(x)}[\log D(\boldsymbol{x})]$ 無關,所以,即使增加這一項也不影響上述最小化計算,公式如下。

$$\min_G L_G(D, G) \quad = \mathbb{E}_{x \sim p_r(x)}[\log D(\boldsymbol{x})] + \mathbb{E}_{x \sim p_g(x)}[\log(1 - D(\boldsymbol{x})]$$

綜上所述,這兩個損失函數可以用一個統一的損失函數來表示,公式如下。

$$\min_G \max_D L(D, G) \quad = \mathbb{E}_{x \sim p_r(x)}[\log D(\boldsymbol{x})] + \mathbb{E}_{z \sim p_z(z)}[\log(1 - D(G(z)))]$$
$$= \mathbb{E}_{x \sim p_r(x)}[\log D(\boldsymbol{x})] + \mathbb{E}_{x \sim p_g(x)}[\log(1 - D(\boldsymbol{x})]$$

即鑑別器 D 希望最大化這個損失,而生成器 G 希望最小化這個損失(對於 G,這個損失函數的第 1 項和它無關),即生成器和鑑別器在玩一個「最大最小」的對抗遊戲。儘管可以寫成統一的公式,但在實際程式設計時,仍然需要分別最佳化 $\max_D \mathbb{E}_{x \sim p_r(x)}[\log D(\boldsymbol{x})] + \mathbb{E}_{z \sim p_z(z)}[\log(1 - D(G(z)))]$ 和 $\min_G \mathbb{E}_{z \sim p_z(z)}[\log(1 - D(G(z)))]$。根據筆者的實踐經驗,一般可以將 $\min \log(1 - D(G(z)))$ 轉為 $\max \log(D(G(z)))$,或將 $\max \log(1 - D(G(z)))$ 轉為 $\min \log(D(G(z)))$,這樣做有助提高訓練的穩定性。

3. 訓練過程

GAN 的訓練,只不過是兩個普通神經網路的訓練。GAN 採用交替的方式訓練鑑別器和生成器,即先訓練鑑別器,然後訓練生成器,再訓練鑑別器,再訓練生成器……其訓練過程可以用以下虛擬程式碼來描述。

```
for 每一趟疊代:
    執行 k 次鑑別器的疊代更新:
    取樣 m 個真實資料樣本 xⁱ 和 m 個隨機雜訊 zⁱ 所對應的生成資料 G(zⁱ),將它們的標籤分
別設定為 1 和 0
    計算下面的損失函數關於模型參數的梯度;

    用梯度上升法更新鑑別器的模型參數;
    執行 l 次生成器的疊代更新:
```

> 取樣 m 個隨機雜訊 $\boldsymbol{z}^i$ 所對應的生成資料 $G(\boldsymbol{z}^i)$，將它們的標籤設定為 1；
>
> 計算下面的損失函數關於模型參數的梯度；
>
> 用梯度下降法更新生成器的模型參數；

論文原文的作者，在每次對抗疊代中只進行 1 次生成器的梯度更新，即 $l=1$，而將鑑別器的疊代更新次數 k 作為一個可以調節的超參數。透過對 k 或 l 的調整，可以平衡鑑別器和生成器的訓練程度，從而防止因某一方過度訓練而使另一方變得很弱。k、l 和學習率、網路結構及其參數一樣，都是一些需要根據經驗偵錯的超參數。這些參數偵錯結果將直接影響演算法的性能，而 GAN 這種雙方對抗的訓練，調參難度更大。

鑑別器和生成器需要對抗，但任何一方過強都會導致另一方變弱。如何平衡二者的訓練（調整這些超參數），是 GAN 訓練的困難所在。

8.4.2　生成對抗網路訓練過程的程式實現

GAN 的生成器和鑑別器就是兩個普通的神經網路函數，但其訓練過程是一個對抗的過程。在進行程式實現時，為了提高程式的可讀性，可以將 8.4.1 節討論的 GAN 訓練過程分解成三個函數，具體如下。

- D_train() 函數負責鑑別器訓練的每一趟梯度更新。
- G_train() 函數負責生成器訓練的每一趟梯度更新。
- GAN_train() 函數表示整個 GAN 訓練過程。

鑑別器是一個二分類神經網路函數，它是用真實資料和生成器生成的偽造資料進行訓練的。在鑑別器的訓練中，真實資料的標籤是 1，而偽造資料的標籤是 0。D_train() 函數根據這些真實資料和偽造資料樣本計算二分類交叉熵損失，並透過反向求導計算梯度，然後更新模型參數。相關程式如下。

```
from util import *

#=============鑑別器的一趟訓練過程=====================#
```

```
def D_train(D,D_optimizer,x_real,x_fake,loss_fn=BCE_loss_grad,reg = 1e-3):
    # 1. 將梯度重置為 0
    D_optimizer.zero_grad()

    # 2. 用真實資料訓練
    m_real = x_real.shape[0]
    y_real = np.ones((m_real,1))

    f_real = D(x_real)
    real_loss,real_loss_grad = loss_fn(f_real,y_real)
    D.backward(real_loss_grad,reg)
    loss = real_loss + D.reg_loss(reg)

    # 3. 用生成資料訓練
    m_fake = x_fake.shape[0]
    y_fake = np.zeros((m_fake,1))

    f_fake = D(x_fake)
    fake_loss,fake_loss_grad = loss_fn(f_fake,y_fake)
    D.backward(fake_loss_grad,reg)
    loss += (fake_loss + D.reg_loss(reg))

    # 4. 更新梯度
    D_optimizer.step()
    return loss
```

其中，D 和 D_optimizer 分別表示鑑別器神經網路和最佳化器，x_real 和 x_fake 分別表示真實資料和偽造資料，loss_fn 是二分類交叉熵函數。

G_train() 是用於進行生成器每一趟梯度更新的函數，它接收一組隨機雜訊向量，經過生成器產生輸出 x_fake。為了欺騙鑑別器，x_fake 的資料標籤被設定為 1。這些生成器資料樣本被作為真實資料樣本輸入鑑別器，然後根據鑑別器的二分類損失函數反向求導，對生成器的模型參數進行更新。相關程式如下。

```
#=================生成器的一趟訓練過程=====================#
def G_train(D,G,G_optimizer,z,loss_fn,reg = 1e-3,hack = False):
    # 1. 將梯度重置為 0
```

```
    G_optimizer.zero_grad()

    # 2. 根據取樣雜訊生成資料
    x_fake = G(z)

    # 3. 計算鑑別器誤差
    f_fake = D(x_fake)
    batch_size = z.shape[0]
    y = np.ones((batch_size, 1))
    loss,loss_grad = loss_fn(f_fake, y)

    # 反向求導，但只更新 G 的參數
    loss_grad = D.backward(loss_grad)
    G.backward(loss_grad,reg)
    loss += G.reg_loss(reg)

    G_optimizer.step()
    return loss
```

其中，D、G、G_optimizer 分別表示鑑別器神經網路函數、生成器神經網路函數、生成器神經網路函數的最佳化器，z 表示隨機取樣的雜訊。在訓練生成器時，鑑別器的模型參數是固定的，因此，只需要訓練和更新生成器的模型參數，即只需要執行

```
G_optimizer.step()
```

作為整個 GAN 訓練過程函數，GAN_train() 在其每一趟疊代中，先執行 D_train() 以訓練和更新鑑別器，再執行 G_train() 以訓練和更新生成器。d_steps 和 g_steps 分別表示在 GAN_train() 的每一次疊代中 D_train() 和 G_train() 執行的次數（有時可能需要進行多次梯度更新，才能學習到更好的模型參數）。它們和各自最佳化器中的學習率等參數，共同用於平衡二者的學習強度，防止鑑別器過強或生成器過強。相關程式如下。

```
def GAN_train(D,G,D_optimizer,G_optimizer,real_dataset,noise_z,loss_fn, \
            iterations=10000,reg = 1e-3,show_result = None,d_steps = 1, \
            g_steps = 1,print_n = 20):
    iter = 0
```

```
    D_losses = []
    G_losses = []
    G_loss = 0.
    D_loss = 0.
    while iter< iterations:
        #訓練鑑別器
        for d_index in range(d_steps):
            x_real = next(real_dataset)
            #batch_size,dim = x_real.shape[0],x_real.shape[1]
            #生成 fake 資料
            x_fake = G(next(noise_z))
            D_loss = D_train(D,D_optimizer,x_real,x_fake,loss_fn,reg)

        #訓練生成器
        for g_index in range(g_steps):
            G_loss = G_train(D,G,G_optimizer,next(noise_z),loss_fn,reg)

        if iter % print_n == 0:
            print(iter,"iter:","D_loss",D_loss,"G_loss",G_loss)
            D_losses.append(D_loss)
            G_losses.append(G_loss)
            if show_result:
                show_result(D_losses,G_losses)

        iter += 1
    return D_losses,G_losses
```

▌ 8.5　生成對抗網路建模實例

8.5.1　一組實數的生成對抗網路建模

1. 真實資料：一組實數

假設有滿足高斯分佈的一組實數。執行以下程式，生成一批滿足高斯分佈的實數。

```
M = 10000
mu = 4
sigma = 0.5
x = np.random.normal(mu, sigma, M)
print(x[:20])
x = x.reshape(-1,1)
```

```
[4.04491498 4.16228945 4.57294517 4.36487946 3.80316745 3.70081992
 5.1913777  3.91089626 3.7194276  3.47951151 4.23955145 3.97878447
 4.42033902 2.84864752 4.71202734 4.34330571 4.29610917 3.81866978
 5.22367772 4.56030347]
```

將這些實數作為真實資料,並假設不知道其分佈,如何生成符合這些實數的機率分佈的實數呢?可以用 GAN 來解決。GAN 可以用這些作為真實資料的實數訓練其鑑別器和生成器函數,訓練後的生成器函數就可以生成和這些真實實數具有相同分佈的實數(即偽造資料)。

2. 定義鑑別器和生成器函數

為了訓練用於生成實數的 GAN,首先需要定義針對這個問題的生成器 G 和鑑別器 D,程式如下。

```
from NeuralNetwork import *
#from util import *
from train import *
np.random.seed(0)

hidden = 4
D = NeuralNetwork()
D.add_layer(Dense(1, hidden))
D.add_layer(Leaky_relu(0.2)) #Relu()) #
D.add_layer(Dense(hidden, 1))
#D.add_layer(Sigmoid())

G = NeuralNetwork()
z_dim = 1                              #隱變數的維度
G.add_layer(Dense(z_dim, hidden))
G.add_layer(Leaky_relu(0.2)) #Relu()) #
G.add_layer(Dense(hidden, 1))
```

```
#定義訓練 G 和 D 的最佳化器演算法物件
momentum = 0.9
D_lr = 1e-4 #1e-4
G_lr = 1e-4 #1e-4
beta_1,beta_2 = 0.9,0.999
D_optimizer = Adam(D.parameters(),D_lr,beta_1,beta_2)
#D_optimizer = SGD(D.parameters(),D_lr,momentum)
G_optimizer = Adam(G.parameters(),G_lr,beta_1,beta_2)
```

3. 真實資料疊代器、雜訊資料疊代器

為了訓練生成器 G 和鑑別器 D，需要給它們提供訓練樣本。以下程式定義了從真實資料中選取一批樣本的疊代器。

```
batch_size=64
def data_iterator_X(X,batch_size,shuffle = True):
    m = len(X)
    #print(m)
    indices = list(range(m))
    while True:
        if shuffle:
            np.random.shuffle(indices)
        for i in range(0, m, batch_size):
            if i + batch_size>m:
                break
            j = np.array(indices[i: i + batch_size])
            yield X.take(j,axis=0)

data_it = data_iterator_Xdata_iterator(x,batch_size)
x0= next(data_it)
print(x0.shape)
print(x0[:10].transpose())
```

```
10000
(64, 1)
[[4.39069056 4.20482386 4.14997364 4.65636703 4.36363908 3.75927793
  3.34646553 4.64355828 4.45063574 3.49191287]]
```

生成器函數的輸入是一個隨機雜訊。執行以下程式，可定義一個用於生成一批隨機雜訊（每個雜訊是長度為 z_dim 的向量）的函數疊代器物件。

```
def sample_z(m, z_dim=1):
    return np.random.randn(m, z_dim)


def noise_z_iterator(m, z_dim):
    while True:
        yield sample_z(m, z_dim)


noise_it =  noise_z_iterator(batch_size, z_dim)
z= next(noise_it)
print(z.shape)
print(z[:10].transpose())
```

```
(64, 1)
[[ 0.72956978  0.14262128 -0.29800486  1.78637966  0.27740342 -0.61411045
  -0.68236473  1.61341108  0.41862218 -0.89009973]]
```

4. 中間結果繪製函數

為了在訓練過程中觀察生成器的效果，可以編寫一個輔助函數，從生成器生成一批資料，然後繪製對應的長條圖。show_result() 函數常用於繪製生成器 G 和鑑別器 D 的損失曲線。

在以下程式中，show_result_gauss()函數用於輸出如圖 8-25 所示的圖形。

```
import seaborn as sns
def gaussian(x, mu, sig):
    return np.exp(-np.power(x - mu, 2.) / (2 * np.power(sig, 2.)))


def draw_loss(ax,D_losses=None,G_losses=None):
    ax.clear()
    if D_losses:
        i = np.arange(len(D_losses))
        ax.plot(i, D_losses, '-')
    if D_losses:
        ax.plot(i, G_losses, '-')
    ax.legend(['D_losses', 'G_losses'])
```

```
def show_result_gauss(D_losses=None,G_losses=None,m=600):
    fig, (ax1, ax2) = plt.subplots(1, 2, figsize=(10, 4))
    draw_loss(ax1,D_losses,G_losses)

    ax2.clear()
    xmin, xmax = np.min(x),np.max(x)
    x_values = np.linspace(xmin, xmax, 100)
    ax2.plot(x_values, gaussian(x_values, mu, sigma), label='real data')

    noise_it =  noise_z_iterator(m, z_dim)
    z= next(noise_it)
    y = G(z)
    sns.kdeplot(y.flatten(), ax=ax2, shade=True, label='fake data')

    xs = np.linspace(*ax2.get_xlim(), m)[:, np.newaxis]
    discrim = sigmoid(D(xs))
    ax2.plot(xs, discrim, label='discrim probilities (normalized)')
    plt.show()
```

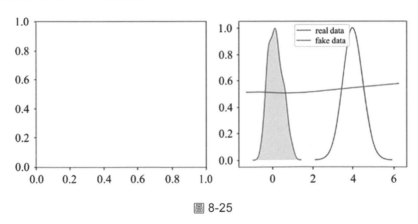

圖 8-25

如圖 8-25 所示：左圖為還沒有進行訓練時的情況，所以是空白的；右圖為真實資料和生成資料的分佈及決策曲線（模型預測區間上的實數是否為真實資料的機率），可見，生成器函數生成的實數的分佈和真實資料的分佈相差很大。

5. 訓練生成對抗網路

呼叫 GAN 的訓練函數 GAN_train()，分別傳入鑑別器和生成器的參數 D、
G、D_optimizer、G_optimizer，資料疊代器 data_it，雜訊疊代器 noise_it，
以及二分類交叉熵函數 BCE_loss_grad 和訓練的超參數 iterations、reg，開
始訓練，程式如下。

```
from util import *
reg  = 0.001 #1e-5
iterations  = 100000
d_steps,g_steps  = 5,1 #12,1
print_n=500
D_losses,G_losses = GAN_train(D,G,D_optimizer,G_optimizer,data_it,noise_it,
\
                    BCE_loss_grad,iterations,reg,show_result_gauss, \
                    d_steps,g_steps,print_n)
```

在訓練過程中，間隔 print_n = 500，將輸出中間訓練模型的損失曲線、真
實資料和生成資料分佈及決策曲線，命令如下。如圖 8-26～圖 8-32 所示
是其中一些疊代步驟的輸出結果。

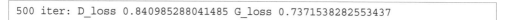

```
500 iter: D_loss 0.840985288041485 G_loss 0.7371538282553437
```

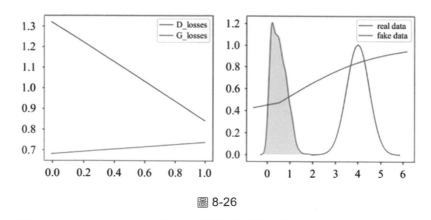

圖 8-26

```
2000 iter: D_loss 0.40058914689196146 G_loss 1.4307126427753376
```

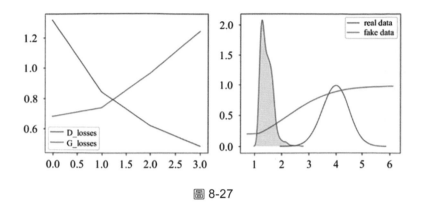

圖 8-27

```
4000 iter: D_loss 1.3457534057336877 G_loss 0.7859707963138415
```

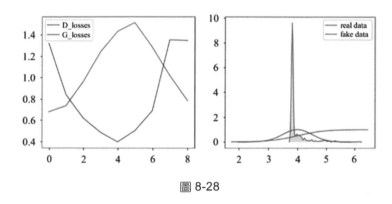

圖 8-28

```
7000 iter: D_loss 1.3266855320062865 G_loss 0.8275752348295592
```

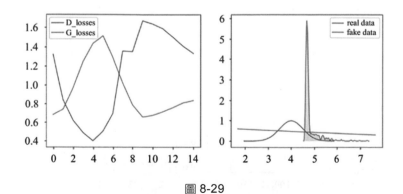

圖 8-29

```
13000 iter: D_loss 1.3860751575316943 G_loss 0.7022555897704553
```

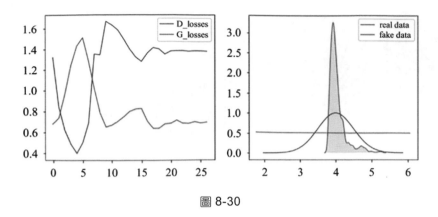

圖 8-30

```
45000 iter: D_loss 1.3859107668070463 G_loss 0.6946582988497471
```

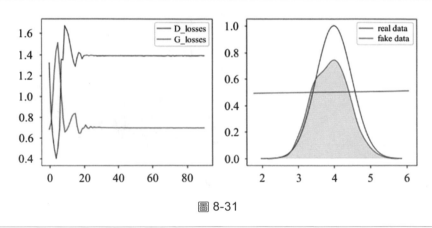

圖 8-31

```
95000 iter: D_loss 1.386978807433111 G_loss 0.694197914623761
```

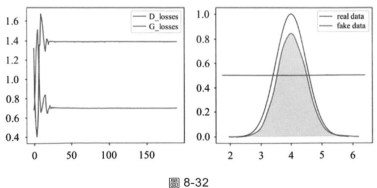

圖 8-32

從這些中間疊代結果可以看出，鑑別器和生成器是一個對抗的過程。調整訓練參數，使它們在對抗中達到平衡，是 GAN 訓練的困難。不正確的參數將使訓練過程不斷震盪、訓練不會收斂。生成器強於鑑別器，則會產生**模式塌陷**（Mode Collapse），即鑑別器不能產生具有多樣性的資料，而生成的幾乎是同一個資料。讀者可以將正則化參數 reg 調低、修改學習率或修改每趟疊代過程鑑別器的學習次數 d_steps，觀察不收斂和模式塌陷的具體表現。

8.5.2 二維座標點的生成對抗網路建模

一組實數中的每個樣本都是一個實數，即只有一個特徵。本節用取樣自二維平面上二維座標點集作為真實資料，讓生成器學習這些二維座標點的機率分佈，其建模和訓練過程和一維實數的 GAN 建模和訓練過程是一樣的。

1. 真實資料：橢圓曲線上取樣的座標點

橢圓曲線上的資料點的 (x, y) 座標可以用參數方程式表示為

$$x = cx + a\sin(\alpha)$$
$$y = cy + b\cos(\alpha)$$

其中，(cx, cy) 是橢圓的中心點，(a, b) 是橢圓的長短軸的長度，α 是橢圓的中心點和點 (x, y) 組成的有向線段關於 x 軸的夾角。

透過 sample_ellipse() 函數，可以在橢圓曲線上均勻取樣一組座標點，程式如下。

```python
import numpy as np
import math
def sample_ellipse(m,a,b,cx=0,cy=0):
    alpha = np.random.uniform(0, 2*math.pi, m)
    x,y = cx+a*np.cos(alpha) , cy+b*np.sin(alpha)
    x = x.reshape(m, 1)
    y = y.reshape(m, 1)
    return np.hstack((x,y))
```

根據上述橢圓取樣函數，在橢圓的中心點 (4,4) 取樣長短軸長度分別為 5 和 3 的 100 個座標點，然後繪製這些座標點，程式如下，結果如圖 8-33 所示。

```
from matplotlib import pyplot as plt
%matplotlib inline
data = sample_ellipse(100,5,3,4,4)

plt.scatter(data[:, 0], data[:, 1])
plt.show()
```

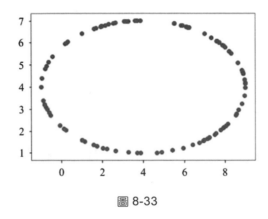

圖 8-33

2. 真實資料疊代器、雜訊疊代器

用 sample_ellipse() 函數定義一個資料疊代器，從橢圓上取樣一組座標點，程式如下。

```
cx,cy,a,b = 5,3,4,4
batch_size = 64
def data_iterator_ellipse(batch_size):
    while True:
        yield sample_ellipse(batch_size,cx,cy,a,b)
#generate_real_samples(batch_size)

data_it = data_iterator_ellipse(batch_size)
x= next(data_it)
print(x[:3])
```

```
[[1.09671815 6.44244624]
 [8.71292461 5.00189969]
 [1.99319665 6.74776027]]
```

仍然使用 noise_z_iterator() 雜訊疊代器函數定義一個雜訊疊代器 noise_it，用於生成一個雜訊向量，程式如下。

```
batch_size = 64
z_dim = 2
noise_it =   noise_z_iterator(batch_size, z_dim)
z = next(noise_it)
print(z[:3])
```

```
[[-0.12580991 -2.49903308]
 [-0.36232861  0.95614813]
 [-0.45110849 -1.30580063]]
```

3. 定義生成對抗網路模型的生成器和鑑別器

假設列出了許多二維座標點，但不知道其真實的分佈。可以訓練一個 GAN 模型，使其生成器生成的座標點服從的分佈和這些真實座標點的分佈接近。

和生成逼近一組實數的 GAN 建模與訓練過程一樣，我們只需要針對這個問題定義生成器和鑑別器，程式如下。當然，針對不同問題的 GAN，其生成器和鑑別器的訓練參數等需要做對應的調整（即調參）。

```
from NeuralNetwork import *
#from util import *
from train import *
np.random.seed(0)

G_hidden,D_hidden = 10,10
z_dim = 2                              #隱變數的維度

G = NeuralNetwork()
G.add_layer(Dense(z_dim, G_hidden))
G.add_layer(Leaky_relu(0.2)) #Relu()) #
G.add_layer(Dense(G_hidden, 2))
```

```
D = NeuralNetwork()
D.add_layer(Dense(2, D_hidden))
D.add_layer(Leaky_relu(0.2)) #Relu()) #
D.add_layer(Dense(D_hidden, 1))
```

4. 訓練生成對抗網路模型

首先，定義一個用於顯示中間結果的函數 show_result()，程式如下。

```python
def draw_loss(ax,D_losses=None,G_losses=None):
    ax.clear()
    i = np.arange(len(D_losses))
    if D_losses:        ax.plot(i, D_losses, '-')
    if D_losses:        ax.plot(i, G_losses, '-')
    ax.legend(['D_losses', 'G_losses'])

def show_ellipse_gan(D_losses=None,G_losses=None,m=100):
    fig, (ax1, ax2) = plt.subplots(1, 2, figsize=(10, 4))
    draw_loss(ax1,D_losses,G_losses)

    ax2.clear()
    if True:
        data = sample_ellipse(100,cx,cy,a,b)
        ax2.scatter(data[:, 0], data[:, 1])
    else:
        alpha = np.linspace(0,2*math.pi, 100)
        x,y = cx+a*np.cos(alpha) , cy+b*np.sin(alpha)
        ax2.plot(x, y,label='real data')

    noise_it =  noise_z_iterator(m, z_dim)
    z= next(noise_it)
    fake_data = G(z)
    ax2.scatter(fake_data[:, 0], fake_data[:, 1],label='fake data')

    plt.show()

show_result = show_ellipse_gan #lambda
D_losses,G_losses:show_ellipse_gan(D_losses,G_losses)
```

然後，定義鑑別器和生成器所對應的參數最佳化器 D_optimizer 和 G_optimizer（它們的學習率仍然是 1e-4），並設定每一趟訓練鑑別器和生成器各自訓練的次數 d_steps 和 g_steps 分別為 12 和 1，設定正則化參數 reg = 1e-4。開始訓練，程式如下。

```
from util import *

#定義訓練 G 和 D 的最佳化器演算法物件
momentum = 0.9
D_lr = 1e-4 #1e-4
G_lr = 1e-4 #1e-4
beta_1,beta_2 = 0.9,0.999
D_optimizer = Adam(D.parameters(),D_lr,beta_1,beta_2)
G_optimizer = Adam(G.parameters(),G_lr,beta_1,beta_2)


reg  = 1e-4 #0.001 #1e-5 #1e-5
iterations  = 300000
d_steps,g_steps  = 12,1
print_n=500
D_losses,G_losses = GAN_train(D,G,D_optimizer,G_optimizer,data_it,noise_it, \
                    BCE_loss_grad,iterations,reg,show_result,d_steps, \
                    g_steps,print_n)
```

執行以下程式，輸出疊代過程中的一些中間結果，如圖 8-34～圖 8-39 所示。

```
0 iter: D_loss 2.1742366959961332 G_loss 0.8968873898437348
```

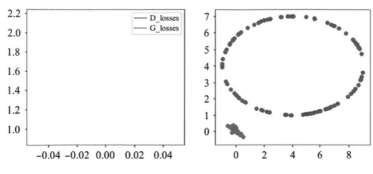

圖 8-34

2000 iter: D_loss 0.3267357227744408 G_loss 2.3412898225834082

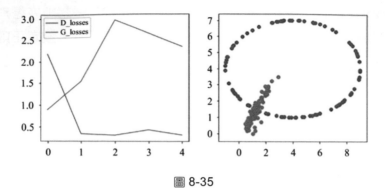

圖 8-35

7000 iter: D_loss 1.2152731903087477 G_loss 0.9141720546508202

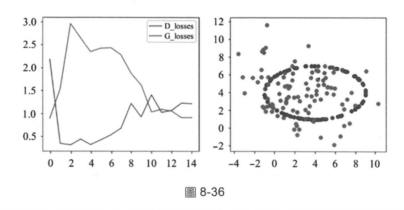

圖 8-36

30000 iter: D_loss 1.0173900698057503 G_loss 1.1880948654376398

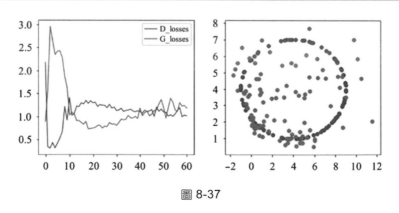

圖 8-37

```
160000 iter: D_loss 1.3094760434222943 G_loss 0.9307732117439997
```

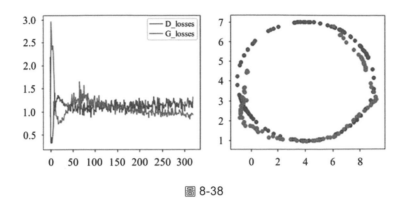

圖 8-38

```
299500 iter: D_loss 1.350800595219167 G_loss 0.8432568162317724
```

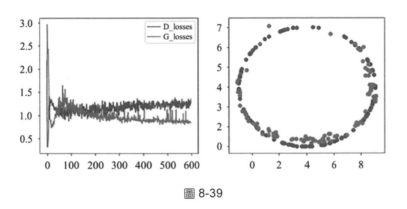

圖 8-39

8.5.3　MNIST 手寫數字集的生成對抗網路建模

在本節中，我們使用 8.5.2 節介紹的訓練過程，訓練一個 GAN 模型，以生成 MNIST 手寫數字圖型。

1. 讀取訓練資料

執行以下程式，讀取 MNIST 手寫數字集，並將數值規範化到 -1 到 1 之間，程式如下，結果如圖 8-40 所示。

```
import data_set as ds
import matplotlib.pyplot as plt
%matplotlib inline

train_set, valid_set, test_set = ds.read_mnist()

train_X, train_y = train_set
valid_X, valid_y = valid_set
test_X, test_y = test_set
print(train_X.dtype)
print(train_X.shape)
print(train_y.dtype)
print(train_y.shape)

print(np.min(train_X[0]), np.max(train_X[0]))
train_X = (train_X -0.5)*2
print(np.min(train_X[0]), np.max(train_X[0]))

ds.draw_mnists(plt,train_X,range(10))
plt.show()
```

```
float32
(50000, 784)
int64
(50000,)
0.0 0.99609375
-1.0 0.9921875
```

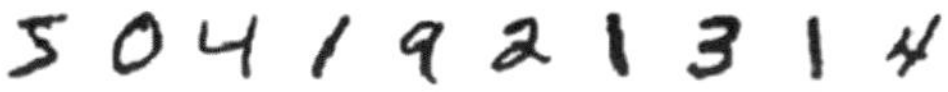

圖 8-40

2. 定義資料疊代器

定義資料疊代器，程式如下。

```
z_dim= 64

batch_size  = 32
data_it = data_iterator_X(train_X,batch_size,shuffle = True,repeat=True)
noise_it =   noise_z_iterator(batch_size, z_dim)
```

3. 定義生成器和鑑別器及其最佳化器

定義生成器和鑑別器及其最佳化器，程式如下。

```
from util import *
from NeuralNetwork import *
#from train import *
import time
np.random.seed(0)

image_dim = 784
g_hidden_dim = 256
d_hidden_dim = 256
d_output_dim = 1

G = NeuralNetwork()
G.add_layer(Dense(z_dim, g_hidden_dim))
G.add_layer(Relu()) # Leaky_relu(0.2) #
G.add_layer(Dense(g_hidden_dim, g_hidden_dim))
G.add_layer(Relu()) # Leaky_relu(0.2) #
G.add_layer(Dense(g_hidden_dim, image_dim))
G.add_layer(Tanh())

D = NeuralNetwork()
D.add_layer(Dense(image_dim, d_hidden_dim))
D.add_layer(Leaky_relu(0.2)) #Relu() #
D.add_layer(Dense(d_hidden_dim, d_hidden_dim))
D.add_layer(Leaky_relu(0.2)) #Relu() #
D.add_layer(Dense(d_hidden_dim, d_output_dim))

#定義訓練 G 和 D 的最佳化器演算法物件
D_lr = 0.0002 #0.0001
G_lr = 0.0002 #0.0001
beta_1,beta_2 = 0.9,0.999
D_optimizer = Adam(D.parameters(),D_lr,beta_1,beta_2)
G_optimizer = Adam(G.parameters(),G_lr,beta_1,beta_2)
```

4. 訓練模型

定義一個顯示中間結果的複雜函數 show_result_mnist()，程式如下。

```
def plot_images(images, subplot_shape):
    plt.style.use('ggplot')
    fig, axes = plt.subplots(*subplot_shape)
    for image, ax in zip(images, axes.flatten()):
        ax.imshow(image.reshape(28, 28),  cmap='Greys')
        #ax.imshow(image.reshape(28, 28), vmin = 0, vmax = 1.0, cmap =
'gray')
        ax.axis('off')
    plt.show()


def show_result_mnist(D_losses = None,G_losses = None,m=10):
    #fig, (ax1, ax2) = plt.subplots(1, 2, figsize=(10, 4))
    #ax1.clear()
    if D_losses and G_losses:
        i = np.arange(len(D_losses))
        plt.plot(i,D_losses, '-')
        plt.plot(i,G_losses, '-')
        plt.legend(['D_losses', 'G_losses'])
        plt.show()

    ##ax2.clear()

    z = np.random.randn(m, z_dim)
    x_fake = G(z)
    #ds.draw_mnists(plt,x_fake,range(m))
    plot_images(x_fake, subplot_shape =[1, 10])
    plt.show()

show_result =  show_result_mnist
```

透過以下訓練過程，訓練 GAN 模型。如圖 8-41 所示為 GAN 模型疊代
121500 次後的結果。可以看出，鑑別器和生成器的損失開始接近，生成的
數字圖型也開始接近真實的數字圖型。

```
start = time.time()
reg = 1e-6#1e-5 #1e-5
iterations  = 180000
d_steps,g_steps  = 1,1 #2,1 #12,1
```

```
print_n=500
D_losses,G_losses = GAN_train(D,G,D_optimizer,G_optimizer,data_it,noise_it, \
                              BCE_loss_grad,iterations,reg,show_result, \
                              d_steps,g_steps,print_n)
done = time.time()
elapsed = done - start
print("訓練的時間：%d 秒"%(elapsed))
...
121500 iter: D_loss 1.2937134810406197 G_loss 1.4630274260796108
```

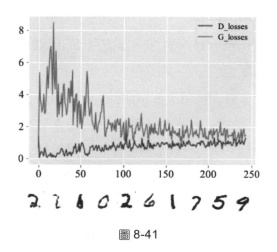

圖 8-41

8.5.4　生成對抗網路的訓練技巧

GAN 模型的訓練很困難。人們根據實踐經驗，複習出了一些 GAN 訓練的注意事項和技巧。

- 規範化輸入資料。舉例來説，將圖像資料的值規範化到 -1 和 1 之間，生成器的最後輸出啟動函數採用 tanh 啟動函數。

- 修改損失函數。舉例來説，在 GAN 的原始論文裡，訓練生成器採用的最小化損失為 $1 - D(G(z))$，即 $\min \log(1 - D(G(z)))$，有人建議改用最大化損失 $\log(D(G(z)))$，即 $\max \log(D(G(z)))$。

- 生成器的輸入雜訊從高斯分佈而非均匀分佈中取樣。

■ 對真實資料和生成資料分別採用批次規範化，無法對真實資料和生成資料混合的資料實現批次規範化。

■ 避免稀疏梯度。舉例來說，避免採用 ReLU、最大池化這些可能產生稀疏梯度的啟動函數或網路層。但是，建議使用 LeakReLU。

■ 使用軟標籤或雜訊。在訓練鑑別器時，真實資料標籤可使用 0.7 和 1.2 之間的隨機數代替 1，生成資料標籤可使用 0.1 和 0.3 之間的隨機數代替 0，並可偶爾翻轉生成資料的標籤，如從 0 改成 1。

■ 使用 Adam 最佳化器。建議對鑑別器使用 SGD 最佳化器，對生成器使用 Adam 最佳化器。

■ 如果鑑別器的損失趨近於 0，就說明鑑別器過強，鑑別器的損失方差比較大，模型不能收斂。如果生成器的損失一直下降，就說明生成器過強，容易出現雜訊塌陷。在訓練過程中，可以檢查模型參數的梯度的大小，如果其絕對值超過 100，就說明模型不能收斂。

▌ 8.6 生成對抗網路的損失函數及其機率解釋

GAN 的本質就是要透過對抗學習使生成資料的分佈和真實資料的分佈盡可能一致，即使兩個分佈之間的距離盡可能小。GAN 的損失函數，本質上是衡量兩個分佈相似程度的 Kullback-Leibler 散度（Kullback-Leibler Divergence）和 Jenson-Shannon 散度（Jensen-Shannon Divergence）。

8.6.1 生成對抗網路的損失函數的全域最佳解

GAN 的損失函數可寫成以下的積分形式。

$$L(G, D) = \int_x (p_r(x)\log(D(x)) + p_g(x)\log(1 - D(x)))\mathrm{d}x$$

其中，$p_r(x)$、$p_g(x)$ 分別是真實資料和生成資料的分佈。引入以下的記號：

$$\tilde{x} = D(x), \qquad A = p_r(x), \qquad B = p_g(x)$$

將 $L(G, D)$ 看成 $\tilde{x}$ 的函數。根據函數極值點的必要條件，其關於 $\tilde{x}$ 的導數為 0。根據微積分的知識，被積分函數的導數應該幾乎處處為 0，即 $\frac{\partial(p_r(x)\log(D(x))+p_g(x)\log(1-D(x)))}{\partial \tilde{x}} = 0$。所以，令

$(p_r(x)\log(D(x)) + p_g(x)\log(1 - D(x))) = f(\tilde{x}) = A\log\tilde{x} + B\log(1 - \tilde{x})$ 則有

$$\begin{aligned}\frac{\mathrm{d}f(\tilde{x})}{\mathrm{d}\tilde{x}} &= A\frac{1}{\tilde{x}} - B\frac{1}{1 - \tilde{x}} = \left(\frac{A}{\tilde{x}} - \frac{B}{1 - \tilde{x}}\right) \\ &= \frac{A - (A + B)\tilde{x}}{\tilde{x}(1 - \tilde{x})}\end{aligned}$$

令 $\frac{df(\tilde{x})}{d\tilde{x}} = 0$，可以得到鑑別器損失函數 $L(G, D)$ 的極值點就是 $f(\tilde{x})$ 的極值點，公式如下。

$$D^*(x) = \tilde{x}^* = \frac{A}{A + B} = \frac{p_r(x)}{p_r(x) + p_g(x)} \in [0,1]$$

當生成器達到最佳，即生成資料的分佈和真實資料分佈完全相同時（$p_g = p_r$），鑑別器的損失函數值的極值點為 $\frac{1}{2}$。此時，鑑別器損失函數 $L(G, D)$ 的最佳值是

$$\begin{aligned}L(G, D^*) &= \int_x (p_r(x)\log(D^*(x)) + p_g(x)\log(1 - D^*(x)))\mathrm{d}x \\ &= \log\frac{1}{2}\int_x p_r(x)\mathrm{d}x + \log\frac{1}{2}\int_x p_g(x)\mathrm{d}x \\ &= -2\log2\end{aligned}$$

根據機率的性質，其中 $\int_x p_r(x)\mathrm{d}x$ 和 $\int_x p_g(x)\mathrm{d}x$ 的值都是 1。

8.6.2 Kullback-Leibler 散度和 Jensen-Shannon 散度

衡量兩個分佈是否相似的方法有兩種,即 Kullback-Leibler 散度(簡稱 KL 散度)和 Jensen-Shannon 散度(簡稱 JS 散度)。

對兩個機率分佈 p、q,它們的 Kullback-Leibler 散度為

$$D_{\mathrm{KL}}(p \parallel q) = \int_x p(x)\log\frac{p(x)}{q(x)}\,\mathrm{d}x$$

KL 散度刻畫了機率分佈 p 偏離 q 的程度。對於一個 x,如果 $p(x) = q(x)$,那麼 $\log\frac{p(x)}{q(x)} = \log 1 = 0$;如果 $p(x) \neq q(x)$,那麼 $\log\frac{p(x)}{q(x)} \neq 0$。當 p 和 q 處處相等時,$D_{\mathrm{KL}}(p \parallel q) = 0$,不然可以證明 $D_{\mathrm{KL}}(p \parallel q) > 0$。因此,當兩個分佈完全一樣或幾乎完全一樣時(幾乎處處滿足 $p(x) = q(x)$),KL 散度取最小值 0。

對於如圖 8-42 所示的兩個離散機率分佈,左圖和右圖的離散機率分佈分別是 (0.36,0.48,0.16) 和 (0.333,0.333,0.333),即 p 和 q 的機率分佈分別為 (0.36,0.48,0.16) 和 (0.333,0.333,0.333)。它們的 KL 散度為

$$\begin{aligned}
D_{\mathrm{KL}}(p \parallel q) &= \sum_{x \in \mathcal{X}} p(x)\log\left(\frac{p(x)}{q(x)}\right) \\
&= 0.36\log\frac{0.36}{0.333} + 0.48\log\frac{0.48}{0.333} + 0.16\log\frac{0.16}{0.333} \\
&= 0.0863 \\
D_{\mathrm{KL}}(q \parallel p) &= \sum_{x \in \mathcal{X}} q(x)\log\left(\frac{q(x)}{p(x)}\right) \\
&= 0.333\log\frac{0.333}{0.36} + 0.333\log\frac{0.333}{0.48} + 0.333\log\frac{0.333}{0.16} \\
&= 0.096358
\end{aligned}$$

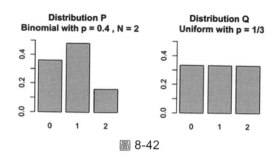

圖 8-42

KL 散度是不對稱的。當測量兩個同等重要的分佈之間的相似性時，可能會導致錯誤的結果。

再如，對於 $p(x) = \mathcal{N}(0,2)$、$q(x) = \mathcal{N}(2,2)$ 的兩個高斯分佈，其 $D_{\mathrm{KL}}(p \parallel q)$ 散度的被積分函數如圖 8-43 右圖所示，KL 散度就是陰影部分的正負面積之和。

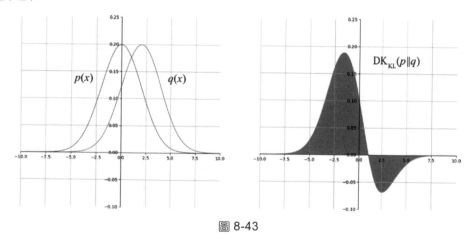

圖 8-43

對於兩個高斯分佈的機率分佈，它們的 KL 散度為

$$\mathrm{KL}(p, q) = -\int p(x)\log q(x)\mathrm{d}x + \int p(x)\log p(x)\mathrm{d}x$$

$$= \frac{1}{2}\log(2\pi\sigma_2^2) + \frac{\sigma_1^2 + (\mu_1 - \mu_2)^2}{2\sigma_2^2} - \frac{1}{2}(1 + \log 2\pi\sigma_1^2)$$

$$= \log\frac{\sigma_2}{\sigma_1} + \frac{\sigma_1^2 + (\mu_1 - \mu_2)^2}{2\sigma_2^2} - \frac{1}{2}$$

如果固定一個機率分佈，如固定 $q(x) = (0,2)$，而讓 $p(x) = (\mu, 2)$ 隨著 μ 值的變化而變化，那麼，可執行以下程式，繪製不同 μ 值所對應的 KL 散度值曲線，結果如圖 8-44 所示。

```python
import math
import matplotlib.pyplot as plt
import numpy as np
# if using a jupyter notebook
%matplotlib inline

def KL(mu1,sigma1,mu2,sigma2):
    return math.log(sigma2/sigma1) + (sigma1**2+(mu1-mu2)**2)/(2*sigma2**2)-
1/2

mus= np.arange(-12,12,0.1)
kl_values = [KL(mu,2,0,2) for mu in mus]

plt.plot(mus,kl_values)
plt.xlabel('$\mu$')
plt.ylabel('KL ')
plt.legend(['KL Value'],loc='upper center')
plt.show()
```

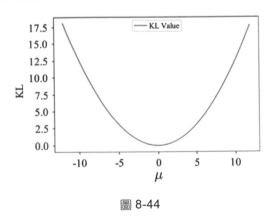

圖 8-44

可見，當 $\mu = 0$ 時，即 $p(x)$、$q(x)$ 是同一個分佈時，KL 散度最小。

JS 散度也是用於兩個分佈相似性的一種度量，公式如下。

$$D_{JS}(p \parallel q) = \frac{1}{2} D_{KL}\left(p \parallel \frac{p+q}{2}\right) + \frac{1}{2} D_{KL}\left(q \parallel \frac{p+q}{2}\right)$$

和 KL 散度不同，JS 散度是關於 p、q 對稱的，即 p、q 是同等重要的，且 JS 散度比 KL 散度更光滑。

如圖 8-45 所示，p、q 分別滿足高斯分佈 $\mathcal{N}(0,1)$、$\mathcal{N}(1,1)$，兩個分佈的平均值 $m = \frac{p+q}{2}$，KL 散度 D_{KL} 是不對稱的，但 JS 散度 D_{JS} 是對稱的。左上圖是兩個機率分佈 $p(x)$、$q(x)$，右上圖是 $\text{KL}(p \parallel q)$、$\text{KL}(q \parallel p)$ 的被積分函數，左下圖是 $\text{KL}(p \parallel m)$、$\text{KL}(q \parallel m)$ 的被積分函數，右下圖是 $\text{JS}(p \parallel q)$ 的被積分函數。

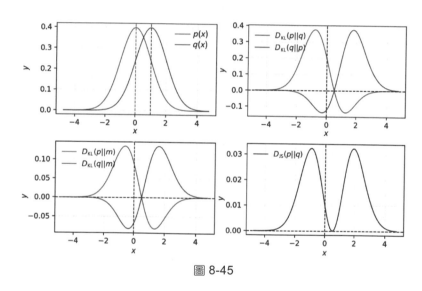

圖 8-45

對 JS 散度做以下變換：

$$
\begin{aligned}
D_{JS}(p_r \parallel p_g) =\ & \frac{1}{2} D_{KL}\left(p_g \parallel \frac{p_r+p_g}{2}\right) + \frac{1}{2} D_{KL}\left(p_g \parallel \frac{p_r+p_g}{2}\right) \\
=\ & \frac{1}{2}\left(\log 2 + \int_x p_r(x) \log \frac{p_r(x)}{p_r(x)+p_g(x)} \,\mathrm{d}x\right) + \\
& \frac{1}{2}\left(\log 2 + \int_x p_g(x) \log \frac{p_g(x)}{p_r(x)+p_g(x)} \,\mathrm{d}x\right) \\
=\ & \frac{1}{2}\left(\log 4 + L(G, D^*)\right)
\end{aligned}
$$

可知當鑑別器最佳時，JS 散度 $D_{JS}(p_r \parallel p_g)$ 和 $L(G, D^*)$ 僅相差常數 $\frac{1}{2}\log4$。因此，GAN 的損失函數可以透過 JS 散度來量化生成資料分佈 p_g 和實際樣本分佈 p_r 之間的相似度，公式如下。

$$L(G, D^*) = 2D_{JS}(p_r \parallel p_g) - 2\log2$$

當生成器最佳時，生成資料分佈和真實資料分佈完全一致，第 1 項為 0。生成器和鑑別器都達到最佳時的損失函數值，公式如下。

$$L(G^*, D^*) = 0 - 2\log2 = -2\log2$$

8.6.3 生成對抗網路的最大似然解釋

前面從真實資料分佈和生成資料分佈應該盡可能一致的角度，解釋了 GAN 的損失函數和 JS 散度的關係。JS 散度就是兩個 KL 散度的和。按照最大似然估計的觀點，也可以發現 GAN 損失函數和 KL 散度之間的關係。

對於一組真實資料 $(x_1, x_2, \cdots, x_n)$，其服從的分佈是 p_r，生成器 $G(\theta)$ 生成這些真實資料的機率為 $(p_\theta(x_1), p_\theta(x_2), \cdots, p_\theta(x_n))$。如果 $G(\theta)$ 達到最佳，那麼生成器 $G(\theta)$ 應以最大的機率（可能性）生成這些真實資料，即生成器生成這些真實資料的機率應最大化，求滿足下列最大值的生成器參數 θ。

$$\arg\max_\theta p(\theta; x_1, \ldots, x_n) = \arg\max_\theta \prod_{i=1}^{n} p_\theta(x_i)$$

同樣，為了提高計算的穩定性，可以用上述機率乘積的對數代替乘積，這樣做不會改變函數的極值點。因此，問題歸結為求

$$\arg\max_\theta \log p(\theta; x_1, \ldots, x_n) = \arg\max_\theta \log \prod_{i=1}^{n} p_\theta(x_i)$$

$$= \arg\max_\theta \sum_{i=1}^{n} \log p_\theta(x_i)$$

因為這些 x_i 是真實資料，它們服從真實資料的分佈 p_r，所以，如果 n 趨近於無窮，那麼上式最右項的累加和可以表示為積分的形式，公式如下。

$$\arg\max_\theta \sum_{i=1}^n \log p_\theta(x_i) = \arg\max_\theta \int_x p_r(x)\log p_\theta(x)\mathrm{d}x$$

對上式等號右邊的這個積分，可以增加一個常數值 $-\int_x p_r(x)\log p_r(x)\mathrm{d}x$，這樣做不會改變其極值點。因此，有

$$
\begin{aligned}
\arg\max_\theta \int_x p_r(x)\log p_\theta(x)\mathrm{d}x &= \arg\max_\theta(-\int_x p_r(x)\log p_r(x)\mathrm{d}x + \int_x p_r(x)\log p_\theta(x)\mathrm{d}x) \\
&= \arg\min_\theta(\int_x p_r(x)\log p_r(x)\mathrm{d}x - \int_x p_r(x)\log p_\theta(x)\mathrm{d}x) \\
&= \arg\min_\theta(\int_x p_r(x)\log \frac{p_r(x)}{p_\theta(x)}\mathrm{d}x \\
&= \arg\min_\theta \mathrm{KL}(p_r \parallel p_\theta)
\end{aligned}
$$

因此，讓生成器 $G(\theta)$ 最大化真實資料的似然機率，相等於最小化上面的真實資料分佈 p_r 和生成資料分佈 p_θ 的 KL 散度。

▌ 8.7 改進的損失函數──Wasserstein GAN

GAN 模型的訓練非常不穩定。解決這一問題的主要途徑有兩個：一是尋找能夠穩定學習的架構，二是修改損失函數，即用新的損失函數代替原來的損失函數。Wasserstein GAN（WGAN）就屬於後者。

8.7.1 Wasserstein GAN 的原理

WGAN 用兩個分佈之間的 Wasserstein 距離定義了新的損失函數，以代替 GAN 原始論文中的 JS 散度。

WGAN 從數學的角度分析了 GAN 訓練不穩定的原因，認為 GAN 的本質是在最佳化真實資料分佈和生成資料分佈的 JS 散度。KL 散度和 JS 散度是透過測量兩個分佈對應隨機變數機率密度的差異性作為兩個分佈的相似性

度量的,對於不重疊的兩個分佈,其 JS 散度總是 2。假設有兩個不同的生成資料分佈,當它們都與真實分佈不重疊時,就無法透過 JS 散度判斷哪個分佈距離真實分佈更近一些,從而無法使生成資料的分佈逐漸向真實資料的分佈接近。

GAN 生成的分佈與真實資料分佈不重疊的情況是大機率會發生的,這也是原始的 GAN 難以訓練的原因之一。WGAN 的作者提出用 Wasserstein Distance 代替原始 GAN 的 JS 散度來刻畫兩個分佈的距離。Wasserstein Distance 也稱為**推土機距離**(Earth Mover's Distance,EM 距離)。EM 距離不直接測量兩個分佈所對應的隨機變數機率密度的差異性,而是計算將一個分佈轉為另外一個分佈所消耗的能量:如果一個分佈 p_1 比另一個分佈 p_2 能以更小的能量轉為目標分佈 q,則 p_1 和 q 的 EM 距離就比 p_2 和 q 的 EM 距離小。

將分佈 $p(x)$、$q(y)$ 看成兩堆土,EM 距離衡量的是如何將形狀為 $p(x)$ 的一堆土透過某種移動方案轉為 $q(y)$ 那堆土的形狀。

如圖 8-46 所示,上圖的彩色隨機變數在 $x = 1$、$x = 8$ 處的機率分別為 $\frac{3}{4}$、$\frac{3}{4}$,可以將這些概率看成是位於 $x = 1$、$x = 3$ 處的一堆土或磚塊。白色隨機變數在 $x = 1$、$x = 8$ 處的機率分別為 $\frac{2}{4}$、$\frac{2}{4}$,可以將這些機率看成是位於 $y = 5$、$y = 6$ 處的一堆土或磚塊。下圖表格表示的是 (x, y) 的組合所對應的距離 $\| x - y \|$。

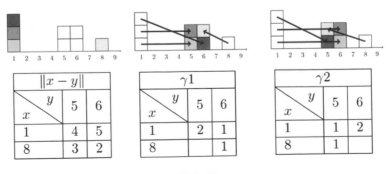

圖 8-46

要將 $p(x)$ 變成 $q(y)$，就需要移動這堆土或磚塊。舉例來說，可以按圖 8-46 中間一列的移動計畫，將 $p(x)$ 的土或磚塊變換到目標 $q(y)$，此時的移動代價是

$$2/4 \times (5-1) + 1/4 \times (6-1) + 1/4 \times (8-6) = (8+5+2)/4 = 15/4$$

也可以按圖 8-46 右邊間一列的移動計畫，將 $p(x)$ 的土或磚塊變換到目標 $q(y)$，此時的移動代價是

$$2/4 \times (6-1) + 1/4 \times (5-1) + 1/4 \times (8-5) = (10+4+3)/4 = 17/4。$$

可見，不同的移動計畫，其移動代價是不一樣的。用 γ 表示一個移動計畫，$\gamma(x,y)$ 表示從 x 到 y 的運土量，$\|x-y\|$ 表示運動的距離，$\gamma(x,y) \cdot \|x-y\|$ 就是從 x 到 y 運送 $\gamma(x,y)$ 的代價（Cost）。這個移動計畫的代價就是所有 $\gamma(x,y) \cdot \|x-y\|$ 之和，公式如下。

$$\sum \gamma(x,y) \| x-y \|$$

這個 $\gamma(x,y)$ 可表示為一個運土量佔總量的百分比，這個百分比就相當於一個機率（因為所有可能的 $\gamma(x,y)$ 不僅大於等於 0，而且它們的 $\gamma(x,y)$ 之和 $\sum \gamma(x,y)$ 為 1，即滿足機率的條件），即 $\gamma(x,y)$ 是隨機變數 (x,y) 的聯合機率分佈，運送的距離 $\|x-y\|$ 是隨機變數 (x,y) 的函數。那麼，對一個移動計畫 γ 來說，其移動代價就是隨機變數 $\|x-y\|$ 關於這個機率 $\gamma(x,y)$ 的數學期望

$$\sum \gamma(x,y) \| x-y \| = \mathbb{E}_{(x,y)\sim\gamma}[\| x-y \|]$$

將 $p(x)$ 變換為 $q(y)$ 的 EM 距離定義為所有可能移動計畫的移動代價的最小值，更準確的數學術語就是所有可能移動計畫的移動代價的下確界，其數學符號為 inf。因此，EM 距離定義為

$$W(p,q) = \inf_{\gamma\sim\Pi(p,q)} \mathbb{E}_{(x,y)\sim\gamma}[\| x-y \|]$$

$\Pi(p,q)$ 是所有可能的移動計畫，$\gamma \in \Pi(p,q)$ 表示將 $p(x)$ 變換為 $q(y)$ 的某個移動計畫。

設 p_r、p_g 分別是真實資料和生成資料的機率密度，γ 表示將機率分佈 p_r 轉

為 p_g 的某個移動計畫，則這兩個分佈之間的 EM 距離是

$$W(p_r, p_g) = \inf_{\gamma \sim \Pi(p_r, p_g)} \mathbb{E}_{(x,y) \sim \gamma} [\| x - y \|]$$

上式表示將分佈 p_r 變換成分佈 p_g 所要付出的最小代價。EM 距離是對稱的，所以上式也表示將分佈 p_g 變換為分佈 p_r 所要付出的最小代價。

因為無法枚舉無窮多的移動計畫 γ，所以計算這個距離是不可行的。透過稱為 Kantorovich-Rubenstein 對偶的複雜數學推導，可以轉為下面的距離計算

$$W(P_r, P_\theta) = \sup_{\|f\|_L \leq 1} \mathbb{E}_{x \sim P_r} f(x) - \mathbb{E}_{x \sim P_\theta} f(x)$$

其中，sup 是**上確界**表示大於所有值的最小值，f 是 $1 - \text{Lipschitz}$ 函數，即 f 滿足下列條件：

$$|f(x_1) - f(x_2)| \leq |x_1 - x_2|$$

對於這樣一個函數，$\mathbb{E}_{x \sim P_r} f(x)$ 是服從真實資料分佈 p_r 的 x，即真實資料的函數值 $f(x)$ 的期望（平均值），$\mathbb{E}_{x \sim P_\theta} f(x)$ 是服從生成資料分佈 p_g 的 x，即生成資料的函數值 $f(x)$ 的期望（平均值）。

因此，只要用一些真實資料 x 的 $f(x)$ 的平均值就可以估計 $\mathbb{E}_{x \sim P_r} f(x)$ 了。同樣，只要用一些生成資料 x 的 $f(x)$ 的平均值，就可以估計 $\mathbb{E}_{x \sim P_\theta} f(x)$，如

$$\mathbb{E}_{x \sim P_r} f(x) = \sum_{1}^{m} f(\text{real\_}x_i)$$

$$\mathbb{E}_{x \sim P_\theta} f(x) = \sum_{1}^{n} f(\text{fake\_}x_i)$$

其中，$\text{real\_}x_i$、$\text{fake\_}x_i$ 分別是一些真實和生成資料。這樣，EM 距離的估算就變得非常簡單了。

在 GAN 的訓練中，$f(x)$ 就是生成器的神經網路函數，但必須要保證它滿足上述 $1 - \text{Lipschitz}$ 函數的條件。在 WGAN 原始論文中，是透過**權重裁**

剪的實踐技巧限制權重參數的大小來保證這一點的,即將權重參數限制在 $[-c, c]$ 內。通常 $c = 0.01$,也有設定成 $c = 0.1$ 或 $c = 0.001$ 的,即 c 也是一個需要偵錯的參數。

對於生成器,得到上確界,就是得到 $\mathbb{E}_{x \sim P_r} f(x) - \mathbb{E}_{x \sim P_\theta} f(x)$ 的最大值。可以透過梯度上升法更新其參數(如 w),即使 Wasserstein 距離盡可能大,以提高區分真實資料和生成資料的能力,而生成器希望最小化 Wasserstein 距離,因此,可以用梯度下降法更新其參數(如 θ)。對於生成器,只需要最小化 $-\mathbb{E}_{x \sim P_\theta} f(x)$。

WGAN 的損失函數是 $f(x)$ 或 $-f(x)$ 的和,損失函數關於 $f(x)$ 的梯度就是 1 或 -1),因此,WGAN 的損失函數及其梯度的計算更加簡單,只要將 GAN 程式中計算損失函數和計算損失函數關於 $f(x)$ 的梯度的程式稍作修改即可。WGAN 演算法虛擬程式碼,如圖 8-47 所示。

Algorithm 1 WGAN, our proposed algorithm. All experiments in the paper used the default values $\alpha = 0.00005$, $c = 0.01$, $m = 64$, $n_{\text{critic}} = 5$.

Require : : α, the learning rate. c, the clipping parameter. m, the batch size.
    n_{critic}, the number of iterations of the critic per generator iteration.
Require : : w_0, initial critic parameters. θ_0, initial generator's parameters.

1: **while** θ has not converged **do**
2:     **for** $t = 0, ..., n_{\text{critic}}$ **do**
3:         Sample $\{x^{(i)}\}_{i=1}^m \sim \mathbb{P}_r$ a batch from the real data.
4:         Sample $\{z^{(i)}\}_{i=1}^m \sim p(z)$ a batch of prior samples.
5:         $g_w \leftarrow \nabla_w \left[\frac{1}{m} \sum_{i=1}^m f_w(x^{(i)}) - \frac{1}{m} \sum_{i=1}^m f_w(g_\theta(z^{(i)})) \right]$
6:         $w \leftarrow w + \alpha \cdot \text{RMSProp}(w, g_w)$
7:         $w \leftarrow \text{clip}(w, -c, c)$
8:     **end for**
9:     Sample $\{z^{(i)}\}_{i=1}^m \sim p(z)$ a batch of prior samples.
10:    $g_\theta \leftarrow -\nabla_\theta \frac{1}{m} \sum_{i=1}^m f_w(g_\theta(z^{(i)}))$
11:    $\theta \leftarrow \theta - \alpha \cdot \text{RMSProp}(\theta, g_\theta)$
12: **end while**

圖 8-47

後來還有人提出了一些改進的 WGAN。舉例來説,Improved WGAN (WGAN-GP)在損失函數中增加了一個梯度懲罰項,以代替權重參數的裁剪,公式如下。

$$L(p_r, p_g) = \mathbb{E}_{\tilde{x} \sim p_g}[f(\tilde{x})] - \mathbb{E}_{x \sim p_r}[f(x))] + \mathbb{E}_{\hat{x} \sim p_{\hat{x}}}[(| \parallel \nabla f(\hat{x}) \parallel_2 - 1)^2]$$

$\mathbb{E}_{\tilde{x} \sim p_g}[f(\tilde{x})] - \mathbb{E}_{x \sim p_r}[f(x))]$ 是負的 Wasserstein 距離，即 $-W(p_g, p_r)$。$\mathbb{E}_{\hat{x} \sim p_{\hat{x}}}[(\| \nabla f(\hat{x}) \|_2 - 1)^2]$ 是梯度懲罰項，它將梯度的絕對值盡可能限制在單位長度內，從而防止梯度爆炸和梯度消失。

權重參數的裁剪主要防止權重參數過大，從而保證神經網路函數仍然是一個 $1 - $ Lipschitz 函數。梯度懲罰項類似於模型參數的正則項，也是為了防止梯度爆炸導致梯度更新過程中的參數變大，將梯度限制在一定範圍內，從而將模型參數限制在一定範圍內。

近來的實踐表明，WGAN、WGAN GP 其實並不比 GAN 優越。因此，在實踐中，人們還是習慣用最原始的 GAN。

8.7.2 Wasserstein GAN 的程式實現

根據 WGAN 的損失函數，對前面的 D_train() 和 G_train() 函數稍作修改，就獲得了以下採用 WGAN 損失的鑑別器和生成器訓練函數 WGAN_D_train() 和 WGAN_G_train()。

```python
#==============鑑別器的一趟訓練過程=====================#
def WGAN_D_train(D,D_optimizer,x_real,x_fake,clip_value = 0.01,reg = 1e-3):
    assert(x_real.shape[0]==x_fake.shape[0])
    # 1. 梯度重置為 0
    D_optimizer.zero_grad()

    # 2. 計算損失和梯度
    f_real = D(x_real)
    m = f_real.size
    real_loss = np.mean(f_real)
    real_grad = (1/m)*np.ones(f_real.shape)
    D.backward(-real_grad,reg)

    f_fake = D(x_fake)
    assert(f_fake.size==f_real.size)
    fake_loss =  np.mean(f_fake)
    fake_grad = (1/m)*np.ones(f_fake.shape)
    D.backward(fake_grad,reg)
```

```
    loss = (real_loss - fake_loss)
    #loss += D.reg_loss(reg)
    # 4. 更新梯度
    D_optimizer.step()

    #3. 裁剪梯度 Weight clipping
    for i,_ in enumerate(D_optimizer.params):
        D_optimizer.params[i][0][:] = np.clip(D_optimizer.params[i][0],-clip_value, \
                                  clip_value)
    return loss


#================生成器的一趟訓練過程=====================#
def WGAN_G_train(D,G,G_optimizer,z,clip_value = 0.01,reg = 1e-3):
    # 1. 梯度重置為 0
    G_optimizer.zero_grad()

    # 2. 計算損失和梯度
    x_fake = G(z)
    f_fake = D(x_fake)
    loss = -np.mean(f_fake)
    m = f_fake.size
    grad = -(1/m)*np.ones(f_fake.shape)

    grad = D.backward(grad)
    G.backward(grad,reg)
    #loss += G.reg_loss(reg)

    # 3. 更新梯度
    G_optimizer.step()
    return loss

def WGAN_train(D,G,D_optimizer,G_optimizer,real_dataset,noise_z,iterations=10000, \
            reg = 1e-3,
            clip_value=0.01,n_critic = 4, show_result = None,print_n = 20):
    iter = 0
    D_losses = []
    G_losses = []

    while iter< iterations:
```

```
        #訓練鑑別器
        x_real = next(real_dataset)
        x_fake = G(next(noise_z))
        D_loss = WGAN_D_train(D,D_optimizer,x_real,x_fake,clip_value,reg)

        #訓練生成器
        if iter%n_critic==0:
            G_loss = WGAN_G_train(D,G,G_optimizer,next(noise_z),clip_value,reg)
        if iter % print_n == 0:
            print(iter,"iter:","D_loss",D_loss,"G_loss",G_loss)
            D_losses.append(D_loss)
            G_losses.append(G_loss)
            if show_result:
                show_result(D,G,D_losses,G_losses)
        iter += 1

    return D_losses,G_losses
```

對於 8.5.1 節的一組實數的 GAN 模型，可以用上述 WGAN 損失函數進行
訓練，程式如下。

```
from NeuralNetwork import *
#from util import *

np.random.seed(0)

hidden = 4
D = NeuralNetwork()
D.add_layer(Dense(1, hidden))
D.add_layer(Leaky_relu(0.2)) #Relu()) #
D.add_layer(Dense(hidden, 1))
#D.add_layer(Sigmoid())

G = NeuralNetwork()
z_dim = 1                                #隱變數的維度
G.add_layer(Dense(z_dim, hidden))
G.add_layer(Leaky_relu(0.2)) #Relu()) #
G.add_layer(Dense(hidden, 1))
```

```
#定義訓練 G 和 D 的最佳化器演算法物件
D_lr = 0.0003 #1e-4
G_lr = 0.0001 #1e-4
beta_1,beta_2 = 0.9,0.999
D_optimizer = Adam(D.parameters(),D_lr,beta_1,beta_2)
G_optimizer = Adam(G.parameters(),G_lr,beta_1,beta_2)

from util import *
clip_value = 0.01
reg  = 0 #1e-5 #1e-5e-
iterations  = 200000 #100000
n_critic = 1 #5
print_n =500
D_losses,G_losses = WGAN_train(D,G,D_optimizer,G_optimizer,data_it,noise_it, \
                        iterations,reg,clip_value,n_critic,show_result, \
                        print_n)
```

訓練的結果如下，如圖 8-48 所示。

```
...
500 iter: D_loss 0.0011615003991261863 G_loss -0.01023799847202126
27000 iter: D_loss -8.578426744787482e-07 G_loss -0.009488053321470099
...
90000 iter: D_loss 1.3109091936969186e-11 G_loss -0.009999930339860416
...
199500 iter: D_loss 4.4971589611975116e-09 G_loss -0.01000896809522164
```

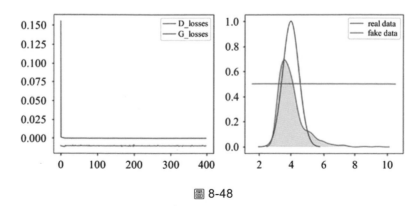

圖 8-48

D_loss 是生成資料和真實資料的分佈的 Wasserstein 距離，隨著疊代不斷
收斂到 0，表示逐漸收斂。

▋ 8.8　深度卷積對抗網路

最基本的 GAN 是用全連接神經網路表示鑑別器和生成器函數，對於圖型
這種具有空間結構的資料，GAN 的訓練不穩定，也難以產生高品質的生成
資料。Radford 等人提出的深度卷積對抗網路（Deep Convolutional
Generative Adversarial Networks，DCGAN）是對基本 GAN 的擴充，其想
法是用卷積神經網路表示生成器和鑑別器，從而更進一步地處理圖型這種
具有空間結構的資料。

鑑別器就是一個二分類函數，可以用一個卷積神經網路表示。這個鑑別器
可以透過卷積（包括池化）運算將圖型的解析度不斷從高到低地降低，直
到最後的全連接層轉為一個表示二分類的得分值。那麼，生成器如何將低
維的一維隱向量轉為一個高維的多通道圖型（特徵圖）呢？

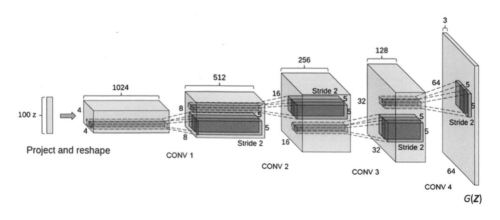

圖 8-49

普通的卷積運算是一種<u>下取樣</u>（Downsampling），可以將高解析度特徵圖
轉為低解析度的特徵圖，但無法將低維隱向量轉為高維的圖型。和普通的

卷積運算正好相反，**轉置卷積**運算（Transposed Convolutions）屬於**上取樣**（Upscaling）運算，可以將低解析度的特徵圖轉為高解析度的特徵圖。轉置卷積也稱為**分數跨度卷積**（Fractionally-Strided Convolution），有的文獻稱其為**反卷積**（Deconvolution），但這裡的反卷積和通常數學上的反卷積不是同一個概念，因此，一般使用前兩個術語。如圖 8-49 所示，用 4 個轉置卷積層將一個長度是 100 的向量轉為 $3 \times 64 \times 64$ 的彩色圖型。

為了使訓練更加穩定，DCGAN 論文還做了幾點改進：鑑別器網路去除了全連接層，並用跨度卷積（Strided Convolution）代替池化操作；生成器和鑑別器網路都採用批歸一化；生成器除輸出層採用 tanh 啟動函數，其他所有層都採用 ReLU 啟動函數，鑑別器的所有層都採用 LeakyReLU 啟動函數。

為了實現 DCGAN，必須先實現轉置卷積，下面討論轉置卷積的原理和實現。

8.8.1 一維轉置卷積

對於長度為 5 的輸入向量 $x = (x_0, x_1, x_2, x_3, x_4)$，執行卷積核心寬度為 3、跨度和填充分別為 1 和 0 的一維卷積，其過程如圖 8-50 所示。

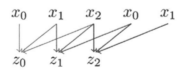

圖 8-50

如果輸入向量的長度為 n，卷積核心寬度為 k，那麼，經過跨度為 s 和左右各填充均為 p 的卷積運算，產生的結果張量的長度為 $o = \frac{n-k+2\times p}{s} + 1$。本例結果張量的長度為 $o = \frac{5-3+0}{1} + 1 = 3$。

可以看出，如果不填充，卷積的結果向量長度往往小於輸入向量的長度。

卷積將一個和卷積核心形狀、大小相同的資料區塊透過和卷積核心計算累加和，得到一個輸出值，即一個資料區塊和卷積核心運算產生一個輸出值。卷積核心沿著資料按照跨度移動，和遇到的每個對應資料區塊產生一個輸出值。

轉置卷積和卷積正好相反，對於輸入張量的每個元素，將該元素和卷積核心的每個元素相乘，產生和卷積核心形狀相同的輸出，即對輸入張量的每個元素產生一個和卷積核心數目相同的元素，如圖 8-51 所示。

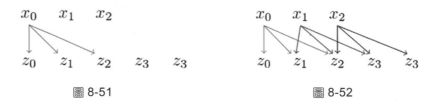

圖 8-51   圖 8-52

將寬度為 3 的卷積核心對準輸入 $x = (x_0, x_1, x_2)$ 的第一個元素 x_0，x_0 和卷積核心的每個元素相乘分別得到一個輸出值。由於卷積核心的寬度為 3，因此產生了 3 個輸出值。如果執行跨度為 1 的轉置卷積，則卷積核心滑動到 x_1，又會產生 3 個輸出值，直到輸入的最後一個元素為止，如圖 8-52 所示。如圖 8-53 所示是一個具體的例子，即卷積核心 $(1,2,-1)$ 和輸入一維張量 $(5,15,12)$ 的轉置卷積。

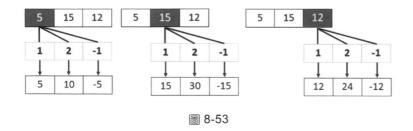

圖 8-53

如圖 8-54 所示，在轉置卷積的運算中，每個元素和卷積核心執行逐元素相乘，輸出的 3 個值要累加到對應位置的輸出向量元素中。

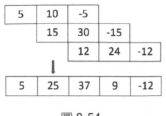

圖 8-54

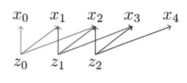

圖 8-55

如果將圖 8-52 中卷積運算的 z 當成轉置卷積的輸入,將 x 當成轉置卷積的輸出,則轉置計算過程如圖 8-55 所示。

可見,轉置卷積的計算過程是卷積過程的逆向過程,正如卷積的反向求導是卷積的逆過程一樣。因此,轉置卷積的計算過程和卷積的反向求導的過程是完全類似的,都是將一個輸入值透過卷積核心進行分配,累加到輸出向量中。

根據卷積的輸出和輸入向量、跨度、填充的關係,可以得到轉置卷積的輸出和輸入向量、跨度、填充的關係。設輸入張量長度為 o,經過跨度為 s 和左右填充為 p 的轉置卷積運算產生的結果張量的長度為 $n = (o - 1) \times s + k - 2 \times p$。對於上面例子中的轉置卷積運算,結果張量長度為 $(3 - 1) \times 1 + 3 - 0 = 5$。

卷積可以用矩陣乘法實現其正向計算和反向求導,因此,轉置卷積也可以用矩陣乘法實現其正向計算和反向求導。轉置卷積的正向計算完全類似於卷積的反向求導,轉置卷積的反向求導則類似於卷積的正向計算。

回顧 6.3.3 節的一維卷積的反向求導過程,其計算公式為

$$\mathrm{d}\boldsymbol{x}_{\mathrm{row}} = \mathrm{d}\boldsymbol{z}_{\mathrm{row}} \boldsymbol{K}_{\mathrm{col}}^{\mathrm{T}}$$

將其中的 $\mathrm{d}\boldsymbol{z}_{\mathrm{row}}$ 看成轉置卷積的輸入,將 $\mathrm{d}\boldsymbol{x}_{\mathrm{row}}$ 看成轉置卷積的輸出,可以得到轉置卷積的正向計算的矩陣乘法公式,具體如下。

$$\boldsymbol{z}_{row} = \boldsymbol{x}_{row} \boldsymbol{K}_{col}^{\mathrm{T}}$$

其中,$\boldsymbol{x}_{\mathrm{row}}$ 是轉置卷積的輸入,$\boldsymbol{z}_{\mathrm{row}}$ 是轉置卷積的輸出,$\boldsymbol{K}_{\mathrm{col}}$ 是卷積核心的列向量表示。對於上面的具體例子,計算過程為

$$z_{\text{row}} = x_{\text{row}} k_{\text{col}} = \begin{bmatrix} x_0 \\ x_1 \\ x_2 \end{bmatrix} [k_0 \quad k_1 \quad k_2] = \begin{bmatrix} 5 \\ 15 \\ 12 \end{bmatrix} [1 \quad 2 \quad -1] = \begin{bmatrix} 5 & 15 & 12 \\ 15 & 30 & -15 \\ 12 & 24 & -12 \end{bmatrix}$$

和卷積的反向求導一樣,這個攤平的 z_{row} 的每一行表示一次的分配計算,需要將每一行累加到最終的輸出 z 的對應位置上。將 z_{row} 轉為 z 的過程,可以用卷積反向求導將 dx_{row} 轉為 dx 的那個函數 row2im() 來完成。因此,一般都是按照卷積的反向求導過程對轉置卷積做正向計算的。同樣,可按照卷積的正向計算過程對轉置卷積進行反向求導。作為練習,讀者可以嘗試寫出一維轉置卷積的正向計算和反向求導程式。

下面再看一些不同跨度和填充的轉置卷積的過程。如圖 8-56 所示是輸入長度為 3、卷積核心長度為 3、跨度為 2、填充為 0 的轉置卷積。如圖 8-57 所示是輸入長度為 3、卷積核心長度為 3、跨度為 2、左右填充各為 1 的轉置卷積。

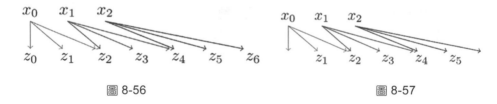

圖 8-56   圖 8-57

可見,填充長度為 1 時的輸出的最左邊和最右邊的元素都沒有被計入輸出張量。只要用轉置卷積類比卷積的逆過程,就可以了解壓縮含跨度和填充的轉置卷積的計算過程了。

8.8.2 二維轉置卷積

和一維轉置卷積是一維卷積的逆向過程一樣,二維轉置卷積是二維卷積的逆向過程。

如圖 8-58 所示,對於卷積運算,將下面的看成輸入、上面的看成輸出,表示的是對一個 4×4 輸入透過一個 3×3 的卷積核心,執行跨度為 1、填充為 0 的卷積,獲得了形狀為 2×2 的輸出。同樣的圖也可以看成上面的是輸入、下面的是輸出，表示的是 2 × 2 的輸入用 3 × 3 卷積核心執行跨度為 1、填充為 0 的轉置卷積，得到形狀為 4 × 4 的輸出。

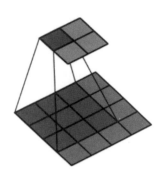

圖 8-58

二維轉置卷積的矩陣乘法實現和一維轉置卷積的矩陣乘法實現過程是一樣的，即用對應的二維卷積的反向求導和正向計算過程，分別實現二維轉置卷積的正向計算和反向求導過程。

因此，只要修改一下前面已經實現的卷積運算的類別 Conv_fast，將 Conv_fast 類別的 backward()和 forward() 方法轉為轉置卷積的實現類別 Conv_transpose 的 forward() 和 backward() 方法即可。舉例來說，對於輸入 x，可以將它看成損失函數關於卷積輸出的梯度。先將其攤平為一個矩陣，即攤平為形狀類似 $(N * oH * oW, F)$ 的矩陣，第 1 軸表示每個元素，第 2 軸表示輸出通道數目，從而轉換成 X_{row} 的矩陣，程式如下。

```
X_row = X.transpose(0,2,3,1).reshape(-1,F)
```

然後，根據反向求導公式可計算出這個轉置卷積的輸出的攤平矩陣 Z_{row}，程式如下。

```
Z_row = np.dot(X_row,K_col.T)
```

最後，根據卷積反向求導過程，將 Z_{row} 的每一行分配累加到最終的輸出 Z。這個過程可以直接借助 row2im() 函數或 row2im_indices() 函數完成，程式如下。

```
Z = row2im_indices(Z_row,Z_shape,self.kH,self.kW,S =self.S,P = self.P)
```

同樣，轉置卷積的反向求導類似於卷積的正向計算過程。首先，將損失函數關於 *Z* 的梯度 dz 用 im2row() 或 im2row_indices() 函數攤平為一個矩陣 dZ_row，其中的每一行表示一個資料區塊，然後，計算轉置卷積的輸入 *X* 的梯度，程式如下。

```
dX_row = dZ_row @ K_col
```

這樣，就可以得到關於 *X* 的梯度的攤平矩陣 dX_row 了。最後，將這個攤平矩陣轉換成和 *X* 形狀相同的四維張量，程式如下。

```
dX = dX_row.reshape(N,self.H,self.W,self.C)
dX = dX.transpose(0,3,1,2)
```

對於模型 K 的梯度 dK_col，計算過程也是類似的，而將攤平矩陣 dK_col 的形狀轉換成和 K 相同的形狀更為直接，程式如下。

```
dK_col = self.X_row.T@dZ_row
dK = dK_col.reshape(self.K.shape)
```

根據上面的分析，可以寫出轉置卷積的類別 Conv_transpose，程式如下。

```
class Conv_transpose():
    def __init__(self, in_channels, out_channels,
kernel_size,stride=1,padding=0):
                super().__init__()
            self.C = in_channels
            self.F = out_channels
            self.kH = kernel_size
            self.kW = kernel_size
            self.S = stride
            self.P = padding
            # filters is a 3d array with dimensions (num_filters, self.K,
self.K)
            # you can also use Xavier Initialization.
            #self.K = np.random.randn(self.F, self.C, self.kH, self.kW)
#/(self.K*self.K)
            #self.K = np.random.randn(self.C, self.F, self.kH, self.kW)
```

```
#/(self.K*self.K)
        self.K = np.random.normal(0,1,(self.C, self.F, self.kH, self.kW))
        self.b = np.zeros((1,self.F)) #,1))
        self.params = [self.K,self.b]
        self.grads = [np.zeros_like(self.K),np.zeros_like(self.b)]
        self.X = None

        self.reset_parameters()

    def reset_parameters(self):
        kaiming_uniform(self.K, a=math.sqrt(5))
        if self.b is not None:
            fan_in, _ = calculate_fan_in_and_fan_out(self.K)
            #fan_in = self.F
            bound = 1 / math.sqrt(fan_in)
            self.b[:] = np.random.uniform(-bound,bound,(self.b.shape))

    def forward(self,X):
        '''
        X:       (N,C,H,W)
        K:       (F,C,kH,kW)
        Z:       (N,F,oH,oW)
        X_row:   (N*oH*oW, C*kH*kW)
        K_col:   (C*kH*kW, F)
        Z_row = X_row*K_col:  (N*oH*oW, C*kH*kW)*(C*kH*kW, F) = (N*oH*oW, F)

        dK_col = X_row.T @dZ_row: (C*kH*kW,N*oH*oW)*(N*oH*oW, F) = (C*kH*kW,F)
        dX_row = dZ_row@K_col.T = (N*oH*oW, F) * (F, C*kH*kW) = (N*oH*oW,
C*kH*kW)
        '''
        #轉為多通道
        self.X = X
        if len(X.shape)==1:
            X = X.reshape(X.shape[0],1,1,1)
        elif len(X.shape)==2:
            X = X.reshape(X.shape[0],X.shape[1],1,1)

        self.N,self.H,self.W = X.shape[0], X.shape[2], X.shape[3]
        S,P,kH,kW = self.S, self.P,self.kH,self.kW
```

```
            self.oH =self.S*(self.H-1)+kH-2*P
            self.oW = self.S*(self.W - 1)+kW - 2*P

            K = self.K
            #將(N,F,oH,oW)轉為(N,oH,oW,F)，然後攤平為(-1,F)
            F = X.shape[1]
            #assert(F==self.F)
            X_row = X.transpose(0,2,3,1).reshape(-1,F)         #(N*oH*oW,F)
            K_col = K.reshape(K.shape[0],-1).transpose()       #攤平

            Z_row = np.dot(X_row,K_col.T)

            Z_shape = (self.N,self.F,self.oH,self.oW)
            Z = row2im_indices(Z_row,Z_shape,self.kH,self.kW,S =self.S,P = self.P)

            self.b = self.b.reshape(1,self.F,1,1)
            Z+= self.b

            self.X_row = X_row
            return Z


    def __call__(self,X):
        return self.forward(X)

    def backward(self,dZ):
        N,F,oH,oW = dZ.shape[0], dZ.shape[1],dZ.shape[2], dZ.shape[3]
        S,P,kH,kW = self.S, self.P,self.kH,self.kW

        dZ_row = im2row_indices(dZ,self.kH,self.kW,S=self.S,P=self.P)
        K_col = self.K.reshape(self.K.shape[0],-1).transpose()     #攤平

        dX_row = dZ_row @ K_col    # (o,f) = (9,18)(18,1) = (9,1)

        dK_col = self.X_row.T@dZ_row  #(1,9)(9,18)    #Z_row = X_row @ K_col
        dK = dK_col.reshape(self.K.shape)

        db = np.sum(dZ,axis=(0,2,3))
        db = db.reshape(-1,F)
```

```
        # (N*H*W, C)
        dX = dX_row.reshape(N,self.H,self.W,self.C)
        dX = dX.transpose(0,3,1,2)

        self.grads[0] += dK
        self.grads[1] += db

        return dX

    #--------增加正則項的梯度-----
    def reg_grad(self,reg):
        self.grads[0]+= 2*reg * self.K

    def reg_loss(self,reg):
        return  reg*np.sum(self.K**2)

    def reg_loss_grad(self,reg):
        self.grads[0]+= 2*reg * self.K
        return  reg*np.sum(self.K**2)
```

注意：人們有時用卷積運算來模擬轉置卷積的計算過程，但這種模擬過程不但複雜，而且計算量很大，因此沒有實際意義。

8.8.3 卷積對抗網路的程式實現

借助轉置卷積，可以將一個低維的隱向量轉為一個高解析度的圖型。因此，卷積對抗網路的生成器可以用帶有轉置卷積層的神經網路來表示，判別器則用普通的卷積神經網路來表示。這樣的對抗生成網路就是卷積對抗網路（DCGAN）。下面用 DCGAN 對 MNIST 手寫數字集進行訓練，使生成器可以從一個隱向量輸出一個類似訓練集中手寫數字圖型的圖型。

首先，讀取 MNIST 手寫數字集作為訓練樣本，程式如下，如圖 5-59 所示。

```
import data_set as ds
import matplotlib.pyplot as plt
```

```
%matplotlib inline

train_set, valid_set, test_set = ds.read_mnist()

train_X, train_y = train_set
valid_X, valid_y = valid_set
test_X, test_y = valid_set
print(train_X.dtype)
print(train_X.shape)
print(train_y.dtype)
print(train_y.shape)

ds.draw_mnists(plt,train_X,range(10))
plt.show()
train_X = train_X.reshape(train_X.shape[0],1,28,28)
print(train_X.shape)
```

```
float32
(50000, 784)
int64
(50000,)
```

```
 (50000, 1, 28, 28)
```

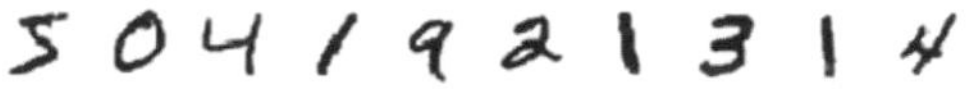

圖 8-59

然後，用轉置卷積類別和卷積類別及其他網路層類別，分別定義表示生成器和鑑別器的神經網路 G 和 D，程式如下。

```
from util import *
from NeuralNetwork import *
from GAN import *



np.random.seed(100)
random_name = 'no'
random_value =  0.01
```

```
G = NeuralNetwork()
z_dim = 100
ngf=28
ndf=28
nc=1

G.add_layer(Conv_transpose(z_dim, ngf*4,4,1,0))        # ->(ngf*4) x 4 x 4
G.add_layer(BatchNorm(ngf*4))
G.add_layer(Relu()) #Leaky_relu(0.2)
G.add_layer(Conv_transpose(ngf*4,ngf*2,3,2,1))          # 2(4-1)+3-2 ->(ngf*2)
x 7 x 7
G.add_layer(BatchNorm(ngf*2))
G.add_layer(Relu()) #Leaky_relu(0.2)
G.add_layer(Conv_transpose(ngf*2,ngf,4,2,1)) # 2(7-1)+4-2 ->(ngf) x 14 x 14
G.add_layer(BatchNorm(ngf))
G.add_layer(Relu()) #Leaky_relu(0.2)
G.add_layer(Conv_transpose(ngf,nc,4,2,1))     # 2(14-1)+4-2 ->(nc) x 28 x 28
G.add_layer(Tanh())

#self.oH = (self.H - kH + 2*P)// S + 1
D = NeuralNetwork()
D.add_layer(Conv_fast(nc, ndf,4,2,1))      # (28-4+2)//2+1=14 ->ndf x 14 x 14
D.add_layer(BatchNorm(ndf))
D.add_layer(Leaky_relu(0.2))
D.add_layer(Conv_fast(ndf, 2*ndf,4,2,1))  # (14-4+2)//2+1=7 ->(2*ndf) x 7 x
7
D.add_layer(BatchNorm(2*ndf))
D.add_layer(Leaky_relu(0.2))
D.add_layer(Conv_fast(2*ndf, 4*ndf,3,2,1)) # (7-3+2)//2+1=4 ->(4*ndf) x 4 x
4
D.add_layer(BatchNorm(4*ndf))
D.add_layer(Leaky_relu(0.2))
D.add_layer(Conv_fast(4*ndf, 1,4,1,0))                  # (4-4+0)//1+1=1 ->1 x1
x1
#D.add_layer(Sigmoid())

def weights_init(layer):
    classname = layer.__class__.__name__
    if classname.find('Conv') != -1:
```

```
        W = layer.params[0]
        W[:] = np.random.normal(0.0, 0.02,(W.shape))
    elif classname.find('BatchNorm') != -1:
        W = layer.params[0]
        W[:] = np.random.normal(1.0, 0.02,(W.shape))
        b = layer.params[1]
        b[:] = 0

G.apply(weights_init)

#定義訓練 G 和 D 的最佳化器演算法物件
reg = None #1e-5
D_lr = 0.0002
G_lr = 0.0002
beta_1,beta_2 = 0.5,0.999
D_optimizer = Adam(D.parameters(),D_lr,beta_1,beta_2)
G_optimizer = Adam(G.parameters(),G_lr,beta_1,beta_2)
```

最後，採用前面介紹的 GAN 訓練過程訓練這個 DCGAN 網路模型，其中 show_result_mnist() 是用於顯示中間結果的輔助函數。相關程式如下。

```
def show_result_mnist(D_losses = None,G_losses = None,m=10):
    #fig, (ax1, ax2) = plt.subplots(1, 2, figsize=(10, 4))

    #ax1.clear()
    if D_losses and G_losses:
        i = np.arange(len(D_losses))
        plt.plot(i,D_losses, '-')
        plt.plot(i,G_losses, '-')
        plt.legend(['D_losses', 'G_losses'])
        plt.show()

    ##ax2.clear()

    z = np.random.randn(m, z_dim)
    x_fake = G(z)
    ds.draw_mnists(plt,x_fake,range(m))
    plt.show()
```

```
#-----------開始訓練-------------
import time
batch_size  = 64 # len(X)
data_it = data_iterator_X(train_X,batch_size,shuffle = True,repeat=False)

#noise_it = iter(Noise_z(batch_size,z_dim))
noise_it =   noise_z_iterator(batch_size, z_dim)
iterations  = 1500
#losses = GAN_train(D,G,D_optimizer,G_optimizer,data_it,noise_it,
BCE_loss_grad,iterations,reg,3,1,show_result_2)
#losses = GAN_train(D,G,D_optimizer,G_optimizer,data_it,noise_it,
BCE_loss_grad,iterations,reg,show_result_mnist,10,10)

start = time.time()
loss_fn = BCE_loss_grad
n_epoch = 20 #200
print_n  =20
for epoch in range(1, n_epoch+1):
    D_losses, G_losses = [], []
    data_it = data_iterator_X(train_X,batch_size,shuffle = True,repeat=False)
    for batch_idx, x_real in enumerate(data_it):
        x_fake = G(next(noise_it))
        D_loss = D_train(D,D_optimizer,x_real,x_fake,loss_fn,reg)
        G_loss = G_train(D,G,G_optimizer,next(noise_it),loss_fn,reg)
        D_losses.append(D_loss)
        G_losses.append(G_loss)
        #print(D_loss,G_loss)
        #if batch_idx>10: break

        if batch_idx%print_n ==0:
            print('[%d:/%d]: loss_d: %.3f, loss_g: %.3f' % (
                (batch_idx), epoch, np.mean(np.array(D_losses)), \
                np.mean(np.array(G_ losses))))
            show_result_mnist(D_losses,G_losses)


    D.save_parameters('MNIST_DCGAN_D_params.npy')
    G.save_parameters('MNIST_DCGAN_G_params.npy')
    print('[%d/%d]: loss_d: %.3f, loss_g: %.3f' % (
```

```
            (epoch), n_epoch, np.mean(np.array(D_losses)), \
            np.mean(np.array(G_losses))))
    #break

done = time.time()
elapsed = done - start
print("訓練的時間：%d 秒"%(elapsed))
```

如圖 8-60 所示，是訓練過程中的第 11 趟 epoch 的中間結果。

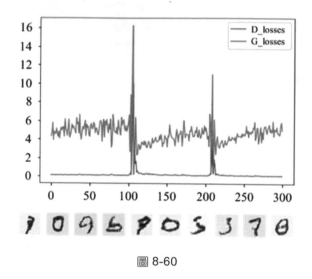

圖 8-60

參考文獻

[1]　齋藤康毅. 深度學習入門：基於 Python 的理論與實現 [M]. 北京：人民郵電出版社, 2018.

[2]　Nielsen, Michael A. Neural networks and deep learning [M]. vol. 2018. San Francisco, CA: Determination press, 2015.
http://neuralnetworksanddeeplearning.com

[3]　Aston Zhang, Mu Li, Zachary C. Lipton, Alexander J. Smola. 動手學深度學習 [M]. 2020.
https://zh.d2l.ai/d2l-zh.pdf.

[4]　Andrew Ng. deeplearning.ai 課程. 2019.
https://mooc.study.163.com/u/ykt1503557960168#/c.

[5]　Stanford University. CS231n: Convolutional Neural Networks for Visual Recognition. 2019.
http://cs231n.stanford.edu/.

[6]　Andrew Ng. Unsupervised Feature Learning and Deep Learning Tutorial. 2018.
http://ufldl.stanford.edu/tutorial/StarterCode/.

[7]   Rosenblatt, Frank. The Perceptron: A Probabilistic Model for
        Information Storage and Organization in the Brain [J]. Cornell
        Aeronautical Laboratory, Psychological Review, 1958, 65(6): 386-408.

[8]   Hopfield, J. J. Neural networks and physical systems with emergent
        collective computational abilities [C]. Proc. Natl. Acad. Sci. U.S.A.
        1982, 79 (8): 2554-2558.

[9]   Y. LeCun , B. Boser , J. S. Denker , D. Henderson , R. E. Howard , W.
        Hubbard and L. D. Jackel, Backpropagation applied to handwritten zip
        code recognition [J]. Neural Computation, 1989, 1(4):541-551.

[10]   Y. LeCun, L. Bottou, Y. Bengio, and P. Haffner. Gradient-based
        learning applied to document recognition [C]. Proceedings of the IEEE,
        1998, 86(11): 2278-2324.

[11]   Krizhevsky, Alex, Sutskever, Ilya, Hinton, Geoffrey E. ImageNet
        classification with deep convolutional neural networks [J].
        Communications of the ACM. 2017, 60 (6): 84-90.

[12]   Kaiming He, Xiangyu Zhang, Shaoqing Ren, Jian Sun. Delving Deep
        into Rectifiers: Surpassing Human-Level Performance on ImageNet
        Classification [C]. 2015 IEEE International Conference on Computer
        Vision (ICCV), 2015.

[13]   Sergey Ioffe, Christian Szegedy. Batch Normalization: Accelerating
        Deep Network Training by Reducing Internal Covariate Shift [J]. 2015,
        arXiv preprint, arXiv:1502.03167.

[14]   Nitish Srivastava, Geoffrey Hinton, Alex Krizhevsky, Ilya Sutskever,
        Ruslan Salakhutdinov. Dropout: A Simple Way to Prevent Neural
        Networks from Overfitting [J]. Journal of Machine Learning Research.
        2014, 15(56):1929-1958.

[15] Afshine Amidi, Shervine Amidi. Deep Learning Tips and Tricks cheatsheet. 2019.
https://stanford.edu/~shervine/teaching/cs-230/cheatsheet-deep-learning-tips-and-tricks

[16] Kaiming He, Xiangyu Zhang, Shaoqing Ren. Deep Residual Learning. 2015, arXiv:1512.03385.

[17] Kaiming He, Xiangyu Zhang, Shaoqing Ren, and Jian Sun. Deep Residual Learning for ImageRecognition. IEEE Conference on Computer Vision and Pattern Recognition (CVPR), 2016.

[18] Sepp Hochreiter, Jürgen Schmidhuber. Long short-term memory [J]. Neural Computation. 1997, 9(8): 1735-1780.

[19] Cho, Kyunghyun, van Merrienboer, Bart, Gulcehre, Caglar, Bahdanau, Dzmitry, Bougares, Fethi, Schwenk, Holger, Bengio, Yoshua . Learning Phrase Representations using RNN Encoder-Decoder for Statistical Machine Translation. 2014, arXiv:1406.1078.

[20] Christopher Olah. Understanding LSTM Networks. 2015.
https://colah.github.io/posts/2015-08-Understanding-LSTMs/

[21] Diederik P Kingma, Max Welling. Auto-Encoding Variational Bayes.2013, arXiv:1312.6114.

[22] Goodfellow, Ian; Pouget-Abadie, Jean; Mirza, Mehdi; Xu, Bing; Warde-Farley, David; Ozair, Sherjil; Courville, Aaron; Bengio, Yoshua. Generative Adversarial Nets [C]. Proceedings of the International Conference on Neural Information Processing Systems. 2014: 2672-2680.

[23] Martin Arjovsky, Soumith Chintala, and Léon Bottou. "Wasserstein GAN".2017, arXiv:1701.07875.

[24] Lilian Weng. From GAN to WGAN. 2017.
https://lilianweng.github.io/lil-log/2017/08/20/from-GAN-to-WGAN.html

[25] Alec Radford, Luke Metz, Soumith Chintala. Unsupervised
Representation Learning with Deep Convolutional Generative
Adversarial Networks. 2015, arXiv:1511.06434.

[26] Jun-Yan Zhu, Taesung Park, Phillip Isola, Alexei A. Efros. Unpaired
Image-to-Image Translation using Cycle-Consistent Adversarial
Networks. 2017, arxiv 1703.10593 .